U0197051

现代水文在线监测及全要素集成技术

张国学　史东华　王巧丽 等　著

科 学 出 版 社
北 京

内 容 简 介

本书主要研究降雨、蒸发、水位、水温、水质、流速、流量、泥沙等水文要素数据的自动采集方法，并进行主要设备研制、系统应用集成、大数据挖掘与处理等技术的研究和应用，针对水文测验自动化难度大、数据精度保障低等问题，提出多种解决方案和应用实例，为水文多要素监测自动化提供强有力的技术支撑。

本书可供水利系统和有关科研部门的专业技术人员研究使用，也可供相关专业的大专院校师生参考。

图书在版编目（CIP）数据

现代水文在线监测及全要素集成技术/张国学等著. —北京：科学出版社，2022.11
　ISBN 978-7-03-073219-4

Ⅰ.① 现… Ⅱ.① 张… Ⅲ.① 水文观测-研究 ②水文要素-采集
Ⅳ.① P33

中国版本图书馆 CIP 数据核字（2022）第 174285 号

责任编辑：何 念 张 湾/责任校对：张小霞
责任印制：彭 超/封面设计：苏 波

科学出版社出版
北京东黄城根北街 16 号
邮政编码：100717
http://www.sciencep.com
武汉精一佳印刷有限公司印刷
科学出版社发行 各地新华书店经销
*
开本：787×1092 1/16
2022 年 11 月第 一 版 印张：31
2022 年 11 月第一次印刷 字数：732 000
定价：378.00 元
（如有印装质量问题，我社负责调换）

前　言

　　水文，一方面具有自然属性，属于地球科学的范畴；另一方面具有社会属性，属于应用科学的范畴。水文监测是通过科学方法对自然界中水的时空分布、变化规律进行监控、测量、分析及预警等的一个复杂而全面的系统工程，是一门综合性学科。为了能更深刻地研究水资源的量及其时空分布变化规律，需要对江、河、湖、库的水位、流量、流速、降雨（雪）、蒸发、泥沙、水质、土壤墒情等水文要素开展全面的监测和分析，因此水文监测具有多要素属性。水文监测数据对防汛抗旱、水资源开发利用、水利工程建设、水资源统一管理和调度、社会经济发展起到了重要的基础性支撑作用。

　　传统水文要素监测工作量大，还容易受天气等因素影响，尤其是人工监测可能存在一定的数据误差和疏漏，数据时效性差。但随着技术的进步和社会经济的发展，水文自动监测技术越来越成熟。水文自动监测是集传感器、自动控制技术、无线通信技术、计算机与网络技术、地理信息系统及数据库技术等于一体的综合性自动化动态监测系统。目前在我国已基本实现了降雨与水位观测的自动化，人工观测只作为一种数据校核手段，但在流量、泥沙、水质等要素的在线监测方面仍处于探索研究阶段，特别是一些相关的新仪器被国外垄断，国产化装备还处于研发试用阶段，这也是阻碍其推广应用的因素之一。因此，实现水文多要素自动监测，达到全要素在线监测，具有重要的研究价值和社会意义。

　　从 20 世纪 80 年代后期开始，水利部长江水利委员会水文局组织开展了水位、雨量两个基本要素的水文自动遥测技术研究，在引进、消化、吸收的基础上，研制开发了 YAC 系列遥测产品。2000 年以来，随着新技术的应用和发展，以及产品的不断优化完善，水文自动测报技术发生了革命性的变化：从超短波单一信道组网到公网（公共交换电话网络、全球移动通信系统、通用分组无线服务技术、第四代移动通信技术、第五代移动通信技术）及卫星（海事卫星 C、北斗卫星）短报文的应用，为测报系统数据传输的可靠性提供了坚强的支撑；从浮子式水位计发展到不同量程的高精度气泡式压力水位计、雷达水位计、激光水位计等多种适用于不同监测断面的水位计；从缆道流速仪（人工）发展到自动测流系统，再发展到声学多普勒流速剖面仪及各种类型的接触式和非接触式流量在线监测系统；从单一功能的远程控制终端发展到具有多传感器接口、多种通信方式接入、大容量固态存储、低功耗、高集成度的新一代远程控制终端；等等。这些技术的发展给水文全要素在线监测的实现创造了条件。

　　2002 年以来，水利部长江水利委员会水文局依托 973 计划项目（2012CB417001、2003CB415205）、国家自然科学基金项目（40201008、50579054、51079104）、"十一五"规划项目（2006BAB05B02-6、2006BAB05B03-4）、水利部公益性行业科研专项（200901003）、国家重点研发计划项目（2017YFC0405700）等的资助和支持，取得了一系列实用性成果。"长江防洪报汛自动化技术研究与实践——长江水利委员会水文局 118

个中央报汛站自动报汛技术及创新"获 2007 年湖北省科学技术进步奖一等奖;"国家防汛抗旱指挥系统工程技术研究与应用"获 2011 年大禹水利科学技术奖特等奖;"长江干线航道水位感知与预报技术研究及应用"获 2014 年中国航海学会科学技术奖一等奖;"现代水文在线监测及全要素信息化集成技术"获 2020 年湖北省科学技术进步奖二等奖。

本书是一部集水文多要素自动监测、集成与应用技术的专著,是水利部长江水利委员会水文局 40 年来特别是近 20 年来在水文自动测报技术研究方面成果的全面总结,是水利部长江水利委员会水文局几代科研技术人员实践经验的结晶。本书共分 12 章。第 1 章主要介绍国内外水文监测技术研究现状,以及我国水文监测采用的方式与发展应用;第 2 章主要介绍降雨与蒸发自动监测的各类仪器设备的工作原理、功能结构及典型应用;第 3 章主要介绍水位自动监测常用的各类水位计的工作原理、性能、适用范围,分析复杂河流断面水位适应性自动监测技术与高精度水位计的应用情况,并提出一种多类型压力水位计无伤检测校准技术;第 4 章介绍表层水温和深库垂向分层水温的自动监测技术,以及其在长江三峡攀枝花至宜昌段的应用情况,重点分析溪洛渡水库生态调度期水温自动监测成果与分层取水试验效果;第 5 章介绍声学多普勒流速剖面仪测流原理、产品分类及走航式声学多普勒流速剖面仪测验精度,重点介绍固定式声学多普勒流速剖面仪在线监测系统集成及其在感潮河段等断面的应用;第 6 章分别从系统测量原理、主要技术指标、系统集成等方面介绍雷达波点流速仪等五种流量在线监测系统,并进行实际应用案例分析;第 7 章介绍悬移质泥沙、泥沙颗粒级配的监测与分析技术,并对悬移质泥沙自动监测技术的实际应用进行典型案例分析;第 8 章介绍水质自动监测站类型、系统组成、安装调试和运行维护方案;第 9 章分别介绍地下水和墒情监测技术及其应用分析;第 10 章介绍数据采集与控制终端的研发和集成应用;第 11 章介绍多要素监测数据汇集与处理平台的研发和应用;第 12 章进行五个不同规模、不同特点的系统集成应用实例分析。

本书第 1 章由张国学撰写,第 2 章由冯能操撰写,第 3 章由张国学、王巧丽、冯能操撰写,第 4 章由史东华、王志飞、秦凯撰写,第 5 章由王巧丽、王进撰写,第 6 章由张国学、史东华、王巧丽、冯能操撰写,第 7 章由王进、毕宏伟、史东华、秦凯撰写,第 8 章由周猗琳、史东华、肖华撰写,第 9 章由毕宏伟、秦凯撰写,第 10 章由王巧丽、冯能操撰写,第 11 章由王志飞撰写,第 12 章由张国学、王志飞、王巧丽撰写。

本书参阅了大量相关文献及水利部长江水利委员会水文局的相关成果,撰写过程中也得到了许全喜、熊明等专家及武汉大学、河海大学、南京水利水文自动化研究所、成都汉维斯科技有限公司、天津特利普尔科技有限公司等单位的大力支持,鲁青、李然、龙少颖、高明、邹珊、刘秀林、袁正颖参与了全书的文字、数据校核与图表制作工作,关绮(中南财经政法大学外国语学院)参与了全书的中英文互译与校核工作。在此谨致谢意!

由于本书涉及面广,难免存在疏漏,不足之处敬请读者批评指正。

作　者

2022 年 1 月于武汉

目　　录

第1章 综 述

　　水文监测是水文工作中一项最基础的也是最重要的环节。早期的水文监测以人工为主，观测要素主要是降雨和水位。水文监测技术的发展，以及各要素观测仪器的推广应用，创新了水文监测方式和手段，水文全要素监测已经成为现实。本章通过对国内外水文监测技术研究现状的分析，介绍常用水文监测方式及水文要素自动监测技术的发展与应用。

1.1 国内外水文监测技术研究现状

传统的水文监测仪器 2000 年前已在国内外普遍应用，以机械类及机械加简单电子类监测仪器为主，用于监测水位、雨量、流速、流量、冰凌、蒸发和泥沙等水文要素。具有代表性的监测仪器有测水位的浮子式水位计、压力式水位计等；测雨量的翻斗式雨量计、虹吸式雨量计等；测流速、流量的旋杯式转子流速仪、旋桨式转子流速仪等；测水面蒸发的 E601B 蒸发器等；测泥沙的悬移质采样器和推移质、河床质泥沙测验仪器等。

20 世纪 70 年代末，现代意义上的水文监测技术被提出并且在短时间内迅速成长。美国 SM 公司与美国国家气象局在 1976 年一起开发了一套自动水文监测系统，其在实际使用中取得了很好的效果。1980 年以来，由于远程控制设备的进一步发展，数据高效传输和计算机技术、水文监测和洪水管理自动化技术已广泛应用在世界各地。1990 年以后，推出的一系列多功能、应用广的声学产品，在水文、气象、海洋、环境等领域都得到了大量的应用。国外在水文监测装备的研发与应用方面起步早，应用广，技术成熟，主要体现在以下几个方面：①新技术运用充分。国外发达国家目前基本上很少生产机械传感类水文仪器，如浮子式水位计、翻斗式雨量计、转子流速仪等。国外水文仪器发展的重要特点是充分运用声光电、化学、生物等新技术，提高水文传感器的可靠性和精度，解决不能测和测不好的问题。国外在新技术研究和新设备研制、应用上起步早，资金投入也较大。现在的传感器技术已不是传统意义上的直观和直接采集的传感器技术，而是大量采用声学、光学、化学、电磁波学、生物学等非直接、非直观甚至非接触的方法进行采集，通过间接和多次转换，实现水文、水质、墒情等参数的传感采集。测流仪器有采用声学原理的多普勒流速剖面仪、时差法流速仪和多普勒点流速仪，这些仪器采用接触测量的方法，方便且准确地实现了断面流速、流量的定点在线实时监测；利用生物学原理的有害水体在线监测仪和荧光菌水体测试仪，实现了水质的监测和有害水体的预警；采用电磁波学原理的仪器有雷达水位计和雷达冰厚仪；采用光学原理的仪器有激光粒度分布仪和水质检测传感器。这些仪器使用方便，提高了仪器的可靠性和监测的精度，使得水位、流速的高精度在线监测，含沙量的高精度、宽范围监测，水质的免维护在线监测日趋成熟。②自动化程度高。国外水文仪器发展的另一个显著特点是自动化程度高、一体化、多参数、易安装、便携、低功耗、免维护。智能型和多功能流速、流量监测仪器可以直接监测到各点流速和剖面流量，还可以通过全球定位系统（global positioning system，GPS）、罗经辅助监测，提高测验精度。多普勒流速剖面仪分为走航式和定点式，不仅可以通过船载方式方便地自动施测断面流速、流量，还可以测量水下地形。在仪器的结构上可一体化、多参数和灵活组合是许多国外先进水文仪器的特点。水质传感器可以任意组成多传感器采集设备，完成多参数的采集和控制。在仪器的低功耗和易安装上，国外先进水文仪器也有优异的表现。地下水位监测仪器可以在自带电源的情况下，可靠工作 5 年以上，使得免维护成为可能。便携式雷达测速仪器可现场快速测流，常应用于灾害地区应急监测。③应用领域广。国外先进水文仪器水文监测范围广，基本涵盖所有的水文要素，并得到广泛应用。水位监测仪器有雷达水位计、气泡式压力水位计；雨量监测仪器有称重式雨（雪）量计；流量、流速监测仪器有多普勒流速剖面仪、时差法流速仪和电波点流速仪；泥沙测验仪器有激光粒度分布仪；水质监测仪器有各种水质参数传感器和自动控制监测系统，还有有害水体生物类监测仪器和系统；在冰凌监测方面，有声学、雷达冰厚仪等先进仪器。所有这些水文仪器在国内已广泛使用，具有可靠性高、使用方便、功能强大等特点，但价格高、维护维修不方便将是后期应用的瓶颈。

早在 20 世纪 70 年代我国就开始了先进技术在水文信息采集上的应用研究，但由于技术的不成熟，以及元器件、工艺等方面的可靠性问题，大部分产品都只发展到样机或成果阶段，最多稍有试用。从 80 年代开始，随着各种技术的成熟，新技术在水文自动监测上的成功应用越来越多，在近 10 年尤为迅速。新型自动化传感器大量出现，包括水位、雨量、流速、蒸发、墒情、水质等大部分参数都有能可靠测量的自动传感器。通信技术和计算机技术的快速发展助推了水文监测自动化技术的进步。多种通信方式已成功地用于水文数据传输，包括各种有线、无线通信方式和卫星通信。计算机技术的应用使水文自动测报系统可以构建区域性、流域性甚至全国性的水文数据自动采集系统。水文数据在站存储已较普遍使用，做到了长期自记和数据自动处理。声学流速、流量计的应用推动了流速、流量的自动测量。自动测沙仪也有了新的发展，先进的激光粒度分布仪也开始应用。水质、墒情等参数的自动测量扩大了水文水资源自动监测的范围。水文监测技术自动化程度有较大提高。雨量、水位长期自记和固态存储技术得到广泛应用；声学多普勒海流剖面仪（acoustic Doppler current profiler，ADCP）等先进测流设备逐步推广应用，对传统的缆道与测船测流设备进行技术改造、升级，其自动化水平得到明显提高；水文自动测报系统覆盖率逐步提高；卫星遥感与遥测技术，卫星通信中的语音、数字通信、视频通信等方面均取得很大进展，大大改善了水文生产条件，提高了水文监测的时效性和精度及数据处理与服务能力。总体而言，我国的水位、降水量、流量、蒸发、水质等水文要素的监测技术已基本上实现自动化，在采集方式上向无人值守水文站自动测量、巡测、遥测的方向发展。

近年来，大规模集成电路、通信技术、物联网及计算机应用技术的发展与应用，极大地推动了水文事业的发展，水文监测技术和装备也得到迅猛发展，特别是我国广大水文仪器和水文监测自动化研究工作者积极开发具有自主知识产权的技术与产品，部分水文监测技术和水文仪器已处于国际领先的地位。随着国家和地方经济建设的发展，全社会对水资源开发利用需求的程度越来越高，不同规模、不同类型的涉水工程不断上马。众多的涉水工程不仅改变了河流的自然形态，而且改变了水文站所在河段的水、沙特性和测验的控制条件，加上工程运行后的频繁调节，给水文正常测验工作带来了极大困难，特别是给水文测验时机把握、方法选择和测验手段带来了新的问题，也给受水工程和人类活动影响的水文测验技术与装备带来了新的挑战。特别是在附加值高的水文测验技术和设备方面，如用于大型湖泊和水库的水面漂浮高精度自动蒸发监测设备、感潮河段等复杂河段断面流量的在线监测设备、多要素监测数据异构与管理技术等，市场基本被国外产品占据,后期的维护和更新换代存在高昂成本与技术风险。鉴于此,目前我国在水文要素的自动监测技术研究方面需要开展的工作主要有如下几大方面。

(1)水面/陆地蒸发量自动监测方面。我国现行观测规范要求,水面/陆地蒸发量观测精确到 0.1 mm,受传感器计量精度水平的限制及环境因素的影响,水面/陆地蒸发量准确自记属于行业难题。蒸发量自动采集系统的复杂性也在一定程度上影响了系统稳定性,长期以来市面上没有成熟可靠的蒸发量自记设备。近年来,随着水文信息化的发展,水文测验模式逐步从驻测模式转变为巡测模式,雨量、水位等参数已经基本实现自记,蒸发量准确、稳定自记问题已经成为当前制约水文测验模式转变的技术瓶颈。因此,研制计量精度高、性能稳定的蒸发降雨量监测系统显得尤为迫切。

(2)流量自动监测方面。河段断面多采用 ADCP 开展流量监测。在走航式 ADCP 测流时,不同的底沙运动导致流量测验成果不准确;而采用水平 ADCP 或定点垂向 ADCP 中的一种单一设备进行自动监测时,所获取的监测数据用于拟合全断面平均流速时代表性通常一般,导致获取的水文监测数据的准确性、精确度都难以保证。针对这些问题,水利部长江水利委员会水文局开始对 ADCP 的适应性、模型算法及集成技术进行研究与实践。尝试了水平 ADCP 和定点垂向 ADCP 一横一竖相结合的方案,数据采集效率和精度满足规范要求。同时,在计算断面流量方面,目前国内多直接采用流速过程线,通过指标流速拟合、推求断面流量,此种方法往往脉动流速影响较大,造成指标流速数据失真,与断面平均流速的相关性一般,且在长江下游感潮河段应用受限,不能满足分析精度和规范要求。因此,在水力要素复杂的河段开展流量自动在线监测技术与适应性研究十分有必要。

(3)泥沙测验、分析与自动监测技术。国际上各种常用的泥沙测量仪器,一般以器测法取样分析、称重为主,横式采样器和积时式采样器均是此类仪器,但现场不能计算观测成果,施测效率与时效性都很差。随着技术进步和社会发展,一些新技术在悬移质泥沙测验中取得了一些进展,先后研制了光电测沙仪、同位素测沙仪、超声波测沙仪、振动测沙仪等,但这些仪器均尚无定型而无法推广使用。通过国际上已定型的基于声学多普勒、光学散射、光学后向散射及激光衍射等原理的测量仪器,建立多种声学、光学监测指标与悬移质含沙量的转换模型,探寻现场实时快速测量泥沙的方法是实现泥沙自动监测的关键技术问题。

(4)多要素多通道低功耗采集、控制与集成技术。遥测终端机又被称为远程控制终端(remote terminal unit,RTU),是一种以中央处理器(central processing unit,CPU)为基础的智能装置,是能自动完成水文参数的采集、存储及传输控制,并能与通信系统进行连接,自动完成数据传输的仪器。早期的 RTU 只是进行简单的数据采集和一些开关量的控制,此时 RTU 的存储、接口与数据处理等能力均有限。随着监测要素的不断增多,为满足监测方式的多样性、监测环境的复杂性、监测数据的时效性、监测设备运行的稳定性等需求,RTU 的功能应不断升级完善,丰富的传感器接口、低功耗运行模式、大容量存储等关键技术指标是自动监测一体化集成要求的趋势。因此,研发处理能力强、速度快,以及数据采集、传输和处理能力一体的多要素多通道采集器也是要解决的水文自动监测集成的关键技术问题之一。

（5）水文监测数据管理方面。随着国家现阶段水文现代化监测项目的推进，水文信息自动测量精度和远程通信规约已经较为完善，实现水文全要素监测是大势所趋，而且由于计算机性能的飞速提升，对海量数据进行实时快速处理成为可能。目前，由于监测要素和监测方式的多样性，需要有一个统一的水文监测平台负责水文数据管理与运行，这对专业化的水文监测平台提出了迫切的需求。为实现该平台，需要解决的关键技术问题主要包括全要素监测数据异构平台的构建，以及多元数据的集成接收和管理。

1.2　水文监测技术

水文监测技术是伴随着人类生活、生产对水文数据的需求而产生的，是随着科学技术的进步而发展的。我国早期的水文监测技术是完全建立在人工观测的基础上，实施的是人海战术，水文监测工作者的工作非常艰苦，汛期的劳动强度之大、危险程度之高，是难以想象的。在汛期，特别是高洪期，水位、降水量实行4～24段制测报，为抢测到洪峰流量，有时连续测流达数小时之久。在20世纪50～60年代，大多采用电报进行报汛，70年代后才有了电话和电台，但遇到雷雨天，常常还是需要通过邮政部门采用电报报汛。直到20世纪80年代，随着各种技术的成熟，新技术在水文测验上的成功应用越来越广泛，越来越成熟，在近10年尤为迅速。总体而言，我国水位、降水量、蒸发、流速、流量、水质等水文要素监测技术已经基本实现自动化。人工观测只是作为一种补充手段，在仪器出现故障时应急使用。人工在站观测、人工在水上操作、人工收集整编资料的方式正在逐步减少。收集资料也更加准确、快捷和自动化。水文监测技术的进步与发展，极大地推动了水文事业的发展，水文监测信息的准确性和时效性得到大大提高，使水文在国民经济建设和防灾减灾中的重要作用日益显现出来，水文的基础性和公益性地位不断得到巩固与加强。

1.2.1　水文监测方式

常见的水文监测方式有五种，即驻测、巡测、间测、自动监测和应急监测。采用何种监测方式，取决于测站水沙特性变化、监测精度要求、资料整编要求和交通等因素。随着近些年突发涉水事件的频发，水文应急监测也逐渐成为一种较为常见的监测方式[1]。

（1）驻测：驻测是指监测人员常驻测站实施水文监测，可分为常年驻测、汛期驻测或某规定时期驻测。驻测是我国过去在交通不发达的情况下采用的最基本的监测方式。其特点是可以随时监测水、雨情的变化，但需要站房和长期驻守人员，生产成本高。《河流流量测验规范》（GB 50179—2015）规定[2]：集水面积在10 000 km² 以上的一类精度水文站和集水面积小于 10 000 km²，且不符合巡测、间测条件的各类精度水文站，应实行常年驻测或汛期驻测。

（2）巡测：巡测是指对部分或全部水文要素视其变化情况定时或不定时到现场进行

巡回监测。其特点是不需要站房和驻守人员，生产成本低，但对交通条件要求较高，确保在较短时间内能够从巡测基地到达巡测站（或断面）。我国20世纪80年代开始推行站队结合的管理模式，试行巡测。但由于交通条件的限制和监测仪器效率不高，一直难以付诸实施。近些年来，随着水文监测仪器的进步、交通条件的不断改善和巡测基地布局的逐步到位，全国有许多测站实行了巡测。巡测将是我国今后水文站监测方式改革的主要方向。在实施巡测的测站，因为水质、地下水、墒情等水文要素的变化是一个缓慢的过程，所以相关规范没有特殊要求，而流量的时效性较强，因此对其有特别的要求。《河流流量测验规范》（GB 50179—2015）规定[2]，集水面积小于10 000 km²的各类精度水文站，符合下列条件之一，可实行巡测：①水位流量关系呈单一线，流量定线可达到规定精度，且不需要施测洪峰流量和洪水流量过程；②实行间测的测站，在停测期间实行巡测；③枯水期、冰期水位流量关系比较稳定或流量变化平缓，采用巡测资料推算流量，年径流的误差在允许范围以内；④枯水期采用定期测流；⑤水位流量关系虽不呈单一线，但交通通信方便，能按水情变化及时施测流量；⑥中小河流专用站。

（3）间测：间测主要用于流量站，是指对符合一定条件的流量站，在年际采用测、停相间的监测方式以开展水文要素的监测工作。其特点是大大节约了生产成本，但需要密切注意河流特性的变化和人类活动的影响。一旦河流特性发生了变化，就不再适宜间测。《河流流量测验规范》（GB 50179—2015）规定[2]：集水面积小于10 000 km²，有10年以上资料证明实测流量及相应水位的变幅已控制历年（包括大水、枯水年份）水位变幅的80%以上，历年水位流量关系为单一线，且符合相应要求的各类精度水文站，可实行间测。

（4）自动监测：自动监测是指水文要素从信息采集、存储到传输等各个环节全部由自动监测仪器完成，具有自动化程度高的特点。在大大提高水文要素信息时效性的同时，有效地降低了生产成本，解放了劳动生产力。自动监测方式是科学技术进步的产物，是水文现代化的标志之一。目前，我国绝大多数水文站、水位站、雨量站已经采用了自动监测方式，部分蒸发站和流量站也实现了自动监测。

（5）应急监测：水文应急监测是指出现涉水突发事件时，以水文为主要技术支撑的相关机构第一时间对所涉及的水体及其变化等展开临时、紧急的监测。通过及时获取涉水突发事件中的水文要素监测资料信息，为灾害防御处置和决策指挥提供科学的技术支撑。水文应急监测的基本内容一般包括：分洪、溃口、堰塞湖、冰坝、洪涝灾害、泥石流、筑坝合龙，以及未控制河流的异常洪水、突发水污染事件等自然或人为灾害事件相关水文要素的临时监测。

1.2.2 水文要素监测技术发展与应用

1. 降水监测

降水是指大气中的水汽凝结后，在重力作用下，克服空气阻力，以液态或固态水形式降落到地面的现象。降水是重要的水文要素，是地表水和地下水的来源，是水文循环的重要环节。

降水量是指在一定时段内从大气中降落到地面的液体降水与固体（经融化后）降水，在无渗透、蒸发、流失情况下所积聚的水层深度。根据不同的物理特性，降水可分为液态降水和固态降水。液态降水又有雨、雾、露等，固态降水包括雪、雹、冰粒、冰针等降水物。降水也会出现液态、固态混合的（如雨夹雪）降水形式。

降水观测时一般只测记降雨、降雪、降雹的水量，单纯的雾、露等可不测记（有水面蒸发任务的测站除外）。降水观测的目的是要系统地收集降水资料并将实时观测资料及时送至相关部门，直接为防汛抗旱减灾、水资源管理等服务；通过长期的观测，可以分析测站的降水在时间上的规律，通过流域内降水观测站网，可分析、研究降水在地区上的规律，了解流域水资源状况，以满足工业、农业、生产、军事和国民经济建设的需要；根据降水资料可推求径流、设计洪水、设计枯水，可做出径流和洪水预报，为流域、水利工程防洪调度服务。降水资源也是水资源分析评价中的重要资料。

降水量的单位为毫米（mm）。其观测、记载的最小量（记录精度）有如下要求[3]。

（1）需要控制雨日地区分布变化的雨量站必须记至 0.1 mm。

（2）蒸发站的降水量观测记录精度必须与蒸发观测的记录精度相匹配。

（3）不需要雨日资料的雨量站可记至 0.2 mm。

（4）多年平均降水量大于 400 mm、小于 800 mm 的地区，可记至 0.5 mm。如果汛期降雨强度特别大，且降水量占全年 60% 以上，也可记至 0.5 mm。

（5）多年平均降水量大于 800 mm 的地区，可记至 1 mm。

描述降水的基本要素一般包括降水量、降水历时、降水强度、降水面积等。

我国很早就开始观测并记录降水现象，经过长期的发展，从 1841 年起开始使用标准雨量器观测降水量，至 1949 年，除少量进口仪器外，都没有自动记录降雨过程，只用人工观测雨量器测量时段降水总量。1949 年后开始生产、应用虹吸式雨量计，初步实现纸质自记，且很快普及、应用。20 世纪 80 年代，开始使用翻斗式雨量计。随着自动化系统和自记仪器的改进，翻斗式雨量计得到普遍应用，称重式雨（雪）量计也开始应用，还应用了光学雨量计、雷达测雨系统等先进测量仪器，以及一些其他自记雨量计。现有的所有自记雨量计已经实现了数据的自动采集、存储和远距离传输。目前，我国水文站的雨量观测一般采用自记为主、人工观测为辅的工作方式，人工观测主要用于自记雨量计的比测和出现故障时的应急补救。

2. 水面蒸发观测

蒸发观测按蒸发面的类型分水面蒸发观测和陆面蒸发观测，陆面蒸发包括土壤蒸发、植物散发、冰雪蒸发等。水面蒸发是易于观测的典型蒸发，其他类型的蒸发不易直接观测，通常采用水量平衡方程式推算。蒸发量用蒸发水量的深度表示，要求观测到 0.1 mm。目前水文系统仅系统地进行了水面蒸发观测，统一使用 E601B 蒸发器；部分蒸发站除蒸发量观测外，辅助观测气温、湿度、风速和蒸发器内水的表层温度，用于蒸发观测数据的分析。北方地区在结冰期更换 20 cm 直径的小蒸发器进行水面蒸发观测。蒸发观测的水面高度变化数据中包含了降水的影响，日蒸发量计算时需扣除降水量。按规范要求，配套的雨量观测仪器要达到 0.1 mm 的分辨率。高分辨率的雨量观测仪器价格贵，加之降水面上分布不均匀，配套雨量观测资料不一定适合做雨量扣除的计算。这些复杂因素使大部分水文站的蒸发和配套降水观测还是人工观测。

水文系统的水面蒸发观测，历程上无较大变化：一是 20 世纪 80 年代后期到 90 年代前期，由于蒸发观测试验数据的积累和维持蒸发试验站经费的短缺，试验站部分裁撤，大型蒸发池的数量减少；二是 20 世纪 90 年代将 E601 型标准蒸发器全部更换为 E601B 型玻璃钢材质的蒸发器，解决了器皿生锈、漏水、更换频繁的问题。目前水文系统水面蒸发站除标准蒸发器外，设有大型蒸发池，典型的蒸发池直径为 5 m，深为 2 m，通常用 4~5 mm 厚的钢板焊接而成。相应观测场尺寸不小于 25 m×25 m。有蒸发观测项目的水文站大多数是驻站观测，部分站安装有蒸发量自动监测仪器，完全替代人工观测的站数比例不高。标准蒸发器得到的蒸发量要通过与代表天然水体蒸发量的大型水面蒸发池的蒸发量进行折算，才能得到天然水体的蒸发量，这也就是保留一定数量的大型水面蒸发池的必要原因。

3. 水位观测

水位是河流或其他水体（如湖泊、水库、人工河、渠道等）的自由水面相对于某一基面的高程，是反映水体、水流变化的水力要素和重要标志，是水文测验中最基本的观测要素。通过水位观测可以了解水体的状态，还可以利用水位值推求其他水文要素，并掌握其变化过程。在水文测验中，常利用观测的水位值或水位过程，依据已建立的水位流量关系，直接推求出相应的流量值或流量过程；也可以利用观测的水位计算水面比降，进而计算河道的糙率等。水位值可以采用水尺观读，也可以采用自记水位计观测。观测的水位资料可以直接服务于堤防、水库、电站、堰闸、航道、桥梁、灌溉等工程的规划、设计与施工等。

采用自记水位计观测时，应定时校对观测值，并对自记记录进行订正、摘录、计算或统计等。水位观测的附属观测内容包括风向、风力（风速）、流向、水面漂浮物、闸门开启关闭情况（堰闸、水库等测站）等。水位观测的基本要求是可靠、连续，能控制变化过程。在水位的观测过程中，对于暴涨暴落的洪水，应更加注意适当加密观测次数，控制洪水过程中水位的变化，不漏测洪峰和洪水过程中的涨、落与转折点水位。

水位观测的精度要求[4]：①水位用某一基面以上的米数表示，一般读记至 0.01 m；②上、下比降断面的水位差小于 0.2 m 时，比降水尺水位可读记至 0.005 m；③对基本、辅助水尺水位有特殊精度要求者，也可读记至 0.005 m。

目前水位观测包括人工观测和自动观测两种模式。

（1）人工观测。人工观测水位时应用预设的水尺、水位测针、悬锤式水位计观测水位，需要人工记录水位值。人工观测水位，包括定时观测与不定时观测。定时观测也称按段制观测。水位平稳时，每日 8 时观测；水位变化缓慢时，8 时、20 时各观测 1 次；水位变化较大时，2 时、8 时、14 时、20 时各观测 1 次。水位变化急剧时，加密观测次数，以能测得各次峰、谷和完整的水位变化过程为原则。

（2）自动观测。自动观测主要使用自记水位计完成。自记水位计包括浮子式水位计、压力式水位计、超声波水位计、雷达水位计、电子水尺、激光水位计等多种类型，都可以自动记录水位变化过程，并可接入遥测系统，自动收集遥测水位数据。自记水位计一般每 5 min（或 6 min）观测 1 次。

水文观测实践较早，目前公认的世界上最早的水位观测出现在埃及和中国。在中国公元前 21 世纪大禹治水时期已"随山刊木"以观测水位，在《史记·夏本纪》中就有"左准绳，右规矩"的记载。公元前 251 年，秦国李冰在岷江都江堰工程上游设立三石人，立于水中，用于观测水位。隋代开始在黄河等地，用木桩、石碑或在岸边石崖上刻划而成的"水则"观测江河水位；以后历代都有设立"水则""水志""志桩"等来观测水位，并对洪、枯水位进行记载。1075 年，在重要河流上已有记录每天水位的"水历"，这种水位日志是较早的系统的水文记录，这种记载如今已成为非常宝贵的水文资料。到清代，为黄河、淮河、永定河防洪需要，从康熙年间开始，先后在洪泽湖高堰村（1706 年）、黄河青铜峡市（1709 年）、淮河正阳关三官庙（1736 年）、永定河卢沟桥（1819 年）设立水志桩来观测水位。清代末期，为航行安全，设立了一些海关水尺。其中，1865 年长江汉口设立的水位站是全国最早具有连续系统资料的近代水位站。进入 20 世纪后，各主要河流、湖泊陆续开展水位观测。在流量测验开始以后，水位观测主要在水文站上进行。出于防汛等专门目的，仍有单独的水位站。受长期战争影响，记录时续时断。1949 年中华人民共和国成立以后，水文站、水位站迅速恢复和发展。水文站的水位观测由测站职工承担，单独的水位站少数由水文职工承担观测任务，多数委托当地人员兼职观测。除水文部门有水位站外，水库、灌区管理部门和铁道、交通等部门设有专用水位站，海洋部门在沿海设有海洋观测站，以观测潮水位等项目。从 20 世纪 80 年代后期开始，我国的水位观测逐步向自记、远传和自动测报系统的方向发展。至 1990 年，水位自记站占到59%。在水位自记的建设中，自记井是主要水位观测设施，自记井大部分是岛式或岸式，后期出现了岛岸结合式，以及成虹连式水位台和移动式自记台。为了解决一些测站建立自记井的困难，在 20 世纪 70 年代，水利部长江水利委员会水文局、吉林省水文水资源局等单位应用了压力式水位计来观测水位。我国自 20 世纪 70 年代开始研制水文数据的远传设备，80 年代初，建成了多个在水库枢纽工程应用的第一批水文自动测报系统。目前，我国的水位观测基本实现了自动测报，但人工观测主要用于自记水位计的校验和出现故障时的应急补救。

4. 流速、流量测验

水流流速是指水流质点在单位时间内沿流程移动的距离，是河流湖库水流特性的重要指标之一。流量就是单位时间内通过河渠或管道某一过水断面的水体体积，是反映水利资源和江河湖库水量变化的基本资料。流量测验的目的是取得河道的径流资料，掌握流量在时间、地域上的分布规律，为人类的生产、生活服务。由于流量随时间、水情不断变化，而测获一个流量又需要较长的时间，为了获取需要的各个时期、各种水情下的流量资料，我国采用的方法是，根据河流的水流特性及河道控制情况，将流量测次分布于各级水位，控制流量的转折变化过程，取得确定水位流量关系线所必需的测次。利用观测的瞬时水位和确定的水位流量关系线推求瞬时流量，用面积加权的方法推算出日平均流量和日径流量，再逐步推算出月（年）平均流量、月（年）径流量，并挑选出流量的各项特征值。现行的流量测验方法从工作原理上分为如下三大类。

（1）流速面积法：流速面积法是通过测量断面上的水流流速和过水断面面积来推算流量的一种方法。流速仪法、浮标法、超声波法、电磁法、光学法等，都属于此类方法。

（2）水力学法：水力学法是通过测量水流的水力因素，用相应水力学公式推算流量的方法，主要有量水建筑物法、水工建筑物法、比降-面积法。量水建筑物法是建设专用的测流堰等量水设施，在其上、下游分别设立水位观测设备，根据测量的水头数据，用水力学公式计算出断面流量。测流堰可分为薄壁堰、实用堰、宽顶堰三种类型。水工建筑物法是利用堰、闸、洞（涵洞）和水电站（含电力抽水站）等泄水建筑物，在其上、下游分别设立水位观测设备（过水闸则需要观测闸门开启高度），根据水位落差用水力学公式计算出断面流量。比降-面积法是根据测验河段的实测水位、实测水面比降和实测断面等资料，采用水力学公式计算河段瞬时流量的方法。

（3）化学法：利用物质不灭的原理，将指示剂注入河道中，通过测量指示剂在水中的溶度来得到流量值，指示剂的溶度与流量的大小成反比。化学法又叫稀释法、混合法、离子法、溶液法。

我国的流速、流量测验技术伴随着科学技术的进步，经历了从传统测验方法到传统与现代技术并用的发展历程。我国在 1943 年开始仿制美国普莱斯旋杯式流速仪，经过多年的使用和不断改进，于 1961 年定型为 LS68 型旋杯式流速仪。在此基础上，又研制了 LS78 型旋杯式低流速仪和 LS45 型旋杯式浅水低流速仪。这三种仪器组成我国水文测验中的旋杯式系列流速仪，主要用于中、低流速测量。为适应我国河流流速高、含沙量高、水草漂浮物多的水情，1956 年仿制了苏联旋桨式流速仪，经改进后，定名为 LS25-1 型旋桨式流速仪，并研制了适应高流速、高含沙量的流速仪——LS25-3 型、LS20B 型旋桨式流速仪；在此期间，为进行水利调查、农田灌溉，小型泵站、大型水电站的装机效率试验，并满足环保污水监测的需要，研制了 LS10 型、LS1206 型旋桨式流速仪。传统的流量测验技术是基于流速面积法原理的流速仪法，其特点是不仅要测定断面上各测点的流速，以反映流速的垂直和横向分布规律，还要测定断面水深和起点距，以获得过水断面面积。经过几十年的发展，尤其是改革开放以来，我国的流量测验技术有了很大的进步。特别是 ADCP 的使用，不仅大大解放了劳动生产力，而且提高了生产效率。在一些水面宽大于 1000 m 的河流上，过去用流速仪法测流，一次需要 2～3 h，而走航式 ADCP 只需要 0.5 h。同样是流速仪法，如今的测验技术已不可同日而语。对于测点流速测量，20 世纪 90 年代以前，要用码表来记录测速历时，靠人工记录流速仪转子转数，注意力稍有不集中或干扰太大，就很容易出错；而现在有了流速直读仪，整个记录由计算机完成。对于测深垂线的定位技术，过去采用的是辐射杆法、六分仪法、断面索标志法，容易出现偏差；现在可以由 GPS 定位，大大提高了定位精度。水深过去用测深杆或铅鱼测量，现在有超声波测深仪。起点距测量过去用仪器交会法，既要测角度，又要计算，过程复杂且精度容易受外界因素影响，现在有全站仪、激光测距仪，可以直接测得距离。ADCP利用多普勒效应原理进行流速测量，突破了传统以机械转动为基础的传感流速仪，其将声波换能器作为传感器，换能器发射声脉冲波，声脉冲波通过水体中不均匀分布的泥沙颗粒、浮游生物等反散射体反散射，由换能器接收信号，通过测定多普勒频移测算出流速。其具有能直接测出断面的流速剖面、不扰动流场、测验历时短、测速范围大等特点。我国从20世纪90年代开始引进ADCP，起初主要用于河口区的流量测验。后由水利部长江水利委员会水文局牵头开始在内河进行大量的比测试验，收集了丰富的资料并进行了深入分析，为生产商提供了诸多改进意见和建议，使其更加适用于内河流量测验。在实践、分析、总结的基础上，水利部于2006年颁布了《声学多普勒流量测验规范》（SL 337—2006）[5]。

传统的流速仪法、浮标法，仍然是我国目前流量监测的主要方法，而走航式ADCP已经在大江大河干流的大多数水文站使用，并在逐步推广普及。对于水网区和灌区引水渠的流量测验，在线监测技术正在被越来越多的测站所采用；水平ADCP和时差法目前已广泛应用于流量的在线监测，解决了受水利工程影响的河段流量测验时机难以把握和水位流量关系的定线难题，以及水资源管理中对流量资料频次需求量大的问题。总体来看，我国的流量测验技术在引进和消化国际先进仪器之后，目前处于国际先进水平，且在单次流量测验精度和测验频次的要求上要高于国际标准。

5. 泥沙测验

在水文测验中，泥沙一般是指在河道水流作用下移动着的或曾经移动的固体颗粒。水流挟带着泥沙运动，河床又由泥沙组成，两者之间的泥沙经常发生交换，这种交换引起了河床的冲淤变化。因此，研究泥沙运动对揭示河床演变的实质有重要意义。河流中泥沙颗粒在水流作用下的冲刷、搬运和淤积过程称为泥沙运动。为充分认识、了解泥沙的特性、来源、数量及时空变化，以便兴利除害，需要系统、科学的水文测验，获得悬移质泥沙的含沙量、输沙率、颗粒级配，推移质泥沙的数量和颗粒级配，床沙的颗粒级配，泥沙的密度、干容量，以及它们的变化特征等资料。泥沙测验泛指对河流或水体中随水流运行的泥沙的变化、运动、形式、数量及其演变过程的测量，以及河流或水体某一区段冲淤数据的计算，包括河流的悬移质输沙率、推移质输沙率、床沙的测定，以及泥沙颗粒级配的分析等。按泥沙的运动状态可分为悬移质、推移质、床沙，其运动形式随着流速、河道形态发生变化。从向下游输移的观点讲，泥沙可分为悬移质和推移质；从泥沙来源来讲，泥沙包括床沙质和冲泻质。

1949年前，泥沙测验仅有悬移质单位水样的观测，沙样处理采用晒干法，采样工具比较混乱，方法与工具均没有统一的标准与规定。1950年起，研制了横式采样器，沙样处理由晒干法改为烘干法，并普遍推广了置换法；在部分测站开展了悬移质输沙率测验的河床质取样，并开展了沙样颗粒级配分析。1956年《水文测站暂行规范》实施后，普遍开展了输沙率测验，并按规范规定，调整了单位水样含沙量的取样方法，使单位水样的代表性有了可靠的依据。1954 年开始探索推移质的取样，1956 年制成了黄河 56 型推移质采样器，1957 年开始在干支流上十余处测站推广并用于泥沙取样。经过近几十年的发展，泥沙测验技术与设备有了较大的发展。开展了悬移质、推移质、床沙的监测，并用多种方式进行了泥沙取样、含沙量测定及颗粒级配分析。悬移质主要测算含沙量、输沙率及其颗粒级配，推移质主要测算输沙率及其颗粒级配，床沙主要分析颗粒级配，一般与其他水文要素的测验配合实施。

（1）泥沙测验。①悬移质泥沙测验：悬移质泥沙测验仪器可选择采样器和测沙仪两类。采样器一般有调压积时式、皮囊式、普通瓶式、瞬时式等；测沙仪有同位素测沙仪、光学测沙仪、声学测沙仪、振动测沙仪。人工获取的悬移质沙样需要进行实验室分析，分析方法主要有置换法、烘干法、过滤法、激光法。处理泥沙的主要仪器包括烧杯、烘箱、天平、滤纸、比重瓶、温度计。②推移质泥沙测验：推移质泥沙测验有直接法和间接法。直接法是用仪器直接测验测沙垂线上推移质的一种方法，包括推移质输沙率测验和与其建立关系的相关水利因素的测验；间接法是定期通过淤积量、沙坡尺寸和运行速度等推求推移质输沙率。沙质推移质泥沙处理采用置换法、烘干法，卵石质推移质沙样可直接称量。③床沙测验：床沙采样器有拖曳式、挖掘式、钻管式三类。

（2）泥沙颗粒分析。有颗粒分析任务的测站根据需要选送一部分沙样进行泥沙颗粒分析。通过分析不同时期的粒径组成，可以得出泥沙的产地，对治理水土流失和减缓湖泊、水库的淤积有重要意义。泥沙颗粒分析是通过特定的仪器和方法分析泥沙颗粒直径大小、形状及组成的技术作业。泥沙粒径的单位一般用毫米（mm），也可用微米（μm）。泥沙群总体中不同粒径级颗粒子群所占的比例统称为级配，泥沙级配一般用小于某粒径的沙量占总沙量的百分比（%）来表示。泥沙颗粒直径分析有以下几种方法：量测法、沉降法、激光法。量测法分为尺量法和筛分法；沉降法分为粒径计法、吸管法、消光法和离心沉降法；激光法是近些年出现的方法。泥沙颗粒分析的成果有实测悬移质颗粒级配成果表、实测悬移质单样颗粒级配成果表。根据实测悬移质颗粒级配成果表建立单一断面-颗粒关系线，利用实测悬移质单样颗粒级配成果表推求悬移质断面平均颗粒级配成果。

目前泥沙测验过程中的部分节点有了自动化的工具与方法，但整个过程仍需人力进行串接，未实现全程的自动化。含沙量在线监测虽有应用，但在精度及代表性方面仍存在问题，尚需要进一步的研发及完善。

6. 水质监测

水质是指水体质量，标志着水体的物理、化学、生物特性及其组成的状况。为了评价水质的状况，规定了一系列的水质参数和监测标准。水质监测是监视和测定水体中污染物的种类、各类污染物的浓度及变化趋势，评价水质状况的过程。水质监测的主要监测项目可分为两大类：一类是反映水质状况的综合指标，如温度、色度、浊度、pH、电导率、悬浮物、溶解氧（dissolved oxygen，DO）、化学需氧量（chemical oxygen demand，COD）和生化需氧量等；另一类是一些有毒物质，如酚、氰、砷、铅、铬、镉、汞和有机农药等。为客观地评价江河和海洋水质的状况，除上述监测项目外，有时需进行流速和流量的测定。水质评价指标一般为色、嗅、味、透明度、水温、矿化度、总硬度、氧化还原电位、pH、生化需氧量、COD 等。非在线式水质分析前应采集水质水样，水质采样需要在水域布设采样断面，然后在断面上布设采样垂线及测点，水质水样包括瞬时水样、混合水样、综合水样三种类型，不同种类的分析项目有不同的采样仪器，如表层采样器、单层采样器、积深式采样器、封闭管式采样器、泵式采样器、DO 采样器、自动式采样器、降水采样器。凡采样器与水样接触的部件，其材质不应对原水样产生影响，应该有足够的强度，操作灵活简单，密封性能好。水样从采集到分析这段时间尽量把水样的物理、化学、生物作用变化降到最低，必须在水样取样时加以保护。水样不同化验项目有不同的保存方法，通常有冷藏、冷冻或加入化学试剂保存法。一些项目如 pH、电导率、DO、色度、浊度、气味等尽量在现场测定。

　　传统的水质监测工作由现场采样、实验室分析、数据处理和资料整编等环节组成。随着分析化学等领域科技水平的不断发展，包括滴定等传统分析手段，以及色谱、质谱、光谱等各种仪器分析方法在分析精度、准确度、自动化程度等方面均取得了显著的进步，有效地提高了水质监测的工作效率。在线自动监测是对传统水质监测工作模式的重要补充。在线自动监测技术的发展，为及时获取连续性水质监测数据提供了有力的支撑。通过对水质进行在线自动监测，可以在水质发生异常变化时及时发出预警警报，防患于未然，有效防止污染事件的进一步发展。目前比较成熟的常规检测项目有水温、pH、DO、电导率、浊度、氧化还原电位、流速和水位等，其他常用的检测项目还有 COD、高锰酸盐指数、总有机碳（total organic carbon，TOC）、氨氮、总氮（total nitrogen，TN）、总磷（total phosphorus，TP）、重金属、石油类、藻类等。现场快速监测主要适用于突发性水污染事件发生后或非常态（如震后等）条件下。选择合适的现场快速监测技术，可以在最短的时间内提供准确的监测数据，为防止污染扩散、采取有效应对措施等提供科学依据。目前，现场快速监测主要采用便携式检测设备，对 pH、电导率、DO、总溶解固体（total dissolved solid，TDS）等项目进行监测。在配备移动实验室的情况下，还可实现对有机物（利用车载气相色谱、高效液相色谱等仪器）、非金属元素（利用分光光度计、离子色谱等仪器）、微量元素与重金属元素（利用原子吸收法）等项目的监测。现场快速监测所采用的监测方法和仪器设备往往与在线自动监测比较相似，而移动实验室开展的监测项目则与传统实验室分析比较接近。

　　水利系统的水质监测工作始于 1956 年，其最大优势在于与水文站相结合，监测网站覆盖了全国主要的江河湖库，可做到水生生物、沉积物、水量、水质的同步监测。由于水环境监测在水资源管理与保护中具有重要意义，短短的几十年里我国的水质监测工作的发展速度较快。目前我国已基本形成一个以大江、大河、湖泊为监测对象的监测网，常规监测已经发展得相当成熟，建立了比较完善的符合我国国情的在布点、采样、运输、分析、报告等方面的技术规范。在一些重要的河流湖库，已经开始建立水质自动监测站。目前已经对我国河流、湖泊、大海等各个河流进行了全面覆盖监测，充分运用互联网建立了统一网络体系。水质在线监测仪器在国外已经经历了较长的发展历史，我国的在线监测始于20世纪90年代，在需要重点整治的污水排放口安装流量计或其他计量装置，是最初的在线监测系统。2001年，国产水质COD在线监测仪器问世并进行了适用性检测，随后国产的氨氮、TOC、TN、TP等水质参数的在线监测仪器研制成功并投入生产运用，水质监测进入迅速发展阶段。随着我国环境保护工作的开展，国内的水质自动监测技术也有了较大的进步，部分仪器已接近或达到国际先进水平。

传统水质监测工作模式存在着监测频次低、周期长、劳动强度较大等问题，而且不能及时地发现和反映污染事件的发生与变化状况，向相关部门提供的水质信息相对滞后，无法迅速为决策提供科学依据。准确、及时、可靠的水质监测数据，是为最严格水资源管理提供技术支撑的工作基础。在线自动监测实现了连续的在线监测，可以根据预先设置的段次及时、自动获取水质监测信息，是今后一段时间内建设及投入运用的主要监测模式。

7. 地下水监测

地下水动态是指地下水的数量和质量的变化状况。对地下水实施动态监测，可以了解地下水在时空上的分布情况和动态变化规律，以适时地制订相应的对策，达到地下水资源可持续开发利用的目的。地下水监测站根据监测的方式分为人工站和自动监测站，根据监测的目的可分为基本站、统测站、试验站。地下水位基本监测站、水质基本监测站由国家级监测站、省级重点监测站、普通基本监测站组成。地下水的监测项目有地下水位、开采量、泉流量、水质、水温等。其中：地下水位监测的方法有浮子法、压力法等；开采量监测的方法有水表法、水泵出水量统计法、用水定额调查统计法；泉流量监测的方法有堰槽法、流速流量仪法等。

中华人民共和国成立后，水利部门于20世纪50年代初开展地下水监测工作，最初在宁夏引黄灌区、关中四大灌区（泾、渭、交、洛）、河南省人民胜利渠灌区及安徽省、江苏省、山东省等地开展了较系统的地下水监测。20世纪70年代起，北方大部分省（自治区、直辖市）普遍开展了地下水监测工作，已初步形成一定规模的地下水监测站网，监测内容也从单一的水位，扩展到水位、水温、水量、水质等多个要素。进入21世纪以来，规划并新建了一批地下水监测站，尤其是在北方地区，站网控制面积不断加大，站网密度不断提高。另外，随着科学技术的不断进步，监测手段和方式不断创新，监测信息存储、传输方式从过去的纸介质形式存档管理、邮寄传递逐步转变成了数据库存储、网络传输的方式，初步形成了数据采集、传输、分析、信息发布的工作框架。1994年，颁布了行业标准《地下水动态监测规程》（DZ/T 0133—1994），1996年颁布了行业标准《地下水监测规范》（SL/T 183—96），并于2005年重新修订颁布《地下水监测规范》（SL 183—2005）；2006年颁布了行业标准《地下水监测站建设技术规范》（SL 360—2006），2014年进行修订，并以国家标准《地下水监测工程技术规范》（GB/T 51040—2014）颁布执行。

（1）水位监测。目前地下水位监测以人工观测为主。人工观测地下水位是必备的地下水位观测方法，人工测量值作为地下水位值（埋深）的基准值，用来校准地下水自记水位计的水位基准值。常用的人工观测地下水位的方法有测钟（盅）、悬锤式水位计、钢卷尺水痕法、测压气管法（压力法）、测自流井地下水位等。国内水文部门普遍应用的方法是用测钟测量地下水位，以及用悬锤式水位计测量地下水位。水位自动监测一般采用浮子式、压力式仪器。

（2）水质监测。地下水质监测以经人工取样，并送实验室分析为主要方式。绝大部分地下水采样器从测井中的水体中采取水样，一部分特殊的采样器可以从土壤含水层中直接采取水样，或在井管进水栅孔处采样，又或依靠渗透方法采样，这些特殊采样器的采样过程需要经历较长的时段。

（3）水温监测。一般应用水温计、深水温度计、颠倒温度计、金属电阻温度计、半导体温度计测量地下水水温。前三种仪器需要人工读取水银温度计读数，后两种可以数字显示温度，能够接入 RTU 实现水温的自动监测。颠倒温度计被《地下水环境监测技术规范》（HJ 164—2020）建议为测量地下水温的仪器[6]。深水温度计的直径较大，品种极少，其深水测温效果优于水温计，但应用得极少。应用最多的仍是水温计，尽管其测量深水水温的性能较差，但因为结构简单、耐用、使用方便而成为一般深度水温的普遍测量仪器。自动测量水温的仪器主要有半导体温度计和金属电阻温度计。自动测温仪器可以是完全独立的一台水温测量仪器，也可以只是作为一种测量水温的功能存在于其他地下水测量仪器中。

（4）流量监测。由于地下水的流量小，进行渠道流量测量时适用堰槽法，主要使用薄壁堰。流量较大时使用流速面积法等流量测量方法。测量水泵抽取的地下水量时，主要使用水表法、工业管道流量计、孔板流量计、电量（电功率）法等方法，也有应用堰箱和末端深度法测量的。

8. 墒情监测

墒情即土壤含水量监测是水循环规律研究、农业灌溉、水资源合理利用及抗旱减灾的基础工作。土壤含水量是土壤中所含水分的数量，一般是指土壤绝对含水量，即 100 g 烘干土中含有若干克水分，也称土壤含水率。土壤含水量的主要监测方法包括称重法、张力计法、介电法。目前国内外厂家采用介电原理制造土壤水分自动监测仪器的方法有时域法和频域法。时域法主要包括时域反射法（time domain reflectometer，TDR）和时域传输法（time domain transmission，TDT），频域法主要包括频域反射法（frequency domain reflectometer，FDR）、频域分解法（frequency domain decomposition，FDD）和驻波比法（standing-wave ratio，SWR），相应的监测仪器主要是基于介电原理的时域反射仪和频域反射仪。

我国开展土壤墒情监测的部门主要有水利、农业、气象三个部门。其中，气象部门侧重于气象干旱，农业部门侧重于农业干旱，水利部门的侧重点是水资源配置。土壤墒情监测的核心是土壤含水量监测。我国水利行业开展墒情监测起步较早，早在 20 世纪 60 年代，山东省等地的水文部门就依托水文站的技术力量，开展了人工监测墒情的工作，并将土壤墒情纳入水文站的一项常规监测项目。近年来，随着抗旱工作的深入、细化，以及社会经济的快速发展，在一些易旱地区逐步建设了土壤墒情自动监测站，实现了土壤墒情信息的自动采集、自动传输，提高了土壤墒情监测信息的时效性，墒情监测实现了跨越式发展。

以前水利系统墒情监测主要是通过人工取土，采用烘干称重法，取得土壤含水量数据；少数墒情试验站则是采用张力计法、中子仪法监测土壤含水量。烘干称重法虽然监测精度高，但因为取土劳动强度大、烘干与计算周期较长，所以监测频次低，不能实现连续动态监测；张力计法和中子仪法虽然可以实现连续监测，但由于方法的适用性限制也不能大规模推广应用，故研究可推广应用的墒情（土壤含水量）自动监测仪器和方法是十分紧迫的。目前人工站仍以烘干称重法为主，自动监测站主要采用频域法、TDR。烘干称重法是测定土壤水分最普遍的方法，也是标准方法，常作为一种实验室测量方法，并用于其他方法的标定。TDR 在国外应用得相当普遍，国内才刚开始引进。其优点是测量速度快，操作简便，精确度高，能达到 0.5%，可连续测量，既可测量土壤表层水分，又可用于测量剖面水分，既可用于手持式的时实测量，又可用于远距离多点自动监测，测量数据易于处理。频域法测量技术是近些年才得到应用的。随着电子技术和元器件的发展，测量介电常数的频域水分传感器已研制成功，频域法采用了低于 TDR 的工作频率，易于实现，造价较低，但其测量精度比 TDR 土壤水分监测传感器要低一些。

第 2 章　降雨与蒸发自动监测

地面从大气中获得的水汽凝结物，总称为降水。它包括两部分：一部分是大气中的水汽直接在地面或地物表面及低空的凝结物，如霜、露、雾和雾凇，又称为水平降水；另一部分是由空中降落到地面上的水汽凝结物，如雨、雪、霰雹和雨凇等，又称为垂直降水。中国气象局编著的《地面气象观测规范》规定，降水量仅包括垂直降水，即由空中降落到地面上的水汽凝结物[7]。降水是水文循环的基本要素之一，也是区域自然地理特征的重要表征要素，是雨情的表征。它是地表水和地下水的来源，与人类的生活、生产方式关系密切，又与区域自然生态紧密关联。降水是区域发生洪涝灾害的直接因素，是水文预报的重要依据。在人类活动的许多方面需要掌握降水资料，研究降水的空间与时间变化规律。例如，农业生产、防汛抗旱等都要及时了解降水情况，并通过降水资料分析旱涝规律情势；在水文预报方案编制和水文分析研究中也需要降水资料。从天空降落到地面上的雨水，未经蒸发、渗透、流失而在水面上积聚的水层深度，常称为降雨量（以毫米为单位），它可以直观地表示降雨的多少，观测时常观测的是降雨量。

水由液态或固态转变成气态，逸入大气中的过程称为蒸发。水面蒸发量（近似用 E601 型标准蒸发器观测值代替），是表征一个地区蒸发能力的参数。陆面蒸发量是指当地降水量中通过陆面表面土壤蒸发、植物散发及水体蒸发而消耗的总水量，这部分水量也是当地降水形成的土壤水补给通量。水面或土壤的水分蒸发量，分别用不同的蒸发器测定。一般，温度越高、湿度越小、风速越大、气压越低，蒸发量越大；反之，蒸发量越小。水面蒸发是水循环过程中的一个重要环节，是水文学研究中的一个重要课题。它是水库、湖泊等水体水量损失的主要部分，也是研究陆面蒸发的基本参证资料。在水资源评价、水文模型确定、水利水电工程和用水量较大的工矿企业规划设计与管理中都需要水面蒸发资料。随着国民经济的不断发展，水资源的开发、利用急剧增长，供需矛盾日益尖锐，这就要求大家更精确地进行水资源的评价。水面蒸发观测工作，就是探索水体的水面蒸发及蒸发能力在不同地区和时间上的变化规律，以满足国民经济各部门的需要，为水资源评价和科学研究提供可靠的依据。

2.1 雨量自动监测

常规雨量计一般由承雨漏斗、雨量计量装置两部分组成。承雨漏斗的口径是固定的，我国现行承雨漏斗的口径一般为 200 mm，因此收集的雨量与雨水深度呈正比例关系，根据雨量计量装置测得的值，即可计算出雨水深度。因为雨量计量装置有体积式的、液位式的、称重式的，所以常用的雨量计有翻斗式雨量计、浮子式雨量计、容栅式雨量计、称重式雨（雪）量计等。上述各类型雨量计的雨量计量装置都配备了精密的传感器，且有电气接口，可以和数据采集传输设备连接，实现雨量自记远传，是当前主流自动测雨仪器。近年来，随着图像处理技术和计算技术的进步，出现了新型的雨量监测方法。例如，雷达雨量计，其工作原理和传统雨量计截然不同；视频雨量观测则是通过图像分析雨滴的大小、密度，来推算降雨强度，然后结合历时来计算雨量；压电式雨量计是通过测算雨滴击打在传感器表面产生的力学特性来推算降雨强度；雷达测雨系统通过测算云层厚度与雨量间的经验关系，间接计算雨量；等等。

2.1.1 翻斗式雨量计

目前翻斗式雨量计是我国使用最广泛的雨量传感器。其具有结构简单、工作可靠、易于把降雨量转换成电信号输出的特点，其技术指标满足我国大多数条件下防汛抗旱和基本资料收集的需要，广泛应用于水情自动测报系统的雨量自动观测。翻斗式雨量计结构如图 2.1.1 所示。

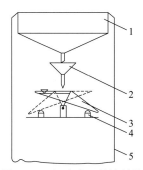

图 2.1.1 翻斗式雨量计结构

1—承雨口；2—进水漏斗；3—翻斗；4—调节螺钉；5—雨量筒身

2.1.2 液位式雨量计

液位式雨量计通常将承雨口收集的雨量储存在一个规则的容器里，一般为圆柱形的容器，通过测量液位变化来测算雨量。20 世纪上海气象仪器厂有限公司生产的 ST1 型虹吸式雨量计是液位式雨量计的典型代表，如图 2.1.2 所示。该型雨量计的记录部件是一种机械结构，数据以纸质形式保存，已不适应水利信息化的发展需求，当前液位式雨量计以该雨量计为原型，进行技术改造，加装了液位传感器，设计了多款性能稳定、计量精度高的液位式雨量计。

图 2.1.2　虹吸式雨量计

根据传感器的类型不同，有浮子式雨量计、磁致伸缩式雨量计、容栅式雨量计、超声波式雨量计等。

1）浮子式雨量计

图 2.1.3 为某公司生产的浮子式雨量计的内部组成示意图。浮子式雨量计的传感器安装在储水容器的顶部，传感器的浮子安装在容器内部。下雨时，水面上升，推动浮子向上运动，带动传感器的测轮转动，传感器内部的电子部件即可感知降雨情况。容器侧壁上有个虹吸管，当内部水面上升至弯管位置时，即开始虹吸，容器内的水位降至最低处。

图 2.1.3　浮子式雨量计

该雨量计内部的浮子式水位计一般配备 RS485 接口，内置 CPU，可以和配套的数据采集器互联，实现雨量监测。也有部分浮子式雨量计配备并行通信接口。

浮子式雨量计的计量精度由传感器的分辨率决定，一般承雨口截面积与储水容器的截面积之比大于 3，浮子式雨量计的分辨率可以达到 0.1 mm。

浮子式雨量计的测量误差主要由三方面的因素造成。一是测轮轮轴与轴承之间存在静摩擦力，测轮转动必须克服轴与轴承之间的静力矩，因此会出现水面细微变化但是轮子不转的情况，这就引起测量误差；二是储水容器发生虹吸时，往往正在下雨，此过程的降雨量无法计量，因此引起测量误差；三是为了保证浮子和水面同步变化，储水容器应预留适当底水，保证浮子始终处于漂浮状态，否则也可能导致测量误差。

2）磁致伸缩式雨量计

图 2.1.4 为磁致伸缩式雨量计，图 2.1.4（a）为实物图，图 2.1.4（b）为内部组成示意图。与浮子式雨量计类似，承雨口通过导流管将雨水引入储水容器内，通过磁致伸缩水位（液位）计感应雨量筒内水位的变化来测量雨量。储水容器底部有电动排水阀门，当与磁致伸缩式雨量计连接的采集器监测到容器接近充满时，可以自动开启电动排水阀门，将水排至低水位，实现雨量循环监测。

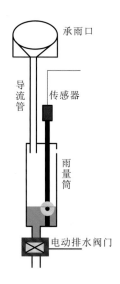

（a）实物图　　　　　　　　（b）内部组成示意图

图 2.1.4　磁致伸缩式雨量计

图 2.1.5 为磁致伸缩水位（液位）计，图 2.1.5（a）为实物图，图 2.1.5（b）为内部结构图，该类型传感器主要由传感器表头、感应轴、浮球三部分组成。该类型传感器基于电磁波反射测距原理，传感器表头内部有电磁脉冲发射装置，感应轴内有波导丝（感应线圈），浮球内部有磁性颗粒，传感器表头周期性发射的电磁脉冲沿着波导丝传播，遇到浮球产生的磁场时发生反射，回传到传感器表头，根据发射波和回波的接收时间差，计算浮球与传感器表头的距离。该类型雨量计一般配备 RS485 接口，内置 CPU，可以和配套的数据采集器互联，实现雨量监测。

磁致伸缩水位（液位）计具有极小的温度系数，几乎可以忽略不计，且具有极高的测量精度，分辨率可以达到 0.01 mm，因此基于此类型传感器制作的液位式雨量计具有极高的监测精度，系统结构决定了该类型雨量计的监测精度几乎不受降雨强度的影响，常用于科学试验，或者作为蒸发量观测配套雨量计。

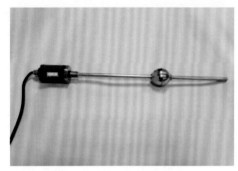
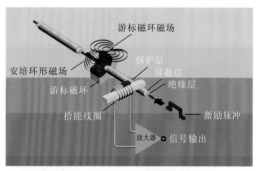

（a）实物图　　　　　　　　　　　　　（b）内部结构图

图 2.1.5　磁致伸缩水位（液位）计

该类型传感器结构简单，有充足的空间用作储水容器，储水容器可以容纳 100 mm 以上的降雨，这样可以减少储水容器的排水频次，提高雨量监测精度。当感应轴上有附着物时，可能会使浮球运动不灵活，不能和储水容器内的水面同步变化，将导致测量误差。当浮球加工工艺不符合要求或传感器安装不铅直时，也会使浮球沿着感应轴上下运动时存在摩擦力，引起测量误差。因此，传感器在加工、安装、日常保养等方面，都要认真细致。

2.1.3　称重式雨（雪）量计

各类降水观测仪器的结构虽然不同，但基本原理是一致的，即根据体积法或液位法换算求出特定时段内的降水深度，但是在降雪天气，上述观测仪器却无法奏效。因为积雪没有流动性，会搁置在承雨口的漏斗里，不能进入储水容器参与计量。早期采用融雪法解决降雪量的观测问题，即用温水先将雪样融化，融化前先记录温水的体积，雪样融化后再记录下温水与融雪水的体积和，根据两次记录的差值得出雪水的体积，再用上述体积法换算成降水量。但是上述方法有三个弊端：一是观测手段比较烦琐，耗费较大人力；二是容易带来较大的观测误差，如测量过程中，样本多次在量具中转移，有器壁吸附损失，融雪过程中容易产生汽化损失；三是此法不满足降雨观测自动化的需求。为了解决上述问题，科技工作者研制出了称重式雨（雪）量计，该观测仪器通过称重的方式计算出降水量。

1. 构造与原理

图 2.1.6（a）是 HACH 公司的 Pluvio2 型雨雪量计外观机构图，图 2.1.6（b）是内部结构图。Pluvio2 型雨雪量计主要由筒罩、储水器、称重组件三大部件组成。

筒罩顶端是承雨（雪）口，雨（雪）从承雨（雪）口飘进来，直接落在筒罩内部的储水器内，储水器放置在称重组件的托盘上，称重传感器根据时段内储水器的重量增加

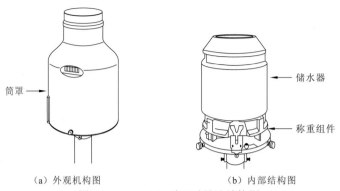

（a）外观机构图　　　　　　　（b）内部结构图

图 2.1.6　Pluvio2 型雨雪量计结构图

量来计算降水量。承雨（雪）口四周有电热器，冰冻天气可以通过加热方式融化器口内缘的结冰，融水直接滴入储水器。从仪器结构可以看出，Pluvio2 型雨雪量计呈现出上细下粗的结构，这样设计主要有两大好处：一是保证降水可以完全落入储水器，而不至于附着在口壁内侧；二是可以增大储水器的容积，以便增大仪器量程。

2. 性能与指标

（1）使用环境条件：–40～60 ℃。

（2）承雨（雪）口面积：200 cm²/400 cm²。

（3）雨量分辨率：0.01 mm，0.01 mm/h。

（4）适用的降雨强度范围：0.00～300.00 mm/h。

（5）储水器降雨容量：1 500 mm/750 mm。

（6）传感器输出方式：SDI-12/RS485。

（7）供电：5.5～28 V 直流电。

（8）功耗：9.2 mA@12 V。

3. 适用条件与注意事项

称重式雨（雪）量计计量精度高，从理论上讲既可以用于热带，又可以用于严寒地区，但是和其他类型雨量计相比，价格昂贵，因此常用于我国北方等常降雪地区，科研行业也用称重式雨（雪）量计进行高寒山区的气候观测，如贡嘎雪山气候观测等。但是在风沙扬尘较大地区、落叶林地带应该谨慎使用，并采取必要的防护措施。这是因为沙尘和落叶落入储水器内会增加容器重量，造成降水的假象，带来较大的观测误差。

其安装位置应避开大风、重车通行区域，因为风力和地面振动会影响称重组件的正常工作，导致测量误差，一般称重式雨（雪）量计应安装在预置的混凝土基础上并固定好，因阻风面大，容易倾斜，必要时需要在仪器周围安装防风设施，如图 2.1.7 是称重式雨（雪）量计安装图。

称重式雨（雪）量计不能自动排水，受储水器容积限制，需要定期揭开筒罩人工排水，因此运行维护人员需要不定期关注筒内水量，及时清除筒内水样，以免水满溢出导致下方传感器进水。

图 2.1.7　称重式雨（雪）量计安装图

2.1.4　雨量计的安装与日常保养

1. 雨量计的安装

当前，雨量计一般和水文遥测终端机成套使用，组建成遥测雨量站。根据两者间的集成方式，其可分为分体式安装方式和一体化安装方式。分体式安装方式在基本水文站较为常见，雨量计安装在标准的雨量（气象）观测场，按照我国现行水利行业标准《降水量观测规范》（SL 21—2015），承雨口距离地面的高度约为 0.7 m，水文遥测终端机安装在站房里或者专门的仪器柜里，两者通过专门的信号线连接。一体化安装时，雨量计和水文遥测终端机组成一个整体，常见的安装方式有法拉第筒安装方式和支架式安装方式，见图 2.1.8（a）和（b）。一般，基本雨量站或委托观测雨量站采用一体化安装方式，这种安装方式，器口距离地面 1.2～3.5 m，承雨口比分体式安装方式要高，可以有效避免外界因素对雨量采集的影响。法拉第筒安装方式避雷效果较好，一般不用单独建避雷设施，但是维护不方便。支架式安装方式维护相对方便，但容易遭雷击。

雨量计在安装时应注意四周无遮挡，承雨口应尽量水平，以保证雨量采集尽量准确，否则会导致雨量偏小，安装时可以用水平尺进行校准。另外，雨量计内部的计量装置上有水平泡，安装时注意将水平泡的空气泡调整至中央，否则会使计量装置产生测量误差。

2. 雨量计的检修与率定

雨量计应定期清洁、率定，以保证测量精度。因为空气中有灰尘等杂物，它们可能会随降雨附着在承雨口、导流管及计量装置上，导致导流管堵塞、翻斗有效容积变化，影响雨量计的正常工作或使计量产生偏差。安装基座发生不均匀沉降，也会导致承雨口倾斜，需要定期校平。

（a）法拉第筒安装方式　　　　　　　　　　（b）支架式安装方式

图 2.1.8　遥测雨量站安装方式

受环境因素影响，计量精度也会发生变化，需要定期率定。通常用注水试验模拟自然降雨强度，以检验雨量计的准确性。通常率定试验的器材为 10 mm 的雨量筒，近些年已成功研制出翻斗式雨量计校准仪，如图 2.1.9 所示的 JDX-2 雨量滴定测试仪，可以利用程序控制注水量（0.5～12.5 mm）、注水速度（可选 0.5 mm/min、1.0 mm/min、1.5 mm/min、2.0 mm/min、2.5 mm/min、3.0 mm/min、3.5 mm/min、4.0 mm/min）、翻斗型号（可选 0.1 mm、0.2 mm、0.5 mm、1.0 mm），并自动统计翻斗翻动的次数和累计雨量，可以自动存储测试结果，并打印输出。

率定时，对于翻斗式雨量计，翻斗里可能会有残余的雨量，导致测量误差，只要累计误差小于 4%，就可以认为计量准确，偶尔发生大于 4%的情况，可以重复率定，如果误差始终大于 4%，可以调整翻斗下方的调节螺丝，使误差在允许范围内。

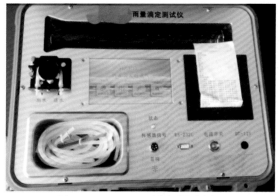

图 2.1.9　JDX-2 雨量滴定测试仪

对于液位式雨量计和称重式雨（雪）量计，率定原理与翻斗式雨量计类似，一般向储水容器注入 10 mm 的水，观察注水前后雨量的变化量与标准值是否相符。我国现行规范要求，液位式雨量计和称重式雨（雪）量计的计量误差不应大于 1%，发现超出允许范围，一般用软件对测量结果进行线性修正，此类传感器一般内置线性修正系数，通过修改该系数实现雨量计校准。

2.1.5　各类型雨量计指标对比

上述各类型雨量计因其测量原理不同，内部构造有较大差异，生产成本和计量精度也差别很大，雨量计选型时应因地制宜，结合实际需求，选择合适的雨量计，表 2.1.1 为各类型雨量计相关指标对比表，供参考。

表 2.1.1　各类型雨量计相关指标对比表

类型	项目				
	测验精度	测雪或测冻雨	结构复杂程度	维护难度	价格
翻斗式雨量计	<4%	否	简单	简单	便宜
液位式雨量计	<1%	否	一般	复杂	一般
称重式雨（雪）量计	<1%	是	一般	简单	昂贵

2.2　蒸发量自动监测

水面蒸发是水循环的重要途径之一，地表和海面蒸发时刻进行着，相关研究表明陆地降水有 70%因蒸发而消耗掉，我国很多地区年蒸发量远大于降水量，因此做好蒸发量观测对于研究水循环规律，做好水资源配置具有重要意义。影响蒸发的因素很多，可以通过监测影响蒸发量的气象因子间接推求蒸发量，此法称作间接法；也可以通过测量水体的水面变化，直接得出时段蒸发量，此法称作直接法或器测法。本章主要介绍采用直接法的观测仪器。蒸发观测仪器主要由蒸发器皿和度量工具两部分组成，其中蒸发器皿用于盛装待蒸发的水样，水文行业常用的蒸发器皿有口径为 200 mm 的蒸发皿、口径为618 mm 的 E601B 蒸发器及 5 m^2 或口径更大的蒸发池；配套度量工具有雨量筒、电子秤、蒸发电测针、高精度液位传感器等。随着电子技术和传感器技术的进步，蒸发量由过去的人工观测方式逐步向自记方式迈进，目前蒸发量自动测量系统实现了蒸发量采集、传输和补水排水全自动控制。根据测量原理不同，蒸发量自动测量系统主要有称重式和液位式两种，其中称重式蒸发量自动测量系统以 200 mm 口径蒸发皿为蒸发水样容器，通过智能式称重传感器检测蒸发皿的重量变化，配合数据采集器和计算机软件测算出日蒸发量；液位式蒸发量自动测量系统一般以 E601B 蒸发器为蒸发水样容器，通过高精度液位传感器监测蒸发器内的水位变化，测量出日蒸发量。液位式蒸发量自动测量系统常用的液位传感器有磁致伸缩水位（液位）计、角度编码浮子液位计、超声波液位计、测针接触式液位计等。

2.2.1　200 mm 口径蒸发皿

1. 构造与组成

图 2.2.1 是 200 mm 口径蒸发皿外观图，其为一个内径为 200 mm、高约 10 cm 的铜制器皿，壁厚为 0.5 mm，口缘镶有 8 mm 厚内直外斜的刀刃形铜圈，器口要求正圆。口缘下设一倒水小嘴。为防止鸟兽饮水，器口附有一个上端向外张开、呈喇叭状的金属丝网圈。观测时将待蒸发水样倒入蒸发皿，然后将蒸发皿放置在蒸发观测场。通过度量蒸发皿日水量损失来计算日蒸发量。

图 2.2.1　200 mm 口径蒸发皿

配套的蒸发度量器具主要有雨量筒和克秤。因为 200 mm 口径蒸发皿和我国常用的雨量计的口径是一样的，所以可以用我国的 10 mm 雨量筒度量，观测开始和结束时刻分别量一下蒸发皿的水量，可以直接计算出时段蒸发量。也可以用克秤在观测开始和结束时刻分别称一下蒸发皿的重量，从而换算得出时段蒸发量，蒸发皿总重每减轻 3.14 g，相当于蒸发 0.1 mm。降雨天度量时需要减去观测期间的降雨量。

2. 适用条件与注意事项

该类型蒸发皿适用条件广泛，价格低廉，在我国南北地区都有应用，尤其适用于我国北方寒冷地区，当水面结冰不方便度量时段蒸发量时，用克秤可以方便地度量出蒸发量。观测时蒸发皿一般放置在专用的水泥基础上或钢结构支架上，器口距离地面约70 cm，避免大雨天气降水溅入蒸发皿。倒入蒸发皿的水量要适中，以 5 cm 左右的深度为宜，保证既能满足一天蒸发损失的需要，又有富余空间可以容纳降雨。

由于蒸发皿与大地不完全接触，温度和地表风速有较大差异，采用蒸发皿观测的蒸发量一般比实际蒸发量大，需要乘以换算系数才能得出真正的蒸发量，而不同地域、不同季节换算系数并不一样，需要通过长期比测试验得出，这是此款蒸发皿的局限性。由于此类蒸发皿重量轻，称重方便，仪器厂家以此类蒸发皿为基础，配套加装称重传感器，研制出了称重式自动蒸发器。

2.2.2 E601B 蒸发器

为了使蒸发观测仪器的测量值更加接近地表蒸发真值，我国科技工作者于 20 世纪 80 年代做了大量科学试验，成功研制了 E601B 蒸发器，并于 20 世纪 90 年代在全国推广使用。按照相关规范安装的 E601B 蒸发器，实测蒸发量与地表真实蒸发量的换算系数稳定在 0.9～1，因此推荐该类型蒸发器为当前气象、水文行业的标准观测仪器。

1. 构造与组成

图 2.2.2 是 E601B 蒸发器的组成结构图。其主要由蒸发电测针、蒸发器、水圈、溢流桶四部分组成。E601B 蒸发器是内径为（618±2）mm 的玻璃钢材质的容器，主要用于盛装待蒸发的水样。E601B 蒸发器上边沿有溢流孔，降雨天气蒸发器内水量过多时，水从溢流孔流入溢流桶。在 E601B 蒸发器的外沿有水圈，起到隔热和模拟天然水体环境的作用。在 E601B 蒸发器的器口外壁有蒸发电测针卡座，用于放置蒸发电测针，以便测量蒸发器内水面高度。日蒸发量按照式（2.2.1）计算。

$$E = P - \sum h_{取} - \sum h_{溢} + \sum h_{加} + (h_1 - h_2) \qquad (2.2.1)$$

式中：E 为日蒸发量，mm；P 为日降雨量，mm；$\sum h_{取}$ 和 $\sum h_{加}$ 分别为前一日 8 时至当日 8 时各次取水量之和及加水量之和，mm；$\sum h_{溢}$ 为前一日 8 时至当日 8 时各次溢流量之和，mm；h_1、h_2 分别为上次（前一日）和本次（当日）的蒸发器水面高度，mm。

图 2.2.2 E601B 蒸发器的组成结构

以上量值都用换算后的水深表示。晴天日降雨量等于 0，溢流量等于 0。雨天的雨量用蒸发观测场配套的雨量计测量；溢流量需要根据蒸发器器口面积折算出等效深度。

2. 蒸发电测针测量原理

蒸发电测针是 E601B 蒸发器水位的常用度量工具，如图 2.2.3 所示。其主要由支杆、测针、游尺、调微旋钮、微分刻度盘五个部件组成，其工作原理与螺旋测微器类似。E601B 蒸发器器口有配套的插座用于固定蒸发电测针，蒸发器内有静水装置，便于风浪天气液位观测。测量时将支杆末端插入插座直至其底部，游尺和测针固定在一起，调微旋钮和微分刻度盘构成一个整体，游尺和调微旋钮通过螺杆连接，旋转调微旋钮，螺杆带动游尺在轨道上上下滑动，滑动幅度为 7 cm，游尺上有刻度，分辨率为 1 mm，轨道下方刻有基准线，可以方便地观察游尺相对于基准线移动的距离。调微旋钮每旋转 1 周，游尺运动 1 mm，微分刻度盘均匀分成 10 小格，每格代表 0.1 mm，轨道上方也刻有基准线，方便观察微分刻度盘旋转的角度。当游尺上的毫米刻度线对准轨道下方基准线时，微分刻度盘的 0 刻度正好对准轨道上方的基准线。测量水面高度时，可以旋转调微旋钮，使测针的针尖恰好接触水面。将游尺的读数（精确到毫米）加上微分刻度盘的读数（单位为 0.1 mm）记作水位初始值。过一段时间（一般为 1 d）后，用同样的办法观察蒸发电测针的读数，并记作截止时刻水位值，两次观测的水位差值即该时段的蒸发量。由于肉眼判断测针针尖是否接触水面非常困难，通常蒸发电测针配备有蜂鸣器，当针尖接触水面时，蜂鸣器打开，当针尖离开水面时，蜂鸣器关闭，可以将针尖接触水面的读数和针尖离开水面的读数的均值作为水位值。

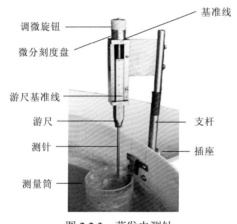

图 2.2.3　蒸发电测针

3. 性能与指标

E601B 蒸发器具有防腐蚀、防冻裂、隔热性好、防止小水体和地面剧烈热交换、测量精度高、使用方便、寿命长等优点，被国家市场监督管理总局确定为全国水面蒸发观测的唯一标准仪器，并列入国家标准《水面蒸发器》（GB/T 21327—2019），被水利部、中国气象局、中国科学院列为换代产品，在全国推广使用。其主要技术指标如下。

（1）测针最大量程：70 mm。

（2）测针最小读数：0.1 mm。

（3）蒸发器器口直径：（618±2）mm。

（4）环境温度：−40～50 ℃。

（5）蒸发器深：600 mm。

4. 适用条件与安装要求

因为 E601B 蒸发器通过液位差法测量蒸发量，所以冰期不宜采用该类型蒸发器。

为保证观测的蒸发值具有代表性，场地选址应尽量符合《水面蒸发观测规范》（SL 630—2013）中的相关要求。观测场宜避免设在陡坡、洼地和有泉水溢出的地段，或者附近有丛林、铁路、公路和大型工矿的地方。当附近有城市和大型工矿区时，观测场宜按照风向分布频率最大的方向相对迎前布设。蒸发观测场四周应空旷平坦，保证气流畅通。观测场附近的丘岗、建筑物、树木等障碍所造成的遮挡率宜小于 10%，如受条件限制，其遮挡率应不大于 25%。

仪器安装的一般要求如下。

（1）蒸发器器口应高出地面 30 cm，器口应尽量保持水平。

（2）水圈应紧靠蒸发器，水圈的排水孔底和蒸发器的溢流孔底应在同一水平面上。

（3）水圈与地面之间应设一宽 50 cm（包括防坍墙在内）、高 22.5 cm 的土圈，土圈外层的防坍墙用砖干砌而成。

（4）埋设仪器时应少扰动原土，坑壁和筒壁的间隙用原土回填捣实。溢流桶应设在土圈外带盖的套箱内，用胶管将蒸发器上的溢流孔和溢流桶相连。安装后，蒸发器外的雨水应不能从接口处进入溢流桶。

（5）蒸发电测针的底座应保持水平。

（6）仪器安装完毕后应在蒸发器中注水至最高水位处，水圈内的注水高度应与蒸发器内的水面高度接近。

仪器检查与养护要求如下。

（1）新安装的蒸发器，可能会由原土回填没有捣实导致蒸发器非均匀沉降，应用水平尺定期检查蒸发器器口是否水平，发现异常应及时扶正。

（2）定期更换蒸发器内水样并清洗蒸发器，保证清洁。

（3）每天关注蒸发器内水位情况，当水位偏低时，应注意加水，以免影响观测；大雨天气来临时，可以适当汲水以便后期观测。

（4）注意检查连接蒸发器和溢流桶的胶管有无破损情况，暴雨天气应避免溢流桶水满溢出。

2.3　液位式蒸发量自动测量系统

CJH-1 型液位式全自动蒸发量采集系统是水利部长江水利委员会水文局研发的基于磁致伸缩水位（液位）计的蒸发量自动测量系统。因为采用称重原理设计的蒸发量自动测量系统采集的蒸发量需要乘以一个不确定的换算系数，而且该系数随地域和季节变化，这给获取真实的蒸发量带来了较大困难，所以蒸发量自动测量系统以液位式为主，为了避免安装的传感器对实际蒸发产生影响，蒸发器液位测量一般采用连通器原理，即液位传感器不安装在蒸发器内，而是安装在与蒸发器连通的另一个容器里。

2.3.1　结构组成与工作原理

图 2.3.1 是 CJH-1 型液位式全自动蒸发量采集系统结构示意图。

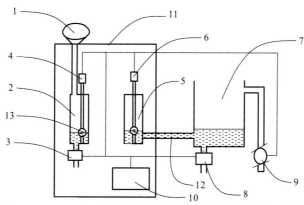

图 2.3.1　CJH-1 型液位式全自动蒸发量采集系统结构示意图

1—承雨口；2—雨量筒；3—雨量排水阀；4—雨量液位计；5—蒸发测量筒；6—蒸发液位传感器；7—E601B 蒸发器；

8—蒸发器排水阀；9—蒸发器补水泵；10—数据采集控制器；11—仪器柜；12—连通管；13—感应浮球

该系统是一种双筒互补型全自动降水蒸发测量系统，雨量和蒸发量都采用液位式传感器测量，且传感器和测量筒型号完全一样。口径为 200 mm 的承雨口 1 将采集的雨量收集到雨量筒 2 中，数据采集控制器 10 根据雨量筒内液位传感器在时段内的液位差换算出时段雨量，雨量筒底部有雨量排水阀 3，当检测到筒内水量很多时，控制器自动打开阀门，排出筒内的水，以便后期雨量计量。蒸发测量筒 5 和 E601B 蒸发器 7 底部由水管连通组成连通器，安装在蒸发测量筒内的蒸发液位传感器 6 通过测量时段液位差，换算出时段蒸发量。蒸发器底部安装有排水阀，当蒸发器内水量过多时，数据采集控制器自动打开蒸发器排水阀 8 放出过多的水，排水前后数据采集控制器会记录蒸发器内的水位，以便计算排水量（溢流量）。当蒸发器内水量偏少时，数据采集控制器自动打开蒸发器补水泵 9 加水，加水前后数据采集控制器会记录蒸发器内的水位，以便计算补水量。依据式（2.2.1）的日蒸发量计算公式，即可计算出日降雨量和日蒸发量。雨量筒的排水阀和蒸发器的排水阀不同时打开，当遇到暴雨天气时，雨量筒排水期间的降雨量用蒸发器计量，因此该系统称作双筒互补型全自动降水蒸发测量系统，具有非常高的计量精度。

2.3.2　主要性能指标

CJH-1 型液位式全自动蒸发量采集系统的主要技术指标如下。

（1）蒸发器器口面积：3 000 cm^2。

（2）蒸发液位传感器分辨率：0.01 mm。

（3）蒸发液位传感器量程：330 mm。

（4）蒸发最大测量误差：0.2 mm。

（5）雨量器器口直径：200 mm。

（6）雨量传感器分辨率：0.01 mm。

（7）雨量传感器量程：330 mm。

（8）最大降雨强度：4 mm/min。

（9）雨量最大测量误差：0.05 mm。

（10）温度传感器测量范围：−20～80 ℃。

（11）温度传感器分辨率：0.1 ℃。

（12）温度最大测量误差：0.5 ℃。

（13）蒸发器补水泵流量：1.2 L/min。

（14）电磁阀流量：1.0 L/min（具体与水头有关）。

（15）额定工作电压：12 V 直流电。

（16）系统静态功耗：0.24 W。

（17）最大功耗：30 W。

2.3.3　适用条件与安装维护要求

该系统采用液位差测量蒸发量，因此冰冻天气应停止使用，并且将内部的水放空，以免内部管材被冻裂。

1. 安装调试及注意事项

（1）承雨口与蒸发器器口安装时都应该保持水平。

（2）雨量筒和蒸发测量筒都应该保持铅直，以便尽量减小传感器感应轴与浮子之间的摩擦，提高测量精度。

（3）管路连接处做到密封，以免漏水导致测量结果失真。

（4）调试雨量计时应当向雨量筒内注入适量的水，让传感器的浮子处于漂浮状态，以便雨量准确计量，同时设置好筒内允许的最高水位值。

（5）调试蒸发传感器时应向蒸发器内注水至最高水位线，等待数分钟至与连通器水位高度一致时，查询蒸发测量筒内传感器的示数，再确定启动排水和启动补水水位值。

（6）初始安装时应排空连通管内的空气，以免产生空气栓塞导致的测量误差。

（7）系统设备安装完毕后，应模拟降雨、蒸发等事件，触发系统阀门、水泵各工作一次，以检测系统各个部件的工作是否正常。

2. 检查与养护

（1）通过远程方式，每天检查一次各个测量筒的液位和电池电压，发现异常要及时排除故障。

（2）应每月清洗一次蒸发器，避免蒸发器内杂物过多堵塞管路，清理时应注意关闭连通管的阀门，避免空气进入连通管。

（3）每半年清洗一次雨量筒，将筒内污水全部排空。注意清理液位传感器感应轴上的污渍，以免影响浮子上下运动。

2.3.4 其他液位式蒸发量自动测量系统

其他液位式蒸发量自动测量系统和 CJH-1 型液位式全自动蒸发量采集系统的原理类似，主要差别体现在液位精确测量的控制手段上。

1. 补水式蒸发量自动测量系统

图 2.3.2 为补水式蒸发量自动测量系统的结构原理图。

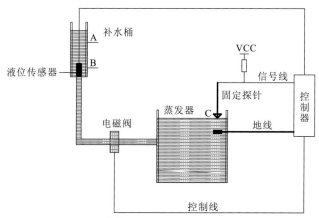

图 2.3.2　补水式蒸发量自动测量系统的结构原理图

控制器（采集器）外部和液位传感器、信号线、地线、控制线相连。其中，信号线的末端接一根固定探针，针尖在蒸发器水面上方，同时信号线通过一个上拉电阻和控制器的电源 VCC 相连，当针尖不接触水面时，信号线的状态处于逻辑"1"，图 2.3.2 中固定探针针尖 C 的高度一般略低于溢流孔的最低点（0.2 mm 以内）；控制器的地线末端有一个导电极板浸没在蒸发器的水中，当针尖接触水面时，信号线和地线接通，信号线处于逻辑"0"状态；液位传感器放置在补水桶的底部，用于测量补水桶的液位，正常情况下装有足够的水；蒸发器和补水桶之间通过一根水管相连，水管中间有电磁阀，平时处于关闭状态。

观测起始时刻（一般为当日 8 时），人工向蒸发器加水，直到固定探针刚好接触水面，停止加水，此时信号线的状态为逻辑"0"。观测结束时刻（一般为次日 8 时），因为蒸发损失，蒸发器水位降低，固定探针离开水面，控制器检测到信号线的状态为逻辑"1"，打开电磁阀启动补水，直到控制器检测到信号线的状态为逻辑"0"，此时固定探针刚好接触水面，这期间补水量刚好等于蒸发损失的水量，因为补水起止时刻控制器记录了补水桶（圆柱桶）的起止液位 H_A、H_B，设补水桶的截面积为 A（单位为 cm^2），那么补水

体积为 $A \times (H_A - H_B)$，又因为 E601B 蒸发器的器口面积为 3 000 cm²，所以 E601B 蒸发器补水后水位上升的高度 H 为

$$H = A \times (H_A - H_B)/3\ 000 \qquad\qquad (2.3.1)$$

系统中的液位传感器是补水计量装置，发报时控制器将当前液位发送到数据接收平台，也可以供用户远程监控补水桶的水量，以便及时加水。

补水量有多种计量方法，可以在补水管中串联一个高精度流量计，直接计算出补水体积，同理，可以计算出蒸发量（蒸发量=补水体积/3 000），单位为 cm；也可以在补水管中串联一个类似翻斗式雨量计的装置，翻斗的分辨率为 30 mL，则每补水 1 翻斗，蒸发器液位上升 0.1 mm，设补水翻斗数为 n_0，那么日蒸发量 $E = 0.1 \times n_0$，单位为 mm。

上面介绍了晴天的情况，雨天如果蒸发量小于降雨量，则次日 8 时观测时固定探针与水面保持接触状态，系统不补水，$H_A = H_B$，需要根据溢流桶的水量计算蒸发量，通常溢流桶有类似于补水桶的液位传感器，通过液位上升量换算得出溢流量。蒸发量可用式（2.3.2）计算，通常全自动蒸发站没有人工汲水和补水。

$$\sum h_{取} = 0, \qquad \sum h_{加} = 0, \qquad h_1 = h_2, \qquad E = P - \sum h_{溢} \qquad (2.3.2)$$

该系统测量要有较高的精度，固定探针下方还应设置静水装置，做好防风浪措施，必要时应采取连通器原理，让测量筒处于无风状态。另外，固定探针下方容易形成悬露，是固定探针测量法的短板。从上面的分析可以看出，该类系统补水和溢流各需要一个传感器进行测量，结构比较复杂。

2. 电动水位测针测量法

为了精确测量蒸发器的液位变化，在人工蒸发电测针的基础上进行了改进，在调微旋钮上安装了同轴步进电机，利用步进电机拖动测针上下滑动来进行测量，每次测量开始和结束时刻，固定探针停留在水面上方固定高度位置。

如图 2.3.3 所示的蒸发量自动测量系统的控制器（采集器）外部和步进电机、信号线、地线、控制线相连，其中步进电机通过支架固定在水面上方，水位测针的调微旋钮和电机轴连接，通过改进的测针和电机轴承绝缘；信号线的末端接在水位测针上，针尖在蒸发器水面上方，同时信号线通过一个上拉电阻和控制器的电源 VCC 相连，当针尖不接触水面时，信号线的状态处于逻辑 "1"；控制器的地线末端有一个导电极板浸没在蒸发器的水中，当针尖接触水面时，信号线和地线接通，信号线处于逻辑 "0" 状态；设电机每旋转 1 周，测针运动 1 mm，步进 N_0 步（N_0 大于 10），那么电机每走 1 步测针运动的距离 $H_0 = 1/N_0$，步进电机当日 8 时驱动测针向下运动，运动前测针与水面不接触，信号线处于逻辑 "1" 状态，固定探针接触水面后，信号线处于逻辑 "0" 状态，电机停止运动，控制器记录此时电机走的总步数 N_1，测针运动距离 $H_1 = N_1/N_0$，并回到起始位置。次日 8 时，电机以相同的方式记录走的总步数 N_2，测针运动距离 $H_2 = N_2/N_0$。前后两日测针运动的高度差即日蒸发量（以晴天为例），可用式（2.3.3）表示，式中单位为 mm。

$$E = 1 \times (N_2 - N_1)/N_0 \qquad\qquad (2.3.3)$$

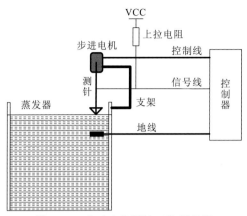

图 2.3.3　电动水位测针工作原理图

雨天蒸发量的计算方法和补水式蒸发量自动测量系统的工作原理类似。因此，它们的日常保养和误差成因也比较相似，推荐用连通器原理测量，把电机用防水罩罩起来以免淋雨。用电机拖动测针测量，测针步进速度不宜过快，有利于水位准确位置的确定。

3. 超声波液位测量法

如图 2.3.4 所示为超声波液位测量原理。在连通器的测量筒中安装超声波液位计就构成了超声波液位式蒸发量自动测量系统。虽然超声波液位计具有 0.1 mm 的分辨率，但是由于温度和湿度对声速的影响很大，且波程内温度场非均匀分布，声速、温度补偿非常困难，测量误差很大，有时误差甚至大于 1 mm。这是超声波液位精确测量的局限性。

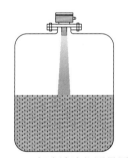

图 2.3.4　超声波液位测量原理

4. 角度编码浮子液位计测量法

将测量筒中的液位传感器换成角度编码浮子液位计就构成了浮子式蒸发量自动测量系统。此类型传感器具有 0.1 mm 的分辨率，但是浮子带动测轮转动，需要克服编码器的启动力矩（静力矩），这就会出现水位变化但是浮子和测轮保持不动的情况，由此带来误差。特别是开始降雨或结束降雨浮子的运动方向发生变化时，测量误差特别明显，即刚下雨时蒸发量偏大，刚天晴时蒸发量明显偏小。

2.4　称重式蒸发量自动测量系统

成都汉维斯科技有限公司生产的 HS_EVT90X 型称重式蒸发量自动测量系统属于称重式自动蒸发系统，如图 2.4.1 所示。该系统主要由全自动蒸发仪（图 2.4.1 中左侧）、全自动雨量计（图 2.4.1 中右侧）、数据采集控制及传输终端、供电系统等组成，其中数据采集控制及传输终端和供电系统放置在仪器筒内部。口径为 200 mm 的蒸发皿位于全自动蒸发仪的顶部，蒸发皿搁置在内部的称重传感器托盘上，口径为 200 mm 的承雨器放置在全自动雨量计的顶端，承雨器搁置在内部的称重传感器托盘上。称重传感器根据时段内容器重量的变化，换算出时段蒸发量和时段降雨量。

图 2.4.1　HS_EVT90X 型称重式蒸发量自动测量系统

主要性能与指标如下。

（1）全自动蒸发仪分辨率：0.01 mm。

（2）全自动雨量计分辨率：0.01 mm。

（3）蒸发皿口径：200 mm。

（4）承雨器口径：200 mm。

（5）最小采集周期：雨量 1 min，蒸发量 10 min（选装）。

（6）供电方式：太阳能浮充蓄电池供电。

（7）可以自动补水、排水，并可连续记录降雨、蒸发、补水、排水等数据，真正实现无人值守。

该系统非常适合不宜安装 E601B 蒸发器的场合，如冰冻期较长的地区。由于该系统的测量原理和 200 mm 口径蒸发皿的观测原理是类似的，测量结果需要乘以 0.6～1 内的换算系数，才能得出真正的蒸发量，换算系数需要与 E601B 蒸发器进行 1 年以上的比测试验得出。

在日常养护方面的要求如下。

（1）定期清洗蒸发皿。工作时间久了，蒸发皿会有灰尘等，用户可以根据自己的实际情况和要求自行安排清洗周期等。清洗时间为 8 时，在当日 8 时的测量完成之后，关闭雨量计底部的电源开关，竖直地将蒸发皿从全自动蒸发仪外罩里取出来，倒掉蒸发皿内的废水，用清水冲洗，最好用毛巾擦洗。不要用钢丝球或材质坚硬的刷子刷洗，以免破坏蒸发皿表面的处理层。蒸发皿清洗完成后，需将蒸发皿空盆正确安装上去。安装时对准蒸发皿和全自动蒸发仪外罩上的黑色"定位箭头"，放平，蒸发皿周围与外罩的间隙基本一致。正确安装后，开启雨量计电源开关，系统自动初始化，并连续工作。为了不影响当日蒸发值，清洗时间最好控制在 10 min 内。

（2）定期补水。全自动蒸发仪配置的补水桶在全自动蒸发仪的底部，补水桶的储水量可保证系统连续工作 20 个无降水工作日以上，具体时间根据当地蒸发量及降雨量确定。补水时，将全自动蒸发仪底部的补水管解开，将干净的蒸发用水从补水管导入，直至全自动蒸发仪底部有水浸出并浸湿安装水泥台为止。补水时间没有要求，按用户使用情况自定。如果蒸发皿需要补水而补水桶缺水，系统会提示缺水，用户需要及时补水，以免影响观测。

2.5　陆地蒸发和大型水面蒸发监测

2.5.1　陆地蒸发观测场设置及仪器布局

1. 陆地蒸发观测场场地要求

根据《水面蒸发观测规范》（SL 630—2013），陆地蒸发观测场地要求如下[8]。

（1）场地大小应根据各站观测项目和仪器情况确定。没有气象辅助项目的场地推荐尺寸为 12 m×12 m；设有气象辅助项目的场地推荐尺寸为 16 m（东西向）×20 m（南北向）。当地形受到限制时，场地大小应尽量接近上述规格。

（2）观测场地应平整、清洁，配备排水设施和自来水。地面应种草或作物，其高度不宜超过 20 cm。四周应设高约 1.2 m 的围栏，场内敷设 0.3～0.5 m 宽的观测小路。

2. 陆地蒸发观测场仪器布局

仪器布局如图 2.5.1 所示。

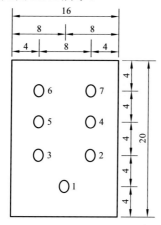
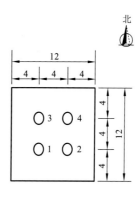

（a）有气象辅助项目的场地　　　　　　　（b）没有气象辅助项目的场地

图 2.5.1　陆地蒸发观测场仪器布局图（单位：m）

1—标准水面蒸发器；2—专用雨量器；3—20 cm 口径蒸发皿；4—自记雨量计及仪器柜；5—风速风向仪；
6、7—温湿度与气压监测百叶箱

2.5.2　水面漂浮观测蒸发场设置与仪器布局

1. 场址选择

拟设置的水面漂浮观测蒸发场的地点，应对水体水深、水质、水底土质、风浪、水位变幅、冰情、岸边水草生长和坍岸情况进行详尽的查勘。场址应符合下列要求。

（1）水面漂浮观测蒸发场应设立在地形开阔，附近无岛屿及突出伸入水体的岸角和沙滩嘴，水底土质宜抛锚，浮筏受风浪影响较小的水面上。浮筏与水边的距离不小于50 m，如受条件限制，最小不小于 20 m，并保证浮筏在任何情况下都不会碰撞岸壁或搁浅。浮筏处的最小水深在最低水位时应大于 1.0 m，并应大于浮筏最大吃水深度，以保证浮筏能随风自由转动。

（2）浮筏应避免设置在港口、渡口、水库溢洪道口、输水洞口、渔场作业区、航线等不安全或受干扰较大的水域。在有过多地下出水口、污水排水口、树木丛生及塌岸严重的河段也应避免设置。

（3）为了比较陆上水面蒸发场和水面漂浮观测蒸发场的变化规律，凡设置水面漂浮观测蒸发场的蒸发站，均应按规范要求，在水面漂浮观测蒸发场附近的岸上设置陆上水面蒸发场。观测项目应与水面漂浮观测蒸发场相同。在最高洪水时，陆上水面蒸发场和水面漂浮观测蒸发场的距离应大于 100 m，两场之间不应有高大建筑物、森林等阻隔和影响气象条件的其他地物。

2. 浮筏制作

浮筏是水面漂浮观测蒸发场的主体，用来设置蒸发器、雨量器、风速仪、温度表等各种观测仪器，是保证水面漂浮观测蒸发场取得完整资料的关键设备，必须具有良好的稳定性和坚固性。以下尺寸为典型设计，适用于波高不超过 1.3 m 的较大湖泊或水库。

浮筏规格尺寸：浮筏做成顶角约为 30° 的等腰三角形。三角形高 30 m，底边长 18 m，上、下层间距为 1.5 m。

浮筏应具有防浪措施。为保证浮筏不因长期浸泡而减小浮力，在浮筏上的合理位置处设置浮桶。为便于观测和养护浮筏，在浮筏中间通向仪器的地点，应铺设木板小路。

3. 仪器布局

仪器布局如图 2.5.2 所示。

2.5.3　蒸发自动监测系统集成

1. 系统组成

蒸发自动监测系统主要由蒸发遥测站和数据接收中心站两大部分组成。系统网络结构图如图 2.5.3 所示。

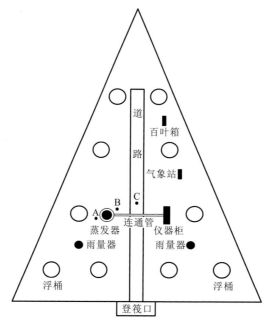

图 2.5.2　水面漂浮观测蒸发场仪器布局图

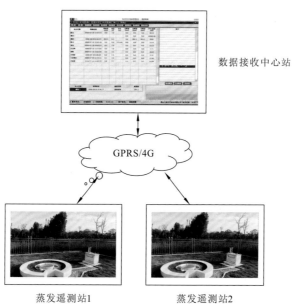

数据接收中心站

蒸发遥测站1　　　　蒸发遥测站2

图 2.5.3　蒸发自动监测系统网络结构图

GPRS 为通用分组无线服务技术；4G 为第四代移动通信技术

　　蒸发遥测站现场采集水文要素数据，通过无线方式（GPRS/4G）传输到远端计算机，计算机配备数据接收处理程序，实现一站或多站数据的接收、处理。

2. 蒸发遥测站设备组成

蒸发遥测站主要由传感器设备、蒸发量采集系统控制器、给排水设备、供电设备四大部分组成，如图 2.5.4 所示。蒸发遥测站由太阳能浮充 12 V 铅酸蓄电池供电，蒸发量采集系统控制器根据规定的任务定时采集电池电压、雨量传感器液位、蒸发传感器液位、温度等信息，并根据需要将采集的信息发送到数据接收平台，数据接收平台根据各个时刻的容器液位值计算日降雨量和日蒸发量。

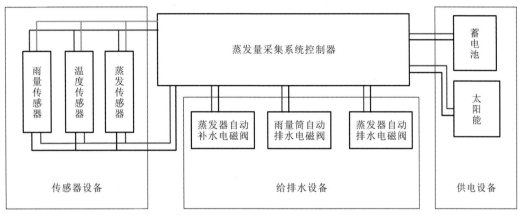

图 2.5.4 蒸发遥测站主要设备组成

蒸发自动监测系统依据蒸发量计算公式 $E=P-H_E$（其中，E 为日蒸发量，P 为日降雨量，H_E 为蒸发器日水位变化量）推求出日蒸发量，同理可推求出某一时段的蒸发量。蒸发遥测站主要由蒸发器液位测量部分和降雨量测量部分两部分组成。

3. 数据接收中心站组成

数据接收中心站主要由数据接收计算机和配套数据软件组成，为保证系统软件正常接收和管理水文数据，相关软件配置满足如下基本要求。

数据接收计算机（服务器）指标要求：内存在 8 GB 或以上；硬盘存储空间不小于 1 TB；操作系统为 Windows Server 2012 或以上版本；Office 组件为 Office 2013 或以上版本；数据库平台软件为 SQL Server 2012 或更高版本。

可以在上述硬件和软件环境下安装蒸发数据接收处理软件并能正常运行。

2.5.4 蒸发监测数据后处理

受环境因素和人为因素影响，往往会存在测量误差，因为蒸发观测精度较高，各因素导致的测量误差往往会超出可接受的范围，所以必须进行合理的处理，剔除不合格数据，必要时进行合理查补，使测量值更接近真值。监测数据处理可以在蒸发遥测站完成，也可以在数据接收中心站完成，由于数据接收中心站计算机运算速度快，处理能力更加强大，后台有数据库对数据进行管理，且能直观地展示过程数据和成果数据，目前流行由数据接收中心站平台软件对数据进行后处理，并对成果数据按照水文资料整编的格式进行报表输出。

当前蒸发自动监测系统以液位式为主，一般每小时采集、发送一次传感器数据，数据接收中心站平台软件实现小时、日、月、年等不同时段内降雨、蒸发数据的收集，下面就有关数据处理进行说明，以供参考。

1. 晴天蒸发量计算

当雨量传感器相邻两天 8 时的示数差小于 0.05 mm 时，认为是晴天。晴天雨量为 0，日蒸发量通过当日 8 时对前一日 8 时作差得出。如果当日有补水记录，那么将小时蒸发量累加作为日蒸发量，补时段蒸发量取上一个小时的蒸发量。

异常处理：在我国自然条件下，小时蒸发量一般小于 1.5 mm，日蒸发量一般小于 12 mm，当测得的小时蒸发量大于 1.5 mm 时，不符合客观实际，按照 0 计算，当测得的日蒸发量大于 12 mm 时，按照 12 mm 计算或者按 0 处理（此种情况一般是管路漏水）。

2. 雨天降雨量计算

如果雨量筒当日无排水，将当日 8 时对前一日 8 时的传感器示数差作为当日雨量；如果雨量筒当日有排水，雨天日降雨量按逐小时累加得出。

3. 雨天蒸发量计算

（1）雨天日蒸发量计算。雨天日蒸发量计算视具体情况而定。有事件发生时，按逐小时蒸发量累加得出日蒸发量；无事件时，按照当日 8 时对前一日 8 时的传感器示数差得出日蒸发量。事件主要包括：人工清洗蒸发器前后导致的蒸发器液位突变、蒸发器自动排水、雨量筒自动排水、降雨非均匀分布导致的小时蒸发量大于 1.5 mm。

（2）下雨时段蒸发量计算。蒸发器排水，且小时雨量不为 0，小时蒸发量按 0 计算。人工清洗蒸发器时段或降雨非均匀时段，初算小时蒸发量在-0.3～0.3 mm 时据实计算，如果初算的小时蒸发量小于-0.3 mm，小时蒸发量按 0 计算，如果大于 0.3 mm，暂时取 0.3 mm。依此算法，小时累加得出的日蒸发量大于 0，据实计算；日蒸发量小于 0，按照 0 计算。

（3）小时数据缺少时日蒸发量计算。如果相邻两天没有降雨，前后两天 8 时都有数据，日蒸发量直接作差，日蒸发量大于 12 mm，按照 12 mm 计算，小于 12 mm，据实计算。如果缺 8 时数据，日降雨量和日蒸发量按照小时累加得到。数据接收平台会查找当日最新数据，将前一日 8 时数据和当日最新数据作差记作前一日雨量与蒸发量。

4. 日排注水量计算

蒸发器日排注水量通过当日各小时排注水量累加得到。各小时排注水量依据水量平衡公式反推得到。

2.5.5　蒸发量比测

1. 仪器安装基本要求

由于降雨、蒸发受环境因素影响显著，为确保人工观测数据与自记数据有可比性，观测器具安装应严格遵循相关国家标准和行业规范。蒸发观测场四周应空旷平坦、气流畅通，保证同一个观测场不同位置的环境因素近似一样。观测场附近的丘岗、建筑物、树木等障碍物所造成的遮挡率宜小于10%，不应对观测场降雨的均匀分布造成明显影响。

2. 同地观测原则

人工观测器具和自记观测器具应当安装在同一个观测场。雨量可以用 JQH-1 型雨量器观测（器口距离地面 70 cm），也可以用虹吸式雨量计观测（器口距离地面 120 cm）；用液位式自记雨量计观测雨量，雨量计器口高度约为 120 mm。当人工雨量观测器具与自记雨量计器口高度一样时，日降雨量可以直接比较；不一样时，日降雨量换算后再进行比较。

人工观测蒸发量时可以和自记蒸发器共用一个 E601B 蒸发器，也可以在同一个观测场单独设置一个蒸发器。共用一个 E601B 蒸发器时，人工观测数据换算后才能和自记蒸发数据进行比较。如果人工观测单独设置一个蒸发器，两个蒸发器器口高度、规格、初始水面应近似一致，否则两个蒸发器的日蒸发量本身就存在差异，缺乏可比性。

3. 观测时间

自记蒸发观测时间及计算严格按照国家规范设计，人工观测也应严格遵循规范，应在每日 8 时观测，当自记时钟有偏差时，应及时校准。人工和自记观测时差不宜超过 5 min。

4. 数据处理

（1）雨量数据。如果自记和人工雨量计承雨口器口高度不一样，采集的雨量本身存在差异，在精确比测场合，需要乘以换算系数再进行比较。根据《降水量观测规范》（SL 21—2015）中的附表 A.2，器口高度为 120 cm 的雨量计的累计雨量比器口高度为 70 cm 的雨量偏小 1%左右。因此，需要乘以 1.01 的换算系数才能进行比较。

（2）蒸发数据。如果人工观测单独设置一个蒸发器，人工观测的蒸发量和自记的蒸发量直接进行比较。如果人工和自记共用一个蒸发器，人工观测的蒸发量需要乘以换算系数后才是真值，才能和自记蒸发量进行比较。如果蒸发器有溢流（排水），可以用溢流（排水）桶收集排水，然后折算成水深。

5. 精度评判

仪器自记和人工观测都存在观测误差，通常将人工观测数据假定为真值，仪器自记值与真值之间的差值记作绝对误差，将绝对误差与真值的比值记作相对误差。通常用绝对误差和相对误差评判水文仪器的计量精度，行业规范对降雨、蒸发器具的计量精度有明确的要求。比测过程中当发现误差较大，甚至不符合规范要求时，首先应复核假定的真值是否合理，再检查仪器是否存在质量缺陷。因为雨天蒸发量与雨量监测相关联，所以比测蒸发量时应先比测雨量，在确定雨量计量精度符合要求的前提下比测蒸发量。

同一样本不同量测器具的精度比测是指人工测量对象和自记器具测量对象是同一个水体样本，真值有较高的可信度，目前国家鉴定机构主要用此法鉴定降雨、蒸发计量仪器的精度。

雨量比测时，先用 10 mm 雨量筒（也可用克秤）测量一个人工值，然后倒入雨量自记筒模拟降雨，通过仪器复测一个自记值，将两者进行比较；蒸发量比测时，人工观测和仪器观测在同一个蒸发器进行，用 10 mm 雨量筒取水或注水，模拟降雨、蒸发、排水，将两种观测结果进行比较。为了提高真值的可信度，人工应读数准确。按照浮子式雨量计的技术特点进行比测试验[9]，模拟 10 mm 降雨，重复做 3～5 次试验，每次误差都小于 0.1 mm，则认为精度合格。

蒸发自记精度比测时，可以用绝对误差进行评判。通过注水或取水试验，将注水体积除以蒸发器的横截面积，计算得出注水或取水试验前后蒸发器液位变化量的理论值，并以此为假定真值，与蒸发传感器的实测变化量进行比较，加以评定。例如，水利部长江水利委员会水文局生产的 CJH_E1 型蒸发雨量采集系统，蒸发传感器测量筒和 E601B 蒸发器组成的连通器的横截面积是 3 111 cm^2，标准雨量筒度量 10 mm 的降水，其体积是 314 mL，从 E601B 蒸发器取水 314 mL，蒸发器液位将下降 1.01 mm。如果允许绝对误差为 0.2 mm，那么仪器测量值在 0.8～1.2 mm 内，即可认为合格。

上述蒸发自记绝对误差评定方法，常用来评定水文站日蒸发量自记是否准确。人为因素、环境因素、仪器计量误差等多重因素叠加，会导致绝对误差超出允许范围，影响蒸发自记设备的投产使用[10]。国家水文管理部门提出了累计误差与相对误差相结合的评定方法，即将人工观测的旬或月的蒸发量和设备自记的蒸发量比较，一般以比测月蒸发量居多，看逐月累计值的相对误差是否在 3% 以内，小于该值，则认为合格，否则认为不合格。

表 2.5.1 列出了水利部长江水利委员会水文局黄家港水文站 2017 年 2～4 月蒸发数据的逐旬对照。

表 2.5.1　黄家港水文站 2017 年 2～4 月蒸发数据的逐旬对照表

观测时段	自记蒸发量/mm	人工观测蒸发量/mm	自记与人工数据的比值
2 月上旬	18.3	14.9	1.23
2 月中旬	17.8	16.3	1.09
2 月下旬	11.5	11.6	0.99
3 月上旬	27.5	27.1	1.01
3 月中旬	13.8	13.7	1.01

续表

观测时段	自记蒸发量/mm	人工观测蒸发量/mm	自记与人工数据的比值
3 月下旬	13.4	11.9	1.13
4 月上旬	10.1	13.1	0.77
4 月中旬	27.7	26.0	1.07
4 月下旬	37.0	35.5	1.04

为了科学、客观地评定全自动蒸发、降雨采集系统的稳定性和计量精度,用累计量和相对误差方法评定时,比测期间累计降雨量一般应大于 600 mm,降雨天数一般不少于 100 d,累计蒸发量一般应大于 200 mm,比测时间在 1 年左右。

2.5.6　全自动水面漂浮蒸发站建设实践

为研究大型水体水循环规律,在一些水量平衡计算、水资源分配等应用场合,需要建设水面漂浮蒸发站,水利部长江水利委员会水文局先后在三峡库区巴东水域建成了巴东水面漂浮蒸发站,在丹江口水库大坝坝前水域建成了水面漂浮蒸发站,下面以丹江口水库水面漂浮蒸发站为例进行介绍。

1. 丹江口水库水面漂浮蒸发站基本情况

丹江口水库水面蒸发量监测系统主要由 2 个监测站点组成,图 2.5.5 是测站位置示意图,其中 1 个为配套的陆地蒸发站,位于水库大坝左岸坝肩,配备的蒸发监测仪器有 E601B 蒸发器和 20 m² 大型蒸发池;另一个为水面漂浮蒸发站,位于大坝左岸挡水墙里面水域,与陆地蒸发站的距离大约为 1 000 m。这样水、陆蒸发站位置相近,海拔、日照、气温等因素近似,方便甄别水、陆蒸发量之间的差异,也方便通过实测数据推求两者间的转换关系,通过既得的转换关系可以利用陆地蒸发实测数据近似计算出水库的年蒸发量。图 2.5.6 为丹江口水库水面漂浮蒸发站。

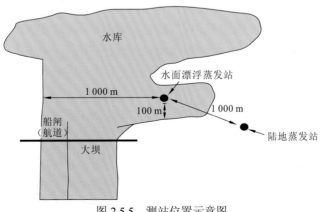

图 2.5.5　测站位置示意图

图 2.5.6 丹江口水库水面漂浮蒸发站

水面漂浮蒸发站站址位于大坝附近水域，该水域水深、面宽，热对流不够剧烈，水温相对稳定，有利于探求库区水量蒸发损失规律。而且和库尾或其他狭窄水域相比，其水陆占比大，是库区产生水量蒸发损失的主要区域之一，在蒸发监测站点有限的情况下，利用该站的实测蒸发量推求的库区年蒸发量更接近真值。水面漂浮蒸发站所处的大坝附近水域和其他水域相比较深，受水库调度和来水丰枯等因素影响，即使水位变幅超过20 m，观测设施也不至于搁浅在陆地上，具备收集长序列蒸发资料的地理条件。

该站距离船闸（航道）大约 1000 m，既保证了航运安全，又避免了往来船只激起的波浪对监测数据质量的影响。该站与最近的泄洪表孔的距离大于 500 m，避开了河道主泓，避免了泄洪期间水流速度大、纵比降大等因素对监测设施运行安全的影响。站址位于坝前偏左一个回水区域，距离四周岸边大约 100 m（完全满足水面蒸发规范要求），避开了风口和水面吹程大的区域，确保水面浮筏（作为水面蒸发监测设施的主要载体）在大风、大浪天气不至于剧烈晃动，有利于提高数据采集精度。

2. 监测仪器及配备和布局

鉴于影响蒸发量的环境因素很多，为了探求环境因素对蒸发量的影响情况，该站配置了风速、风向、气温、气压、库区水温、湿度等多要素自记设备，这些设备简称蒸发要素辅助监测设备，具体布局如图 2.5.7 所示。辅助监测设备安装在浮筏偏向顶部的位置，构成一套辅助监测系统。E601B 蒸发器、蒸发器水温计、高精度液位式雨量计等自记设备构成蒸发量主体监测设备，主体监测设备安装在浮筏中部，构成一套蒸发量主体监测系统。由于准确监测降雨量对计算雨天蒸发量至关重要，还配备了人工观测雨量器和精度为 0.1 mm 的数字雨量计，方便对自记雨量数据进行校核。

为了保证监测数据准确，气温、湿度、气压这三个传感器安装在百叶箱内部。风速传感器为旋杯式风速传感器，风向传感器为角度编码传感器，两者的安装高度距离甲板大约 1.8 m，尽量避免浮筏在风浪影响下晃动而对测量产生影响；库区水温传感器主要用于监测水库表层水温，探头在水面下 10 cm，所有传感器都是智能传感器，和采集器相连完成数据采集，其供电设备和采集器安装在气象站内。为了保证浮筏水平和美观整

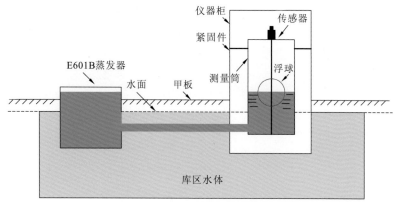

图 2.5.7　蒸发测量仪器安装示意图

齐，辅助监测设备尽量靠近浮筏中轴线布局，在保证监测设施安全的情况下各监测设备的安装要尽量符合观测规范。

E601B 蒸发器和仪器柜位于浮筏中部且大致关于浮筏中轴线对称，两者的间距大约为 4 m，高精度液位式雨量计的承雨口位于仪器柜顶部，距离浮筏甲板大约 1.2 m。蒸发量采用连通器原理和液位间接测量方式获取，其测量筒和高精度液位式雨量计的测量筒集中安装在仪器柜内，安装在仪器柜内的设备还包括供电设备和采集器。蒸发器水温传感器位于蒸发器溢流孔下方 6 cm 高度处。蒸发器、高精度液位式雨量计、蒸发器水温传感器等和采集器相连构成蒸发量主体监测系统。

人工观测雨量器和精度为 0.1 mm 的数字雨量计靠近浮筏底边布局，距离底边 2 m，且关于浮筏中轴线对称，器口距离甲板约 70 cm，承雨口口径都是 200 mm。

图 2.5.7 是蒸发测量仪器安装示意图，图中左侧为 E601B 蒸发器，右侧为仪器柜，柜子内部安装有测量筒，筒内的传感器测量液位，测量筒和 E601B 蒸发器底部通过水管相连构成连通器。为了减小风浪导致的浮筏晃动引起的测量误差，测量筒采用悬挂安装方式，尽量保证测量始终处于铅直状态。

该站自 2017 年建成投产以来，运行稳定，收集了多年水面蒸发资料，为我国类似蒸发站的建设积累了宝贵经验。

第3章　水位自动监测与检测

  水位是指水体的自由水面高出基面的高程。表达水位所用的基面通常有两种：一种是绝对基面；另一种是测站基面（假设基面）。我国采用的绝对基面大多为黄海基面，即以黄海口某一海滨地点的特征海平面为零点；为保持资料的连续性，设站时间较久远的站点，仍沿用吴淞基面。为使各站的水位便于比较，在《中华人民共和国水文年鉴》中均注明了黄海基面与吴淞基面的换算关系。例如，长沙水位站所使用的基面为吴淞基面，将其观测水位换算为黄海基面起算水位，则黄海基面以上水位＝观测水位（吴淞基面）－2.280 m。测站基面是水文站专用的一种固定基面，一般以略低于历年最低水位或河床最低点为零点来计算水位高程。为便于比较各站水位，在刊布水文资料时，均注明了该基面与绝对基面的关系。

  水位可直接用于水文情报预报，是防汛抗旱、灌溉、排涝、航运，以及水利工程的建设、运用和管理等所必需的。长期积累的水位资料是水利水电、桥梁、航道、港口、城市给排水等工程建设、规划、设计的基本依据：在水文测验中，常利用连续观测的水位记录，通过水位流量关系推求流量及其变化过程。利用水位还可以推求水面比降和江河湖库的蓄水量等。在进行流量、泥沙、水温、冰情观测的同时也需要观测水位。

3.1 水位计的原理与应用

目前国内外常用于水位自动监测的水位计主要包括浮子式水位计、压力式水位计、雷达水位计、超声波水位计、激光水位计等几大类型。每一种类型的水位计因其工作原理的不同，适应条件也不会相同。因此，为了满足断面水位观测精度的要求，合理选择一种适宜的水位计是非常重要的。

3.1.1 浮子式水位计

浮子式水位计是最早使用的水位计，目前它仍是我国最主要的水位自记仪器。浮子随水位同步运动，浮子式水位计的感应部件通过检测浮子的位置来监测水位的变化，以测量水位。根据浮子式水位计结构的差别，其可分为带配重浮子式水位计、自收缆浮子式水位计、磁致伸缩水位（液位）计。

1. 带配重浮子式水位计

1）构造与原理

图 3.1.1 是带配重浮子式水位计的结构示意图。其一般分为感应部分和编码部分。感应部分主要由浮子、连接绳、锤子、转轮（测轮）组成，其主要作用是通过转轮轴的角度变化，实时感应被测水体水位的涨落变化；编码部分主要由水位编码器等组成，其主要作用是将转轮轴的角度变化数字化，将水位变化的模拟量转换为数字量。

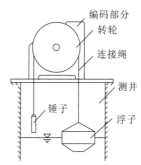

图 3.1.1 带配重浮子式水位计的结构示意图

当水位上涨时，浮子也会随同水面的上升而上升，连接绳会发生位移，转轮在连接绳的作用下向锤子端方向相应转动。反之，当水位下降时，转轮在连接绳的作用下向浮子端相应转动。因此，可以通过浮子的上下位移来测算水位的涨落变化量。

2）主要技术指标

基本技术指标：分辨率为 1 cm；测量范围为 0～40 m；水位变率为 0～40 cm/min。

水位准确度要求如下。水位允许误差：在水位变幅为 0~10 m 时，I、II、III 级水位计的水位允许误差分别为 0.3 cm、1 cm、2 cm。测量结果的置信水平应在 95% 以上。变幅扩大时，水位允许误差不超出 ±3 cm。水位灵敏度：I、II、III 级水位计的灵敏度分别为 1.5 mm、2 mm、4 mm，最大为 5 mm。

使用环境要求如下。工作环境温度：-10~50 ℃，井内不结冰。工作环境湿度：相对湿度为 95%。

可靠性要求如下。平均故障间隔时间不小于 25 000 h。

信号输出要求如下。全量输出：推荐格雷码、二-十进制代码。增量输出：推荐可逆计数式、增量式。串行输出：RS485 或 SDI-12。

3）适用条件与注意事项

浮子式水位计构造简单，成本低，性能稳定。其测量精度可达到 1 cm，量程一般为 40 m。它对水位变化的反应及时准确，可靠性强。其不足之处是，安装条件苛刻，仅适合安装在有测井的水位断面上。

4）安装与调试

水位计安装仪器室的要求为通风、隔热、防雨，建于测井（悬井）上方。安装浮子式水位计的平台需要水平。

将浮子式水位计固定在工作平台上，使浮子、配重（锤子）与测井内壁保持一定距离，将连接绳的一头与锤子连接紧固，然后将锤子慢慢沉放至井底；将连接绳的另一端绕在浮子式水位计转轮的 V 形槽中，并预留 1.2 m 长，剪断；再将连接绳与浮子连接紧固，把浮子慢慢沉放入测井，直至接触水面为止。用手指轻轻地将连接绳提起，使其稍微离开浮子式水位计转轮，然后转动转轮，模拟水位变化，检查浮子式水位计信号输出端的水位采样值是否变化正常。

长江流域主要水文站的所在地水流平缓，水位变幅不大，且大部分建有水位测井，基本上采用浮子式水位计监测（图 3.1.2）。对于能够满足水位全程自记的测井，直接配置浮子式水位计实现水位在线监测；对于不能够满足水位全程自记的测井，配置浮子式和气泡式压力双水位计，实现水位的全程自记。在浮子式水位计使用过程中，每年低水期对水位测井内的淤积泥沙进行清理。从应用情况看，浮子式水位计稳定可靠，数据采集精度高，是全国范围内建有水位测井的大江大河的水位计的首选。

2. 自收缆浮子式水位计

带配重浮子式水位计要求水位测井的直径必须足够大，保证配重连接绳和浮子连接绳有一定的安全距离，否则水面波动时两者会缠绕在一起；同时，要保证浮子、配重与测井井壁有足够的安全距离，避免与井壁发生摩擦，从而导致水位失真。同时满足以上两项要求，测井直径往往需要在 20 cm 以上，在经费不足或安装位置受限的情况下，带配重浮子式水位计往往很难实现，自收缆浮子式水位计则很好地解决了上述问题。

图 3.1.2　长江干流沙市水文站水位自记测井

1）构造与原理

图 3.1.3 是自收缆浮子式水位计，其由水位编码器、测轮、测缆、浮子及自收缆装置组成。自收缆装置由卷扬轮、卷扬轴、卷扬缆、定滑轮组、重锤、直立支板、底板、防护罩等组成。仪器的水位编码器安装在直立支板上，测轮安装在水位编码器转轴上；自收缆装置的卷扬轴安装在直立支板上；卷扬轮安装在卷扬轴的轴端；卷扬缆的起始端安装在卷扬轴上，另一端依次绕过卷扬轮、测轮，末端和浮子相连。自收缆装置的作用是产生一个恒力，用于拉紧、自动收放测缆，使浮子工作在正常吃水深度上。

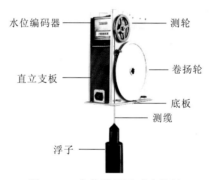

图 3.1.3　自收缆浮子式水位计

自收缆浮子式水位计的工作原理为：水位静止时，浮子静止在水面上，仪器的重锤悬停在对应高度上，水位编码器输出值与水面高度值相对应；当水位下降时，浮子跟随水位下降沿着井管的中心向下运动，并拉动测缆向下运动，带动测轮逆时针转动，同时驱动卷扬轮、卷扬轴顺时针转动，提升重锤到对应高度上，水位编码器输出与水位变化量相对应的值；当水位上升时，浮子跟随水位上升沿着井管的中心向上运动到相应位置，卷扬轴和卷扬轮逆时针旋转拉直并回收测缆，带动测轮顺时针方向转动，使水位编码器输出值与水位上升变化量相对应，完成水位自动跟踪测量。卷扬轴一般由内部的发条带动。

2）性能指标

水位变幅：0～10 m；0～20 m；0～30 m；0～40 m；0～80 m。

水位编码器分辨率：1 cm。

测量准确度：≤0.2%。

浮子直径：40 mm、50 mm、100 mm 可选。

输出接口：格雷码 10～13 bit（RS485 或 4～20 mA 接口选配）。

3）适用条件与注意事项

自收缆浮子式水位计一般用于大坝测压井、地下水等场合的水位测量，不适合水面结冰或水面波动幅度较大的场合。

对测井建设的要求：测井一般由多节定长钢管（或工程塑料管、水泥管）连接而成，每节井管的长度为 2～6 m，每节管道的接缝处必须平滑无障碍物，接缝间隙应≤2 mm，接缝处内壁高度差应≤1 mm，各节井管的几何中轴线应保持在一条直线上，不允许弯曲。井管口径尺寸一般不得小于 70 mm，进水口面积约为井口的 1/10，各节井管的接缝间可以不密封。

对悬索的选择：本仪器用于地下水位测量时，当埋深超过 80 m 时，其悬索超长部分必须另外加接特种轻质悬索。

4）安装与调试

按照上述要求确定好测井和悬索后，首先准确定位悬索的位置，使悬索尽量和测井的轴线重合，让重锤四周尽量远离井壁。

水位计的底板上安装有定位孔，固定水位计，确保仪器架完全直立，测轮、卷扬轮、悬索在一个平面上，且与水平面保持垂直。水位编码器的显示器的朝向应便于观读。

缓慢下放重锤使之落在水面上，转动测轮使水位编码器的示数与实际水位值一致或与实际水位值的十米位、米位、分米位、厘米位保持一致。

将水位计的电气接口与采集器（水文遥测终端机）相连，采集的水位值与水位编码器的示数一致表明水位编码器工作正常；手工转动卷扬轮，松开手后水位编码器的示数可以恢复到原位表明自收缆装置工作正常。

3. 磁致伸缩水位（液位）计

1）构造与原理

图 3.1.4 是磁致伸缩水位（液位）计，其主要由浮子、装有波导丝的测杆、检测与信号处理单元三部分组成。传感器工作时，传感器的电路部分将在波导丝上激励出脉冲电流，该电流沿波导丝传播时会在波导丝的周围产生脉冲电流磁场。在磁致伸缩水位（液位）计的传感器测杆外配有一浮子，此浮子可以沿测杆随液位的变化而上下移动。在浮子内部有一组永久磁环。当脉冲电流磁场与浮子产生的磁环磁场相遇时，浮子周围的磁场发生改变，从而使由磁致伸缩材料做成的波导丝在浮子所在的位置产生一个扭转波脉

冲，这个脉冲以固定的速度沿波导丝传回并由检出机构检出。通过测量脉冲电流与扭转波的时间差可以精确地确定浮子所在的位置，即液面的位置。

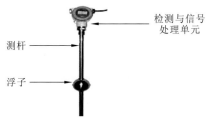

检测与信号处理单元

测杆

浮子

图 3.1.4　磁致伸缩水位（液位）计

2）性能特点

磁致伸缩水位（液位）计适合用于高精度的清洁液体液位的测量，如渗流、蒸发器液位等需要精确监测水位、水量的场合，还可以应用于两种液体之间的界位测量[11]。其与其他类型浮子式水位计相比具有如下特点。

可靠性强：由于磁致伸缩水位（液位）计采用波导原理，整个变换器封闭在不锈钢管内，与测量介质非接触，传感器工作可靠，寿命长。

精度高：由于磁致伸缩水位（液位）计用波导脉冲工作，工作中通过测量起始脉冲和终止脉冲的时间来确定被测位移量，故测量精度高，分辨率优于 0.01%FS，这是其他传感器难以达到的精度[12]。

安装和维护简单：磁致伸缩水位（液位）计一般通过测井或测量筒已有管口进行安装。

便于系统自动化工作：磁致伸缩水位（液位）计的二次仪表采用标准输出信号，便于微机对信号进行处理，容易实现联网工作，提高了整个测量系统的自动化程度。

3）技术指标

量程：0～10 000 mm。过程接口：3/4″ NPT。测杆直径：13～18 mm（可根据用户需求定做）。浮子直径：50～100 mm（可根据用户需求定做）。精度：±0.3 mm。分辨率：0.1 mm。环境温度：−25～70 ℃。液体温度：−25～150 ℃。电源：直流电电压 24 V。输出信号：4～20 mA，二线制/四线制。温度测量范围：−25～70 ℃。温度误差：±0.5 ℃。通信接口：RS485、RS232、Modbus、HART 等协议，可配控制器局域网络总线或满足用户要求。

4）安装与调试

如图 3.1.5 所示，在测量筒或测井的顶部盖子钻一个直径为 3/4 in①的通孔；从盖子的正面将测杆插入通孔，在背面用配套螺丝拧紧；将浮子套在测杆上，浮子上印有箭头指示标志，注意箭头朝上；测杆的末端配有卡环，防止水位过低时浮子脱落；盖上测量筒（测井）的盖子，使测杆尽量垂直。

① 1 in = 2.54 cm。

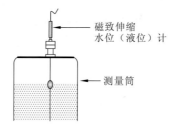

图 3.1.5 磁致伸缩水位（液位）计安装示意图

安装完毕后，传感器的通信接口和水文遥测终端机相连即可进行水位采集。

5）检查与养护

该类型水位计是高稳定性的维护量极少的水位计，应在清洁的水中工作。长时间使用时，水生物和水垢容易沉积在测杆上，可能会影响浮子随水的上下运动，因此应定期擦拭测杆，确保测杆清洁。

3.1.2 压力式水位计

压力式水位计是根据水下压强和水深成正比的原理来观测水位的，根据压强传导的结构形式不同，压力式水位计通常有压阻式压力水位计和气泡式压力水位计两种，其中气泡式压力水位计根据气源的供气方式不同，可分为恒流式气泡水位计和非恒流式气泡水位计。

对于某一个压力传感器所在位置的测点而言，测点相对于水位基面的绝对高程，加上本测点以上实际水深为水位，即

$$H_L = H_0 + H \tag{3.1.1}$$

式中：H_L 为水位；H_0 为水位基面的绝对高程；H 为测点水深，即测点至水面的距离。

测点的静水压强 P 可表示为

$$P = \rho g H \tag{3.1.2}$$

式中：ρ 为水的密度；g 为测点位置的重力常数。

推算得测点水深为 $H = P/\rho g$，测点水位为 $H_L = H_0 + P/\rho g$。

当测点绝对高程、重力常数及水体密度已知时，只要用压力传感器或压力变送器精确测量出测点的静水压强，就可以推算出对应的水位值。实际应用时，在水下测得的是水上大气压强加上测点静水压强的和，即

$$P = P_气 + P_水 \tag{3.1.3}$$

式中：$P_气$ 为大气压强；$P_水$ 为静水压强。

需要自动消除或减去单独测得的大气压强。

1. 压阻式压力水位计

目前市场上的压阻式压力水位计有绝压式和差压式两种。绝压式水位计由两个压力

传感器组成,一个压力传感器测量水下压力,另一个压力传感器测量水面大气压力,两个传感器的压力差就是静水压力;差压式水位计的传感器有两个受力面,一个面承受大气压力,另一个面承受水体传导来的压力,两个面的压力矢量和即静水压力。

1) 构造与原理

压阻式压力水位计又叫投入式水位计,如图 3.1.6 所示。从外观看,该类型水位计由探头和通信电缆两部分组成。压阻式压力水位计是一款高集成度的智能水位计,核心部件集成在一个密封的不锈钢筒(探头)内,测量时将探头投入水中,探头将所处位置的水深或压力通过通信电缆输出。通信电缆为内含气管的屏蔽电缆,气管用于平衡大气压,电缆屏蔽层用来屏蔽外界干扰信号,同时起到增强电缆强度的作用。压阻式压力水位计主要有差压式和绝压式两种,其中差压式测量的是水头压力,大气压力通过通信电缆内的气管平衡掉,绝压式测量的是水头压力和大气压力之和,因此绝压式没有平衡气管,水文行业用差压式居多。

图 3.1.6 压阻式压力水位计

目前市场上较常见的量程有 5 mH$_2$O、10 mH$_2$O、15 mH$_2$O、20 mH$_2$O、40 mH$_2$O,也有的量程达到 80 mH$_2$O。传感器的精度一般为 0.25%FS 左右,传感器的分辨率可以达到 1 mm。一般,量程为 20 mH$_2$O 的传感器,测量的绝对误差可以满足水文基本资料收集的相关要求。

2) 结构组成

压阻式压力水位计内部结构主要由压力感应单元、信号检测处理单元、信号变送输出单元三部分组成,如图 3.1.7 所示。

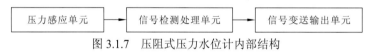

图 3.1.7 压阻式压力水位计内部结构

压力感应单元将压力信号转换成电信号;信号检测处理单元采集压力感应单元输出的电信号,然后经过信号滤波和数字化处理,并得到适当的环境因素补偿,使最终的处理结果能准确描述压力水头情况;信号变送输出单元将信号检测处理单元输出的结果进行变换,以便信号能够较远距离传输,且保证远端采集器可以识别,如 RS485 接口、4～20 mA 电流信号接口。

3) 压力信号变换原理

压阻式压力水位计的感应部件通常是一个用扩散硅材料制作的膜片,膜片封装在一个芯体上，如图 3.1.8（a）所示，膜片相当于一个压敏电阻，膜片承受的压力改变时，电阻发生变化。芯体内部通常封装有惠斯通电桥，如图 3.1.8（b）所示，电桥的 4 个臂分别是 R_1、R_2、R_3 和 R_X，其中 R_X 代表扩散硅膜片，在空气中校准后，$R_1/R_2 = R_3/R_X$，信号输出点 D、B 间的电压 $U_{DB} = 0$，当压力作用于芯体 R_X 时，R_X 的阻值发生改变，电桥打破平衡，$U_{DB} \neq 0$，该值与 R_X 线性相关，信号检测处理单元就是通过测量 U_{DB} 的值来计算水位的。

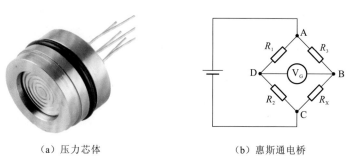

（a）压力芯体　　　　　　　（b）惠斯通电桥

图 3.1.8　压力信号变换原理图

4）输出接口

压阻式传感器在水文行业广泛使用，市场上最常见的是 4～20 mA 的压阻式压力水位计。由于 4～20 mA 的压阻式压力水位计的硬件接口形式与 HART 协议要求的硬件标准一致，该类型接口的水位计非常适合与带有 HART 协议接口的控制器连接。为了和带有通用接口（RS232 或 RS485）的采集器或个人计算机互联，一些传感器生产厂家将模数转换器单元集成到传感器内部，将采集的数据以 RS485 接口的形式输出，通信协议采用 Modbus 协议或自拟定协议。

5）安装与注意事项

压阻式压力水位计通常用于静水场合或应急测量等临时性场合，如地下水位测量、水深测量，在进行地下水位测量时，将水位计探头直接丢入地下水测井即可。在应急应用场合，选择一处流速相对平缓、漂浮物较少的位置，把水位计的探头直接丢入被测水体水边，淹没几米即可。水位计把测量的数据传送给接在通信电缆的采集器，实现数据采集、发送等。压阻式压力水位计也可以用于水库水位、渠道水位测量，由于压阻式压力水位计的感应部件淹在水下，出现故障不方便施工修复，应用在此类场合时需要特别注意安装方式。

图 3.1.9 是测量水库坝前水位时的安装示意图，大坝是混凝土重力坝，挡水面与水平面垂直。安装时可以在大坝挡水面竖直固定一个钢管，内径约为 80 mm，钢管底部焊接一个挡板，用于搁放探头，挡板上有进水孔，使钢管内的水体和外部保持连通。钢管上端开口，水位计的探头可以从上端开口直接投入钢管护套内，直至落入底部，水上部分的电缆用线管保护并进入仪器房，和数据采集器相连。当水位较深时，可以用同型号钢管直连。钢管旁边有人工观测水尺，可以对水位计的数据进行比测。该安装方式维护

比较方便，可以通过通信电缆直接将探头提出水面。

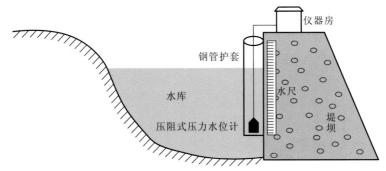

图 3.1.9 测量坝前水位时的安装示意图

图 3.1.10 是一种渠道水位测量方式，修建堤坝时在堤坝底部预先埋设一根水平钢管用作连通管，以 1/2 in 直径钢管为宜，钢管两端开口，一端和渠道水体相通，另一端在堤坝外，在堤坝外的一端有两个阀门，通过三通串联，压阻式压力水位计接在三通上。工作时阀门 A 打开，阀门 B 关闭；检修时阀门 A 关闭，阀门 B 打开。此种安装方式要求压力探头末端是螺纹接口。此种安装方式检修方便，但是要求堤坝规划时预留连通管，连通管后期安装不方便。

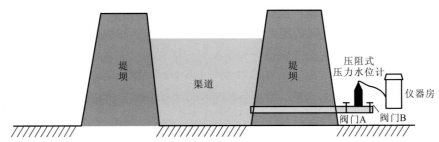

图 3.1.10 测量渠道水位时的安装示意图

需要注意的事项如下：

（1）含沙量比较高的河流和河水密度不均匀的场合，不适合选用该类型的传感器。因为根据压阻式压力水位计的测量原理，要计算出压阻式压力水位计的压力值，水体的密度必须恒定。

（2）盐度比较高的潮位站和咸水湖泊，因水体密度与纯净水密度有较大差异，且测定困难，不适合选用该类型的传感器。

（3）腐蚀性较大的水体不适合安装该类型的传感器，因为工作时传感器的感应膜片直接与水体接触，腐蚀性的水体容易破坏传感器的膜片。

（4）热污染严重的水体，不适合安装此类型的传感器。因为压阻式压力水位计的温度漂移明显，虽然传感器内部进行了温度补偿，但是水体温度场的分布不均匀，仍然会导致稍大的测量误差。

水库水体流速小，相对稳定，含沙量小，无泥沙淤积问题，水位变幅大。在没有建设水位测井和建筑物影响雷达水位计波束角的情况下，适合安装压阻式压力水位计。

2. 气泡式压力水位计

气泡式压力水位计属于压力式水位计的一种类型，其测量原理和压阻式压力水位计的测量原理类似，主要区别在于压力传导介质不同，传感器的内部结构因此也有较大差别。图 3.1.11 是气泡式压力水位计的典型结构示意图。

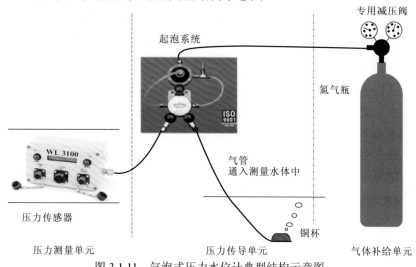

图 3.1.11　气泡式压力水位计典型结构示意图

气泡式压力水位计通过感压气管将水下压力传导给安装在水面上的压力传感器以供测量，该类型的水位计主要由气体补给单元、压力传导单元、压力测量单元三部分组成，其中气体补给单元根据测量需要向压力传导单元补给测压所需气体，确保气管压力与气管水头压力保持一致；压力传导单元把压力传导给压力测量单元；压力测量单元将压力信号最终转换成电信号，供采集器处理，生成水位成果数据。

气泡式压力水位计根据气体补给单元的结构形式不同，分为恒流式气泡水位计和非恒流式气泡水位计。其中，恒流式气泡水位计无论压力测量单元是否采集，气管中一直有气体匀速吹出，非恒流式气泡水位计只有采集的时候才吹气，平时没有气体从气管口冒出，通常恒流式气泡水位计用于大量程水位测量，非恒流式气泡水位计用于中小量程水位测量。图 3.1.11 是分体式恒流式气泡水位计，是气泡式压力水位计的早期产品，需要外配高压氮气瓶供气，2010 年前后，国外先进的水文仪器公司相继生产了集成式的恒流式气泡水位计，这类水位计自带小型的储气瓶和气泵，所需气体由水位计自己补充。图 3.1.12 是国内常见的两款恒流式气泡水位计，图 3.1.12（a）是澳大利亚水务公司生产的 HS-40V 恒流式气泡水位计，图 3.1.12（b）是美国 WATERLOG 公司生产的 H-3553 恒流式气泡水位计。

气泡式压力水位计生产厂家、型号不同，性能指标有较大差异，恒流式气泡水位计是目前比较成熟的产品，其量程一般较大，可达 70 m，分辨率达到 1 mm。非恒流式气泡水位计的量程一般在 15 m 以内，分辨率达到 1 mm。由于非恒流式气泡水位计每次测量气泵都需要工作一次，水位监测系统必须有充足的电能保障。因气泵有机械磨损，限

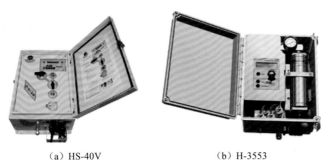

（a）HS-40V　　　　　　　　（b）H-3553

图 3.1.12　恒流式气泡水位计

制了非恒流式气泡水位计的工作寿命。另外，为了保证顺利测量，泵气压力必须大于水头压力，高水头测量对气泵性能提出了比较苛刻的要求。

气泡式压力水位计除不适合安装在含沙量大和盐度大的场合外，适用场合广泛，优点突出。其适合应用于河道断面边坡较长、不适宜修建水位测井的场合，选用气泡式压力水位计观测河道水位，可以节省修建水位测井的投入。

1）分体式恒流式气泡水位计

图 3.1.11 是长江流域广泛使用的恒流式气泡水位计，工作时氮气瓶内的气体通过专用减压阀将气体输送给起泡系统，经过起泡系统调节速度后，气泡缓慢地从河底的管口冒出，此时管口压强等于大气压强与管口水头产生的压强之和，压力传感器的感压气管与河底的气管是连通的，故其测量的压力就等于大气压强与管口水头产生的压强之和，压力传感器同时测量大气压强，因此经过程序处理减去大气压强，就可以计算出管口水头，从而得出管口处的水深，要是知道此时管口的高程，就可以计算出此时的水位。这就是恒流式气泡水位计的基本工作原理。

恒流式气泡水位计都有一个储气瓶，工作期间储气瓶连续不断地向外释放气泡，感压气管内的压力与气管管口位置（图 3.1.11 中铜杯的安装位置）的水头压力相等，压力传感器测量出的感压气管内的压力即出气口的水头。

2）自泵气式恒流式气泡水位计

早期分体式恒流式气泡水位计一般依靠工业用氮气瓶供气，氮气瓶体积较大，占据较大空间，重量大，搬运困难，给定期换气增加了维护成本，其在交通偏僻的水位监测站的推广应用受到了限制，而非恒流式气泡水位计又不能满足大量程、高精度的测量需求，气泡式压力水位计研制厂家吸收了两种气泡压力水位计的优点，对气泡式压力水位计的气体补给单元进行了改进，成功研制出了自泵气式恒流式气泡水位计，其结构如图 3.1.13 所示。

气体补给单元主要由储气瓶、压力传感器、单向电磁阀、气泵、空气过滤器及控制单元六部分组成。储气瓶、压力传感器、单向电磁阀由三通连接起来，图 3.1.13 中的压力传感器用于监测储气瓶的内部压力，并反馈给控制单元，当监测到储气瓶压力过低不能满足测量需要时，控制单元打开气泵，开始给储气瓶补气，直到储气瓶压力接近程序

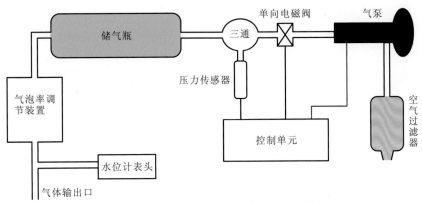

图 3.1.13　自泵气式恒流式气泡水位计结构图

设定的上限值，气泵停止工作。气泵的进气口安装有空气过滤器，用于过滤空气中的尘埃和水汽，因为尘埃堵塞气管，水汽液化形成水柱，影响系统正常工作。该类型的水位计的典型工作特点是：间断性向储气瓶补气，恒流式向外吹气。虽然其结构比早期气泡式压力水位计复杂，但是免维护性好，性能优越，有逐步取代早期气泡式压力水位计的趋势。

3）非恒流式气泡水位计

非恒流式气泡水位计的内部结构与自泵气式恒流式气泡水位计的结构类似，其结构与图 3.1.13 相比，没有储气瓶和气泡率调节装置（气泡系统），仅在测量时给压力传导单元供气，通常靠高压空气泵打气。

4）气泡式压力水位计的安装与调试

不同厂家生产的气泡式压力水位计的内部结构稍有差别，安装调试方法类似，下面以自泵气式恒流式气泡水位计为例进行介绍。

（1）气管敷设。气管敷设可以参考图 3.1.14 进行，并注意如下几点。气管和各部件连接处应当紧密、不漏气，确保管内压力一直和出气口的水头压力相等；气管敷设应尽量平滑，避免拐弯过急导致的管子内部的通气孔吹气不畅通；气管敷设应避免负坡，因为气体中的水汽液化形成液柱，容易停留在负坡位置，导致测量误差，另外，当气源补给不足时，含有泥沙的污水进入气管，容易在气管拐弯处沉淀，导致气管堵塞；气管敷设应加装钢管护套，防止水力作用对气管造成的破坏，钢管护套应尽量贴着河道边坡敷设，避免架空，以减小水力冲击，具备条件的安装场合应挖沟埋设，避免太阳暴晒加速气管老化、破裂漏气等。

（2）水下气室安装。气泡式压力水位计感压气管的末端通常会连接一个倒扣的类似铜杯或铜瓢的装置，行业俗称气室或气容，图 3.1.15 是常见的几种气室。

气室都有和气管连接的接口，因气泡式压力水位计使用的气管规格不一样，气管接口规格不完全一样。除了气管接口外，气室还有一个出气口，其口径一般很大，用于释放气泡，气室的安装对测量成果有重要作用，可以参考图 3.1.16 进行安装，安装过程需

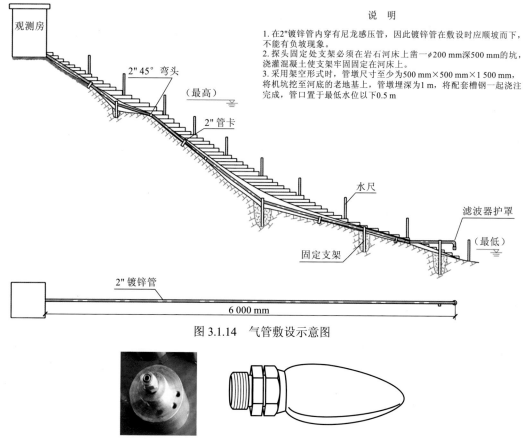

说　明
1. 在2"镀锌管内穿有尼龙感压管，因此镀锌管在敷设时应顺坡而下，不能有负坡现象。
2. 探头固定处支架必须在岩石河床上凿一φ200 mm深500 mm的坑，浇灌混凝土使支架牢固固定在河床上。
3. 采用架空形式时，管墩尺寸至少为500 mm×500 mm×1 500 mm，将机坑挖至河底的老地基上，管墩埋深为1 m，将配套槽钢一起浇注完成，管口置于最低水位以下0.5 m

图 3.1.14　气管敷设示意图

图 3.1.15　气室

要注意如下几点。气室应和感压气管紧密连接，不能漏气；气室开口应朝向河床，呈倒扣姿势；气室开口面和河床应保持在 30 cm 以上的距离，以免河沙淤积堵塞出气口；应选择水流相对平缓的位置安装气室，以免水力作用冲毁气室，或者导致气室晃动，从而产生测量误差。

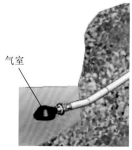

图 3.1.16　气室安装图

（3）调试气泡式压力水位计。完成气泡式压力水位计的所有压力传导部件的安装后，即可对传感器进行调试。一般，传感器通电后内部控制单元会自动检测储气瓶内的气压，如果气压不足会自动补气，待储气瓶足压后会自动停止。补气完成后，可以按照如下步骤调试水位计。根据实际情况调整水位计的气泡释放速度，俗称气泡率；气泡释放速度由实际水位的变率决定，一般水位变化快，气泡释放速度应相应调大，水位变化慢，气泡释放速度应适当减小；感压气管长，气泡释放速度应相应调大，感压气管短，气泡释放速度应相应调小。目前市场上的主流感压气管为外径为 3/8 in，内径为 1/8 in 的高分子材质气管，气泡释放速度的典型值为 30 个/min。人工控制水位计使之处于"冲沙模式"，在此模式下储气瓶向感压气管、气室快速吹气，能够在很短时间内排出感压气管和气室里的水，肉眼看到气室出口处有大量气泡冒出时即可让水位计切换到恒流吹气模式。稳定 3～5 min 后，感压气管的内部压力近似和气室出口处的水头压力相等。设置气泡式压力水位计的工作参数。

气泡式压力水位计是应用比较多的一种水位计，广泛使用于各种河道、水库等。水利部长江水利委员会水文局在 20 世纪 90 年代末期就开始对气泡式压力水位计的测量精度与稳定性开展了研究和比测工作，之后其大量投产使用。图 3.1.17 是气泡式压力水位计安装投产照片。

图 3.1.17　气泡式压力水位计安装投产照片

5）误差来源与成因分析

（1）水的密度对测量误差的影响。水的密度是导致测量误差的重要因素，一般水位计出厂时默认的水密度为 1 000 kg/m³，实际上水的密度与水的物理、化学属性有关。对于纯净水而言，水温为 4℃时密度最大，为 1 000 kg/m³，当水温高于或低于该值时，水的密度将下降。温度对水密度的影响不大，可以忽略不计，但河水密度受含沙量和含盐量的影响明显，不可忽略。

（2）重力常数对测量误差的影响。重力常数是一个变量，我国南北纬度跨度较大，重力常数不同，不同地区的气泡式压力水位计应该采用当地的重力常数进行计算或对测量结果进行线性修正。

（3）流速产生测量误差的原因分析。测量水深的前提条件是水必须是静态的。实际上，气泡式压力水位计多用于测量天然河道中的水位，水流除了静压力外还存在动压力。

（4）气室进水对测量误差的影响。测量时，气室内不能进水，否则会导致测量误差，气室内的进水高度即测量误差。进水原因可能为气室中的气体发生渗漏，气室内部的压强减小，使水进入气室内部。另外，水位涨率较大、水压的变化速度大于管内气压的变化速度也会使水进入气室内部，从而产生测量误差。

（5）气室使用不当对测量误差的影响。气室的形状、容积与气泡式压力水位计的量程和工作模式是配套的，是厂家经过气体压缩试验、计算设计的，对缩小测量误差具有重要作用，不同厂家的气室不适宜互换或擅自改装。

6）误差控制措施

（1）方案论证时实地踏勘应用环境。泥沙含量季节变化性强，东南沿海潮位站涨潮和退潮期间盐度变化较大，西北内陆部分盐湖雨季和旱季的含盐量也有差异，导致此类水体的密度变化比较复杂，很难找到合适的水密度补偿算法，因此应避免使用气泡式压力水位计。

（2）安装前通过实验室检测进行线性修正。参照压阻式压力水位计的率定方法对气泡式压力水位计的测量结果进行线性修正，一般气泡式压力水位计有水密度设置功能或重力常数设置功能，用得出的线性系数乘以率定时气泡式压力水位计已设置的水密度或重力常数得出新值，重新设置即可对气泡式压力水位计的测量结果进行校准。在长江流域中央报汛站水位测量中，用此法修正测量水位取得了很好的效果。

（3）安装后根据比测结果针对性地采取补救措施。气泡式压力水位计安装后很难从某个时刻的测量误差找出误差主因，应从一个时间序列和不同水位级的综合比测结果来诊断。图 3.1.18 是人工水位数据过程线与气泡水位数据过程线对比图。图 3.1.18 中粗曲线代表人工水位数据过程线，细曲线代表气泡水位数据过程线。下面分三种情况分别进行说明。

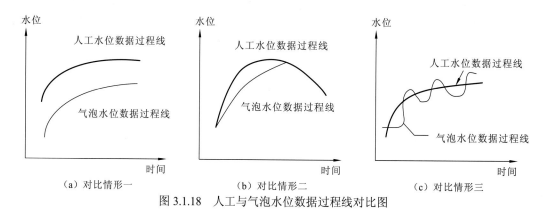

|（a）对比情形一|（b）对比情形二|（c）对比情形三|

图 3.1.18　人工与气泡水位数据过程线对比图

图 3.1.18（a）中，在任何时刻人工水位和气泡水位的差值基本恒定，通常是由安装时水位没有校准或固定气管口的基础设施在水力作用下有少许位移造成的，只需调整气泡式压力水位计的偏置即可。

图 3.1.18（b）中，涨水前人工水位数据和气泡水位数据基本一致，涨水过程中气泡式压力水位计的测量值小于人工水位数据，洪峰过后气泡水位数据和人工水位数据基本一致，这在山区型河流或电站尾水等水位变率较大的场合经常会出现，通常是由气泡式

压力水位计供气量或气泡率偏低、气管过长造成的，使用中应尽量缩短感压气管的长度，对于间断供气式气泡式压力水位计，应延长气泡式压力水位计单次吹气时间，对于恒流式气泡水位计，应调大气泡率。另外，根据误差成因分析，在气管末端加装气室也可以较好地减小测量误差。在长江上游梯级电站开发施工期水情自动测报系统建设过程中应用此法取得了较好的测量效果，气泡水位数据和人工水位数据非常接近。

图 3.1.18（c）中，气泡水位数据过程线围绕人工水位数据过程线上下波动，主要有两种情况：一是气管末端固定不牢或遭到水的冲刷破坏，气管管口高程随水流冲击起伏不定；二是在管口位置水的流态复杂，作用在管口的水的动压明显，针对水的动压造成的测量误差，可从工程措施和软件滤波两个方面入手减小测量误差。在工程措施方面，安装气室时使气室下端面和水流方向尽量保持平行，减小水的动压影响，同时在气室四周砌挡水墙，减缓测量点水的流速。在软件滤波方面，可以多次采样取平均值，采样 5～15 次即可，但是采样持续总时间应大于 1 min，实践表明如果持续时间过短，采样值可能都位于动压力的峰值或谷值，测量结果与人工观测数据仍然有较大误差。用多次采集取平均的软件滤波方式可以减小测量误差，但是测量时间较长，增加了系统功耗，我国水文资料收集要求水位采集间隔一般为 5 min，依据水位变化的连续特性，在水位变率不大的场合可以用式（3.1.4）所示的权重法校正测量水位以减小测量误差，同时不延长工作时间。

$$h_{T校} = h_T \times 0.5 + h_{T-5} \times 0.3 + h_{T-10} \times 0.2 \qquad (3.1.4)$$

式中：$h_{T校}$ 为 T 时刻的校正水位；h_T 为 T 时刻气泡式压力水位计的测量水位；h_{T-5} 为 T 时刻前 5 min 的测量水位；h_{T-10} 为 T 时刻前 10 min 的测量水位；0.5、0.3、0.2 为权重系数。实践表明，采用此法来修正大江大河干流站的测量水位，得到的水位过程线比较平滑且有较高的精度。

3.1.3　雷达水位计

1. 构造与原理

雷达水位计也叫水位雷达，其主要测量原理是雷达水位计的天线发射雷达脉冲，随后天线接收从水面反射回来的脉冲，并记录时间 T，由于电磁波的传播速度 C' 是个常数，故可以得出其到水面的距离 L。其工作原理和气介式超声波水位计类似。雷达水位计发送的是电磁波，传播速度受温度和湿度影响很小，且雷达波遇到水面时，大部分能发射回来，故不需要在水面安装雷达波反射板，后期维护量非常小。因此，雷达水位计是使用较多的一种非接触式水位计。因天线的结构形式不同，常见的雷达水位计有平板式和导波天线两种形式，有的厂家在天线外侧安装了喇叭状金属罩，如图 3.1.19 所示。

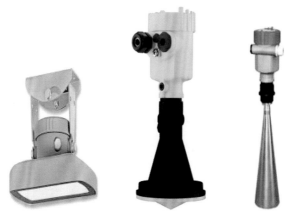

图 3.1.19　雷达水位计

2. 性能与指标

雷达水位计因厂家和型号不同，性能指标也不尽相同，以下列出市场上该类型水位计的一些典型参数。

分辨率：±2 mm。

量程：35 m 以上，部分水位计的量程达到 120 m。

盲区：0.4 m 左右。

典型工作频率：26 GHz。

最小发射角：8°。

输出接口：RS485/4～20 mA 接口。

3. 安装与使用注意事项

图 3.1.20 是雷达水位计安装照片。因为雷达水位计测量的是雷达探头到水面的垂直距离，所以安装时应使天线主波束垂直指向水面。为了避免外力因素使雷达水位计的安装姿势发生改变，通常雷达水位计采用悬挂式安装方式，以保证波束方向始终铅直。当采用支架安装方式时，支架横臂应该有适当的强度，避免风吹晃动幅度过大而影响测量精度，在满足测量要求的情况下，横臂应尽量短，支架通常安装在边坡比较陡峭的位置。为了满足水文资料全年自记的要求，水位退到最低水位时，雷达波能辐射到水面。设计雷达水位计安装支架时，应考虑后期安装维护的便利性。

观测断面附近有桥梁时，可以将雷达水位计安装在桥梁下方。如果桥面与水面的距离远大于水位的变幅，那么雷达水位计的量程会远大于水位的变幅，此时水位的绝对测量误差会变大，若水位观测精度要求较高，则不建议安装在桥梁下方。实际应用中，由于雷达水位计的安装支架和水面波动等因素，测量结果会呈锯齿状上下波动，建议多次观测取平均值，观测历时最好大于 1 min。

图 3.1.20　雷达水位计安装照片

　　在中小河流的水文监测、山洪灾害防治非工程措施建设等项目中，雷达水位计有着广泛的应用。此类项目单站投资不高，且具有点多面广的特点，大多分布在偏远山区，枯季水量少，汛期因降水水位陡涨陡落，含沙量大，平原地区的河道边滩一般较宽，可以达到 200 m 以上。

3.1.4　超声波水位计

1. 构造与原理

　　超声波水位计是应用超声波测距原理研制的一款水位计，按照声波传播介质的区别可分为液介式和气介式两大类。声波在介质中以一定的速度传播，当遇到不同密度的介质的分界面时，产生反射。超声波水位计通过安装在空气或水中的换能器，将具有一定频率、功率和宽度的电脉冲信号转换成同频率的声脉冲波，定向朝水面发射。此声波束到达水面后被反射回来，其中部分超声能量被换能器接收又转换成微弱的电信号。这组发射与接收脉冲经专门电路放大处理后，可形成一组与声波传播时间直接关联的发、收信号，同时测得了声波从传感器发射，经水面反射，再由换能器接收所经过的历时 t，历时 t 乘以波速即可得到换能器到水面的距离，然后再换算为水位。

　　换能器安装在水中的，称为液介式超声波水位计；换能器安装在空气中的，称为气介式超声波水位计，后者为非接触式测量，如图 3.1.21 所示。

　　根据声波的传播速度 C 和测得的声波来回传播历时 t，可以计算出换能器与水面的距离 h：

$$h = Ct/2 \tag{3.1.5}$$

由换能器安装高程 H_0' 可以得到水面高程，也就是水位值。

　　对于气介式超声波水位计，如图 3.1.21（a）所示，水面高程可以表示为 $H_0' - Ct/2$。

　　对于液介式超声波水位计，如图 3.1.21（b）所示，水面高程可以表示为 $H_0' + Ct/2$。

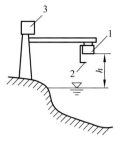
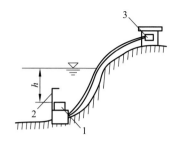

（a）气介式超声波水位计　　　　　　　（b）液介式超声波水位计

图 3.1.21　超声波水位计应用示意图

1—换能器；2—参照反射体；3—测量控制装置

2. 结构组成

超声波水位计主要由超声波信号发生器（发射换能器）、超声波信号接收器（接收换能器）、信号处理控制单元三部分组成。超声波信号发生器根据测量的需要，将间断的电脉冲信号转换成同频率的超声脉冲信号，并向水面发射。超声波信号接收器将水面反射回来的脉冲型声波信号转换成同频率的电信号，供信号处理控制单元识别计算。随着换能器生产技术的不断提高，目前超声波信号发生器和超声波信号接收器已经集成在一起。信号处理控制单元协调超声波信号发生器和超声波信号接收器，使它们按照预定的时序启动工作，并通过检测一组超声脉冲信号从发射到接收的时延，推求换能器到水面的距离，最终以电信号的形式输出计算结果。

随着水位计向智能化方向发展，目前很多水位计都配置了显示屏幕和控制部件（如继电器输出、超越阈值报警装置等）。

3. 性能与指标

超声波水位计因厂家和型号不同，性能指标也不尽相同，以下列出市场上该类型水位计的一些典型参数。

分辨率为 3 mm；测量精度为 0.3%；盲区为 0.5 m 左右；量程为 0～15 m；输出接口为 RS232/RS485/4～20 mA 接口。

4. 适用条件与注意事项

（1）分辨率的影响因素。超声波信号接收器通过信号的幅度来鉴别回波信号，回波到达换能器后信号幅度从 0 增加到鉴别阈值的波程决定了传感器的分辨率，这个波程与波长相关，最大不超过 1/4 个波长，以 40 kHz 的气介式超声波水位计为例，其分辨率大约为 2.15 mm。因此，可以根据测量分辨率的要求，选择合适频率的传感器。

（2）测量精度的影响因素与补偿措施。因为超声波是靠机械振动传播的，传播的速度与介质的性质密切相关，温度、气压、湿度、气体成分等都会影响超声波的传播速度，且介质的状态在声波传播区域内并不稳定，所以声波速度在传播路径上不恒定，影响了测距的精度，随着距离的扩大，绝对测量误差呈现扩大趋势。

声速温度补偿法。声波在空气中的传播速度与温度的关系可用公式 $C=331.45+0.61T_湿$ 近似表示，因此可以加装温度传感器来测量环境温度，对声速进行补偿。

声速现场测定法。除温度外影响声速的因素较多，声速温度补偿法仍然会有较大误差，可以用现场测定的方法获得更加准确的声速。已知距离 L_1 和回波时间 t_1，可以计算出声速 $C=2L_1/t_1$，若在测量未知距离 L_2 时测得的回波时间为 t_2，则 L_2 可以表示为

$$L_2=2L_1\times t_2/t_1 \tag{3.1.6}$$

此法可以很好地考虑综合因素对声速的影响，但是受分辨率的影响，t_1 往往有测量误差，当 L_1 不大时，此测量误差对声速计算结果的影响是明显的。

（3）超声波的量程与频率特性。由于声波的扩散、散射及介质对声波能量的吸收，随着量程的增加，声波的信号幅度越来越微弱，回波信号的幅度限制了超声波水位计的量程。超声波信号的衰减速度与频率密切相关。传播介质对超声波的吸收程度与超声波频率的平方成正比，所以要想水位计有较大的量程，就不能选用较高频率的超声波，否则超声波能量损失过快，不能达到测距的目的。由此可见，超声波水位计的量程和分辨率、测量精度是相互矛盾的指标。因此，在水位变幅不大，测量精度要求较高的场合，选用高频超声波水位计，在水位变幅较大，测量精度要求相对不高的场合，选用低频超声波水位计。

（4）超声波测距盲区。超声波信号发生器发出声波信号后，必须等待一段时间才能开始接收回波信号，这是因为虽然脉冲信号停止激励换能器，但是换能器仍然有一段时间的余振，必须等待余振信号小于回波信号的阈值后才开始接收回波信号，否则超声波信号接收器无法区别余振和回波。声波在这个等待时间内的波程即测距盲区。缩小测距盲区可以通过提高超声波的指向性来实现，但是测距盲区不能完全消除。

（5）超声波的指向性对测量效果的影响。回波信号的强度与声波发射的指向性密切相关，声波的指向性与声波的频率密切相关，超声波信号发生器在发射声波时，沿传感器轴线方向能量密度最强，由此向外，能量密度逐渐减弱，通常将能量密度由极大值（轴线方向）下降至半功率点的夹角 θ 称作超声波的波束宽度：

$$\theta=2\arcsin(0.26C/Rf) \tag{3.1.7}$$

式中：C 为声波在介质中的传播速度；R 为传感器的半径；f 为声波的频率。

由此可见，传感器的面积越大、频率越大，波束宽度越小，传感器面积越小、频率越小，波束宽度越大。相同发射功率情况下，指向性越好，回波信号的强度越大，因此适当提高回波鉴别的阈值可以缩短超声波信号接收器工作前的等待时间，以缩小盲区。也就是说，增大传感器的面积、增加换能器的发射功率可以缩小盲区。总之，换能器的余振、声波信号的非垂直反射等会对回波信号形成串扰，对回波信号的识别产生时间误差，环境因素的复杂性也会改变声速，这些都会对超声波测距的精度产生影响，因此超声波水位计一般应用于精度要求不高，水位变幅不大于 15 m 的场合。

根据超声波的反射和折射原理，声波垂直发射到两种介质的分界面上时，反射信号强度最大，因此超声波的探头应当尽可能与水面垂直。

3.1.5 激光水位计

1. 构造与原理

激光水位计应用的是激光测距原理,与气介式超声波水位计和雷达水位计完全相同,只是发射、接收的是激光光波。工作时,安装在水面上方的仪器定时向水面发射激光脉冲,通过接收水面对激光的反射波,测出激光的传输时间,进而推求水位。与声波和雷达波不同,光波传输到空气和水的分界面时,大部分光波可以透射到水中,为了确保光波能从分界面反射回来,需要在水面安装光波反射浮板。图 3.1.22(a)是激光水位计的实物图,图 3.1.22(b)是激光水位计的安装示意图。

(a)实物图　　　　　　　　　　　(b)安装示意图

图 3.1.22　激光水位计

2. 性能与指标

与雷达水位计相比,激光水位计利用的激光光速极为稳定,环境温度、湿度对光速的影响很小,可以认为光速是恒定不变的。因此,激光水位计的水位测量精度很高,可以达到厘米级。激光的频率更高,传播的直线性很好,也非常稳定,一般的激光水位计就能测量较大量程的水位变幅。

3.适用条件与注意事项

激光水位计是一种无测井的非接触式水位计,具有量程大、准确性好的优点。但与水位计配套的光波反射浮板安装比较困难,激光水位计使用并不多。这是因为测量原理决定了光波反射浮板必须漂浮在水位计的正下方,且和水面同步涨落,有时这是做不到的。另外,反射面的平整和光洁度对反射光的强度与方向都有影响,需要定期清理光波反射浮板表面,这需要在水中作业,设备运行维护有一定的难度。雨、雪对测量效果也有一定的影响。与超声波水位计和雷达水位计一样,安装时水位计的探头要正对下方水面,水位计无论是固定在桥梁上还是固定在支架上都应稳固,避免水位计自身晃动对测量结果造成影响。由于激光水位计一般安装在户外,应做好防雨。

激光水位计测量精度很高,测量不受水质和温度的影响,水位计出厂校准后在使用过程中出现测量误差，应重点检查安装设施。除定期清理光波反射浮板表面外，光波反射浮板周围的漂浮物、水草、树枝等也要注意清理，以免遮挡光波反射浮板，从而影响测量。

3.1.6　各种水位计应用情况的比较

各类型水位计在应用中有如下特点[13-14]。

（1）恒流式气泡水位计的特点是气路设计考虑周到，带有气流恒流装置，可在不同的水深和较长的气管长度条件下保证测量精度。

（2）自泵气式恒流式气泡水位计的特点是无须外供气源，只提供电源就可以测量水位，供气特点限制了使用范围。由于测压管内的气体是空气，在有压状态下容易产生水栓，供气的非恒定流在不同的水位级停止泵气时，气管内外平衡时间的不同会导致采样误差。

（3）为解决断面泥沙淤积引起的水位观测不连续的问题，可在不同的水位高度分别敷设多级压力感压气管来保证水位观测的连续性和实时性。

（4）对于水位变幅大、流速大的测站，采用气泡式压力水位计测量水位，除采取分级敷设感压气管措施外，非常重要的技术措施是建设静水装置，以避免感压气管出口受动水压力影响，保证水位测量的精度。该方案是在多个测站的实践中总结出来的，并在乌江流域、金沙江流域水文站的水位观测中证明是行之有效的。

（5）压阻式压力水位计由于探头设置于水下，在泥沙淤积地区不适用，而且仪器需要对气压、温度零漂等影响有完善的补偿措施。通过在长江上游金江街、古学、宁厂、宁桥等测站的实际使用认为：该类水位计因压力传感器直接安装在水下，容易受雷电干扰且没有切实有效的防治措施，对于流速大的测站，需要有良好的静水措施和装置，否则测量误差较大。

（6）雷达水位计是非接触式测具，具有工作可靠、安装简便、使用周期长、免维护等优点，只要排除风浪、水面漂浮物等外部因素即可获得高精度的水位值，特别适合水面相对平稳的江河、湖泊、水库、渠道等水体水位的测量。

（7）浮子式水位计的应用最广泛，只要有测井且没有泥沙淤积影响，其采集精度就能满足规范要求。

3.2　复杂河流断面水位适应性自动监测技术

3.2.1　复杂河流断面水文特性

我国的河流总体上可分为山区河流和平原河流，河流的水文、形态等特性不尽相同，具有多样性和复杂性特点，具体如下。

（1）监测断面不稳定。由于河流的冲刷作用，水位监测断面会产生泥沙淤积，改变断面水文特性。

（2）监测断面水流条件紊乱。河流形态影响着河流走向，对于大江大河来说，回水、水下暗流、漩涡等直接影响水流。

（3）监测断面水面波浪大。山区河流暴雨洪水、大江大河船只航行、水库泄洪等都将产生大的波浪。

（4）监测断面水位变幅大，陡涨陡落。山区河流流经地区坡面陡峻，径流汇流时间较短，洪水暴涨暴落、水位变幅大是山区河流重要的水文特点。

河流监测断面泥沙淤积、边坡地质条件、雷击因素、水流特性、水面漂浮物、水位变幅、水位变率等环境因素的复杂性给水位自动监测带来了困难，如何选择适用于复杂河流断面水位自动监测的水位计是准确掌握水位信息变化的难点和关键。

3.2.2 感潮河段水位改正算法

在进行感潮河段水深测量时，测深仪测得的深度基于瞬时水面。由于水面受潮位的影响不断变化，同一地点在不同水位时测得的水深是不一致的。因此，必须对测时水深进行水位改正，将测量水深改正到规定的高程或深度基准面。水位改正分为单站水位改正、双站水位改正和多站水位改正。

1. 单站水位改正

单站水位改正适用于小范围，其认为测量区域内每个位置的水面高程和水位站的水面高程相同。在水位站控制范围内，水底高程、实测水深与相应的水位按式（3.2.1）计算：

$$G = z - h' \tag{3.2.1}$$

式中：G 为水底高程，m；z 为该水位站在某一基面以上的水位，m；h' 为测点施测时的水深，m。

2. 双站水位改正

双站水位改正适用于可控制或比降较小的河段，两相邻站之间任何一点处的水位按距离线性内插求得。

双站水位改正平面图如图 3.2.1 所示。若两个潮位站 A_1、A_2 某时刻的潮位为 Z_1、Z_2，求得 A_3 的坐标，然后在直线 $A_1 A_2$ 上按距离内插得到 A_3 的潮位 Z_P：

$$Z_P = Z_1 + (Z_2 - Z_1) S_{A_1 A_3} / S_{A_1 A_2} \tag{3.2.2}$$

式中：$S_{A_1 A_3}$ 为 A_1 与 A_3 间的距离；$S_{A_1 A_2}$ 为 A_1 与 A_2 间的距离。

图 3.2.1 双站水位改正平面图

3. 多站水位改正

感潮河段计算测点潮位时，应考虑横向潮位变化。根据不同的条件，可以采用二步内插法、平面内插法、距离加权法等方法进行潮位改算。

1）二步内插法

设 A、B、C 三个潮位站某时刻的潮位分别为 Z_A、Z_B、Z_C，可求出图 3.2.2 中 P 的潮位。

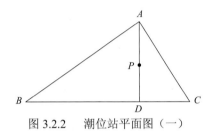

图 3.2.2　潮位站平面图（一）

由 A、B、C 和 P 的坐标，求得 BC 与 AP 两个直线方程，从而得到交点 D 的坐标；然后在直线 BC 上利用两点潮位按距离内插得到 D 的潮位；再在直线 AD 上，以 A、D 的潮位线性内插求得测点 P 的潮位：

$$Z_P = Z_A + (Z_D - Z_A) S_{AP} / S_{AD} \qquad (3.2.3)$$

$$Z_D = Z_C + (Z_B - Z_C) S_{CD} / S_{BC} \qquad (3.2.4)$$

式中：S_{AD} 为 A 与 D 的距离；S_{AP} 为 A 与 P 的距离；S_{BC} 为 B 与 C 的距离；S_{CD} 为 C 与 D 的距离。

2）平面内插法

若三个潮位站之间潮差很小，且潮差均匀变化，则可将瞬时水面作为一个平面处理，如图 3.2.3 所示。

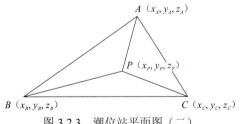

图 3.2.3　潮位站平面图（二）

假设三个潮位站 A、B、C 的空间坐标分别为 (x_A, y_A, z_A)、(x_B, y_B, z_B)、(x_C, y_C, z_C)，其中 z 为水位。设 P 点某时刻的坐标为 (x_P, y_P, z_P)，则可根据四点共面的条件，计算出 P 点的水位 Z_P，即 P 点坐标中 z_P。

3）距离加权法

图 3.2.4 中，A_1、B_1、A_3、B_3 为实测潮位站，P 为需要计算潮位的测点，A_2、B_2 为 P

投影至 A_1A_3、B_1B_3 的垂足，S_{PA}、S_{PB} 为 PA_2、PB_2 的直线距离，则任意时刻 P 点的潮水位计算公式如下：

$$\begin{cases} Z_P = Z_{A_2} \times S_{PB} / (S_{PA} + S_{PB}) + Z_{B_2} \times S_{PA} / (S_{PA} + S_{PB}) \\ Z_P = (Z_A \times S_{PB} + Z_B \times S_{PA}) / (S_{PA} + S_{PB}) \end{cases} \quad (3.2.5)$$

式中：Z_{A_2}、Z_{B_2} 分别为垂足 A_2、B_2 的潮位，m；Z_A 为潮位站 A_1 与 P 测点同时刻的潮位，m；Z_B 为潮位站 B_1 与 P 测点同时刻的潮位，m；S_{PA} 为 P 与 A_2 之间的距离，m；S_{PB} 为 P 与 B_2 之间的距离，m。

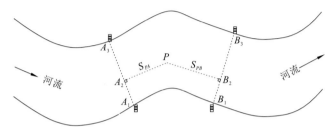

图 3.2.4　感潮河段潮位站及计算示意图

式（3.2.5）对式（3.2.4）进行了改进，考虑软件中可选择区域计算及重复计算的特点，分别计算 $PA_2A_1B_1B_2$ 或 $PA_2A_3B_3B_2$ 包围的区域，同步解决了潮水位改正及横比降影响的问题。

3.2.3　复杂河流断面水位计选型

各种类型的水位计的适用范围和条件、测量范围和精度，以及功耗等技术参数各不相同，因此，开展不同水位计设备与复杂河流断面水文特征的适应性分析研究，才能正确选择适合断面水位监测的水位计。设计新的水位自记系统，或者改造旧的水位自记系统时，水位计的选型应该遵循如下基本原则。

1. 选型应与安装条件相适应

对于有水位测井的水位观测点，应该优先选用浮子式水位计，因为浮子式水位计性能稳定，价格经济实惠。对于没有水位测井的观测站，应根据观测断面的边坡长短选择压力式水位计或非接触式水位计。边坡较长的应用场合，应选用压力式水位计，将感压气管敷设至历史最低水位以下即可。如果选用压阻式压力水位计，应将探头安装在最低水位以下。对于边坡比较陡峭的观测断面或断面附近有桥梁可供安装，应优先选用非接触式水位计。

2. 选型应兼顾后期维护方便

对于配备气泡式压力水位计的观测站，如果站点偏远、交通不便，应配备自泵气式恒流式气泡水位计；对于边坡较长的应用场合，理论上气泡式压力水位计和压阻式压力水位计都满足要求，考虑到压阻式压力水位计使用寿命有限，出现故障不方便更换，应优先使用气泡式压力水位计；对于非接触式水位计，天然河道上应尽量避免使用激光水位计，因为漂浮物可能会遮挡或卡住光波反射浮板，维护很不方便。

3. 选型应该与测量需求相适应

水位观测需求一般包括水位的量程需求和精度需求两个方面，选型前应考证观测断面（观测点）的水位最大变幅，选用的水位计的量程以略大于水位最大变幅为佳。应避免出现价格越贵、量程越大，效果就越好的错误思想。一般量程大的水位计，绝对测量误差会较大。水位计的观测精度应该等于或高于实际需求的观测精度。另外，对于有人工观测器具的测站，水位计最好有可供观察和校核的水位显示接口；需要现场提取水位历史记录的测站，可以选用有数据存储功能的水位计。

4. 水位计的通信接口应该与数据采集器兼容

水位自动采集和远程传输是水位观测行业的发展趋势，自记水位计通常和数据采集器连接以实现该功能，因此选用水位计时应考虑通信接口与数据采集器的兼容问题。如数据采集器可以提供水位计正常工作的电源电压，具备和水位计相同类型的信号接口，数据采集器内嵌水位计访问程序应该与水位计通信协议兼容。行业常用的通信协议有 Modbus 协议、SDI-12 协议、HART 协议等，数据采集器内部的驱动程序大多遵循该协议，因此选用的智能传感器应该遵循行业常用通信协议，避免选购企业自定义协议的水位计。

综合分析各种水位计的技术参数、性能特点、适用范围和使用优缺点，每种水位计都有其特定的应用场合。水位监测断面泥沙淤积、边坡地质环境、雷击因素、水流特性、水面漂浮物、水位变幅等环境因素直接决定了水位计的选型。从水位计的技术参数看，其测量精度一般都能满足水位监测的要求，但是量程、适用范围等却不尽相同，使用时必须根据其特点综合比选。各种类型的水位计的适用范围、技术特点及影响因素见表 3.2.1。

表 3.2.1　各种类型的水位计的适用范围、技术特点和影响因素对照表

水位计	适用范围	技术特点	影响因素
浮子式水位计	必须有水位测井	量程可达 80 m，技术成熟、运行稳定、维护方便	（1）测井内的泥沙淤积影响精度； （2）水位变率大且波浪大时会使连接绳打滑
压阻式压力水位计	湖泊、水库、地下水井等相对稳定的水体	量程可达 70 m 以上，安装简便	（1）泥沙淤积和流速影响精度； （2）气压、温度零漂影响精度； （3）雷电干扰会损坏传感器； （4）污水腐蚀影响传感器寿命； （5）存在线性误差，需根据 $y=kx+c$ 率定 k、c 值，修正误差

水位计	适用范围	技术特点	影响因素
气泡式压力水位计	相对稳定的水体和水位变率不大的环境	量程可达50 m，安装简便，水位计和水体没有电气上的连接，相对安全	（1）泥沙淤积和流速影响精度，需要安装静水装置； （2）气管长度受限制，一般不超过150 m； （3）水密度和重力常数影响精度，需根据 $y=kx+c$ 率定 k、c 值，修正误差； （4）如果使用自泵气式恒流式气泡水位计，干燥系统和采集频率会影响使用寿命
雷达水位计	需要特定平台或陡坡环境	测量精度高（毫米级），量程大（70 m以上），可靠度高	（1）水面漂浮物和波浪影响精度； （2）固定要求高，需要垂直于水面； （3）雷达波向下发射时有特定的波束角，波束角范围内有遮挡物会影响数据采集
激光水位计	需要特定平台或陡坡环境	测量精度高（毫米级），量程大（90 m以上），可靠度高	（1）水面漂浮物和波浪影响精度； （2）需要水面发射体并垂直水面安装； （3）激光波束角范围内有遮挡物会影响数据采集

3.2.4　水位自动监测集成技术

水位自动监测集成技术是一项涉及多传感器接入与自动控制、低功耗电源保证技术、监测站安全与防护技术等的测、报、控一体化集成技术[15]。根据水位观测断面的特殊性和差异性，确保水位全量程自记，水位监测站除了需要配置合适的水位计外，还必须具有集多传感器接口、自动数据采集、现场数据存储、自动发送和远地控制等测、报、控功能为一体的水位自动采集控制技术，并采用采集精度控制技术、低功耗技术、通信链路双向控制技术、多目标发送与自动预警技术，通过与传感器、通信终端的集成，实现真正意义上的"有人看管、无人值守"的水位自动监测新模式。

1. 水位计接口

由于各种水位计都有特定的输出接口和供电范围，自动测控设备必须具备相应的接入能力。目前，几乎所有的水位自动监控站均采用太阳能浮充蓄电池直流供电方式，电源一般为12 V输出。各类传感器的供电方式一般有两种（12 V和24 V），功耗不尽相同，自动测控设备必须具备对应的电源输出接口，同时还需要电源受控并具有相应的承载能力。

水位计的输出接口大致可分为并行、串行和模拟量，主要表现形式有格雷码、RS232、RS485、SDI-12、4～20 mA、0～5 V等。各种输出接口都有自身的特点和连接要求。

1）并行接口（格雷码）

格雷码是一种无权码，采用绝对编码方式，典型的格雷码是一种具有反射特性和循环特性的单步自补码，它的反射、自补特性使得求反非常方便，它的循环、单步特性消除了随机取数时出现重大误差的可能。格雷码属于可靠性编码，是一种错误最小化的编码方式。格雷码在浮子式水位计上得到了广泛应用，其传输距离可以达到 1 km，但是并行接口在目前使用的自动测报系统中应用很少。

2）串行接口（RS232、RS485、SDI-12）

RS232、RS485、SDI-12 等都是符合国际标准的串行通信接口，使用条件和特点各不相同。

RS232 是目前最常用的一种串行通信接口，一般为三线制，实现点对点的通信方式，不能实现联网功能，传输距离一般不超过 50 m，适用于近距离且传输速率要求不高的场合。

RS485 一般为二线制，可以实现联网功能（即一个接口可以接入多台设备），传输距离可以达到 1 km 以上，适用于远距离传输。

SDI-12 是近年来欧美国家广泛使用的一种串行数据通信接口协议，除电源外为单线制，一般情况下可以同时接入 10 台设备，传输距离一般不超过 70 m，其使用的波特率为特定的 1 200 bit/s。

3）模拟量接口（4~20 mA、0~5 V）

应用于水位自动监测的传感器模拟量输出接口主要有 4~20 mA、0~5 V，该输出方式要求信号线尽量短，且对自动监控设备的模数转换电路要求高，线长直接影响信号的衰减，模数转换电路的基准电压和位数也直接影响采集的精度。

水位计输出接口、功耗等参数直接影响其使用，在实现水位自动监测的集成过程中应充分根据现场环境特点选择合适的水位计。

2.多传感器接入与自动控制

长江干流航道水位自动监测站主要配置的水位计为自泵气式恒流式气泡水位计和雷达水位计。这两种水位计的适用范围和输出格式都不相同，自泵气式恒流式气泡水位计的测量范围一般为 0~40 m，输出为标准的 SDI-12 数字协议；雷达水位计的测量范围为 0~35 m，输出为 0~20 mA。遥测终端通过通用数据接口完成了对两种水位计的连接，实现了水位数据的可靠自动采集，并通过对水位超限阈值的控制，实现了对水位值快速变化的加报控制，以保证航道中心对水位变化的实时监控。

水位自动监测站的通信信道采用 GPRS 的虚拟专用网络（virtual private network，VPN）通信方式，自动监测站选用低功耗和高可靠性的 GPRS 通信模块，通过 RS232 标准接口与水文遥测终端机连接向航道动态监测平台发送数据和交换信息。

3. 低功耗电源保证技术

1）供电要求与供电方式

水位自动监测站需要可靠的、不间断的供电系统，而且能在野外全天候工作，电源的可靠性、抗干扰性对系统至关重要。考虑到测站地处偏僻，而且设备功耗低，耗电量较小，为了不受雷电干扰，基本不考虑交流供电，而采用太阳能浮充蓄电池直流供电。

水位自动监测站设备的电源电压统一采用 12 V 标称电压。电池容量一般要保证能在 45 d 连续阴雨天的情况下维持正常供电，太阳能板功率要保证在连续 45 d 阴雨天后能在 10～20 d 内将电池充足。因此，蓄电池容量和太阳能板功率需根据设备耗电情况及当地年日照时数等综合确定。为防止蓄电池出现过压或欠压现象，需配置与电器指标相匹配的充电控制器。

2）蓄电池容量测算

蓄电池的种类很多，常用的有铅酸免维护蓄电池、普通铅酸蓄电池和碱性镍镉蓄电池三种。其中，铅酸免维护蓄电池的密封性能好、环境污染少、免维护特性好，已成为应用最多的产品，适合无人值守的水位自动监测站。一般情况下，晴天时测站的日耗电量小于太阳能电池的充电量，蓄电池的电量不会减少。阴雨天时，太阳能电池不能发电或发出的电不足以供给测站使用，就由蓄电池进行供电。最恶劣的条件就是连续阴雨天，要长期全部由蓄电池供电。

水位自动监测站的耗电由两部分组成：一部分是遥测终端处于等待休眠状态时的值守电流，也称为静态电流；另一部分是信息采集、通信、存储时的工作电流。遥测终端值守电流很小，一般只有几毫安，但 24 h 都在耗电；信息采集、通信、存储时的工作电流很大，一般有几安培，但一天的工作次数和时间很短。蓄电池的供电能力与环境温度、本身的使用期限、充放电情况等有关，还受自放电影响，最后选电池时适当加大容量，以策安全。

3）太阳能电池功率计算

数字航道水位自动监测站选用的是单晶硅太阳能电池。太阳能电池有较高的光电转换效率，一般在 10%～20%。单晶硅太阳能电池的伏安特性如图 3.2.5 所示。从图 3.2.5 中可知，用于 12 V 蓄电池充电的最大功率点（P_m）的电压 U 为 16.8 V 时，功率为 1 W 的太阳能电池的充电电流 I 为 60 mA。12 V 蓄电池的工作电压为 12.8 V 时，充电电流应为 70 mA。

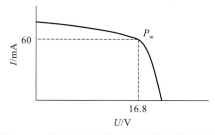

图 3.2.5　单晶硅太阳能电池的伏安特性曲线

计算太阳能电池功率时，首先要了解当地的太阳辐射参数。表 3.2.2 是长江流域主要城市的辐射参数表。

表 3.2.2　长江流域主要城市的辐射参数表

城市	纬度 φ/(°)	日辐射量 H_t/(kJ/m²)	最佳倾角 φ_{op}/(°)	斜面日辐射量/(kJ/m²)	修正系数 K_{op}	平均日照
上海市	31.17	12 760	$\varphi+3$	13 691	0.990 0	3.38
南京市	32.00	13 099	$\varphi+5$	14 207	1.024 9	3.94
合肥市	31.85	12 525	$\varphi+9$	13 299	0.998 8	3.69
武汉市	30.63	13 201	$\varphi+7$	13 707	0.903 6	3.80
成都市	30.67	10 392	$\varphi+2$	10 304	0.755 3	2.88

表 3.2.2 中，日辐射量是当地的多年平均观测值，只能用于较长时日的计算，不代表某一季节、某一天的辐射值。太阳能板都倾斜朝向南方，倾角因南北、东西地点的不同而不同，修正系数是斜面修正系数。

太阳能电池的发电能力是在标准光强的情况下给出的，标准光强是指 1000W/m² 的光辐射强度。要计算该处光照下的每瓦太阳能电池的发电量，首先要将当地的（平均）日辐射量转换成标准光强下的（平均）日辐射时间（小时），转换方法是

$$日辐射时间＝日辐射量×2.778/10\,000（标准转换系数）$$

计算太阳能电池的供电功率的方法较多，采用的系数也有不同，但计算原理都是一致的，计算结果差别不会太大。由于最后的取值余量很大，计算中的差别对实际设计取值的影响较小。

4. 监测站安全与防护技术

水位自动监测站大多数建在野外偏僻的环境中，雷击、人为损坏等自然和人为的不安全因素时刻威胁着水位自动监测站的正常工作。因此，为保证水位自动监测站长期稳定运行，主要解决设备的防雷与设备、设施的防破坏问题。

1）防雷措施

设备遭雷击受损通常有四种情况：一是直接遭受雷击而损坏；二是雷电脉冲沿着与设备相连的信号线、电源线或其他金属管线侵入，使设备受损；三是设备接地体在雷击时产生瞬间高电位，形成地电位"反击"而损坏；四是设备安装的方法或安装位置不恰当，受雷电在空间分布的电场、磁场影响而损坏。

（1）直击雷防护。在水位自动监测站，通信天线、太阳能板及站房本身都有可能受到直击雷的威胁。防直击雷的措施是建设避雷接地系统。避雷接地系统一般由接闪器、引下线、接地线和接地体等部分组成。接闪器用引下线连接到接地线，接地线与接地体连接。接地体埋在地下，接地电阻很小，一般要求小于 10 Ω。上述各部分间都必须是低电阻连接，简单的避雷针系统的引下线和接地线是直接连接的。发生雷击时，雷电流将最容易通过接闪器，然后经过引下线、接地线，最后过接地体（地网）导入大地，保护了其他设备。

　　水位自动监测站常用单针型避雷接地系统防护直击雷,通常认为单针型接闪器的保护角为45°左右,在此范围内都受到接闪器的防直击雷保护,如图3.2.6所示。避雷针实际上的保护角并不一定是45°,要根据避雷针高度、防雷级别及滚球半径而定。

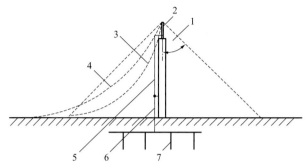

图3.2.6　单针型接闪器的构成及保护区示意图

1—假设保护角（45°）；2—避雷针（接闪器）；3—实际保护范围线A（滚球半径等于避雷针高度）；

4—实际保护范围线B（滚球半径大于避雷针高度）；5—引下线；6—接地线；7—接地体

　　接地装置俗称接地地网,由各种形式的金属接地体埋入地下组成。接地地网是由接地母线和接地体组成的水平垂直复合式接地地网,在一些接点处向下安装垂直接地体。为保护某些建筑物,达到等电位保护的目的,常将接地地网直接布置在站房地下,并增加辐射状水平接地体。水位自动监测站的接地地网采用这种避雷措施。

　　（2）感应雷电防护。其主要包括等电位连接、安装避雷器及其他防护措施。

　　等电位连接。等电位是内部防雷的重要措施。等电位连接是用连接导线或过电压保护器将防雷空间内的防雷装置、外来的导体、电气和电信装置、建筑物的金属构架、金属装置等全部连接起来。环形均衡地网也是等电位的一种有效连接方式。当发生雷击时,等电位连接的各避雷装置、设施线路间不会产生较大的电位差,不会出现大电流或放电,加上各种电子设备的自身防雷措施,可以保护各种设备。设备外壳和建筑物内钢筋也进行等电位连接,会产生更好的屏蔽作用。

　　安装避雷器。避雷器防雷电是把因雷电感应而窜入电力线、信号传输线的高电压限制在一定范围内,保证用电设备不被击穿。加装避雷器可以把电气设备两端实际承受的电压限制在安全电压内,起到保护设备的作用。防感应雷电的避雷装置主要是避雷器,又称作电涌保护器。航道水位自动监测站根据其测站架构的具体情况,主要采取的是信号线避雷。进入RTU的水位信号线的屏蔽层也易受到感应雷击的影响,故水位信号线接口与RTU数据输入口之间应安装信号避雷器。

　　其他防护措施。监测站的传感器大多安装在室外,其输出信号通过有线传输送到监测站的RTU,雷击时会通过信号线损坏终端。因此,采用穿管埋地的方法铺设信号线,避免高空悬挂。铺设时信号线用一定直径的热镀锌铁管护套,再固定埋设在地下。穿管埋地后,金属管起到了很好的屏蔽和分流接地的作用,对信号线的防雷保护效果最佳。客观条件不允许埋地铺设时,最好能将架空信号线穿入金属管或金属软管内,至少要使用屏蔽电缆或架设避雷线等其他防雷措施。

2）防破坏措施

水位自动监测站仪器房安全设计的目的主要是防范水毁、设备失窃和人为破坏等。加强仪器房安全主要是通过以下几种方式。

（1）仪器房位置尽量选择在历史最高水位的上端，避免洪水的毁害。受条件限制不能在历史最高水位的上端建站的，采用高度超过历史最高水位的架高站房。

（2）仪器房尽量建在航道局已建的码头内，安全保障性较高，基本实现"有人看管、无人值守"的工作模式。此类仪器房一般选择落地一体化站房形式。

（3）已建的航标塔的顶部放置一体化仪器柜。由于航标塔较高，本身防护措施较好，基本能满足监测站安全防护的要求。

（4）在有居民的村庄旁建站，采用砖混结构仪器房。站房安装钢制防盗门，房顶加高女儿墙保护设施，并委托专人看管。

（5）在无人看管的江滩地区，一般建设双杆或单杆架高仪器房，距地面 2.5 m 以上，防止无关人员攀爬，保障设备的安全。

3.3　水位计精度比测与无伤检测校准技术

3.3.1　水位采集精度比测试验

水位采集精度比测主要是对仪器采集资料与人工观测资料间的误差进行分析比较，判定仪器采集资料是否满足《水位观测标准》（GB/T 50138—2010）的精度误差要求。人工观测易受波浪、观测人员的个体差异等因素的影响，而气泡式压力水位计则受仪器探头位置固定的影响，即受水位涨落率、风浪、水利工程等因素的影响较为突出。水利部长江水利委员会水文局选择具有一定代表性的测站开展水位精度专题研究，探讨合理解决办法。本次以嘉陵江武隆站、岷江高场站、汉江向家坪站为洪水涨落影响代表站；以洞庭湖城陵矶（七里山）站、长江干流汉口（武汉关）站为风浪影响代表站；以陆水崇阳（二）站、清江高坝洲站为水利工程影响代表站。

1. 水位比测方法与条件

1）人工与仪器对比观测

①根据水位观测变化情况，每站安排 2～3 个洪水过程，按报汛段次要求进行测次布置；②在试验观测期间的首日，对仪器基数进行一次核对与调整，在试验期间不再对仪器基数进行调整；③在试验期间的首日对仪器的计时时钟与北京标准时进行一次对时，仪器计时系统在整个试验期间不再进行调整，但记录其每日与北京标准时的差异；④每

次试验观测前，以仪器计时系统为标准对人工计时工具进行一次严格对时；⑤由两名观测员完成观测，其中一人按规范要求进行常规观测并记录，另一人在每测次常规观测的前后半小时内，按本站自记仪器的采样周期间隔时段连续观测、记录瞬时水位值（或本采样周期间隔时段的均值）。

2）人工个体差异对比观测

①在高、中、低水位级，按水位相对平稳、受风浪影响、水位涨落变化急剧等情况布置测次；②安排两名有观测经验的人员，按规范要求进行背对背观测并分别记录，两人不许相互校对，观测时间与仪器采集数据的时间同步；③每站每种水位条件下的观测样本数大于30。

3）比测条件

人工观测：武隆站利用倾斜式水尺进行观测，高场站采用倾斜式与直立式水尺相结合的方式进行观测，其他各试验站均采用直立式搪瓷水尺进行观测。

仪器采集：武隆站、高坝洲站采用气泡式压力水位计，城陵矶（七里山）站、汉口（武汉关）站采用浮子式水位计，高场站、崇阳（二）站采用浮子式自记水位计，向家坪站采用压阻式压力水位计。

2. 试验资料收集

武隆站收集了2004年6～9月的对比观测资料进行误差分析。

高场站分别在中高水、中水和低水三个水位级进行了对比观测。中高水对比观测从2005年7月5日开始，至7月16日结束，最高水位为280.24 m，最低水位为278.40 m，水位变幅为1.84 m；中水对比观测从2005年9月2日开始，至9月15日结束，最高水位为279.63 m，最低水位为276.96 m，水位变幅为2.67 m；低水对比观测从2005年10月14日开始，至10月20日结束，最高水位为277.05 m，最低水位为276.56 m，水位变幅为0.49 m。

高坝洲站分别在高、中、低三个水位级进行对比观测，从2005年7月4日19时30分开始，至10月22日全部观测结束。

城陵矶（七里山）站在荆江来水较大时，对2005年7月8～18日和8月9～28日两个洪水过程进行了试验观测。第一次共有11组143个水位值，最低水位为28.325 m，最高水位为30.143 m，水位变幅达1.818 m。第二次每天9～10时，每隔5 min观测、记载一个人工观测和固存数据，共计21组273个水位值，最低水位为28.912 m，最高水位为31.465 m，水位变幅达2.553 m。

崇阳（二）站于2005年6月进行了对比观测试验。

汉口（武汉关）站在高水位级水位相对平稳的两次较大洪峰附近（即8月21日7时30分至8月28日14时30分和9月3日7时30分至9月10日14时30分）进行了

两次试验过程观测。第一次过程观测共有 32 组 352 个水位值，第二次过程观测共有 16 组 176 个水位值。

向家坪站于 2005 年 1 月和 6 月安排专人进行了人工观测与仪器采集比测试验，并在 2005 年 7 月 18 日水位变幅为 2.41 m，8 月 19 日水位变幅为 2.40 m，10 月 1 日水位变幅为 5.61 m 三种情况下，进行了观测人员个体差异试验。

3. 误差分析

1）误差统计方法

在进行人工观测与仪器采集资料精度研究时，以人工观测瞬时水位为近似真值，进行误差统计分析；在对观测人员个体差异进行专题研究时，将其中一人（以下称标准人）的观测值作为近似真值（任何一人均可作为标准人），对两者的观测结果进行系统差与综合不确定度的计算，同时对相应的自记水位资料与该标准人资料进行系统差计算。

误差值计算公式为

$$\Delta Z = Z_{\text{自记甲}} - Z_{\text{人工乙}} \tag{3.3.1}$$

系统差计算公式为

$$\bar{Z} = \frac{1}{N}\sum_{i=1}^{N}\Delta Z_i \tag{3.3.2}$$

样本标准差计算公式为

$$S_g = \sqrt{\frac{\sum_{i=1}^{N}(\Delta Z_i - \bar{Z})^2}{N-1}} \tag{3.3.3}$$

置信水平为 95% 的综合不确定度计算公式为

$$\rho_{95} = 2S_g \tag{3.3.4}$$

式中：$Z_{\text{自记甲}}$ 为自记水位，m；$Z_{\text{人工乙}}$ 为人工观测水位，m；ΔZ 为自记水位与人工观测水位的差值，m；$\bar{Z}$ 为系统差，cm；S_g 为样本标准差，cm；ρ_{95} 为置信水平为 95% 的综合不确定度，cm；N 为序列长度（参加统计的水位样本数）。

2）比测试验数据分析

（1）人工与自记仪器比测数据分析。

在比测试验中，人工观测采用正点常规观测和非正点瞬时观测两种方式与自动采集水位进行对比。各试验站对正点常规观测的理解和做法较为统一；对于非正点瞬时观测，武隆站、高场站是按本站自记仪器的采样周期间隔时段（15 min）连续观测、记录水尺瞬时水位值，武隆站直接对水尺瞬时水位值与自记仪器记录值进行比较，而高场站则对水尺瞬时水位平均值与仪器采集水位值进行比较。两站人工观测与自记水位相关图如图 3.3.1、图 3.3.2 所示。

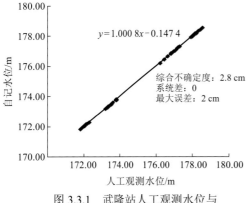

图 3.3.1　武隆站人工观测水位与
自记水位相关图

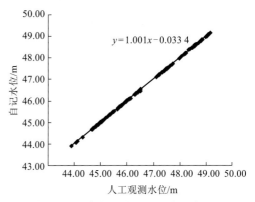

图 3.3.2　高场站人工观测水位与
自记水位相关图

高坝洲站、向家坪站人工观测按仪器采样周期连续观测、记录瞬时水位值，然后与相应的自记数据进行比较；人工观测对每隔 5 min 观测、记载的人工观测和固存数据进行比较，人工观测由于考虑了"假潮"波动周期，对时段平均值与固存水位（原始固存数据资料）瞬时值进行对比。其中，部分测站的人工观测与自记水位对比关系图如图 3.3.3、图 3.3.4 所示。

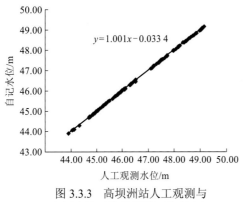

图 3.3.3　高坝洲站人工观测与
自记水位对比关系图（中高水）

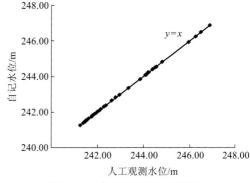

图 3.3.4　向家坪站人工观测
与自记水位对比关系图

崇阳（二）站由于自记数据是按水位变率采集存储的，人工观测按时间不等间距进行，相应的自记水位由仪器记录值插补得到，其相关图如图 3.3.5 所示。

由图 3.3.1～图 3.3.5 可以看出，无论采用哪种方式进行对比，一般情况下，仪器自记值与人工观测值之间的相关系数均大于 0.99，相关关系良好，不存在系统偏差。

（2）个体观测差异分析。

在武隆站、高场站、向家坪站进行了个体观测差异比测，人工对比观测时间均与仪器采集数据的时间（每 15 min）同步。武隆站进行了中、低水位对比观测，高场站、向家坪站从高、中、低三个水位级进行了比测试验。各站个体间观测水位相关图如图 3.3.6～图 3.3.8 所示。从图 3.3.6～图 3.3.8 可以看出，本次试验研究中，观测人员个体之间的观测值相关性较好，不存在系统偏差。

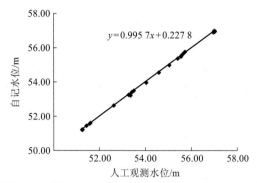

图 3.3.5　崇阳（二）站自记与人工观测水位相关图

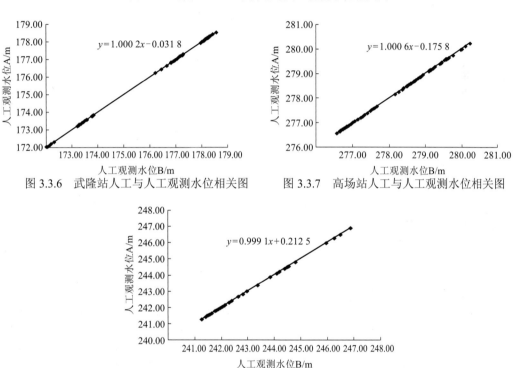

图 3.3.6　武隆站人工与人工观测水位相关图　　　图 3.3.7　高场站人工与人工观测水位相关图

图 3.3.8　向家坪站人工与人工观测水位相关图

3）精度评价

根据《水位观测标准》（GB/T 50138—2010）的规定，水位比测结果应符合如下条件：①置信水平为 95% 的综合不确定度不应超过 3 cm；②系统差不应超过 1 cm。

从人工与仪器对比观测精度的统计可以看出，各试验站人工观测值与自记仪器记录值的误差指标均在《水位观测标准》（GB/T 50138—2010）规定的精度范围之内。这表明仪器在各种水位条件下采集水位资料，无论是常规水位值还是瞬时水位值，都能够满足《水位观测标准》（GB/T 50138—2010）的要求，且该误差受观测人员个体差异的影响不大。

3.3.2 水位数据处理方法研究

除浮子式水位计外，其他各类水位计在水位采集时基本为瞬时值或短时间内的平均值。当传感器测量正好遇上波峰时，测量水位偏高；当遇上波谷时，测量水位偏低；当水的波动幅度很大时，测量的水位值将失真。雷达水位计、气泡式压力水位计和压阻式压力水位计均存在同样的问题。

为提高水位数据采集的准确性，单次测量并不能满足要求，应多次采样取平均得出真实水位。根据水位计的特性确定一个采样周期，每隔一定时间采集一组数据，去掉最大值和最小值后进行算数平均，实践表明，算数平均后的测量结果和真实值基本吻合。

雷达水位计、气泡式压力水位计和压阻式压力水位计等水位计受分散性、非线性、水密度差异性等因素影响，其测量值与实际观测值存在着一定的线性误差，且测量范围内越接近最大值，误差越大。为提高水位采集的准确性，并减少外界因素的影响，提出引入 Kc' 值的概念（K 为线性斜率，c' 为常数），即在传感器使用前，通过室内试验台，对传感器进行率定，计算出传感器的 Kc' 值。自动监控采集终端进行数据采集时，根据所计算的 Kc' 值自动校正，使水位采集的准确率达到规范要求。同时，气泡式压力水位计的线性误差与气管长度也有关系，同样需要比测率定。

使用雷达水位计、气泡式压力和压阻式压力水位计时不仅需要软件滤波，还需要进行室内 Kc' 值率定来确保水位数据采集的准确性。

3.3.3 多类型压力式水位计检测校准系统

水利部长江水利委员会水文局长期致力于水文仪器及遥测产品的研究、开发和生产，肩负着长江水文监测仪器选型和比测试验的重任。近年来，从国外引进了多款压力式水位计，这些进口产品都未按照我国现行标准进行检测，随着国家地下水位监测工程和水文应急监测等项目的启动，压力式水位计的应用越来越多，考虑国内外水位仪器厂家（特别是压力式水位计）技术水平参差不齐的现状，研发了一套压力式水位计检测系统，为防汛设备的选型提供了试验平台，为设备维修和校准提供了技术保障。

1. 主要功能指标

其可以检测国内外大部分厂家生产的气泡式压力水位计，具体包括 HS-40、WATERLOGH-3553、OTT CBS、YLN-SMQ、XF-WQX80 等；可以检测国内外大部分厂家生产的压阻式压力水位计，具体包括 MPM4700、CHR.WYS-1 等。可供检测的量程为 0～16 m；标准系统分辨率为 1 cm；标准系统最大误差为 1 cm。

（1）试验简单高效。要求检测系统为免维护式，被校压力式水位计拆卸方便，测试完毕随时拆卸；系统可以同时对多个压力式水位计进行测试，并且互不影响。

（2）准确模拟水位涨落变化情况。根据《水位观测标准》（GB/T 50138—2010）的要求和水位计量程，检测系统能方便地改变水位变率和幅度，检验传感器的响应速度和测量范围。检测系统的设计水位变率不低于 40 cm/min，水位变幅不小于 16m，水位变化能够自动控制。

（3）仪表观读方便，试验数据处理自动化。能够方便地观察和记录检测系统的压力示数（用水深表示），检测系统的压力示数可以通过刻度尺观读，也可以通过压力表的仪表盘观读，能够方便地观察和记录被检测压力式水位计的示数。试验数据可以自动存储并形成报表以供分析、计算。

（4）试验环境良好，体现以人为本的设计理念。检测系统中水位调整系统的用水用电，应遵循安全用电、节约用水原则。补水排水系统应具备弃水收集系统；试验现场应配置必要的遮阳（雨）棚、放置试验器材的仪器台、桌椅、电源插座等，并配备必要的爬梯、安全绳等防护设施。

根据压力式水位计检测系统总体设计方案的功能需求，本检测系统主要包括压力管路和配套的基础设施、检测仪器及软件，本实施方案对压力管路的选型、加工图纸及安装方法进行了详细说明，对系统采用的主要电气设备型号及性能指标进行了说明，最后对检测系统管理软件的基本功能及系统工作流程进行了说明。

2. 系统原理

检测系统主要由标准系统、水位调整系统、被校压力式水位计三部分组成。

标准系统和被校压力式水位计的感压部件安装在盛水容器的底部，保持在同一高度线上，确保标准系统和被校压力式水位计的实际压力一致。标准系统的核心部件是盛水容器，水位调整系统通过调整盛水容器中的水位来模拟河道的水位变化，通过甄别被校压力式水位计与标准系统（高精度压力表或激光水位计）之间的差异，最终确定被校压力式水位计的性能。压力式水位计检测系统结构示意图如图 3.3.9 所示。

1）标准系统

盛水容器：用于模拟水位变化，产生不同高度的水位。

钢卷尺：用于人工观读水位，规格为 20 m，分辨率为 1 mm。

人工观测爬梯：供人工观读数据和系统维护。

连通阀：更换水位计或高精度压力表时，可关闭连通阀，便于系统维护。

高精度压力表：提供可直接观读的准确水位数据。

激光水位计：向水位调整系统提供准确水位数据，供自动化系统进行数据比测。

2）水位调整系统

水位调整系统主要由可编程逻辑控制器（programmable logic controller，PLC）、补水泵、截止阀、排水阀等部件组成。

PLC：控制补水泵、截止阀、排水阀等部件。

补水泵：当需要提高盛水容器内的水头时，可以打开补水泵。

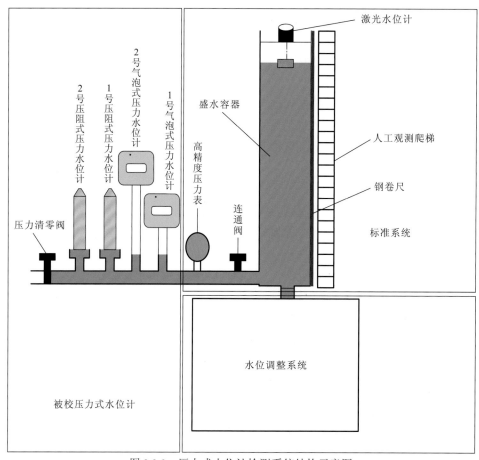

图 3.3.9　压力式水位计检测系统结构示意图

截止阀：停止补水时应关闭截止阀。

排水阀：当需要降低水位时，可以打开排水阀。

3）被校压力式水位计

系统提供与水位计感压接口相匹配的水管或气管接口，方便检测试验。测量时没有用到的感压接口，应该用特制的堵头堵严实，以免漏水。关闭连通阀，打开压力清零阀，压力传感器水头应该为 0。

3. 控 制 系 统 设 计

根据被检测压力传感器的量程，在检测系统处于不同压力的情况下分别查询标准系统的水位值和被检测传感器的测量结果，通过比较两者之间的差异来判断被检测传感器的测量精度。一个检测过程将收集多组测试数据，对于测量误差较大的传感器，通过建立测量值与真实值（测量值指被检测传感器的测量结果，真实值指标准系统测量的水位值）之间的换算关系式对被检测传感器进行校准。图 3.3.10 是检测系统电气连接示意图，图中右侧部分是 PLC 控制单元，主要完成检测系统水位调整与数据采集，左边是计算机及软件系统单元，用于对 PLC 采集输出的数据进行分析处理，通过报表打印输出检测结论。

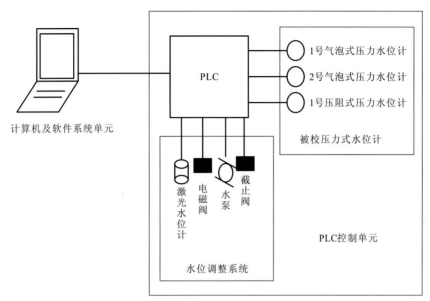

图 3.3.10　检测系统电气连接示意图

图 3.3.11 是 PLC 控制单元网络连接示意图，各种传感器通过 RS485 总线和 PLC 连接（接口类型是 SDI-12 的水位计先转换成 RS485 接口形式然后再和控制器连接），通信协议为 Modbus 协议。PLC 通过 RJ45 接口与监控计算机连接。

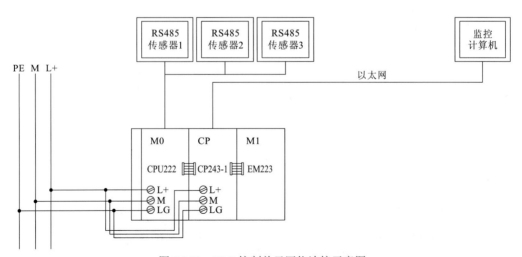

图 3.3.11　PLC 控制单元网络连接示意图

M0 表示西门子 PLC 模块；CP 表示接口扩展模块；M1 表示继电器扩展模块；PE/LG 表示地线；

M 表示零电压；L+表示+24 V 电压

4. 检测仪器选型

1）激光测距计

激光测距仪的量程大于检测系统的量程，精度小于 1 cm，适合直流供电，带有数据输出接口，可以和 PLC 连接。

主要技术指标：测量距离为 0.00005 ～50 m；最小显示单位为 1 mm；测量精度为 ±（2.0 mm+5×10^{-5}D）（D 为实测直线距离）；数据输出率为 2 Hz；激光类型为 Class II 650 nm，小于 1 mW；指示光为红色激光；防护等级为 IP67；操作模式为单个数据/连续数据/外部触发；数据接口为 RS232/RS485；供电电源为 8～12 V；功耗小于 1.5 W。

2）水泵

采用 280 W 强劲增压水泵。

主要技术指标：额定电压为交流 220 V；最大扬程为 20 m；流量为 18 L/min；管径为 1/2 in；质量为 6.5 kg。

3）电磁阀

采用口径为 1/2 in 的一进一出电磁阀。

该产品额定电压为 220 V，额定功率为 30 W。

4）PLC

采用西门子 S7-200CN 型控制器。

主要技术指标：最大 I/O 数量为 6DI/4DO；程序存储器内存为 4096 B；数据存储器内存为 2048 B；中断输入量为 4；脉冲输出为 2（20 Hz）；网络主站功能为 Modbus 主站。

5. 控制程序功能设计

PLC 与监控计算机通过网线连接，用户通过预先设计好的组态软件向 PLC 发送检测命令。检测命令的内容主要包括被测水位计的型号、量程等，PLC 根据收到的命令执行任务，并向监控计算机反馈测量结果。PLC 程序由系统自检程序和检测任务执行程序两类子程序组成，两类子程序都由监控计算机发起。

6. 数据收集与输出软件功能设计

在监控计算机上安装检测系统数据收集与输出软件，该软件主要完成如下三项功能：一是登记被检测水位计的基本性能与生产厂家等基本信息；二是向 PLC 下发检测命令并收集测试结果；三是根据收集的测试结果，生成测试报告并能够打印输出。建议该软件基于数据库开发，数据库能以被测水位计为单位详细记录被测水位计的基本属性与测试结果。

功能 1：水位计注册。

本检测系统以被测水位计为单位向被检测单位出具最终检测报告，因此启动检测前应对水位计的基本情况进行登记注册，登记成功后，生成注册码，凭注册码启动水位计检测并打印检测结果。

功能 2：水位计检测任务管理器。

水位计检测任务管理器完成的主要功能包括向 PLC 下发初始化命令，收集 PLC 反馈的工况信息和测试结果。初始化内容主要包括巡检标准水位计工作是否正常，被检测水位计连接是否正常，盛水容器水位初始化等。

初始化命令包括的主要信息：传感器的量程、通信协议、传感器地址、水位稳定时间等。

PLC 反馈的初始化工况信息：标准水位计连接情况、被检测水位计连接情况、水位自动调整系统状态情况。

PLC 反馈的测试结果：测试时间、测试总点数和点序号、标准水位计示数、被检测水位计示数。

PLC 反馈的工作动态：动态反馈任务完成情况和系统异常报警信息。

功能 3：查询并打印检测报告。

用户凭水位计注册号码打印检测报告，如果某个水位计测试了多次，可以选择打印最新测试报告和所有测试报告。

第 4 章　水温自动监测

　　水温是水文测验的基本项目之一，水温监测的点位需根据不同水体和不同目的而定。对于江河和主干渠道，要求在水流畅通，附近没有泉水、工业废水、城镇污水流入，并具有一定代表性的地方监测；对于湖泊、水库，一般在湖区、坝前及出湖口门和水库泄水建筑物的下游河道处监测。水温一般与水位同时监测，因此，地点宜靠近基本水尺。

　　我国水文行业监测河道水温较早，长江流域部分水文监测站从 20 世纪 50 年代至今都有完整的水温监测记录。监测初期，由于技术落后，主要依靠水银温度计测量水温，一般每天 8 时监测一次。近年来，随着智能传感器技术的快速发展，出现了智能温度传感器，其量程、分辨率和测量精度均满足河道水温监测要求，与自动监控终端集成后可实现水温的自动采集和远程传输。智能水温传感器的选型和安装方式是实现水温自动监测的关键。

　　常规水温监测主要是指表层水温（水面以下 0.5 m 处）监测。而对于大坝库区，因水生态环境需要也开展垂向分层水温的监测[16]。本章将重点介绍深库垂向分层水温自动监测技术与应用。

4.1 表层水温自动监测

4.1.1 水温监测要求

水温监测精度：一般用摄氏度表示，对于江河、湖泊，水温监测准确度应在±0.1℃范围内，温跃层可适当放宽要求。

水温监测层次：水温监测分为表层、表层以下的标准层及底层，其中表层一般是指水面以下1m以内的水层。表层水温与气温及太阳辐射有较大关系，因此河道水温垂向分布并不均匀，为确保表层水温监测数据能有较好的代表性，经过大量监测和实践总结，水面以下0.5m位置的水温可以较好地代表表层水温，并写入水温监测规范。

水温监测段次：人工监测阶段，监测时间一般在每日的2：00、8：00、14：00、20：00，实现自动监测后，一般每小时进行一次监测。

4.1.2 水温传感器选型

根据规范要求，水温传感器的选型应满足水文行业对水温监测精度±0.1℃的要求，因此，水温传感器的分辨率应不低于0.1℃，水温传感器的测量范围应为-10～50℃。另外，在自动监测应用场合，水温传感器应具备良好的密封性，通信电缆宜选用耐低温、耐腐蚀的水工电缆。为了和自动监控终端方便连接，水温传感器应具备数字输出接口。

4.1.3 水温传感器安装方式

表层水温监测应根据现场安装条件和河道水温分布情况来确定，主要有河底安装方式和漂浮安装方式。

（1）河底安装方式。河底安装方式主要应用于河道水温不分层的场合，河底水温即可代表表层水温，如大坝下游水温监测。

（2）漂浮安装方式。河道水温分层时，水温传感器应采用漂浮安装方式。根据规范要求，水温传感器应安装在水面下0.5m位置，由于河道水面在持续变化中，受水流影响，水温传感器容易遭水冲走。因此，水温传感器必须安装在稳定的载体上且随载体"水涨船高"，如水边趸船上。

4.1.4 水温自动监测技术研究与应用

表层水温自动监测系统应用了最新的自动测报技术、现代通信技术和远地编程控制技术，采用了测、报、控一体化的结构设计，以遥测终端为核心，实现了水温信息的采集、预处理、存储、传输及控制指令的接收和发送等测控功能。测、报、控一体化监测站主要由水温传感器、遥测终端、通信设备和供电系统四部分组成。

遥测终端通过定时采样和指令查询两种工作方式,将水温要素的变化经过数字化处理,按一定的存储格式存入现场固态存储器,供现场和远地调用查看。定时(一般 1 h 间隔)采集的水温数据通过通信设备向中心站报送,中心站也可以远程调用当前水温数据。

1. 河底安装方式应用

河底安装方式主要应用于河道水温不分层的场合。在长江攀枝花至宜昌段水温监测项目中,溪洛渡水文站位于大坝下游,采用河底安装方式监测水温,如图 4.1.1 所示。

图 4.1.1 表层水温自动监测设备河底安装方式布置图

2. 漂浮安装方式应用

漂浮安装方式需要载体,使水温传感器不受水位变化的影响,始终处于水面以下 0.5 m 处。汉江余家湖表层水温自动监测站将浮船作为载体,十堰市郧阳区将浮体作为载体,如图 4.1.2 所示。

(a) 浮船载体安装　　　　　　　　(b) 浮体载体安装

（c）设备布置与安装

图 4.1.2　表层水温自动监测设备漂浮安装方式布置图

4.2　深库垂向分层水温在线监测

　　水温是水环境因素的一个重要变量。确定其他水环境指标的过程往往与水温有关。水的物理、化学性质，水生生物的分布、生长和繁殖，水生态系统的稳定性等都不同程度地受到水温变化的影响。国内外众多学者开展过关于河流水温变化及其影响因素的研究，气候变化、水文过程和人类活动被认为是水温波动的主要诱因[17]。

　　随着我国流域开发程度的提高，河流上修建大坝后形成的水库越来越多。水库蓄水后带来了发电、防洪、灌溉、航运、旅游等综合效益，但由于水库蓄水，库区热力学条件发生了改变，水库水温出现了垂向分层结构及下泄水温明显低于河流水温的现象。水库垂向水温分层结构将引起水库水体物理性质、化学性质、水生生物特征和分布的变化，下泄水温的变化将改变大坝下游河段的水文情势和水环境状况，对水环境、水生生物和水生态系统产生重要影响。因此，开展库区垂向分层水温原型观测，深入研究水温在复杂因素影响下呈现的多尺度变化特征，对于制订科学的生态调度方案，健全生态补偿机制，维护河流生态健康具有十分重要的意义。

　　不同水库水温垂向分层的差异很大，一般由强到弱划分为三种类型：分层型、过渡型和混合型[18-21]。分层型水库的水体上部温度竖向梯度大，称为温跃层或斜温层；由于水体表面的热对流和风吹掺混，水面附近的水体产生混合，水温趋于一致，这部分水体称为表温层或混合层；水库底部温度梯度小，称为滞温层。冬季水库上、下水温趋于一致，无明显差别，但严寒地区会出现温度梯度逆转现象。因此，垂向水温应在线全过程监测。

4.2.1　国内外水库垂向水温监测现状

　　国外对水库垂向水温监测的研究多基于环境生态保护和农业灌溉要求，水温监测以人工测量并辅以模型算法研究或利用温度链对固定点进行测量为主，监测的水温数据不能直观地反映垂向水温分层状况及垂向水温的连续动态变化过程。

　　我国水库水温研究最早是基于水库工程设计和建设需求。20世纪 90 年代至 21 世纪初，我国出于对大型水库建成后水温变化对生态环境影响研究的需要，对大型水库蓄水后水温分层分布情况进行了理论上的研究。理论研究多采用数学模型法，主要是基于物理机制建立水体流动和水流传热的数学物理方程，利用数值计算方法模拟水流运动和温度传输系统，通过垂向一维、二维、三维的模拟过程建立水温模型。水库建成蓄水后，利用人工监测的方法对水库垂向水温进行测量来验证模型的准确性，再对相关模型参数进行修改，从而运用到水库水温预测模型中。理论模型模拟、预测多以理论方式进行，从验证模型到参数选择均缺乏大量实测数据作为支撑。

近年来，随着环境保护和生态建设工作的不断加强，水库水温尤其是垂向分层水温成为大型水库建设的重要环境影响问题。基于此，我国积极开展大型水库工程多层进水口、叠梁门等取水措施和水温恢复的研究[22]。

4.2.2　垂向水温监测技术

国内外目前对垂向水温的监测主要采用单点移动测量和多点串联测量两种方式。单点移动测量使用单个水温传感器，测量人员根据需要在某一固定点手动控制声速剖面仪使之入水，从而获取不同水深的温度数据。多点串联测量是一种"准分布式"测量方式，沿垂向挂载多个水温传感器使之组成温度链，定点测量不同深度的水温。近几年，采用分布式光纤测量技术开展深库垂向分层水温的实时监测已得到成功应用。

（1）单点移动测量。单点移动测量方式是目前用于测量垂向水温最多的测量方式，典型代表设备为声速剖面仪。对于垂向水温规律较为稳定、数据实时性要求不高的区域，采用单点移动测量方式按每周或每月一次的测量频次，基本可以满足分层水温研究的要求。但是对于大型水库生态调度提出的高测量频次、数据实时性要求，采用单点测量方式则不妥，其存在以下缺点：①人工收放，费时费力，可靠性低；②数据误差与人工操作方法有关，在有一定流速的水体进行施测，其下放与提升速度的控制会直接影响水温测量数据的可靠度；③实时性差，获取数据的频次较低，数据量少；④不能实现在线监测，只能在人工测量后将数据从设备中导出，效率和时效性得不到保障。

（2）多点串联测量。垂向水温尤其是深库垂向水温在线监测技术研究开展较少，20 世纪 90 年代，因多点监测需要，出现了拖曳式温度链测量垂向水温的多探头传感器，可在垂向分布的传感器固定点上获取水温数据，该方式既可以获取多点垂向水温数据，又可以实现在线监测且测量精度高，但因传感器数量限制且位置相对固定，只能测量某一点的水温数据而不能动态反映整个垂向水温的变化情况，如果安装点位置不合适就会错过温跃层的关键数据，其存在以下缺点：①随着水深增加，水温传感器数量增多，导致设备成本较高；②水温传感器耐压范围有限，长期高压运行下的传感器易损坏，可靠性降低；③某一测量点的水温传感器出现故障需要维修时，温度链的整体维护成本增大。

（3）分布式光纤测量。分布式光纤测温系统是一种用于实时测量空间温度场分布的传感系统。其在国外研究较早，目前已研制出成熟产品，国内也在积极开展这方面的研究工作，已有系列产品在一些工业领域得到了初步应用。该系统可实现大范围空间温度分布式实时测量，具有测量距离长、无监测盲区、实时监测、可精确定位等优点，特别是在隧道消防火灾监测、地铁高铁火灾监测、电力电缆温度监测、石化油罐温度和火灾监测等领域均有广泛应用。通过查阅资料，分布式光纤测温系统并未应用于水库库区的垂向水温监测，因其在液体测温领域的应用，结合深库垂向水温监测实际需求，开展分布式光纤测温系统应用于库区深水垂向分层水温在线监测的研究具有重要意义。

4.2.3　基于分布式光纤的垂向水温在线监测技术研究与应用

1. 分布式光纤测温原理

分布式光纤测温的基本原理是对特定光源进行温度调制，受温度调制的携温信号光在光纤中传播时因不均匀的折射率发生散射，在光纤的一端通过探测散射光参数对携温信号光进行解调，从而获得分布式的温度信息[23-24]。光纤中的散射一般包括瑞利散射、拉曼散射和布里渊散射三种类型。其中，拉曼散射是由光纤中分子与光子的热能量交换产生的，与温度相关。通过对拉曼散射的分析和计算，就能得出相关的温度数据。光在光纤中传输，自发拉曼散射的反斯托克斯光强 I_{AS} 与斯托克斯光强 I_S 之比满足：

$$\frac{I_{AS}}{I_S} = \left(\frac{v - v_i}{v + v_i}\right)^4 e^{-\frac{hv}{kT}} \qquad (4.2.1)$$

式中：h 为普朗克常量；k 为玻尔兹曼常量；v 为激光的频率；v_i 为振动频率；T 为热力学温度。

由式（4.2.1）可知，得到了反斯托克斯光强和斯托克斯光强两个参数，其余参数为已知，就能计算出热力学温度。

光频域反射技术（optical frequency-domain reflectometry，OFDR）是一种从频域的角度解调分布式光纤上温度数据分布的方法，与传统的光时域反射技术（optical time-domain reflectometry，OTDR）相比，具有动态范围更大，空间分辨率更高的优点，OFDR模型原理见图 4.2.1。

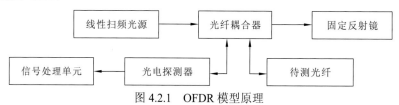

图 4.2.1　OFDR 模型原理

线性扫频光源经光纤耦合器后，一束光由固定反射镜返回，光程固定，为参考光；另一束则进入待测光纤，产生瑞利散射。对于返回的信号光，如果达到光的相干条件，信号光和参考光会在光电探测器的光敏面上发生混频。对于光纤上某点处的后向散射信号，经过处理可以发现对应的光电流频率大小与散射点位置成正比，因此通过光电探测器输出的光电流频率，就能确定所测光纤的位置，从而实现沿光纤温度场的空间分布式测量。

根据光电探测器的平方率特性，输出电流满足：

$$i(t) = \left|E_0 + E_r\right|^2 = \left|E_0\right|^2 + \left|E_r\right|^2 + \left|E_0^* E_r\right| + \left|E_0 E_r^*\right| \qquad (4.2.2)$$

式中：E_0 为 $x=0$ 处光波的电场强度；E_r 为光波在参考点的电场强度；E_0^*、E_r^* 分别为 E_0、E_r 的伴随矩阵。式（4.2.2）中等号右侧最后两项代表了探测电流的交流分量，可表示为

$$i_{ac} = 2\mathrm{Re}\left\{\int_0^L \left[\frac{\sigma(x)a(x)}{ra(x_r)}\right]\exp[-i2\beta_0(x-x_0)]\exp[-i2(x-x_r)\gamma t]\,\mathrm{d}x\right\} \times (|E_0|^2 + |E_r|^2) \quad (4.2.3)$$

式中：L 为光纤长度；$a(x)$ 为光功率衰减系数；$\sigma(x)$ 为后向瑞利散射系数；γ 为扫频斜率；r 为参考臂反射系数；x_0 为待测光纤上的起始点位；x_r 为参考点位；β_0 为传播常数。

从式（4.2.3）可以看出，光纤上任意一点 x 处后向瑞利散射信号对应的光电流频率为 $2\gamma|x-x_r|$，当 x_r 设置为 0 时，频率大小正比于散射点位置 x。只要该频率小于光电探测器的截止响应频率，光电探测器就会输出相应频率的光电流，其幅度正比于光纤 x 处的后向瑞利散射系数和光功率的大小，从而得到沿待测光纤各处的散射衰减特性，同时可以通过测试频率的最大值得到待测光纤的长度，原理如图 4.2.2 所示。

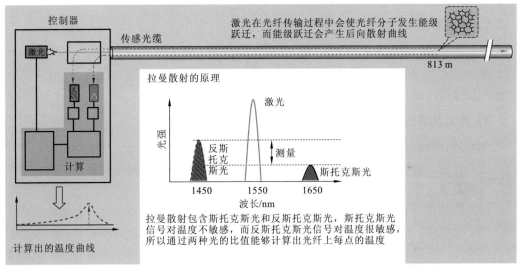

图 4.2.2　光纤测温及定位原理

2. 分布式光纤测温特点

分布式光纤测温系统具有连续分布式测量、本质防爆、抗强电磁干扰、防雷击、高精度、重量轻、体积小，能方便地使用 OFDR 计算出光纤上每一点的温度等优点。测量距离为 2 km（通过定制，最远可达 20 km），测量定位精度可以达到 0.25 m，测量温度精度可以达到 0.3 ℃（温度分辨率为 0.1 ℃）。分布式光纤测温系统将光缆作为温度传感和信息传递的介质，没有传统意义上的传感器和连接电缆，光缆中的光纤最小可以将 0.25 m 作为一个测温单元连续测量温度，并起到连接作用，所以光纤本身既是测温元件又是连接线缆。该系统无论是在温度分辨率、空间分辨率、测量距离，还是在测量时间上都有明显优点。

（1）数据量大，光纤上的任意点都能作为测温采样点，采样点的数量由测温光纤的长度和沿程点间距离决定，测温光纤的采样点可以达到 0.25 m 的倍数级，是真正意义上

的分布式多点测量。

（2）可自动化控制，通过先进的集成技术，对测温主机与控制设备进行集成，即可根据测量需求控制光纤按照设定的时间间隔、沿程间距进行自动测量，通过无线通信信道将现场采集的数据自动传输至中心站进行处理。

（3）实时性强，测温光纤的采集时间非常短，所有采样点的采集速度都是光速级的，因此具有良好的实时性。

（4）可靠性高，测温光纤可以在恶劣环境中持续工作，只要光纤自身不出现断裂性损坏，监测系统就能正常工作。

3. 分布式光纤应用于垂向水温监测的可行性分析

分布式光纤测温系统能否应用于深库垂向水温的在线监测取决于其适用条件、技术指标及水温监测需求。分布式光纤测温系统主要包括测温光缆和测温主机。

1）水库垂向水温在线监测基本要求

水温传感器：外部结构简单，电子感应部分尽量不在水下，传感器本身要有测深功能，测深不小于 200 m。系统集成可靠性：保证系统全天候自动运行，确保数据采集、传输的稳定性，维护方便。

2）测温光缆技术指标及适用范围

钢丝绞合型测温光缆是将测温光纤放置在一根不锈钢无缝管内，使光缆有很好的防水、防震性能，套管外面采用不锈钢钢丝绞合加强，最外层采用聚乙烯护套防护，测温光纤为满足国际标准采用多模光纤芯，有很好的拉曼散射特性。

适用范围及特点：光缆防水、防震；外径小，结构简单，热渗透快，测温响应快；聚乙烯护套防水、防晒、抗老化，有良好的电气绝缘性能；钢丝绞合保护，使光缆有很强的抗拉力；不锈钢管保护光纤，使光缆有很强的抗压扁力；适用于蒸汽管道、石油管道、电缆沟、煤矿矿井、水下等光纤分布式测温。

3）测温主机技术指标及适用范围

测温主机基于最先进的 OFDR 光电子集成技术，采用模块化设计，具有结构紧凑、功耗低、性能好、测量速度快、可精确定位温度点、系统稳定和便于维护等特点。

适用范围及特点：测量距离为 2 km（定制后最远可达 20 km）；温度分辨率为 0.1 ℃；友好的用户界面；多种温度报警方式；嵌入的网络接口和调制解调器。

测温主机的主要技术指标见表 4.2.1。

表 4.2.1　测温主机的主要技术指标

项目内容	技术参数
定位精度	0.5 m（可定制到 0.25 m）
可编程的输入接口	4 路（可增至 40 路）
可编程的输出接口	10 路（可增至 106 路）

续表

项目内容	技术参数
通信接口	以太网 TCP/IP（2x）、RS232、USB
通信协议	Modbus、DNP3、IEC 60870、IEC 61850
外置传感器数据输入接口	Pt100（2x）、Current0-20 mA（2x）、Voltage0-10V（2x）（可选）
工作电压	直流 12～48 V 或交流 100～240 V
额定功率（主机）	小于 25 W［最大 45 W／（60 ℃）］
工作温度	-10～60 ℃
防护等级（IEC 60529）	IP51

通过对垂向水温在线监测基本要求及分布式光纤测温系统的适用条件和技术指标进行分析研究发现，分布式光纤测温系统的最大特点在于可以准确测量整根光纤上成千上万点的温度和对应的位置信息，只要预先设定好光纤的最小测量长度（如每 0.5 m 为一个测量单元），就能实时获得不同位置对应的水温数据，为应用于深库垂向水温的在线监测提供了必要条件。

4. 分布式光纤应用于垂向水温监测的集成技术

分布式光纤测温系统可以实现本地在线监测、存储及显示（配置前置工控机），但是不能实现远地传输，为了实现在线监测和远程传输必须配备相应的控制和传输设备并予以集成。

1）设备集成方案

根据深库垂向水温在线监测要求，利用 LIOS Technology 公司的 PRE.VENT（2 km一通道）光纤测温系统进行集成。光纤测温主机和测温光缆负责完成垂向分层水温数据的自动定时采集，通过 RS232 接口与控制终端设备 RTU 连接，RTU 定时读取测量主机中自动采集的水温及水深数据，通过 GPRS 通信方式按规定的时段要求定时发送至中心站并解析入库。系统供电方式为，PRE.VENT 光纤测温主机采用 24 V 直流供电方式，控制终端设备 RTU 采用 12 V 直流供电方式，使用交流充电器为蓄电池充电，垂向水温在线监测设备集成方案如图 4.2.3 所示。

2）测温光缆安装及水温数据获取方案

准确定位测温光缆末端所处的高程（即水深），是获取不同水深对应的水温数据的必要条件，因此，光缆的安装和定位至关重要。常见的大坝坝体一般是垂直或曲拱形式，这就对测温光缆设置了不同的安装条件。

（1）垂直坝体安装及水温数据获取。

垂直坝体可采取钢丝绳+配重悬吊方式将光缆垂直下放至水底再固定，以保证光缆垂直固定，如图 4.2.4 所示。

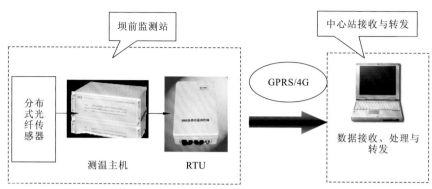

图 4.2.3　垂向水温在线监测设备集成方案

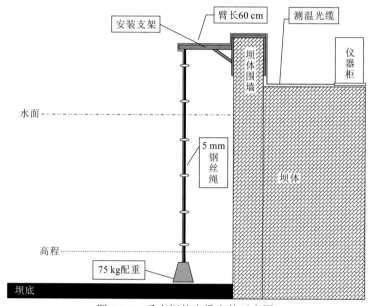

图 4.2.4　垂直坝体光缆安装示意图

　　测温光缆上每间隔 1 m 标记刻度（每米为一个测温单元），利用光缆下放长度及在坝顶处的高程值，计算出测温光缆最末端所处的高程[例如，坝顶高程为 300 m，光缆下放 100 m（从坝顶 300 m 处计算），那么光缆末端所处的高程为 300-100=200（m）]。确定光缆末端所处高程后，光纤测温主机获取的每米间隔点上的水温数据就能对应所处位置，因为水位是动态变化的，引入实时水位信息，就可以获取不同水深的水温数据。若光缆在水体里有 90 m，就可以测出 90 个点的水温数据。

　　（2）曲拱坝体安装及水温数据获取。

　　曲拱坝体在大坝上游有凸出部分，测温光缆只能采用斜拉方式下放至水底再固定。为避免光缆在斜拉至坝顶钢丝绳固定位置时接触坝体凸出部分受损，下放点的位置选择极为重要，光缆下放点应以上拉至坝顶固定点时不接触坝体凸出部分为宜，并在水平距离以外（理论值），实际施工时根据锚的具体下放位置来计算斜率。

　　测温光缆上每间隔 1 m 标记刻度（每米为一个测温单元），安装完成后测量出钢丝绳斜拉角度等参数，利用光缆下放长度及在坝顶处的高程值和斜拉角度，计算出测温光缆最底端所处的高程（例如，固定支臂高程为 700 m，斜拉角度为 5°，光缆下放 300 m，光缆末端高程为 700-300×cos5°）。确定光缆末端所处高程后，即可计算出每个测温单元对应的高程，从而获取不同水深的水温数据，如图 4.2.5 所示。

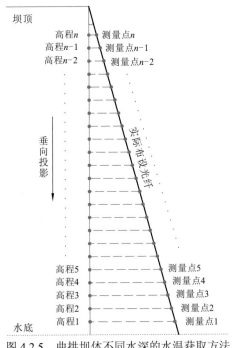

图 4.2.5　曲拱坝体不同水深的水温获取方法

5. 深库垂向分层水温自动监测应用

基于分布式光纤测温系统的深库垂向水温在线监测技术在溪洛渡水库、向家坝水库坝前垂向水温监测中得到应用研究。溪洛渡水库水深监测范围为 200 m，向家坝水库水深监测范围为 110 m，针对监测要求，定制测温光缆，并开展系统集成、安装和比测分析研究工作。

由于缺乏溪洛渡水库和向家坝水库的历史垂向水温监测数据，数据对比验证采用现场实测的方式进行。实测数据采用 HY1200B 型声速剖面仪和人工同步在整点时间进行测量，再通过人工测量数据率定光纤测温主机的测温斜率。光纤测温数据存在白噪声及少量的水温异常值，称为"边缘"，仪器噪声存在于边缘部分，属于高频信息。对于光纤测温噪声的滤除，采用三阶平滑低通滤波对垂向水温数据进行滤波处理，水温数据经过邻域平均法处理后会变得相对平滑，经滤波后溪洛渡水库坝前光纤数据与人工测量数据高度吻合，完全能满足垂向水温测量的精度要求。

应用情况表明，系统在稳定性、数据连续性和准确性等方面都能满足监测要求，可为库区水生态调度提供可靠的数据参考，对今后库区水温垂向在线监测具有很好的指导与推广价值。

4.3 溪洛渡水库生态调度期分层取水方案与试验效果分析

河流水温是决定水生态系统稳定性的重要因素之一，水温波动影响着水生态系统的新陈代谢和生产能力。此外，水体的物化特征与水生生物的分布、生长和繁殖也受水温变化干扰。河流水温与气象条件、水文过程和人类活动等因素直接相关，天然河道水温的热变化与气温和径流的变化呈现显著相关性，人为扰动也将显著改变河流热状况，最终影响渔业和水生生物资源，其中以筑坝和调水影响最大。在全球变暖及社会和自然系统的综合影响下，一些地区河流水温的显著改变会对鱼类等水生动物的产卵繁殖和农作物的生长构成威胁，进而将对淡水生态系统产生深远的潜在影响。

随着许多高坝、大库的建成运行，水库具有水面宽广、水流迟缓、水体大、更新期较长等特点，加之水体受太阳辐射、对流混合和热量传输作用，以及地区的水文、气象条件和水库调度的影响，多数水库出现了垂向水温分层现象，只是表现有强弱之分。由于水库对径流的调蓄作用和水库水温产生的分层现象，水库泄流在一定程度上改变了其下游河道的水温特性。研究表明，建坝后水库下泄水温变化过程较天然水温变化过程有较明显的延迟，即水库在升温期对水温产生"滞热"影响，在降温期产生"滞冷"影响，直接表现为春季水温下降，秋冬季水温升高。库区水温特性的改变直接影响下游河道的鱼类生存环境，甚至降低鱼卵成活率，影响河流生态系统的种群结构和生物多样性，进而影响河流生态系统的稳定性。虽然水库可以通过人工操作闸门等泄流设施进行泄流控制，但对于具有水温垂向分层的大型水库可采取分层取水的措施来缓解水库下泄低温水所带来的不利影响。因此，开展水库生态调度研究，提出科学有效的生态调度方案，对维护河流生态健康，健全生态补偿机制具有十分重要的意义。

金沙江下游干流分为向家坝水库、溪洛渡水库、白鹤滩水库和乌东德水库四级开发。四个梯级水库在正常蓄水位下库容达 $5.2 \times 10^9 \sim 2.05 \times 10^{10}$ m³，水深达 120~255 m，均为高坝巨型水库，当时白鹤滩水库和乌东德水库还处于施工阶段，向家坝水库和溪洛渡水库已于 2015 年正式建成投产。通过前期开展的大量水温监测测数据分析，溪洛渡水库库区在一段时间内呈现出不同程度的垂向水温分层，下泄水温较天然状态下的河道水温有较大的变化。而向家坝水库位于溪洛渡水库下游，根据以往的分析研究，尽管向家坝水库本身不会出现明显的分层现象，但受溪洛渡水库的影响，在累积效应的作用下，其可能对下游河道水温产生影响。

长江上游是我国生物多样性尤其是鱼类生物多样性非常高的地区之一，分布有白鲟、达氏鲟、胭脂鱼、圆口铜鱼、长薄鳅等多种珍稀、特有经济鱼类。向家坝水库坝址以下 1.8 km 处为长江上游珍稀特有鱼类国家级自然保护区，分布有 66 种特有鱼类，以及 3 种珍稀鱼类。鱼类的生长、繁殖均有特定的水温需求，如青鱼、草鱼、鲢、鳙等，当水温达到 18℃时才产卵；中华鲟的产卵水温则在 21℃以下。溪洛渡水库、向家坝水库建成运行后的下泄水温变化会给下游保护区的鱼类带来负面影响。因此，需要对水库水温分层及其下泄低温水等予以充分的关注，以保持水生态环境的健康。

溪洛渡水库分别于 2017 年 4 月 20 日～5 月 9 日和 2018 年 1 月 15 日～5 月 3 日启动叠梁门进行生态调度分层取水试验，水利部长江水利委员会水文局同步开展金沙江下游溪洛渡水库生态调度试验、水温监测与分析工作。

4.3.1　监测实施方案

1. 监测要素

（1）表层水温的监测。

人工观测断面 4 个，分别为白鹤滩水文站、朱沱水文站、横江水文站、高场水文站；自动监测断面 8 个，分别为溪洛渡大坝坝前、溪洛渡水文站（2018 年新增）、绥江县城、向家坝大坝坝前、向家坝水文站、柏溪镇（现为柏溪街道办事处）、李庄水位站和江津区。

尾水区固定高程水温的监测：为了监测溪洛渡水库坝前水经过发电机组后温度的变化情况，新设尾水区自动监测断面 2 个，即溪洛渡水库 1 号尾水洞、6 号尾水洞。

（2）垂向水温（含水深）的监测。

常规人工观测：每月中旬在溪洛渡大坝坝前、绥江县城和向家坝大坝坝前 3 个断面人工测量垂向水温。

自动监测：溪洛渡大坝坝前和向家坝大坝坝前分别装有光纤测温设备以进行每日 24 段次垂向水温自动监测，并且溪洛渡水库叠梁门前新设了叠梁门垂向水温自动监测系统。

（3）水位、流量、气温等辅助观测。

2. 监测断面布设

根据《地表水和污水监测技术规范》(HJ/T 91—2002)和《水环境监测规范》（SL 219—2013）[25-26]中的相关要求，进行各监测断面采样垂线和采样点的布设。

2018 年金沙江下游生态调度表层水温监测布设了白鹤滩水文站、溪洛渡大坝坝前、溪洛渡水文站、绥江县城、向家坝大坝坝前、向家坝水文站、柏溪镇、李庄水位站、朱沱水文站、江津区、横江水文站和高场水文站共 12 个断面，其中干流 10 个，支流 2 个，自动监测断面 8 个，溪洛渡水文站为 2018 年新增的自动监测断面。溪洛渡水库尾水区固定高程水温的监测布设了溪洛渡水库 1 号尾水洞和 6 号尾水洞 2 个断面。

垂向水温监测共布设了溪洛渡大坝坝前、绥江县城、向家坝大坝坝前 3 个断面，其中溪洛渡大坝坝前和向家坝大坝坝前 2 个断面安装了垂向水温自动监测设备，且 2018 年新设了叠梁门垂向水温自动监测系统，断面主要布设在叠梁门之间的隔离墩顶部平台上。

表层水温监测时，在水面线下 0.5 m 处设 1 个监测点。垂向水温监测时，溪洛渡大坝坝前断面在监测垂线上按照 0.5 m、1 m、2 m、3 m、4 m、5 m 水深布置测点，5 m 水深以下按 2 m 间隔布置测点；向家坝大坝坝前断面在监测垂线上按照 0.5 m、1 m、2 m、3 m、4 m、5 m 水深布置测点，5 m 水深以下按 2 m 间隔布置测点；绥江县城断面在监测垂线上按 0.5 m、1 m、2 m、3 m、4 m、5 m 水深布置测点，5 m 水深以下按 2 m 间隔布置测点至库底。

溪洛渡水库叠梁门前布设用于垂向水温监测的温度链，其总长为 100 m，其中主机至 1 号探头 6 m，1 号至 24 号探头 94 m，温度链上探头分布不均，从上至下间距分别为 2 m、4 m、6 m。

3. 监测时间及频次

表层水温：溪洛渡大坝坝前、溪洛渡水文站、绥江县城、向家坝大坝坝前、向家坝水文站、柏溪镇、李庄水位站和江津区 8 个断面采用自动监测设备，生态调度试验水温监测期间每日进行 24 段 24 次表层水温的监测，测点位于水下 0.5 m；白鹤滩水文站、朱沱水文站、横江水文站和高场水文站 4 个断面采用人工观测，每日进行 3 段 3 次（每日 8：00、14：00 和 20：00）表层水温的观测；溪洛渡水文站依托中国电建成都勘测设计研究院有限公司现有水文站，采用人工观测，每日进行 3 段 3 次（每日 8：00、14：00 和 20：00）表层水温的观测，测点位于水下 0.5 m，并且观测时间不少于 5 min。

尾水区固定高程水温的监测：溪洛渡水库 1 号尾水洞和 6 号尾水洞 2 个断面各安装一个单点水温自动监测设备，每日进行 24 段 24 次固定高程水温的监测，水温测点位于该处最低水位以下。

坝前垂向水温的自动监测：溪洛渡大坝坝前、向家坝大坝坝前断面布设水温垂向自动监测设备，每日进行 24 段 24 次监测（同时记录测点的水深）。

垂向水温的监测：溪洛渡大坝坝前、绥江县城和向家坝大坝坝前 3 个断面每月中旬进行 1 次垂向水温监测（同时记录测点的水深）。

垂向水温的加密监测：3 月下旬和 4 月下旬，溪洛渡大坝坝前、绥江县城和向家坝大坝坝前 3 个断面计划每月各进行 1 次垂向水温加密监测（同时记录测点的水深）。

溪洛渡水库叠梁门前的垂向水温、水位：叠梁门前水温监测系统将多通道温度链记录仪作为垂向分层水温数据采集的核心设备，同时将液位计作为测深设备，每日 24 段 24 次监测 516 m 高程以上不同位置的水温，同时观测断面水位。

水位、流量：依托现有水文站，白鹤滩水文站、向家坝水文站、朱沱水文站、横江水文站和高场水文站 5 个断面每日监测 24 段制的水位和 4 段制的流量数据，以及溪洛渡水库水位与入出库流量数据。

气温：白鹤滩水文站、向家坝水文站、朱沱水文站、横江水文站和高场水文站 5 个断面每日 8：00、14：00 和 20：00 进行 3 段制气温的观测。

4. 溪洛渡水库叠梁门前的垂向水温、水深监测

溪洛渡水库叠梁门前的水温监测系统采用 XR-420 T24 型多通道温度链记录仪，将压阻式压力水位计作为测深设备，监测的数据定时自动传输到数据中心站。该站的设备配置见表 4.3.1。

表 4.3.1 叠梁门前设备配置表

序号	名称	型号	单位	数量	备注
1	温度传感器	XR-420 T24	台	1	线缆 100 m，测量精度 0.1℃
2	深度（压力）传感器	MPM4700	台	1	线缆 110 m
3	水文遥测终端机	YAC9900	台	2	水温和水深各 1 套
4	GPRS 模块	H7710	台	1	
5	电源系统	定制	套	1	太阳能板、蓄电池和充电控制器
6	不锈钢一体化仪器柜		套	1	

1）多通道温度链记录仪选型及技术指标

加拿大 RBR 公司生产的 XR-420 T24 型多通道温度链记录仪能分别记录 24 通道（即 24 个温度传感器组成的温度链）的温度数据，广泛应用于海洋、湖泊、地下水、地层、冻土、冰层等。该多通道温度链记录仪的温度传感器采用 P 系列温度传感器，可靠性高。

主要技术指标：记录仪测量范围为 -20～35℃；精度为 ±0.005℃；分辨率小于 0.000 05℃（40℃范围）；耐压达 740 m 水深；内置 8 MB 固态存储器和 4 节锂电池，总共可存储 2 400 000 组数据。

温度链总长 100 m，其中主机至 1 号探头 6 m，1 号至 24 号探头 94 m，温度链上探头分布不均，从上至下间距分别为 2 m、4 m、6 m。

2）安装方案

溪洛渡水库左右岸取水口各有 45 道叠梁门，门之间用隔离墩隔开。各隔离墩为竖直状态，隔离墩顶部为水平平台，宽度约 2 m。温度链采用如图 4.3.1 所示的垂向悬挂安装方式。

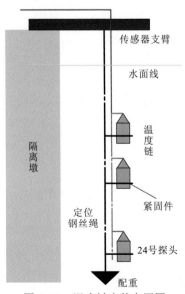

图 4.3.1 温度链安装布置图

5. 尾水水温监测方案

1）监测站选址

叠梁门前垂向水温传感器安装在 18F-1 号叠梁门附近，其对应的尾水洞为 6 号尾水洞，因此尾水定点测温应选在 6 号尾水洞出口。为了便于监测水库左右岸尾水水温差异，方便校测 6 号尾水洞尾水水温，同时在 1 号尾水洞出口设立一个水温校测站（6 号尾水洞与 1 号尾水洞对称布置）。

2）水温传感器选型

尾水水温监测系统选用武汉新普惠科技有限公司生产的 PH-SW 温度传感器。

主要技术指标：测量精度为 ±0.1 ℃；接口类型为 RS485；最大允许浸没深度为 20 m。

经查阅往年（水库蓄水后）监测数据，1～5 月尾水洞水位的最大变幅为 12 m，本方案所选传感器完全满足测量需求。

3）设备安装方案

尾水水温监测站的安装有很好的基础条件，修建尾水水工建筑物时已经预留了竖直的测温管道。查勘表明测温管道可用，管道内径约为 15 cm，因此将温度传感器直接投入管道即可。测温管道深约 40 m，见图 4.3.2。

图 4.3.2　尾水测温管道

水温监测站数据采集传输设备通过户外防水箱安装。在尾水洞出口水温监测井附近固定安装一套钢结构立杆，装有数据采集传输设备的户外防水箱固定在立杆上，温度传感器的电缆沿着立杆引入防水箱。太阳能板固定在立杆上，太阳能板的朝向为南偏西 5°，确保充电效率最高。

6. 出库水温监测方案

1）监测站选址

生态调度期间，单个叠梁门和对应尾水洞的水温分布情况及其随时间的变化情况，并不能全面反映生态调度期间出库水温的分布情况，各个尾水洞的水温可能不完全一样，设立出库水温监测站并监测出库水温是必要的。溪洛渡水文站断面在尾水洞下游约 2.5 km 处，尾水至此已经充分混合，可以认为此断面水温不分层，因此可以在溪洛渡水文站测验断面设立水温监测站，取任意深度点水温代表断面平均水温。

2）设备安装方案

该站设备配置与尾水水温监测站完全一样。由于水温传感器在河底固定方便，故该站传感器采用河底安装方案，信号电缆外面套聚氯乙烯保护套管，沿着河岸边坡敷设至水面，在最高水位线以上 2 m 的位置安装仪器柜，数据采集仪、电源设备、通信设备放置在仪器柜内。

4.3.2 叠梁门运行方案

根据《长江上游珍稀特有鱼类国家级自然保护区科学考察报告》[27]，保护区内分布有很多产黏沉性卵鱼类，如白鲟、达氏鲟、胭脂鱼、裂腹鱼等。对于产黏沉性卵鱼类，水温是其繁殖的一个重要因素。溪洛渡水库是水温分层型水库，水库运行将改变下游河道水温的分布规律，使春季升温推迟，对其繁殖不利。因此，为恢复产黏沉性卵鱼类产卵时的水温条件，促进鱼类繁殖，溪洛渡水库需开展生态调度分层取水试验来调节水温。

2017 年 4 月 20 日～5 月 9 日，金沙江下游溪洛渡水库已实施生态调度分层取水试验，根据对水温监测结果的初步分析，坝上、坝下温差与叠梁门提门、落门过程中表层水的进入有关。但由于叠梁门运行时间较短，数据量较为有限，仍然需要进一步的研究。为更好地维护金沙江下游与长江上游川江段重要的生态功能，减小水电开发对其的影响，需识别金沙江下游受干流水电开发影响的主要因素和规律，制订科学合理的调度方式，使得叠梁门分层取水方案的效果分析更为精确。根据 2018 年生态调度工作方案，溪洛渡水库于 2018 年 1 月 15 日～5 月 3 日开展了第二次叠梁门分层取水试验。分层取水方案为，按照运用计划进行第一层叠梁门的落提试验，待第一层叠梁门落下后，电站取水从第一层门顶（高程为 530 m，即 518 m 底板高程+12 m 叠梁门高）通过。落门、正常运行和提门三个阶段，总计历时 109 d：1 月 15 日～2 月 8 日为落门阶段，完成第一层 90 扇叠梁门的落门工作，历时 25 d；2 月 9 日～4 月 17 日为正常运行阶段，维持单层叠梁门运行，历时 68 d；4 月 18 日～5 月 3 日为提门阶段，完成 90 扇叠梁门的提门工作，历时 16 d。试验期间各阶段时间统计如表 4.3.2 所示。

表 4.3.2　溪洛渡水库生态调度试验各阶段时间统计表

试验阶段	时间节点	累积天数/d	溪洛渡水库日均库水位运行范围/m
落门阶段（90 扇）	1 月 15 日～2 月 8 日	25	571.43～580.39
正常运行阶段	2 月 9 日～4 月 17 日	68	569.88～573.41
提门阶段（90 扇）	4 月 18 日～5 月 3 日	16	570.88～575.35

4.3.3　表层水温变化分析

1. 表层水温日内各段次监测变化

表层水温监测断面共 12 个，尾水区固定高程监测断面共 2 个，其中溪洛渡大坝坝前、溪洛渡水文站、绥江县城、向家坝大坝坝前、向家坝水文站、柏溪镇、李庄水位站和江津区 8 个表层水温监测断面及 2 个尾水区监测断面进行水温自动监测，自动进行每日 24 段 24 次监测，而白鹤滩水文站、朱沱水文站、横江水文站和高场水文站表层水温采用人工观测，人工观测为每日 3 段 3 次（8：00、14：00、20：00）。

由以往分析可知，水温受到气温、太阳辐射、风速、湿度等多种气象因素的影响，而每日 24 h 内各气象要素均在发生改变，因此每日不同段次对表层水温的监测结果存在差异，选取生态调度期间（2018 年 1 月 15 日～5 月 15 日，生态调度实际于 5 月 3 日结束，适当延长至 5 月 15 日）各断面的表层水温数据，将每日 24 h 划分为 4 段次（2：00、8：00、14：00、20：00），以各断面每日 8：00 的表层水温监测数据为基准，分别统计其余各时段与 8：00 表层水温之间的差异。

通过数据分析可以看出，各时段与每日 8：00 表层水温监测结果的平均偏差大多数在 1℃以内，平均相对偏差小于 5%。从各时段之间的对比可知，14：00 表层水温与 8：00 表层水温的偏差最大，最大偏差为 0.2～3.7℃，其次为 20：00 表层水温，2：00 表层水温与 8：00 表层水温的偏差最小，最大偏差仅为 0.1～1.6℃。从各断面之间的对比可知，溪洛渡大坝坝前、绥江县城、向家坝大坝坝前、李庄水位站、朱沱水文站、横江水文站及高场水文站的表层水温各时段间差异较大，最大偏差达到 2℃以上，其余各断面在每日 24 h 内的表层水温基本保持稳定，变化幅度均在 1℃以内。以上各断面逐日 4 段次表层水温变化过程见图 4.3.3。由图 4.3.3 可以看出，逐日 4 段次的表层水温变化过程基本一致，14：00 表层水温会略高于其余时段，但整体变化趋势不变，大多时候与 8：00 表层水温相差无几，个别日内 14：00 表层水温显著高于 8：00 表层水温，可能由午后气温显著升高所致。因此，由以上分析可得，每日 8：00 表层水温可基本代表各断面表层水温的逐日变化过程。

2. 表层水温的逐日变化

根据以上分析，采用各断面每日 8：00 的表层水温监测数据代表逐日水温变化过程，分别对各断面生态调度期间（数据分析延长至 5 月 15 日）每 15 d 的表层平均水温变化做统计，统计数据见表 4.3.3。

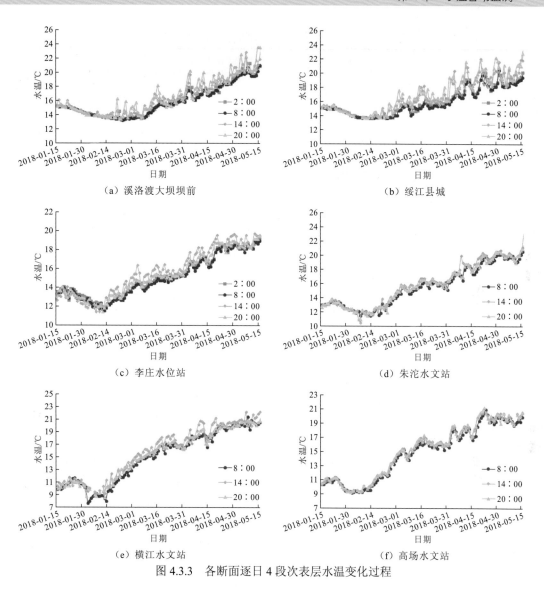

图 4.3.3　各断面逐日 4 段次表层水温变化过程

表 4.3.3　各断面每 15 d 表层平均水温变化统计

断面名称	表层平均水温（15 d）/℃							
	1-15～1-30	1-31～2-14	2-15～3-01	3-02～3-16	3-17～3-31	4-01～4-15	4-16～4-30	5-01～5-15
白鹤滩水文站	14.2	13.1	14.5	15.0	15.4	16.7	18.1	19.5
溪洛渡大坝坝前	15.0	14.0	13.6	14.2	15.7	16.9	18.1	19.9
溪洛渡水文站	14.4	14.0	13.5	14.0	15.3	15.9	16.9	18.5
绥江县城	14.9	13.9	13.8	15.1	15.5	17.2	18.2	18.8
向家坝大坝坝前	15.3	14.4	14.0	15.1	16.4	17.3	19.6	20.1
向家坝水文站	15.1	14.3	13.7	14.0	14.7	15.8	16.6	17.6

断面名称	表层平均水温（15 d）/℃							
	1-15～1-30	1-31～2-14	2-15～3-01	3-02～3-16	3-17～3-31	4-01～4-15	4-16～4-30	5-01～5-15
柏溪镇	—	13.7	13.6	13.9	14.5	15.7	16.5	17.5
李庄水位站	13.4	12.2	13.0	14.3	15.0	16.3	17.9	18.5
朱沱水文站	13.1	12.0	12.9	15.2	15.9	17.4	19.1	19.8
江津区	13.0	11.9	13.2	15.4	16.2	17.7	19.3	20.2
横江水文站	10.8	8.9	11.7	14.9	16.7	17.8	19.4	20.4
高场水文站	10.6	9.5	12.1	15.2	16.0	17.4	19.4	19.6
溪洛渡水库1号尾水洞	—	14.1	13.7	13.8	15.1	15.7	16.8	18.4
溪洛渡水库6号尾水洞	—	14.2	13.8	14.0	15.2	15.8	16.8	18.4

由以上数据可以看出，白鹤滩水文站、李庄水位站、朱沱水文站、江津区、横江水文站及高场水文站从2月下旬起水温回暖，而溪洛渡大坝坝前、向家坝大坝坝前、溪洛渡水库尾水洞、溪洛渡水文站、绥江县城、向家坝水文站和柏溪镇均因受到大型水库的滞冷效应影响，水温持续下降至2月底，3月上旬水温才出现回暖趋势，从3月开始至生态调度期结束，各断面表层水温均呈上升趋势，其中4月升温期水温上升最为显著，从3月中下旬至5月上中旬各断面水温的上升幅度基本在3℃以上，溪洛渡大坝坝前在该时期内水温上升幅度最大，达4.2℃。

生态调度期间典型断面水温的逐日变化过程，以及其与历史时期和2017年同期水温变化过程的对比见图4.3.4。图4.3.4中的灰色箱形图反映了历史时期（1956～2011年）天然河道水温的变化过程。由图4.3.4可以看出，溪洛渡-向家坝梯级电站运行后，2017年和2018年长江上游干流各断面的水温变化过程与天然情况相比存在显著差异，表现在1～2月的水温较历史时期偏高，而3～5月的水温较历史时期偏低，其中向家坝水文站由于直接受到向家坝水库下泄水温偏低的影响，表现最为明显。历史时期，向家坝水文站水温在4月上旬即可达到鱼类产卵所需的18℃，2017年和2018年水温达到18℃的时间推迟至5月中旬，推迟约40 d；而支流岷江控制站高场水文站由于并未受到水库下泄水体的影响，2017年和2018年的水温变化过程与历史时期基本一致，并无明显变化。

对比有系统监测数据以来的2017年和2018年生态调度期间逐日水温变化过程发现，白鹤滩水文站2018年1～2月水温较2017年略偏低，3～5月水温与2017年基本相同。而溪洛渡水文站从3月中旬开始，2018年水温较2017年反而偏高，从与历史天然情况的对比分析可知，2018年的生态调度较2017年有效削弱了溪洛渡水库下泄低温水的影响。至绥江县城断面，2018年水温过程又恢复至1～2月水温较2017年偏低，而3～5月水温与2017年基本相同。

从向家坝大坝坝前与坝下水温变化过程的对比可以看出，溪洛渡-向家坝梯级电站运行后，向家坝水库下泄低温水对下游河道水温的影响显著。2013～2016年向家坝水文

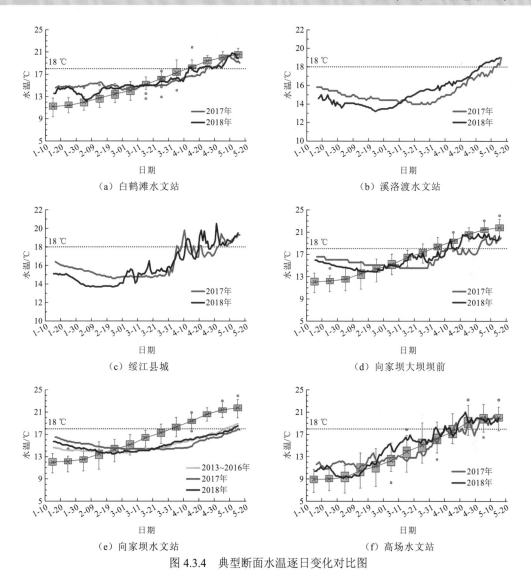

图 4.3.4　典型断面水温逐日变化对比图

站 3～5 月的水温较水库运行前历史时期的最大降幅约为 4℃。从 2013～2016 年与 2017 年和 2018 年同期表层水温变化过程的对比可以看出，开展生态调度后的水温过程与调度前水温过程无明显差异，2018 年 3 月下旬～5 月上旬较 2017 年水温略有提升，主要是受气温变化的影响。

　　为了进一步验证 2018 年生态调度的效果，排除气温对沿程水温的影响，对比 2018 年生态调度期气温与 2017 年同期气温，如图 4.3.5 所示。图 4.3.5 中的气温数据来自各水温监测断面所在地区的历史气温。由图 4.3.5 可以看出，白鹤滩水文站的气温略高于下游其余断面气温，溪洛渡至江津段的气温变化趋势基本一致；2017 年与 2018 年气温整体差异不大，由生态调度期间 2017 年和 2018 年 15d 平均气温的变化过程可以看出，1 月 1 日～2 月 15 日，2018 年气温较 2017 年略偏低 2～3℃，2 月 15 日～3 月 1 日，2018 年气温与 2017 年基本持平，2018 年气温在 3 月明显高于 2017 年，尤其在 3 月上中旬，两者温差达到 5℃左右，而 4 月与 5 月两者气温虽有上下波动，但平均气温基本相同。因此，总体来看，2018 年气温与 2017 年相差不大，但 2018 年 1 月气温偏低，3 月气温偏高，与水温的变化一致，故 2018 年较 2017 年水温的变化是气温与生态调度共同作用的结果。

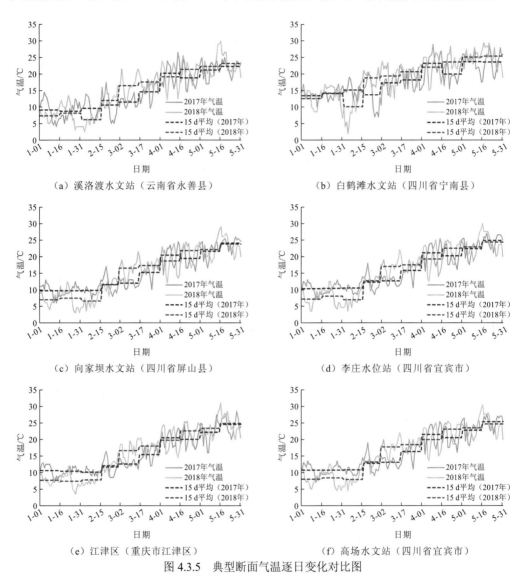

图 4.3.5　典型断面气温逐日变化对比图

3. 表层水温的沿程分布变化

2018 年生态调度从 1 月 15 日叠梁门开始落门，至 5 月 3 日叠梁门提门工作全部结束，共历时 109 d。这期间各断面水温在气温与生态调度的共同作用下随时间发生了显著变化，进而在空间上，沿程水温分布也将相应发生改变，因此统计各断面从 1 月中旬至 5 月上旬的旬平均水温的沿程分布情况，如表 4.3.4 所示。

表 4.3.4　2018 年生态调度期间各断面平均水温的沿程分布

断面名称	1月中旬	1月下旬	2月上旬	2月中旬	2月下旬	3月上旬	3月中旬	3月下旬	4月上旬	4月中旬	4月下旬	5月上旬
白鹤滩水文站	14.1	14.2	12.9	14.1	14.5	15.0	15.0	15.5	16.2	17.8	18.3	19.1
溪洛渡大坝坝前	15.2	14.8	14.1	13.7	13.5	13.8	15.1	15.8	16.7	17.2	18.5	19.9
溪洛渡水文站	14.7	14.3	14.0	13.8	13.4	13.7	14.6	15.4	15.8	16.3	17.1	18.3
绥江县城	15.1	14.8	13.9	13.8	13.9	14.9	15.4	15.5	16.7	17.9	18.6	18.7
向家坝大坝坝前	15.7	15.1	14.4	14.0	14.0	14.9	16.0	16.3	16.7	18.5	20.1	20.2
向家坝水文站	15.6	14.9	14.4	13.8	13.7	13.9	14.2	14.8	15.7	16.2	16.8	17.4
横江水文站	10.2	11.1	8.8	9.8	12.3	14.5	15.7	16.8	17.8	18.3	19.8	20.4
柏溪镇	—	—	13.8	13.5	13.6	13.9	14.0	14.7	15.6	16.0	16.7	17.3
高场水文站	10.7	10.4	9.4	10.5	12.5	14.6	16.1	15.8	17.3	18.1	19.9	19.6
李庄水位站	13.6	13.2	12.3	12.3	13.2	14.1	14.7	15.1	16.1	17.0	18.2	18.3
朱沱水文站	13.1	13.1	12.1	12.0	13.3	14.9	15.7	15.9	17.1	18.2	19.6	19.9
江津区	13.0	13.0	12.0	12.2	13.6	15.1	15.9	16.2	17.3	18.4	19.8	20.2

　　由表 4.3.4 中数据可以看出，溪洛渡大坝坝前和向家坝大坝坝前水温比坝后水文站水温普遍偏高，支流横江水文站和岷江高场水文站水温与干流水温存在显著差异，与干流水温相比，1 月中旬～2 月下旬支流横江和岷江为低温水，而从 3 月上旬开始，支流横江和岷江转变为高温水。这可能是因为自 3 月开始水库水温出现分层，水库下泄水体比表层水温显著偏低，而支流由于水量比干流更小，流速慢，水温受气象因素影响较大，在升温期水温上升更快，故支流水温转而比干流水温偏高。

　　由于研究江段拥有历史长序列水温监测数据的站点较少，故对历史时期的水温沿程分布只能看出大概趋势。在历史时期，白鹤滩水文站至向家坝大坝坝前沿程水温略微升高，岷江高场水文站水温显著低于干流水温，从 1 月中旬至 2 月上旬均偏低 3 ℃ 以上。从向家坝大坝坝前至朱沱水文站沿程水温逐渐降低。从整体趋势上看，2018 年、2017 年及历史时期水温在 1 月中旬～2 月上旬的沿程分布趋势基本一致，但 2017 年沿程水温整体比 2018 年偏高，而历史时期水温整体偏低。

　　叠梁门落门阶段（1 月 15 日～2 月 8 日），2018 年干流沿程水温从白鹤滩水文站至向家坝水文站基本持平，溪洛渡大坝坝前和向家坝大坝坝前水温略高于坝下水文站水温；支流横江水文站和岷江高场水文站水温明显低于干流，较向家坝水文站偏低 5 ℃ 左右，由于支流低温水入汇，向家坝水文站至江津区水温沿程降低约 2 ℃。

　　从 2 月中旬开始，第一层 90 扇叠梁门落门工作全部结束，维持单层叠梁门稳定运行。2 月中旬与叠梁门落门阶段（1 月中旬～2 月上旬）水温的沿程分布情况保持一致，进入 2 月下旬，随着气温的逐渐升高，支流横江水文站和岷江高场水文站与干流的温差逐渐减小至 1.4 ℃ 和 1.2 ℃，向家坝水文站至江津区的水温沿程减小趋势不再明显，转变为白

鹤滩水文站至江津区整个江段的水温基本持平，且持平状态一直维持到了 3 月上旬。2 月下旬～3 月上旬，白鹤滩水文站至向家坝大坝坝前的水温分布在历史时期与 2017 年和 2018 年基本相同，而因为 2018 年 3 月上旬气温明显高于 2017 年及历史时期，所以支流横江水文站和岷江高场水文站水温升温迅速，转为略高于干流水温。

3 月中旬～4 月中旬，水库水温逐渐开始分层，电站取水口水温低于表层水温的现象将越来越显著，故溪洛渡水库和向家坝水库下泄低温水的影响逐渐增大，因此白鹤滩水文站至向家坝大坝坝前的沿程水温逐渐低于历史时期平均值；从 3 月中旬开始，向家坝大坝坝前与向家坝水文站的温差明显增大，3 月中旬坝前与坝下水文站温差已达到 1.8℃，而溪洛渡大坝坝前与溪洛渡水文站的温差为 0.5℃，至 4 月中旬，向家坝大坝坝前与坝下水文站温差达到 2.3℃，而溪洛渡大坝坝前与溪洛渡水文站的温差为 0.9℃，两者的鲜明对比充分说明了溪洛渡水库生态调度期间叠梁门分层取水的效果显著，大大减小了溪洛渡大坝坝前与坝下水文站的温差，与向家坝水库相比，温差缩小了 1.4℃。

向家坝水文站至江津区段，由于气温的升高，沿程水体所接收的太阳辐射逐渐增强，且支流横江水文站和岷江高场水文站水温偏高于干流水温的现象越来越明显，至 4 月中旬，支流横江与岷江水温比干流水温高 2℃左右，多种因素影响下，该江段水温转为沿程升高趋势，沿程升温 2℃左右。

叠梁门提门阶段（4 月 18 日～5 月 3 日），水温沿程分布的对比见图 4.3.6。从图 4.3.6 中可以看出，从 2018 年 4 月下旬至 5 月上旬，白鹤滩水文站至江津区段的沿程水温存在较大波动，但总体呈现沿程升温趋势，溪洛渡水库和向家坝水库下泄低温水影响显著，4 月下旬向家坝大坝坝前和坝下水文站温差达到最大，为 3.3℃，而溪洛渡大坝坝前与坝下水文站的温差为 1.4℃，坝前与坝下温差有增大趋势；溪洛渡水文站至向家坝大坝坝前段沿程升温迅速，升温达 3℃；支流横江水文站和岷江高场水文站的水温显著高于干流水温，与干流的温差显著增大到 3℃；5 月上旬水温的整体趋势延续了 4 月下旬，但波动情况较 4 月变缓，向家坝大坝坝前与坝下温差略有缩小，为 2.8℃，溪洛渡水库因叠梁门提门结束，坝前与坝下温差反而略有增大，为 1.6℃，溪洛渡水文站至向家坝大坝坝前沿程升温 1.9℃。

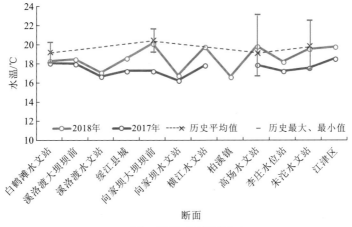

（a）4 月下旬水温沿程分布

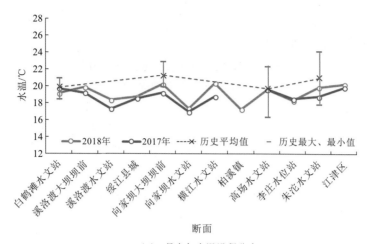

（b）5月上旬水温沿程分布

图 4.3.6　叠梁门提门阶段各断面水温沿程分布的对比图

4. 表层水温变化原因

从以上各断面表层水温逐日变化及沿程分布变化可以发现，引起水温变化的因素主要包括太阳辐射、气温、天然来水和水库调度等。有气温监测数据的各断面水温与气温的相关关系图如图 4.3.7 所示。

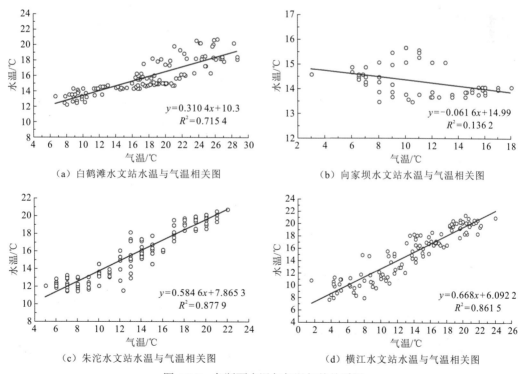

（a）白鹤滩水文站水温与气温相关图　　　　（b）向家坝水文站水温与气温相关图

（c）朱沱水文站水温与气温相关图　　　　（d）横江水文站水温与气温相关图

图 4.3.7　各断面水温与气温相关关系图

从图 4.3.7 中可以看出，对于天然河道的表层水温，太阳辐射越强，气温越高，表层水温就越高。例如，支流横江水文站，由于水体流量小，水温受气象因素影响较大，水温与气温的相关系数 R^2 高达 0.8615，气温的升降直接影响水温的变化。而干流河道由于水体流量大，水温的变化受气象条件如气温影响较小，尤其是向家坝水文站，由于其位于向家坝大坝坝下，来水温度即水库下泄水体的温度对水温的影响远远大于气温对水温的影响，故水温与气温的相关关系很差，相关系数 R^2 仅为 0.1362。但干流朱沱水文站水温与气温又恢复了良好的相关关系，相关系数达到 0.8779，这说明向家坝水库下泄水体的影响并未到达朱沱水文站，沿程水温已得到恢复。

4.3.4　垂向水温变化分析

对于不同的湖泊和水库，受水文、气象、地形、地理位置、出水口位置、调度运行方式等因素的影响，水库垂向水温会形成不同的变化特性，出现不同的水温结构，一般由强到弱划分为三种类型：分层型、过渡型和混合型。对于分层型水库而言，其水温结构在一年内呈现周期性的变化规律。在水体表面，由于热对流和风吹掺混，水面附近的水体产生混合，水温趋于一致，这部分水体称为表温层，不同水体的表温层深度可能相差很大，主要取决于风力强弱和水体的稳定性；表温层以下的温度突变区，称为温跃层；温跃层以下，库底热容量变化平稳，水温很低且变幅不大，为停滞静水，称为滞温层。水温分层导致取水口水温较表层水温偏低，加剧了下泄低温水对生态环境的影响，因此对溪洛渡水库与向家坝水库的垂向水温分层情况进行分析，对叠梁门运行效果的评估和调度方案的制订具有重要的意义。

1. 溪洛渡大坝坝前的垂向水温变化

利用径流库容比指标法（α-β 法）初步判断，溪洛渡水库正常蓄水位库容系数 α 为 12.7，水库水温类型为过渡型，其垂向水温在一年内的部分月份将出现分层结构，由 2017 年年内各月溪洛渡大坝坝前垂向水温变化可知，1~3 月水库垂向水温均匀分布，并未出现分层现象，4 月开始表层水温升温迅速，逐渐拉大表、底层温差，5~6 月水库出现明显分层结构，7 月底层水温开始升温，8 月水库垂向水温掺混均匀，8~12 月随着气温降低，水温整体同步下降。

结合表、底层水温及温差变化表（表 4.3.5），各月垂向水温变化情况如下：1~3 月水温垂向掺混均匀，表、底层温差均在 1℃ 以内；4 月由于气温升高，表层水温升温迅速，但底层水温仍保持不变，水温垂向温差逐渐增大，表层水温与底层水温相差 3.2℃；5 月垂向水温开始出现明显的分层结构，表层水温已升至 19.5℃，表温层在高程 516 m 以上，但底层水温仍未改变，依然保持在 14.0℃，滞温层为 453~490 m，表、底层温差达 5.5℃，温跃层在 490~516 m；6 月垂向水温分层更加显著，随着表层水温持续升温，表、底层温差达到年内最大值，为 7.0℃，温跃层较 5 月明显下移，移至 483~500 m，表温层深度逐渐增大而滞温层深度逐渐减小；7 月开始，表温层持续深入，温跃层进一步下移，使底层水温开始升温，表、底层水温温差减小至 3.7℃，温跃层已降至水库底层，在 453～490 m；至 8 月，随着入库流量的增大，入流水体与水库水体掺混更剧烈，底层水温进一步升温，水库再一次达到掺混均匀，分层结构逐渐消失，表、底层温差缩小为 0.3℃，9～12 月，水库垂向水温维持均匀分布，随着气温降低，垂向水温整体同步下降，表、底层水温温差保持在 1℃ 以内。

表 4.3.5　2017 年年内各月溪洛渡大坝坝前表、底层水温及温差变化

月份	表层水温/℃	底层水温/℃	温差/℃	月份	表层水温/℃	底层水温/℃	温差/℃
1	15.0	15.0	0.0	7	21.5	17.8	3.7
2	14.4	14.0	0.4	8	22.5	22.2	0.3
3	14.3	14.0	0.3	9	22.1	21.5	0.6
4	17.2	14.0	3.2	10	21.6	21.2	0.4
5	19.5	14.0	5.5	11	20.0	20.0	0.0
6	21.3	14.3	7.0	12	17.3	17.0	0.3

对比 2017 年水库垂向水温变化，2018 年水库水温分层较 2017 年更早一些。2018 年 3 月下旬水库表、底层水温温差已较明显，达 3.0℃，这主要是因为溪洛渡水库 2018 年 3 月气温较 2017 年明显偏高（表 4.3.6），3 月水库表层水温升温迅速，而 2 月中下旬气温偏低，使水库底层水温较 2017 年偏低约 2℃，水库表、底层水温温差逐渐增大，至 4 月下旬，表、底层温差已达 6.0℃，水库水温从表层至底层线性下降，5 月上旬，叠梁门提门工作全部完成，标志着 2018 年生态调度圆满结束，水库垂向水温呈现明显的分层现象，表、底层温差达到最大，为 6.8℃，温跃层在 480～547 m，表温层在 547 m 以上，滞温层在 451～480 m，底层水温仍然维持在较低温 12.4℃，并未开始升温。

表 4.3.6　2018 年生态调度期内溪洛渡大坝坝前表、底层水温及温差变化

时段	表层水温/℃	底层水温/℃	温差/℃	时段	表层水温/℃	底层水温/℃	温差/℃
1 月中旬	15.1	15.1	0.0	3 月中旬	14.8	12.5	2.3
1 月下旬	14.8	14.8	0.0	3 月下旬	15.4	12.4	3.0
2 月上旬	14.2	14.1	0.1	4 月上旬	16.8	12.6	4.2
2 月中旬	13.4	13.6	0.2	4 月中旬	16.6	12.4	4.2
2 月下旬	13.4	12.4	1.0	4 月下旬	18.5	12.5	6.0
3 月上旬	13.4	12.3	1.1	5 月上旬	19.2	12.4	6.8

2. 向家坝大坝坝前的垂向水温变化

从表 4.3.7 的表、底层水温及温差变化可以看出：向家坝大坝坝前年内垂向水温变化表现出与溪洛渡大坝坝前相同的特征，4 月垂向表、底层水温温差开始变大；5 月表、底层水温温差进一步增大，达到 5.7℃；6 月水库垂向水温出现明显分层结构，表层水温已升至 21.0℃，底层水温与 3～5 月相同，仍保持在 14℃ 左右，表、底层温差达到 6.9℃，表温层在 322 m 以上区域，温跃层在 288～322 m，滞温层在 248～288 m；至 7 月，水库仍维持分层结构，水库表、底层温差达到全年最大值，为 7.7 ℃，温跃层位置显著下移，移至 260～272 m，表温层深度明显增大，为 272 m 以上区域，滞温层深度逐渐缩减，为 248～260 m；8 月开始，随着入库流量的增大，水库垂向水温完全掺混均匀；2～3 月、8～12 月，水库水温维持垂向均匀分布，表、底层水温温差保持在 1 ℃以内，随着气温的降低，水库水温整体同步下降。

表 4.3.7 2017 年年内各月向家坝大坝坝前表、底层水温及温差变化

月份	表层水温/℃	底层水温/℃	温差/℃	月份	表层水温/℃	底层水温/℃	温差/℃
2（上旬）	14.1	13.9	0.2	7	22.4	14.7	7.7
2（下旬）	14.0	13.5	0.5	8	23.1	22.4	0.7
3	14.6	14.2	0.4	9	22.6	22.1	0.5
4	17.0	14.2	2.8	10	21.7	21.1	0.6
5	19.8	14.1	5.7	11	20.0	19.5	0.5
6	21.0	14.1	6.9	12	16.9	16.4	0.5

从表 4.3.8 中的表、底层水温及温差变化可以看出，1 月中旬～2 月下旬，水库垂向水温均匀分布，表、底层温差均在 1 ℃以内，从 3 月上旬开始至 5 月上旬生态调度结束，水库垂向水温表、底层温差呈逐渐增大趋势，3 月中旬温差已达 2.8 ℃，与 2017 年 4 月 23 日表、底层温差相同，因此 2018 年水库水温分层比 2017 年有所提前，大约提前 1 个月。这主要是因为 2018 年 3 月气温较 2017 年偏高，而 2 月中下旬气温较 2017 年偏低，导致底层水温较 2017 年同期降低 1 ℃，而 3 月表层水温升温迅速，较 2017 年同期升高 2 ℃左右，因此水库水温表、底层温差被逐渐拉大。至 5 月上旬，水库底层水温仍保持在较低水平，为 13.4 ℃，而表层水温已升至 20.1 ℃，水库表、底层温差达到最大，为 6.7 ℃，但分层界线并不清晰，从水库表层至底层水温线性降低。

表 4.3.8 2018 年生态调度期内向家坝大坝坝前表、底层水温及温差变化

时段	表层水温/℃	底层水温/℃	温差/℃	时段	表层水温/℃	底层水温/℃	温差/℃
1 月中旬	16.0	15.4	0.6	3 月中旬	15.8	13.0	2.8
1 月下旬	15.3	14.7	0.6	3 月下旬	16.4	13.2	3.2
2 月上旬	14.6	14.0	0.6	4 月上旬	17.5	13.0	4.5
2 月中旬	13.7	13.1	0.6	4 月中旬	17.8	13.1	4.7
2 月下旬	14.0	13.0	1.0	4 月下旬	19.8	13.3	6.5
3 月上旬	14.8	13.0	1.8	5 月上旬	20.1	13.4	6.7

3. 溪洛渡大坝坝前至向家坝大坝坝前段沿程垂向水温变化

2018 年生态调度期间，分别在 1 月 15 日、2 月 10 日、3 月 14 日和 4 月 16 日前后共收集了 4 次人工测量的垂向水温数据，包括溪洛渡大坝坝前、绥江县城和向家坝大坝坝前三个垂向水温断面。这四个月的溪洛渡大坝坝前至向家坝大坝坝前垂向水温的沿程分布图见图 4.3.8。

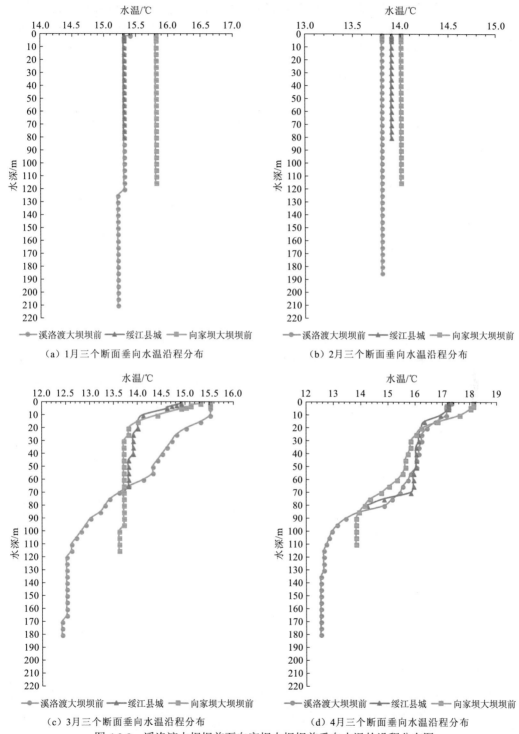

（a）1月三个断面垂向水温沿程分布

（b）2月三个断面垂向水温沿程分布

（c）3月三个断面垂向水温沿程分布

（d）4月三个断面垂向水温沿程分布

图 4.3.8　溪洛渡大坝坝前至向家坝大坝坝前垂向水温的沿程分布图

由图 4.3.8 可以看出，1 月和 2 月，水库水温还未出现分层现象，沿程三个断面的垂向水温呈均匀分布，但随着水体沿程接收太阳辐射的增多，溪洛渡大坝坝前至向家坝大坝坝前水温在 1 月和 2 月有沿程升高趋势，1 月绥江县城水温与溪洛渡大坝坝前水温基本一致，向家坝大坝坝前水温较溪洛渡大坝坝前整体升高 0.4℃；随着气温降低，2 月水温较 1 月水温整体偏低近 2℃，但依然维持沿程升温趋势，溪洛渡大坝坝前至绥江县城再至向家坝大坝坝前各升温 0.1℃。

3 月垂向水温沿程均出现明显分层结构，溪洛渡大坝坝前由于水深最深，分层结构最为显著，表温层为水深 0～10 m，水温为 15.5℃，温跃层为水深 10～120 m，滞温层为水深 120～180 m，水温仅为 12.5℃，表、底层温差达 3℃。溪洛渡大坝坝前至向家坝大坝坝前水温呈沿程降低趋势，这主要是因为溪洛渡大坝坝前垂向水温的分层结构致使表层水温与取水口水温差异显著，而叠梁门门顶高程为 530 m，3 月 15 日水位为 574.52 m，因此叠梁门门顶处水深为 44.52 m，从图 4.3.8 中可以看出，对应的水温大约为 14.4℃，与表层水温的温差达 1℃，直接导致下泄水温显著降低，使绥江县城表层水温较溪洛渡大坝坝前下降 0.5℃，绥江县城断面垂向水温呈弱分层现象，由表层的 14.9℃逐渐降至底层的 13.7℃，温差为 1.2℃，向家坝大坝坝前表层水温较绥江县城略微提升，垂向水温也呈弱分层现象，由表层的 15.3℃降至底层的 13.6℃，温差为 1.7℃，较绥江县城温差拉大 0.5℃。

4 月随着气温升高，表层水温升温迅速，表、底层温差进一步增大，沿程水温的垂向分层结构越发显著，温跃层均有所下移，滞温层深度显著缩减，绥江县城断面垂向水温与溪洛渡大坝坝前基本一致，向家坝大坝坝前表层水温和底层水温较溪洛渡大坝坝前均有升高趋势。

4. 叠梁门运行期间溪洛渡水库水位、流量及水温变化

叠梁门分层取水的基本原理是根据水库水位变化调整进水口门顶水深，从而尽可能取用水库表层水发电而提高下泄水温。因此，水库的运行方式对叠梁门分层取水的效果有一定影响，入库流量越大，入流水体与水库水体掺混越剧烈，将使水库垂向温度的分层强度减弱。叠梁门运行后取水口取得的水体主要是门顶附近一定区域内的水体，水位的降低使叠梁门门顶水深减小，从而提高取水位置，进而提高取用水水温。

2018 年生态调度期间溪洛渡水库运行情况见图 4.3.9。从图 4.3.9 中可以看出，2018 年溪洛渡水库生态调度落门阶段，受持续寒潮影响，电网用电需求增加，溪洛渡水库库水位消落较快。2 月 12 日，溪洛渡水库库水位已消落至 570 m 以下，与计划值和历史同期相比偏低较多。此后，溪洛渡水库库水位有小幅回升，在单层叠梁门运行阶段，溪洛渡水库在 570～576 m 浮动运行。至 4 月 18 日，叠梁门开始提门，水位由 576 m 消落至 572 m。入库流量在生态调度期间变幅不大，落门阶段入库流量在 2 200～2 800 m³/s，单层叠梁门运行阶段入库流量在 1 600～3 000 m³/s 波动，提门阶段入库流量有小幅提升，在 1 800～2 700 m³/s。

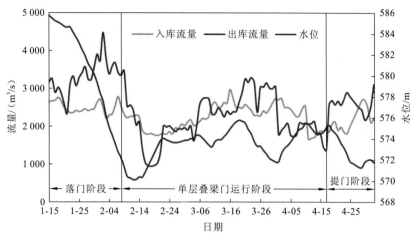

图 4.3.9　2018 年生态调度期间溪洛渡水库运行情况

　　根据水位变动情况，并结合溪洛渡水库取水口附近温度链每日 8 时自动监测的垂向水温数据，可知单层叠梁门运行阶段叠梁门门顶水深及其对应水温，并与取水口底板高程 518 m 处水温对比，结果如图 4.3.10 和表 4.3.9 所示。由图 4.3.10 和表 4.3.9 可以看出，在单层叠梁门运行阶段，门顶淹没水深的变化幅度不大，在 40～46 m 浮动，淹没水深变化趋势与门顶处水温变化趋势无明显相关关系，因此淹没水深对门顶处水温和取水口底板高程处水温影响不大。

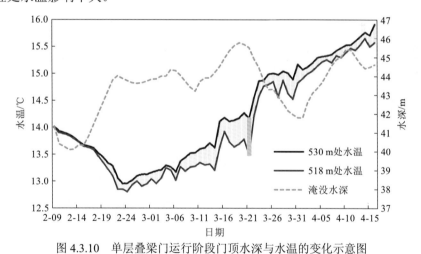

图 4.3.10　单层叠梁门运行阶段门顶水深与水温的变化示意图

表 4.3.9　单层叠梁门运行阶段门顶水深与水温的变化及温差统计表

时段	叠梁门门顶淹没水深/m	门顶高程530 m 处水温/℃	取水口底板高程518 m 处水温/℃	温差/℃
2 月中旬	41.08	13.7	13.7	0.0
2 月下旬	43.77	13.1	12.9	0.2
3 月上旬	43.88	13.3	13.2	0.1

时段	叠梁门门顶 淹没水深/m	门顶高程 530 m 处水温/℃	取水口底板高程 518 m 处水温/℃	温差/℃
3 月中旬	44.77	14.0	13.6	0.4
3 月下旬	43.35	14.9	14.6	0.3
4 月上旬	43.87	15.3	15.2	0.1
4 月中旬	44.82	15.7	15.5	0.2

叠梁门门顶高程 530 m 处水温和取水口底板高程 518 m 处水温的变化趋势基本相同，在 2 月 9 日～2 月 24 日水温有下降趋势，由 14℃下降至约 13℃，2 月 24 日之后，水温开始回升，之后保持持续上升趋势，至 4 月 17 日，门顶水温上升至 16℃左右，以上水温的变化趋势主要受气温变化的影响。由表 4.3.9 可以看出，叠梁门稳定运行后，取水口取用水体由 518 m 高程附近区域水体提升至叠梁门门顶 530 m 附近水体，在 2 月中旬，水库垂向水温还未出现分层现象，因此两高程处水温基本相同，从 2 月下旬至 3 月中旬水库水温逐渐分层，使叠梁门顶高程处水温与取水口底板处水温出现温差，3 月中旬，两者温差达到最大值，约为 0.4℃，之后温差略有减小趋势，至 4 月中旬，温差缩小为 0.2℃。这主要是因为水库垂向水温的温跃层是由表层逐渐向下移动的，3 月中旬，取水口附近水体可能正处于温跃层，所以温差最大；进入 4 月上中旬，水温能量逐渐向下传递，温跃层也逐渐下移，使水库取水口高程附近水体变为表温层，因此温差又逐渐变小。

4.3.5 叠梁门分层取水效果分析

此次生态调度水温监测方案中增设了溪洛渡水库尾水洞 1 号和 6 号的水温监测，是为了更直接地反映溪洛渡水库下泄水体的水温变化及与坝前水温的差异，将尾水洞水温的变化过程与溪洛渡水文站的水温变化过程对比见图 4.3.11。

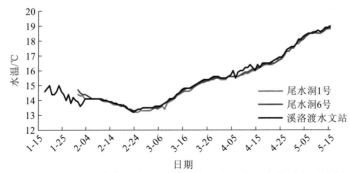

图 4.3.11 溪洛渡水库尾水洞与溪洛渡水文站水温变化过程对比图

由图 4.3.11 可见，尾水洞水温与溪洛渡水文站水温几乎完全一致，说明尾水洞至溪洛渡水文站因距离较短，沿程气象因素对水温的影响几乎可以忽略不计。因此，向家坝水库与溪洛渡水库的坝下表层水温可以分别用溪洛渡水文站和向家坝水文站的表层水温代替。对比 2017 年、2018 年生态调度期内溪洛渡水库和向家坝水库坝前与坝下的温差，结果见图 4.3.12。由图 4.3.12 可得出如下结论。

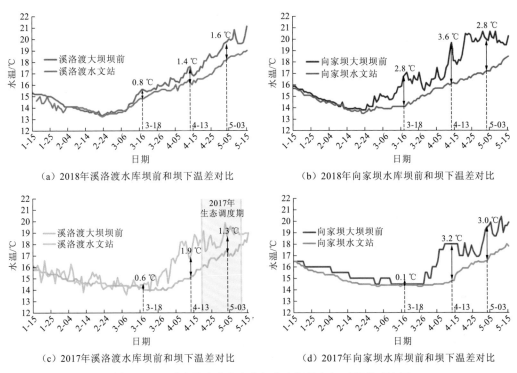

图 4.3.12 溪洛渡水库和向家坝水库坝前与坝下温差对比图

（1）1 月中旬～2 月底，溪洛渡水库和向家坝水库坝前与坝下表层水温基本一致，说明坝前垂向水温还未出现分层现象，2017 年 3 月下旬开始坝前与坝下温差逐日增大，2018 年 3 月上旬坝前与坝下就已产生温差，并随着气温升高，坝前垂向水温分层显著，坝前与坝下温差逐渐增大。

（2）2017 年 4 月 19 日～5 月 11 日溪洛渡水库开展了生态调度试验，从图 4.3.12 中可以看出在 2017 年生态调度期内溪洛渡水库坝前与坝下的温差较 4 月上中旬的温差有明显的缩小趋势，与温差随气温升高逐渐增大的普遍趋势正好相反，验证了 2017 年生态调度对坝下水温的提升效果，水温平均提升约 0.3℃。

（3）从向家坝水库和溪洛渡水库同时期坝前与坝下温差对比可以看出，由于向家坝水库未开展叠梁门分层取水试验，向家坝水库坝前后温差较溪洛渡水库明显偏大。2017 年生态调度期内，向家坝水库较溪洛渡水库坝前后温差偏大约 0.1℃，2018 年生态调度期内（单层叠梁门运行阶段），向家坝水库较溪洛渡水库坝前后温差偏大约 0.8℃。

（4）由于 2018 年坝前垂向水温分层较 2017 年提前 10 d 以上，2018 年向家坝水库坝前后温差较 2017 年有明显增大趋势，但溪洛渡水库 2018 年 1 月 15 日～5 月 3 日开展了生态调度叠梁门分层取水试验，2018 年该时期内溪洛渡水库坝前后温差较 2017 年有明显缩小趋势，对比 2017 年未进行生态调度的时期内（1 月 15 日～4 月 18 日）的温差变化，2018 年生态调度使溪洛渡水库下泄水温提升了约 0.4℃。

第 5 章　声学多普勒流量监测

多普勒（Christian Doppler），世界著名的数学家和物理学家，于 1842 年第一次将观测的现象总结出如下规律：如果观测者和声源之间有相对位置变化，那么观测者接收到的声音信号的频率与声源发射的声音信号的频率不同，即当观测者逐渐靠近声源时，他接收到的声音信号的频率比与声源相对静止时接收到的频率高；当观测者与声源的距离变大时，他接收到的声音信号的频率比与声源相对静止时接收到的声音信号的频率小。并且两者之间的频率变化与相对速度的变化规律一致。该频率变化称为多普勒频移，该现象称为多普勒效应。

ADCP 是一种用于测量水速的水声学流速仪，其原理类似于声呐：ADCP 向水中发射声波，水中的散射体使声波产生散射；ADCP 接收散射体返还的回波信号，通过分析其多普勒频移计算流速。起初 ADCP 仅是 RD Instruments 公司于 19 世纪 80 年代推出的产品系列名称，如今已演变为同类声学流速仪的统称。ADCP 的主要作用是对较大范围的水流速度进行遥测，对河流截面进行走航式或水平式流量测量，是水声技术的一个典型应用。自诞生以来，随着技术的不断进步和日益完善，ADCP 已从海洋流量测量逐步应用于河流流量测量，测量精度也得到很大的提高。相较于传统的转子式测流方法，ADCP 具有动态测量、不扰动流场、采样耗时少、断面布设灵活、经济高效、测验精度高等优点，可广泛应用于河流、河口的流场结构调查，航道的流量监测等方面。

流量在线监测是水文现代化的发展趋势[28-29]。针对受潮汐影响的河流流量测量难题，本章通过对长江下游感潮河段流量在线监测的应用实践的不断优化和完善，提出了对此类河段的流量进行在线监测的全新方法，实现了由传统人工测量到自动在线监测的创新。①利用已有监测时段内实测的断面平均流速、垂线平均流速和区段水平层平均流速，可建立计算断面平均流速的多元线性回归模型。模型具有较好的有效性、精确性和稳定性，因而可应用于实际的水文工作中。②徐六泾水文站定点 ADCP 测流系统和南京水文实验站水平 ADCP 与定点垂向 ADCP 结合测流系统两种技术方法极具代表性、适用性，使长江下游感潮河段流量的实时报汛和整编成为可能，满足了长江下游水文资料系统性和连续性的要求，为感潮河段和易受各种水力因素影响河段的流量报汛及整编提供了科学、有效、有选择性的方法。③基于 ADCP 实时流速推求长江下游感潮河段断面流量的技术方法在防洪抗旱与减灾、水利工程建设、水资源与生态保护等工作中得到了广泛应用，为长江下游堤防建设、河道治理、河演分析及涉水工程建设等项目提供了宝贵的实时数据，推动了长江下游感潮河段流速、流量实时监测方法的技术进步。

5.1 ADCP 测流原理

5.1.1 水平 ADCP 测流原理

水平 ADCP/垂向 ADCP 利用声学多普勒原理测量水流剖面的流速，与传统的流体流速测量方法相比，具有测验分辨率高、时间短、精度高、信息量大、资料完整等优点，尤其适用于复杂环境下的流体流速、流量的测量。水平 ADCP 测速示意图如图 5.1.1 所示。

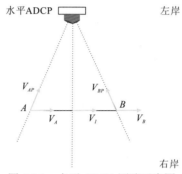

图 5.1.1 水平 ADCP 测速示意图

ADCP 测流的先决条件是假定水体中颗粒物的运动速度与水体流速相同，在此假定下利用声学多普勒频移测量水体流速。ADCP 固定在岸边或浮标等载体上，每个 ADCP 上均配有多个同时具有发射和接收功能的换能器。换能器所发射的声波能够集中在一个较窄的范围内，即换能器能够发射出一个声束。换能器具有两个方面的作用，一是向水体中发射声波，二是接收被水体反射回来的声波。当随水体流动的能够反射声波的颗粒物的运动方向接近换能器时，换能器接收到的反射回来的声波频率比发射声波的频率高。当随水体流动的能够反射声波的颗粒物的运动方向远离换能器时，换能器接收到的反射回来的声波频率比发射声波的频率低。这种接收到的回波频率与发射声波频率之间的差值，在声学上称为多普勒频移，声学多普勒频移可由式（5.1.1）计算确定：

$$f_d = 2f_\delta(v_d/c) \tag{5.1.1}$$

式中：f_d 为声学多普勒频移，kHz；f_δ 为回波频率，kHz；v_d 为颗粒物沿声束方向的移动速度，m/s；c 为声波在水中的传播速度，m/s。

工作时，ADCP 探头安装在水边测流断面处，测速时换能器发出超声波，经时间 t 接收到 A 点与 B 点的回波，根据回波的多普勒频移测得 A 点与 B 点平行于超声波的流速分量 V_{AP} 与 V_{BP}，两波速的断面夹角是已知且相等的，并已假定 $V_A = V_I = V_B$，故可由 V_{AP}、V_{BP} 计算出假定相等的 V_A、V_B 的流速、流向。仪器内改变接收时间 t 的设置，就可以得到断面上各点的流速、流向。

ADCP 的声波换能器位于同一平面，采用指标流速法进行水道断面的流量自动监测。指标流速法的本质是由局部流速推算断面平均流速，一般可采用单点流速、垂线平均流速或水平平均流速作为指标流速。

　　为了得到断面平均流速与指标流速的关系，需用人工船测或走航式 ADCP 测出流量和断面面积，从而得到断面平均流速数据。这种同步采样需要在不同的流量或水位情况下进行，就得到一组断面平均流速与指标流速及水位的数据。对数据进行回归分析（如采用最小二乘法）或点绘相关图，即可得到 v 与 $v_{\text{H-ADCP}}$ 的回归方程或关系曲线：

$$v=f(v_{\text{H-ADCP}}) \tag{5.1.2}$$

式中：v 为断面平均流速，m/s；$v_{\text{H-ADCP}}$ 为指标流速，m/s。

　　水道断面流量计算的一般公式为

$$Q=Av \tag{5.1.3}$$

式中：Q 为断面流量，m^3/s；A 为断面过水面积，m^2；v 为断面平均流速，m/s。

　　一般稳定河段的断面平均流速 v 与某一指标流速 $v_{\text{H-ADCP}}$ 和水位 h 有关，即

$$v=f(h,\ v_{\text{H-ADCP}}) \tag{5.1.4}$$

5.1.2　走航式 ADCP 测流原理

　　走航式 ADCP 是目前世界上最先进、最精确、最快捷的水流流速、流量测量的设备之一。与传统流速仪不同的是，其利用声学多普勒效应进行高分辨率的瞬时流速测量，同时它向水底发射底跟踪脉冲，测出测船的运动速度及水深，然后将水流相对速度扣除船速得到水流的绝对速度。从理论上讲，走航式 ADCP 的流量测量原理与传统人工船测、桥测、缆道和涉水测量的基本原理相同。它们都是在测流断面上布设多条垂线，在每条垂线处测量水深并测量多点的流速，从而得到垂线平均流速，进而得到整个断面的流量，因此相对于传统流速仪一个断面智能布设若干个测点且需人工计算流量而言，走航式 ADCP 相当于在断面上布设了密度更大的测点，精度更高。将 ADCP 或传统转子式流速仪安装在船上（可以是遥控船或游艇），横跨河流测得整个断面的流速分布，称为走航式测流法，由 ADCP 流量计算原理可知，表层、岸边、中层、底层流量之和是断面流量。

　　走航式 ADCP 通过发射声波信号将测流断面分解成若干个测流小单元，并测量每个小单元的流速，从而推算整个断面的平均流速，得到整个断面的流量，如图 5.1.2 所示。

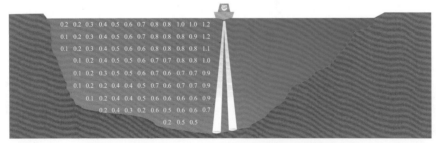

图 5.1.2　走航式 ADCP 断面测验示意图（单位：m/s）

　　走航式 ADCP 流量算法：断面的深度平均流速矢量和矢量差的乘积是 ADCP 计算流量的方式，用公式表示为

$$Q = \iint \boldsymbol{u} \cdot \boldsymbol{\xi} \mathrm{d}S \tag{5.1.5}$$

式中：$\boldsymbol{\xi}$ 为作业船航迹上的单位法线矢量；$\mathrm{d}S$ 为河流断面上的微元面积；S 为河流某断面面积；$\boldsymbol{u}$ 为河流断面某点处的流速矢量；Q 为断面流量。

（1）中层平均流速、中层流量。

ADCP 直接测出所有有效单元的流速，取平均值即得中层平均流速 $v_{x\mathrm{M}}$，为

$$v_{x\mathrm{M}} = \frac{1}{n}\sum_{j=1}^{n}u_{xj} \tag{5.1.6}$$

式中：u_{xj} 为单元 j 中所测的 x 向流速分量；$v_{x\mathrm{M}}$ 为 x 向分量，即中层平均流速；n 为实测单元个数。

中层流量 Q_{M} 为

$$Q_{\mathrm{M}} = \sum_{i=1}^{m}(v_{x\mathrm{M}}v_{\mathrm{b}y} - v_{y\mathrm{M}}v_{\mathrm{b}x})(Z_2 - Z_1)_i \Delta t \tag{5.1.7}$$

式中：Z_1 为河底至最后一个有效单元的高度；Z_2 为河底至第一个有效单元的高度；$v_{y\mathrm{M}}$ 为 y 向分量，即中层平均流速；m 为断面内总的微断面数目；$v_{\mathrm{b}y}$ 为 y 方向的船速；$v_{\mathrm{b}x}$ 为 x 方向的船速；Δt 为相应于微断面的测量时间平均步长。

（2）表层、底层平均流速和流量。

表层平均流速 $v_{x\mathrm{T}}$ 为

$$v_{x\mathrm{T}} = \frac{1}{h - Z_2}\int_{Z_1}^{h}u_x \mathrm{d}Z = \frac{D_{\mathrm{c}}(h^{b+1} - Z_2^{b+1})}{(h - Z_2)(Z_2^{b+1} - Z_1^{b+1})}\sum_{j=1}^{n}u_{xj} \tag{5.1.8}$$

表层流量 Q_{r} 为

$$Q_{\mathrm{r}} = \left[\frac{\Delta t D_{\mathrm{c}}(h^{b+1} - Z_2^{b+1})}{(Z_2^{b+1} - Z_1^{b+1})}\sum_{j=1}^{n}f_j\right] = \sum_{i=1}^{m}(v_{x\mathrm{T}}v_{\mathrm{b}y} - v_{y\mathrm{T}}v_{\mathrm{b}x})_i(h - Z_2)_i \Delta t \tag{5.1.9}$$

式中：D_{c} 为垂向单元长度；$v_{y\mathrm{T}}$ 为 y 方向的深度平均流速；$v_{x\mathrm{T}}$ 为 x 方向的深度平均流速；f_j 为单元矢量叉乘积；b 为经验常数，通常取 $b = 1/6$。

底层流量 Q_{B} 为

$$Q_{\mathrm{B}} = \sum_{i=1}^{m}\left[\frac{\Delta t D_{\mathrm{c}}Z_1^{b+1}}{(Z_2^{b+1} - Z_1^{b+1})}\sum_{j=1}^{n}f_j\right] = \sum_{i=1}^{m}(v_{x\mathrm{B}}v_{\mathrm{b}y} - v_{y\mathrm{B}}v_{\mathrm{b}x})_i(h - Z_2)_i \Delta t \tag{5.1.10}$$

式中：$v_{x\mathrm{B}}$ 为 x 方向的底层平均流速；$v_{y\mathrm{B}}$ 为 y 方向的底层平均流速。

（3）岸边流量估算。

岸边区域的流速和流量不能通过 ADCP 测出，一般是根据经验进行估算。岸边区域的平均流速 V_{a} 为

$$V_{\mathrm{a}} = \alpha V_{\mathrm{m}} \tag{5.1.11}$$

式中：α 为岸边流速系数，取 0.07；V_{m} 为终点微断面或起点微断面内的深度平均流速；V_{a} 为岸边区域的平均流速。

岸边流量 Q_{NB} 为

$$Q_{\mathrm{NB}} = \alpha A_{\mathrm{a}}V_{\mathrm{m}} \tag{5.1.12}$$

式中：A_{a} 为岸边区域的面积。

5.1.3　走航式 ADCP 测验精度分析

1. 测量存在的问题

尽管 ADCP 较为准确,但仍有以下误差因素的存在。

(1)产生多普勒频移的是水中泥沙颗粒物和气泡的运动速度,不是水流速度,假定水流速度和水中漂浮物的速度完全相同,并用测得的水中漂浮物的速度代表水流速度,无疑会有一定的误差。

(2)流速仪假定小范围内流速相等,在天然河流中,这样的假定会有较大误差。

(3)声速受水温影响很大,虽然可以利用换能器测量水温来修正声速,但和实际剖面上水温的不同会引起距离测量误差,使得测到的某一单元处的流速与该点的流速不一样。

(4)在进行断面流量测验过程中,ADCP 实际测量的区域为断面的中部区域,这个区域称为 ADCP 实测区,而在四个边缘区域内 ADCP 不能提供测量数据或有效测量数据。第一个区域靠近水面(表层),其厚度大约为 ADCP 换能器入水深度、ADCP 盲区和单元尺寸一半的和。第二个区域靠近河底(底层),称为"旁瓣"区(河底对声束的干扰区),其厚度取决于 ADCP 声束角(即换能器与 ADCP 轴线的夹角)。例如,对于声束角为 20°的 ADCP,相应的"旁瓣"区厚度大约为水深的 6%,如图 5.1.3 所示。第三和第四个区域为靠近两侧河岸的区域,因其水深较浅,测量船不能靠近,或者 ADCP 不能保证在垂线上至少有一个或两个有效测量单元。这四个区域通称为非实测区,其流速和流量需通过实测区数据外延来估算。

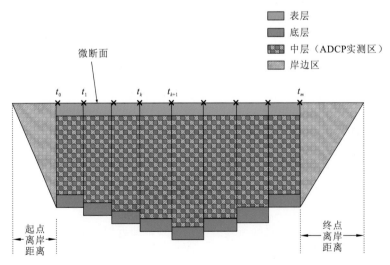

图 5.1.3　ADCP 实测区、非实测区及微断面示意图

t_0 为起点微断面开始测验时间;t_1 为第一个微断面测验时长;t_m 为第 m 个微断面测验时长

水利部长江水利委员会水文局于 20 世纪 90 年代初在国内率先引进走航式 ADCP，开展了感潮河段流量测验。通过大量的比测试验和分析研究，走航式 ADCP 在内河测验中除上面所提及的问题外，还存在以下技术问题需要解决。

（1）在河流存在底沙运动条件下，走航式 ADCP 底跟踪方式测量的船速失真，流速（流量）测量结果明显系统偏小，流速（流量）越大，系统偏小的相对误差越大，且水流流向偏离、失真。

（2）受铁磁质测船外界磁场干扰影响，走航式 ADCP 内部罗盘方向偏移，水流流向测验失真；采用 GPS 代替底跟踪方式测量，其流向、流速、流量结果全部失真，且 ADCP 安装在不同部位，测流误差大小也不同，其变化无规律可循。

（3）在高含沙量水流区域，走航式 ADCP 回波强度衰减速度快，使得底跟踪测量水深失效，测流失败。

（4）走航式 ADCP 的流速（流量）测验精度能否满足我国标准《河流流量测验规范》（GB 50179—2015）的要求，有待进一步研究。

2. 流量测验精度分析

在大量比测试验资料的基础上，对 ADCP 定位测量水深、垂线测点流速、垂线平均流速、走航式断面流量比测误差与精度进行了较为详细的统计和分析。

1）误差统计方法与估算基本公式

（1）误差统计方法。

利用数理统计方法和公式，统计或估算各项比测误差，即将流速仪法测得的独立分量成果近似真值与 ADCP 实测值分别进行比较。因 ADCP 的 n' 个独立测量值可以看成是在不同条件下测得的，分别统计或估算各试验单站点流速、平均流速和断面流量的相对误差、平均相对误差、相对标准差等指标。最后在各试验站估算指标成果与分析、综合的基础上，得出最终的比测精度指标。

（2）样本统计参数估算公式。

相对误差：

$$\delta Y_{Ai} = \frac{Y_{Ai} - Y_L}{Y_L} \tag{5.1.13}$$

平均相对误差（相对偏离值，或称平均相对系统误差）：

$$\overline{\delta Y_A} = \frac{1}{n'} \sum_{i=1}^{n'} \delta Y_{Ai} \tag{5.1.14}$$

式中：Y_L 为常规流速仪测得的垂线流速或流量成果，即近似真值，可分别看作相对水深 0.2、0.6、0.8 处的测点流速、垂线平均流速或断面流量等；Y_{Ai} 为同一样本中 ADCP 测得的流速或流量成果，可分别看作对应流速仪相对水深 0.2、0.6、0.8 处的测点流速、垂线平均流速或断面流量等；n' 为测次总数（或统计样本总数）；i 为测次号。

相对标准差（与流速仪测得的相应量的离散程度，或称相对随机误差）：

$$\sigma_{VA} = \sqrt{\frac{1}{n'-1}\sum_{i=1}^{n'}\left(\frac{Y_{Ai}}{Y_L}-\frac{\overline{Y_A}}{Y_L}\right)^2} \tag{5.1.15}$$

或

$$\sigma_{VA} = \sqrt{\frac{\sum_{i=1}^{n'}(\delta Y_{Ai}-\overline{\delta Y_A})^2}{n'-1}} \tag{5.1.16}$$

式中：$\overline{Y_A}$ 为 Y_{Ai} 的平均值。

本次估算相对标准差采用式（5.1.15）。

本书中将反映 ADCP 测量结果与流速仪测量值（近似真值）接近程度的量，称为精度。误差小的，其精度高，两者有相反的意义。平均相对误差是指正确度，反映系统误差大小的程度；相对标准差（或相对均方差、变差系数、离势系数 C_v）是指精密度，反映随机误差大小的程度，即 ADCP 观测值的稳定性。相对随机误差不确定度为取 $t'=2$ 时的相对标准差，即设本次比测独立观测值的个数 n' 大于 30（自由度），学生氏 t 分布基本上等于正态分布。因此，取概率 $p=0.95$（置信水平）对应 $t'=2$ 进行描述。其目的为希望观测值落入 $\overline{Y_A}\pm t'\cdot\sigma_{VA}$ 的统计区间内。因上述误差没有量纲，以百分率表示。

根据比测试验资料表现出的误差分布规律，经综合分析，图 5.1.4 表示了 ADCP 底跟踪、GPS（外接罗经）方式与传统流速仪法测量值之间随机变量的样本统计关系。可以看出，在底沙运动条件下，受河底沙速等综合因素的影响，底跟踪方式测流结果为系统偏小；而 GPS（外接罗经）方式测流，因消除或减小了河底沙速和外界磁场干扰的影响，系统误差大大减小。因此，底跟踪方式测流重复性再好或精度再高，在底沙运动影响下，其结果与流速仪法（近似真值）对比均存在系统偏离的结果是不容忽视的。

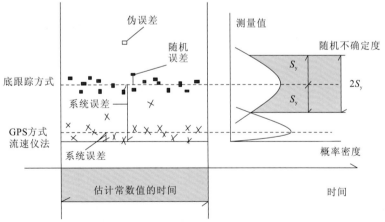

图 5.1.4　ADCP 与流速仪法比测误差统计（估算）示意图

S_y 为标准误差

2）ADCP 水深比测误差

由 ADCP 计算规则可知，ADCP 测得的流速（流量）主要依赖于重要水文要素之一——水深。如果水深测不到，其流速（流量）就相应地得不到。因此，对于 ADCP 测流精度而言，水深测量误差直接影响测流成果精度[30-31]。

ADCP 测量水深的方法是，由河底回波强度测出水深，类似于水文测验中的常规回声测深仪，四个探头在河底较小的范围内同时测得水深，取平均后作为最终的水深结果。从理论上讲，ADCP 测深成果具有较高的代表性或测量精度。

分析定线水深比测试验资料发现，当河底平坦或床面地形变化不大时，ADCP 测深结果与悬索（铅鱼测深）或测深仪的测深值非常接近，平均相对误差不超过 ±2%。《河流流量测验规范》（GB 50179—2015）规定的流速仪法测深的误差指标为，水深大于 6 m，悬索测深随机不确定度为 1%，测深系统的不确定度为 0.5%。

由于 ADCP 测量水深的方法是，四个探头在河底较小的范围内同时测得水深，取平均后作为最终的水深结果，如在河底较小范围内的床面地形变化大，ADCP 测量的水深与悬索（铅鱼测深）或测深仪的测深值相差较大，这是测量方法引起的。

3）垂线测点流速比测误差

测点流速比测精度是衡量 ADCP 测速精度的重要指标之一。在整理各试验站垂线测点流速比测试验资料（ADCP 与流速仪同在相对水深 0.2、0.6、0.8 处测得测点流速）、分析成果的基础上，将误差统计（或估算）结果分两种情况列出。一种是先进行单站误差统计再综合的成果，主要考虑让 ADCP 应用者了解比测误差在不同测验河段（断面）的分布规律及特点；另一种成果是对各单站的试验资料划分不同流速级（或流速区间），分别进行比测误差统计。主要考虑了解 ADCP 在不同流速级（或流速区间）内比测误差的分布规律及特点。

（1）单站测点流速比测误差分析。

从各试验站不同相对水深（0.2、0.6、0.8）统计的相对标准差与 ADCP 不同采样数（脉冲数）的关系可以看到 ADCP 测点流速比测误差的分布规律与特点，具体如下。

不同相对水深处，ADCP 测点流速比测精度随采样次数增加，逐渐接近流速仪测速精度（相对标准差越小）。采样次数为 1（单脉冲信号）的测验精度最低；长江如需要 ADCP 进行测点流速测验，建议至少测 30 次取平均值作为最终成果，这样才能接近或达到流速仪测速精度。

在测流断面河底水流紊动较强、流速较乱的测站，测点流速比测精度低于其他测站，如黄陵庙、汉口、九江、城陵矶等测站。

如对单站成果进行综合统计，可以明显看出：在不同相对水深处，测点流速的比测精度是不同的。在距水面最近的 0.2 相对水深处，比测精度较高，0.8 相对水深处比测精度最低（图 5.1.5）。这说明在河底处，ADCP 测速由环境水体中颗粒的不规则运动和水流的脉动（紊流）引起的误差较大。如需要 ADCP 进行测点流速测验，应特别注意距河底较近（相对水深 0.8 处至最后有效单元）的测速数据。否则，会引起较大的测验误差。

（2）不同流速级测点流速比测误差分析。

分别对不同流速级下的比测误差统计（估算）成果进行分析。

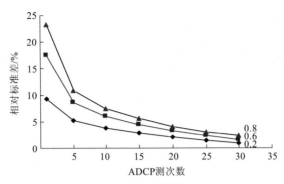

图 5.1.5　ADCP 与流速仪不同相对水深测点流速比测误差变化图

流速级划分是以垂线平均流速为准的，即 1.0 m/s、1.0～1.5 m/s、1.5～2.0 m/s、2.0～2.5 m/s、2.5 m/s 五级。分别统计相对水深 0.2、0.6、0.8 处测点流速相对误差样本系列参数：小于或等于 75%（95%）统计频率对应的相对误差、平均相对误差 $\overline{\delta Y_A}$ 和相对标准差 σ_{VA}。

可以看出：ADCP 在不同的高低流速级中的测点流速比测精度（相对标准差），与不分流速级的比测结果对比，不同相对水深（0.2、0.6、0.8）处测点流速具有相同的变化规律和特点；但在低流速区间，ADCP 测速精度要低于高流速区间，即流速越大，ADCP 测速相对精度越高。平均相对误差 $\overline{\delta Y_A}$ 并不随流速大小变化，也不随 ADCP 采样次数的增加而递减。流速大小和 ADCP 采样 1 次与 30 次的结果相差不大（虽然测次多少有微小波动范围，见横坐标近似直线部分）。这主要是因为平均相对误差是由 ADCP 自身引起的。因此，测点流速的平均相对误差是不能随着 ADCP 采样次数的增加而得到改善或减小的。在同流速级中，平均相对误差 $\overline{\delta Y_A}$ 变化的规律为：一般在距水面近（如 0.2 相对水深）处最小，在 ±5% 范围内；在距河底近（如 0.8 相对水深）处最大，达到了 ±10%。高流速级的平均相对误差 $\overline{\delta Y_A}$ 一般要小于低流速级。

4）垂线平均流速比测误差

上面讨论了不同相对位置测点流速的比测误差分布和变化规律，通过分析进一步了解了 ADCP 在测速方面的误差及变化规律。从 ADCP 流速测验精度来看，垂线平均流速的比测精度能更客观地反映其自身的测量精度。这是因为 ADCP 测速计算规则与流速仪计算规则不同。垂线平均流速计算：ADCP 采用实测区测点平均流速+表层平均流速+底层平均流速的平均值；流速仪采用的是积点法，如测量 0.2、0.6、0.8 相对水深处测点流速的平均值。因此，在垂线平均流速比测误差统计中，需对根据各自的垂线平均流速计算规则得出的结果（实测结果）进行对比。需要说明的是，在比测误差分析中，有的分析者是将 ADCP 测量的相对水深 0.2、0.6、0.8 处的测点流速插补后再平均（与流速仪法计算规则相同）并作为垂线平均流速，再与流速仪法计算的垂线平均流速进行对比。本书认为这种方法一是没有抽取与流速仪法时均点流速相同时间步长的流速样本；二是没有客观反映 ADCP 垂线平均流速计算规则的实际情况。因此，本项精度分析未采用这种方法。

（1）单站垂线平均流速比测误差分析。

根据各试验站单站垂线平均流速比测误差的统计成果，不同测站（河段）的误差分布规律与量值变化基本一致。

通过分析各试验站垂线平均流速综合比测误差统计成果发现，ADCP 垂线平均流速与测点流速结果对比，误差大大减小，精度较高。这说明 ADCP 测量测点流速的影响因素要比测量垂线平均流速复杂。

图 5.1.6 中列出了 ADCP 与流速仪单站垂线平均流速比测误差变化图。从图 5.1.6 中可以看出，不同试验站 ADCP 与流速仪测得的垂线平均流速结果对比误差基本上较小。采用 ADCP 采样，测次数在 30 次以上，相对标准差 σ_{VA} 不到 1%。长江如需 ADCP 垂线平均流速数据，可在测速垂线上重复、连续地测 30 次以上，测速成果精度基本上可以满足水文相关规范的要求。

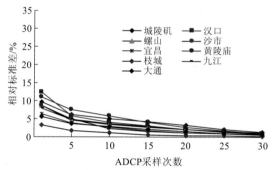

图 5.1.6　ADCP 与流速仪单站垂线平均流速比测误差变化图

（2）不同流速级比测误差分析。

对不同流速级下的垂线平均流速比测统计成果进行分析发现，流速级越低，比测精度越低；流速级越大，比测精度越高，且分布规律较好。这说明对于 ADCP 测流精度，高水位级测流精度最高，低水位级最低，中水位级位于其中。ADCP 测验精度随着采样测次的增加迅速提高。无论水位高低，在测次达到 30 次以上时，其测验精度基本上能控制在 2% 以内（随机不确定度）。平均相对误差在不同流速级（或水位级）中的变化范围基本在 ±4% 内。

垂线平均流速是一个非常重要的水文要素，建议测站今后采用 ADCP 测速时，应重视测速的次数和测验精度。值得注意的是，ADCP 垂线平均流速要比测点流速在误差分布上更集中，在量值变化散乱的程度上要小。

5）断面流量比测误差

（1）单站流量比测误差分析。

ADCP 断面流量的比测精度是自身系统中各种分项误差源引起的误差的最终表现结果，比测精度直接关系和影响该仪器的推广使用。

在不考虑底沙运动影响的情况下，ADCP 采取底跟踪方式进行断面流量测量的重复性是比较高的。除个别测次稍偏大外，重复性精度一般在 2%～5%（指多次断面流量测验时，其中任意一次测验值与平均值的相对误差百分数）。

在长江不同测验河段（断面）实际的河底水流特性条件下，从采用 GPS 方式、外接罗经等设备的实际流量比测结果的统计可以看到，ADCP 断面流量比测精度如下：平均相对误差仅为 -0.3%，相对标准差为 3.6%，相对随机误差不确定度为 7.2%。

（2）不同流量级下断面流量比测综合误差分析。

分析不同流量级下 ADCP 与流速仪比测试验成果发现，ADCP 比测精度大流量要高于中、小流量；而流量越小，比测精度越低。这说明 ADCP 更适合在断面宽（或水位高）的条件下测流。另外，ADCP 断面测流次数对测验精度也有较大的影响，即在同一流量的测验中，往返测流的次数越多，测验精度越高；多次平均流量能迅速提高测验精度。为了保证测验精度，长江水文站在具备测流时机的条件下，应至少进行往返 4 测次（2 个来回）的断面流量测验；在高洪时期或抢测洪峰时，应至少往返测 2 测次（1 个来回）。除特殊非常时机外，断面测量走航 1 次（或单次），因测验误差大，均超出《河流流量测验规范》（GB 50179—2015）的精度指标要求，不宜进行。

5.2　在线 ADCP 分类

在线 ADCP 依据安装方式大致可分为两类：水平 ADCP 和垂向 ADCP。

5.2.1　水平 ADCP

水平 ADCP 主要由 1～3 个声学换能器组成，两束超声波沿水平方向发射，利用多普勒原理测量本层水流某一段上各点的二维流速，另一束超声波向上发射用来测量水深（可不用）。其本质上是一种将探头固定安装在水面下某一水深处的仪器。它使探头上的两个声学换能器位于同一平面上，两个声学换能器成一定角度向对岸发射超声波，超声波遇到水中的气泡等杂质时，其频率发生变化，根据频率大小计算出本层水流某一段上各点的二维流速；另一束超声波向上发射，遇到水面时反射，测得水深。根据预先建立的数学模型得到断面平均流速，再根据河道的实际过流面积计算出流量值。如果断面规则不变，利用流速面积法积分得到的流量精度在 5% 以内。如果是不规则断面，则流量精度主要取决于建立的数学模型的精度或率定的精度。

该仪器采用最新的声学多普勒技术，具有结构简单、安装方便（所有设备集中在河流一边）的优点，再加上水文部门对其管辖的河流的流速流量关系有较深的了解并积累了大量的试验数据，因此该仪器在水文部门大量应用。其流量计采用一体化结构，将换能器和电子部件集中在一个密封容器内，工作时全部浸入水下，通过防水电缆传输信息。它可作为独立的流量计进行流量在线实时监测。

水平 ADCP 水下安装示意图如图 5.2.1 所示。

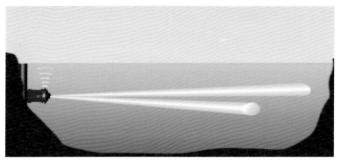

图 5.2.1 水平 ADCP 水下安装示意图

5.2.2 垂向 ADCP

垂向声学多普勒流速法主要采用走航式 ADCP。该走航式 ADCP 主机装到漂浮在水平面的载体（如浮标船、浮标、浮筒等）内并置于水面，由此测量出从水面到河底每一层的流速。依据典型垂线法或能坡法计算河道流量。ADCP 能坡法测量示意图如图 5.2.2 所示。

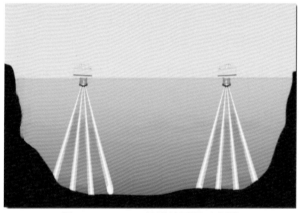

图 5.2.2 ADCP 能坡法测量示意图

5.3 ADCP 在线监测与集成

5.3.1 基于固定高程的水平 ADCP 在线测流系统集成

目前水平 ADCP 必须是水平安装，其中两个换能器一个向上游另一个向下游发射超声波，测高换能器垂直向上测量水深。工作时两个换能器轮换发射超声波，准确测量出该层面从左到右不同距离上两个方向上的一百多个流速点的数据。再由现场流速、流量计算仪依据流速点数据、河道断面、水力学流量计算模型算出河道瞬时流量。其测量结构示意图如图 5.3.1 所示。

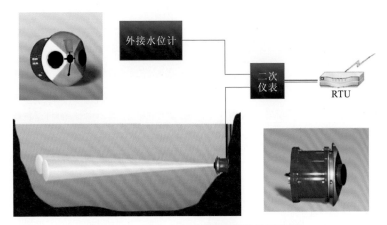

图 5.3.1　水平 ADCP 流速测量结构示意图

双声路多点流速测量的特点是造价较高，配置复杂，在河道水深满足要求的情况下河道测宽可达 300 m，精度也较高。但测量的点流速均是同一层面，在水位较深且变动大、流态不稳时有一定的误差。

1. 安装方式选择

水平 ADCP 传感器安装的位置应当尽量避开主航道等外界因素对水流有干扰的位置。这是因为当水流受到干扰时，水流的正常流态会发生扰动，部分流速处于紊乱状态，这时水平 ADCP 测出的流速就没有很好的代表性。而且，干扰水流的机动船本身就是一个各种频率混合的声波发源源，它产生的机械波的部分分量，也会干扰仪器的正常工作。水平 ADCP 可以固定安装在河岸或渠壁的基座上，也可以安装在桥墩或其他建筑物的侧壁上。只要选择的位置适当、安装牢固、调试及时，一般都能达到满意的效果。在长期实践过程中，根据不同安装断面的实际情况，因地制宜，主要采取表 5.3.1 中的几种安装方式。

表 5.3.1　水平 ADCP 四种安装方式的总结对比

安装方式	适用条件	特点
固定于已有平台	固定于桥墩上； 固定于人工桥上； 固定于堤坝上； 固定于站桩上	优点：①可以抵抗高流速冲击，以及大、重的漂浮物的撞击；②能对仪器和支架进行有效的防护；③因地制宜，安装简单，操作便利，便于后期维护，无土建施工，节省成本。 缺点：建筑体积较大，有可能影响断面流态，对固定式水平 ADCP 的盲区设置与测流代表性提出了较高的技术要求
人工打桩	打桩位置水深小于 2 m； 河床较为稳定，冲淤变化不大，底质以砂石和黏土为主； 平水和高水时漂浮物多，流速不大的断面； 周边容易找到潜水作业人员	优点：①可以有效避免漂浮物的影响，是目前防止漂浮物影响的有效手段；②施工成本略低。 缺点：①低水位时，方能对仪器进行维护，一旦汛期出现问题无法及时处理；②维护时，需要潜水作业人员支持；③河床底质的不确定性会影响桩的牢固、稳定

续表

安装方式	适用条件	特点
机械钻桩	水深较深的安装位置或安装位置远离水边； 河床底部不稳定，冲淤变化大，底质以砂石或黏土为主； 枯水、平水时漂浮物较少，高水时漂浮物较多，但基本不会悬挂在桩上，桩的高度略高于平水期常见水位； 流速较大的断面	优点：①通常配套垂直导轨式支架，通过导轨，可在平水、枯水期将仪器轻松取出或安装，而不需要潜水作业，维护成本低；②桩的稳定性高，牢固，寿命长，抗漂浮物和水流的冲击能力强。 缺点：①桩的高度过高时，容易受漂浮物的影响；②施工成本较高
水泥围堰	高水时流速大、漂浮物多的断面； 河床底部以坚硬岩石或块石为主，无法机械钻桩和人工打桩的断面； 施工时，围堰位置流速极小，水深小于 0.5 m 的断面	优点：①可以抵抗高流速冲击，以及大、重的漂浮物的撞击；②能对仪器和支架进行有效的防护。 缺点：①施工成本高；②围堰施工完毕后，周边的垃圾清理不干净，影响仪器使用效果；③水泥墩容易被淤积；④水泥墩的高度不能太高，否则易悬挂垃圾，但高度过低，会牺牲维护的便利性，高水时，无法及时维护

1）固定于已有平台

已有平台包括桥墩、人工桥、堤坝和站桩等，分别见图 5.3.2～图 5.3.5。

图 5.3.2　固定于桥墩上

图 5.3.3　固定于人工桥上

图 5.3.4　固定于堤坝上

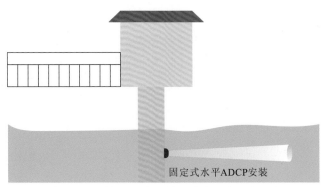

固定式水平ADCP安装

图 5.3.5　固定于现有站桩（或水位自记台）上

2）人工打桩

采用人工打桩方式安装时，有以下要求：①站点水底为泥底或泥沙底，土质松软，无硬质物。一般测站无法提供地质分层情况，可根据以往经验来判断，如是否有类似打桩经历，也可用竹竿现场测探，但仅作为参考，最好是能与有水上作业经验的施工师傅一起现场查勘。②该河段需有船只，并且需为双层船，它能作为人工打桩场所。③若无船，可考虑搭设竹架或木架，但要求安装点不能离岸太远，一般离 3 m 以上很难施工。④漂浮物不宜太多，城市河道垃圾、漂浮物太多者不宜采用此种安装方法。

主桩用于固定仪器支架，需为消磁 304 不锈钢材质（4 in），且需加工为尖头，减小打入时的阻力。当到达桩位时，主桩跟副桩通过角铁焊接在一起，成为稳定的三角架构，副桩可采用镀锌铁管。在上、下游还加了两套防护桩，其主要作用是防船撞及挡垃圾、漂浮物（防护桩采用木桩可节约成本，但木桩耐用性较差，建议采用槽钢）。

3）机械钻桩

对于下列情况可采用机械钻桩方式：①水深较深的安装位置或安装位置远离水边；②河床底部不稳定，冲淤变化大，底质以砂石或黏土为主；③枯水、平水时漂浮物较少，高水时漂浮物较多，但基本不会悬挂在桩上，桩的高度略高于平水期常见水位；④流速较大的断面。

4）水泥围堰

对于底部为砂石底，无法人工打桩的站点可采用水泥围堰方式。水泥围堰成本比较高，但是稳定性比较好。在全面考虑站点情况后，对于流速比较大、水位落差比较大的站点，优先采用水泥围堰方式。采用水泥围堰方式需设计土建图，可使用 AutoCAD 等专业软件完成图纸设计。

2. 安装支架设计

（1）设计原则：①根据使用的仪器的结构特点专门设计、定制安装支架，或者直接使用仪器生产商提供的配套支架；②应采用防锈和防腐蚀能力强、重量轻、强度大的非磁性材料制作；③结构牢固稳定，不因水流冲击或船型原因倾斜；④漂浮物较多的河流需要配备探头来保护装置。

（2）支架设计方案：支架类型为不锈钢滑轨；滑轨主材质为进口 304 不锈钢；固定配件材质为进口 304 不锈钢；长度为 25 m，中间通过螺栓连接；宽度为 45 cm；主框架厚度为 3～5 mm；在线测流仪器水平 ADCP 的安装底板及底座为活页设计，可满足仪器纵摇及横摇的角度调节要求。

设计图纸如图 5.3.6、图 5.3.7 所示。

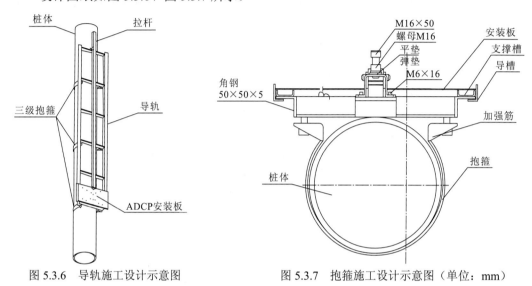

图 5.3.6　导轨施工设计示意图　　　　图 5.3.7　抱箍施工设计示意图（单位：mm）

3. 安装选点方案

1）安装断面选择

在线 ADCP 应安装在测验河段河床和断面流速分布、地磁环境等相对稳定的位置，河床稳定可通过近 5 年的大断面数据来判断；尽可能安装在顺直河道处，远离弯道，并且河道的顺直长度最好是河宽的 5 倍；上、下游远离水工建筑物，如水闸、滚水坝等，远离的距离最好是 1 km 以上；避免在河流汇流或交叉位置选取断面；远离可能产生漩涡或改变水流分布的水下建筑物或植被等地方；尽量避免选择漂浮物容易汇集的地方；河口地区的断面选取需考虑淤积影响，避开淤积位置，或者仪器安装在淤积高程以上；避免安装在接近管道，或者管道开始、结束的地方；仪器安全有保障，仪器安装位置不影响航道，不受过往船只影响；电缆线敷设安全方便，杜绝高空架线或水道架线；岸上无线系统有固定站房安置或岸边可立支架安置；通信信号强，安装位置满足移动通信要求；调查该断面最高水位及最低水位，判断仪器安装高程及影响；管理维护方便；供电有保障，采用太阳能供电，阳光不受遮挡；仪器波速传播路径无物理障碍，水位代表性好；避开大面积水草生长区域；断面流速分布分为横向流速分布和垂向流速分布。绘制安装断面的横向及垂向流速分布图，进行代表性和稳定性分析。可采用走航式 ADCP 对该断面进行实时测量，分析断面流速、流向的分布情况。根据流速分布情况，选择仪器能正常工作且所测数据具有较好代表性的位置作为安装位置。

2）安装高程与起点距的确定

为了使水平 ADCP 声波在受测范围不碰到河底或水面，正常工作需要一定的水深。对于安装高度，要根据具体情况而定，基本原则是：①使其大致位于历年平均水深的 60%处；②处于历史最枯水位或需测水位以下一定距离（一般为 1 m）；③要高于河底的淤积层，避免主机遭受掩埋；④仪器有效测距最好能覆盖到主槽；⑤测量范围不应包含岸边回水、紊流部分。

此外，在安装过程中应注意使两个声学换能器位于同一水平面上，同时要注意主机底面必须垂直，以保证声束为水平发射。实际上，天然河道断面的实际情况非常复杂，水平 ADCP 的初始安装位置并不容易确定，往往要事先进行大量的调查和分析。需要由水文监测站点提供一系列必需的基础资料，以提出真正适合测流断面的观测方案。这些基础资料主要有：①仪器安装断面的大断面资料；②该站的历史最高水位和最低水位；③该站的最大流速和最大流量；④该站处于潮汐河道，还是山溪性河道；⑤河道的通航情况，尤其是仪器安装所在岸边的通航情况；等等。

4. 安装过程及步骤

1）安装前设备检查

（1）主机仪器及无线系统开箱检查。检查内容包括仪器、电缆线及无线系统。检查外包装是否破损、电缆线是否有故障，湿式插头的 1、8 为电源的正负极；2、3 为数据的输出、输入端，电缆检查结束就可以连接仪器。在此过程中可以关闭主机记录器；设置主机输出格式为公制。

（2）流量数据采集与无线系统检查。首先检查安装板螺丝是否脱落；然后检查接线处的电线是否松脱、接线端子内是否有保险管；最后检查防水接头是否松动。此种检查是十分必要的，即使是在技术室调试好的设备也要再次进行检查。

（3）安装高程与起点距的确定。为了使水平 ADCP 声波在受测范围不碰到河底或水面，正常工作需要满足一定的水深要求。安装高度方面，要根据具体情况而定，基本原则是：使其大致位于历年平均水深的 60%处；处于历史枯水位或需测量水位以下一定的距离；要高于河底的淤积层，避免主机遭受掩埋；仪器有效测距最好能覆盖到主槽；测量范围不应包含岸边回水、紊流部分。

2）主机安装

倾斜型岸基侧壁的安装施工如图 5.3.8 所示。

在某些长度或高度较大的岸基侧壁，采用支架接驳方式。

支架安装的核心在于支架的固定与支架间的接驳。其中，根据测站混凝土护坡的表面平整度等土建条件，一般情况下可采用膨胀螺丝直接固定的方式安装仪器支架，具体要求如下：支架总长度由现场环境条件而定，通过 M10×100 mm 膨胀螺丝固定于混凝土侧壁中，见图 5.3.9。

（a）轨道安装 （b）主机安装

图 5.3.8 倾斜型岸基侧壁的安装施工图例

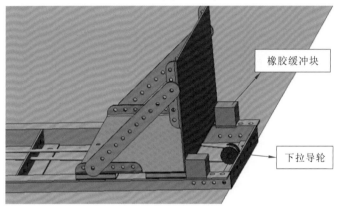

橡胶缓冲块

下拉导轮

图 5.3.9 支架间接驳处将手动绞车作为安装辅助工具

桥墩流量计的固定安装施工和打桩式流量计的固定安装施工分别如图 5.3.10、图 5.3.11 所示。

图 5.3.10 桥墩流量计的固定安装施工

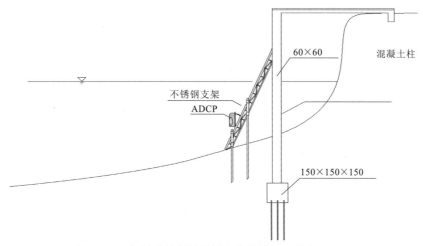

图 5.3.11　打桩式流量计的固定安装施工（单位：cm）

3）电缆线铺设

水下电缆线固定在支架拉杆上，电缆线使用铝塑管或镀锌铁管保护，一方面可以减少水中漂浮物对电缆线的切割，延长电缆线的使用寿命，另一方面可以防雷。同时，电缆线和数据线均需做严格的水密封处理，水上部分仪器的电缆线采用双层套管处理，内套 DN20 聚氯乙烯管，外套防雷、防锈的 DN50 镀锌管，电缆线岸上部分做埋深处理，埋深不小于 70 cm。水下部分的电缆线做严格水密封处理后固定在滑轨相应的轨道上。根据《建筑物防雷设计规范》（GB 50057—2010）与《建筑物电子信息系统防雷技术规范》（GB 50343—2012）的要求，做好流量监测系统的防雷措施；电缆线安装专业保护装置，确保电缆线不被漂浮物挂断。

4）流量测算与传输系统安装

流量数据采集与控制系统可固定于水站站房内或野外，供电方式可选择太阳能与蓄电池联合供电或 220 V 交流电供电，具体安装方案必须结合现场安装环境而定。

5.3.2　基于水深变化的水平 ADCP 多层流速自动测量控制系统

近年来，流量在线监测大多基于指标流速法，即通过收集大量断面流速分布资料，建立断面平均流速与实时施测的特定点、特定水层、特定垂线的流速的函数关系式，从而推算断面流量，实现流量在线监测[32]。但是观测断面流速的流向分布特性非常复杂，其不仅受断面形状、糙率的影响，而且受上下游比降特性的影响，断面水位发生变化也会影响断面流速分布，断面流速分布资料的收集周期很长，有些新建的观测断面无历史资料或资料少，导致指标流速公式的建立比较困难。另外，断面水下河床时刻处于冲淤变化中，过水面积也随之变化，需要修订公式，这样会导致基于指标流速法的测流精度难以保证，固定高程的水平 ADCP 在线测流系统难以投产。基于水深变化的水平 ADCP 多层流速自动测量控制系统，通过测量多层断面流速，应用断面部分流量累加法，实现断面流量的监测，很好地解决了上述问题。

1. 河道断面流速、流量测算原理

系统把过水断面划分成若干个测量单元，分别测量各个单元的面积 A_i 和单元平均流速 V_i，其中 i 表示单元序号，断面流量 Q 可以表示为

$$Q = \sum_{i=1}^{N} A_i V_i \tag{5.3.1}$$

式中：N 为单元总个数；A_i 为单元面积。

如图 5.3.12 所示，矩形区域是水平 ADCP 可测量区域，对应部分的流量记作 $Q_测$，其余测量盲区的流量记作 $Q_盲$，断面流量 Q 可以表示为

$$Q = Q_测 + Q_盲 \tag{5.3.2}$$

盲区包括表层区域、岸边区域、河底区域，对应部分的流量分别记作 $Q_表$、$Q_岸$、$Q_底$，即

$$Q_盲 = Q_表 + Q_岸 + Q_底 \tag{5.3.3}$$

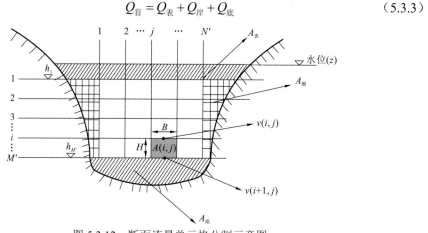

图 5.3.12　断面流量单元格分割示意图

$A_侧$ 为河道两侧区域的面积；$A_底$ 为河底区域面积

1）实测区部分流量测算

单元格流速用水平 ADCP 实测获取。图 5.3.12 中的实测区流量单元格为矩形，单元格的宽度 B 在水平 ADCP 中设定，单元格的高度 H 取决于水平 ADCP 分层测量时的层间距。

每个流速单元的序号记作 $A(i,j)$，其中 i 表示水平测流线序号，最上层水平测流线记作 1 号线，往下依次递增，j 表示单元格垂向分割线序号，大断面起点位置记作第 1 条垂线，向河对岸依次递增。流速单元格为 i 号水平线与 j 号垂线交点右下方的单元格。测量时水平 ADCP 在大断面上具有确定的位置坐标，测量单元格的宽度已经预先设置，因此测得的各点流速在大断面上有确定的位置坐标。以 $A(i,j)$ 号单元格为例，其上边线上有实测流速点 $v(i,j)$，下边线上有实测流速点 $v(i+1,j)$。可以将上、下边线上的流速平均值作为单元格流速。

因此，单元格 $A(i,j)$ 部分的流量为 $Q(i,j)=BH[v(i,j)+v(i+1,j)]/2$。

实测单元格总流量为

$$Q_{测} = \sum_{i=1}^{M'-1} \sum_{j=1}^{N'} Q(i,j) \qquad (5.3.4)$$

式中：M' 为流速测量总层数；N' 为每层流速单元格的数量。

2）测量盲区部分流量测算

从图 5.3.12 可以看出，岸边及河底部分过水面并不是规则的矩形单元格，表层单元格的实际过水面高度小于划定的单元格，这些单元格的实测流速点有限，有的甚至没有实测流速，不能用上述方法进行部分流量计算，这些测量盲区的流量通过合理估算得到。下面以表层部分流量为例进行说明，岸边及河底估算方法类似。

3）表层部分流量计算

表层部分的平均流速与水平 ADCP 实测的最上层流速大小相近，耦合关系最密切，可以建立表层部分平均流速 $V_{表}$ 与水平 ADCP 实测的顶层平均流速 V_1 的线性关系式：

$$V_{表} = \alpha_{表} V_1 \qquad (5.3.5)$$

式中：$\alpha_{表}$ 为表层部分平均流速与水平 ADCP 实测的顶层平均流速的线性换算系数。V_1 通过水平 ADCP 实测的最上层各点流速取平均获得，即

$$V_1 = \sum_{j=1}^{N'} v(1,j) / N' \qquad (5.3.6)$$

表层部分面积 $A_{表}$ 可以根据断面水位 z、水平 ADCP 测量的最上层的高程 h_1 及大断面表计算获得，即 $A_{表}(z, h_1)$，故

$$Q_{表} = \alpha_{表} A_{表}(z, h_1) \sum_{j=1}^{N'} v(1,j) / N' \qquad (5.3.7)$$

4）流速换算系数的确定

各类流速换算系数用走航式 ADCP 实测获取。在相同测验断面，用走航式 ADCP 施测一组流速样本数据，对于走航式 ADCP，仅岸边浅水区域和水面下 0.2 m 以内是测量盲区，断面其他位置都是实测区域。因此，水平 ADCP 测量盲区内的点流速可以从走航式 ADCP 的流速样本中摘录。以河底盲区为例，在该区域摘录的流速点的个数应大于水平 ADCP 单层测点的 3 倍以上，且这些测点均匀分布在盲区内。将这些测点流速进行算术平均，记作河底测量盲区的平均流速 $V_{底测}$。

河底测量盲区的平均流速 $V_{底测}$ 与水平 ADCP 实测底部平均流速 V_M 的线性换算系数 $\alpha_{底}$ 可用式（5.3.8）求得。

$$\alpha_{底} = V_{底测} / V_M \qquad (5.3.8)$$

其他盲区的流速换算系数可以参照上述方法求得[33]。

5）盲区平均流速综合换算系数

分别计算各个盲区的流速换算系数，可以提高在线流量计算的精度，但是增加了流

量计算的工作量，也增加了相关软件的开发难度。可以将各个盲区的面积进行合并。设断面过水面积为 $A(z)$，水平 ADCP 可测面积为 $A_测$，盲区总面积 $A_盲$ 可以表示为

$$A_盲 = A(z) - A_测 \tag{5.3.9}$$

设走航式 ADCP 测量断面的流量为 $Q_走$，且为断面流量真值，水平 ADCP 测量的盲区流量 $Q_盲$ 可以表示为

$$Q_盲 = Q_走 - Q_测 \tag{5.3.10}$$

盲区平均流速 $V_盲$ 可以表示为

$$V_盲 = (Q_走 - Q_测) / [A(z) - A_测] \tag{5.3.11}$$

拾取水平 ADCP 实测流速单元周围的各流速点，并求出这些点的流速算术平均值 $V_周$，盲区平均流速综合换算系数 $\alpha_盲$ 可以表示为

$$\alpha_盲 = V_盲 / V_周 \tag{5.3.12}$$

基于此法，断面总流量 Q 可以表示为

$$Q = Q_测 + \alpha_盲 V_周 [A(z) - A_测] \tag{5.3.13}$$

2. 在线流量测量系统技术实现

在线流量测量系统由断面多层流速采集子系统和断面流量计算子系统两部分组成[34]。其中，断面多层流速采集子系统根据流量计算的需要，采集断面各个点的流速和水位，并将各点位置坐标一并汇编成点流速报文，传递给断面流量计算子系统，断面流量计算子系统内置流量计算方法和河道断面信息，根据接收的流速和水位信息，计算出断面流量[30]。

断面多层流速采集子系统的结构如图 5.3.13 所示。

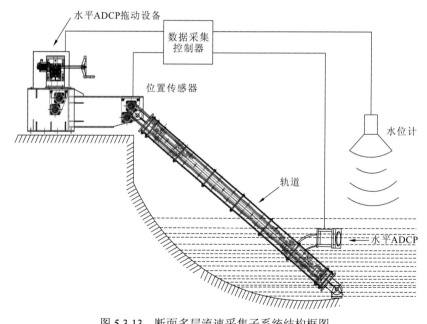

图 5.3.13　断面多层流速采集子系统结构框图

该系统主要由数据采集控制器、水位计、位置传感器、水平 ADCP、水平 ADCP 拖动设备等部件组成。

数据采集控制器负责向水位计下发水位采集任务，收集水位计反馈的水位数据，并根据水位情况，向水平 ADCP 及其拖动设备布置测流任务，收集水平 ADCP 反馈的流速数据，最后将收集的断面水位、流速信息转发给断面流量计算子系统。为了便于系统集成，本系统选用的水位计、位置传感器、水平 ADCP 拖动设备的通信接口都为 RS485 总线接口，位置传感器挂载在数据采集控制器的 RS485 总线接口上组成测控系统。数据采集控制器内部集成 4G 通信模块，实现流量在线监测数据的无线传输，以 1 帧或多帧的方式将断面不同单元的流速信息上传给断面流量计算子系统。数据采集控制器也可以响应断面流量计算子系统远程下达的测量任务，并做好工作分解。

水位计测量水位，以便计算断面过水面积，断面流速测量方案通常由水位的高低确定。系统视测流断面边坡情况，灵活选择水位计的类型，一般选择雷达水位计或压力式水位计，以稳定、可靠、投资经济为基本原则。

位置传感器用于感知水平 ADCP 的位置，主要用于确定水平 ADCP 在大断面的坐标 (P, h')，P 表示水平 ADCP 的起点距，h' 表示水平 ADCP 的高程，水平 ADCP 驻测当前层流速时，该层各点流速的高程坐标与水平 ADCP 的高程坐标相同，都为 h'。水平 ADCP 前方第一个流速点的坐标是 $(P+L+B, h')$，其中 L 表示水平 ADCP 前方盲区宽度，B 表示单元格宽度，含义与 5.3.2 小节相同，同理水平 ADCP 前方第 $\bar{n}$ 个流速点的坐标是 $(P+L+\bar{n}B, h')$。系统配备的位置传感器一般为轴编码器，如图 5.3.13 所示，水平 ADCP 拖动设备通过链条传动水平 ADCP，链条中部有换向齿轮。轴编码器的感应轴固定在换向齿轮轴上，齿轮轴转动的角度与链条走动的距离成正比，齿轮的转向与水平 ADCP 移动的方向对应。安装初期确定了水平 ADCP 的初始高程，结合位置传感器记录的位移，就可以推算出水平 ADCP 的当前高程。

水平 ADCP 拖动设备将水平 ADCP 拖动到预定高程水层，如图 5.3.14 所示，水平 ADCP 拖动设备由 PLC、伺服电机控制器、伺服电机、减速机、运载小车五部分组成[35]。为了避免水平 ADCP 拖动设备在运行期间出现位置累计偏差，系统配备了基点对准传感器。数据采集控制器向 PLC 下发位置调整命令，PLC 收悉后向伺服电机控制器下发电机启动和转向信号，伺服电机开始转动，伺服电机运行过程中同步向伺服电机控制器反馈状态信号，如果接收到异常信号，则关停伺服电机，同时输出告警信号，PLC 收到告警信号后，即时启动内部保护机制，向数据采集控制器报告异常信息（如电机过载等），数据采集控制器将收到的异常信息报送到流量计算平台，以便系统运行维护人员解除报警。系统配备的减速机为蜗轮蜗杆减速机，用来保证运载小车以合理的速度运行，且当伺服电机关停后能锁住运载小车，避免因重力作用向下滑动。

系统每运行 1 d，PLC 驱动运载小车运行到基点，并且基点对准传感器校准 1 次，保证水平 ADCP 位置准确。水平 ADCP 固定在运载小车上，运载小车在轨道上做直线运动，伺服电机给运载小车提供运动的动力，运载小车的运动方向、距离等停车位置信息由 PLC 内置程序控制。

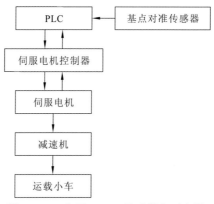

图 5.3.14　水平 ADCP 拖动设备示意图

3. 断面多层流速采集子系统设计要点

为保证有较高的测量精度，基于此法测流需要科学确定测流层数、测层位置，合理确定水平 ADCP 运行轨道长度，合理设置水平 ADCP 的内部参数。

1）流速测验层数和测层高程的确定

流速测验层数和测层高程的选择直接影响流量测验精度，需结合实际断面和当前水位情况两个要素确定。由上述可知，水平 ADCP 测量存在盲区，断面流量由实测部分流量和盲区部分估算流量组成，盲区部分估算流量往往会有偏差，为了提高断面流量测验精度，实测部分面积应该尽量大，尽量占断面过水面积的 70% 以上，一般断面的最上层和最底层流速都需要测量。

基于此法，水平 ADCP 依次运动到各测层进行测量，每运动一步（从一个测层到下一个测层），一般历时约 30 s，每层测量历时约 90 s，以避免水的脉动对测量成果质量产生影响。测量层数多，耗时就长，为了兼顾精度和效率，一般最多测量 5 层；结合大断面情况，层间距可以等宽也可以不等宽。也可以借鉴流速仪 5 点测流法，通过断面当前水位，依次计算出断面相对平均水深为 0.2、0.4、0.6、0.8 的高程，水平 ADCP 依次运行到上述位置进行测量。另外，当水位很低，水平 ADCP 可运行的距离有限时，需视具体情况减少测量层数，一般最小层宽（测流单元格高度）不小于 0.3 m。

为了减少测量层数，提高测量效率，也可以单层测量，单层测量位置可以用以下方法确定。控制器驱动程序构建前，用走航式 ADCP 或流速仪法测量断面流量，反推断面平均流速，然后在断面上寻找测层平均流速与断面平均流速最接近的特定层，作为水平 ADCP 的驻测层。在捕捉过程中可能会有多个测层和断面平均流速接近，优先选择流速大且靠近水面的测层，因为这样的测层有效测量宽度最大，实测流速点最多。当水位变化时，这种特定流速层的高程会发生变化，需要动态调整，可以在高水位和低水位分别确定这样的测层，依据这两个高程建立水位与水平 ADCP 驻测高程的关系式，以简化测次。或者采用多层测量与单层测量相结合的方式，内部程序依据最新多层测量结果确定单层测量时水平 ADCP 的驻测高程[36]。

2）轨道长度的确定

轨道长度取决于可测最低层高程、可测最高层高程、岸边坡度三个因素。其中，可测最低层高程和可测最高层高程应根据断面情况及断面多年水位变化特性确定。可测最高层高程应取断面多年最高水位值减去该水位级时水平 ADCP 最小淹没深度（因为水平 ADCP 测量时发射的声波波束呈发散状，波束中轴距离水面太近，侧瓣波束运行一段距离后容易折射出水面，具体与河宽和传感器声束的发射角有关）。当水位较低时，为保证最小淹没深度，水平 ADCP 的测层高程也降低，低到一定程度时声波波束的侧瓣波束刚抵达对岸位置就接近触底，此时的高程定义为可测最低层高程。可测最高层高程和可测最低层高程区间为水平 ADCP 有效测量区间，通过确定测量区间和岸边坡度，即可确定轨道长度[37]。

3）水平 ADCP 其他测量参数的确定

与流量计算相关的参数主要包括测量盲区、单元格宽度、流速输出格式等，这些参数一般通过水面宽来确定。当水面较宽时，盲区和单元格可以适当设置得宽一些，反之，可以设窄一些。水平 ADCP 的流速输出主要有层平均流速和多点流速，因岸边有测验盲区，计算岸边流量时需要用到岸边最近点的流速，因此流速输出设置为多点流速格式。

4. 断面多层流速采集子系统工作流程

图 5.3.15 为断面多层流速采集子系统执行流程图。

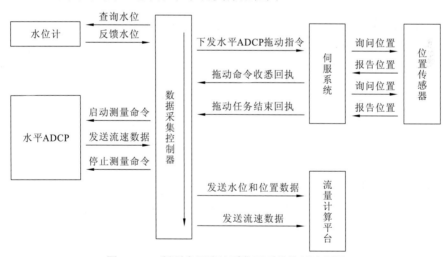

图 5.3.15　断面多层流速采集子系统执行流程图

执行采集任务时，数据采集控制器首先向水位计发送查询水位命令，待收到水位计反馈的水位信息后，数据采集控制器根据内置测量算法，确定水平 ADCP 驻测位置的高程和测量层数，再向伺服系统（水平 ADCP 拖动设备）下发拖动指令，伺服系统收到数据采集控制器下发的命令后，发出拖动命令收悉回执。其后伺服系统根据命令指定的位置，开始拖动水平 ADCP 向目标位置运动，这期间位置传感器实时向伺服系统反馈水平

ADCP 的当前位置，直至到达目标位置，伺服系统向数据采集控制器发送拖动任务结束回执。数据采集控制器收到回执后，开始向水平 ADCP 发送测量命令，水平 ADCP 收到测量命令后开始测量，并反馈测量结果。数据采集控制器收到水平 ADCP 的测量数据后向水平 ADCP 发送停止测量命令，先将当前水位和水平 ADCP 高程发送到流量计算平台（断面流量计算子系统），然后将当前层的各点流速报文发送到流量计算平台。完成上述测量任务后，数据采集控制器内置程序布置新的测量任务，让伺服系统拖动水平 ADCP 移动到新的测量层，完成其他测层的流速测量，直到完成所有测层的流速测量。图 5.3.16 为断面多层流速采集子系统执行时序图，单层测量周期为 2 min，多层测量则需历时多个测量周期。断面流量计算子系统接收完所有目标测层的流速数据后开始计算断面流量。

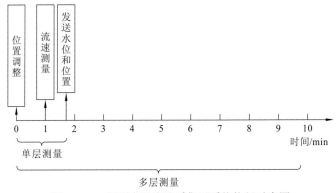

图 5.3.16　断面多层流速采集子系统执行时序图

5. 断面流量计算子系统

断面流量计算子系统预先存储大断面数据及河底和边坡流速换算系数，系统内置第 1 部分流量计算算法，当算法必需的计算参数收集齐全后，即启动流量计算程序，输出断面当前流量。断面流量计算子系统收集的参数包括断面水位、水平 ADCP 驻测各层流速时的位置（高程、起点距）、流速点位置及流速等[38]。

断面流量计算子系统嵌入了人机交互接口，便于用户远程实时拖动水平 ADCP 来测量期望层的流速，或者从河底到水面密集测量更多层的流速样本以提高断面流量的测量精度。嵌入人机交互接口是对数据采集控制器内置测量方法的完善和补充。因此，该流量在线测量系统的工作模式分两种：一种测量模式为现场自动测量模式，测量任务预先置入数据采集控制器内部，程序控制自动执行；另一种测量模式为人工远程控制模式，在该模式下数据采集控制器不主动发布测量任务，人工通过断面流量计算子系统实时发布测量任务，相关任务指令由数据采集控制器转发给各个部件，并执行测量任务。

6. 实际应用与精度分析

采用上述方法，实测断面点流速样本比较丰富，且基于详细的大断面数据，计算相对复杂。在此选择断面形状相对规则的南水北调中线渠首陶岔水文站测验断面，进行了一次基于此法的流量比测试验，并对测验结果进行了校验和分析说明。

陶岔水文站测验断面位于渠首闸下 1 300 m，渠道顺直，水流顺畅，流态平稳，受上游弯道影响较小。断面处为混凝土明渠，渠道左岸边坡长约 31 m，渠底宽约 10 m，右岸边坡长约 32 m，两岸边坡坡度约 18°。大断面图如图 5.3.17 所示。

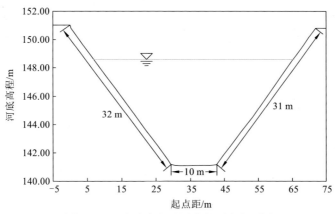

图 5.3.17　陶岔水文站测流断面大断面图

根据实测大断面数据，拟合的水位 z 与过水面积 A 的公式为

$$A(z) = 3.144\,4z^2 - 875.54z + 60\,935 \tag{5.3.14}$$

1）实测区流量情况

图 5.3.18 是实测区与盲区对照图，其中实测区为图 5.3.18 中矩形区域部分，盲区为图 5.3.18 中阴影部分，水位为 148.70 m 时，过水面积为 289.69 m²，最大水深为 7.6 m，相对深度 0.6 处的水层高程为 145.66 m，用走航式 ADCP 测得流量为 270 m³/s，同步用水平 ADCP 在测验断面实测 7 层流速数据，水下 1 m 深度位置（高程 147.7 m）记作第 1层，保证在该深度位置，水平 ADCP 测流的声波束不穿透水面，且表层盲区面积最小。层间距取 1 m，从表层至底层划分出 6 个高度为 1 m 的实测矩形区域，结合大断面数据，将矩形上边和下边实测层流速的平均值作为对应矩形区域的平均流速，各测层高程、实测层流速和测验结果见实测部分流量成果摘录表（表 5.3.2）。

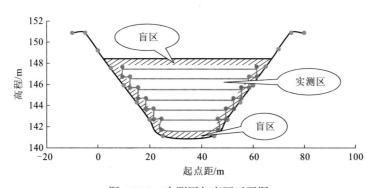

图 5.3.18　实测区与盲区对照图

表 5.3.2　实测部分流量成果摘录表

层序号	测层高程/m	水层平均流速/(m/s)	层间实测面积/m²	部分流量/(m³/s)
1	147.7	0.953		
2	146.7	0.969	52	49.972
3	145.7	0.971	46	44.620
4	144.7	0.963	40	38.680
5	143.7	0.927	34	32.130
6	142.7	0.890	28	25.438
7	141.7	0.771	22	18.271

基于此法，实测区面积为 222 m²（表 5.3.2 中 6 个实测面积之和）。此实例中，实测区面积占过水面积的 76.6%，实测部分流量为 209.111 m³/s（表 5.3.2 中部分流量之和）。

2）盲区流速及盲区流量情况

用实际过水面积（通过水位与过水面积公式计算得出）减去实测面积得到盲区面积，即图 5.3.18 中阴影部分面积，数值为 67.69 m²。因为实测底层和表层更接近盲区，选取表层流速（0.953 m/s）和底层流速（0.771 m/s）的均值作为盲区边界平均流速，即 (0.953+0.771)/2=0.862 (m/s)，河底及边坡为混凝土，通过查表，岸边系数取 0.8，那么盲区部分流量为 67.69×0.862×0.8=46.68（m³/s），断面流量为 209.111+46.68=255.791（m³/s）。

3）精度分析

以走航式 ADCP 测得的流量 270 m³/s 为真值，基于此法的多层流量测量结果为 255.8 m³/s，相对误差为-5.3%。第 3 层高程最接近相对水深 0.6 的位置，假定该层平均流速近似等于断面平均流速，基于此原理的单层流量为 289.69×0.971=281.3（m³/s），同理基于此算法的相对误差为 4.2%。

综合分析上述测验结果可以看出，两种流量测算方法都有较高的精度，虽然第一种流量计算方法相对误差稍大。这与岸边系数的选取有较大关系，可以用走航式 ADCP 实测水平 ADCP 的盲区流量，然后反推岸边系数，待断面水位（或流量）发生一定变化后，再用率定的岸边系数进行验证。

基于此法的实测流速样本丰富，测点覆盖过水断面大部分位置，实测部分的流量具有较高的测量精度。测验盲区的平均流速换算系数通过走航式 ADCP 和水平 ADCP 实测数据计算获得，具有较高的可信度，盲区部分的流量具有较高的精度。此法应用部分流量累加法施测流量，和基于指标流速法的测流系统相比，不需要收集大量的高、中、低水测流样本，流量计算、建模容易，即便是断面特性发生改变，模型参数矫正也容易，断面流量测验精度更高，且投产快。整套测流系统靠近岸边安装，与走航式 ADCP 及缆道测流方法相比，具有较高的安全性、更高的测流效率，适合流量在线测量，符合当今水文行业巡测的发展趋势。该站流量校验分析选取的测流断面相对规整，实际测量层数为 7 层，对于天然河道，需要根据实际情况科学确定水平 ADCP 轨道的安装位置、测量层数、层间距，以提高测量精度和测量效率。

5.3.3 垂向 ADCP 测流系统集成

垂向 ADCP 测流系统的安装与检测调试主要是航标/浮标的安装投放与检测调试，ADCP 整机只需集成安装在浮标上即可。

1. 集成与安装

垂向 ADCP 测流系统的集成与安装包括锚灯、太阳能板、雷达反射器、设备井、铭牌、GPS 等航标/浮标配件的安装，以及铅酸蓄电池的安装与检测。

2. 布放前的调试

垂向 ADCP 测流系统集成安装完成后，ADCP 及其他配套设备经检测合格，数据采集模块、电源模块、通信模块各功能模块生产完毕，各子系统间电缆连接正确，数据采集控制器已经安装相应的软件应用程序后，航标/浮标即可进入室内调试阶段。在室内进行调试时，对各个系统进行单独的调试与试验，主要包括传感器测量、数据采集处理、通信收发、电源适配多个环节。各分系统调试完毕后，在室内进行系统整机联调工作以检验系统整体稳定性。

（1）数据采集控制器的调试工作。

准备个人计算机、直流电源、测试电缆及 RS232 转换模块。首先对数据采集控制器进行外观检查：板卡表面完整清洁，各功能芯片无虚焊、漏焊情况。外观检查完毕后，进行功能调试：首先进行系统参数的配置，设置航标/浮标时钟，然后按模拟量、数字量接口。进行一次测试，并记录调试结果。

（2）电源适应性调试。

本节电源模块使用免维护电池组，对系统电源进行检查时，首先用数字万用表测量电池组的输出端电压，其结果必须符合对电池容量性能的规定。然后对电源适应性分三种情况进行试验：蓄电池正常供电（12 V）、蓄电池低电压供电（10 V）和蓄电池高电压供电（16 V）。在这三种电源工作状态下，电源需确保航标/浮标正常工作。

（3）GPS 定位功能调试。

对 GPS 定位功能进行测试，将 GPS 通信模块与 GPS 外置天线连接，并将天线置于室外有效接收信号位置，为通信模块上电，获得 GPS 定位时间及定位信息，并与参考 GPS 定位设备进行比对，测试 GPS 是否正常实现定位功能。

（4）航标/浮标室内联调试验。

当各个功能模块及分系统调试完毕后，为检验航标/浮标系统连续工作的稳定性，需在室内进行系统考机试验，即将航标/浮标各组成部分在室内连接在一起，使各个分系统软件运行在实际工作状态，连续不间断断电工作 15 d，检测航标/浮标基本测验功能、指数指针、数据采集次数、数据接收率。

调试完成后，航标/浮标装车运输至投放地点。

5.4　感潮河段流量在线监测应用

近年来，水文局针对潮流量在线监测方法的研究正在逐步开展，最先是在徐六泾水文站根据代表线法测流原理，实施和建设了定点 ADCP 结合平台的测流系统，实现了断面流量、流速的实时监测，这是首个在大江大河中推行 ADCP 在线测流系统的成功案例；同时，随着新设备的引进和发展，水平 ADCP 也广泛应用于径流、中小河流及潮流河段，水文局黄陵庙水文站通过建立水平 ADCP 指标流速与断面平均流速的线性回归方程实现了流量的在线监测。各类定线软件的广泛应用，进一步拓宽了 ADCP 在线监测的适用范围，这为长江下游感潮河段 ADCP 在线测流系统的建设提供了理论和实践依据。

当前对 ADCP 的已有研究多侧重于其流量测验精度的分析，ADCP 在线监测也多考虑仅使用定点垂向 ADCP 或水平 ADCP，而结合水平 ADCP 和定点垂向 ADCP 同步监测指标流速，进而推求断面平均流速的研究还较为少见。为了满足长江下游防洪减灾、水资源优化配置的需要，提供水文资料用于稳定长江河势、整治河道、更好地服务国民经济建设和大型水利工程建设等，同时填补长江感潮河段流量测验系列资料的空白，水文局针对水利部长江下游水文水资源勘测局南京水文实验站在线监测需求及其河道特点，在常规水文资料整编方法的基础上建设 ADCP 在线测流系统，建立了实测断面平均流速与水平 ADCP、定点垂向 ADCP 指标流速之间的多元线性回归模型和神经网络模型，研制出了基于 ADCP 实时流速推求长江下游感潮河段断面流量的技术方法，模型具有较高的有效性、精确性和稳定性，成功地应用于南京水文实验站连续流量测验和资料整编工作中。

5.4.1　感潮河段断面特性

1. 地形特点

当海洋潮波向河流推进时，既受河床上升和阻力的影响，又受河水下注的阻碍，潮流能力逐渐消耗，流速渐减。潮波上溯，潮流流速与河水下泄速度相抵消时，潮水停止倒灌，此处称为潮流界。潮流界以上潮波继续上溯，但潮波的波高急剧降低，潮差等于零的位置称为潮区界。

河口至潮区界的河段为感潮河段。

潮区界和潮流界的位置，随径流和潮流势力的消长而变动，如图 5.4.1 所示。例如，长江枯水期的潮区界，可达离口门 640 km 的安徽省大通区，但在洪水期只能达到镇江市附近；潮流界在枯水期可达南京市，在洪水期只能到达江阴市附近。潮区界离河口口门的远近，取决于潮差的大小，以及河流径流强弱、河底坡度及河口的几何形态等因素的不同组合。

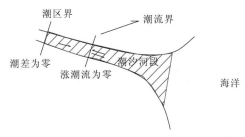

图 5.4.1　感潮河段潮流界和潮区界示意图

感潮河段的地形与上游的来水、来沙情况密切相关。对于长江、黄河、珠江等范围广，河段长的流域，由于上游的水土流失，泥沙到达感潮河段后受潮流的影响，或沉淀，或移动，很容易在感潮河段形成稳定性较差的沙洲。随着洪枯交替，河道出现有规律的冲淤现象，河槽多为不稳定的复式河槽。

感潮河段受径流、潮流及泥沙的多重影响，在入海口附近容易形成分叉河口，如长江口三级分叉、四口分流的河势，以及珠江口八大口门的河势，口门区域也容易形成拦门沙堆积体。拦门沙堆积体的位置取决于河流径流和潮流之间的相对强度。例如，钱塘江是一个强潮河口，拦门沙堆积体处于河口口门之内，长江口径流丰富，拦门沙堆积体在口门附近。

2. 地质特征

感潮河段的河床多为沉积层，沉积层厚度和分布在时间与空间上呈现不平衡的发育特征，主要由细颗粒泥沙组成。河床底部的泥沙厚度一般超过数十米甚至数百米，呈现明显的冲淤特征，冲淤的幅度与潮流的强弱和上游来水密切相关，局部地区的冲淤幅度在短时期内可达 20～30 m。

3. 水文特性

感潮河段由于离海洋近，受海洋潮汐和上游径流的共同影响。越靠近入海口，受潮汐的影响越大，水位变化幅度越大，至某个位置，水位变化幅度会达到顶点，随后水位变化的幅度会减小。

感潮河段水位的变化与径流量和潮流量的变化密切相关。在短时期内（以小时计），径流量稳定而潮流量变化，故水位的变化主要取决于潮流量的变化。

感潮河段水位在不同季节、同一天内的不同时刻均较未受潮汐影响的河段变幅大，有时一天内的变化可达 2～3 m。受两岸地形、河段中洲滩的影响，沿程水位的比降在不同季节、同一涨落潮周期中的不同时刻也产生变化。某潮位站潮位变化如图 5.4.2 所示。

对于感潮河段中的某一固定位置而言，虽然水位变化，但在不长的时间内，其变化趋势和速率近乎均匀，只要控制住高潮位和低潮位的观测时刻，水面变化过程就很容易掌握。

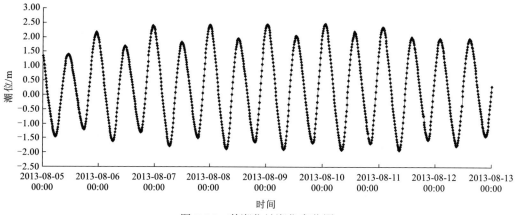

图 5.4.2　某潮位站潮位变化图

5.4.2　测流方案与流量推算

在无法确定水位流量关系曲线的长江下游感潮河段时，针对传统方式下采用转子式流速仪或走航式 ADCP 进行流量监测的频次偏少，无法实现流量的过程推求这一问题，可通过建立 ADCP 在线测流系统有效地弥补以上不足[39]。ADCP 在线测流系统包含水平 ADCP 及定点垂向 ADCP 两种类型的 ADCP 监测设备，可实时获得区段水平层平均流速和垂线平均流速，并将其作为指标流速；对于指标流速，利用多项式内插各个节点中心形成拟合曲线，在曲线拟合的基础上辅以人工修线的方式，能极大地改善拟合曲线与原始数据间的相关关系，使 ADCP 采集的指标流速数据更契合时均流速。

1. 水平 ADCP 与定点垂向 ADCP 结合测流

根据一段时期内 ADCP 在线测流系统采集的指标流速与断面平均流速的实测值，建立两者间的多元线性回归模型，可获得模型的回归系数，推求断面平均流速，并结合过水断面面积（借用大断面高程，按水位插补水边距计算过水断面面积）计算流量。还可以采用多元线性回归法，利用浮标垂线流速和断面平均流速计算组合流速，根据定线比测得出的推流公式，采用各浮标垂线的组合流速进行流量计算。

指标流速法是一种经验方法，它将河道某一部分内的一组可观测的河流变量（水位、流速）与河道特定断面代表整个河流宽度和深度的断面平均流速关联起来。这样，使用断面平均流速和由水位推求的河道断面面积就可以计算得出总流量值。河道断面的总流量是断面总面积与平均流速的乘积。断面总面积可以通过建立水位与实测已知断面面积之间的相关关系来确定，也可以借用大断面来计算。对于一个连续的流量监测站，流速和水位等河流变量通过指标流速法与断面平均流速建立起模型。长江下游感潮河段水位流量关系紊乱，可采用连续实测流量过程线法定线推流，通过指标流速计算的流量有较多的频次，能完全控制流量变化过程。在数据文件里输入计算流量的时间节点，根据测站特性，将流量点连成光滑的过程线，以推流时间在过程线上查读流量；利用流量节点数据按面积包围法计算日平均流量。

2. 多元线性回归模型

多元线性回归是指利用线性来拟合多个自变量和因变量的关系，从而确定多元线性回归模型的参数，然后回归至原假设方程中，通过回归方程预测因变量的变化趋势。ADCP 在线测流系统普遍运用到多元线性回归计算，其流量推算原理是，利用仪器测量的指标流速拟合断面平均流速，然后乘以断面面积计算流量，或者利用指标流速直接和实测断面流量建立相关关系，由指标流速根据此相关关系直接推求断面平均流量。

在进行多元线性回归分析时，断面平均流速是因变量，而相关的河流变量为自变量。在大多数情况下，断面平均流速与指标流速的相关关系可以是一个简单的线性方程。使用回归分析的好处是，能快速提供一种稳健的数学解决方案，不仅可以定义用于计算断面平均流速的预测方程，而且能提供多个描述性的统计值。这些统计值对于更好地了解方程的置信水平和预测能力是有价值的。考虑 N'' 个自变量的多元线性回归方程可以表示为

$$y_i = C + \sum_{j=1}^{p} a_j x_{ji} + \varepsilon_i, \quad i = 1, 2, \cdots, N'' \tag{5.4.1}$$

式中：$\varepsilon_i \sim N(0, \sigma^2)$，即误差项为独立同分布的正态随机变量；$C$ 为常数项；$a_1, a_2, \cdots, a_p$ 为回归系数。

在线测流系统中，某一监测时期内，断面平均流速 V 可以认为是垂线平均流速 V_f 和区段水平层平均流速 V_h 的线性函数，即

$$V = C + a_f \cdot V_f + b_h \cdot V_h \tag{5.4.2}$$

式中：

$$V = \begin{bmatrix} V_1 \\ V_2 \\ \vdots \\ V_{n''} \end{bmatrix}; \quad V_f = \begin{bmatrix} V_{f1} \\ V_{f2} \\ \vdots \\ V_{fn''} \end{bmatrix}; \quad V_h = \begin{bmatrix} V_{h1} \\ V_{h2} \\ \vdots \\ V_{hn''} \end{bmatrix}$$

n'' 为研究时段内的监测次数；C 为常数项；a_f、b_h 分别为垂线平均流速和区段水平层平均流速的回归系数。当垂线平均流速 V_f 增加为两个时，数据序列保持不变，对应的公式调整为

$$V = C + a_{f1} \cdot V_{f1} + a_{f2} \cdot V_{f2} + b_h \cdot V_h \tag{5.4.3}$$

5.4.3　在线监测集成应用

该成果通过在长江下游干流感潮河段建立多个定点垂向 ADCP 拟合自动监测系统平台与水平 ADCP 和定点垂向 ADCP 两种自动监测设备相结合的流量在线监测平台，实现流量实时报汛及年度资料整编。该成果采用插值法曲线拟合指标流速原始数据，即通过多项式内插各个节点中心形成拟合曲线，在曲线拟合的基础上辅以人工修线，很大程度

上消除了流速脉动的影响，使指标流速经曲线拟合后更近似于时均流速。该成果基于水平 ADCP 和定点垂向 ADCP 两种设备监测的指标流速，运行多元线性回归模型，计算了断面平均流速。结果表明，其精度较高，运用多元线性回归模型能完全满足流量的推求精度要求。

1. 徐六泾水文站定点 ADCP 测流系统

徐六泾水文站定点 ADCP 测流系统采用将浮标自动测流系统布设在徐六泾测流断面上的在线流量测验装置，与徐六泾 2#平台构成完整的徐六泾流量测验系统。该系统采用代表线法测流原理，在测流断面选择了 5 个代表垂线，浮标系统由 4 个浮标、一个平台（中继站）和徐六泾接收中心站组成，4 个浮标沿徐六泾断面自北向南布设，依次为 1#浮标、2#浮标、3#浮标、4#浮标，每个浮标监测站点安装的设备有一套 YAC 遥测终端机、声学多普勒剖面仪（acoustic Doppler profiler，ADP）、浊度仪 OBS3A 和定位仪 GPS，2#平台安装 YAC 遥测终端机、ADP、OBS3A 和中继设备。数据传输采用甚高频（very high frequency，VHF）和 GPRS 两种通信方式，系统结构如图 5.4.3 所示。浮标系统与徐六泾水情信息系统相结合有助于解决徐六泾地区潮流量数据的统计和整编问题，大大提高长江口地区水文信息数据监测的自动化程度和处理能力。

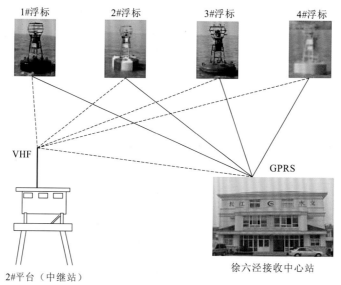

图 5.4.3　浮标测流系统组成图

1）系统的组成和功能

每个测流浮标由 ADP、GPS、OBS3A 等先进的传感器和通信终端等通信设备组成浮标自动监测终端，通过数字电台和 GPRS，完成流速、流向、浮标位置、浊度等要素的自动监测，实现流量、泥沙测验自动化。测流浮标具有如下功能。

（1）自动采集 GPS、OBS3A 的数据并进行存储和定时发送；

（2）根据设定的采集层数和定时时间自动接收 ADP 的测量数据并转发到徐六泾接收

中心站；

（3）自动通过 GPS 对时，并在接收数据时与 ADP 进行时间同步微调，保持测流浮标设备的时间统一性；

（4）数据传输过程中自动实现 VHF 与 GPRS 两种通信方式的切换；

（5）通过 VHF 与 GPRS 可以实现对浮标设备的远地参数设置和基本故障检测；

（6）能远地开启跟踪模式，实现 GPS 的连续测量，以确定浮标的位置，防止浮标丢失。

2）系统工作过程

（1）ADCP、OBS3A、GPS 每半点工作一次，工作 1 min，流速数据存入 ADCP，同时通过 RS232 接口传送到远程传输单元，然后 ADCP 进入休眠。

（2）OBS3A、GPS 的开启是由采集存储单元控制的，数据存入采集存储单元。

（3）数据发送：远程传输单元定时启动，ADCP 数据、OBS3A 数据及 GPS 定位数据通过 VHF 电台或 GPRS 发送到徐六泾接收中心站。

（4）数据接收：在徐六泾接收中心站的服务器上运行数据接收软件，接收由 VHF 或 GPRS 发送来的数据，存入数据库中。通过运行、查询监控程序，可实时监视数据的接收及浮标的位置。

3）数据处理

采用 1#浮标、2#浮标、3#浮标、4#浮标和 2#平台，ADCP 推求出组合流速与断面平均流速的关系曲线，如图 5.4.4 所示。

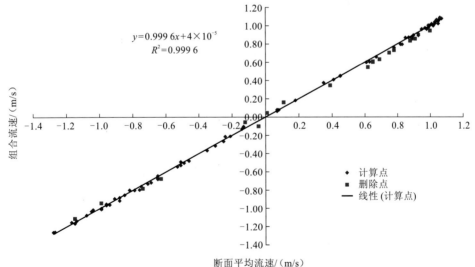

图 5.4.4　组合流速与断面平均流速的关系曲线

根据定线比测得出的推流公式，采用各浮标垂线的组合流速进行流量计算。

2. 南京水文实验站水平 ADCP 与定点垂向 ADCP 结合测流系统

南京水文实验站实时在线测流系统位于南京市西南部的长江板桥河口下游距芜湖

长江三桥 660～820 m 的岸线上。本系统在长江测量断面右岸布设一个水平 ADCP，并在江中定点两个舟载式 ADCP，实测该断面水层某一水平线段内的指标流速和定点位置的两条竖直垂线的指标流速。

南京水文实验站实时在线测流系统采用多元回归方法对多次全潮实测资料进行分析、率定，获得断面上某一特定点与断面平均流速的关系式。将指标流速代入关系式进行拟合断面平均流速的计算，再通过瞬时水位计算断面面积，进而推算出测流断面流量。通过演算发现，计算的流量值与实测流量值很接近，其相似性达到了 99%。根据分析的结果，对南京水文实验站实时在线测流系统进行了建设。本系统已于 2010 年 10 月基本建成并投入试运行。在实现过程中，采用了 ADCP 测量、远程遥测控制、实时同步数据采集、4G 无线通信、GPS 罗经实时定位、计算机图形与数据处理等技术。

系统在长江右岸布设一个水平 ADCP，并在江中断面上的特定点固定两个舟载式 ADCP，实测水层某一水平线段内的水平平均流速和定点位置的两条竖直垂线的平均流速，从而达到拟合断面平均流速的目的，再通过瞬时水位计算断面面积，进而推求流速仪测流断面的流量。在线测流系统的数据采集和处理是将舟载式 ADCP、水平 ADCP 及断面水位的采集数据通过 4G 无线网络传送到中心站，中心站使用互联网网络固定 IP 地址计算机接收数据，通过传输程序解码水位、流速、流向、GPS 罗经方向，同时使用分析解算程序实时计算，将其数据结果存入数据库，最终在查询系统中以过程线和数据表格的方式加以体现，如流量和水位过程线、流速剖面线、流速和流量表格等。

1）系统的设备组成

本系统包括：信息采集传输终端 RTU（可携带 ADCP 和 OBS3A、GPS 等传感器）、4G 无线通信终端、舟载式 ADCP、水平 ADCP、GPS 罗经、水位传感器、中心站计算机等设备，以及中心站数据接收处理和查询显示等软件。系统组成结构如图 5.4.5 所示。

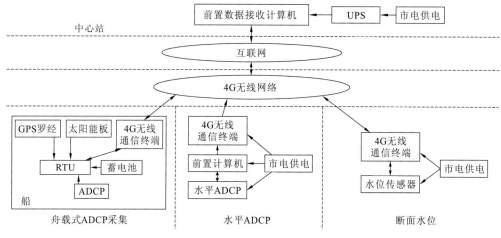

图 5.4.5　在线测流系统组成结构图

UPS 为不间断电源

2）舟载式 ADCP 数据采集过程

在江中的特定断面上固定舟载式 ADCP 采集点，采用无人值守的设备自动控制 ADCP 进行数据采集。自动控制终端设备采用蓄电池供电，每间隔一定时间自动上电，开启 ADCP 进行流速、流向的数据采集，同时上电开启 GPS 罗经进行方向角及经纬度的数据采集。数据自动采集完成后，自动控制终端设备采用 4G 无线通信方式将数据传输到中心站。发送完成后，自动控制终端设备自动进入低功耗、电源休眠模式。

3）水平 ADCP 数据采集过程

在长江中的特定断面上，右岸布设一个水平 ADCP 采集点，采用工控计算机运行程序控制水平 ADCP 数据的采集。当数据采集到计算机中时，每隔一定时间，计算机采用 GPRS 无线通信方式将数据传输到中心站前置数据接收计算机。

4）断面水位数据采集过程

在长江特定断面的岸边布设一个水位采集点，水位数据的采集控制是由中心站完成的。首先，中心站的前置数据接收计算机通过程序控制在一定时间间隔后发送水位采集指令，采用 GPRS 无线通信方式将指令传输到水位传感器，水位传感器根据指令采集当前水位。采集到的水位再通过 GPRS 无线通信方式发送至中心站前置数据接收计算机以完成断面水位数据的采集过程。

5）中心站软件的组成

中心站软件主要包括：前置数据接收软件、数据转储软件、实时数据查询软件三部分。

前置数据接收软件的主要功能是实时接收舟载式 ADCP、GPS 罗经、水平 ADCP 和水位数据，同时具有可远程设置舟载式 ADCP 参数、远程召测断面水位、校正设备时间等功能。为真实反映断面实时情况，需保证数据采集时间同步。

数据转储软件的主要功能是实时处理前置数据接收软件接收的舟载式 ADCP、GPS 罗经、水平 ADCP、水位和电压等数据，进行数据解算，求得断面流速、流向，再通过流速、流向和水位的关系式，求得断面流量，同时将结果存入数据库。

实时数据查询软件的主要功能是实时显示舟载式 ADCP 流速和流向、GPS 罗经方向、船坐标、水平 ADCP 流速和流向、水位、水温、电压等图形，查询与显示流量和水位过程线、流速剖面线、流速和流量表格等。

6）数据处理过程

本系统使得多元线性回归分析方法获得了系统模型的回归系数值：垂线平均流速系数、区段平均流速系数和流速修正常数。

推流公式：

$$v = A_1 V_{f1} + B_1 V_{f2} + C_1 V_{f3} + D \tag{5.4.4}$$

式中：v 为断面平均流速；A_1 为垂线 1 的平均流速系数；V_{f1} 为垂线 1 的平均流速；B_1 为

垂线 2 的平均流速系数；V_{f2} 为垂线 2 的平均流速；C_1 为区段平均流速系数；V_{f3} 为区段平均流速；D 为流速修正常数。

首先，对接收的数据即舟载式 ADCP、GPS 罗经、水平 ADCP 和水位等数据进行分类。分类后，再对数据进行解码、计算、入库。

舟载式 ADCP 按照原始的二进制文件编码格式进行数据分析、解算，获得单元层深、设备水深、单元数、呼（ping）次数、日期、横摇、纵摇、船头方向、水温、船速、船向、内部罗经方向、河底深、每一层的流速、流向、误差、正确率等数据。GPS 罗经使用 GGA（GPS 数据协议中的一种）方式跟踪。GPS 罗经按照原始的编码格式进行数据分析、解算，获得时间、经度、纬度、GPS 罗经正北方向等数据。根据解算获取的每一层的流速、流向和 GPS 罗经方向计算舟载式 ADCP 所在位置的垂线平均流速、流向。计算中需要考虑 ADCP 的船头方向与 GPS 罗经正北方向有夹角，并且采集断面与实际断面之间有夹角偏差，所以需要修正垂线平均流速、流向。

水平 ADCP 安装时固定在右侧岸边，水平 ADCP 正常运行后，需要对其所在断面与测量面的偏角进行测量。中心站接收的水平 ADCP 数据按照原始转报格式进行数据解码，将解码的数据存入数据库中，同时，根据预先设置的条件进行数据筛选。筛选好的数据进行区段内计算，求得断面上区段平均流速、流向。考虑断面与测量面产生的偏角，需要修正断面上的区段平均流速、流向。

断面平均流速是将垂线平均流速和断面上区段平均流速代入公式求得的。采集的水位数据用于计算测量断面过水面积。断面过水面积采用面积包围法，使用断面实测地形数据与水位围成的区域进行计算获得。断面流量通过断面过水面积与断面指标平均流速相乘获得。

7）成果分析

系统建成后可实时测量断面流速、流向，同时可实时显示流量过程线、水位过程线，并且可实时查询流速剖面线、流速和流量表格等，实现了实时在线测流过程，可满足南京水文实验站对固定测量断面水位、流量实时动态监测和水位、流量基本资料长期收集的要求。

在实际使用中，考虑到水面流速有时会受到过往船只行驶带来的水流波动的影响，所以舟载式 ADCP 采集的顶部三层数据一般不参与指标流速计算。同时，计算中需要将舟载式 ADCP 设备的入水深度考虑进去，以反映真实的水层流速、流向。计算中还需要考虑水流方向的变化，将流速投影到实际计算断面上。

在应用中，需要对测量的数据进行分析，对特定参数值需定期做修正，以便计算的结果能进一步真实反映水位、流量变化过程。

在 2010 年 11 月 7～8 日两天中，南京水文实验站进行了一次全潮测量，收集了 28 次实测流量数据。将同一时间点的 ADCP 实时在线测流系统中的 28 次数据与这次全潮测量数据进行比较（图 5.4.6），其计算流量与实测流量过程的拟合效果较好，相关性很高。

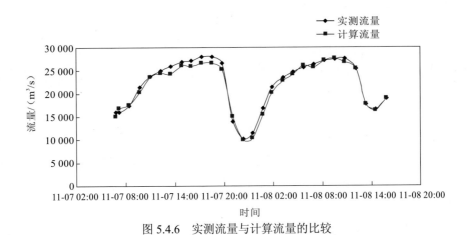

图 5.4.6　实测流量与计算流量的比较

　　对所有监测时段的实测流量与计算流量进行误差分析发现，其相关性较好，相关系数 $R^2=0.991$，数据的平均系统误差为-4.08%。

第6章 河道流量在线监测技术

流量是单位时间内通过河、渠或管道等某一断面的水流体积，单位为 m^3/s。流量是天然河流、人工河渠、水库、湖泊等径流过程的瞬时特征，是推算河段上下游、湖库水体入出水量及水情变化趋势的依据。流量过程是区域（流域）下垫面对降水调节后或河段对上游径流过程调节后的综合响应结果。天然河流的流量可直接反映汛情，受工程影响水域的入出流量是推算水体汛情的基础。简单地说，流量是特定断面径流计算的依据，而区域径流是水文循环的又一核心要素，也是区域自然地理特征的重要表征。在进行流域水资源评价、防洪规划、水能资源规划，以及航运、桥梁等涉水项目的建设时都要将流量资料作为依据。防汛抗旱和水利工程的管理运用，要积累江河、湖库流量资料，分析径流与降水等相关水文要素的相关关系和径流要素的时空变化规律，从而进行水文预报和水量计算，有效增强防汛抗旱的预见性和水利工程调度的科学性。

我国开展河道流量监测的技术和方法有很多种，有的断面采用的是通过仪器测得断面流速分布的数据，再通过计算得到断面流量的间接法；有的断面采用传统流速仪产品或多普勒流速剖面仪等仪器，但需要配置专用的渡河设备作为仪器搭载平台，如缆道、测船、桥梁等。由于我国河流湖库众多、测量点分散、交通地理条件复杂、观测断面条件多样，特别是汛、枯两期，既是观测的重点，又是观测的难点，给流量施测带来了很大困难，观测成果质量和观测人员安全都难以得到保障。实现流量实时在线监测或采用水位流量单值化进行相应流量报汛将是解决这一问题的有效方法。这既可以通过新的监测技术和手段，提高流量自动监测的可靠性和精度，又可以有效解决不能测和测不好的问题。随着技术的快速发展，我国在集成技术及相应的流量报汛等的研究方面，都取得了长足的进步。特别是一些接触式与非接触式集自动采集、发送、处理于一体的高集成度、高测量精度、高稳定性的流量实时在线监测系统的成功应用，为河道流量的在线监测推广提供了强大的技术支撑。

本章重点介绍四种非接触式和一种接触式流量在线监测系统技术，以及它们在不同河道断面的应用情况，并介绍在相应流量报汛与实时数据同化技术方面的一些研究成果。

6.1 基于雷达波点流速仪的流量在线监测

6.1.1 测量原理

K 波段雷达波点流速仪一体化流量在线监测系统是一种非接触式点流速测量设备。将流速仪安装在监测断面水体上方，利用多普勒频移获得流体的流速数据，即流速测量是通过测量多普勒频移进行的。

K 波段雷达波点流速仪的测速原理图如图 6.1.1 所示。雷达波点流速仪测量流速应用的是多普勒效应，通过雷达天线向水面发射电磁波，水面会吸收高频电磁波的部分能量，部分会通过散射或折射损失掉，但是总有一部分散射电磁波信号会被雷达天线接收。雷达照射的区域内会有很多波浪，使不同点的流速有所差异，但是这些差异不大，所以可以将整个区域看作一个整体，其以平均速度在进行移动，根据雷达理论可以得到多普勒频移，进而计算出流速。

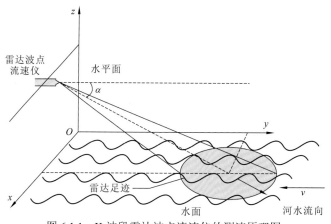

图 6.1.1 K 波段雷达波点流速仪的测速原理图

α 为雷达波中心轴向与水平向的夹角

在调频连续波雷达测距系统中，系统发射线性调频脉冲信号，并捕捉其发射路径中物体反射的信号，该线性调频脉冲由发射天线（发射端口）发射，物体对该线性调频脉冲进行反射生成一个由接收天线（接收端口）捕捉的反射线性调频脉冲，发射端口信号和接收端口信号进入混频器（混频器是一个电子组件，将两个信号合并到一起生成一个具有新频率的新信号），由此产生的中频（intermediate frequency，IF）信号与距离成正比，进而可以计算得到被测物体的距离。通过测量流速与水位，结合断面数据的成果计算出流量。

6.1.2 系统组成与主要技术指标

1. 系统组成

K 波段雷达波点流速仪一体化流量在线监测系统主要由雷达波点流速仪、雷达水位计、RTU 等组成。RTU 通过采集雷达波点流速仪和雷达水位计的数值计算流量，通过数据传输单元（data transfer unit，DTU）发送到中心站。K 波段雷达波点流速仪一体化流量在线监测系统的配置方案如图 6.1.2 所示。

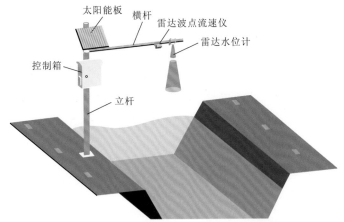

图 6.1.2　K 波段雷达波点流速仪一体化流量在线监测系统的配置方案

2. 主要技术指标

雷达水位计和雷达波点流速仪的主要技术指标见表 6.1.1。

表 6.1.1　雷达水位计和雷达波点流速仪的主要技术指标

雷达水位计		雷达波点流速仪	
测距范围	0.3～30 m	测速范围	0.3～20 m/s
测距精度	±2 cm	测速精度	±2%FS；±0.02 m/s
分辨率	1 mm	工作频率	24 GHz
工作原理	调频连续波	安装高度	0.5～30 m
波束角	14°	波束角	12°
天线	平面微带天线	垂直角度	40°～60°
数据接口	RS485、Modbus 协议	数据接口	RS485、Modbus 协议
供电电源	直流 12 V	供电电源	直流 12 V
功耗	<30 mA，直流 12 V	功耗	<50 mA，直流 12 V
工作温度	-40～85 ℃	工作温度	-40～85 ℃
防护等级	IP68	防护等级	IP68

6.1.3 系统集成

1. 系统架构

在河流断面测流时，水位采集点布设在岸边，流量测量点根据断面特征选择具有代表性的点，水位和流速数据的采集都由遥测终端机（RTU）控制完成，RTU 主要用于控制传感器的测量时间，通过定时控制流速仪、水位计获取表面流速和水位数据，实现实时数据的本地存储、通信传输模块的数据信息交换及电源的管理等功能。

K 波段雷达波点流速仪一体化流量在线监测系统主要由传感器、遥测终端机（RTU）、通信传输终端及基础设施组成。传感器是指流速仪和水位计，主要用于实时采集特征断面流速和水位数据。遥测终端机有多种接口（如 SDI-12、RS232、RS485 等）与传感器进行连接。K 波段雷达波点流速仪一体化流量在线监测系统集成架构如图 6.1.3 所示。

图 6.1.3　K 波段雷达波点流速仪一体化流量在线监测系统集成架构图

2. 信息传输

雷达水位计和雷达波点流速仪均采用标准 Modbus-RTU 数据通信协议，RTU 通过 RS485 总线读取数据，使用嵌入式软件，根据内置的数学模型计算出断面平均流速，通过水位和大断面资料，将传感器的数据读入 RTU 并进行流量计算，RTU 将计算结果通过 4G 网络实时传输到前台接收处理数据中心站。

3.数据中心接收处理

数据服务中心软件主要负责接收来自串口和网络的数据，并且按照特定的数据协议解析接收的数据，再将解析后的数据保存到数据库内。数据服务中心软件可查询设备测量的流速相关参数、水位和流量过程线，同时提供数据查询、图表显示和报表打印等功能。

K 波段雷达波点流速仪一体化流量在线监测系统软件实时接收 4G 信道传送的水位和表面流速数据，通过水文站大断面资料和水位数据形成实时流量。该系统软件主要包括数据预处理、断面流速垂向及横向分布概化、流量计算模型三个部分。

1）数据预处理

非接触式在线测流为一种软测量技术，实测数据的准确性和有效性对最终的计算结果影响极大，故在进行计算之前需要对实测的数据进行预处理和分析。本节首先对测量数据的粗大误差进行处理，利用莱以特准则剔除数据异常值；然后利用三阶平滑低通滤波法对数据的随机误差进行处理。

（1）粗大误差处理方法。粗大误差处理主要包括两个方面：一是剔除超出水位和流速测量范围的值；二是利用莱以特准则剔除流速数据中的异常值。

实测数据表明，表面流速数据会存在一些流速极大值点，成因大致可以分为两类：一类是受天气状况影响，表面风浪有时会使表面流速变大，这一类极大值点被认为是粗大误差值，应该剔除；另一类是由于正常的降雨径流，流速变大，这一类是正常值。因此，在利用莱以特准则剔除粗大误差时不能简单地按照数值的大小来判断。考虑到正常的降雨径流是一个持续性较长的过程，流速会有一个缓慢上升、下降的过程，而刮风等偶然现象导致的流速变化是一个突变的过程,故将相邻流速数据的变化率作为判断依据。

（2）随机误差处理方法。所有测量数据均不可避免地存在噪声干扰，为减小随机误差对最终计算结果的影响，采用低通滤波法来削弱测量序列中的高频信息以达到平滑数据的目的。本节采用三阶平滑低通滤波法对流速数据进行处理。

2）断面流速垂向及横向分布概化

（1）流速垂向分布。目前国内外学者针对垂线流速分布一般采用指数流速分布、对数流速分布及抛物线型流速分布三种。本节采用指数流速分布公式进行计算。

（2）流速横向分布。在河道的横断面上，流速的分布不均匀，靠近河底和岸边的地方流速小，接近中泓线的地方流速较大。当已知断面上某一条垂线的平均流速时，为推求其他垂线的平均流速可利用曼宁公式近似计算。根据曼宁公式，垂线平均流速可以表示为 $\bar{v} = f(n, J, h)$，即垂线平均流速与糙率、比降、水深有关。

3）流量计算模型

非接触式在线测流模型流量计算的主要流程为：首先利用经过数据预处理的雷达波实测的表面流速数据，结合垂线流速分布规律推求传感器所在垂线的平均流速；然后根据横向流速分布规律推求出横断面上各虚拟垂线的平均流速；最后结合大断面数据由流速面积法推求出断面流量。

由于该模型采用了概化的综合影响系数，需根据实际河段和比测情况进行调整。对于复杂的测验河段，还需对综合影响系数进行水位分级，不同级别的水位使用不同的综合影响系数，以提高模型计算精度。

6.1.4　成果应用

1. 应用站基本情况

尤溪水文站是一类精度水文站，位于尤溪洲大桥上游 90 m 处，东经 118°12′，北纬 26°11′，接近于尤溪县主城区出口处，是闽江中游一级支流尤溪的控制站，集水面积达 4 450 km²，是国家重要的水文站，该站的测验项目有水位、雨量、流量、水质等。尤溪水文站的前身为西洋水文站，其设立于 1951 年 6 月，1990 年因水口水电站建设向上游迁移至现尤溪县城区水东村，并设立尤溪水文站。尤溪水文站河段顺直，两岸建有防洪堤。左岸为卵石，中间为岩石，右岸为砂卵石；左岸下游有滩地，水位在 101.52 m 会有死水出现。低水河宽约 70.0 m，中高水河宽 120～140 m，基本水尺断面上游 350 m 处为尤溪与青印溪汇合口，上游 1.8 km 处有水东水电站，对本站各级水位均有影响，洪水期间泄洪水位涨落快。水面宽一般在 60～120 m。低水由河槽控制，下游 94 m 处有尤溪洲大桥横跨，基下约 300 m 处弯道控制中高水，约 400 m 处有弯道及卡口，可进行中高水控制。河床稳定不易冲刷，流速大，一般流速有 1.0～2.5 m/s，最大流速达 5.0 m/s。基本水尺断面、流速仪测流断面合一。基本水尺断面上游约 500 m 处有青印溪与尤溪汇合口沙洲公园。尤溪水文站上游建有两座大型水库，水位受工程影响严重，采用频率流量进行水位级划分。尤溪水文站的测验河段情况及水位、流量级划分见表 6.1.2。

表 6.1.2 尤溪水文站水位、流量级划分表

| 站名 | 站别 | 划分方法 | 分级 | | | 备注 |
			高水	中水	低水	
尤溪水文站	一类	流量级划分	721	116	79	m³/s
		水位级划分	105.5	103.2	102.8	m

2. 系统集成与安装

2019 年 8 月在尤溪水文站进行现场系统集成安装。雷达波点流速仪安装在距离尤溪水文站 94 m 的尤溪洲大桥上。使用支架将其固定在桥外侧，共安装 4 套。每个雷达波点流速仪接入控制终端，同步采集雷达水位计水位数据并计算流量。尤溪洲大桥靠近水文站一侧安装 1 套一体化立杆，机箱、太阳能板安装在立杆上。安装位置示意图如图 6.1.4 所示。

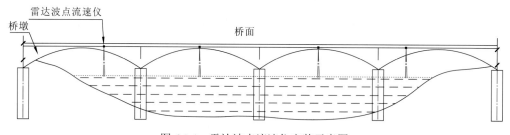

图 6.1.4 雷达波点流速仪安装示意图

4 组雷达波点流速仪与多要素自动监测终端 RTU 集成连接后，具有定时测量、本地存储数据和数据传输等功能。

3. 比测分析

设备安装运行期间进行了 44 次流量比测工作，比测时间分别为 2019 年和 2020 年，测流时间范围为 2019 年 8 月 20 日～2020 年 12 月 25 日，实测水位在 102.3～103.66 m，实测流量在 17～247 m³/s，K 波段雷达波点流速仪一体化流量在线监测系统流量在 16～250 m³/s。图 6.1.5 为 K 波段雷达波点流速仪一体化流量在线监测系统流量与流速仪实测流量散点图。

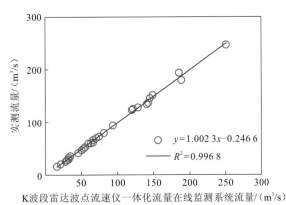

图 6.1.5　K 波段雷达波点流速仪一体化流量在线监测系统流量与流速仪实测流量散点图

从比测情况来看，K 波段雷达波点流速仪一体化流量在线监测系统流量与实测流量的相对误差在-5%～5.2%，约 95%的测次相对误差在±5%以内。全部测次的系统误差为-0.3%，随机不确定度为 9%。K 波段雷达波点流速仪一体化流量在线监测系统测流符合规范中一类精度水文站测流的精度要求。

6.2　基于缆道的移动式雷达波自动测流系统

移动式雷达波自动测流系统是以雷达波点流速仪为传感器，以雷达小车为传感器载体，在控制单元的控制下，按照用户设定的测流断面垂线自动完成各条垂线的流速测量、断面流量计算、数据分析、报表输出的全自动流量在线监测系统。

6.2.1　测量原理

移动式雷达波自动测流系统将两根水平架设的不锈钢绳（双轨）作为雷达小车运行导轨，通过控制单元将用户设定的测流参数（如垂线起点距、测流时间等）和测流指令经无线电台发送至雷达小车。雷达小车收到指令后，按照指令要求依次运行到各测流垂线位置，启动雷达波点流速仪进行流速测量，并及时将流速数据通过无线电台发送给系统控制单元。

控制单元同时采集水位数据，完成流量计算，并将流量数据通过 GPRS/4G 网络发送至服务器平台软件，从而实现断面无人值守自动测流。当完成测流后，雷达小车将回到仪器室内，自动进行充电。

6.2.2　系统功能与主要技术指标

1. 系统功能

1）测流功能

①定时施测：用户根据测流需要，设定测流时间，系统按照设定的时间自动完成测流工作。②水位变幅施测：用户设定需要测流的水位变幅（涨、退），当水位变幅达到设定值后，系统自动进行测流。③人工施测：根据需要实时进行人工加测。

2）参数设置功能

系统可根据需要制订测试计划，按照高、中、低水位来设置自动测流时间、断面参数等。

3）数据采集与传送功能

系统可以自动采集水位、雨量、蒸发、流量等数据信息，可实现与其他水情系统平台的对接。

4）报表与分析功能

①可自动生成实测成果表；②可生成并显示水位、流量过程线，水位流量关系线，水深流速关系线。

5）系统维护功能

①告警管理：系统自动收集设备故障信息（如离线、电量不足等）并上报给用户，便于故障排除。②远程升级：可实现在远程对控制单元和雷达小车的软件升级，降低维护成本。

2. 主要技术指标

1）雷达波点流速仪

工作频率为 24 GHz；测速范围为 0.15～20 m/s；测速精度为 ±0.01 m/s 或 ±1%FS；波束角度为 12°；安装高度 ≤30 m；垂直角度为 55°～60°；具有姿态角智能感知及补偿功能，垂直角、横滚角补偿精度为 ±1°，分辨率为 ±0.1°；雷达波点流速仪带环境温度输出功能，分辨率为 0.1℃，精度为 ±1℃；供电电源为直流 6～24 V；功耗为工作电流 <60 mA（直流 12 V），待机电流 <35 mA（直流 12 V）；通信方式为 RS485 接口，Modbus 协议，可自定义通信协议；波特率为 1200～115 200 bit/s。

2）雷达小车

外壳材料为 304 不锈钢；驱动形式为前后两台电机，4 轮驱动；对于车载电源，配备主备两块锂电池，当主用电池用尽或出现故障时可自动切换到备用电池，电池总容量不小于 10 A·h，续航里程不小于 2 000 m；感应开关距离≤3 mm；具有待机休眠功能，待机功耗≤1 W；直线运行距离的误差率≤0.2%；具有控制单元失效、电压过低、雷达异常等情况下自动返回功能；配备防脱轨专用装置，确保雷达小车运行时车轮不会脱轨；雷达小车控制板安装有陀螺仪传感器，可采集雷达小车运行姿态信息（如摇晃等）并采取相应措施；配置有 GPS 装置，可准确采集雷达小车实际运行位置；具有软件在线升级功能。

3）控制单元

数据接口为 2 路 RS232 接口，3 路 RS485 接口；通信电台为 315 MHz 无线电台，可通过电台控制雷达小车进入休眠或将其唤醒；工作温度为-20～75 ℃；存储温度为-30～85 ℃；工作电压为直流 9～28 V；待机功耗<3 W；湿度小于 95%（40 ℃），不结露；协议要求为能支持不同厂家的水位、流量、雨量测量等设备；通信要求为能适应 GPRS、第三代移动通信技术（3rd-generation，3G）、4G 通信终端与协议，支持北斗卫星终端；配置有 3.2 in 彩色触摸显示屏，可通过显示屏设置参数、显示测流结果，控制雷达小车加测、返回等；可对供电单元的充电模块进行监控，当主用充电模块故障时可自动切换至备用充电模块，并上报充电模块故障告警信息；配置不小于 2 GB 的存储卡，测流数据自动保存在存储卡中，并自动与服务器数据进行同步；支持软件在线升级。

4）供电单元

材料为不锈钢、优质铜片；充电电压、电流可根据需要进行设置；控制充电电压最大误差率≤0.15%；配备一主一备两台充电模块，在控制单元的控制下实现主备用自动保护倒换。

5）平台软件

软件系统采用的架构为浏览器/服务器（browser/server，B/S）模式；可通过软件平台设置测站断面参数、定时测量时间、水位基值、涨落加测水位变幅等参数；自动接收测站发来的各项有关信息数据，并实现流量计算、生成报表等功能；具备测流数据分析功能，可自动生成水位流量关系线，水位、流量过程线等；具有远程取回测站存储数据及人工加测功能；可实现对控制单元、雷达小车等下位机设备的管理，可自动收集设备故障信息（如离线、电量不足等）并主动上报，便于故障排除；可实现远程对控制单元和雷达小车的软件升级，降低维护成本。

6.2.3　系统集成

系统主要由雷达波点流速仪、雷达水位计、雷达小车、控制单元、供电单元、运行缆道、平台软件等组成。移动式雷达波自动测流系统结构如图 6.2.1 所示。

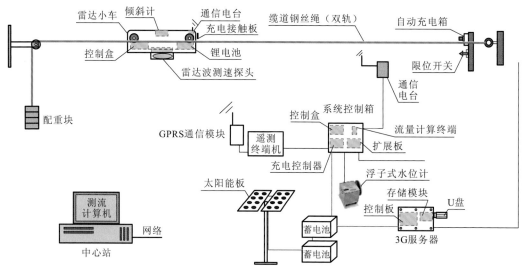

图 6.2.1 移动式雷达波自动测流系统结构图

（1）传感器：主要由监测水位的雷达水位计与监测点流速的雷达波点流速仪构成。

（2）雷达小车：内置雷达波点流速仪、电池、雷达小车控制盒、通信电台、小车驱动装置等。其主要功能是在控制单元的控制下运行至设定垂线位置，操控雷达波点流速仪完成流速测量，将结果发送至控制单元。

（3）控制单元：包括系统控制箱、GPRS（4G）通信模块、通信电台、智能充电模块等。其主要功能是完成与平台软件的通信，控制雷达小车的运行，进行流量计算，并完成流量数据的存储和发送。

（4）供电单元：包括太阳能板（市电）、太阳能控制器（开关电源）、蓄电池等，为系统工作提供电源。

（5）运行缆道：包括仪器房、双轨式缆道钢丝绳、支架立柱、配重块、防雷接地等。

（6）平台软件：包括用户权限管理模块、站点管理模块、测流计算模块、数据报表模块等。其主要完成站点管理、测流数据处理及相关统计分析。

6.2.4 成果应用

1. 水文站基本情况

北斗水文站始建于 1958 年 6 月，东经 104°26′，北纬 30°01′，位于四川省眉山市仁寿县北斗镇大桥村，为球溪河控制站，属沱江水系，集水面积达 1856 km²，域内河长 97.1 km，距河口 44.9 km，监测项目为水位、流量、降水、蒸发，该站流量的测验精度为 III 类。测验河段较为顺直，无岔沟、分流，水流顺直，河床稳定，高水受洪水涨落影响。

2. 移动式雷达波自动测流系统配置与安装

移动式雷达波自动测流系统将两根直径为 5 mm 的 304 不锈钢钢丝绳作为导轨，将雷达波点流速仪、驱动电机、控制盒、锂电池、通信电台等设备安装在雷达小车内，雷达小车通过驱动轮悬挂在导轨绳上。根据测验要求设置固定测速垂线，系统自动按照测速垂线设置，控制雷达小车行驶到各测速垂线位置进行测流，并将流速数据通过通信电台发送到系统控制箱，系统控制箱同时采集水位数据，再将水位、流速等数据通过 4G 网络发送到系统平台，系统平台软件自动计算断面流量，从而实现断面无人值守自动测验。当完成测流后，雷达小车开回岸边仪器室内，自动充电。系统设备安装示意图如图 6.2.2 和图 6.2.3 所示。

图 6.2.2　移动式雷达波自动测流系统设备示意图

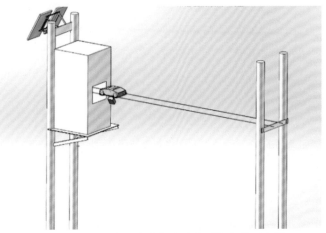

图 6.2.3　移动式雷达波自动测流系统安装示意图

3. 测流断面布设

根据北斗水文站测流断面情况，自动测流断面布设在基本水尺断面下游约 20 m 处，断面平行于现有缆道流速仪测流断面。断面垂直于流向，河段顺直，断面处水流顺直、平稳，无乱流、回流、死水。断面位置见图 6.2.4 和图 6.2.5。

图 6.2.4　比测断面布设示意图

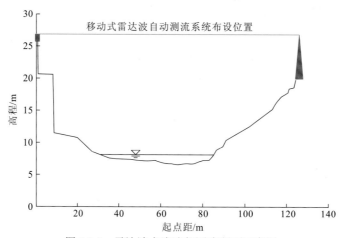

图 6.2.5　雷达波点流速仪测流断面示意图

测流断面及垂线布设如表 6.2.1 所示。

表 6.2.1　雷达波点流速仪测流断面及垂线布设统计表

雷达波点流速仪测流断面			测速垂线	雷达波点流速仪测流断面			测速垂线
序号	起点距/m	河底高程/m		序号	起点距/m	河底高程/m	
左岸	0	25.9		7	27.2	8.61	√
1	0.6	25.92		8	30.8	8.1	√
2	0.8	20.69		9	35	7.6	√
3	8	20.6		10	40	7.41	√
4	8.5	11.5	√	11	45	7.46	√
5	20.1	10.74	√	12	50	7.21	√
6	24.2	9.54	√	13	55	7.15	√

续表

雷达波点流速仪测流断面			测速垂线	雷达波点流速仪测流断面			测速垂线
序号	起点距/m	河底高程/m		序号	起点距/m	河底高程/m	
14	57	7.29	√	25	86.3	8.87	√
15	60	6.96	√	26	89.3	9.43	√
16	62	6.83	√	27	90.9	10.43	√
17	65	6.78	√	28	101.8	12.48	√
18	68	6.49	√	29	113.2	15.28	
19	70	6.71	√	30	114.4	16.01	
20	72	6.81	√	31	117.5	17.25	
21	75	6.58	√	32	120.6	17.86	
22	80	7.21	√	33	121.2	18.41	
23	83	7.27	√	34	123.5	18.65	
24	85	8.09	√	右岸	124.4	19.83	

4. 比测方法及比测分析

1）比测方法

根据《河流流量测验规范》（GB 50179—2015）中的相关规定，采用缆道流速仪与雷达波点流速仪同时测流并进行比测，使用缆道流速仪流量与雷达波点流速仪流量进行雷达波点流速仪系数分析。

2）比测数据资料

本次比测数据收集主要采用缆道流速仪与雷达波点流速仪同时测量的方式，2018年6月27日～7月3日共收集球溪河涨水及退水全过程流量样本数据30次，水位从9.85 m至16.33 m，变幅达6.48 m。根据雷达波点流速仪的特点和北斗水文站的实际情况，在水位9.50 m（流量在150 m³/s左右）以下，流速较小，不适合使用雷达波点流速仪施测流量，故不做采集分析。

3）比测系数综合分析结果

使用雷达波点流速仪测得的流量与缆道流速仪测得的流量点绘相关关系图，通过点群重心确定一条直线，直线的斜率即雷达波点流速仪的系数，关系图如图6.2.6所示。

4）比测结果关系检验

采用缆道流速仪流量查读如图6.2.6所示的关系线得到线上雷达波点流速仪流量，并与相应实测雷达波点流速仪流量进行误差分析及关系线检验。检验的结果：符号检验合格，适线检验合格，偏离数值检验合格，标准差为3.4%，随机不确定度为6.8%，系统误差为0.5%。

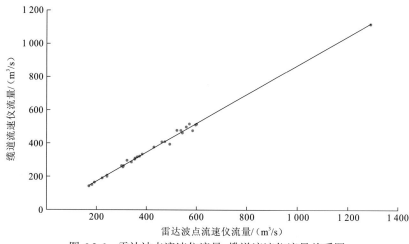

图 6.2.6 雷达波点流速仪流量-缆道流速仪流量关系图

通过在北斗水文站涨水期间的对比分析，进行数据相关检验，采用数理统计及图解两种方法确定流量系数为 0.87，流量换算采用公式 $Q=0.87 \times Q_{系统}$（Q 为断面流量，$Q_{系统}$ 为系统实测流量）。

适应范围：水位在 9.5 m（流量为 150 m^3/s）以上时效果较好。

6.3　基于超高频雷达波表面流场探测的流量在线监测

超高频（ultra high frequency，UHF）雷达在线监测已用于河流流量实时监测领域，它利用水波具有相速度和水平移动速度时，将对入射的雷达波产生多普勒频移的原理来探测河流表面动力学参数，以非接触的方式获得大范围的河流表面流的流速、流向，并根据流体力学理论，从雷达遥测的表面流速反演深层流速，进而准确地计算出河流流量信息。根据河道的条件与现场应用环境的不同，UHF 雷达流量在线监测装备可配置为单站式流量推测系统和双站式流量推测系统。

6.3.1　UHF 雷达表面测量原理

UHF 雷达是利用目标对电磁波的反射（或散射）现象来发现目标并测定其位置和速度等信息的。雷达利用接收回波与发射波的时间差来测定距离，利用电波传播的多普勒效应来测量目标的运动速度，并利用目标回波在各天线通道上幅度或相位的差异来判别其方向。

UHF 雷达河流流速（流量）监测技术还用到另外一项理论——Bragg 散射理论。Bragg 散射理论可用图 6.3.1 来简单说明。当雷达波与其一半波长的水波作用时，同一波列不同位置的后向回波在相位上的差异值为 2π 或 2π 的整数倍，因而产生增强型 Bragg 后向散射。

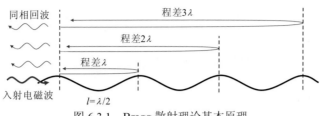

图 6.3.1　Bragg 散射理论基本原理

λ 为电磁波波长

当水波具有相速度和水平移动速度时，将产生多普勒频移。在一定时间范围内，实际波浪可以近似地认为是由无数随机的正弦波动叠加而成的。这些正弦波中，必定包含有波长正好等于雷达工作波波长一半、朝向和背离雷达波束方向的两列正弦波。当雷达发射的电磁波与这两列波浪作用时，两者发生增强型后向散射。朝向雷达波动的波浪会产生一个正的多普勒频移，背离雷达波动的波浪会产生一个负的多普勒频移。多普勒频移的大小由波动相速度 V_p 决定。由于重力的影响，一定波长的波浪的相速度是一定的。

在深水条件下（即水深大于波浪波长 l 的一半），波浪的相速度 V_p 满足：

$$V_p = \sqrt{\frac{gl}{2\pi}} \tag{6.3.1}$$

由相速度 V_p 产生的多普勒频移为

$$f_B = \frac{2V_p}{\lambda} = \frac{2}{\lambda}\sqrt{\frac{g\lambda}{4\pi}} = \sqrt{\frac{g}{\lambda\pi}} \approx 0.102\sqrt{f_0} \tag{6.3.2}$$

式中：f_0 为雷达频率，MHz；f_B 为多普勒频移，Hz。这个频移就是 Bragg 频移。朝向雷达波动的波浪将产生正的频移（正的 Bragg 峰位置），背离雷达波动的波浪将产生负的频移（负的 Bragg 峰位置）。在无表面流的情况下，Bragg 峰的位置正好位于式（6.3.2）描述的频移位置。

当水体表面存在表面流时，上述一阶散射回波所对应的波浪行进速度 V_s 便是河流径向速度 V_{cr} 加上无河流时的波浪相速度 V_p，即

$$V_s = V_{cr} + V_p \tag{6.3.3}$$

此时，雷达一阶散射回波的幅度不变，而雷达回波的频移为

$$\Delta f = \frac{2V_s}{\lambda} = 2\frac{V_{cr} + V_p}{\lambda} = 2\frac{V_{cr}}{\lambda} + f_B \tag{6.3.4}$$

通过判断一阶 Bragg 峰位置偏离标准 Bragg 峰的程度，就能计算出波浪的径向流速。高频电磁波探测重力水波径向流的原理如图 6.3.2 所示。

实际探测时，由于河流表面径向流分量很多，一阶峰会被展宽。

UHF 雷达属于相干脉冲多普勒雷达，工作中心频率为 340 MHz，采用线性调频中断连续波体制。一般情况下，其可以测量 30～400 m 宽度的河流，雷达的实际探测距离还与雷达天线架设地点、所在地外部噪声电平、河面粗糙程度有关。

雷达的距离分辨率有 5 m、10 m、15 m 等几种，可以根据需要设定。对于等宽的顺直河道，河水流向与河岸是平行的。单站 UHF 雷达可以获得表面径向流，如图 6.3.3 所示，河道为顺直河道。雷达在 A 点测得的径向流速为 V_{Acr}，由于 A 点河流的流向与河岸

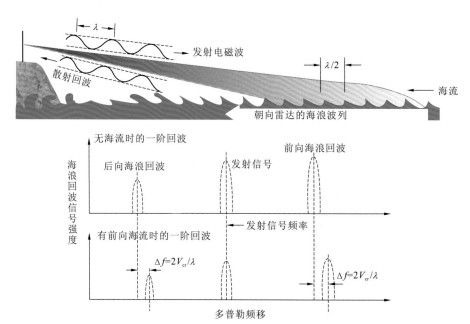

图 6.3.2 高频电磁波探测重力水波径向流的原理

平行,该点的河水流速为 $V_A = V_{Acr}/\cos\beta$。雷达在 B 点测得的径向流速为 V_{Bcr},则 B 点的河水流速为 $V_B = V_{Bcr}/\cos\alpha$。如果 A 点、B 点与河岸的垂直距离相同,理论上有 $V_A = V_B$。

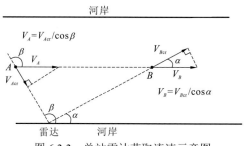

图 6.3.3 单站雷达获取流速示意图

对于双站雷达监测点,利用相隔一定距离的双站 UHF 雷达获得各自站位的径向流,然后通过矢量投影与合成的方法就可以得到矢量流。双站径向流合成矢量流的原理如图 6.3.4 所示。

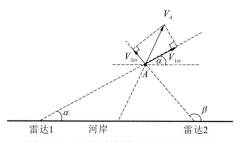

图 6.3.4 双站雷达获取矢量流示意图

V_{1cr} 为站 1 测得的径向流速;V_{2cr} 为站 2 测得的径向流速

6.3.2　设备组成与主要技术指标

UHF 雷达流量在线监测装备由硬件设备和软件分析两部分组成。其中，硬件设备包括发射天线、接收天线、信号处理、多要素自动监测终端（RTU）、输出存储单元、电源管理单元、无线通信单元；软件分析包括数据信号转换、傅里叶变换、数据计算、数据合成等过程。

UHF 雷达流量单站和双站在线监测装备组成结构分别如图 6.3.5、图 6.3.6 所示，主要技术指标见表 6.3.1。

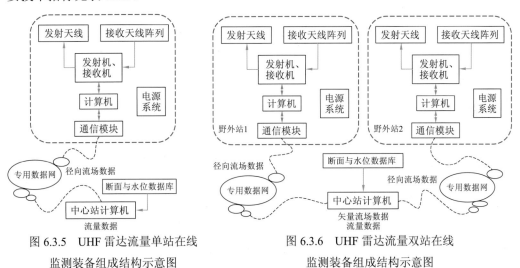

图 6.3.5　UHF 雷达流量单站在线监测装备组成结构示意图

图 6.3.6　UHF 雷达流量双站在线监测装备组成结构示意图

表 6.3.1　UHF 雷达流量在线监测装备主要技术指标

名称	参数
雷达波段	UHF 波段
供电电压	交流 220 V 或直流 24 V
平均功率	90 W
工作温度	−25～65 ℃
数据传输方式	3G、4G 网络，有线网，WiFi
本地存储大小	2 TB
本地最大存储时长	2 年（保存原始回波数据）
测流时间间隔	用户可设置（默认 1 h）
覆盖面积	400 m×400 m
测量河流宽度	30～500 m
方位角分辨率	1°

续表

名称	参数
距离分辨率	10~30 m
矢量流场网格分辨率	10 m×10 m
流速测量范围	2~500 cm/s
表面流速分辨率	2.0 cm/s
表面流速测量相关系数	0.98
流量测量误差	<5%
阴雨天气太阳能电池理论工作时长	40 d
太阳能电池功率	250 W
太阳能电池参数	24 V、250 A·h

6.3.3 系统集成

1. 系统结构

在河道等宽的顺直河道，可以使用单站式流量探测系统实现流量探测，示意图如图 6.3.7 所示。单站式流量探测系统的野外站由单台 UHF 雷达系统和一个数据中心站构成。

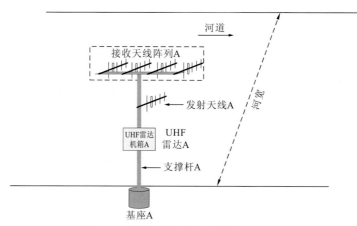

图 6.3.7 单站式流量探测系统的野外站

在河道不等宽、非顺直河道及其他流场复杂的场合，采用双站式流量探测系统实现流量探测，示意图如图 6.3.8 所示。双站式流量探测系统的野外站包含两台 UHF 雷达系统和一个数据中心站。

一个完整的流速、流量探测系统由至少一个野外站和一个中心站组成。单个野外站系统包含收发天线、雷达主机、计算机和软件子系统，中心站包含一台计算机、中心站软件子系统。

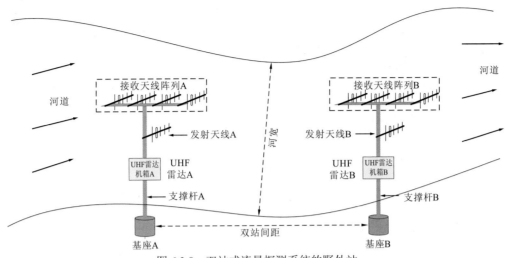

图 6.3.8　双站式流量探测系统的野外站

供电方式：UHF 雷达流量在线监测装备可由 220 V 交流电或太阳能 24 V 直流电交替供电。通过 3G 或 4G 网络来实现系统的远程开关机。太阳能电池的功率不低于 150 W，开路电压不低于 40 V，工作电压不低于 36 V。太阳能储电电池的容量不低于 120 A·h，满电状态开路电压不低于 12 V，10 A 负载电压不低于 11.5 V。

2. 信息传输

UHF 雷达流量在线监测装备按照设定的时间间隔进行定时测量，通常单次测量的时长小于 2 min，测量完成后，通过 3G、4G 网络向数据接收中心发送数据；同时，数据接收中心将报汛数据库中的实时水位数据接入 UHF 雷达流量在线监测装备实现在线流量计算。

UHF 雷达通过发射天线向河面发射 UHF 电磁波。电磁波与河面相互作用产生散射，信号被接收天线阵列接收。信号经过放大、采样、滤波、下变频处理和第一次傅里叶变换，得到距离信息。前述信号处理过程均在接收机数字电路板中完成。第一次傅里叶变换的结果通过 USB 接口传递给工控机。

工控机对第一次傅里叶变换的结果进行第二次傅里叶变换，得到频率信息。所有通道的信号记录为将每一个频点换成对应的水流径向速度,对该频点通过多通道相位信息，计算其方位。遍历所有频点，得到雷达探测范围内的径向流场。径向流场的结果通过 4G 无线网传送到数据中心。数据采集、处理与传输的流程图如图 6.3.9 所示。

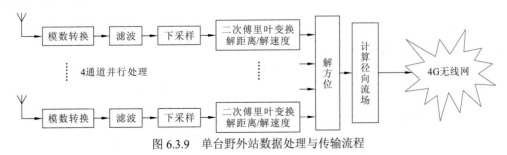

图 6.3.9　单台野外站数据处理与传输流程

3. 数据中心接收处理

数据中心通过网口通软件，接收来自互联网的野外站雷达传送的径向流场数据。综合 10 min 内的多场径向流数据，通过滤波处理，得到较高品质的径向流场数据。对同一站点具有共同覆盖区的两台雷达的径向流场进行流场矢量合成，得到合成后的矢量流场数据。利用合成的矢量流场数据，提取指定断面上的表面流。根据表面流数据，结合水位数据与大断面数据，计算对应垂线上不同深度的流速分布数据，采用面积流速法计算流量，并将流量数据写入数据库。数据中心流量计算与处理流程如图 6.3.10 所示。

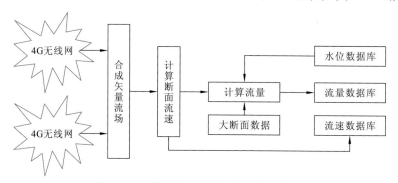

图 6.3.10　数据中心流量计算与处理流程

软件接收处理部分包括系统设置、系统测试、数据采集和数据通信，应用软件部分则包括数据处理和结果显示。其主要任务包括：USB 通信；信号显示；径向流场提取；站间通信程序、文件存储系统的建立与维护；计算机运行状态监视。数据接收软件结构如图 6.3.11 所示。

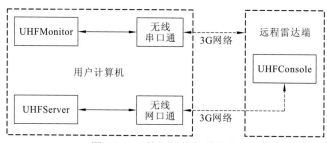

图 6.3.11　数据接收软件结构

雷达系统软件包含无线串口通、无线网口通、UHFServer、UHFMonitor 和 UHFConsole 五个软件，这些软件用于远程配置、雷达监测和流场数据传输。其中，UHFConsole 运行在远程雷达端，其他四个软件均运行在用户计算机中。

UHFConsole 的主要功能有：①配置雷达的各种参数，这些参数通常只需要根据现场地理环境配置一次，下次雷达工作时便会自动加载配置好的参数；②采集和存储回波信号，回波信号为原始数据，通常情况下，雷达内部的工控机有 1 TB 的存储空间供数据备份；③根据回波信号计算表面径向流场，并将结果通过 4G 网络上传到 UHFServer

中，同时本机也会备份径向流场结果。

无线串口通的功能是在雷达与用户计算机之间构建一条虚拟的串口通道，这样雷达与用户计算机之间可以通过串口通信。同样，无线网口通的功能是在雷达与用户计算机之间构建一条虚拟的网口通道，相当于一条无限长的网线将用户计算机和雷达工控机连接起来，这样 UHFServer 和 UHFConsole 之间可以使用局域网通信，而不要求用户计算机接入公网，数据更安全，成本也更低。

UHFMonitor 的主要功能有：①实时监测两台雷达的运行状态（电压、电流和温度）；②远程开关机；③定时自动开关机。

UHFServer 的主要功能有：①使用 TCP/IP 协议与两个站点的 UHFConsole 相连，接收 UHFConsole 上传的径向流场数据，并在线显示在地图上；②将两个站点上传的径向流场数据合成为矢量流场，并在线显示在地图上；③根据径向流场和矢量流场提取出断面流速，并实时显示。

4. 远程监控软件

为方便 UHF 雷达的使用与管理，利用计算机网络实现远程监控和数据传输。使用 UHFMonitor 软件远程监测雷达的工作电压、电流和机箱温度，并可以远程对雷达开关机。同时，用户可以远程设置雷达每天的工作频次和时长（图 6.3.12）。

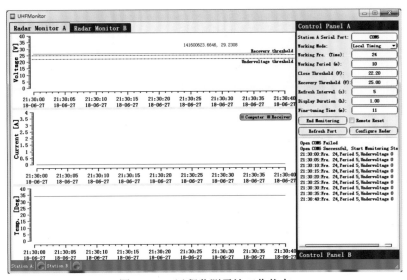

图 6.3.12　远程监测雷达工作状态

5. 数据处理软件

1）单站径向流图

图 6.3.13 是由 UHF 雷达流量双站在线监测装备集成运行后获得的仙桃水文站表面径向流图。

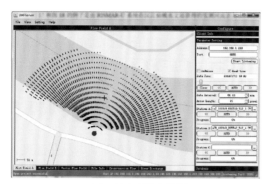
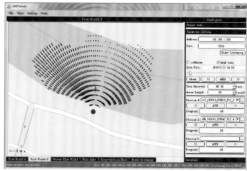

（a）A站表面径向流图　　　　　　　　　　　（b）B站表面径向流图

图 6.3.13　仙桃水文站 UHF 雷达流量双站在线监测装备获得的 A、B 站表面径向流图

2）双站矢量流场

图 6.3.14 是 UHF 雷达流量双站在线监测装备对仙桃水文站获得的径向流场进行矢量合成后得到的表面矢量流场。

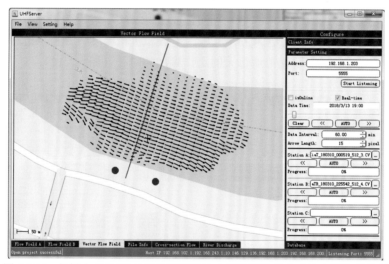

图 6.3.14　仙桃水文站 UHF 雷达流量双站在线监测装备合成的表面矢量流场

3）断面流速曲线

仙桃水文站配备 UHF 雷达流量双站在线监测装备，可以得到三个断面的流速结果。红色线是单个雷达站 A 得到的断面流速，蓝色线是单个雷达站 B 得到的断面流速，棕色线是双站雷达综合后的断面流速（图 6.3.15）。对于单站式流量探测系统，只会有一个断面流速。

4）断面流量

仙桃水文站 UHF 雷达流量双站在线监测装备，由双站雷达综合的断面流速计算流量，即以图 6.3.15 中的棕色线为结果计算断面流量。断面流量由断面流速、水位和被测河道的断面参数计算得到，其流量计算结果如图 6.3.16 所示。

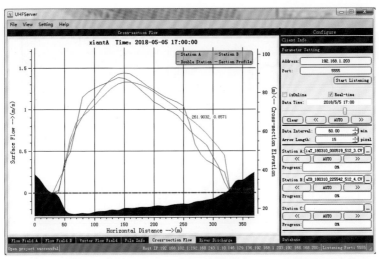

图 6.3.15　仙桃水文站 UHF 雷达流量双站在线监测装备获得的断面流速图

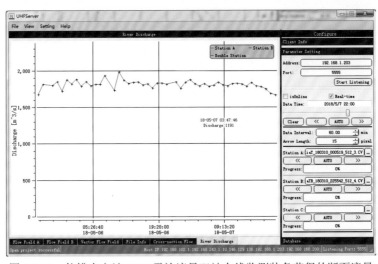

图 6.3.16　仙桃水文站 UHF 雷达流量双站在线监测装备获得的断面流量

6.3.4　成果应用

1. 应用站点基本情况

仙桃水文站位于汉江干流中下游段，为国家基本水文站。测验河段上下游有弯道控制，顺直段长约 1 km，基本水尺断面设在顺直段下部。河槽形态呈不规则的 W 形，右岸为深槽，左岸中低水有浅滩，中高水主槽宽 300～350 m，全变幅内均无岔流、串沟及死水，见图 6.3.17。中高水峰顶附近及杜家台分洪期右岸边有回流。河床为沙质，冲淤变化较大，且无规律。两岸堤防均有砌石护岸。主流低水偏右，中水逐渐左移，高水时基本居中。断面上游距兴隆水利枢纽 111 km，上游右岸约 82 km 处为汉江分流入东荆河河口，下游右岸 6 km 处为杜家台分洪闸。

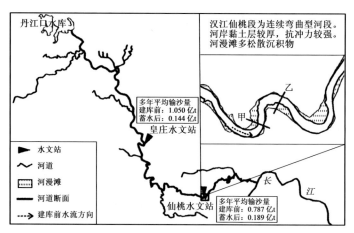

图 6.3.17　仙桃水文站测验断面位置图

仙桃水文站历年实测大断面套绘图如图 6.3.18 所示。

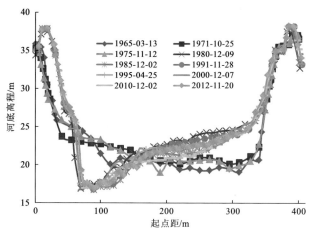

图 6.3.18　仙桃水文站历年实测大断面套绘图

仙桃水文站水位、流量特征值统计分别见表 6.3.2 和表 6.3.3。

表 6.3.2　仙桃水文站水位特征值统计表

项目	时期	最大值		最小值		多年平均值/m	统计年份
		数值/m	出现日期	数值/m	出现日期		
水位	建库前	35.89	1958-07-22	22.79	1958-03-21	26.54	1952～1959
（冻结基面）	蓄水后	36.24	1984-09-30	22.33	2000-05-19	26.04	1972～2013

表 6.3.3　仙桃水文站流量特征值统计表

时期	多年平均流量 /（$10^8 \, m^3/s$）	多年平均径流 量/（$10^8 \, m^3/s$）	最大值		最小值		统计年份
			数值/（m^3/s）	出现日期	数值/（m^3/s）	出现日期	
建库前	1 380	436	13 000	1958-07-21	180	1958-03-20	1955～1959
滞洪期	1 430	452	14 600	1964-10-09	198	1967-02-04	1960～1967
蓄水后	1 230	387	13 800	1983-10-10	187	2000-05-19	1972～2013

仙桃水文站水位流量关系既受洪水涨落、断面冲淤变化影响,又受下游长江回水顶托影响。

2. 系统集成与安装

仙桃水文站配备的是双站式流量探测系统,所在河段宽度常年为 250～300 m,雷达监测区域处于一个 U 形的弯道内,且靠近雷达的一边为深水区,远离雷达的一边为浅水区。其中,A 站架设在水文站院内,接收天线阵列距水面的高度随水位变化,在 10～15 m 起伏,阵列法向和河道垂直,B 站架设在下游大约 100 m 处,距离水面的高度在 8～13 m 起伏,阵列法向朝 A 站方向偏约 30°,以确保双站波束的共同区域覆盖整个断面,双站与河面的水平距离约为 10 m,河流断面位于双站中间,距离 A 站 30 m,如图 6.3.19 所示。

(a) 站址位置　　　　　　　　　　　(b) 设备布置点位

图 6.3.19　仙桃水文站双站式流量探测系统布设位置图

双站架设情况如图 6.3.20 所示。双站雷达均完全使用太阳能系统供电,太阳能电池使用电压为 36 V、功率为 200 W 的单晶板,蓄电池组的电压和容量分别为 24 V、250 A·h,固定在雷达基座上的电池柜中,接收天线阵列的通道数为 4,发射天线位于雷达主机和接收天线阵列之间,与主机一样均使用抱箍安装在支撑杆上。双站雷达的发射功率均为 1 W,扫频带宽和扫频周期分别为 15 MHz、0.04 s,对应 10 m 的距离分辨率和 4.446 m/s 的最大探测速度,雷达每场数据包含 512 个扫频周期,因此相干积累后的速度分辨率为 0.008 5 m/s。中心站位于水利部长江水利委员会水文局机房中,UHFServer 和 UHFMonitor 软件均安装在中心站计算机中,UHFServer 实时接收本地双站雷达测量的径向流场,并将之合成为矢量流场,同时提取出断面表层流速,最后根据水文站提供的站点实时水位数据和断面高程信息计算出断面流量。考虑到太阳能供电的能源紧缺问题,UHF 雷达流量双站在线监测装备均工作在定时测量模式,由 UHFMonitor 软件配置为 1 h 测量一次,每次测量时长为 5 min,为了防止双站之间发射的电磁波的相互干扰,A 站和 B 站的工作时间相互错开一个测量周期。

由 UHF 雷达获取表面流场数据,并结合仙桃水文站的断面数据、水位数据,反演汉江的流量数据。UHF 雷达流量双站在线监测装备在 2018 年 3～9 月经过了集成和现场调试及示范应用,2019 年 1 月进入示范比测阶段。

（a）A站设备　　　　　　　　　　　　（b）B站设备

图6.3.20　仙桃水文站双站架设情况

3. 系统比测分析

1）不同水位级流量精度分析

对同一时间 UHF 雷达系统流量与仙桃水文站实测流量进行误差分析。

UHF 雷达系统比测时间在 2019 年，比测期间实测水位在 23.13～30.2 m，实测流量在 545～4 450 m³/s，UHF 雷达系统测得的流量在 546～4 590 m³/s，其中高水期 8 次，中水期 17 次，低水期 11 次，枯水期 17 次。

对雷达波流量数据与流速仪实测流量进行误差分析，UHF 雷达系统流量与实测流量的相对误差在 -8.3%～6.4%，约 76% 的测次相对误差在 ±5% 以内。高水期和中水期的随机不确定度均为 10%。全部测次的系统误差为 -1.2%，表明 UHF 雷达系统测得的流量偏低，全部测次的随机不确定度为 8%。图 6.3.21 为 UHF 雷达系统流量与流速仪实测流量散点图，两流量值基本一致。UHF 雷达系统测流符合一类精度站测流的精度要求。

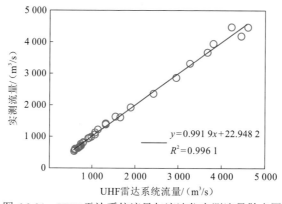

图 6.3.21　UHF 雷达系统流量与流速仪实测流量散点图

2）场次洪水过程分析

选取 2019 年三次洪峰流量在 1 000 m³/s 以上的洪水过程（分别为 5 月 22 日～6 月 13 日、6 月 14 日～7 月 6 日、9 月 19～22 日），将雷达系统流量与整编流量过程进行对比，误差分析表见表 6.3.4，流量过程图如图 6.3.22 所示。

表 6.3.4　洪水流量过程误差分析表

序号	水情	发生时间	洪峰流量			相关系数 R	均方根误差 RMSE/（m³/s）	确定性系数 DC
			整编流量/（m³/s）	雷达系统流量/（m³/s）	相对误差/%			
1	低枯水	5-22～6-13	1 140	1 090	-4.4	0.95	62.3	0.81
2	中低水	6-14～7-06	1 060	1 080	1.9	0.94	51.4	0.68
3	高水	9-19～9-22	4 540	4 600	1.3	0.96	168.8	0.91

表 6.3.4 中，相关系数 R 表征雷达系统流量与整编流量的相关性，其绝对值越接近于 1 越好，均方根误差 RMSE 表征计算流量与整编流量的平均偏离程度，其值越小越好，确定性系数 DC 表征雷达系统流量过程与整编流量过程的拟合程度，其值越接近于 1 越好。

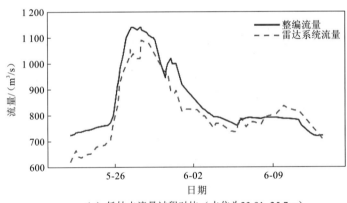

（a）低枯水流量过程对比（水位为23.91~25.7 m）

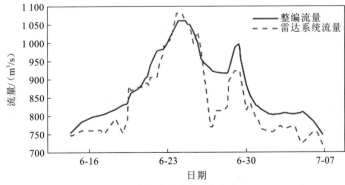

（b）中低水流量过程对比（水位为24.59~26.44 m）

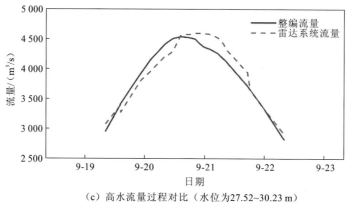

（c）高水流量过程对比（水位为27.52~30.23 m）

图 6.3.22　三次洪水流量过程对比图

从表 6.3.4 和图 6.3.22 中可以看到，雷达系统流量过程较整编流量过程偏小。次洪 1 至次洪 3 洪峰流量相对误差的绝对值均在 4.5%以内，相关系数 R 较高，在 0.94 及以上，对于均方根误差 RMSE，由于次洪 3 流量较大，其值偏大，次洪 1 和次洪 3 与整编流量过程拟合良好，确定性系数 DC 在 0.8 以上，次洪 2 在退水段拟合较差，使得 DC 降低，为 0.68。

整体来看，与整编流量过程相比，雷达系统流量偏小，高洪时精度较好，中、低洪水时还应改进算法以提高精度，另外，雷达系统由于对流速变化敏感性高，流量过程存在锯齿，需改进算法以平滑曲线过程。

3）风速、风向影响分析

为深入研究非接触式在线测流系统精度的影响因素，仙桃水文站测量了风速、风向，53 组流量比测数据中，风速、风向数据与雷达测流时间同期的有 31 组，将风速矢量分解为顺河道流向的值和垂直河道流向的值，研究测次相对误差绝对值和风速大小、顺河道流向的风速大小及垂直河道流向的风速大小的关系。

通过数据分析，雷达系统测流误差和风速、顺河道流向的风速大小及垂直河道流向的风速大小的相关性极低，点距分散，仅低水水情时相对误差绝对值与顺河道流向的风速大小的相关系数较高。这可能与测次多发生在轻风等级以下（风速<3.3 m/s）有关，风速较低对比测结果的影响不大。

4）分析结论

从比测情况来看，雷达系统流量与实测流量的相对误差在-8.3%～6.4%，约 76%的测次相对误差在±5%以内。雷达系统流量高水期和中水期的随机不确定度均为 10%，全部测次的系统误差为-1.2%，随机不确定度为 8%，雷达系统测得的流量值偏低。雷达系统测流符合一类精度站测流的精度要求。

针对 2019 年三次洪峰流量在 1 000 m³/s 以上的洪水过程对雷达系统流量数据与整编流量数据进行了分析，发现三场洪水洪峰流量的相对误差绝对值在 4.5%以内，雷达系统流量偏小，高洪时精度较好，中、低洪水时还应改进算法以提高精度。

另外，对 31 组雷达系统测流误差与同期风速、顺河道流向的风速大小及垂直河道流向的风速大小进行了相关分析，结果发现它们基本无相关性，可能与测次多发生在轻风等级以下（风速<3.3 m/s）有关，风速较低对比测结果的影响不大。由于仙桃水文站比测测次多发生在轻风等级以下（风速<3.3 m/s），风速、风向对测流精度基本无影响，需增加风速较大时期的测次以进一步探究风速、风向的影响程度。

6.4 基于超声波时差法的流量在线监测

6.4.1 测量原理

超声波时差法流量自动监测的工作原理：声波在静水中传播时，有一恒定的速度，此传播速度会随水温、盐度、含沙量的变化发生一些变化。但当水流状况一定时，此传播速度是一定的，受水流速度的影响，在顺水传播时实际速度大于声速，逆水传播时实际速度小于声速。按流速方向对角安装一对换能器，通过超声波时差法流速仪测得顺、逆流方向的传输时间，在测量距离固定的情况下便可算出测线的平均流速，故称为超声波时差法。

利用超声波在河流中传播时因水体流动方向不同而传播速度不同的特点，在河岸两边分别设置超声波换能器（P_1，P_2），测量它的顺流传播时间 t_1 和逆流传播时间 t_2 的差值，从而计算出水体流动的速度，再结合河床断面数据与水位测量数据，使用流量算法模型，计算出河流过水流量，测量原理如图 6.4.1 所示。

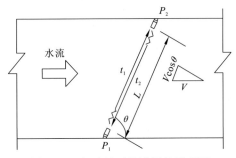

图 6.4.1 超声波时差法测量原理图

$$V = c_{\mathrm{w}}^2 \Delta t / 2L\cos\theta \qquad (6.4.1)$$

式中：Δt 为时差，$\Delta t = t_2 - t_1$；L 为换能器间的距离；θ 为声波传输路径与水流方向的夹角；c_{w} 为特定水温情况下，声波在该种水环境下的传播速度。

$$Q = VA \qquad (6.4.2)$$

式中：A 为断面过水面积；Q 为断面流量。

超声波时差法流量计测流分有线、无线两种方式，如图 6.4.2 和图 6.4.3 所示。超声波时差法流量计的最大特点是测量断面宽、测量水位变幅大、精度高，低流速、浅水也可以工作。

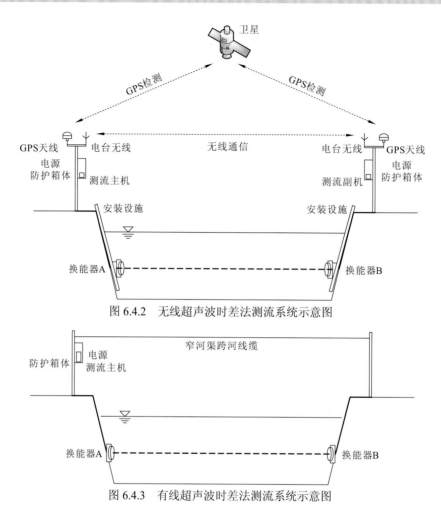

图 6.4.2　无线超声波时差法测流系统示意图

图 6.4.3　有线超声波时差法测流系统示意图

无线超声波时差法测流系统是基于超声波时差法原理的测量方法。主副机两端之间的声波信道与水的流向有一定的夹角（一般为 45°），其任意一边都可以自主运行。主副机之间使用定向无线电装置通信，并通过 GPS 校时。从 GPS 接收器收到的卫星数据提供了高精度的标准频率和必要的精确定时脉冲，以确保主副机运行绝对同步。

一个主机可以控制多个副机，故系统支持单层方式、交叉通道方式和多层方式的安装。

超声波时差法进行流量自动监测（无线声路）的方法主要有单声路、交叉声路、多层声路三种。

（1）单声路。如果水流方向与岸堤平行，安装最简单的单声路系统即可很好地测量流量，仅需要 2 个声学换能器、2 个主机。

（2）交叉声路。如果水流方向与岸堤不平行，在安装了第一道声路的基础上，需要再安装第二道声路，两路交叉，适用于弯曲的河道或断面几何形状变化频繁的河道。

（3）多层声路。如果水位变化剧烈，为了提高测量精度，需要安装多层声路，即在不同的水深分别安装上述两种声路。多层声路精度高，直接得到垂直剖面上的流速分布图，不需要进行现场校准（率定）。

单声路时，是由一层的流速根据水位的变化采用国际标准 *Hydrometry-Measurement of Discharge by the Ultrasonic Transit Time（Time of Flight）Method*（ISO 6416—2017）推荐的流速系数算出整个截面的流速[40]。这里有个假定条件是：流速在垂线上的分布符合指数曲线分布规律。实际上，在大部分的天然河流或渠道中这种规律是存在的，这就是很多情况下采用单声路也可以获得非常准确的流量值的原因。这个假定条件是否存在，以及这个规律存在条件下的数学表达式需要事先进行现场测验和率定。

当测流河段出现不规则且时常变化的流态分布（如潮汐河流、近距离上游来水方向变化、下游改变了闸门开启方式等）时，采用国际标准推荐的流速系数就不能得到相对准确的测流数据。此时，采用两层甚至多层测速，可以较为准确地描绘出断面流速的垂直分布。此时，断面流速的获取不再单纯依赖某一特定规律的系数（实际上已不完全遵循特定规律），而是根据测验获得的各层流速绘制出整个断面的流态分布场，从而可以更为准确地计算出断面平均流速和过水流量，而且几乎不需要烦琐的事前率定。

当断面规则、水情不复杂时，一层完全可以测出整个断面的流速。然而，从概率论上讲，在同一个面上取一个点作为代表和在同一个面上取两个点或多个点作为代表相比，当然是点越多越能代表整个面。因此，在同一个截面上的层流速，一层推算的断面流速和两层或更多层推算的断面流速相比，显然两层或更多层更能代表整个断面的流速及流量。

无线超声波时差法测流系统除可使用于测流条件较好的断面外，也可使用于宽浅河道和水位变幅较大的断面。无线超声波时差法测流系统两岸的换能器同时横向向对方发射超声波脉冲信号，由于超声波的传输路径与河道的水流方向成 45°夹角，故两路超声波一路顺着水流传输，一路逆着水流传输，从而河道两侧的换能器接收到对方发射的超声波的时间存在差异，通过计算此时间差可以推算出断面的流速。因为超声波时差法设备在两岸都有换能器，所以只要能够互相接收到对方的信号，就不存在扩散角度的问题，因此可以测量较为宽浅的断面。

测流断面存在常年流速较低的情况时，对流速仪精度的要求更高，无线超声波时差法测流系统与其他测流设备相比精度较高。当由于水位变幅过大，测流精度无法满足实际需要时，无线超声波时差法测流系统可根据需要，由单声路改建为多层声路，以获得更高的测流精度。

6.4.2　系统组成与主要技术指标

1. 系统组成结构

无线超声波时差法测流系统的核心主要包括：测流主副机、超声波换能器、4G 通信模块、RTU、水位采集传感器、供电设备、安装辅件等。系统组成结构如图 6.4.4 所示。

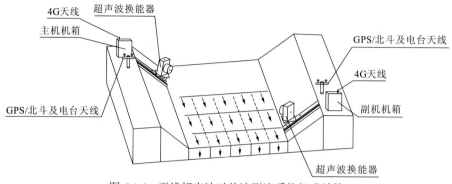

图 6.4.4   无线超声波时差法测流系统组成结构

2. 主要技术指标

超声波时差法测流系统的技术指标如下。

（1）量程：量程随含沙量的降低而增加，河宽 3～80 m 时含沙量＜5 kg/m³，河宽 3～100 m 时含沙量＜2 kg/m³。

（2）流速测量范围：逆流为-6～-0.02 m/s，顺流为 0.02～6 m/s。

（3）换能器：工作频率为 28 kHz（范围可选），发射功率为 2 000 W，发射锥束为 18°。

（4）无线通信有效距离（空旷地）：＞1 400 m。

（5）流速分辨率为 1 mm/s；流量分辨率为 0.001 mm。

（6）流速测量误差：流速大于 0.5 m/s 时，相对允许误差为±3%；流速小于 0.5 m/s 时，绝对允许误差为±0.015 m/s。

（7）数据置信度：≥95%。

（8）固态存储空间：≥8 GB（可选）。

（9）显示屏类型：液晶显示器（liquid crystal display，LCD）触摸屏。

（10）远程数据上传方式：GPRS/4G/第五代移动通信技术（5th generation，5G）（无线）或电缆。

（11）水位计接口：RS485 或 RS232 或 4～20 mA 模拟量输入。

（12）RTU 接口：RS485 或 RS232 或 RJ45 网络接口。

（13）使用温度范围：水上部分为-15～50℃（工作）、-20～70℃（存储）；水下部分为 0～40℃（工作）。

（14）供电电源要求：直流 10～28 V 或交流 220 V（流速测量部分）；直流［（1±15%）×12］V 或交流 220 V（水位测量部分）。

6.4.3 系统集成

1. 系统总体架构

无线超声波时差法测流系统分为主机和副机两部分，主机和副机通过射频电台进行数据通信，基于 GPS/北斗校时模块实现主机和副机的时钟同步，安装于水下的超声波换能器通过发射和接收超声波信号实现流速的测量，主机设计与水位计及 RTU 的通信接口，用于水位获取、参数设置及数据传输等，系统总体架构如图 6.4.5 所示。

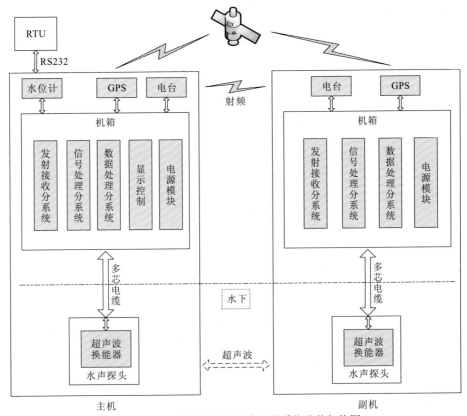

图 6.4.5　无线超声波时差法测流系统总体架构图

2. 信息传输

无线超声波时差法测流系统通过分布于河道两岸的主机、副机间的 UHF 无线通信协作，相互接收由对方发送的经河道传播的水声信号，测量并计算出同步时间差值，最后经数据处理获得断面的平均流速。通过安装在河道旁边的气泡式压力水位计实现水位采集；采用 RTU 连接超声波时差法监测核心主机，结合获取的平均流速、实时水位测量数据和河床断面数据，通过流速积分和人工标定的流量系数计算出河道流量数据，使用无线公用网络传输至前端数据接收平台。数据接收平台再对接收的河道流量数据进行校正处理。实现过程如图 6.4.6 所示。

图 6.4.6　无线超声波时差法测流系统信息传输示意图

3. 接收处理

中心站从前端数据库中获取流速等相关实测数据，根据断面的水位数据与大断面数据，计算流量成果数据，中心站平台软件展示设备测量的流速过程线、水位、流量过程线，提供人工接口以录入人工实测流量数据，实现设备测量流量数据与人工实测流量数据的对比。

超声波时差法测流系统软件界面设计为水文信息管理平台及后台管理系统两大类。其中，水文信息管理平台主要实现流量在线监测数据的展示。超声波时差法上报的数据包括层流速、断面平均流速、流量、水位、主机幅值、主机计数值、副机幅值、副机计数值等。其中，层流速指超声波时差法所测平均层流速；主机/副机幅值指换能器信号的强弱程度；主机/副机计数值指计数器的读数。主要关注层流速、断面平均流速、流量及水位即可；其他均是状态信息。后台管理系统主要负责站点的管理及用户权限的设置，具体包括增加及删除站点、增加及删除用户、修改用户权限等功能。

6.4.4 成果应用

1. 断面基本情况

水利部长江水利委员会水文局汉江水文水资源勘测局南水北调渠首陶岔水文站断面为南水北调工程调水断面，河道宽度为 170～300 m，最大水深为 29 m，停止调水时水深为 0，常年最高水位约为 170 m，常年平均水位约为 152 m，常年最低水位为 145 m，常年最大流量为 500 m³/s，最大流速约为 1 m/s，平均流速约为 0.2 m/s。

根据丹江口水库调度规定，丹江口水库库水位超过汛限水位（夏季为 160 m，秋季为 163.5 m）时，引水流量为 420 m³/s，库水位在汛限水位和 156 m 之间时，引水流量为 350 m³/s，库水位在 155～156 m 时，引水流量为 300 m³/s，库水位在 155 m 与限制供水水位（148 m）之间时，引水流量为 260 m³/s，库水位在 145～148 m 时，引水流量为 135 m³/s。

陶岔闸下游的水位流量关系是由总干渠的设计、运行条件决定的。输水总干渠陶岔闸下游的第一个节制闸位于该闸下游 75 km 的淇河渠道倒虹吸出口处，该点的设计水位为 142.65 m（85 基准），确定陶岔闸下游水位流量关系时，将 420 m³/s 分为 11 级，对每一级流量，以淇河节制闸前水位为起始断面水位，向上游推算至陶岔闸下，由此确定闸下水位流量关系，见表 6.4.1。

表 6.4.1 陶岔闸下游水位流量关系

序号	流量/（m³/s）	水位（85 基准）/m	水位（吴淞基面）/m
1	0	142.65	144.346
2	42	143.02	144.716
3	84	143.71	145.406

续表

序号	流量/（m³/s）	水位（85 基准）/m	水位（吴淞基面）/m
4	126	144.40	146.096
5	135	144.54	146.236
6	168	145.04	146.736
7	210	145.63	147.326
8	252	146.19	147.886
9	294	146.72	148.416
10	336	147.22	148.916
11	350	147.38	149.076
12	420	148.21	149.906

闸下 1 090 m 的断面流速分析情况如下。

根据 2017 年误差试验中的走航式 ADCP 实测数据，通过程序提取各层平均流速与断面平均流速，选取 150 m³/s 和 270 m³/s 两个流量级进行分析。

150 m³/s 水面以下各深度水层平均流速和断面平均流速分析成果见表 6.4.2。

表 6.4.2　陶岔闸下 1 090 m 流速分析表（150 m³/s）

水层深度（水面以下）/m	水层平均流速/（m/s）	水层平均流向/（°）	断面平均流速（流量/面积）/（m/s）	ADCP 断面平均流向/（°）	水层平均流速相对断面平均流速的偏离比/%
1	0.554	102.323 873 8	0.543	102.56	2.0
2	0.575	103.121 635 7	0.543		5.9
3	0.553	102.354 782 6	0.543		1.8
4	0.558	103.508 574 2	0.543		2.8
5	0.535	101.624 935 4	0.543		-1.5
6	0.504	103.060 858 6	0.543		-7.2
7	0.406	102.734 160 1	0.543		-25.2

比较水层平均流速和断面平均流速可以看出，当前水下 1 m、3 m、4 m、5 m 处水层平均流速的代表性较好。

270 m³/s 水面以下各深度水层平均流速和断面平均流速分析成果见表 6.4.3。

表 6.4.3　陶岔闸下 1 090 m 流速分析表（270 m³/s）

水层深度（水面以下）/m	水层平均流速/（m/s）	水层平均流向/（°）	断面平均流速（流量/面积）/（m/s）	ADCP 断面平均流向/（°）	水层平均流速相对断面平均流速的偏离比/%
1	0.953	102.257 331 0	0.932	102.92	2.3
2	0.969	103.397 851 1	0.932		4.0
3	0.971	102.846 309 9	0.932		4.2
4	0.963	103.035 946 9	0.932		3.3
5	0.927	101.756 076 7	0.932		−0.5
6	0.890	102.305 741 6	0.932		−4.5
7	0.771	102.182 091 4	0.932		−17.3

比较水层平均流速和断面平均流速可以看出，当前水下 1 m、4 m、5 m 处水层平均流速的代表性较好。

2. 流速标定

1）计算断面平均流速

超声波时差法流量计的标定主要是指建立声路上实测流速与断面平均流速的关系曲线。这一关系曲线可以通过理论公式、数学计算得到，或者在自然环境中使用单点旋桨流速仪进行实地对比测量等得出。

通常，流量的计算公式为

$$Q=KAV_g=K_1K_2AV_g \tag{6.4.3}$$

式中：Q 为断面流量；V_g 为实测声路流速；K 为流速标定系数（即 KV_g 为断面平均流速）；K_1 为理论流速计算的标定系数；K_2 为现场安装造成的标定系数；A 为断面面积。

对于标定系数 K，可将其分解为两部分：理论公式决定的标定系数 K_1 和现场具体情况决定的标定系数 K_2，且 $K=K_1K_2$。进行标定就是要得出 K_1 和 K_2，从而最终确定出 K。

2）系数 K_1 的标定

（1）经验值法。依据国际标准 *Hydrometry-Measurement of Discharge by the Ultrasonic Transit Time（Time of Flight）Method*（ISO 6416—2017）的测量规范，许多宽阔的天然河流，流速分布与水位有一定的关系。理论流速计算的标定系数 K_1 对于不同的安装水深有不同的数值。表 6.4.4 为国际标准中 K_1 的相关数值[40]。

表 6.4.4　国际标准中 K_1 的相关数值

Z/h	0.1	0.2	0.3	0.4	0.5	0.6	0.7	0.8	0.9
K_1	0.846	0.863	0.882	0.908	0.937	0.979	1.039	1.154	1.424

　　其中，Z/h 的含义是换能器的安装高度与实际水深的比值。这些值是在 7 个不同的测量点（1.94 m<h<2.20 m）经 15 次测量确定的。

　　（2）对数曲线流速分布模型法。也可以通过对数曲线流速分布计算平均流速。这种方式适用于断面的宽深比（b/h）小于 5.2 的河道[41]。使用这一方法需将换能器声路安装于距离河底 0.4 倍的水深处，在这一测量环境下，测量的声路流速与断面平均流速基本一致。因此，可以认为，如果超声波时差法流量计安装在 0.4 倍水深处，得到的声路流速就是断面平均流速。当河道水位发生变化或河道底部形状（粗糙度）发生变化时，都会产生二次流，这些二次流会对流速测量产生影响，它们之间相互作用，将岸边的悬浮颗粒转移至主流区域，结果是减小了流速，增大了摩擦，这种对数分布关系失效。

　　（3）水文数字模型法。对于水泥结构的矩形或梯形河段，不能忽略流速剖面的边缘补偿影响。在水文数字模型的帮助下，可以计算出有稳定流的断面的流速分布，从而确定沿测量路径的各个高程上的流速标定系数 K_1。通过反复的仿真模拟计算，即对不同水位情况下的分析，可以得到相对于水位的完整的标定系数的函数公式 $K_1(h)$[42-45]。

3）系数 K_2 的标定

　　对于一些河道，受潮汐或底层形状变化影响的测量点，流速剖面的理论偏移可以计算出来。然而，影响流速剖面的其他因素还包含河道的弯折、水面的风、河道内有排水和取水口等。

　　在某一特定河流，标定系数 K_1 会有所偏离，可通过标定系数 K_2 来纠正。因为测量点的流场特性经常是不可预知的，所以对于现场安装人员来说，做相关的水文标定是非常重要的。

　　对于不同的水位和流量，会有不同的标定系数 K_2。对于多点测量，是在测量断面内分布许多测量点，使用叶轮式流速仪测量每一个点的流速，再进行垂线和横向平均计算出断面平均流速，从而得到流量数据。

　　当河道很宽时，多点流速测量有时是不可行的，这样会花费很高，这时可以使用走航式 ADCP 进行测量，这种测量方式为在船侧边安装一套 ADCP，将船由一岸行至另一岸，可累计出流量。对于本断面，需要根据高、中、低不同的流速情况来进行标定，为此需在不少于三种流速条件下人工测量断面流量，每种流速条件下需连续测量 10 组以上数据。

3. 设备安装

1）超声波时差法流量计探头安装

　　鉴于实测流量为 126～276 m³/s 时，水位从 148.54 m 增加到 149.05 m，水位变幅约为 0.5 m，当引水流量增加到 420 m³/s 时，水位再升高 0.5～0.8 m。从各流量级相应的层流速分布情况看，可安装 4 级探头，安装位置分别在水面以下（150 m³/s 流量级相应的水面高度为 148.7 m）1 m、3 m、4 m、5 m 处的渠道边坡上。

　　综合考虑陶岔闸调度流量级，即 135 m³/s、260 m³/s、300 m³/s、350 m³/s、420 m³/s，

按设计它们对应的水位分别为 146.23 m、147.9 m、148.5 m、149.1 m、149.9 m。为确保在各级流量情况下均能保证至少有 2 级探头能够应用，保证流量测验精度，在陶岔闸下游 1090 m 断面处，分别在断面高程 143.5 m、145 m、146.2 m、148 m 位置布设 4 级超声波时差法流量计探头，安装位置示意图如图 6.4.7 所示。

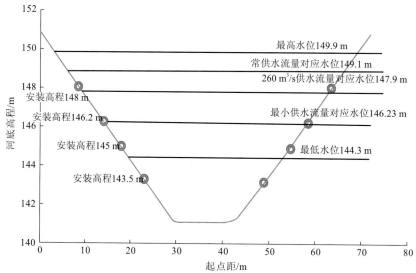

图 6.4.7　陶岔闸下游 1 090 m 超声波时差法流量计探头布设示意图

2）设备安装结构

站点设备使用滑槽沿岸边倾斜式安装，如图 6.4.8 所示。

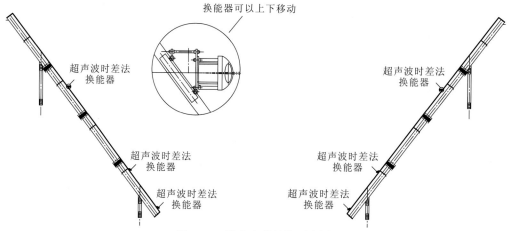

图 6.4.8　设备安装结构示意图

3）箱体及太阳能立杆基础

（1）箱体基础：一体化野外机箱采用内外两层，外层内侧安装保温板，主要监测设备都安装在箱体内，箱体需设计安装在混凝土基础上，箱体基础选择在靠近栈桥且高程较高的地方。因站点一般在河边上，土质较松软，箱体基础采用混凝土 C25 浇筑方式，基座内配置一定数量的钢筋进行加强。

（2）太阳能立杆基础：采用太阳能板供电系统给设备供电。太阳能板安装在专用立杆支架上，因其面积较大，承受的风力较大，立杆需要安装在比较牢固的混凝土基础上。为使太阳能板采光较好，支架立杆不低于 3 m。

4）防雷接地设施

为了防止雷电对监测设备的影响，需要在测站做好防雷接地措施。防雷主要采用避雷针将雷电引入地下，设备应放在避雷针顶点 35°～45° 角锥体保护范围内。防雷接地的关键是接地，要做好接地地网的建设，接地地网的基本要求如下：①在设备安装的位置建设设备地网，地电阻＜10Ω；②避雷地网和设备地网的连接方式为避雷针引下线和设备接地线采取一点接地法共同接到同一地网。

4. 比测与分析

1）走航式 ADCP 流量测验

采用 RiverPro ADCP 1200 kHz 进行测验，使用 WinRiverII2.16 软件采集数据，设置换能器入水深、最大水深、最大流速、测量等级、河床组成、水流条件等基本参数，其余的参数由软件自适应水剖面模式自动配置。

走航式 ADCP 测验时，采用缆道吊测，将三体船牵引绳连接在铅鱼上，由智能电动缆道牵引三体船匀速移动。测验开始和终了均观测水位。开始记录后和结束前，船体在岸边停留一段时间，直到岸边的有效数据组数不少于 10 组。当第一测回任一底跟踪模式下的测量值与平均值的相对误差小于 2% 时，可不施测第二测回，流量取第一测回的平均值。否则，施测第二测回，确保任一半测回底跟踪模式下的测量值与平均值的相对误差不大于 5%，否则，补测同向的半测回流量[46]。测验时 ADCP 探头与水边的距离为实测。施测时，船速尽量小于断面平均流速，并匀速前进。

2）旋桨式流速仪法流量测验

采用智能缆道悬索悬吊 LS25-3A 型旋桨式流速仪进行流速、流量测验。旋桨式流速仪流量测验方案：10 线、三点法、60 s；测速垂线起点距为 10 m、15 m、20 m、30 m、35 m、41 m、43 m、50 m、55 m、61 m（起点桩为渠道右岸顶部内边沿；现场根据过水断面水深和流速分布情况再优化调整）。在测验开始和终了观测水位，便于用水位查算水深。每次测验过程中点绘现场四随图（图 6.4.9），对测验成果进行合理性检查。

3）成果分析

超声波时差法系统资料收集自 2019 年 11 月开始至 2020 年 5 月 5 日结束，数据资料每 5 min 采集一次。对比测资料进行整理与合理性检查，包括测验方案检查、单次流量测验成果检查，以及垂线流速分布检查，检查垂线流速纵向分布是否合乎陶岔水文站测验断面流速分布特性，即从水面向河底流速递减。以第 14 次为例，垂线流速分布图如图 6.4.10 所示。

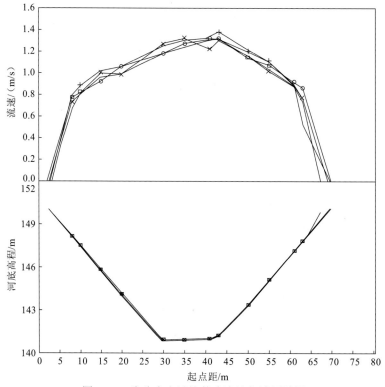

图 6.4.9 陶岔水文站旋桨式流速仪法四随图

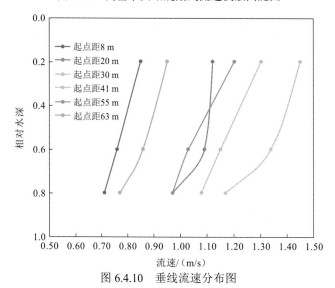

图 6.4.10 垂线流速分布图

在确定的比测流量级范围内（278～422 m³/s），在流量恒定的状态下，采用走航式 ADCP 法、多线多点流速仪法施测流量，并与同步的超声波时差法在线监测数据进行比对，测验样本 39 次（5 月 6 日～7 月 27 日），符合规范规定的不少于 30 次的要求。

以 ADCP 流量和旋桨式流速仪流量为流量真值，对 ADCP 和旋桨式流速仪流量测验时段对应的超声波时差法在线监测流量的均值进行对比分析。超声波时差法流量在线监测成果的随机不确定度为 3.2%，系统误差为 0.4%，满足《河流流量测验规范》（GB 50179—2015）规定的随机不确定度不超过 6%、系统误差不超过 ±1% 的要求。

6.5　基于图像法的流量在线监测

6.5.1　测量原理

基于图像法的流量在线监测考虑智能图像分析和机器视觉测量技术，实现野外复杂环境下非接触式的中小河流水文多要素的远程在线监测。目前已形成包括水尺水位、表面流速、断面流量测量在内，拥有核心自主知识产权的全系统集成解决方案。其中，水位测量利用图像传感器代替人眼获取水尺图像，通过图像处理技术检测水位线对应的读数，从而自动获取水位信息，具有原理直观、无温漂等优点。表面流速测量以植物碎片、泡沫、细小波纹等跟随表层水流运动的天然漂浮物及水面模式为示踪物，通过图像分析估计示踪物在图像序列中的位移，进而获得表面水流的速度矢量场，具有非接触式瞬时全场流速测量的特点，特别适合高洪期河道水流在线监测。

1. 水尺水位测量原理

图像法水位测量通过图像处理技术检测水尺水位线，实现水位信息的自动获取。由于现场环境光照条件复杂、成像分辨率低和视角倾斜，水尺表面字符和刻度线的识别相当不可靠，大多数现有的图像法难以保证长期有效的测量。对此采用了一种模板图像配准水尺水位的测量方法，如图 6.5.1 所示。其基本原理是，若将水尺表面近似为一个平面，该物理平面与其在传感器平面上成的像及无透视畸变的正射影像间满足透视投影变换关系。对于水尺读数换算，首先设计标准水尺的正射模板图像，然后采用匹配控制点将存在透视畸变的水尺图像配准到正射坐标系下，实现像素对齐，最后通过模板图像的物理分辨率将水位线坐标转换为实际水尺读数。为了滤除水面波动、随机噪声等引起的粗大误差，最终输出的水位值取多次测量的中值。

2. 表面流速测量原理

表面流速测量可直接将植物碎片、泡沫、细小波纹等天然漂浮物及水面模式作为水流示踪物，通过图像分析估计示踪物在图像序列中的运动矢量，进而结合帧间隔获得表面水流的速度。针对天然示踪方式存在的示踪物稀疏且时空分布不均问题，采用快速傅里叶变换的时空图像测速法（fast Fourier transform-space time image velocimetry，FFT-STIV）获取河流断面方向的表面时均流速分布。其基本原理是，对于满足质量守恒定律的目标，其运动在短时内通常满足连续性假设，使得它们在三维时空域中的位置必然满足某种相关性。这种相关性在一维图像空间和序列时间组成的时空图像中表现为具

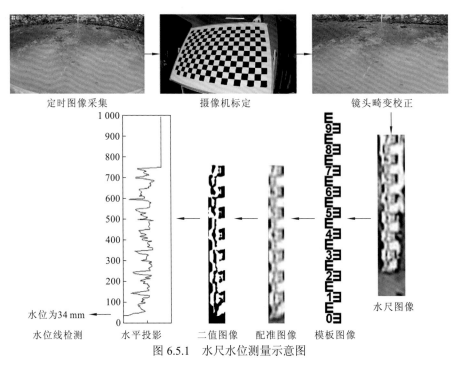

图 6.5.1　水尺水位测量示意图

有方向性显著的纹理特征，反映了目标在指定空间方向上时均运动矢量的大小。FFT-STIV 依据傅里叶变换的自配准性质，将复杂的纹理主方向检测问题转换到频域解决。通过在时空图像的幅度谱中检测频谱主方向得到与之正交的纹理主方向，进而得到测速线上的时均流速。

相比用于二维瞬时流场测量的大尺度粒子图像测速法（large-scale particle image velocimetry，LSPIV），FFT-STIV 的空间分辨率能够达到单像素，特别适合倾斜视角下一维河流表面时均流场的测量。

3. 流量估计

流量估计采用流速面积法，以测速垂线为界，将河流断面划分为若干个子断面；将时均表面流速插值到子断面中心，并采用水面流速系数 A_v 将其转换为垂线平均流速；根据实测水位、断面地形和平均流速计算各子断面的过水面积及流量；将各个子断面的流量求和得到视场内的实测断面流量：

$$Q_{mz} = \sum_{i=1}^{n} \overline{V_i} S_i = \sum_{i=1}^{n} \frac{1}{2}(V'_{i-1} + V'_i) \times A_v \times \frac{1}{2}(h_{i-1} + h_i) \times d_i \qquad (6.5.1)$$

式中：$\overline{V_i}$ 为第 i 个子断面的平均流速；S_i 为第 i 个子断面的过水面积；V'_i 为第 i 条测速垂线的垂线表面流速；h_i 为第 i 条测速垂线处的水深；d_i 为第 $i-1$ 条与第 i 条测速垂线之间的水平距离。

由于垂线流速分布受河床糙率等多重因素的影响，对于不同的水位级，水面流速系数 A_v 的取值通常在 0.70～0.93 变化。由于两岸水边界附近可能存在死水区、回水区等流态紊乱、不适宜图像法测量的区域，并且在高水条件下由于水位上涨，摄像机视场缩小，可能在两岸附近形成测量盲区（图 6.5.2 中的红色区域），这里设置一个盲区流量系数 A_{dz}，并根据测量区域过水面积 S_{mz}（图 6.5.2 中的蓝色区域）占总过水面积 S_{cs} 的比例估计完整断面流量：

$$Q_{cs} = Q_{mz} + Q_{mz}(S_{cs} / S_{mz} - 1)A_{dz} \qquad (6.5.2)$$

其中，A_{dz} 和断面地形有关，并随着水位的变化而变化，需要进行率定。

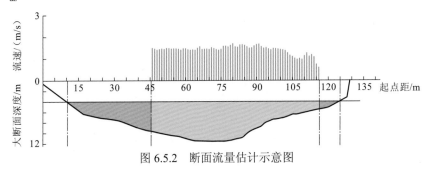

图 6.5.2　断面流量估计示意图

6.5.2　系统组成与主要技术指标

图像法流量在线监测系统的主要技术指标见表 6.5.1。

表 6.5.1　图像法流量在线监测系统的主要技术指标

项目		参数指标
水位测量	分辨率	1 mm
	精度	1 cm，和现场测量条件有关，综合不确定度<3 cm
	量程	0～3 m，单级水尺
	水尺距离	<20 m
流速测量	分辨率	0.01 m/s
	精度	<测量值的 10%，和现场测量条件有关
	量程	±5 m/s
	有效河宽	<50 m
流量测量	分辨率	0.01 m³/s
	精度	<测量值的 10%，和现场测量条件有关
测量方式	在线/离线测量	在线测量用于远程视频数据的下载和分析，离线测量用于本地历史视频数据的分析
	连续测量间隔	1 min～24 h，可设置
	单次测量时长	1～30 s，可设置
	单次测量用时	<5 min，取决于水尺量程、流速测点数量和单次测量时长

续表

项目		参数指标
输出数据	视频片段	mp4 格式，按测量时间命名，用于回放和离线处理
	单帧图像	jpg 格式，按测量时间命名，用于事件快速预览
	水位结果	txt 格式，包括水尺读数的多次测量值和中值滤波结果
	流速结果	txt 格式，包括测速线编号、纹理主方向、信噪比、运动矢量、流速值和起点距
	流量结果	txt 格式，包括水尺读数、水位值、最大表面流速值、过水面积和断面流量
	可视化图像	jpg 格式，叠加水位线的断面地形和插值后的表面流速分布
其他	数据传输	支持以太网/4G 网络
	供电电源	支持市电交流 220 V/风光互补直流 12 V
	环境温度	-20～60 ℃
	软件操作系统	Windows 7 /8 /10

6.5.3 系统集成

1. 图像法流量在线监测系统组成架构

图像法流量在线监测系统主要采用人工智能（artificial intelligence，AI）图像识别技术、姿态控制技术、通信控制协议技术、数据接口协议技术、大数据存储技术和实时多任务操作系统进行系统集成，如图 6.5.3 所示。

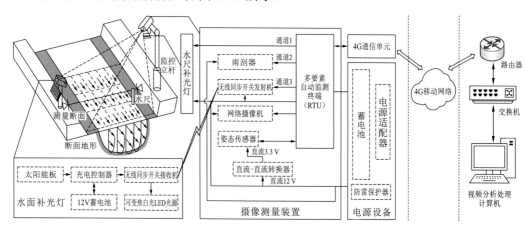

图 6.5.3　图像法流量在线监测系统集成架构图

系统主要包括：摄像测量装置、姿态传感器、水面补光灯、4G 通信单元、电源设备及位于远程监测中心的路由器、交换机和视频分析处理计算机等。图像摄像测量仪采用内置 800 万像素 CMOS 图像传感器的网络摄像机，拍摄 H.264 格式的全高清视频（3 840

像素×2 160 像素@25 帧/s）并存储在内置的 TF 卡中；选择焦距为 4 mm 的低畸变镜头。多要素自动监测终端 RTU 通过专用硬件接口电路连接,控制网络摄像机进行水尺图像和河流观测断面表面流体图像的连续拍摄,同时采集摄像测量装置姿态的倾斜角度,RTU 通过 4G 通信单元将采集到的视频数据使用 4G 移动网络传输到监测中心站,监测中心站的视频分析处理计算机对实时接收的视频数据进行处理。水面补光灯采用一台可见光波段的阵列式 LED 补光灯进行夜间水面定时补光,由直流 12 V 太阳能供电,功率为 12 W,照射角度为 60°。

2. 信息传输

图像法流量在线监测系统按照设定的时间间隔进行定时测量,通常单次测量时长为 1～30 s 内的预先设置值,测量完成后,通过 RTU 上的 4G 信道向数据中心发送数据;同时,中心站将报汛数据库中的实时水位数据接入视频测流软件实现在线测量。

3. 软件接收处理

数据接收中心通过 4G 信道实时接收光学图线法测量的流速数据,通过示范站实时水位和大断面资料,计算出流量数据,软件提供人工流量录入接口,实现设备测量流量数据与人工实测流量数据的对比。图线法视频测流软件可查询设备测量流速的相关参数、水位和流量过程线。

图线法视频测流软件通过 4G 网络实现系统控制、视频数据存储和处理、结果转发。由于实时视频流易受网络状况的影响出现延时、丢帧等问题,对测量产生不利影响,故测量采用先下载视频后分析图像的"准实时"方式。

在线定时测量模式下,视频测流系统按照设定的时间间隔进行测量,通常单次测量时长小于 5 min,测量完成后向监测中心站发送视频数据组。上传的数据包含测量日期、时间、连续图像、姿态倾角等信息,在中心站采用 AI 图像识别技术,实时动态处理图像数据,通过载入的边界条件,自动校验有效数据,然后生成水位线读数、水位、断面平均流速、最大表面流速等信息。同时,通过载入的断面基本参数,自动生成最大水深、水面宽、过水面积、虚流量和断面流量等结果,所生成的结果数据符合《水文监测数据通信规约》（SL 651—2014）的要求。

6.5.4　成果应用

1. 应用站点基本情况

攀枝花水文站于 1965 年 5 月设立,位于四川省攀枝花市江南三路三村,是国家重要的水文站和报汛站,是雅砻江汇入金沙江前的金沙江控制站,集水面积为 259 177 km²。其承担了攀枝花市城市防汛、用水安全的重要监测任务,现有水位、流量、降水等测验和报汛项目。测流断面位于弯道顺直段,断面呈 W 形,左深右浅,两岸由乱石组成,河床为乱石夹沙,断面基本稳定,局部略有冲淤变化。断面下游 500 m 有一浅滩,水位在 990.00 m 时全部淹没,起低水控制作用;下游弯道和密地大桥束水起高水控制作用,下游 15 km 的雅砻江从左岸汇入,雅砻江水大时有回水顶托。断面上游 900 m 的渡口大桥下,右岸兴建了顺坝一座,断面上游大桥与铁索桥之间的右岸围砌了 22 500 m² 的滩地作为停车场。断面上游 200 m 的左岸围砌了约 300 m 长的河堤作为停车场,后延长 100 多米至上游浮标断面,这两项工程起高水顺流作用。

由图 6.5.4 可见,攀枝花断面河槽部分基本稳定,年际略有冲淤,冲淤变化在 0.2～0.3 m。总体来看,除人为影响因素外,测流断面的河床变化较小。水位流量关系曲线多年为单一线型,中低水(994.00 m 以下)历年变化不大,高水(994.00 m 以上)个别年份有轻微摆动,如图 6.5.5 所示。攀枝花水文站水文特征见表 6.5.2。

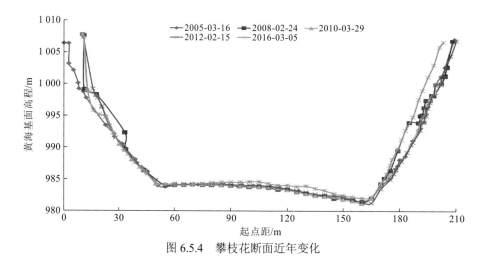

图 6.5.4　攀枝花断面近年变化

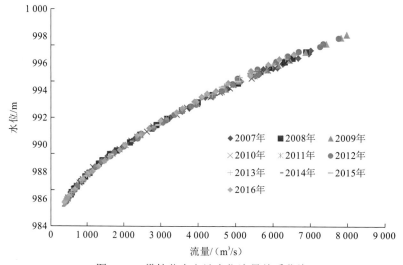

图 6.5.5　攀枝花水文站水位流量关系曲线

表 6.5.2　攀枝花水文站水文特征值表

项目	最大值		最小值		多年平均值	统计年份
	数值	出现时间	数值	出现时间		
水位（冻结基面）/m	1 002.07	1966-08-31	984.97	1966-03-09	989.05	1966～2016
流量/（m³/s）	12 200	1966-08-31	217	1966-03-09	1798	1966～2016
年径流量/（10⁸ m³）	763.6	1998	382.2	1994	567.3	1966～2016

　　缆道流速仪测流时水位级的划分见表 6.5.3。每 2 个月至少施测 1 次，并应尽量在洪峰前或洪峰后布置测次，当河床冲淤变化较大时应增加垂线数目和断面测次。

表 6.5.3　缆道流速仪测流时水位级的划分

高水期水位/m	中水期水位/m	低水期水位/m	枯水期水位/m
994.00 以上	988.00～994.00	986.40～988.00	986.40 以下

2. 系统集成与安装

　　2020 年 7 月在长江上游攀枝花水文站安装视频测流系统，测流断面宽约 200 m。系统主机采用壁装支架安装在河流右岸站房一侧的边坡上，位于缆道流速仪断面和水尺断面中间，对应的起点距为 2.906 m，高程为 1 007.8 m，俯仰角为 19.8°（图 6.5.6）。主机采用市电供电，通过 4G 网络和位于课题组的工作站进行远程通信，由视频测流软件进行系统控制、视频数据存储和处理。副机采用太阳能供电，用于夜间水面定时补光，目前放置于河流左岸正对主机的排水管道平台上，高程约为 1 000 m。

（a）测流断面　　　　　　　　（b）主机位置　　　　　　　　（c）副机位置

图 6.5.6　图像法测流仪器

3. 流速仪比测

　　攀枝花水文站安装了超声波时差法测流系统和图像法流量在线监测系统，设备安装运行期间进行了 42 次流量比测工作，比测时间分别在 2020 年和 2021 年，测流时间范围为 2020 年 5 月 18 日～2021 年 4 月 8 日，实测水位在 986.19～999.75 m，实测流量在 418～8 780 m³/s，涵盖高、中、低枯水，其中高水期 13 次，中水期 17 次，低、枯水期 12 次。

4. 精度分析

本节对同一时间图像法流量在线监测系统流量与攀枝花水文站实测流量进行误差分析。图像法流量在线监测系统的比测时间分别在 2020 年和 2021 年,比测期间实测水位在 986.37～999.75 m,实测流量在 498～8780 m³/s,图像法测得的流量在 494～8819 m³/s,涵盖了高、中、低枯水。

表 6.5.4 为图像法流量与流速仪实测流量的误差分析表,它们的相对误差在-5%～9.5%,有67%的测次相对误差小于5%。高水期的随机不确定度为7%,中水期的随机不确定度为13%,全部测次的系统误差为1.9%,表明图像法测流值偏大,高水测流值的稳定性较中水好,全部测次的随机不确定度为10%。

表 6.5.4 图像法流量与流速仪实测流量的误差分析表

分级	时间	水位/m	$Q_实$ / (m³/s)	$Q_图像$ / (m³/s)	相对误差/%	随机不确定度/%
高水	2020-07-28 08:40	995.67	5 300	5 196	-2.0	7
	2020-08-18 22:50	997.58	7 110	7 069	-0.6	
	2020-08-19 08:16	999.20	8 520	8 671	1.8	
	2020-08-19 19:29	999.75	8 780	8 820	0.5	
	2020-08-21 08:25	998.00	7 340	7 080	-3.5	
	2020-08-21 15:22	996.84	6 280	5 969	-5.0	
	2020-09-14 08:05	996.11	5 660	5 686	0.5	
中水	2020-09-09 16:14	992.29	3 140	3 098	-1.3	13
	2020-10-12 08:24	991.06	2 430	2 591	6.5	
	2020-10-19 10:18	990.04	1 890	2 004	6.0	
	2020-10-27 08:18	990.74	2 240	2 403	7.3	
	2020-10-30 08:37	991.30	2 540	2 618	3.1	
	2020-11-01 08:45	989.41	1 630	1 648	1.1	
	2020-11-07 09:36	990.58	2 190	2 328	6.3	
	2021-01-22 15:28	988.93	1 480	1 447	-2.2	
低枯水	2020-11-18 10:26	986.37	504	535	6.2	/
	2021-01-10 08:22	987.06	694	760	9.5	
	2021-03-18 08:15	986.38	498	494	-0.8	
整体系统误差/%		1.9	整体随机不确定度/%			10

5. 场次洪水过程分析

选取 2020 年三次洪峰流量在 2 900 m³/s 以上的洪水过程进行分析，分别为 8 月 30 日～9 月 3 日、9 月 19～24 日、10 月 23～26 日。对图像法流量与攀枝花水文站水位流量关系线推流数据进行对比，误差分析表见表 6.5.5，流量过程图见图 6.5.7。

表 6.5.5　基于图像法测流系统的洪水流量过程误差分析表

序号	水情	发生时间	洪峰流量		相对误差/%	相关系数 R	均方根误差 RMSE /(m³/s)	确定性系数 DC
			水位流量关系线推流流量/(m³/s)	图像法 /(m³/s)				
1	高中水	8-30～9-03	5 543	5 780	4.3	0.97	177	0.94
2	高中水	9-19～9-24	5 361	5 484	2.3	0.99	98	0.97
3	中水	10-23～10-26	2 918	3 034	4.0	0.99	116	0.85

表 6.5.5 中，相关系数 R 表征图像法流量与推流流量的相关性，其绝对值越接近于 1 越好，均方根误差 RMSE 表征图像法流量与推流流量的平均偏离程度，其值越小越好，确定性系数 DC 表征图像法流量过程与推流流量过程的拟合程度，其值越接近于 1 越好。

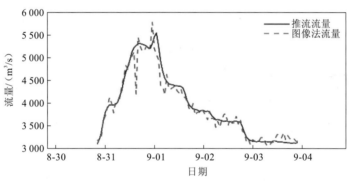

（a）第一次洪水流量过程对比（水位为992.31~995.83 m）

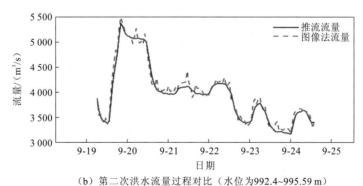

（b）第二次洪水流量过程对比（水位为992.4~995.59 m）

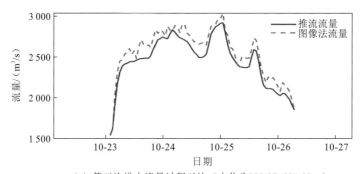

（c）第三次洪水流量过程对比（水位为989.27~991.98 m）

图 6.5.7　基于图像法测流系统的三次洪水流量过程对比图

从表 6.5.5 和图 6.5.7 中可以看到，图像法流量过程较推流流量过程稍大。次洪 1 至次洪 3 洪峰流量的相对误差均在 4.5%以内，相关系数 R 较高，在 0.97 及以上，对于均方根误差 RMSE，由于次洪 1 流量较大，其值偏大，次洪 1 和次洪 2 与推流流量过程拟合良好，确定性系数 DC 在 0.94 以上，次洪 3 在复式洪水段拟合较差，使得 DC 降低，为 0.85。

整体来看，与推流流量过程相比，图像法流量偏大，高洪时精度较好。另外，图像法测流系统由于敏感性高，流量过程存在锯齿，需改进算法以平滑曲线过程。

从比测情况来看，图像法流量与推流流量的相对误差在-5%～9.5%，约 67%的测次相对误差在±5%以内。图像法流量高水期、中水期的随机不确定度分别为 7%、13%，全部测次的系统误差为 1.9%，随机不确定度为 10%，图像法测流值偏大，高水测流值的稳定性较中水好。图像法测流符合规范中一类精度站测流的精度要求。

针对 2020 年三次洪峰流量在 2 900 m³/s 以上的洪水过程，对图像法流量数据与攀枝花水文站水位流量关系推流数据进行分析发现，三场洪水洪峰流量的误差在 4.5%以内，确定性系数 DC 均在 0.85 及以上，图像法流量偏大，各场次洪水过程的拟合精度良好。

第 7 章　泥 沙 监 测

　　河流中的泥沙含量简称含沙量,是水利工程设计、水土流失与保持效果评价及工程运行管理的基础信息,是评价一个流域或区域下垫面遭受破坏的程度及修复程度的基础,其测验工作是沉积动力学研究和近岸工程的关键问题,也是水文观测中的一个重要内容。传统上,含沙量测量采用取样称重的方法,一般需要用采样器从水流中取一定体积的具有代表性的样品,预处理后,烘干、称重,即可求知含沙量。我国目前使用较多的采样器有调压积时式采样器、皮囊采样器、普通瓶式采样器和瞬时式采样器。瞬时式采样器根据需要可选用横式采样器或竖式采样器。无论用何种方式取得水样,都要经过量积、沉淀、过滤、烘干、称重等手续,才能得出一定体积浑水中的干沙重量。这种方法在很大程度上取决于所取样品的代表性,而且测量周期长,操作过程烦琐,劳动强度大。

　　河流中的泥沙,按其运动形式可分为三类:悬移质泥沙浮于水中并随之运动;推移质泥沙受水流冲击沿河底移动或滚动;河床质泥沙则相对静止,停留在河床上。三者没有严格的界线,随水流条件的变化而相互转化。一般情况下,河流中的泥沙以悬移质为主。描述河流中悬移质的情况时,常用的两个定量指标是含沙量和输沙率。单位体积内所含干沙的质量,称为含沙量,单位为 kg/m^3;单位时间流过河流某断面的干沙质量,称为输沙率,单位为 kg/s。断面输沙率是通过断面上含沙量的测验配合断面流量测量来推求的。

　　泥沙测验泛指流域和水体中的泥沙随水流运动的形式、数量及其演变过程的观察与测量,通常指河流的悬移质输沙率、推移质输沙率、河床质测定及泥沙颗粒级配的分析。在河流上修建水库,需要考虑泥沙淤积情况来确定水库的使用寿命;河道的整治、堤防的修建、航道的治理,都需要研究河流泥沙的运动规律;灌溉引水工程需要考虑入渠泥沙量和渠道不被冲淤的水力条件;水土保持工程需要研究流域产沙过程等。泥沙测验在人类经济活动的许多方面有重要的意义。

　　输沙率测验是由含沙量测定与流量测验两部分工作组成的。由于断面内各点含沙量不同,输沙率测验和流量测验相似,需在断面上布置适当数量的取样垂线,通过测定各垂线测点流速及含沙量,计算垂线平均流速及垂线平均含沙量,然后计算部分流量及部分输沙率。对于取样垂线的数目,当河宽大于 50 m 时,取样垂线不应少于 5 条;水面宽小于 50 m 时,取样垂线不应少于 3 条。垂线上测点的分布,视水深及要求的精度而不同。

对于悬移质输沙量的计算，人们从不断的实践中发现，当断面比较稳定、主流摆动不大时，断面平均含沙量（简称断沙）与断面某一垂线或某一测点的含沙量（简称单沙）之间有稳定关系。通过多次实测资料的分析，建立其相关关系。这样经常性的泥沙取样工作可只在选定的垂线（或其上的一个测点）上进行，便大大地简化了测验工作。根据多次实测的断沙和单沙成果，以单沙为纵坐标，以相应的断沙为横坐标，点绘单沙与断沙的关系点，并通过点群中心绘出单沙与断沙的关系线。利用绘制的单沙断沙关系线，可进一步计算日平均输沙率、年平均输沙率及年输沙量等。

悬移质输沙率测验[47]的内容包括断面输沙率测验和单位水样含沙量测验。断面输沙率是指单位时间内通过河渠某一断面的悬移质沙量，以 t/s 或 kg/s 计。单位水样含沙量是指断面上有代表性的垂线或测点的含沙量。断面输沙率的测验是为了准确推求断面平均含沙量，测验时根据泥沙在横向分布的变化情况，布设若干条垂线。取样方法有：在每条垂线的不同测点上逐点取样，称积点法；各点按一定容积比例取样，并混合，称定比混合法；各点按其流速比例确定取样容积，并混合，称流速比混合法；用瓶式或抽气式采样器在垂线上以均匀速度提放，采取整个垂线上的水样，称积深法；等等。可根据水情、水深和测验设备条件合理选用取样方法。断面输沙率测验必须与流量测验同时进行，需要进行颗粒分析的测次，同时加测水温。断面输沙率测验工作量大，费时较多，不可能把断面输沙率变化的每一个转折点都实地测到，更不能在泥沙变化大时逐时实测。因此，采用实测断面输沙率与测定单位水样含沙量相结合的方法，即在测得的断面输沙率资料中，选取 1 条或 2～3 条垂线的平均含沙量，并对其与断面平均含沙量建立稳定对应关系；这样，只需在选定的 1 条或 2～3 条垂线位置上测取水样，求得此单位水样的含沙量后，通过上述稳定的对应关系，即可求得断面平均含沙量，然后与相对应的时段平均流量相乘，即得该时段的平均输沙率，之后乘上历时并累积相加，即得各种时段（如日、月、年等）的输沙量。由于现有悬移质泥沙采样器不能测到邻近河底的沙样，故实测悬移质输沙率不能代表真实值，必须通过实测资料的试验与分析、计算，改正实测悬移质输沙率，以便得到比较符合实际的数值。

推移质输沙率是指单位时间内通过河渠某一断面的推移质沙量，以 kg/s 计。推移质测验的目的：一是提供实测推移质输沙率资料，直接推求总输沙率；二是研究推移质的运动规律和输沙率的计算方法，为推求总输沙率提供合理方法。直接进行推移质输沙率测验的方法有：①器测法，将推移质采样器直接放在床面上采集推移质样品，这种方法应用较广。②坑测法，在河床上设置测坑，测定推移质，只在特殊需要时采用。推移质输沙率的测次，随着河床组成性质的不同而异。床沙粒径小于 2 mm 的沙质河床，由于沙质推移质输沙率与水力因素存在密切关系，测次少些；床沙粒径大于 2 mm 的砾石、卵石河床，由于水力因素与推移质输沙率的关系往往不密切，测次一般按水位或流量变化过程而定。推移质输沙率测验的垂线数量要反映推移质输沙率的横向变化。在强烈推移带，垂线加密。每条垂线上重复取样 2～3 次，以消除推移质的脉动影响。用器测法施测推移质，由于仪器放到床面后，改变了床面的水流结构，测验成果不能完全反映实际情况，必须进行修正。推移质输沙率与流速的高次方呈比例关系，因此它的沿程变化剧烈。相邻河段，如果断面流速不同，两者的推移质输沙率相差悬殊。因此，河流推移质输沙率资料，只在某些重点测站上通过直接测验加以收集。

河床质测验包括河床质（床沙）的取样和颗粒分析。河床质资料可以用来研究河流造床泥沙的横向和沿程分布、河床的冲淤变化，估算河床糙率等；根据河床质的组成，还可以分析泥沙的来源。河床质取样方法按河床组成性质的不同而异。在沙质河床，主要用采样器取样。对于卵石河床，取样方法分表层和表层以下两种。①表层样品的取样方法有：网格取样法，即将一网格置于卵石床面，采集恰好位于网格交叉点下的各个卵石，并作为样品；面上取样法，即在所选取的面积内，采集位于表层的全部卵石，并作为样品；横断面取样法，即在横断面若干垂线上取样，或者从顺着河流流向的某一平面之下收集全部表层卵石，并作为样品。②表层以下样品的采集方法有：体积法，将一圆桶状的采样器压入卵石河床，然后取出桶内全部样品；如要采集不受扰动的样品，则用冰冻取样法，即将一根管子压入河床，然后注入二氧化碳低温气体，使管子附近的孔隙水冻结，再用绞车将管子连同样品从河床中提起，对于大卵石河床，由于需要采集大量样品，需用挖土机或类似设备挖取。

泥沙颗粒分析指测定泥沙样品的沙粒粒径和各粒径组的沙量占样品总量的百分比。分析的方法有：①直接法，又分尺量法和筛分析法。尺量法适用于大卵石的粒径测量，筛分析法适用于分析粒径在 0.1～100 mm 范围内的样品。②间接法，测定泥沙在水中的沉降速度，再根据沉降速度与泥沙粒径的关系间接求泥沙粒径。这类方法又分为：泥沙样品在盛清水的玻璃管中沉降的粒径计法和目测累积沉降管法，其所适用的沙样粒径范围为 0.05～2.0 mm；泥沙样品在混匀悬液中沉降的吸管法；用比重计测定悬浮液中土粒分布的比重计法。此外，还有消光法和底漏管法等，这些方法适用的沙样一般为粒径小于 0.05 mm 的粉砂和黏粒。

我国是一个多沙河流的国家，泥沙问题较为突出，水体泥沙含量的测量，在水利水电工程建设、水文观测预报、土壤侵蚀研究、水土流失治理等方面是一个十分重要的问题。20 世纪 50 年代以来，我国在河流悬移质输沙率测验等方面做了大量研究工作，先后研制了瞬时式、积时式和直接式等多种型号的悬移质采样器。这些设备在水文工作中发挥了重要作用，目前，瞬时式、积时式悬移质采样器仍在基层水文站被广泛使用。但由于这些设备都存在不能进行实时测量的问题，出现了过程烦琐、职工劳动强度大等问题。基于传统测量方法的局限性，许多科研工作者做了大量的工作，并提出了众多方法[48]，如射线法、超声法、红外线法、振动法、激光法、电容式传感器测量法、人工神经网络的数据融合法等。其中，国内外泥沙在线监测常用的测量方法的原理和特点见表 7.0.1。

表 7.0.1　国内外泥沙在线监测常用的测量方法的原理和特点[49]

方法	原理	特点
同位素放射法	根据 γ 射线穿透浑水的衰减率推算水体含沙量	探测效率高，稳定性好，适用于北方高泥沙悬浮物质浓度的河流监测，但操作要求高，具有核辐射风险
光学测沙法	根据发射光束通过含沙水体后部分光束被悬沙吸收推算	故障率低，精度高
声学测沙法	超声波在水体传播过程中存在悬浮微粒介质的声吸收现象	声学传感器测量便捷、精确，但价格高，体积大，测沙范围有限
振动仪测沙法	当含沙水体流经振动管时，振动管的振动频率随之变化	测量范围比较广，受泥沙粒径变化的影响小，但在低流速（小于 0.5 m/s）时，泥沙沉积在管内引起误差
电容式测沙法	固液两相混合物中含沙量的变化会引起其介电常数的变化	传感器构造简单、测速响应速度快，但电容受温度、盐度影响，此方法尚处于理论研究和室内试验阶段

（1）射线法[50-51]。利用 γ(χ)射线测量密度（浓度）和厚度的原理都建立在介质对 γ(χ)射线的吸收或散射作用上。在窄束单能 γ(χ)射线条件下，强度 I 将随着所通过的介质的质量、厚度的增加按指数规律减弱。当强度为 I 的 γ(χ)射线穿过一定厚度（即放射源与探头间的距离）的浑水后，射线被浑水所吸收，根据水和沙对 γ(χ)射线共同吸收的原理，在进行试验时，先作出标准曲线，当测得计数率时，就可查标准曲线或通过计算得到含沙量。

（2）红外线法[52]。红外线与其他光一样，当通过悬沙水体时，溶质要吸收光能，吸收的数量与吸收介质及深度有关，同时泥沙颗粒要对光进行散射。当射线进入某一水体被吸收后，透过光的强度与入射光的强度之间的关系由比尔-朗伯定律确定。

（3）超声法[53-54]。超声法包括超声衰减法和超声反射法。

超声衰减法：超声波在介质中传播时，由于介质对声波的散射、吸收，以及超声波自身的扩散，其能量（振幅、声强等）随距离的增大逐渐减小的现象，称为超声波的衰减。对于浑水，引起超声波衰减的主要因素分为水的吸收（是个已知量）和悬浮粒子引起的附加吸收两部分。过去，在研究悬浮液中的超声波吸收时，通常采用改变反射板距离方法（或称移板法）、多次脉冲反射法和比较法来检测超声波吸收系数的大小，但这些方法由于种种不稳定的因素，不能保证检测的精度，故现在采用"面积比值"测量法和检测回波幅度变化测量法，可提高检测精度。

超声反射法：将探头与水面接触，向浑水发射超声波，超声波遇到沙时产生反射波，反射回来的超声波又被探头接收，并被转换成电脉冲信号，经放大电路放大后，由计数电路将电脉冲的数量记下来，所记下的数量与脉冲数呈比例关系，即与沙粒数量呈比例关系，从而可测含沙量。该方法对低含沙量水流特别灵敏，而且测量精度较高，只是测量范围较窄（0～3 kg/m³）。

（4）振动法。根据振动学原理，当棒体谐振时，其第一固有谐振频率（也称基频）

表明棒的密度与棒体振动周期的平方成正比。若用一内部充满水的金属空管代替棒体，则其密度与管子材料和水质量有关。当注入不同含沙量的水体时，可视为整个棒的密度发生了变化，所以不同含沙量的水就对应不同的振动周期，通过测知密度可得含沙量。振动法测含沙量时，仪器稳定性较差，零点漂移严重，而且在测低含沙量时，受温度影响较大。

（5）激光法[55]。在含沙量的测量方法中，激光法颇有应用前景。利用激光法不仅可以同时测得含沙量和颗粒直径，而且可以达到用颗粒直径测量结果来校正浓度的目的，从而提高测试精度。同时，其将激光作为光源，激光具有高度的空间相干性和时间相干性，以及高度集中的能量密度，特别是与计算机的结合及光导纤维的应用，使外界漂移或扰动的影响大大减小，并可实现实时自动分析，进一步提高了测试效率和测试精度。

（6）电容式传感器测量法[56-57]。传统观点认为，将电容式传感器作为含水率的敏感元件，在低含水率段有良好的工作特性，且多用于固态物料水分的测量。当含水率超过30%时，由于大量导电离子水构成两电容极板间的导体，失去了对含水率的分辨能力，也没有用电容式传感器进行水流泥沙含量测量的先例。这是因为被测介质为液态水流，其电磁特性及各种因素的干扰与影响更加难以解决。其测量原理是，利用泥沙与水的混合物引起介电常数差异的电物理特性，采用变介电常数电容式传感器原理，可将被测泥沙含量的变化转换成电容量的变化。电容式传感器的结构有两种形式：平板式电容传感器和同轴圆筒式电容传感器。由于水在低频电场中为电的良导体，故电极之一覆盖一层薄绝缘介质，消除含水导电效应。同时，为了减少外界信号的干扰，电极系统加屏蔽，信号传输线路采用屏蔽电缆。虽然电容式传感器测得的结果精度比较高，但它受温度的影响比较大。

（7）人工神经网络的数据融合法[58-59]。在采用电容式传感器测量泥沙含量的过程中，电容式传感器的输出值受环境温度的影响较大，为消除温度对测量数据的影响，提出了采用人工神经网络法对传感器进行数据融合处理的方法，该方法将传感器的泥沙含量与温度作为网络的输入，通过对网络的训练消除非目标参量——温度的影响。神经网络是 AI 领域发展最快的信息处理技术之一。它表现出了在描述和表征自然界大量存在的非线性本质的形态、现象时其他学科难以比拟的优势。前馈（back propagation，BP）网络是神经网络中最常用的一种，它是单向传播的多层前向网络。输入信号从输入层节点，依次传过各隐层节点，然后传到输出节点，每一层节点的输出只影响下一层节点的输出。理论证明：具有偏差和至少一个 S 形隐层的 BP 网络，能够逼近任何有理函数。因此，利用 BP 网络的这一特性采用人工神经网络对试验数据进行融合处理。在测量泥沙含量时影响电容式传感器交叉灵敏度的因素是温度，故必须对传感器的数据进行融合处理。

含沙量测量是泥沙研究中的一个重要课题，如何快速、准确地测量含沙量一直是人们关注的问题。随着科技的迅速发展，测量含沙量的方法也日趋增多和完善。

7.1 悬移质泥沙自动监测技术

国际上各种常用的泥沙测量仪器，一般以器测法取样分析、称重的方法为主，横式采样器和积时式采样器均是此类仪器，但现场不能计算成果。此外，新技术在悬移质泥沙测验中尽管取得了一些进展，先后研制了光电测沙仪、同位素测沙仪、超声波测沙仪、振动测沙仪等，但上述仪器均无定型产品，故至今尚未推广使用。水利部长江水利委员会水文局针对以上新仪器存在的问题，通过国际上已定型的先进的流量、浊度等测量仪器，寻找能现场快速开展泥沙测量的方法。

7.1.1 声学多普勒测沙

1. ADCP 测沙

ADCP 本身不具备直接测量含沙量的功能，而采用 ADCP 测沙均指利用其工作原理中的后散射信号强度与含沙量的关系，推算出垂线平均含沙量或断面输沙率。ADCP 测沙具有以下技术特点。

（1）传统悬移质泥沙测量采用静态方式，而 ADCP 采用动态方式。传统悬移质泥沙测量无论是采用船测、桥测、缆道测量还是采用涉水方式，仪器总是固定于所测垂线处；而 ADCP 可在测船流速测量过程中进行泥沙测量。

（2）传统悬移质泥沙测量无法同步观测垂线剖面的分层数据，而采用 ADCP 测沙可得到某垂线剖面的分层（点）或垂线平均数据。

（3）传统悬移质泥沙测量需采取水样并带回实验室分析，通常不会将断面划分得很细，取样点不可能很多。而采用 ADCP 测沙不需要采取水样，只需现场收集回声强度的变化，可以将断面划分得很细，采样点也可以很多，理论上更能如实反映悬移质含沙量在整个垂线或断面上的分布。

（4）传统悬移质泥沙测量方法可以采集表层和底层的水样，但 ADCP 测沙表、底层存在盲区，需采用间接方法插补。

应用 ADCP 测沙的主要操作步骤如下。

（1）从 ADCP 生产商那里获得每台仪器的性能参数，主要包括 ADCP 输出 P、每个波束的比例因子 K_c 等。K_c 将 ADCP 信号的计数转换成分贝。

（2）根据现场观测数据，率定每个波束实时的噪声本底 Er。

（3）获取部分 ADCP 测量参数，它们是随每个信号组一起记录的，包括发射盲区、发射脉冲长度 L、探头沿探测方向与水层的距离 R、电压、电流、传感器实时温度 Tx、波束角度 β、回声强度 E 等。

（4）计算相关外部变量，包括每个水层单元的水体声吸收系数、每个水层单元的声速。

（5）进行回声强度 E 与悬移质含量的转换。

2. 长江内河河段比测试验

1）比测试验水文站基本情况

水利部长江水利委员会水文局在西洞庭湖区南咀水文站，长江干流汉口、大通水文站进行了 ADCP 测沙比测试验研究。三个比测试验水文站的基本情况见表 7.1.1，比测试验时的水文站基本水情见表 7.1.2，ADCP 测沙比测试验仪器配置见图 7.1.1。

表 7.1.1 ADCP 测沙比测试验水文站的基本情况

站名	流域	水系	东经	北纬	测站地址	测验精度	
						流量	泥沙
南咀水文站	长江	西洞庭湖	112°17′	29°04′	湖南省沅江市南咀镇南咀村	一类	二类
汉口水文站	长江	长江中游干流	114°17′	30°35′	湖北省武汉市武汉关码头	一类	一类
大通水文站	长江	长江下游干流	117°37′	30°46′	安徽省池州市梅龙街道	一类	一类

表 7.1.2 ADCP 测沙试验期间比测试验水文站的基本水情

站名	测验日期	测时水位/m	平均流速/（m/s）	平均流量/（m³/s）	平均输沙率/（kg/s）	平均含沙量/（kg/m³）
南咀水文站	2010-05-14	30.18	0.45	1 655	62.1	0.038
	2010-07-21	33.81	1.22	6 205	1 235	0.199
	2010-07-22	34.05	1.35	6 995	1 445	0.207
汉口水文站	2010-09-03	23.89	1.34	36 778	8 900	0.242
大通水文站	2010-09-07	12.03	1.25	43 550	9 390	0.216

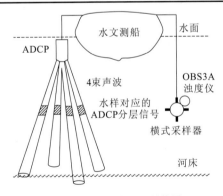

（a）比测试验设备配置结构图　　　　　　　　（b）比测试验现场图

图 7.1.1 ADCP 测沙比测试验仪器配置图

2）比测试验水文站试验方案

南咀水文站比测试验时，ADCP 测沙与常规水文泥沙测验同步进行。为缩短试验的时间，常规输沙率测验采用两条水文小艇对向施测。常规流速测量采用 LS25-3A 型流速仪，在 10 条垂线上施测流速，在 12 条垂线上施测水深，7 条垂线按照 1：1：1 混合法采取水样，南咀水文站比测试验垂线示意图见图 7.1.2。

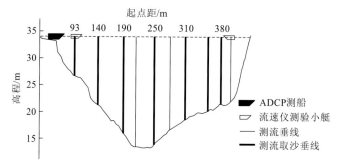

图 7.1.2　南咀水文站比测试验垂线示意图

南咀水文站 ADCP 输沙率测验采用全断面走航方式，测验次序为先往返测验，然后在起点距为 140 m、250 m、355 m 的三条垂线上，分别在相对水深 0.2、0.5、0.8 处采取三点水样（非混合法取样），以率定 ADCP 声信号。

汉口水文站进行比测试验时，流量采用 ADCP 走航施测。对于输沙率测验，先采用测船往返施测一个来回，然后在起点距为 780 m、1 200 m、1 700 m 的三条单沙垂线处，分别在相对水深 0.2、0.5、0.8 处采取三点水样，在其余输沙率测验垂线上采用 1：1：1 混合法取样。全部水样采集结束，再采用 ADCP 往返施测一个来回。大通水文站的试验方法与汉口水文站一致。

试验期间，同时采用 OBS3A 浊度仪测验含沙量。南咀水文站仪器布置在断面左岸 1.0 m 水深处，施测期间的平均含沙量为 0.19 kg/m³；汉口水文站仪器布置在测流断面下游约 700 m 的水文趸船旁侧水深 1.9 m 处，施测期间的平均含沙量为 0.14 kg/m³；大通水文站仪器布置在测流断面下游约 300 m 的水文趸船旁侧水深 2.0 m 处，施测期间的平均含沙量为 0.11 kg/m³。三个水文站试验期间水体浊度的变化情况见图 7.1.3。

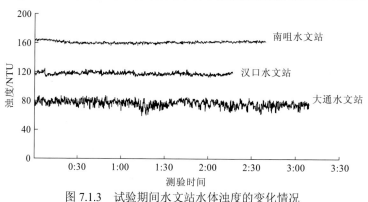

图 7.1.3　试验期间水文站水体浊度的变化情况

试验期间，各水文站所在河段近岸边水面下 1.0～2.0 m 的水体浊度（或含沙量）虽略有脉动，但总体过程平稳。因此，在不长的时段内，可以将常规方法测得的输沙率视作试验期间该河段的输沙率"真值"。

3）比测成果及误差分析

由 ADCP 测沙原理可知,含沙量与泥沙粒径有关。为探讨泥沙颗粒级配变化对 ADCP 测沙的影响程度,利用南咀水文站资料,计算了五种颗粒级配情况下的断面输沙率。南咀水文站参与计算的泥沙颗粒级配组成见表 7.1.3,计算成果及误差见表 7.1.4。

表 7.1.3　南咀水文站泥沙颗粒级配组成

序号	类型	级配范围/μm								累积
		<2	[2，4)	[4，8)	[8，16)	[16，31)	[31，62)	[62，125)	[125，250]	
1	程序默认	0.0	3.0	10.0	22.0	30.0	22.0	10.0	3.0	100
2	年平均	32.9	21.1	16.9	12.0	8.0	6.5	2.0	0.6	100
3	实测	36.5	22.3	18.7	11.6	7.9	2.9	0.1	0.0	100
4	极粗	1.0	2.0	5.0	9.0	15.0	28.0	30.0	10.0	100
5	极细	50.0	25.0	10.0	8.0	5.0	2.0	0.0	0.0	100

表 7.1.4　南咀水文站不同泥沙颗粒级配下的含沙量计算公式及输沙率误差

序号	类型	ADCP 声信号与含沙量的相关关系		输沙率		
		公式	R^2	常规/（kg/s）	ADCP 计算/（kg/s）	误差/%
1	程序默认	$y=3.342\ 7x+0.030\ 6$	0.87	62.10	60.68	-2.29
2	年平均	$y=3.303\ 8x+0.030\ 1$	0.86		60.29	-2.91
3	实测	$y=3.303\ 0x+0.030\ 1$	0.87		60.30	-2.90
4	极粗	$y=3.343\ 8x+0.030\ 6$	0.87		60.67	-2.30
5	极细	$y=3.393\ 4x+0.029\ 9$	0.87		60.80	-2.09

南咀水文站泥沙颗粒级配的变化对 ADCP 计算的输沙率的影响很小,五种差异很大的级配参与建立 ADCP 声信号与含沙量的相关关系,最终得到的输沙率之间的偏差不到 1%;与常规方法的平均值相比,误差在-2.91%～-2.09%。对年平均级配的计算结果与实际级配的计算结果进行对比,它们仅相差 0.01%,可忽略不计。

南咀水文站常规与 ADCP 测量方法流量和输沙率成果的对比见表 7.1.5,南咀水文站 ADCP 声信号与含沙量关系的成果见表 7.1.6。

表 7.1.5　南咀水文站常规与 ADCP 测量方法流量和输沙率成果比较表

日期	测验方式	时间	断面平均				误差/%	
			流量/（m³/s）	输沙率/（kg/s）	流速/（m/s）	含沙量/（kg/m³）	流量	输沙率
2010-05-14	常规	14：08～15：56	1 655	62.1	0.45	0.038	0.06	-2.9
	ADCP	13：53～15：43	1 656	60.3	0.44	0.037		

续表

日期	测验方式	时间	断面平均				误差/%	
			流量/（m³/s）	输沙率/（kg/s）	流速/（m/s）	含沙量/（kg/m³）	流量	输沙率
2010-07-21	常规	9：28～10：54	6 205	1 235	1.22	0.199	0.08	8.1
	ADCP	9：52～10：55	6 210	1 335	1.19	0.215		
2010-07-22	常规	9：33～11：20	6 995	1 445	1.35	0.207	-0.36	-1.7
	ADCP	9：08～11：27	6 970	1 421	1.32	0.204		

表 7.1.6　南咀水文站 ADCP 声信号与含沙量关系的成果

日期	ADCP 声信号与含沙量的相关关系		输沙率/（kg/s）	输沙率误差/%	异常点
	公式	R^2			
2011-05-14	$y=3.342\ 7x+0.030\ 6$	0.87	60.3	-2.9	
2011-07-21	$y=2.461\ 0x+0.002\ 3$	0.25	1 335	8.1	某点含沙量为 0.304 kg/m³
	$y=2.533\ 3x+0.003\ 7$	0.36			
	$y=2.559\ 2x+0.004\ 4$	0.84	1 275	3.3	修改该点含沙量为 0.210 kg/m³
	$y=2.640\ 7x+0.006\ 1$	0.88			
2011-07-22	$y=3.255\ 2x+0.018\ 1$	0.82	1 421	-1.7	
	$y=3.441\ 4x+0.021\ 8$	0.84			

可以看出，南咀水文站三次比测期间的流量分别为 1 655 m³/s、6 205 m³/s 和 6 995 m³/s，常规与 ADCP 测量方法相比，两种方法所测流量基本一致，输沙率分别相差 -2.9%、8.1%与-1.7%。

汉口水文站 780 m、1 200 m、1 700 m 三条单样代表垂线相对水深 0.2、0.5、0.8 处 ADCP 声信号与含沙量的相关关系见表 7.1.7。大通水文站 500 m、1 475 m 两条单样代表垂线相对水深 0.2、0.5、0.8 处 ADCP 声信号与含沙量的相关关系见表 7.1.8。

表 7.1.7　汉口水文站 ADCP 声信号与含沙量的相关关系表

计算组合	ADCP 声信号与含沙量的相关关系		输沙率/（kg/s）	输沙率误差/%	计算组合说明
	公式	R^2			
1	$y=2.531\ 3x+0.003\ 6$	0.16	7 940	-10.8	780 m、1 200 m、1 700 m 垂线共 9 点含沙量参与计算
2	$y=3.124\ 8x+0.013\ 8$	0.61	8 530	-4.2	仅 780 m、1 200 m 垂线共 6 点含沙量参与计算
3	$y=3.400\ 3x+0.018\ 4$	0.78	9 019	1.3	在组合 2 的基础上，删除 1 200m 垂线相对水深 0.6 处含沙量资料，共 5 点含沙量参与计算

注：汉口水文站常规方法计算的输沙率平均为 8 900 kg/s。

表 7.1.8　大通水文站 ADCP 声信号与含沙量的相关关系表

计算组合	ADCP 声信号与含沙量的相关关系		输沙率/（kg/s）	输沙率误差/%	计算组合说明
	公式	R^2			
1	$y=3.5564x+0.0228$	0.94	9 951	6.0	采用 500 m、1475 m 垂线的 6 点含沙量
2	$y=3.4438x+0.0206$	0.87	9 940	5.9	在组合 1 的基础上，增加 1 590 m、1 695 m 垂线的各 3 点含沙量，共 12 点
3	$y=3.3318x+0.0187$	0.84	9 776	4.1	在组合 2 的基础上，再增加其余 6 根垂线相对水深 0.6 处各 1 点含沙量，共 18 点
4	$y=3.4450x+0.0210$	0.95	9 636	2.6	在组合 1 的基础上，删除相对水深 0.6 处的含沙量，仅留相对水深 0.2、0.8 处各 2 点，共 4 点

注：大通水文站常规方法计算的输沙率平均为 9 390 kg/s。

　　根据以上三站的比测试验结论可以认为：在走航状态下用 ADCP 测定悬沙浓度是可行的，ADCP 声信号与含沙量之间存在相关关系，相关关系越好，计算的输沙率误差越小；参与率定的含沙量点多，对改善输沙率成果有帮助。

3. 长江感潮河段比测试验

1）基本情况

　　以长江口徐六泾水文站为例，徐六泾水文站是长江干流距入海口门最近的综合性水文站，处于洪水期潮流界以下，是长江口外海潮波向内上溯的咽喉，其位置示意图见图 7.1.4。徐六泾水文站始建于 1984 年 1 月，目前主要的观测项目有潮水位、潮流量、风速、风向、波浪、水温。汛期，断面主槽落潮流速大于涨潮流速；枯水期，最大涨潮流速可能大于落潮流速。断面主槽以南底质为淤泥质亚黏土，抗冲击性较强，主槽以北为粉沙，易起动。受多重因素的影响，长江入海水沙量监测及计算一直是尚未解决的难题之一。

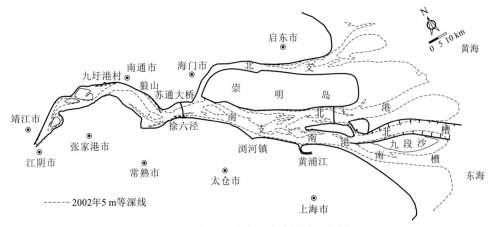

图 7.1.4　长江口徐六泾水文站地理位置

徐六泾断面呈不对称 W 形，宽 5.67 km（0 等高线间距，85 基准，本节同），主槽宽约 2.35 km（-10 m 等高线间距），主深槽偏南（右岸），最深点达-48 m；左滩宽约 2.0 km，滩上为新通海沙，沙体宽 1.3～1.4 km（-5 m 等高线间距），沙体与北岸之间有新通海沙夹槽，夹槽-5 m 等高线宽约 0.3 km；右滩宽约 1.2 km，水深较大，是小白茆沙夹槽的进口上侧，断面右滩近岸部分高程大于-5 m 的宽度仅为 0.45 km 左右。徐六泾水文站水文观测断面形态见图 7.1.5。

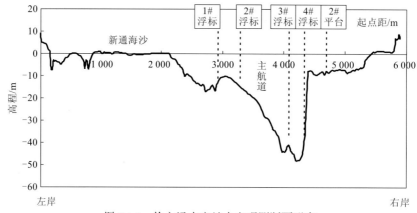

图 7.1.5　徐六泾水文站水文观测断面形态

从左向右，起点距依次为 1#浮标 2 919 m，2#浮标 3 294 m，3#浮标 4 089 m，4#浮标 4 343 m，2#平台 4 700 m

2）现场布置与试验方法

比测试验于 2007 年、2008 年进行，试验期间测点含沙量特征值见表 7.1.9。

表 7.1.9　ADCP 测沙试验期间测点含沙量特征值统计表

测次	位置	潮型	含沙量/（g/m³）		位置	潮型	含沙量/（g/m³）	
			最小	最大			最小	最大
200709	2#平台	大	70	296	3#浮标	大	117	274
		中	87	376		中	156	412
		小	49	83		小	59	568
200801	2#平台	大	44	349	2#浮标	大	58	588
		中	63	297		中	65	471
		小	34	90		小	41	135
200808	2#平台	大	43	191	2#浮标	大	41	652
		中	41	259		中	46	710
		小	36	172		小	20	591

比测试验方法如下。

（1）测量固定垂线时在平台或浮标附近指定位置抛锚，测量断面时动船整点来回观测。

（2）传统法取样采用横式采样器，水样容积为 2 000 mL，取样时启动 OBS3A 浊度仪和 LISST-100X 等自动测沙仪连续记录数据，并记录 ADCP 测得的流速和声反向散射强度，每半小时按六点法采集水样一次。

（3）不同测次中，分别采用 1 200 kHz、600 kHz、300 kHz 的 ADCP 仪器，探讨不同频率 ADCP 对计算含沙量精度的影响。

（4）采用 ADCP 随机软件 WinRiver 记录坐标、流速、流向、回声强度、方向、姿态、水温、好信号数百分比等。采集水样时，标注每个采样点的信号序号（ADCP 中的 Ensemble Number），以便在后处理软件中用来与 OBS3A 数据和水样分析成果进行匹配。

试验时，ADCP 采用多种方法进行了标定，分别有六点法、三点法、一点法、连时序法等。六点法标定，即采用水面、0.2、0.4、0.6、0.8、水底等相对水深六层水样进行分析。对 ADCP 声散射信号进行标定，以水样采集开始到结束为一时间段，从输出数据中截取该时间段 ADCP 计算的垂线平均含沙量，与传统六点法进行比较。

3）比测试验成果

表 7.1.10 给出了洪、中、枯不同水情下，六点法标定的 ADCP 测沙垂线平均含沙量误差分布。

表 7.1.10　不同水情下 ADCP 测沙垂线平均含沙量误差分布

测次	误差范围/%	<-20	[-20, -10)	[-10, -5)	[-5, -2)	[-2, 2)	[2, 5)	[5, 10)	[10, 20)	>20	未收敛
200709	样本数	0	5	20	30	161	48	27	9	0	0
	比例/%	0.00	1.67	6.67	10.00	53.67	16.00	9.00	3.00	0.00	0.00
200801	样本数	0	3	23	33	111	39	35	13	0	0
	比例/%	0.00	1.17	8.95	12.84	43.19	15.18	13.62	5.06	0.00	0.00
200808	样本数	0	3	13	11	75	24	23	11	1	0
	比例/%	0.00	1.86	8.07	6.83	46.58	14.91	14.29	6.83	0.62	0.00

注：比例行和不为 100%由四舍五入导致。

表 7.1.10 显示，中水期（200709）垂线平均含沙量介于 41～583 g/m³，误差在±5%以内的样本占 79.67%，误差在±10%以内的样本占 95.34%；枯水期（200801）垂线平均含沙量介于 35～305 g/m³，误差在±5%以内的样本占 71.21%，误差在±10%以内的样本占 93.78%；洪水期（200808）垂线平均含沙量介于 52～265 g/m³，误差在±5%以内的样本占 68.32%，误差在±10%以内的样本占 90.68%。

在中、枯、洪水水情下，ADCP 所得垂线平均含沙量均达到较高的测验精度，且误差基本呈正态分布。因此，只要有足够的标定样本（一般 4 点以上），ADCP 测沙成果可信。

表 7.1.11 给出了大、中、小不同潮型下成果的精度分析结论。其中，大潮时垂线平均含沙量介于 55～292 g/m³，误差在±5%以内的样本占 67.5%，误差在±10%以内的样本占 91.25%；中潮时含沙量介于 71～305 g/m³，误差在±5%以内的样本占 68.04%，误

差在±10%以内的样本占91.75%；小潮时含沙量介于35～163 g/m³，误差在±5%以内的样本占83.75%，误差在±10%以内的样本占98.75%。

表 7.1.11　徐六泾水文站不同潮型下 ADCP 测沙垂线平均含沙量精度（200801 测次）

潮型	误差范围/%	<-20	[-20，-10)	[-10，-5)	[-5，-2)	[-2，2)	[2，5)	[5，10)	[10，20]	>20	未收敛
大潮	样本数	0	0	6	10	29	15	13	7	0	0
	比例/%	0.00	0.00	7.50	12.50	36.25	18.75	16.25	8.75	0.00	0.00
中潮	样本数	0	2	9	12	43	11	14	6	0	0
	比例/%	0.00	2.06	9.28	12.37	44.33	11.34	14.43	6.19	0.00	0.00
小潮	样本数	0	1	5	15	40	12	7	0	0	0
	比例/%	0.00	1.25	6.25	18.75	50.00	15.00	8.75	0.00	0.00	0.00

因此，可以认为大、中、小潮潮型 ADCP 所得垂线平均含沙量均达到较高的测验精度，误差呈正态分布，且不因潮型的变化而变化。

表 7.1.12 给出了处于 2#平台、3#浮标等不同试验位置时的成果精度。数据证明不同位置处 ADCP 测沙垂线平均含沙量精度基本相似。

表 7.1.12　徐六泾水文站不同位置处 ADCP 测沙垂线平均含沙量精度（200709 测次）

地点	误差范围/%	<-20	[-20，-10)	[-10，-5)	[-5，-2)	[-2，2)	[2，5)	[5，10)	[10，20]	>20	未收敛
2# 平台	样本数	0	0	1	9	94	37	21	5	0	0
	比例/%	0.00	0.00	0.60	5.39	56.29	22.16	12.57	2.99	0.00	0.00
3# 浮标	样本数	0	5	19	21	67	11	6	4	0	0
	比例/%	0.00	3.76	14.29	15.79	50.38	8.27	4.51	3.00	0.00	0.00

表 7.1.13 给出了 2#浮标处不同频率（300 kHz、600 kHz）的 ADCP 的试验成果。试验时在同一测船两侧分别绑定两台不同频率的 ADCP，同步进行测沙试验，后处理采用同一水样进行标定，其成果如图 7.1.6 所示。

表 7.1.13　不同频率的 ADCP 测沙垂线平均含沙量精度（200801 测次，2#浮标处）

误差范围/%	<-20	[-20，-10)	[-10，-5)	[-5，-2)	[-2，2)	[2，5)	[5，10)	[10，20]	>20
样本数	0	2	8	10	34	14	12	4	0
比例/%	0.00	2.38	9.52	11.90	40.48	16.67	14.29	4.76	0.00

试验结果表明：两种频率的 ADCP 所得的平均含沙量逐时过程线基本重叠，具有较好的一致性。600 kHz 所得平均含沙量为 138.25 g/m³，300 kHz 所得平均含沙量为 139.55 g/m³，两种仪器 84 个样本之间的平均偏差为 8.87 g/m³，约为平均含沙量的 6.4%。

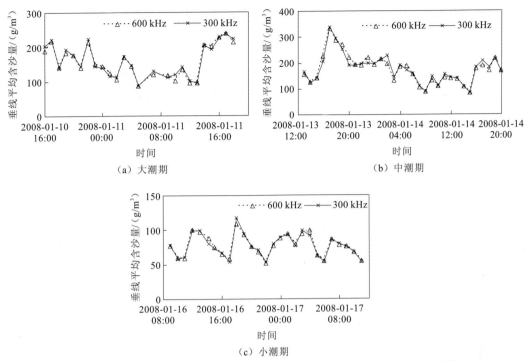

图 7.1.6 不同频率 ADCP 在不同潮位期垂线平均含沙量的逐时变化成果图

若以 600 kHz 计算成果为基准，300 kHz 与之相比，误差在 ±5% 以内的样本占 69.1%，误差在 ±10% 以内的样本占 92.9%。可见，300 kHz 和 600 kHz 两种频率的 ADCP 测沙成果，在精度上基本没有明显的差异。

因此，在徐六泾水文站出现的不同水情、不同潮型、不同水深情况下，采用不同频率的 ADCP（300 kHz、600 kHz）测出的含沙量成果精度较高，不存在系统偏差。

4. 成果评价

比测试验结果表明，在非河口湖泊、长江干流中下游、西洞庭湖区及河口感潮河段，应用 ADCP 进行输沙率测验的方法是可行的。

（1）实现了流量与输沙率资料的同步。在我国水文史上，限于仪器和测验方法，无法提供可靠的流量与输沙率同步资料。ADCP 的出现不但解决了流量测验问题，而且可以利用获取的数据信息计算出含沙量成果。

（2）质量可控。从试验的误差统计分析成果可以看出，应用 ADCP 进行输沙率测验的成果质量是可控的，关键在于 ADCP 声反射信号与悬移质含沙量之间的相关关系。

（3）成果丰富。应用 ADCP 进行输沙率测验，相当于每 3～10 m 即有一条测沙垂线，而每根测沙垂线的每 0.2～1.0 m 水层（根据不同仪器的频率）即有一个含沙量测点，同时能获取含沙量沿垂线或沿断面详细的分布。其资料丰富程度是常规悬移质输沙率测验方法，甚至是精测法也难以达到的。

（4）保障安全生产。常规输沙率测验布置的测沙垂线多、取样任务繁重。特别是高洪期的航道范围，水深流急，交通频繁，给测验工作的安全带来隐患。应用 ADCP 进行输沙率测验，不需要人工采集水样，可保障生产安全。

（5）提高生产效率，减轻劳动强度。常规方法的取样时间，平均在 2.0 h 以上，而且多个水样还需送到室内进行处理分析，过程烦琐。而采用 ADCP 进行一次输沙率测验，仅需要 2～3 条有代表性的垂线含沙量资料、4～6 点 2 000 mL 的含沙量水样，取样时间在 0.5 h 以内，劳动强度不到传统方法的 1/7。

（6）扩大困难断面的应用。常规输沙率测验对于 30 m 水深以下尚能实现，随着大量水库的蓄水，断面最大水深往往超过 30 m，采用常规方法进行输沙率测验十分困难。应用 ADCP 测沙，每次仅只采集单沙垂线的少量 30 m 水深内水样进行率定即可，不需要采集多线多点水样，使大水深断面的精确输沙率测验成为可能。

7.1.2 光学散射测沙

1. 工作原理

浊度和含沙量都用来表征水样中泥沙的物理特性，其间如果客观存在某一稳定的关系，通过测量水样的浊度就可以测量水样的含沙量。浊度测量的是水体的澄清度。不透明的水体浊度高，干净透明的水体浊度低，泥沙、黏土、微生物和有机物等都会导致水体高浊度。因此，浊度测量不是直接测量颗粒本身，而是测量这些颗粒如何折射光。

利用光测量水体的浊度从原理上讲有前向散射和后向散射两种途径。以美国 HACH 公司生产的 HACH2100 系列为例，利用前向散射原理制造的浊度仪，由一个钨丝灯、一个用于监测散射光的 90° 检测器和一个透射光检测器组成，见图 7.1.7。

图 7.1.7　HACH 2100 系列浊度仪光学系统

HACH2100 系列浊度仪通过计算来自 90° 检测器和透射光检测器的信号比率，即 90° 散射光信号与透射光信号之比测得水样的浊度，其测量精度可以达到 2%。该比率计算技术可以校正由色度或吸光物质产生的干扰，并补偿灯光强度波动产生的影响，可以提供长期的校准稳定性，是现场快速监测的首选仪器之一。

以美国 Campbell 公司的 OBS3A 浊度仪为例，它是利用后向散射原理制造的浊度仪，其核心是一个红外光学传感器。OBS3A 浊度仪主要利用红外辐射在水体中衰减率较高，太阳辐射的红外部分完全被水体所衰减，浊度仪发射的红外光束不会受到强干扰，且散射角为 140°~160°的红外线散射信号较为稳定的原理,通过监测红外线散射信号的强弱计算水体浊度。此类仪器除能应用于现场快速监测外,还大量用于实时在线监测。

利用浊度仪监测含沙量,其核心是寻求浊度和含沙量的关系,一般可以通过在不同的河流、不同的水流条件及环境下收集试验资料实现。对于浊度与含沙量关系的建立,首先对同一水样浊度进行 3 次以上的重复测量,当测量的重复性满足要求时,取平均值作为该样品的最终浊度;然后通过传统的方法即沉淀、处理、烘干及称重得到水样的含沙量。经过多水样分析,如果浊度与含沙量的相关性强,有比较稳定的单一关系,就可以建立浊度与含沙量的相关模型(或经验相关式)。根据所建立的关系,即可由测得的浊度推算出水样的含沙量。

为真实地反映水样所测得的浊度,必须确保标准样的准确性及稳定性,需要按照以下要求测定标准样并确定改正系数。

(1)将标准样摇匀,连续 3 次测定标准样的浊度 NTU$_{标}$并进行记录。对于 3 次测定成果中的任意 2 次,其相对误差小于 3%时,计算标准样的浊度平均值 NTU$_{平}$。

(2)改正系数 K=NTU$_{标}$/NTU$_{平}$,施测水样浊度时,均需进行系数改正。

(3)改正系数每个月校测一次,两次改正系数间的误差小于 1%时,使用原改正系数,超过 1%时,使用新改正系数。

(4)每次施测水样浊度前,均需对标准样进行检校性测量,以确定仪器的工作状态是否正常。

为保证浊度仪的测量精度,特别要注意避免浊度仪长时间暴露在紫外线和太阳光线下,测试时不要手拿仪器,应将仪器放在平坦、稳定的台面上。

2. 测量分析方法

(1)断面代表性的垂线或测点的含沙量(简称单沙)测量。

通过浊度仪测验单沙,进而推求断沙,将极大地提高工作效率,更有利于掌握含沙量过程,并控制测验方案布置。测量分析方法是:在单个混合样品中,取出微量(约 6 mL)代表水样进行浊度测定,重复进行 3 次。当单次浊度值与平均值对比,误差满足要求(NTU≤200 时,误差不超过 5%;200≤NTU≤1 000 时,误差不超过 3%,NTU≥1 000时,误差不超过 2%)时,将测定的 3 个浊度值取平均。为确保传统法含沙量分析的精度,对于浊度仪分析的样品,测完浊度后必须放回到原水样中。将所有样品分析的浊度(浊度仪分析平均值)与单沙(传统方法)进行相关分析,建立单沙和浊度的关系。

(2)断面近岸或固定水域垂线含沙量(简称边沙)测量。

在按过程控制含沙量变化的测验中,当遇到停电、缆道意外、测船电机故障、深夜施测单沙困难等特殊情况时,不能在选定位置施测单沙,一般通过建立边沙水样浊度与单沙的函数关系推求单沙,进而推求断面平均含沙量。其测量分析方法是,在测验断面上、下游 20 m 边岸范围或某一固定水域内进行取样,测定边沙水样浊度,建立边沙水样浊度与单沙水样浊度或单沙的相关关系,并推求单沙、断面平均含沙量。边沙测量分析与单沙测量分析方法的要求一致。因此,水文站在引进浊度仪时,应同时施测单沙、边沙,并进行相应水样浊度的测定，为建立边沙水样浊度与单沙水样浊度或单沙的相关关系积累资料。

（3）断面输沙率（量）推算成果对比分析与精度评价。

通过建立的浊度与含沙量的相关关系式，推算出的断面输沙率（量）如需进行整编发布，还应进行各种方法推算的断面输沙率（量）成果的对比分析与精度评价。分析方法为，通过单沙水样浊度-单沙相关式、边沙水样浊度-单沙相关式和常规测验（按现行规范执行）三种方法推求断面输沙率（量），进行成果的对比分析，并对不同的测验方法进行精度评价，只有精度满足规范要求后，浊度仪测量的相关数据才能进行整编。

（4）悬沙颗粒级配特征对浊度的影响分析。

不同的悬沙颗粒级配有可能影响散射率，分析其变化对浊度的影响程度和规律，可以保证浊度转换为含沙量成果的精度。测量分析方法是：在收集单沙和浊度关系资料的同时安排悬沙颗粒分析测次，并对所取的悬沙颗粒分析水样进行浊度测定；将进行悬沙颗粒分析后的水样还原（加自来水稀释，增大原水样体积），再对稀释水样进行第二次浊度测定，比较同一水样在级配粒径组成和浓度不变的条件下含沙量与浊度的关系；进行悬沙颗粒级配特征变化对浊度的影响分析，包括室内进行的最大、中值和平均粒径等特征值对浊度的影响分析。

3. 比测试验

1）基本情况

采用 HACH2100 系列浊度仪，选择具有代表性的长江干流朱沱水文站、寸滩水文站、清溪场水文站，支流嘉陵江北碚水文站，支流乌江武隆水文站 5 个水文站进行比测试验。比测试验选择在 2011 年 5～9 月进行，试验期间 5 个水文站的变化特征见表 7.1.14。

表 7.1.14　试验期间各试验水文站的来水来沙特征

站名	来水来沙	月平均流量、含沙量与多年月平均相比的变化百分数/%					实测含沙量/（kg/m³）	
		5 月	6 月	7 月	8 月	9 月	最大	最小
朱沱水文站	流量	-20.7	-19.3	-27.9	-39.0	-52.8	4.12	0.061
	含沙量	-69.5	-40.5	-61.2	-77.2	-85.4		
寸滩水文站	流量	-11.3	0.64	-21.3	-20.2	-23.8	3.10	0.042
	含沙量	-58.9	13.7	-41.0	51.6	41.0		
清溪场水文站	流量	-27.8	-18.8	-30.6	-27.1	-34.5	2.60	0.046
	含沙量	-74.1	-11.6	-56.3	-65.3	-60.0		
北碚水文站	流量	-7.1	27.6	-21.5	23.4	59.8	2.82	0.009
	含沙量	-96.9	-66.8	-65.4	-71.7	-56.6		
武隆水文站	流量	-64.7	-43.7	-58.5	-42.1	-66.2	2.25	0.002
	含沙量	-98.8	-81.3	-97.4	-63.6	-97.9		

收集的资料如下：朱沱水文站共施测单沙 86 点，边沙比测与单沙同步进行，共 53 点；寸滩水文站共收集单沙 129 点，边沙 32 点；清溪场水文站共施测单沙 70 点，边沙 56 点；北碚水文站受嘉陵江上游、渠江等江河暴雨影响，水量、含沙量均较大，具有良好代表性，故测次较多，共收集单沙 140 点，边沙 89 点；武隆水文站施测单沙 74 点，边沙 56 点。

2）单沙水样浊度与单沙相关关系

根据测站试验分析资料，建立了单沙水样浊度-单沙相关曲线。各试验站采用幂函数或多项式回归方程拟合单沙水样浊度-单沙相关式，见表 7.1.15。

表 7.1.15　各试验站单沙水样浊度-单沙相关式表

站名	单沙水样浊度-单沙相关式	相关系数 R^2
朱沱水文站	$S_S = 0.000\,000\,000\,013\,3T^3 - 0.000\,000\,189\,257\,2T^2 + 0.001\,374\,674\,628\,2T$	0.923
寸滩水文站	$S_S = -0.000\,000\,109T^2 + 0.001\,215\,869\,6T$	0.964
清溪场水文站	$S_S = 0.000\,000\,072\,2T^2 + 0.000\,824T$	0.910
北碚水文站	$S_S = 0.001\,67T^{0.931\,2}$	0.938
武隆水文站	$S_S = 0.000\,000\,000\,011\,3T^3 + 0.000\,000\,230\,968\,4T^2 + 0.001\,381\,723\,678\,2T$	0.997

注：S_S 为单沙（kg/m³）；T 为单沙水样浊度（NTU）。

各试验站单沙水样浊度与单沙的相关系数 R^2 均大于 0.9，表明含沙量与水样浊度具有较强的相关性，因此，由单沙水样浊度推算出的含沙量成果具有相当好的精度。

3）边沙水样浊度与单沙相关关系

利用各试验站边沙样品试验资料，建立了边沙水样浊度与单沙的相关关系曲线。采用幂函数回归方程进行分析，拟合了边沙水样浊度-单沙相关式和相关系数 R^2，见表 7.1.16。

表 7.1.16　各试验站边沙水样浊度-单沙相关式

站名	边沙水样浊度-单沙相关式	相关系数 R^2
朱沱水文站	$S_S = 0.002\,5T_{边}^{0.898\,7}$	0.920
清溪场水文站	$S_S = 0.000\,000\,278\,T_{边}^2 + 0.000\,798T_{边}$	0.790
北碚水文站	$S_S = 0.001\,74T_{边}^{0.92486}$	0.923
武隆水文站	$S_S = 0.000\,000\,000\,024\,6T_{边}^3 + 0.000\,000\,195\,194\,53T_{边}^2 + 0.001\,327\,111\,952\,9T_{边}$	0.997

注：S_S 为单沙（kg/m³）；$T_{边}$ 为边沙水样浊度（NTU）；寸滩水文站边沙试验资料未做分析。

各试验站边沙水样浊度与单沙的相关系数 R^2 除清溪场水文站偏小（0.790）外，其他站也都大于 0.9。因此，在极端条件下，完全可以利用边沙垂线或岸边固定水域的水样浊度与单沙的关系推算断面输沙率（量）。

4）级配特征对浊度的影响

2011 年 5～9 月朱沱水文站、寸滩水文站、清溪场水文站、北碚水文站、武隆水文站等水文站收集的悬沙颗粒分析水样情况见表 7.1.17。

表 7.1.17　室内样品颗粒分析与浊度测定统计表

站名	朱沱水文站	寸滩水文站	清溪场水文站	北碚水文站	武隆水文站
样品数	26	36	23	34	25

朱沱水文站、寸滩水文站、清溪场水文站、北碚水文站、武隆水文站水样浊度值与悬沙颗粒分析特征值的关系点群散乱，相关性较弱。

4. 试验成果评价

三种方法推算的单沙过程线基本相同。单沙水样浊度推算单沙与实测单沙过程更为接近，两过程线基本重合，误差较小，最大含沙量、次大含沙量出现的时间也完全一致。因此，光学散射浊度仪具有较好的适宜性和精度，使用浊度推算含沙量的方法具有时效性强、精度较高的特点。通过推求的各试验站的输沙量成果可以看出，由单沙水样浊度过程推算的试验期输沙量与实测单沙过程推求的输沙量相比，两者的差均不超过 5%。

7.1.3　光学后向散射测沙

1. 测沙原理与方法

光学后向散射浊度仪的核心是一个红外光学传感器，通过接收红外辐射光的散射量监测悬浮物质，然后进行水体浊度与泥沙浓度的转化，从而得到泥沙含量。目前使用最多的是美国 Campbell 公司生产的 OBS3A 浊度仪。

OBS3A 浊度仪由传感器、电子单元、接口部分和电源部分组成，见图 7.1.8。

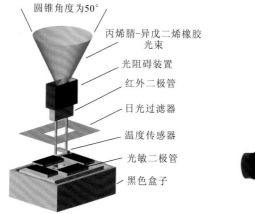

圆锥角度为50°
丙烯腈-异戊二烯橡胶光束
光阻碍装置
红外二极管
日光过滤器
温度传感器
光敏二极管
黑色盒子

（a）内部组成结构图　　　　　　　　（b）实物外形图

图 7.1.8　OBS3A 浊度仪外形与结构图

光敏二极管将接收到的散射信号送至模数转接器，将模拟信号转换成数字信号。然后由计算机对转换成的数字信号进行采集，按照 OBS3A 浊度仪的测量要求进行处理，处理好的数据通过 RS232 串口与操作计算机进行通信联系,操作计算机中安装了 OBS3A 的处理操作软件，它设置和控制 OBS3A 的运行方式并进行数据结果处理。

OBS3A 测量得到的数值是水体悬浮颗粒的浊度值，需要经过泥沙校准（标定）才能得到水体泥沙的实际浓度值。泥沙校准分为室内和现场标定两种方法，室内标定可以得到完美的浊度与悬沙浓度的线性关系，但将公式应用到生产中，会产生较大的误差；现场标定得到的相关关系不完美，但其用来计算悬沙浓度时可信度较高。

（1）室内标定。室内标定主要是确定浊度值与含沙量之间的关系并对转换精度做评价。

基本原则有：①每台仪器的标定水样必须是从该仪器所在垂线上取来的水样，同时稀释水样的水也是原样中抽出的水；②所有野外测点必须在标定曲线范围内，不得外延；③标定点数不得少于 10 点，并且点距要均匀；④测定浊度值时样品要充分搅匀（用大功率磁力搅拌器）。

操作步骤为：①统计实测点的最大浊度 N_{max} 和最小浊度 N_{min}，测定标定水样的浊度 N_{sam}、容积 V；计算浊度增量 N_{step}，为($N_{max}-N_{min}$)/10。②将水样沉淀 48 h 以上，抽出上部清水以备稀释用。将浓缩的水样充分搅拌后抽出一部分留作他用，抽出的数量大致为($N_{max}-N_{sam}$)×浓缩水样容积/($N_{max}-N_{min}$)。③测定最大值，将水样放置于磁力搅拌器上，打开电源并调节转速，加原水至可取样的最小容积。放入 OBS3A 浊度仪并观察其浊度值，慢慢加入浓缩水样，使其浊度值略大于 N_{max}，待读数稳定后记录下浊度值（N_1）。取出 OBS3A，搅拌均匀后用专用取样器取出 500 mL 水样，倒入 500 mL 烧杯做下一步分析。④测定中间值，放入 OBS3A 并观察其浊度值，慢慢加入原水，使浊度值趋向于 $N_1-(i-1)×N_{step}$，此处 i 为第 i 个测点，待读数稳定后记录下浊度值（N_i）。取出 OBS3A，搅拌均匀后用专用取样器取出 500 mL 水样，倒入 500 mL 烧杯做下一步分析。⑤测定最小值，放入 OBS3A 并观察其浊度值，慢慢加入原水，使浊度值略小于 N_{min}，待读数稳定后记录下浊度值，取出 OBS3A,搅拌均匀后用专用取样器取出 500 mL 水样,倒入 500 mL 烧杯做下一步分析。将 500 mL 水样浓缩后冲入小烧杯，烘干并称重，计算出含沙量，与浊度值进行线性相关分析得到标定曲线，据此标定曲线计算出所有测点的含沙量。

（2）河流现场标定。现场标定在测量时与 OBS3A 同步采水样，然后测定现场采集水的含沙浓度，再对 OBS3A 浊度仪测得的浊度进行标定。通常采取垂线测量取样的方法，即将 OBS3A 放入不同水深的水体中，用实时观测的方法进行测量，时间间隔设置为 1 s，每一层保持 20～30 s；在同一水深采集水样、称重可得到一组相应泥沙的实际值，用回归法对所测得的浊度值进行标定。

当泥沙浓度增加到一定量后，红外线能量被悬浮泥沙吸收，浊度值下降，即泥沙浓度和浊度值存在双值关系。泥沙浓度和浊度值的拐点位置与泥沙粒径有关，粒径小的悬浮泥沙对红外线的散射强度大，粒径大的悬浮泥沙对红外线的散射强度小。因此，天然河流中浊度值与泥沙浓度之间的关系相当复杂，故现场标定时，最好在不同含沙量条件下进行多次采样标定，否则，泥沙颗粒组成和浓度变化对 OBS3A 浊度仪的浊度值测量影响较大。

2. 在线测沙方式

OBS3A 浊度仪安装架的设计应具有一定的灵活性，易于仪器安装及仪器快速升降或离开水面；安装架必须牢固，应能够承受测船航行时水流产生的冲击。仪器感应器所在凹槽前面的 5 cm 处不能有障碍物，否则对红外线的发射和接收都会产生影响。

在 OBS3A 浊度仪如何安装方面，国外和国内大多数的科研生产机构，均采用了竖向安装方法（即将 OBS3A 浊度仪用安装架竖向固定并安放到水中）。这种竖向安装方法存在的缺点如下。

（1）安装架太大，阻水明显。

（2）与横式采样器距离太远，通常超过 0.5 m，当用横式采样器采集的水样来率定 OBS3A 同步记录的浊度时，一致性方面不够。

（3）加长了采样器与铅鱼之间的距离（超过 1.0 m），采集不到水底（离河床 0.5 m）含沙水样。

鉴于竖向安装方法在技术方面存在的明显不足，改进后的安装方法将 OBS3A 浊度仪直接捆绑在采样器或采样器与铅鱼间的连杆上，见图 7.1.9。这种方法基本克服了上述竖向安装方法的三个缺点，但在应用过程中，发现其依然有如下不足。

（a）水文测船铅鱼上　　　　　　　　　　　（b）航标下

图 7.1.9　OBS3A 浊度仪测船和航标安装示意图

（1）捆绑的 OBS3A 浊度仪的安全保护性差，易滑落。

（2）OBS3A 浊度仪经常停止工作，经分析可能是因为采样时铅锤锤击时的振动导致 OBS3A 浊度仪瞬间断电，造成电路损坏或程序混乱，这种情况下必须连上计算机重新进行设定才能再工作。

（3）由于 OBS3A 浊度仪直接捆绑在采样器或采样器与铅鱼间的连杆上，无防护、防震等措施，OBS3A 浊度仪与船帮等撞击损毁较多。

为克服现有技术的不足，设计了一种 OBS3A 浊度仪安装架，并获实用新型专利授权。

该安装架包括固定件（10）、安全仓（20）及减震器（30），由减震器连接固定件及安全仓，固定件与铅鱼或其他平台由连接杆连接，OBS3A 浊度仪放置在安全仓，见图 7.1.10。

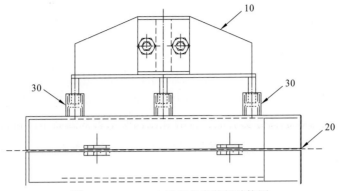

图 7.1.10 OBS3A 浊度仪安装架结构图

安全仓分为两个半圆柱部分，两个半圆柱部分的一侧用铰链进行铰接，两个半圆柱部分的另一侧设置有用螺栓锁紧的锁扣，安全仓的内壁黏垫有硅胶层。

减震器包括上、下两个压缩弹簧，上弹簧套在呈倒置 T 形的套管上，下弹簧抵接在所述套管下与安全仓的外壁之间，套管上端从套筒上部伸出并与固定件焊接连接，套筒的下部焊接在安全仓上。固定件与安全仓之间用三个减震器连接。

OBS3A 浊度仪安装架采用固定件与铅鱼的连接杆连接固定。OBS3A 浊度仪安装架的安全仓对 OBS3A 浊度仪进行保护，解决了 OBS3A 浊度仪的防护问题，避免 OBS3A 浊度仪与水中杂物或船帮等外界物体的直接撞击损坏。此外，固定件与安全仓之间设有减震器，可避免外界振动对 OBS3A 浊度仪的影响。

对于实时在线监测仪器，其工作状态是否正常至关重要。OBS3A 的核心是一个红外光学传感器，主要通过监测散射角为 140°～160° 的后向散射红外线信号的衰减测定悬浮物质的浓度。在野外现场应用过程中，由于使用环境的恶劣和 OBS3A 随机软件设置的可靠性等方面的问题，经常发生仪器正常配置，工作一段时间后在没有任何提示的情况下中断工作的情况，即便操作人员就在旁边也无法察觉，等到发现时往往是几至十几个小时过去了，造成资料中断。

OBS3A 工作状态检测器包括：光敏接收部件（1）、前置放大器（2）、自动增益控制器（3）、带通滤波器（4）、解调器（5）、交流放大电路（6）、检波积分电路（7）、驱动显示电路（8），其结构见图 7.1.11。

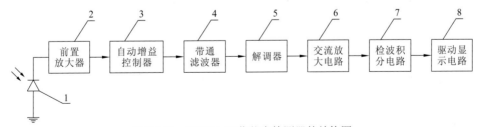

图 7.1.11 OBS3A 工作状态检测器的结构图

光敏接收部件用于感应 OBS3A 发出的红外调制信号并生成感应电流；前置放大器放大光敏接收部件生成的感应电流；自动增益控制器用于稳定感应电流的放大倍数；带

通滤波器用于滤除经放大后的感应电流中的干扰信号；解调器用于从滤波后的感应电流中解调出微弱的交流信号；交流放大电路用于放大经解调后的交流信号；检波积分电路用于根据放大的交流信号生成相应的驱动电流；驱动显示电路用于根据驱动电流对应显示 OBS3A 的工作状态。其中，光敏接收部件、前置放大器、自动增益控制器、带通滤波器、解调器、交流放大电路、检波积分电路、驱动显示电路顺次连接。

OBS3A 在工作时会定时发出一连串的红外调制信号，光敏接收部件接收到该信号后，经过前置放大器、自动增益控制器、带通滤波器、解调器得到所需交流信号，再进一步放大、检波积分、驱动对应显示电路，这样操作人员通过观察驱动显示电路中指示灯的状态即可知晓 OBS3A 的工作状态，实现了 OBS3A 的红外信号无损检测功能，而且对其他干扰光源有很强的抗干扰能力。

3. 现场比测

在仪器正式投入运行前，应开展野外比测工作，在不同来水来沙或不同泥沙组成特征条件下，对仪器测量浊度值（NTU）与传统烘干称重法含沙量两者对应数据进行分析，采用回归方法，建立相关关系式。

测量前必须做好仪器的开测准备工作，主要是测定水温和盐度（以确定水的密度，用于计算水深）、气压改正，并对仪器进行正确的配置。拟合 OBS3A 浊度仪实测浊度值 NTU 与含沙量 C_S 的关系式，为

$$C_S = 0.006\,5 \times \text{NTU} - 0.160\,5 \qquad (7.1.1)$$

式中：C_S 为测点含沙量，kg/m^3；NTU 为 OBS3A 浊度仪实测浊度值。

比测结果表明，OBS3A 浊度仪能实时在线、快速、连续地进行测量，能测量天然水体含沙量的变化状态及沿垂线的分布形式；所装有的温度、盐度、深度传感器能方便地测量水体垂向和纵向综合剖面参数；含沙量在 5 kg/m^3 以下时，能得到较为理想的线性回归关系，适宜于河口海湾地区的实时在线悬沙测验。

应当注意的是，由于 OBS3A 浊度仪的散射接收强度对泥沙浓度、粒径较为敏感，不同水沙测试环境具有不同的浊度值（NTU）与含沙量的关系。即使是同一水沙测试环境，如仪器型号不同，也有着不同的浊度值（NTU）与含沙量的关系，两者之间的相关关系非常复杂，随机性大。另外，受泥沙、气泡、有机质，以及颗粒的形状（球状、线状等）、颜色等诸多因素的影响，确定（或率定）一个稳定而通用的水体浊度与泥沙浓度的标准关系式实际上是非常困难的。因此，在实际应用中，要不定期对其关系曲线进行检验或校正。否则，推算结果可能偏差较大。

7.1.4　激光衍射测沙

1. 激光测沙原理

激光衍射法主要用于测量粒度大小，即当光束遇到颗粒阻挡时，一部分光将发生散射现象。散射光的传播方向将与主光束的传播方向形成一个夹角 θ，如图 7.1.12 所示。

散射角 θ 的大小与颗粒的大小有关，颗粒越大，产生的散射光的 θ 角越小；颗粒越小，产生的散射光的 θ 角越大。

● 光线遇大颗粒而散射的角度小
● 光线遇小颗粒而散射的角度大

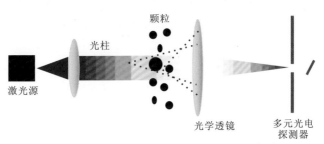

图 7.1.12　激光粒度分布仪（LISST）的基本原理

进一步研究表明，散射光的强度代表该粒径颗粒的数量。为了有效地测量不同角度上的散射光的强度，需要运用光学手段对散射光进行处理。在光束中的适当位置上放置一个透镜，在该透镜的后焦平面上放置一组多元光电探测器，这样不同角度的散射光通过透镜就会照射到多元光电探测器上，将这些包含粒度分布信息的光信号转换成电信号并传输到计算机中，通过专用软件对这些信号进行处理，就能准确地得到所测试样品的粒度分布。

LISST 为美国 Sequoia Scientific，Inc 生产的系列产品，LISST 系列设备使用的是激光衍射技术，能够把散射记录通过数学转换变成粒径分布和颗粒在水中的浓度。以下以 LISST-100X 为例说明激光测沙的方法与步骤。LISST-100X 的主要技术指标见表 7.1.18，结构见图 7.1.13。

表 7.1.18　LISST-100X 的主要技术指标

项目	参数指标
技术	小角度前方位散射（基础：米氏散射理论）
激光	固态二极管（670 nm）
光径	5.0 cm（标准）
	2.5 cm（可选）
	20.0 cm（可选）
参数	粒度分布、光量散射函数、光透度
	水深（0～300 m）、水温（−5～50 ℃）
实施方式	水下，实验室，野外，拖曳，锚系，平台，剖面
操作范围	浓度（平均粒度为 30 μm 的粒子的近似范围）：5.0 cm 光程为 10～750 mg/L；2.5 cm 光程为 20～1 500 mg/L（范围随粒度大小线性变化）

项目	参数指标
粒度范围	1.25～250 μm（B 型）
	2.50～500 μm（C 型）
光透度	0～100%
精确度	浓度：±20%（全程范围）
	光透度：0.1%
分辨率	浓度：0.5 mL/L。大小粒子分布：32 个大小级别，间隔采集
测量速率	可编程，达 4 Hz（每秒测量 4 次）
数据编程采集器	内部记忆和/或外部数据输出，RS232C
数据容量	16 MB
接口	RS232C，Windows 95/98/NT 软件
供电	内接常用的碱性电池组
	外接 REG +15 & −15 V @ 250 Ma max
额定工作深度	300 m（对于特殊要求，深度级别可更高）

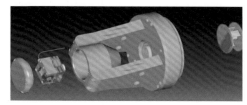

图 7.1.13　LISST-100X 结构图

仪器由光学部分、接头部分、电气部分、数据存储器及外围传感器等部件构成；光学部分由激光发生器、发射透镜、接收透镜、多环电信号检测器组成。

2. 仪器性能指标检测

仪器性能指标检测主要包括激光检测能量、光透度、背景数据稳定性、采集（测量）模式、含沙量测量指标、体积转换常数、水深、水温、开关模式、电池电压等参数。

1）激光检测能量变化规律检测

激光检测能量是激光散射原理测量仪器的重要性能指标之一。激光检测能量是指传感器检测到的透过水体后的激光能量，通常比激光参考能量值小；激光参考能量用来自动校准激光在入水以前输出的发射能量（LISST-100X 为 1.26 mW）；两者具有不同的概念。激光检测能量的衰减变化特性及其对测试信号的影响，直接关系到这类测沙仪测试性能的优劣。

从理论上讲，LISST 仪器的工作原理是基于夫琅禾费衍射和米氏散射理论，颗粒对入射的散射服从经典的米氏散射理论。低能源半导体激光器发出的波长为 0.750 μm 的单色光，经空间滤波和扩束透镜滤去杂光，形成直径最大为 10 mm 的平行单色光束。该光束照射测量区中的颗粒时，会产生光的衍射现象。衍射光的强度分布服从夫琅禾费衍射理论。在测量区后的傅里叶转换透镜是接收透镜（已知透镜的范围），在它的后聚平面上形成散射光的远磁场衍射图形。在接收透镜后的聚焦平面上放置一多元光电探测器，它接收衍射光的能量并转换成电信号输出。

由夫琅禾费衍射理论知，当测量区中有一直径为 d 的球形颗粒时，任意角度下它的衍射光强分布为

$$I(\theta) = I_0 \frac{\pi^2 d^4}{16 f^2 \lambda^2} \left[2 \frac{J_1(X)}{X} \right]^2 \tag{7.1.2}$$

式中：f 为接收透镜的焦距；λ 为入射光的波长；J_1 为一阶贝塞尔函数；I_0 为入射光强；θ 为散射角；$X = \pi d \sin\theta / \lambda$。

激光衍射光强分布落在多元光电探测器第 n 环（环半径从 S_n 到 S_{n+1}，对应的散射角从 θ_n 到 θ_{n+1}）上的光能量为

$$e_n = \int_{S_n}^{S_{n+1}} I(\theta) 2\pi S dS \quad (n = 1, 2, \cdots) \tag{7.1.3}$$

将式（7.1.2）中的 $I(\theta)$ 代入式（7.1.3）可得

$$e_n = \frac{\pi d^2}{4} I_0 \left[J_0^2(X_n) + J_1^2(X_n) - J_0^2(X_{n+1}) - J_1^2(X_{n+1}) \right] \tag{7.1.4}$$

式中：J_0 为零阶贝塞尔函数；$X_n = \frac{\pi}{\lambda} d \frac{S_n}{f}$，$X_{n+1} = \frac{\pi}{\lambda} d \frac{S_{n+1}}{f}$。

如果测量中同时有 N' 个直径为 d 的颗粒存在，则在 n 个光环上所接收到的光能将是一个颗粒时的 N' 倍，即 $N' \cdot e_n$。以此类推，当颗粒群中直径为 d_i 的颗粒共有 N'_i 个时，颗粒群总的衍射光能将是所有颗粒衍射光能之和，即

$$e_n = \frac{\pi I_0}{4} \sum N'_i d_i^2 \left[J_0^2(X_{in}) + J_1^2(X_{in}) - J_0^2(X_{in+1}) - J_1^2(X_{in+1}) \right] \tag{7.1.5}$$

如果尺寸分布用重量 W_i 表示，W_i 和 N'_i 之间的关系为

$$N'_i = \frac{6 W_i}{\pi \rho d_i^3} \tag{7.1.6}$$

式中：ρ 为颗粒物质的密度。将式（7.1.6）代入式（7.1.5）可得

$$e_n = \frac{3 I_0}{2\rho} \sum \frac{W_i}{d_i} \left[J_0^2(X_{in}) + J_1^2(X_{in}) - J_0^2(X_{in+1}) - J_1^2(X_{in+1}) \right] \tag{7.1.7}$$

式（7.1.7）建立了多元光电探测器各环的衍射光信号与被测颗粒粒径及分布之间的对应关系。

LISST 将测量泥沙颗粒的粒径范围划分为 32 个级，即 LISST-100X 使用的多元光电

探测器有 32 个有效环。在实际计算中，通过 32 个硅环采集激光散射而积累的特定散射角能量与颗粒体积的分布关系，经过较为复杂的转换计算后，才能得出泥沙颗粒体积分布和重量。

表 7.1.19 为长江汉口河段天然水样含沙量与 LISST-100X 测试的激光检测能量相关成果。

表 7.1.19　长江汉口河段含沙量-LISST-100X 测试的激光检测能量相关成果

检测样品	含沙量/（kg/m³）	激光检测能量/mW	平均粒径/μm
1	0.738	0.20	75.3
2	0.215	0.67	69.9
3	0.119	0.83	64.0
4	0.071	0.98	65.8
5	0.054	1.05	62.2
6	0.028	1.26	60.1

可见，在泥沙组成的特征大致相等的条件下，含沙量越大，激光检测能量越小；反之，激光检测能量越大。激光检测能量随含沙量增大而衰减的变化趋势非常明显，见图 7.1.14。

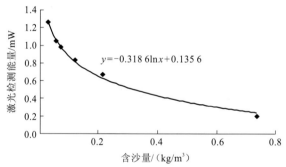

图 7.1.14　含沙量-激光检测能量相关示意图

进一步研究表明，激光检测能量变化还与颗粒级配组成密切相关。因此，激光检测能量与含沙量的相关关系，实际上是一簇变化规律相同，而量值不等的相关变化曲线。根据野外试验资料，综合得出以中值粒径 D_{50} 为参数的激光检测能量与含沙量的相关关系，见图 7.1.15。

同一泥沙组成级配，含沙量越大，激光检测能量衰减越多；同一含沙量，泥沙组成越细，激光检测能量越小。当含沙量变大、颗粒变细到一定程度时，激光检测能量衰减为零。

激光检测能量衰减程度，主要取决于泥沙粒径大小（或粗细）分布和浓度变化两大要素。因为穿过水体的激光被等比例地换算为粒子在水中的横截面积，所以粒子的尺寸越小，区域浓度的横截面积越大，激光波速的衰减就越快，使激光检测能量非常低。对于同等浓度的水样而言，大的粒子对光的衰减小得多，对应的能量就更高一些。这就是简单的光透仪和光学背散射仪无法用来测量沉积物浓度的主要与根本原因。

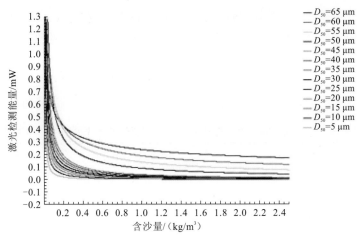

图 7.1.15　LISST-100X 激光检测能量与中值粒径、含沙量的相关关系

2）光透度变化规律检测

光透度是衡量激光衍射原理仪器测试性能的重要指标，指穿透水体部分的激光的比例数，是含沙水值和清水值的一个比例数。LISST-100X 不利用光透度来直接换算水样的浓度或粒子的尺寸分布，只用它修正减掉干净水背景的激光散射值。

表 7.1.20 为长江汉口河段天然水样含沙量与 LISST-100X 测试的光透度相关成果，图 7.1.16 为平均粒径基本相等的样品中，光透度与含沙量的相关关系，其变化趋势与激光检测能量完全相似。

表 7.1.20　长江汉口河段含沙量-LISST-100X 测试的光透度相关成果

检测样品	含沙量/（kg/m³）	光透度	平均粒径/μm
1	0.738	0.11	75.3
2	0.215	0.50	69.9
3	0.119	0.62	64.0
4	0.071	0.74	65.8
5	0.054	0.77	62.2
6	0.028	0.92	60.1

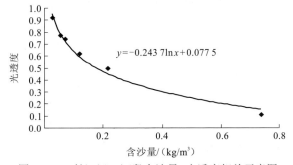

$y = -0.243\,7\ln x + 0.077\,5$

图 7.1.16　长江汉口河段含沙量-光透度相关示意图

在相同含沙量条件下，中值粒径 D_{50} 越大，光透度越高。相反，泥沙粒径越小，光透度越低。与激光检测能量一样，当粒子的浓度增加到一个特定的值时，光透度也会衰减到 0，这时测量就会出现失效的现象。

通常认为，当光透度下降到 0.3（30%）以下时，就有可能发生多重散射，在这种情况下，用于把散射测量结果转化为浓度值的理论就不准确了，即当光透度下降到 30% 以下时，所测浓度的误差就会提高。相反，如果浓度过低，也会引起测量的背景误差过大。因此，光透度参数不但能表示仪器测试信号受粒径大小分布的影响程度，而且可以作为分析仪器测量的最大含沙量的关键性技术指标。

3）背景数据稳定性检测

仪器原始测量数据中要扣除背景值，以保证测量数据的真实性和精度，特别是在进行较清水体的测量时，对背景数据的采集更为重要。同时，通过采集的背景数据和仪器出厂时背景数据的对比，还能确定仪器的各个功能是否正常。

背景采集方法：在仪器样品搅拌器中，放入蒸馏水或清洁水，每次采集 20 个样品，然后计算 20 个样品的均值，将其显示在窗口中。如果对测量结果满意，可以将测量结果导出存入指定的文件中。背景采集是 LISST-100X 测量前必须进行的首要工作。

图 7.1.17 为 LISST-100X 采集的背景数据与标准背景（即出厂背景）的对比图。在仪器正常情况下，两者的分布形状基本相似；仪器镜头不干净或故障时，就会出现极值分布。

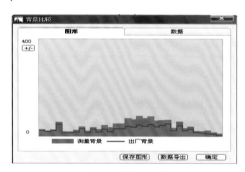 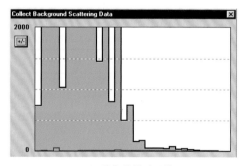

（a）采集背景正常　　　　　　　　（b）采集背景不正常

图 7.1.17　背景数据与标准背景的对比示意图

如果仪器本身有故障，水样或光学透镜不干净，软件会弹出一个出错信息。一般情况下，浑浊的水或不干净的透镜所测量的结果在中环处表现出较大的值，大气泡或颗粒会使仪器内环出现较大的值等。如果内环的测量值比较大而激光检测能量又比较低，此时可能是仪器的光学透镜对准出现了问题。因此，如当前采集的背景数据与标准背景的差别较大，或者有出错信息提示，应重新进行背景采集或校正仪器，直至满足要求。当前背景数据的采集是否稳定，是衡量 LISST-100X 仪器性能和数据处理精度的重要指标之一。

采用清洁水（矿泉水），对同一浓度样品重复进行测试，结果表明背景处理分散数据对测试结果的影响并不显著。

图 7.1.18 为 30 个不同背景条件下对同一样品进行含沙量测试的结果，最大相对误差为 3%。从 3 个样品测试的含沙量过程来看，其波动的幅度非常小，说明仪器测试结果具有较高的准确性。图 7.1.19 为重复检测 30 次的中值粒径的变化过程，同样表现出了其稳定和准确的变化规律。

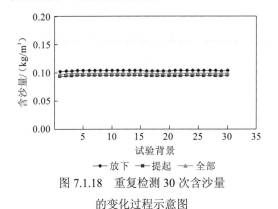 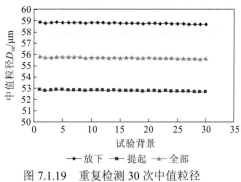

图 7.1.18 重复检测 30 次含沙量
的变化过程示意图

图 7.1.19 重复检测 30 次中值粒径
的变化过程示意图

考虑到上述检测是采用同一清洁水得出的 30 个背景条件下的结果，可能对结果的影响不够灵敏。为了证实背景对测试参数结果的影响，又利用不同的背景，同时对一个水样的测试结果进行处理，结果见表 7.1.21。

表 7.1.21　LISST-100X 不同背景条件下对同一样品的检测结果

背景采集时间	样品编号	小于某粒径沙重的百分数/%								中值粒径/μm	含沙量/（kg/m³）
		4 μm	8 μm	16 μm	31 μm	62 μm	125 μm	250 μm	500 μm		
2006-03-24	1	2.9	6.4	13.9	29.1	53.9	81.2	96.0	100.0	58.40	0.101
	2	3.2	6.9	15.2	32.0	58.6	84.5	96.8	100.0	52.44	0.092
	3	3.1	6.7	14.5	30.6	56.3	82.9	96.5	100.0	55.34	0.096
2006-08-16	1	2.9	6.4	13.9	29.2	54.1	81.4	96.2	100.0	58.25	0.104
	2	3.1	6.9	15.1	32.1	58.7	84.7	96.9	100.0	52.30	0.095
	3	3.0	6.7	14.5	30.7	56.4	83.1	96.6	100.0	55.19	0.100
出厂标准	1	2.9	6.4	13.9	29.2	53.9	81.1	96.0	100.0	58.41	0.099
	2	3.2	6.9	15.1	32.1	58.5	84.3	96.7	100.0	52.46	0.091
	3	3.1	6.7	14.5	30.6	56.2	82.8	96.4	100.0	55.35	0.095

检测的最大相对误差：含沙量≤3%；颗粒级配、中值粒径参数≤1%。背景对测试结果的影响并不显著，灵敏度较低。

可见，只要按 LISST-100X 采集背景的方法规范操作，由背景引起的测试结果的误差是有限的。因此，采集背景的关键作用主要体现在，能很好地检查整个仪器的运行状态和仪器原始测量数据中要扣除的背景值，以保证测量数据的真实性和精度。

4）测量模式

测量模式为 LISST-100X 不同透镜光径的测量方式，是需要了解的重要仪器性能，它关系到仪器测量范围和测验精度等关键技术问题。

标准模式是不附带安装任何外部缩短光程设备、正常测试条件下的一种测量模式。LISST-100X 的技术规格中，光径为 5.0 cm 为标准模式，测量含沙量范围为 0.01～0.75 kg/m³（平均粒径为 30 μm 的近似范围）。当实际含沙量超出了这个变化范围或上限值时，就需要采用仪器的光程缩短模式。

光程缩短模式就是改变测量设备的光程，减少激光的衰减，从而加大含沙量的测量范围。但光径太短，会使仪器测量功能受到两方面的影响：一是测量含沙量下限提高（或变大），即测量小含沙量的结果不准确或失真，使用受到限制；二是如果把光程缩得太短，那么粒子通过激光测试镜头会受到影响，对测量精度有影响。因此，为了适应不同的含沙量变化条件，需要采用不同的光程缩短设备来弥补适用范围的局限。

LISST-100X 光程缩短器分为 2.5 cm（光径 2.5 cm）、4.0 cm（光径 1.0 cm）、4.5 cm（光径 0.5 cm）三种，最短的光程为 4.7 cm（光径 0.3 cm）。光程缩短模式对应的测量含沙量范围见表 7.1.22。

表 7.1.22　LISST-100X 光程缩短模式

测量模式	光径/cm	缩短后光程 PRM/cm	测量含沙量范围/（kg/m³）
标准模式	5.0	0	0.01～0.75
2.5 cm 光程缩短器	2.5	2.5	0.02～1.50
4.0 cm 光程缩短器	1.0	1.0	0.05～3.75
4.5 cm 光程缩短器	0.5	0.5	0.10～7.50
说明	（1）本表为厂家技术规格中的标称指标；（2）光径＝标准模式光径－光程缩短器光程（为缩短后光程 PRM）；（3）测量含沙量范围为厂家技术规格中的标称指标，即在平均粒度为 30 μm 的粒子的近似范围内仪器能测量的范围		

改变光程就能够改变光透度在 30%时的粒子浓度值。如果光程被缩短一半（2.5 cm），那么就能够测量 30%光透度的水量浓度的 2 倍，即测量含沙量范围为 0.02～1.50 kg/m³。同样，如果缩短到 0.5 cm，那么浓度就可以增大至原来的 10 倍，即测量含沙量范围为 0.10～7.50 kg/m³。因此，在实际测验中，可以根据含沙量变化范围，选择合适的缩短光程的测量模式。

5）含沙量测量指标

LISST-100X 仪器测量的含沙量上限，即测量的最大含沙量，是最关键的技术性能指标之一。生产厂家所标称的测量指标，在一定条件下如平均粒度为 30 μm 的粒子的近似范围才能成立。这个近似范围到底是多少，以及如果超出了这个范围，仪器测量指标是否会发生改变，改变又为多少，关系到仪器是否适合悬沙测验。

厂家表征泥沙组成特征的平均粒径 $\overline{d}$ 为体积加权，其概念与水文标准规定的算术平均粒径 D_m 有区别。

厂家所标称的平均粒径的计算式为

$$\overline{d} = \frac{\sum V_i \times d_i}{\sum V_i} \qquad (7.1.8)$$

式中：V_i 为单元格体积，$V_i = \frac{\pi d_i^3}{6}$；$d_i$ 为单元粒径；i 为 32 单元（1～32 硅环）。

水文应用的算术平均粒径 D_m 的计算式为

$$D_m = \frac{\sum \Delta P_i D_i}{100} = \frac{\Delta P_1 D_1 + \Delta P_2 D_2 + \cdots + \Delta P_n D_n}{100} \qquad (7.1.9)$$

式中：ΔP_i 为粒径为 D_i 级的重量占总重量的百分数。

LISST-100X 采用平均粒径 $\overline{d}$ 特征值的近似范围来表征含沙量指标参数，不符合现有泥沙测验规范。根据激光检测能量与光透度衰减的影响分析，当粒子的浓度增加到一个特定的值时，激光检测能量或光透度就会衰减到 0。衰减程度不但与含沙量的高低程度有关，而且与泥沙粒径大小分布的关系非常密切。也就是说，仪器测量最大含沙量范围，同时受含沙量高低和粒径大小分布这两个因素的制约。

除此之外，颗粒的种类（泥沙、有机质等）、颗粒的形状（球状、线状等）、水的颜色、气泡等因素对 LISST-100X 的测量结果也会产生一定的影响。因此，LISST-100X 能测量最大含沙量或指标范围，并不是想象的只能测量一个固定值指标。根据野外试验资料，确定以中值粒径 D_{50} 为参数，表征泥沙组成粗细特征，建立激光检测能量或光透度与中值粒径、含沙量的相关关系，以探求 LISST-100X 在不同浓度、不同粒径组合条件下，测量含沙量的范围或最大含沙量。LISST-100X 在不同测量模式、不同 D_{50} 条件下测量的含沙量范围或最大含沙量参考指标，见表 7.1.23。

表 7.1.23　LISST-100X 在不同测量模式、不同 D_{50} 条件下测量的含沙量范围或最大含沙量参考指标表

体积法中值粒径 D_{50}/μm	重量法中值粒径 D_{50}/μm	含沙量测量范围/（kg/m³）			
		标准	2.5 cm 光程缩短器	4.0 cm 光程缩短器	4.5 cm 光程缩短器
5	4	0.01～0.050	0.02～0.100	0.05～0.250	0.10～0.500
10	8	0.01～0.069	0.02～0.138	0.05～0.345	0.10～0.690
15	12	0.01～0.086	0.02～0.172	0.05～0.430	0.10～0.860
20	16	0.01～0.108	0.02～0.216	0.05～0.540	0.10～1.080
25	20	0.01～0.150	0.02～0.300	0.05～0.750	0.10～1.500
30	24	0.01～0.168	0.02～0.336	0.05～0.840	0.10～1.680
35	28	0.01～0.211	0.02～0.422	0.05～1.055	0.10～2.110
40	32	0.01～0.264	0.02～0.528	0.05～1.320	0.10～2.640

体积法中值粒径 D_{50}/μm	重量法中值粒径 D_{50}/μm	含沙量测量范围/（kg/m³）			
		标准	2.5 cm 光程缩短器	4.0 cm 光程缩短器	4.5 cm 光程缩短器
45	36	0.01~0.350	0.02~0.700	0.05~1.750	0.10~3.500
50	41	0.01~0.413	0.02~0.826	0.05~2.065	0.10~4.130
55	45	0.01~0.518	0.02~1.036	0.05~2.590	0.10~5.180
60	49	0.01~0.648	0.02~1.296	0.05~3.240	0.10~6.480
65	53	0.01~0.750	0.02~1.500	0.05~3.750	0.10~7.500
说明		体积法与重量法中值粒径 D_{50} 分别为 LISST-100X 测量体积和烘干称重得出的分布级配上的 50%粒径			

本参考指标及变化范围根据大量试验资料分析确定，较厂家标称的规格指标更为具体且更具可操作性，可在今后测验和资料分析时参考应用。

6）体积转换常数

体积转换常数是将仪器不同粒径区间测得的电信号（或光能）转换为含沙量量纲单位的比例系数，记为 VCC。对于含沙量计算，一般经过大量试验得到 LISST-100X 的测量输出值与含沙量的关系，即 VCC 的值，再利用体积转换常数 VCC 和测量输出值推算含沙量。具体计算方法如下：

$$\text{VCC} = \frac{\sum\limits_{i=1}^{k} \dfrac{\text{output}_i}{C_i}}{k} \qquad (7.1.10)$$

式中：C_i 为第 i 个样本传统法分析的含沙量；output_i 为第 i 个样本 LISST-100X 的测量输出值；k 为样本总个数。

$$C = \frac{\text{output}}{\text{VCC}} \qquad (7.1.11)$$

式中：C 为测点含沙量；output 为 LISST-100X 的测量输出值。

根据式（7.1.10）和式（7.1.11），如直接采用厂家提供的 VCC，换算出的仪器测量成果，与传统烘干称重法的结果（以单位 kg/m³ 表示的含沙量）相差较大。为了更加准确、合理地确定 VCC，一般利用在不同来水来沙或不同泥沙组成特征条件下，仪器测量的含沙量与对应的传统烘干称重法得到的含沙量之间的误差，采用最小误差原则，对 VCC 进行最优值的选择。

图 7.1.20 为根据野外和室内比测试验成果绘制的不同体积转换常数 VCC 与对应偏差 D 的相关关系曲线，当偏差 $D=0$ 时，野外 VCC=5 366，室内 VCC=3 596。

必须指出：LISST-100X 在室内测试环境下，由于不受水沙脉动变化、泥沙组成特征或杂质等诸多因素影响，率定的 VCC（=3 596）要比野外条件下的 VCC（=5 366）小。这说明测试环境因素对 VCC 的改变影响是相当大的。因此，在室内和野外不同测试环

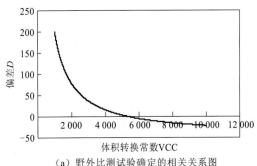 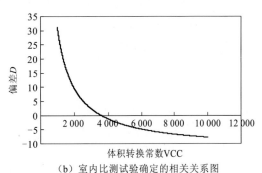

（a）野外比测试验确定的相关关系图 　　　　（b）室内比测试验确定的相关关系图

图 7.1.20　野外和室内体积转换常数 VCC 与对应偏差 D 的相关关系曲线图

境条件下,由于影响因素的多变性和差异性客观存在,不能采用同一体积转换常数 VCC 进行转换。否则,测验成果精度将受到影响,国内外诸多这类仪器的应用事实已得到验证。

7）水深与水温检测

LISST-100X 由内置水深传感器（500 psi[①]）测量水深。表 7.1.24 为 LISST-100X 水深补偿校正后,采用定位测量水深方法与悬索铅鱼测深的对比试验成果。

表 7.1.24　仪器测量水深与悬索铅鱼测深对比

比测编号	悬索铅鱼测深/m	LISST-100X（C 型）测深/m	相对误差/%
1	3.4	3.6	5.9
2	10.1	10.2	1.0
3	13.4	13.5	0.7

注：厂家技术规格指标中，测量 300 m 水深的绝对误差不超过 0.3 m。

LISST-100X 水深传感器测量水深与悬索铅鱼测深结果基本一致,仪器具有一定的测深精度。图 7.1.21 为 LISST-100X 在不同代表垂线（起点距为 780 m、1200 m）,仪器采用动态方式,即从水面到河底、从河底到水面往返匀速测量的水深变化过程。

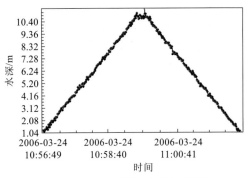 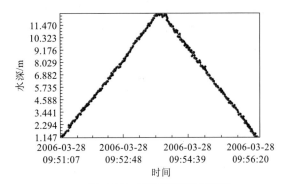

（a）780 m 垂线水深变化过程图 　　　　　（b）1 200 m 垂线水深变化过程图

图 7.1.21　长江汉口水文站 LISST-100X 测量的垂线（往返）水深变化过程

---

① 1 psi＝6.894 76×10^3 Pa。

可以明显看出，在仪器下放或上提的测深过程中，未出现水深测量值突然变大或变小的现象，仪器测量水深与悬索铅鱼测深结果基本一致，说明仪器测深性能是稳定的，测深精度基本满足数据处理和测验成果的要求。

LISST-100X 仪器温度传感器采用高精度的温度传感器，配置在仪器安装透镜一端，所采集的数据均按标准的数据文件存放。图 7.1.22 为 2005 年 8 月 16 日根据汉口水文站代表垂线（起点距为 780 m、1 200 m）的温度数据，绘制的温度变化过程。可见，LISST-100X 测量成果较真实地反映了温度沿水深的变化。

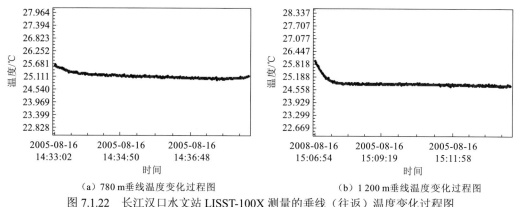

(a) 780 m 垂线温度变化过程图　　　　　　　(b) 1 200 m 垂线温度变化过程图

图 7.1.22　长江汉口水文站 LISST-100X 测量的垂线（往返）温度变化过程图

纵轴刻度值不均匀由计算软件自动生成的数据四舍五入导致

3. 仪器现场测试

1）含沙量测量

为了研究 LISST-100X 的适宜性和测验精度，试验采用如下两种测量方式：一种是仪器以移动运行方式采集数据，简称动态测验方式（相当于积深法）；另一种是仪器固定在垂线某一水深或相对水深位置处采集数据，简称定点（在线）测验方式（相当于常规或传统的选点法）。

图 7.1.23 为长江汉口水文站两条不同起点距单沙垂线采用 LISST-100X 标准模式动态往返测量的含沙量变化过程。

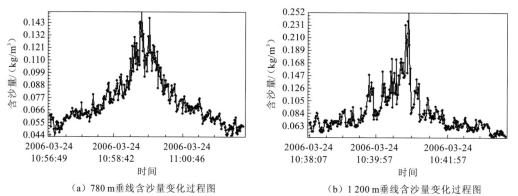

(a) 780 m 垂线含沙量变化过程图　　　　　　(b) 1 200 m 垂线含沙量变化过程图

图 7.1.23　长江汉口水文站 LISST-100X 往返测量的含沙量变化过程对比图

可见，仪器测量的含沙量沿水深的变化过程非常清晰。在水流紊动、扩散作用影响下，含沙量沿水深的变化不均匀，即越接近河底，含沙量越大，越接近水面，含沙量越小；随着水深的增加，含沙量的脉动强度也逐渐增强。仪器测量从水面至河底或从河底至水面，往返测量的含沙量的脉动变化过程也非常清晰，基本为对称形态。仪器测量的不同垂线位置含沙量的大小变化，与汉口水文站多年传统法悬沙测验成果非常吻合。LISST-100X 含沙量的测验成果，体现出了高效率等技术特点，传统法仅在垂线上施测有限个测点（2～3 个测点）的瞬时含沙量，而 LISST-100X 可在水深仅为 10 m 的垂线上，以间隔 1 s 的速度，连续采集近 280 个测点的瞬时含沙量，总历时不到 5 min。

图 7.1.24 为 LISST-100X 标准模式动态往返测量的含沙量沿垂向的分布。可以看出，不同浓度、不同分布形式下，垂向梯度变化非常明显，完全符合含沙量沿垂线分布的扩散理论。LISST-100X 动态测量的垂线含沙量分布结果，能客观、真实地反映在天然河流水沙脉动等条件下的含沙量沿水深的瞬时变化特点。

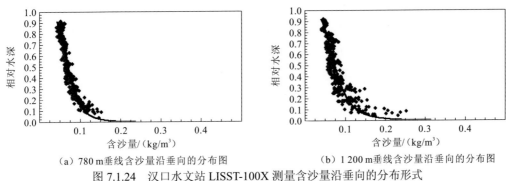

(a) 780 m 垂线含沙量沿垂向的分布图　　　(b) 1 200 m 垂线含沙量沿垂向的分布图

图 7.1.24　汉口水文站 LISST-100X 测量含沙量沿垂向的分布形式

相对水深为测点与河底的距离和垂线水深的比值

为了证实不同模式下测量含沙量的差异，分别采用标准模式、4.0 cm 光程缩短器和 4.5 cm 光程缩短器对同一含沙量进行了试验，结果表明，采用不同光程缩短模式测量同一含沙量都是适宜的。但也发现，如果实际含沙量没有导致测试信号失效，最好不要直接使用光程较短的测量模式，否则，会引起较大的测量误差。例如，试验发现：垂线平均含沙量标准模式为 0.111 kg/m³，测试信号没有失效；如果采用 4.0 cm 光程缩短器，结果为 0.125 kg/m³，偏大约 12.6%；如果采用 4.5 cm 光程缩短器，结果为 0.141 kg/m³，偏大 27%。因此，建议在实际测验中，建立标准模式与不同光程缩短模式在同一水沙条件下的含沙量关系式，以确保测验资料的精度。

采用传统悬沙测验选点法，使用横式采样器采取水样，施测的只是某瞬时的点含沙量；而 LISST-100X 测验的是某时段（如 30 s、60 s、100 s，任意设置）内的时均点含沙量，两种成果从严格意义上讲是不完全相同的。传统法测验的偶然性大，LISST-100X 测验能最大化地消除或减小水沙脉动带来的变化影响。图 7.1.25 为在单沙垂线相对水深 0.2 和 0.6 处，采用 LISST-100X 标准模式定点测量 300 s 的瞬时点含沙量脉动变化过程。

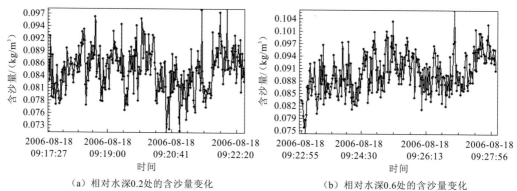

（a）相对水深0.2处的含沙量变化　　　　　　（b）相对水深0.6处的含沙量变化

图 7.1.25　汉口水文站 LISST-100X 测量的不同相对水深处的 300 s 含沙量脉动过程

纵轴刻度值不均匀由计算软件自动生成的数据四舍五入导致

图 7.1.25 中仪器测量的瞬时含沙量脉动变化差异明显。相对水深 0.2 处为 0.072～0.098 kg/m³，相对水深 0.6 处为 0.075～0.106 kg/m³。近水面含沙量脉动变化相对小，近河底相对大。因此，在含沙量脉动变化影响下，300s 时段内瞬时的最大、平均与最小点含沙量之间的变化幅度相当大。在这样的水沙脉动影响条件下，如果只采集某瞬时一点的含沙量作为这一时段的平均值，其代表性和精度有限。

为了检测 LISST-100X 在感潮河段潮汐水沙特性条件下在线监测的测试性能，在长江口徐六泾水文站将仪器下放到邻近河底处（距河床 0.10 m），每 1 s 采集 1 个数据，长时段连续采集约 4 h、14400 个相当于近底悬移质含沙量变化的数据。从试验结果看，仪器测试性能稳定，潮汐影响下近底悬移质含沙量变化过程非常清晰，见图 7.1.26。

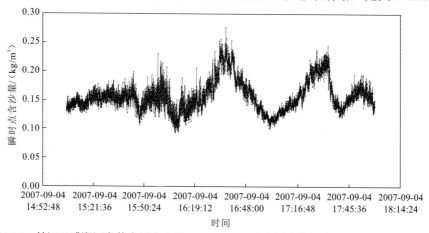

图 7.1.26　长江口感潮河段徐六泾水文站 LISST-100X 定点测量的近底悬移质含沙量变化过程

悬移质含沙量测验如何消除或减小天然河流水沙脉动的影响，一直是非常棘手的问题。例如，对于含沙量脉动变化对测量精度的影响分析，传统法限于测验设备技术，分析资料只能依靠人工在某测点位置处重复不断地采取大量水样，经繁杂的工序处理后获取。

采用 LISST-100X 定点测量的时均点含沙量，可以说是最大化地减小或消除了含沙量脉动所带来的影响。因此，LISST-100X 定点方式，不但可以测量出某时段瞬时含沙量的连续脉动变化过程，而且可以获取时均点含沙量等特征值。

2）颗粒级配测量

颗粒级配测量也是 LISST-100X 的最主要功能之一。图 7.1.27 为长江汉口水文站三条单沙垂线处，采用 LISST-100X 标准模式沿垂线动态往返测量的颗粒级配变化。图 7.1.27（a）、（b）上半部分为 32 个粒径组的分布和所有瞬时点的级配平均值，即垂线平均颗粒级配曲线；图 7.1.27（a）、（b）下半部分为仪器匀速从水面下放到河底，再从河底提起到水面，往返两个过程测量的瞬时点颗粒级配沿垂线的分布。

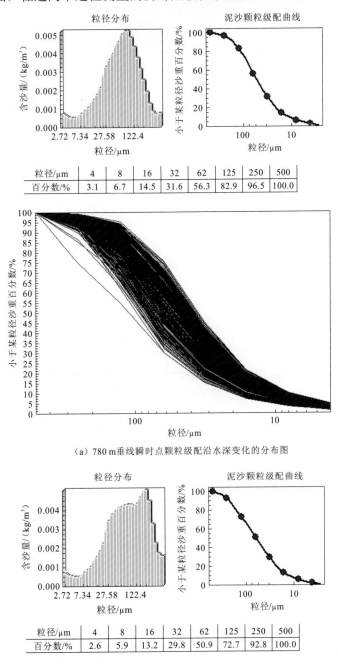

粒径/μm	4	8	16	32	62	125	250	500
百分数/%	3.1	6.7	14.5	31.6	56.3	82.9	96.5	100.0

（a）780 m垂线瞬时点颗粒级配沿水深变化的分布图

粒径/μm	4	8	16	32	62	125	250	500
百分数/%	2.6	5.9	13.2	29.8	50.9	72.7	92.8	100.0

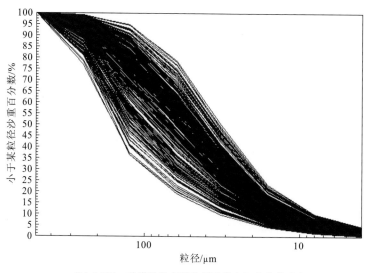

（b）1 200 m垂线瞬时点颗粒级配沿水深变化的分布图

图 7.1.27　汉口水文站 LISST-100X 动态测量方式垂线瞬时点颗粒级配沿水深变化的分布图

　　LISST-100X 定点测量的瞬时颗粒级配分布与动态测量结果表示的意义是不同的。动态测量的瞬时点颗粒级配是沿水深的分布变化；而定点测量的是某固定水深位置处瞬时颗粒级配随时间的分布变化，即在水沙脉动影响下，不同的时刻有不同的泥沙颗粒级配组成。图 7.1.28 为单沙垂线相对水深 0.2、0.6 处，采用 LISST-100X 标准模式定点测量100s 的瞬时点颗粒级配变化分布。

　　可见，仪器定点测量 100 s 的瞬时点颗粒级配分布，并没有随时间增加发生异形或偏粗、偏细的极值变化，与短时段测量分布级配的特点相似，说明仪器具有良好的颗粒级配测试功能。同时，也可以看到，受脉动变化的影响，即使是同一水深位置，颗粒级配分布（或泥沙组成特征）也是有变化的。

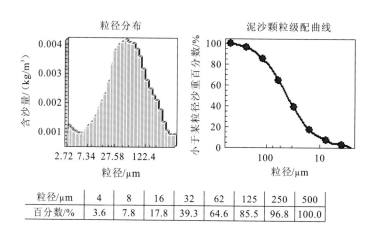

粒径/μm	4	8	16	32	62	125	250	500
百分数/%	3.6	7.8	17.8	39.3	64.6	85.5	96.8	100.0

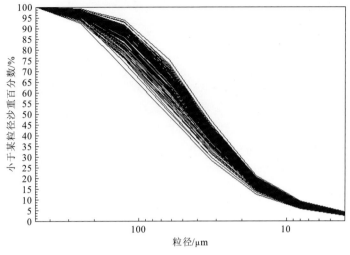

（a）0.2相对水深定点测量的瞬时点颗粒级配变化分布图

粒径/μm	4	8	16	32	62	125	250	500
百分数/%	2.9	6.5	14.7	33.0	55.4	77.1	94.4	100.0

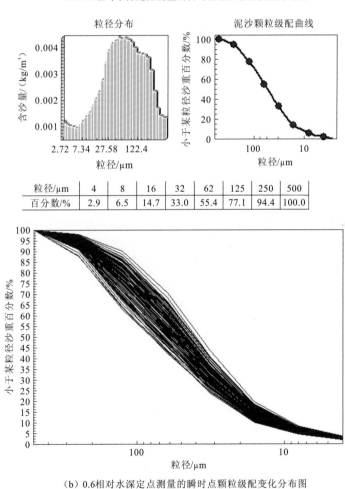

（b）0.6相对水深定点测量的瞬时点颗粒级配变化分布图

图 7.1.28 汉口水文站 LISST-100X 不同相对水深定点测量的瞬时点颗粒级配分布变化图

4. 野外比测试验

1）资料收集

2004 年 2 月～2007 年 12 月，在长江干流上游（寸滩、清溪场、支流嘉陵江北碚、三峡库区庙河）、中游（宜昌、沙市、汉口）、长江下游及河口（徐六泾、CSW、Z7 断面、洋山深水港）11 个具有不同水沙运动特性和感潮影响的代表性河段（主要水文控制站），采用动态及定点等多种试验方法，共完成野外比测试验 219 个测次，收集了近 479 条垂线（次）、15 487 个测点的含沙量和颗粒级配资料。2005 年 8 月～2007 年 12 月底，共完成 LISST-100X（C 型）野外比测试验 193 测次，收集了近 320 条垂线（次）、15 315 个测点的含沙量和颗粒级配资料。野外比测试验资料统计见表 7.1.25。

表 7.1.25　野外比测试验资料统计表

试验时间	2004-02～2005-05		2005-08～2007-12		备注
仪器型号	横式采样器	LISST-100X（B 型）	横式采样器	LISST-100X（C 型）	
测次	26	26	193	193	
垂线	157	320	320	320	
测点	239	253	1 008	15 315	含沙量
	36	36	1 008	15 315	颗粒级配
重复性试验		24		150	
测点含沙量范围	0.008 9～6.94 kg/m³				
水深范围	6.0～114.0 m				
最大流速、流量	2.501 m/s、80 000 m³/s				

2）比测试验内容与方法

（1）动态测量方式。在试验站单沙垂线处，从水面至河底，再从河底至水面，仪器匀速地下放和上提往返测量一次（考虑到测量时间长，测量结果受水流含沙量脉动变化的影响大，故只往返一次）。分别采用标准模式、4.0 cm 光程缩短器和 4.5 cm 光程缩短器三种测量模式，间隔 1 s 连续地采集垂线上瞬时的点含沙量、颗粒级配、水深、水温、激光检测能量、光透度等参数数据。

（2）定点测量方式。在试验站单沙垂线处，仪器定点在传统选点法水深（或相对水深）位置，分别采用标准模式、4.0 cm 光程缩短器和 4.5 cm 光程缩短器三种测量模式，间隔 1 s，历时 30～300 s，连续地采集垂线上瞬时的点含沙量、颗粒级配、水深、水温、激光检测能量、光透度等参数数据。

（3）常规测验方式。在 LISST-100X 测量垂线或测点相对水深位置处，分别按《河流悬移质泥沙测验规范》（GB/T 50159—2015）及《河流泥沙颗粒分析规程》（SL 42—2010）的要求，利用含沙量和颗粒级配分析水样，并进行室内处理分析。

3）含沙量比测试验成果

图 7.1.29 为长江汉口水文站 LISST-100X 与横式采样器在断面不同垂线位置测量的含沙量沿垂线分布的对比试验结果。

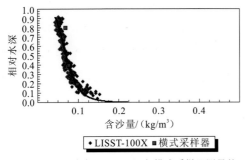 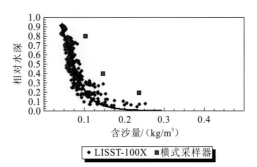

（a）780 m垂线LISST-100X与横式采样器测量的　　　　（b）1 200 m垂线LISST-100X与横式采样器测量的
含沙量对比图　　　　　　　　　　　　　含沙量对比图

图 7.1.29　汉口水文站 LISST-100X 与横式采样器测量的含沙量对比图

在天然河流水沙脉动变化影响下，LISST-100X 在垂线上往返动态测量含沙量沿垂线的分布，虽然为瞬时含沙量，但变化特征和规律非常清晰；而传统横式采样器测量的含沙量由于测点少（三点法），相对于 LISST-100X 而言，时而相等，时而偏大或偏小，偶然性较大。

图 7.1.30 为汉口水文站 LISST-100X 在断面三条不同单沙垂线位置处，采用三点法（相对水深为 0.2、0.6、0.8）每点施测 100 s 的时均含沙量，与传统横式采样器测量的瞬时含沙量的对比试验结果。

由于 LISST-100X 的测值为测点的时均含沙量，脉动影响较小，含沙量沿垂线的分布较为规则；而横式采样器的测值为瞬时含沙量，受脉动影响，随机变化大。

4）颗粒级配比测试验

在汉口水文站三条单沙垂线处，对 LISST-100X 在不同相对水深（0.2、0.6、0.8）每点（共 9 点）测量 100 s 的平均颗粒级配，与传统法（采用粒吸结合法，即 0.031 mm 以下的细沙颗粒分析采用室内 BT-1500 型离心沉降式粒度仪；0.031～0.50 mm 泥沙采用传统的粒径计法）分析的级配进行对比试验。在 0.031～0.50 mm 范围，LISST-100X 与传统法的分析结果接近，偏离程度不大；0.031 mm 以下差异明显。其主要原因为，两种分析方法所使用的测量原理不同，激光粒度分布仪是以体积为基准、用等效球体来表现测量结果的；传统法是以重量为基准、使用沉降原理来测量泥沙颗粒大小的。

在沙市水文站三条单沙垂线处，对 LISST-100X 在不同相对水深（0.2、0.6、0.8）每点（共 9 点）测量 100 s 的平均颗粒级配，与激光法（室内马尔文 MS2000 型激光粒度分布仪）分析的级配进行对比试验。两者的分布形式非常相似和接近。这首先验证了 LISST-100X 测试粒度的性能是稳定、准确的。同是基于激光衍射原理，两者之间还是存在差异的，主要是由于测试、分析样品的来源不同。马尔文 MS2000 型激光粒度分布仪分析样品，完全依赖于野外横式采样器采集的某瞬时点水样，由室内分析获得；而

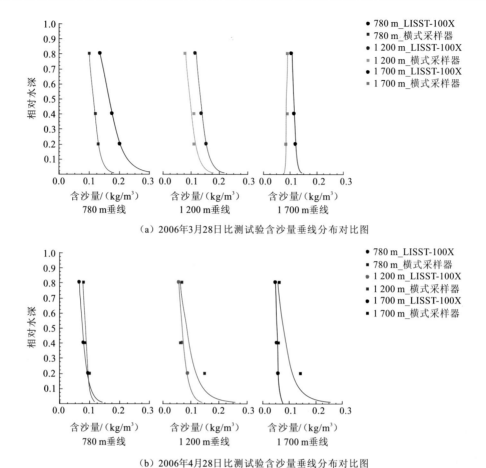

（a）2006年3月28日比测试验含沙量垂线分布对比图

（b）2006年4月28日比测试验含沙量垂线分布对比图

图 7.1.30　汉口水文站 LISST-100X 测量的时均含沙量与传统横式采样器测量的瞬时含沙量对比图

LISST-100X 为野外水沙脉动环境条件下，实时采集 100 s 的时均点级配。因此，在不考虑分析误差等其他影响因素的情况下，LISST-100X 与马尔文 MS2000 型激光粒度分布仪分析级配的结果出现差异是合理的。

7.2　泥沙颗粒级配分析技术

7.2.1　泥沙颗粒级配分析现状

河流泥沙粒径是反映泥沙几何、物理特性的重要参数，就泥沙测验自身需要而言，全沙计算和实测悬移质输沙率的改正，都要用到床沙和悬沙的颗粒级配资料。因此，悬移质泥沙颗粒级配分析是泥沙测验工作的重要组成部分。

目前，河流泥沙颗粒级配分析悬移质主要采用筛析＋吸液管法，床沙采用筛析＋比重计法。泥沙颗粒级配分析方法的适用粒径范围及沙量要求见表 7.2.1。

表 7.2.1　常用河流泥沙颗粒级配分析方法表

序号	粒径/mm	分析场地	分析方法	分析原理	主要优缺点
1	>64.0	野外	尺量法	直接量测长、宽、厚三径，取平均粒径	简单，易操作，准确，劳动强度大，耗时多
2	64.0~2.0	野外	筛析法	圆筛孔直径分级（组）	
3	2.0~0.062	室内	机械筛析	圆筛孔直径分级（组）	人工称重、计算，劳动强度和噪声都大，耗时长
4		室内	音波筛析	圆筛孔直径分级（组）	全过程计算机控制，直接输出成果，噪声小、快速
5	1.0~0.062	室内	粒径计法	清水沉降原理	需人工大量进行接杯、烘干、称重等烦琐操作，且分析所得细沙粒径显著偏粗，应做改正
6	0.062~0.002	室内	吸液管法	混匀沉降原理	分析成果较准确。要求沙样浓度高（0.1%~1.0%），费力大，耗时长
7		室内	消光法	混匀沉降与消光衍射原理	测试时间短，效率高。沙样浓度低。可直接生成量测结果，但所得结果需与已知标准级配比测
8	0.34~0.002	室内	激光衍射法	激光衍射原理	测试时间短，能直接得到分析结果。但此法以体积为基准（以上 5、6、7 三法以重量为基准），用等效球来表现量测结果。测量粒径范围较窄
9	<0.002	室内	离心沉降法		

由于在我国河流泥沙中黏粒、沙、砾、卵石、巨砾等均有，颗粒有直径大到数百厘米的巨砾，也有小到 1 μm（0.001 mm）以下的微粒，粒径分布范围十分宽阔。基于这一特点，颗粒分析必须采用多种方法进行，甚至一个样品常需要两种方法结合分析。以上这些常规的泥沙颗粒分析方法，几十年来没有大的改进和突破，特别是悬移质泥沙颗粒分析，多年来还是靠人工进行烦琐的手工操作来分析，效率低、时效性差，主要体现在如下方面。

（1）粒径计法分析成果偏粗，粒径偏大；吸液管法所需样品数量很多，分析的工作量很大。

（2）同一个沙样，不同分析方法和条件会使测定结果存在差异，且颗粒级配曲线不能保持光滑、连续，影响分析结果的精度。

（3）野外采集的沙样，必须经过处理，才能制备成符合分析要求的试样。用于筛析和清水沉降分析的粗沙样品，由于颗粒松散，对沙样的指标要求不高；用于混匀沉降法分析的细沙样品，由于沙样易于黏结，在备样过程中需要做严格的分散、反凝处理；对于含有一定数量黏土的样品，需要采用冰冻干燥法进行处理、保存，若有机质含量大于1%，还需除去有机质，操作过程非常烦琐。

（4）现在细沙粒径均采用室内分析手段获得，亟待解决细沙现场颗粒分析问题。

7.2.2 悬移质泥沙级配快速分析技术

现有的悬移质泥沙粒径分析需经过沉淀、烘干等室内过程，不能与流量资料同步获得且延时较长。光学衍射和散射理论指出，光照射粒子时，衍射和散射的方向能量与光的波长和粒子尺度有关，如果选用单色性很强、固定波长的激光作为光源，消除波长的影响，完全由粒子尺度确定光的衍射、散射方向能量，就可以使用上述原理，快速测定泥沙粒径。

1. 激光粒度分布仪性能检测

选用英国马尔文 MS2000 型和国产 BT-2002 型激光粒度分布仪进行试验。马尔文 MS2000 型激光粒度分布仪包括三个部分：①主机（光学元件），用来收集测量样品内粒度大小的原始数据；②附件（进样器），目的是将样品混匀充分并传送到主机；③计算机和测量软件，用于控制整个测量过程，处理测量的粒度分布数据，显示结果并打印，见图 7.2.1。

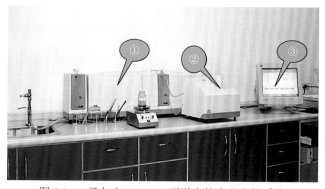

图 7.2.1　马尔文 MS2000 型激光粒度分布仪系统

国产 BT-2002 型激光粒度分布仪是一种大范围的激光粒度分布仪，见图 7.2.2。其主要包括：①光学测定装置（主机），由激光器、空间滤波器、准直和扩束光路、傅里叶透镜、多元光电接收器及电路系统等组成；②样品制备系统，由分散器、搅拌器、循环泵、样品池、样品输送管路等组成；③计算机系统，由计算机、打印机、测试软件等组成。

图 7.2.2　BT-2002 型激光粒度分布仪

马尔文 MS2000 型激光粒度分布仪单量程检测 0.02～2 000 μm 直径的颗粒；BT-2002 型激光粒度分布仪的测定范围为 0.68～951 μm。

1）重复稳定性试验

粒度测试的重复稳定性是指同一个样品多次测量结果之间的偏差。重复稳定性指标是衡量一台粒度测试仪或一种测试方法好坏的最重要的指标之一。

据试验资料分析，任选 10 个有代表性的沙样，用激光粒度分布仪逐一对每个沙样连续测量 30 次，取 30 次的平均值，并与单次样品的同组粒径结果进行对比，累积百分数的最大偏差为 0.8，低于《河流泥沙颗粒分析规程》（SL 42—2010）[60]中小于 4 的要求，说明激光粒度分布仪分析具有相当高的稳定性，见表 7.2.2。

表 7.2.2　激光粒度分布仪重复稳定性试验误差

试验项目	试验数据										
分析粒径/μm	1 000	500	350	250	125	62	31	16	8	4	2
30 次级配均值/%	100	99.9	94.5	82.7	50.5	37.0	31.3	24.4	17.6	10.9	5.5
单次级配相差最大值/%	100	99.9	94.3	82.2	49.7	36.4	31.0	24.3	17.5	10.7	5.3
绝对偏差/%	0	0	0.2	0.5	0.8	0.6	0.3	0.1	0.1	0.2	0.2

选取长江干流典型测验河段粗、中、细沙样 15 个样品，每个样品重复测定 20 次，各样品级配的均方差均小于 2，满足《河流泥沙颗粒分析规程》（SL 42—2010）规定的均方差均小于 3 的精度要求。

2）平行性试验

平行性是度量和评定相关结果的一种指标。其包含两种评定方法：①使用同一种测量方法分次测量同类样品的结果的评定，即采用激光粒度分布仪分析同类样品（同一泥沙样品等分成多份），并进行精度评定，即仪器自身测试性能的评定；②用不同的测量方法测量同一样品的结果的评定，即同一泥沙样品，分别采用激光粒度分布仪与常规法进行精度评定，也就是对仪器测试结果的真值评定。

（1）激光粒度分布仪平行性试验。

将同一泥沙样品等分成 30 份，采用激光粒度分布仪分次对每份沙样逐一测量，并与 30 份沙样的平均值进行对比，单次级配相差最大的结果见表 7.2.3。可以看出，同组粒径累积沙重百分数最大相差-1.9%或-2.6%，大大小于《河流泥沙颗粒分析规程》（SL 42—2010）5%的要求，充分证实了激光粒度分布仪进行粒度分析时具有较高的测试精度。

表 7.2.3　激光粒度分布仪平行性分析误差

样品	试验项目	试验数据										
	分析粒径/μm	1 000	500	350	250	125	62	31	16	8	4	2
	30 次级配均值/%	100	99.0	92.9	82.4	59.2	48.9	41.6	33.3	24.5	15.5	7.8
1	单次级配相差最大值/%	100	98.4	91.4	80.5	57.9	48.0	40.7	32.7	24.0	15.3	7.7
	绝对差值/%	0	-0.6	-1.5	-1.9	-1.3	-0.9	-0.9	-0.6	-0.5	-0.2	-0.1

样品	试验项目	试验数据										
	分析粒径/μm	1 000	500	350	250	125	62	31	16	8	4	2
2	30次级配均值/%	100	99.7	98.9	95.8	79	51.1	29.7	18.1	10.9	6.1	100
	单次级配相差最大值/%	100	99.9	99.5	95.8	76.8	48.5	28.2	17.2	10.4	5.8	100
	绝对差值/%	0	0.2	0.6	0	-2.2	-2.6	-1.5	-0.9	-0.5	-0.3	0

注：试验成果样品 1 由水利部长江水利委员会水文局荆江水文水资源勘测局分析；样品 2 由长江上游水文水资源勘测局分析。

（2）激光粒度分布仪与常规颗粒分析方法平行性试验。

采用激光粒度分布仪分析级配，与传统法的测定结果对比，平行性较差，同组粒径累积沙重百分数最大差值竟达 60.9%，超出了规范要求。长江干流典型测验河段泥沙样品分析最大差值统计结果见表 7.2.4。

表 7.2.4　传统法与 MS2000 型激光粒度分布仪累积沙重百分数对比偏差

单位	小于某粒径沙重百分数/%										
	2 μm	4 μm	8 μm	16 μm	31 μm	62 μm	125 μm	250 μm	350 μm	500 μm	1 000 μm
长江上游水文水资源勘测局		33.0	32.1	25.9	13.7	6.7	1.5	1.2		0.2	
三峡水文水资源勘测局		25.0	19.9	11.1	4.1	1.0	-0.6	-0.2		0.1	0.0
荆江水文水资源勘测局		35.1	30.6	15.1	1.0	-5.3	-6.8	-2.2	0.0	0.0	
长江中游水文水资源勘测局		55.7	47.3	25.0	11.8	6.1	3.3	1.6		0.2	
长江下游水文水资源勘测局		60.9	60.8	29.6	2.7	0.6	0.2	0.0		0.0	
长江口水文水资源勘测局		34.7	42.5	54.6	44.3	18.1	-4.3	-1.4		0.0	
汉江水文水资源勘测局	11.3	14.5	14.7	8.8	10.8	13.7	4.4	1.4		0.2	0.0

注：（1）传统法颗粒级配采用粒吸结合法分析得到；（2）激光粒度分布仪用于长江泥沙颗粒分析。

产生如此大的误差的原因主要是：①两种分析方法所使用的测量原理不同。激光粒度分布仪以体积为基准，用等效球体来表现测量结果。传统法以重量为基准，使用静水沉降原理来测量泥沙颗粒大小（需假定颗粒是球体且密度相同）。②两种测量方法在测量过程中都不是直接测定每一个颗粒的大小，而是根据颗粒大小的不同划分成若干个粒径级，再按照每个粒径级的颗粒占总量的多少计算出相应的百分数。由于河流中的天然泥沙样品是一个混合物，其物质结构组成复杂，颗粒形态又呈多样性，故对同一个颗粒而言，使用不同的测量基准，有可能将它划分到不同的粒径级。③传统法是以单位液体体积中的烘干物的总质量为基准的，它不考虑这些物质烘干前后是否有体积差别等因素；而激光粒度分布仪是以实时测出的颗粒的体积为基准的，经过换算才能与传统法比较，颗粒的种类（泥沙、气泡、有机质等）、形状（球状、线状等）等因素都有可能影响两者的测量结果。④由于不同分析仪器或方法所采用的测量原理不一样，测量结果肯定会存在差异，而天然泥沙的真实级配其实又是很难得知的，故也无法真正判定哪种分析仪器或方法的测量结果是最接近真实级配的。因此，采用激光粒度分布仪进行泥沙颗粒分析，如何与传统法成果衔接，是需要解决的关键技术难点。

3）准确性试验

由于天然河流泥沙级配的真值无法确定，而激光法和传统粒吸结合法又是两种测量体系，故分析试验采用国际上通用的做法，使用标准粒子（通过了国际质量体系认证的产品）来检验激光粒度分布仪的准确性。标准粒子是已知粒度分布及特征粒径等参数并告知分析误差限的玻璃球群，将这种标准粒子分散在水介质中，用激光粒度分布仪进行分析，若测出的粒径特征值与给出的值的误差不超出标注的误差限，则认为激光粒度分布仪的工作精度是可靠的，表 7.2.5 为激光粒度分布仪分析的特征值 D_{10}、D_{50}、D_{90} 与标准粒子特征值的对比，其测量结果与标准粒子结果非常接近，满足规范小于 1% 的精度要求，证实了激光粒度分布仪测定的级配结果具有较高的准确性。

表 7.2.5 激光粒度分布仪与标准粒子特征值对比

特征粒径	$D_{10}/\mu m$	$D_{50}/\mu m$	$D_{90}/\mu m$
标准值	28.43	46.80	77.00
测量平均值	28.46	46.77	77.12
差值	0.03	−0.03	0.12

激光粒度分布仪性能测试的结果表明，仪器稳定性能高，分次测量同类样品的平行性好，满足《河流泥沙颗粒分析规程》（SL 42—2010）对稳定性、平行性和准确性的要求，体现出了分析的高效率技术优势特征。

2. 激光粒度分布仪与粒吸结合法级配成果相关性分析

1）单站级配相关分析

单站级配相关指激光粒度分布仪与粒吸结合法对单站同一样品分析级配累积百分数（%）的相关，分为单次相关（一个样品分析级配）和组合相关（单站所有样品分析级配）。图 7.2.3 为采用 MS2000 型激光粒度分布仪、BT-2002 型激光粒度分布仪与粒吸结合法分析的长江代表性单站的颗粒级配相关关系曲线。

从单站级配相关分析成果可以看出：①无论是 MS2000 型激光粒度分布仪，还是 BT-2002 型激光粒度分布仪，其分析级配与粒吸结合法的单次级配相关性良好，相关系数 R^2 的统计均值均大于 0.9；②激光粒度分布仪百分数均小于粒吸结合法，颗粒粒径越小（0.002～1.0 mm），累积百分数差值越大；③使用激光粒度分布仪与粒吸结合法分析级配相关式，单站多个级配难以采用单一概化方式表达。

2）多站级配综合相关

多站级配综合相关指对不同地区、不同测验河段多个水文站、多个样品的级配一起综合进行相关分析。

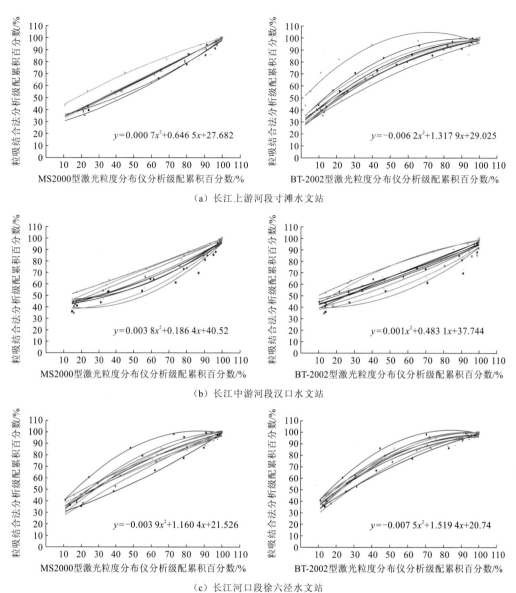

（a）长江上游河段寸滩水文站

（b）长江中游河段汉口水文站

（c）长江河口段徐六泾水文站

图 7.2.3　长江主要控制河段不同分析方法的单站级配相关图

以长江上游、三峡、荆江、长江口不同测站的泥沙级配分布为例进行说明，见图 7.2.4。

激光粒度分布仪与粒吸结合法级配综合相关具有以下特点。①不同的泥沙样品会产生不同的级配相关关系。②不同河段之间级配相关曲线差异较大。从级配相关分布看，一是相关曲线分布不同；二是相关曲线特征的变化规律不强。例如，激光粒度分布仪分析某一粒径组百分数，对应的粒吸结合法的分析结果存在一对多的随机变化。③激光粒度分布仪与粒吸结合法分析级配综合相关难以采用单一概化方式表达。

因此，激光粒度分布仪与粒吸结合法分析级配良好的相关性，只表现在单次级配关系上。对于激光粒度分布仪与粒吸结合法分析多个级配的综合相关性，均不可能采用单一相关式来进行转换计算。

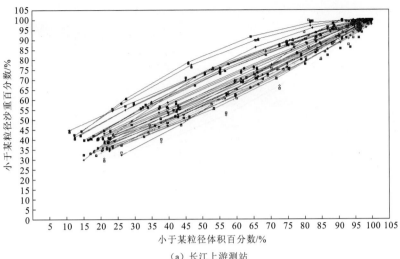

（a）长江上游测站

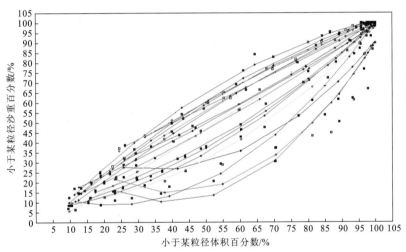

（b）三峡河段测站

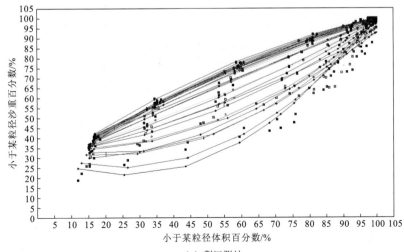

（c）荆江测站

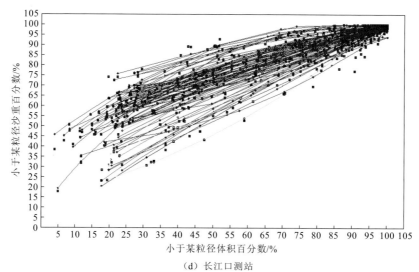

（d）长江口测站

图 7.2.4　长江不同河段的测站激光粒度分布仪与粒吸结合法级配综合相关关系图

3. 级配模拟系数相关变化

泥沙级配模拟系数是指激光粒度分布仪与粒吸结合法分析的泥沙级配同粒径组累积百分数的比值，它表征不同粒径组激光法体积与传统法重量关系的变化。假设模拟系数是固定常数值，或者稳定而有规律地变化，那么就可以利用模拟系数很方便地进行两种方法分析级配之间的转换。

长江上游、三峡、荆江、长江口不同地区样品的分析级配结果，见图 7.2.5（横坐标为激光粒度分布仪分析的级配累积体积百分数，纵坐标为模拟系数）。

从图 7.2.5 中可以看出：

（1）在若干个泥沙颗粒级配的同一粒径组中（一般将悬沙级配粒径 0.001～0.5 mm 分为 8 组，即 0.004 mm、0.008 mm、0.016 mm、0.031 mm、0.062 mm、0.125 mm、0.250 mm、0.50 mm），激光粒度分布仪与粒吸结合法分析的泥沙级配同粒径组累积百分数的比值各不相同，即模拟系数不同。由于是累积百分数，粒径越小，比值相差越大。

（2）同一地区河段、不同样品会产生不同的比值相关；不同地区河段表现出了完全不相同的特点。一般来说，长江河口以上干支流的泥沙颗粒形状比较规则，粗细组成变化也比较均匀，当泥沙颗粒粒径小于 0.062 mm 时，模拟系数的变幅较小。而河口感潮河段泥沙颗粒的絮凝现象较严重，泥沙组成也比较复杂。当粒径小于 0.062 mm 时，模拟系数的变幅较大。

对于长江河段如此复杂的激光粒度分布仪与粒吸结合法泥沙级配相关变化关系，如采用综合概化一个或几个相关公式的传统方法来进行转换计算，是不现实的。即使是有足够的样本资料，为了保证转换成果精度，需要对泥沙级配组成的特征值进行综合、归纳；同时，需要将分类特征指标作为判别条件，拟合出相当多的相关公式进行转换。

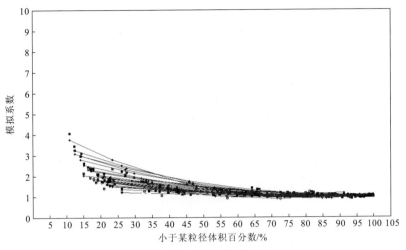

（a）长江上游测站

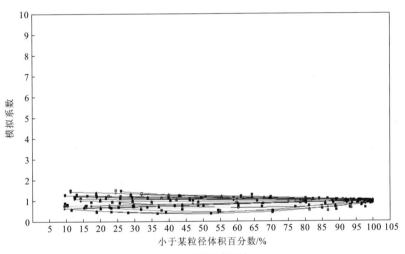

（b）三峡河段测站

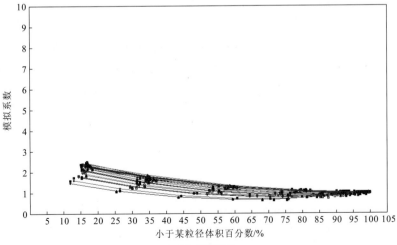

（c）荆江测站

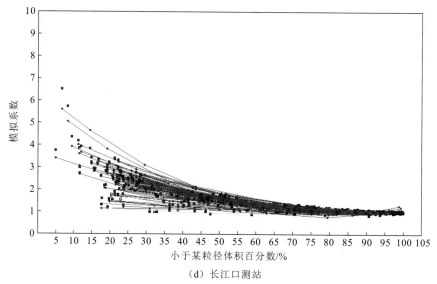

（d）长江口测站

图 7.2.5 长江不同河段激光粒度分布仪分析的级配累积体积百分数与模拟系数的相关变化图

7.2.3 悬移质泥沙级配分析方法成果转换

激光粒度分布仪与粒吸结合法分析级配转换的基本思路，主要是分析激光粒度分布仪悬沙颗粒级配（粒径-小于某粒径体积百分数）与粒吸结合法颗粒级配（粒径-小于某粒径沙重百分数）的相关关系，进行两者之间的相互转换。

采用的转换方法应具有准确、通用、操作简便、自动化程度高等特点，并能提供分析级配和转换级配的各种特征值、相关图表等多项成果。同时，转换成果精度应能满足《河流泥沙颗粒分析规程》（SL 42—2010）等行业标准的要求。

1. 转换方法与步骤

1）建立标准泥沙级配样本库

河流泥沙的来源、分布和颗粒粒径大小、组成特征等具有较大的差异。因此，为了尽量使泥沙级配组成均匀一致，应分不同河段、不同水沙条件、不同沙型分别建立模型。

首先，建立分河段标准级配样本库。其主要目的是：①为转换提供标准参照样本；②为转换尽量提供具有广泛代表性的颗粒级配相关式；③便于转换级配各种特征值的计算、图表绘制、成果输出；④保证级配转换成果精度，提高转换工作效率；⑤便于计算机数据自动化处理。

同一泥沙标准级配样本，分别采用激光粒度分布仪与粒吸结合法，按规范分析、操作，得出一组对应级配数据，即单次激光法悬沙颗粒级配和粒吸结合法颗粒级配的相关关系。标准级配样本代表的不同沙型、不同泥沙颗粒组成特征（比值、形状、密度、体积）等越好，转换精度越高。

标准样本收集应满足：①按测验河段建立标准样本库，邻近河段的样本可共享选用；

②样本应具有细、中、粗沙［按《河流泥沙颗粒分析规程》（SL 42—2010）的规定划分］特征代表性，每级范围内的标准样本应均匀分布。

传统上采用的转换手段是将所有样本的级配进行综合后，概化为一个或几个相关经验公式。相关式以某个特征值（一般为中值粒径 D_{50}）为参数指标，并作为采用转换相关式的判别条件。这种人工进行归类、判别，再进行级配转换的方法过程烦琐，效率低，精度难以保证。

采用标准样本库进行转换的特点：库中有 n 个标准样本，相当于有 n 个相关转换式，代表着 n 种级配特征的相关关系，是传统转换所概化的相关式的 n 倍，且具有较广泛的泥沙特征代表性。判别条件以 D_{50}、均度系数 $\zeta_D = \dfrac{D_{50}}{D_{90}}$、分选系数 $S_o = \sqrt{\dfrac{D_{75}}{D_{25}}}$ 等多个特征值为参数指标，通过对标准样本库中所有相关式或相关级配的层层判别、筛选，匹配出最适宜的相关公式进行转换。其过程与方式较传统采用的转换方法更为细致、合理。

2）转换步骤

激光粒度分布仪与粒吸结合法级配转换时，已知的相关信息非常少，唯一知道的就是需要转换的激光粒度分布仪的级配特征值，再无任何信息可利用。因此，如何利用激光粒度分布仪级配、标准样本库、激光粒度分布仪与粒吸结合法级配标准相关式，实现原始级配的转换，需要解决的关键问题是：如何去寻找与激光粒度分布仪级配相匹配的激光粒度分布仪标准级配样本（或激光粒度分布仪与粒吸结合法标准级配样本的相关公式）。

具体转换步骤如下：①计算激光粒度分布仪级配的特征值参数（如中值粒径、均度系数、分选系数）。②将计算得出的激光粒度分布仪级配特征值参数与标准样本特征值分别逐个进行对比。通过筛选，寻找到 n 个与激光粒度分布仪级配特征值参数接近（如 S_o 的差值不应超过 0.005）的标准样本。③在 n 个与特征值参数相接近的标准样本中，采用级配分布最相似（偏差最小）的原则，优选出与激光粒度分布仪级配最相似（最优）的一个标准样本。选择的方法是，将激光粒度分布仪级配与 n 个标准样本逐个进行某一累积百分数所对应粒径的差值绝对值之和的计算，求得的绝对值之和最小的一条标准样本级配为激光粒度分布仪级配最相似（最优）曲线。④为了尽量消除激光粒度分布仪与粒吸结合法级配一对多的影响，保证转换成果精度，再对激光粒度分布仪级配的 D_{50}，与优选出的 n 个标准样本的 D_{50} 进行逐个对比，寻找出另外一个与激光粒度分布仪级配相似（次优）的标准样本。⑤得到最优、次优两条标准样本级配与粒吸结合法级配的相关公式，将激光粒度分布仪级配不同粒径组所对应的体积百分数分别代入其中计算，得出两条转换百分数，即转换的两条粒吸结合法级配，再分别对同一组粒径百分数进行算术平均，最后得出一条粒吸结合法级配（转换级配），并作为激光粒度分布仪级配最终的转换成果。⑥将现行行业标准《河流泥沙颗粒分析规程》（SL 42—2010）规定的误差指标，作为转换成果精度的控制指标。⑦按需求提供激光粒度分布仪或粒吸结合法级配、转换级配曲线、主要特征值、转换误差、相关公式，以及相关图、表等多项成果。

通过步骤③、④，不但寻找出了与激光粒度分布仪级配最相似（最优、次优）的两条标准样本级配，而且得到的两条标准样本级配分布于原始级配上下两侧，起着控制或消除激光粒度分布仪级配与粒吸结合法级配存在的对应差异性对转换成果精度影响的作用。

2. 数据处理及转换计算流程

转换过程见图 7.2.6。

图 7.2.6　泥沙级配转换过程示意图

由于转换系统是将标准样本作为转换条件和进行精度控制的，样本本身的质量是转换成果准确性的关键。因此，要求：①粒吸结合法分析应严格按照行业标准《河流泥沙颗粒分析规程》（SL 42—2010）执行；激光粒度分布仪应根据河段泥沙特性，选用最优仪器基础参数，以最稳定的状态分析泥沙级配。②将激光粒度分布仪与粒吸结合法相关系数 $R^2 \geqslant 0.9$ 的分析样本作为标准样本。③系统库中的标准样本数量不限，可任意扩充。

激光粒度分布仪与粒吸结合法标准样本之间的相关关系，采用二次曲线拟合：

$$y = ax^2 + bx + c \qquad (7.2.1)$$

式中：y 为粒吸结合法级配小于某粒径的沙重累积百分数；x 为激光粒度分布仪级配小于某粒径的体积累积百分数；a、b、c 分别为系数。相关曲线的凹凸特征判别采用：

$$\frac{\mathrm{d}y}{\mathrm{d}x} = 2ax + b \qquad (7.2.2)$$

$$\frac{\mathrm{d}^2 y}{\mathrm{d}x^2} = 2a \qquad (7.2.3)$$

泥沙颗粒级配组成特征值可选用几何平均粒径、中值粒径、均度系数、均方差、分选系数。

沙型最相似（偏差最小）判别采用绝对值准则：

$$\mathrm{PC} = \sum_i (|D_i - D_i'|) \qquad (7.2.4)$$

式中：PC 为新级配与标准级配曲线某一累积百分数所对应的粒径差值的绝对值之和；D_i 为激光粒度分布仪级配曲线上 $p = i\% \, (i = 10, 20, \cdots, 90)$ 对应的粒径；D_i' 为标准样本级配曲线上 $p = i\% \, (i = 10, 20, \cdots, 90)$ 对应的粒径。

利用 $D_{50}' < D_{50} < D_{50}''$，采用冒泡法进行 $\mathrm{PC}_i \, (i = 1, 2, \cdots, N)$ 排序，寻找位于新激光粒度分布仪级配两侧、线型最相似的两条标准样本级配 D_{50}' 和 D_{50}''。

3. 转换成果精度评价

水利部长江水利委员会水文局对 76 点（次）来自长江不同河段的悬沙样品进行精度验证分析，即将所有的样品采用激光粒度分布仪和粒吸结合法进行分析，得出级配结果作为验证，再将激光粒度分布仪级配代入转换系统计算后，与已知粒吸结合法结果对比，其差值均能满足行业标准《河流泥沙颗粒分析规程》（SL 42—2010）的要求。

表 7.2.6 为长江荆江河段样本分析的不同相对水深位置、单次或多次激光粒度分布仪转换级配与粒吸结合法分析级配同组粒径累积百分数差值的统计结果。可见，单次最大差值为-6.99，平均差值为 4.89。

表 7.2.6　长江荆江河段激光粒度分布仪转换级配与粒吸结合法分析级配同组粒径累积百分数差值的统计表

取样位置（相对水深）		小于某粒径沙重百分数的平均差值/%								
		0.004 mm	0.008 mm	0.016 mm	0.031 mm	0.062 mm	0.125 mm	0.250 mm	0.350 mm	0.500 mm
单次	0.0	0.53	-0.98	0.31	0.67	-0.32	1.49	-1.38	-0.53	-0.18
	0.2	1.1	-0.84	-0.35	0.99	0.18	3.11	-4.28	-1.82	-1.89
	0.6	0.94	-1.48	-0.66	2.5	1.92	5.05	-5.72	-4.18	-2.23
	0.8	0.1	-1.39	0.19	2.10	1.92	5.03	-6.07	-4.47	-1.36
	1.0	-0.7	-2.45	-0.35	3.25	3.11	4.77	-6.99	-6.55	-2.67
25 次级配平均值		0.45	-1.43	-0.17	1.9	1.36	5.09	-4.89	-3.51	-1.67

注：差值为激光粒度分布仪转换级配与粒吸结合法分析级配同组粒径累积百分数的 25 次平均差值。

从上述转换成果可以看出，激光粒度分布仪转换级配与粒吸结合法分析级配具有相当好的精度，均满足行业标准《河流泥沙颗粒分析规程》（SL 42—2010）的要求。

7.3　含沙量在线监测集成与应用

河流悬移质泥沙含量（含沙量）是重要的水文参数之一，河流含沙量监测对于水利水电工程建设、水资源开发利用、水土流失治理、工农业取水用水和水文预报等意义重大。目前水文测量河流含沙量的主要方法是人工取样，通过烘干和称重计算含沙量，该方法从样品的采集到分析，均需要大量人力、物力和时间的投入，而且测量周期长，操作过程烦琐，劳动强度大，难以实时监测河流含沙量的变化，泥沙测验成了制约水文全要素在线监测的瓶颈。为提高泥沙监测现代化水平，2019 年 4 月，在荆江河段枝城水文站进行了 TES-91 在线泥沙监测系统的应用示范，研究光学在线测沙仪器在荆江河段的适用性，通过开展仪器精度、稳定性、可靠性比测试验，分析测验断面含沙量与仪器测量值之间的关系，进而寻求断面平均含沙量在线监测新路径。

7.3.1　断面基本情况

枝城水文站为国家基本水文站、长江荆江入口重要控制站，为国家收集基本水文资料，为荆江河段及洞庭湖防汛抗旱、水资源合理调配、河道整治提供水文资料。其设立于 1925 年，位于长江宜都市枝城河段。该站集水面积达 1 024 131 km²，监测项目有降水量、水位、流量、含沙量、悬移质颗粒级配、沙质推移质、卵石推移质、床沙等。

1. 河流特性

枝城水文站测验河段在两弯道之间的顺直过渡段上，顺直段长度约为 3 km，略呈上窄下宽状，如图 7.3.1 所示。河槽中高水位河宽 1 200～1 400 m，属于宽浅型河流。测流断面河床由沙质和礁岩组成，冲淤变化不大，河床较为稳定。枝城水文站径流量来自上游长江干流和清江。

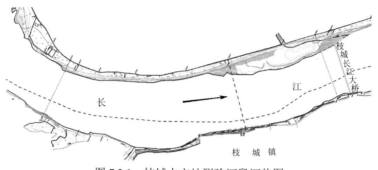

图 7.3.1 枝城水文站测验河段河势图

2. 大断面变化分析

枝城水文站测验断面位于三峡大坝下游 72 km 处，水库蓄水后，清水下泄对坝下游河段河床冲刷尤为剧烈。起点距 100～960 m 处为沙质河床，河床年平均冲刷深度约为 2 m，多年累积冲刷达 10 m 以上。起点距 1 100 m 处至右岸为礁板河床，右岸为混凝土修筑的平台及斜坡，基本无冲淤。多年来，受冲刷影响，该站水文监测断面河床形态从偏 V 形变成了 U 形，对水文特性有较大的影响，近几年枝城水文站测验断面已趋于稳定。

根据已有资料，搜集了 1991 年、2001 年、2006～2019 年共计 16 次汛前实测大断面成果资料，绘制成了多年大断面图，如图 7.3.2 所示。

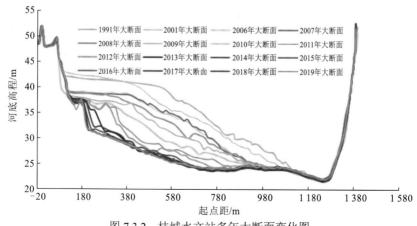

图 7.3.2 枝城水文站多年大断面变化图

7.3.2 断面含沙量分布特性分析

1. 横向分布

2007～2012 年，由于三峡水库蓄水，清水下泄对枝城水文站测验断面影响较大，断面主泓逐渐向左偏移，垂线最大含沙量也向左偏移。2012 年后，枝城水文站测验断面逐渐稳定，横向各垂线含沙量基本相同，且这一横向分布规律保持稳定。根据已有资料，搜集了 2007～2020 年所有多线多点含沙量测验资料，共计 39 次，含沙量为 0.006～1.09 kg/m³，横向含沙量分布基本均匀。

2. 纵向分布

三峡水库蓄水后导致清水下泄，水流中冲泻质泥沙的含量常处于不饱和状态，上游河段大量河床质泥沙被冲刷并挟带到下游，河底上方悬浮的较大粒径泥沙含量逐渐减小，直至水面到水底整个垂向的含沙量大致相同，含沙量垂向分布从 L 形逐渐变为 I 形。在目前枝城水文站测验断面上下河段冲刷已基本稳定的条件下，含沙量垂向分布可能会持续保持 I 形规律。

根据已有资料，搜集了 2007～2020 年所有多线多点含沙量测验资料，共计 39 次，含沙量为 0.006～1.09 kg/m³，垂线含沙量分布基本均匀。

3. 高坝洲水电站泄洪对枝城水文站测验断面含沙量分布的影响分析

枝城水文站测验断面上游 20 km 处，右岸有支流清江汇入，清江最后一级水利枢纽（高坝洲水电站）泄洪时对本站水流有较大影响。为验证高坝洲水电站泄洪期对枝城水文站测验断面含沙量分布的影响情况，通过对近四年两站水流、沙资料的分析，选取 2016 年 7 月 21 日、2020 年 7 月 7 日枝城水文站对应的高坝洲水电站泄洪日均流量分别为 5 120 m³/s、2 950 m³/s 的时间段，对两次枝城水文站测验断面含沙量分布进行横向、纵向分析，具体见表 7.3.1、图 7.3.3、表 7.3.2、图 7.3.4。

表 7.3.1 横向各垂线平均含沙量比值统计表

年份/次	起点距											
	300 m		500 m		700 m		840 m		900 m		960 m	
2016/3	0.106	0.090	0.108	0.090	0.106	0.090	0.106	0.090	0.110	0.090	0.110	0.090
2020/2	0.101	0.090	0.112	0.090	0.107	0.090	0.106	0.090	0.104	0.090	0.107	0.090

年份/次	起点距									
	1 020 m		1 100 m		1 180 m		1 260 m		1 290 m	
2016/3	0.106	0.090	0.114	0.090	0.118	0.100	0.112	0.090	0.108	0.090
2020/2	0.116	0.100	0.110	0.090	0.106	0.090	0.110	0.090	0.107	0.090

注：同一起点距采样两次。

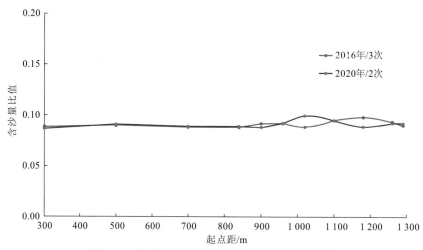

图 7.3.3 枝城水文站测验断面含沙量的横向分布

表 7.3.2 纵向各垂线平均含沙量比值统计表

年份/次	相对水深									
	0.0		0.2		0.6		0.8		1.0	
2016/3	0.092	0.168	0.105	0.191	0.115	0.210	0.118	0.216	0.117	0.214
2020/2	0.108	0.200	0.106	0.197	0.108	0.201	0.110	0.203	0.107	0.199

注：同一相对水深采样两次。

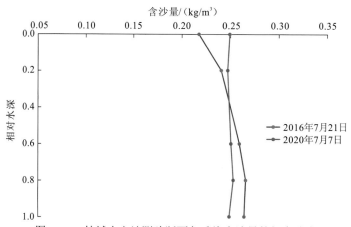

图 7.3.4 枝城水文站测验断面各垂线含沙量的纵向分布

在高坝洲水电站泄洪期间，枝城水文站测验断面含沙量的横向、纵向分布基本均匀。

综上分析可知，枝城水文站大断面经多年冲刷趋于稳定，含沙量在枝城水文站测验断面上的横向、纵向分布接近均匀分布，并保持稳定，高坝洲水电站泄洪对枝城水文站断面含沙量的分布规律无影响。该断面含沙量分析特性为含沙量在线监测技术在枝城水文站的比测试验创造了良好的条件。

7.3.3　TES-91 在线泥沙监测系统

TES-91 在线泥沙监测系统是一种光学测量仪器，先后经历了四代技术的发展。第一代采用双孔对射结构，见图 7.3.5，其特点是传感器构造相对简单，单一光源，单一感光传感器采用对射原理，通过光强判断泥沙含量，算法相对单一，容易受色度和其他光线影响。第二代采用双孔夹角反射结构，见图 7.3.6，其特点是相对于第一代传感器主要在光路结构上进行改进，发射光源与感光传感器成 90° 角，将反射光作为传感器感光源，算法和第一代有一定区别，可以简单过滤掉外界干扰，受色度影响减小。第三代采用三孔呈立体状结构，见图 7.3.7，其特点是增加了 135° 感光传感器，三个窗口呈三维立体状，可以接收到侧散射光，增加了一组测量信号输入，大大降低了测量的随机性，增加了测量值的稳定性。第四代也就是最新一代技术增加了逆投影成像算法，见图 7.3.8，其特点是在测量信号稳定的结构基础上增加了逆投影成像算法，首次利用了模拟成像原理和散射光接收原理结合的悬移质浓度算法。

图 7.3.5　第一代双孔对射结构示意图

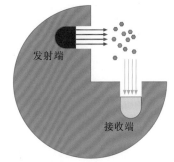

图 7.3.6　第二代双孔夹角反射结构示意图

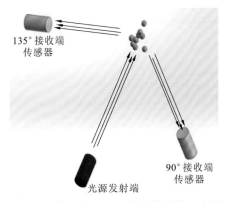

图 7.3.7　第三代三孔呈立体状结构示意图

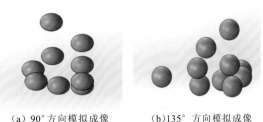

（a）90° 方向模拟成像　　（b）135° 方向模拟成像

图 7.3.8　第四代逆投影成像算法示意图

以第四代技术为核心的 TES-91 在线泥沙监测系统在枝城水文站实际测量中开展应用试验。试验证明了 TES-91 在线泥沙监测系统在悬移质泥沙含量测定中的可行性，监测得出的含沙量成果符合国家标准对河流悬移质含沙量测验资料的要求。另外，TES-91在线泥沙监测系统可以根据含沙量范围定制量程以提高测验精度，有不同的配置可选，在测量泥沙含量的同时也采集到了该点的温度和深度的实时同步测量数据，这就大大简化了有关水文观测工作的测量步骤，提高了测量效率，降低了测量成本。

1. 系统组成

系统主要的组成部分及拓扑关系如图 7.3.9 所示。

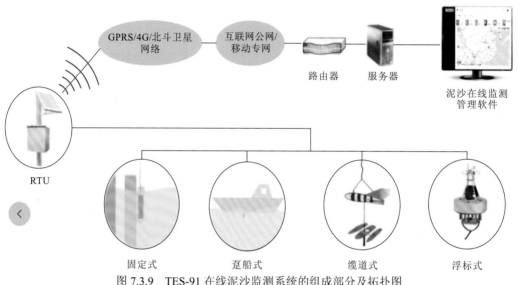

图 7.3.9 TES-91 在线泥沙监测系统的组成部分及拓扑图

系统由监测仪器、RTU、通信网络、数据中心等部分组成。其中，监测仪器由单个或多个测沙传感器组成；RTU 包括数据采集控制器、无线传输模块、雷击防护装置、现场 LCD、太阳能供电系统；通信网络采用 GPRS、北斗卫星等通信方式；数据中心包含服务器、用户计算机、软件等。

2. 工作原理

TES-91 在线泥沙监测系统是一种光学测量仪器，它的核心是一个红外光学传感器，如图 7.3.10 所示。光在水体中传输的过程中，由于介质作用，会发生吸收和散射，根据散射信号接收角度的不同可分为透射、前向散射（散射角度小于 90°）、90° 散射和后向散射（散射角度大于 90°）。红外光学传感器主要监测散射角为 125°～170° 的红外线散射信号，此处散射信号稳定，且红外辐射在水体中的衰减率较高，太阳中的红外部分完全被水体所衰减，仪器的发射光束不会受到强干扰。该系统通过测量 125°～170° 范围的后向散射和 90° 的侧面散射的光强来测量水中的悬浮物质，通过逆投影成像算法，连续精确测定水体中的悬移质泥沙含量并直接输出泥沙含量数据。

TES-91 在线泥沙监测系统对测量范围、精度、自身防护等级，以及对测量环境的要求进行了标定，主要技术参数见表 7.3.3。

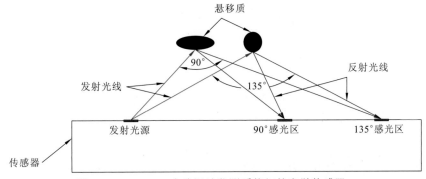

图 7.3.10 TES-91 在线泥沙监测系统红外光学传感器

表 7.3.3 TES-91 在线泥沙监测系统主要技术参数

测量范围	$0.001\sim120\,\text{kg/m}^3$
测量精度	读数的 5%
流速	$\leqslant6.0\,\text{m/s}$
测量环境温度	$0\sim55\,℃$
防护等级	IP68/NEMA6P

3. 功能特点

TES-91 在线泥沙监测系统采用 840 nm±5 nm 波长的近红外光学传感器，对水体中颗粒物的敏感度更高。使用红外 LED 产生红外线，原理是通过半导体的电子与空穴复合来产生红外线。对于光源信号调节，通过脉冲宽度调制调节 LED 光源发射的强弱（泥沙含量突变较大时自动启动验证），LED 衰减大于 3% 时通过功耗可以线性修正，修正范围最大不超过 12%（5 年以上）。

利用 2 个接收感光器，结合米氏散射原理通过调频计算出米氏散射强度，用总接收光强减去米氏散射强度得到几何光学反射强度。利用标定模型计算出水体中产生散射的泥沙含量与产生几何光学的泥沙含量；同时，采用分布式感光强度通过逆投影成像算法计算出被测水体中悬移质的分布情况，2 个感光系统同时进行，计算出水体中悬移质的浓度占比，通过设定的密度值计算出泥沙含量。

在泥沙自动测量中最重要的是悬移质（悬浮颗粒物）的同质性，泥沙可以分为很多种，如青沙、黄沙、棕沙等，它们的质量不同、颜色不同，对光的反射率也完全不同，所以如果采用同一种方式去测同质性完全不同的泥沙，得出的结果可能相差甚远。TES-91 在线泥沙监测系统会根据不同流域对传感器进行分大类标定分析，并将逆投影成像算法写进传感器软件，这样得出的最终结果的绝对误差会减小很多。

7.3.4 比测率定分析

1. 系统安装

TES-91 在线泥沙监测系统中的传感器部分安装在流量测验断面起点距约 930 m 的下游 1 km 的固定浮标船尾部，含沙量传感器在水深为 1.30 m 的水中，镜头面朝水底。采集数据出现异常或水中有缠绕物时，随时排障。监测平台及相对位置如图 7.3.11 所示。

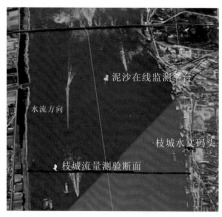

（a）河道断面安装位置　　　　　　　　（b）浮标船安装位置

图 7.3.11　枝城水文站泥沙在线监测平台及安装位置

2. 含沙量率定方法

仪器稳定性率定分析：同位置点含沙量（在仪器旁采用横式采样器单独取样，利用烘干称重法测取的含沙量）与 TES-91 在线泥沙监测系统同步比测，通过 TES-91 示值和同位置点含沙量样本建立模型。建立同位置点含沙量与断面平均含沙量的相关关系，分析其相关性后进行率定分析。常规法输沙测验采用横式采样器进行，利用烘干称重法测取含沙量，具体测验方法见表 7.3.4。

表 7.3.4　悬移质输沙率测验方法垂线方案

测验方法	采样线点	垂线起点距（随水位涨落而增减）/m
选点法	15～18 线 5 点混合	100、300、500、700、780、840、900、930、960、990、1 020、1 060、1 100、1 140、1 180、1 220、1 260、1 290
垂线混合法	9～12 线 2 点混合	100、300、500、700、840、900、960、1 020、1 100、1 180、1 260、1 290
异步测沙法	8 线 2 点混合	700、840、900、960、1 020、1 100、1 180、1 260

3. 比测率定资料选取

2020 年 1 月 1 日～9 月 30 日，获得同位置点含沙量样本 111 份，断面平均含沙量样本 67 份。此次比测仪器示值最大为 1.158 kg/m³，最小为 0.003 kg/m³，同位置点含沙量最大为

0.972 kg/m³，最小为 0.003 kg/m³，断面平均含沙量最大为 0.972 kg/m³，最小为 0.003 kg/m³。

4. 率定分析与误差分析结果

1）稳定性分析

对 TES-91 示值与同位置点含沙量建立相关关系，结果显示两者相关性显著，相关系数为 0.9969。

根据《水文测验补充技术规定》，对单断沙关系检验时，含沙量小于 0.1 kg/m³ 的单断沙关系点可不参与关系曲线检验。对关系曲线中含沙量大于 0.1 kg/m³ 的单断沙关系点进行检验时，样本容量 $N_c=54$，三项检验均为合格；随机不确定度为 13.0%，系统误差为 0，满足《水文资料整编规范》（SL/T 247—2020）中随机不确定度与系统误差分别不超过 18.0%、2% 的要求[61]。

2）相关关系模型分析

建立同位置点含沙量与断面平均含沙量的相关关系，相关度达 0.998。在点含沙量与断面含沙量相关性很好的情况下，直接对 TES-91 示值与断面平均含沙量建立的相关关系进行率定分析，结果显示两者相关性显著，相关系数为 0.9933。对关系曲线中含沙量大于 0.1 kg/m³ 的单断沙关系点进行检验，样本容量 $N_c=49$，三项检验均合格；随机不确定度为 14.2%，系统误差为 0.2%，满足《水文资料整编规范》（SL/T 247—2020）中随机不确定度与系统误差分别不超过 18.0%、2% 的要求。通过建立的模型，在线断面平均含沙量可以由仪器示值推算得到。

5. 整编成果对比分析

1）逐日含沙量、输沙率过程线对照

为验证 TES-91 在线泥沙监测系统的测沙代表性，利用 2020 年（截至 9 月 30 日）所有仪器的示值通过率定的关系计算在线断面含沙量，并进行整编，生成在线逐日平均含沙量、逐日输沙率，与实测含沙量整编成果进行对照分析，如图 7.3.12 所示。

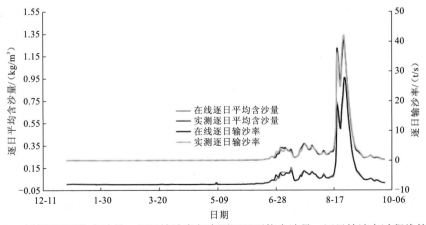

图 7.3.12 在线逐日平均含沙量、逐日输沙率与实测逐日平均含沙量、逐日输沙率过程线的对比图

从图 7.3.12 可以看出，在线逐日平均含沙量、逐日输沙率与实测逐日平均含沙量、逐日输沙率关系较好，吻合程度高。

2）含沙量月年特征值对照

对实测含沙量、在线含沙量各月特征值及相对误差进行统计，当含沙量小于 0.05 kg/m³ 时，采用绝对误差，具体统计情况见表 7.3.5。

表 7.3.5 含沙量特征值及误差统计表

整编方法	项目	月份									年统计
		1	2	3	4	5	6	7	8	9	（1～9 月）
实测含沙量/（kg/m³）	最大含沙量	0.008	0.005	0.006	0.004	0.028	0.129	0.139	0.992	0.415	0.992
在线含沙量/（kg/m³）		0.009	0.005	0.006	0.006	0.008	0.062	0.171	0.997	0.377	0.997
相对误差/%或绝对误差/（kg/m³）		0.001	0.00	0.00	0.002	-0.020	-51.94	23.02	0.50	-9.16	0.5
实测含沙量/（kg/m³）	最小含沙量	0.004	0.003	0.003	0.003	0.003	0.004	0.035	0.056	0.018	0.003
在线含沙量/（kg/m³）		0.004	0.003	0.003	0.003	0.003	0.004	0.039	0.053	0.012	0.003
相对误差/%或绝对误差/（kg/m³）		0.00	0.00	0.00	0.00	0.00	0.00	0.004	-5.36	-0.006	0
实测含沙量/（kg/m³）	平均含沙量	0.006	0.003	0.004	0.003	0.005	0.028	0.092	0.341	0.090	0.119
在线含沙量/（kg/m³）		0.005	0.004	0.003	0.004	0.004	0.023	0.096	0.338	0.084	0.117
相对误差/%或绝对误差/（kg/m³）		-0.001	0.001	-0.001	0.001	-0.001	-0.005	4.35	-0.88	-6.67	-1.68

从表 7.3.5 可以看出，各月最小含沙量、平均含沙量基本吻合，最大含沙量 5 月、6 月、7 月相对误差较大，5 月绝对误差为 -0.02 kg/m³，6 月、7 月相对误差分别为 -51.94%、23.02%。原因为，5 月、6 月因仪器被漂浮物缠绕或电压等问题，在仪器维护期间数据缺失，7 月实测含沙量测次不够。

统计实测含沙量和在线含沙量两种方法 1～5 月、6～9 月及年输沙量，见表 7.3.6。不难看出，两种方法推算的 1～5 月、6～9 月、年输沙量相当，相对误差分别为 -1.3%、-1.0%、-1.0%。最大输沙量主要集中在 6～9 月，在 1～9 月输沙量的占比达 99.05%。

表 7.3.6 各月输沙量及占比统计表

整编方法	项目	1～5 月	6～9 月	年（1～9 月）
实测含沙量	输沙量/（10⁴ t）	51.54	5 383	5 434.54
	占比/%	0.95	99.05	—
在线含沙量	输沙量/（10⁴ t）	50.86	5 327	5 377.86
	占比/%	0.95	99.05	—
输沙量相对误差/%		-1.3	-1.0	-1.0

6. 在线含沙量与实测含沙量过程对照分析

为了进一步分析 TES-91 在线泥沙监测系统传感器的准确性，选取 2020 年最大含沙量（洪水）变化过程实测数据（时间段为 8 月 18 日 10 时 7 分～9 月 5 日 9 时 43 分），进行在线断面平均含沙量和实测断面平均含沙量的过程对照分析，如图 7.3.13 所示。

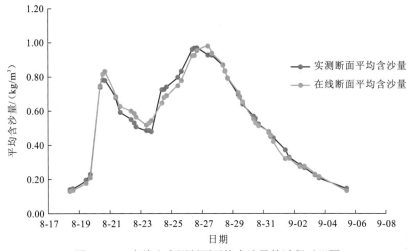

图 7.3.13　在线和实测断面平均含沙量的过程对照图

通过对照分析发现，实测与在线断面平均含沙量的变化趋势吻合。在线断面平均含沙量与实测断面平均含沙量十分接近，表明在枝城水文站测验河段，在线断面平均含沙量基本能替代实测断面平均含沙量。

第 8 章　水质自动监测

　　水质监测是环境监测的重要内容之一。其目的是提供水环境质量现状数据，判断水环境质量；确定水污染物时空分布、污染物的来源和污染途径；提供水环境污染及危害信息，确定污染影响范围，评价污染治理效果，为水质管理提供科学依据。

　　水质自动监测系统是一套以在线自动分析仪器为核心，由现代传感技术、自动测量技术、自动控制技术、计算机应用技术及相关的专用分析软件和通信网络组成的一个综合性的在线自动监测体系[62-63]。水质自动监测系统能够自动、连续、及时、准确地监测目标水域的水质及其变化状况，数据远程自动传输，自动生成报表等。相对于常规监测（人工现场取样，实验室分析），水质自动监测可节约大量的人力和物力，还可以达到预测、预报流域水质污染事故，解决跨行政区域的水污染事故纠纷，监督总量控制制度落实情况及排放达标情况等的目的，大力推行水质自动监测是建设先进的环境监测预警系统的必由之路。目前，全国水利、环保等系统已建立起数百座水质自动监测站，已经形成了国家层面的水质自动监测网，初步完成了全国七大流域（长江流域、黄河流域、淮河流域、海河流域、珠江流域、松花江流域、辽河流域）、三大片区（浙闽片河流、西南诸河、西北诸河）干流及主要支流国控断面的水质自动监测站的联网监测。

8.1 水质自动监测站的类型

水质自动监测站根据应用场景，总体可以分为水中原位监测和陆上抽取式监测，系统承载根据监测站点的现场环境、建设周期、监测仪器设备安装条件等实际情况，又分为固定式、简易式、小型式、水上固定平台式、浮标（船）式等类型。站房及承载系统的设计与施工需结合地质结构、水位、气候等周边环境状况进行，同时做好防雷、抗震、防洪、防低温、防鼠害、防火、防盗、防断电及视频监控等措施。部分站房应配套设计废液处理和生活污水收集设施。

8.1.1 固定式

固定式水质自动监测站建设在原则上优先采用固定式永久性站房设计，以保证国家地表水自动监测站的长久稳定运行，固定式水质自动监测站功能强大，监测的水质因子多，可扩展性强。该类站房安全、稳定、可靠，电路、水路的保护措施严密，能够有效防止电路火灾、管路爆管，所有设计均以系统稳定性为原则，大限度减小手工维护工作量。

固定式水质自动监测站主要用于自动监测重点考核断面、各级行政区域交界、目标管理水域及其他重要水域断面的水质污染状况，及时掌握主要流域重点断面水体的水质污染状况，预警、预报重大或流域性水质污染事故，解决跨行政区域的水体污染事故纠纷，监督总量控制制度落实情况。参考效果图如图 8.1.1 所示。

图 8.1.1 固定式水质自动监测站效果图

8.1.2 简易式

简易式水质自动监测站的占地面积略小，可将监测仪器室和质控室合并建设，包括用于承载系统仪器、设备的主体建筑物和外部配套设施两部分。主体建筑物满足自动监测系统运行的要求。外部配套设施用于引入清洁水、通电、通信和通路，以及周边土地的平整、绿化等。

简易式水质自动监测站与固定式一样，都包括采水单元、配水单元、预处理单元、检测单元、数据采集与传输单元、系统控制单元和站房等，与中心站数据采集和控制系统一起组成水质自动监测系统。其将部分功能区进行合并，更适用于对监测数据要求高，但占地面积不够充足的点位。参考效果图如图 8.1.2 所示。

图 8.1.2　简易式水质自动监测站效果图

8.1.3　小型式

　　小型式水质自动监测站采用一体化站房，具有占地面积更小、安装方便等特点。在用地面积不满足固定式站房要求，同时无法建设 40 m² 的简易式站房时，可考虑小型式站房。小型式站房需满足水质自动监测系统所需主体建筑物和外部配套设施要求，外部配套设施用于引入清洁水、通电、通信和通路，以及周边土地的平整、绿化等。

　　小型式水质自动监测站集成系统主要包括一体化站房、采水单元、配水单元、控制及数据采集传输单元、水质分析单元、质控单元、辅助单元（防雷、UPS、空压机、空调等）等。该类水质自动监测站将多项监测指标分析仪表集成于箱体式水质自动监测站中，集成了水质监测系统的全套解决方案，其体积小、功能强大、投入少，适用于不同水体的长期、连续在线监测，节省了征地、建设站房及人员成本等费用，在水质自动监测系统中占有很大的优势。其主要用于征地协调比较困难的城市内河道及野外用地困难的点位，同时其运输及吊装较为方便，具备一定的移动性。

　　参考效果图如图 8.1.3 所示。

图 8.1.3　小型式水质自动监测站效果图

8.1.4　水上固定平台式

　　水上固定平台式水质自动监测站是从水质、水文、水动力、气象监测、视频监控等几个方面构建的水上平台式生态监测系统,实时有效地对湖区关键点位进行监测和预警、预报,并可积累大量原始数据以供后期研究分析,为湖区的生态观测提供可靠的技术支撑。水上固定平台式水质自动监测站适合平均水深较浅、底泥层结构稳固、泥沙含量少、不易淤积、适合打桩的湖体水域,建成后的平台系统搭载参数多,系统稳定性好,供电充足。还可以以固定平台为依托,开展离岸的水上综合试验。

根据实际需求,系统可搭载多参数水质监测传感器,同步监测水温、电导率、DO、pH、浊度、叶绿素、蓝绿藻等水质参数,搭载全自动原位营养盐分析仪、全光谱传感器,可监测湖泊 TP、TN、氨氮、COD 等水质参数。

在安防要求方面,固定平台的外围一周布设防撞桩,配备相应的警示标志,安装实时视频监控系统等;接地设施、电源浪涌,应符合防雷规范要求;在供电要求方面,采用风光互补方式,对免维护胶体蓄电池进行充电,供电设备包括风力发电机、光伏发电板、充电控制器、胶体免维护蓄电池等。

参考效果图如图 8.1.4 所示。

图 8.1.4　水上固定平台式水质自动监测站效果图

8.1.5　浮标式

水质浮标的主体主要由浮标体、水质参数传感器、供电系统、数据采集系统、GPS和数据传输系统等组成。系统组成结构如图 8.1.5 所示。水质浮标集成了传感器技术、计算机技术、数据采集处理技术、通信技术及定位技术等高新技术。浮标体主要提供各子系统的搭载平台,保障系统的正常运行;水质参数传感器是浮标监测系统的核心,主要是利用传感器技术进行水质参数指标的测定,获取水质参数数据;供电系统主要为浮标监测系统的电子仪器进行供电,保障仪器的正常运行。

水质浮标一般采用间歇式工作方式,用户根据需要设定工作时间或间隔时间。休眠工作时段,传感器、数据采集和数据发射系统等部分断电休眠,只有值班电路工作,休眠结束时,系统给传感器进行供电初始化,进入工作时段,水质传感器进行水质参数监测,数据采集系统进行数据采集和存储,数据传输系统定时把数据发送出去,然后系统断电,进入休眠时段。

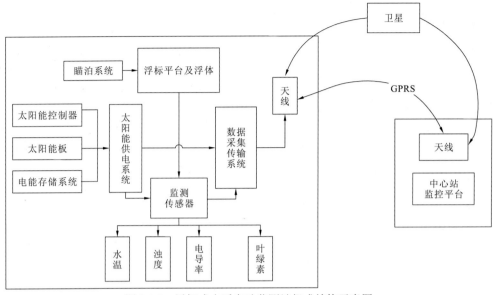

图 8.1.5 浮标式水质自动监测站组成结构示意图

浮标式水质自动监测站供电单元由太阳能板及免维护蓄电池共同组成，采用太阳能板配合大容量免维护蓄电池的电源组合方式，进行单一直流供电。供电系统需根据搭载仪器的数量、功耗及浮体本身的安装空间来确定，必须保证连续阴雨天气下能维持浮标整体正常持续工作不少于 7 d。

浮标式水质自动监测站安防应包括水上定位和警示设备、舱室漏水报警设备，以及防污和防生物附着材料、防雷设计四部分。水上定位和警示设备应具备航标警示灯和具有自动移位报警功能的 GPS。另外，可根据浮标投放水域的水面航行情况加配北斗独立定位传感器、自动识别系统（automatic identification system，AIS）（避撞系统）、雷达反射装置等水面航行安全警示设备，定位系统误差应不大于 15 m（95%概率）。浮标式水质自动监测站应具备舱室漏水报警设备。浮体应涂有防污、防锈和防生物附着的漆层，以提高浮标整体使用寿命。浮标式水质自动监测站应加装避雷针，避雷针应高于浮标平台上所有的天线支架等设施至少 50 cm，以避免在开阔水域被雷击而损坏设备。参考效果图如图 8.1.6 所示。

图 8.1.6 浮标式水质自动监测站效果图

8.1.6 浮船式

浮船式水质自动监测站由浮体平台（船体、浮柱、防撞装置等）、采水/配水/预处理单元、分析单元、控制单元和辅助单元（供电系统、安防装置及视频监控系统等）等组成。其中，分析单元由常规五参数水质自动分析仪、高锰酸盐指数水质自动分析仪、氨氮水质自动分析仪、TP 水质自动分析仪、TN 水质自动分析仪、叶绿素 a 水质自动分析仪和藻密度水质自动分析仪组成；采水/配水/预处理单元将采集水样经预处理后供给各水质自动分析仪使用；控制单元统一控制整个系统的泵、阀及辅助设备；各仪表数据经 RS232/RS485 接口由数采工控设备进行统一数据采集和处理，系统数据采用无线传输模式。

浮船由船体、浮柱、防撞及太阳能组件、防雷设备、试剂保存舱、安防等构成，具有防撞、阻浪、防腐蚀、防雷、抗电磁波干扰等功能；船体长度不小于 5 m，宽度不小于 4 m，应具有耐腐蚀、耐高温、耐强阳光照射、抗冻裂、结构牢固、绝缘性能好、抗吸水性强、不易被水中生物黏附等特点。

在供电方面，应具有低功耗和交直流两用功能。需配备市电、太阳能、风光互补等多种供电接口，设备供电接口满足 24 V 供电要求，应为 24 h 不间断供电。采用太阳能或风光互补供电方式时，如天气出现异常情况，无法连续供电超过 10 d，供电系统应支持增加或更换现场的蓄电池或接入市电（220V），以保证电力供应正常。

浮船式水质自动监测站安防应包括水上定位和警示设备、舱室漏水报警设备、防污和防生物附着材料、防雷设计四部分。最基本的水上定位和警示设备应具备航标警示灯、自动移位报警功能和全球定位功能。浮船式水质自动监测站应具备舱室漏水报警功能。船体应涂有防污、防锈和防生物附着的漆层，以提高整体使用寿命。浮船式水质自动监测站应加装避雷针，避雷针应高于浮船上所有的天线支架等设施至少 50 cm，以避免在开阔水域被雷击而损坏设备。系统和供电单元应设置防雷设施，设施具备三级电源防雷和通信防雷功能，应符合《建筑物防雷设计规范》（GB 50057—2010）的要求。

参考效果图如图 8.1.7 所示。

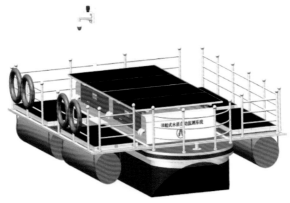

图 8.1.7 浮船式水质自动监测站效果图

8.2 水质自动监测系统组成

随着水质自动监测技术的不断改进，适合于不同场景、气候、地理地貌的地表水水质自动监测系统在我国地表水监测中得到了广泛的应用，并取得了较大的进展。现代化的水质自动监测系统集成方案日趋合理、先进、完整，具备智能化、标准化、流程化和可溯源的质量控制体系，可确保采水、配水、分析、清洗及数据采集和传输等环节的准确可靠，扩展性和兼容性也日益完善。系统预留接口方便仪器安装与接入，在实际应用中，可根据需求增加新的监测参数。

水质自动监测系统主要包括采水单元、分析单元、配水及预处理单元、控制及数据采集传输单元、质量控制单元、超标留样单元、辅助单元（防雷、UPS、废液处理装置、试剂冷藏装置、空压机、空调等）等，系统拓扑结构图如图 8.2.1 所示。

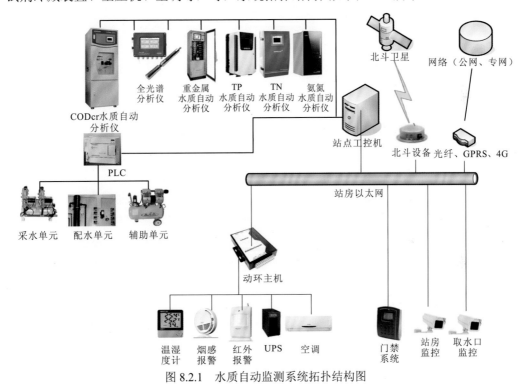

图 8.2.1 水质自动监测系统拓扑结构图

8.2.1 采水单元

采水单元是水质自动监测系统的一个重要组成部分，是保证整个系统能够正常运转、数据正确的重要部分，因此，设计及建造一套可靠的采水单元非常重要。每个点位的水文状况、地理及周边环境各不相同，在水质自动监测系统建设中，应与所在地方环境管理部门协商，根据每个站点的具体水文和地质情况提供合理的采水单元设计方案，保证采样的代表性和科学性。在设计采水单元时，需综合考虑站点地理环境、水文状况和水位变化，以及取水管路长度、管径等因素，根据这些因素采取相应的保温、防冻、防压等措施，减少源水水质在传输中的变化。采水单元组成如图 8.2.2 所示。

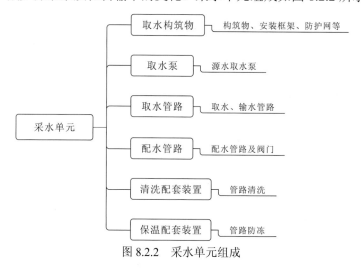

图 8.2.2　采水单元组成

1. 采水点选址条件

为尽可能采集到有代表性的样品，真实反映水质状况和变化趋势，同时保证采水设施的安全和维护便利性，采水点选址应该满足以下条件。

（1）在不影响航道运行的前提下，采水点尽量靠近主航道；

（2）采水点位置一般应设在冲刷岸，不能设在河流（湖库）的漫滩处，避开湍流和容易造成淤积的部位，丰、枯水期与河岸的距离原则上不得小于 10 m；

（3）采水点处应有良好的水力交换，不能设在死水区、缓流区、回流区；

（4）采水点设在水下 0.5～1 m 范围内，但应防止底质淤泥对采水水质的影响。

2. 取水构筑物设计

1）取水构筑物的分类

按水源种类可分为河流、湖泊、水库及海水取水构筑物；按取水构筑物的构造可分为固定式（岸边式、河床式）和活动式（浮船式、缆车式）。

2）取水构筑物类型的选择

取水构筑物的类型选择，应根据取水量和水质要求，结合河床地形、河床冲淤、水位变幅、冰冻和航运等情况，以及施工条件，在保证取水安全、可靠的前提下，通过技术、经济比较确定。

3）影响取水构筑物的主要因素

影响地表水取水构筑物运行的主要因素有径流变化、泥沙运动、河床演变、漂浮物及冰冻、人类活动等。

4）各类取水构筑物的特点比较

（1）固定式取水构筑物。

优点：取水可靠，维护管理简单，适用范围广。

缺点：投资较大，水下工程量较大，施工期长，在水源水位变幅较大时尤其突出。

设计时应考虑远期发展的需要，土建工程一般按远期设计，一次建成，水泵机组设备可分期安装。其适用于各种取水量和各种地表水源。

（2）活动式取水构筑物。

优点：活动式取水构筑物投资小、施工期短、见效快、水下工程量小、对水源水位变化适应性强、便于分期建设。

缺点：维护管理复杂，易受水流、风浪、航运的影响，取水可靠性差。

其适用于水源水位变幅大且中小取水量的情况，多用于江河、水库和湖泊取水。

各类取水构筑物的适用条件见表 8.2.1。

表 8.2.1 取水构筑物适用条件及应用实例

取水构筑物类型	适用条件
浮筒式	适用于水位变化大，水中杂物较少，水域面积宽阔的大型河流，不受航道影响
浮船式	适用于水位变化大，水中杂物较多，水域面积宽阔，水流较急的大型河流，不受航道影响，可放置潜水泵
浮球式	适用于水体比较开阔，水位变化不是很大，常年水流流速小，岸边坡度较小且便于人为维护的场合
浮台式	适用于河、湖面宽，取水点位距离岸边较远，滩涂多，河岸不规整，流速较小（河水的冲刷可能导致锚位移，锚链、管道脱落，浮船倾覆）的情况，人员可上台进行维护
栈桥式	适用于采水点距离岸边较近，具有永久性、有效的防洪工程，以及岸堤土方施工困难的情况
悬臂式	适用于采水点距离岸边较近，水流急，漂浮物多，岸堤不具备建设中大型取水构筑物条件的情况
拉索式	适用于对河道监测断面的多点位监测
取水井式	适用于水位浅，水流不急或为溪流的情况
水下固定式	适用于冬季寒冷、冻土层厚、较长冰封期及存在凌汛的情况

3. 取水泵的选择

取水泵为采水单元的动力心脏，它的主要功能是把样品水从水源地输送到站房中以供分析。通常采用双泵采水系统，交替使用。

取水泵类型选择的基本原则如下。

（1）水质：当监测水体中的悬浮物或浊度过大时，采用污水潜水泵；否则，采用清水潜水泵。

（2）扬程：当取水位置与站房的高度差小于 8 m，或者平面距离小于 90 m（没有高度差）时，选用自吸泵；否则，选用清水潜水泵。

（3）水深：选用潜水泵时，监测断面的枯水期水深一般不会小于 1 m；如果水深小于 1 m，将选用自吸泵。

根据采水方式选择取水泵，常用的取水泵主要有潜水泵和自吸泵两种类型，两种取水泵均包括海水型号，两者的差别见表 8.2.2。

表 8.2.2　取水泵的适用范围与说明

取水泵类别	适用范围	说明
自吸泵（淡水版及海水版）	取水泵与取水点的落差小于 8 m，距离小于 90 m	主要是依据真空离心作用使液体、气体甚至固体产生位移的原理设计、制造的。当取水泵的引流体内注满引流液并接通电源时，取水泵叶轮转动，在取水泵引流体内形成真空离心状态，排空管路中的气体后使液体在真空离心作用下移动，达到抽水目的。自吸泵的工作原理决定其吸程不可能太高，同时还需要考虑管路的长度、材料等因素对吸程的降低。使用此类水泵维护方便，相对简单
潜水泵（淡水版及海水版）	适用于远距离、大落差的取水条件（相对于站房）	潜水泵为直接放置在水中取水的水泵。其维护量较大，需额外安全保护措施

4. 取水管路的选型

选用的取水管路应有足够的强度，可以承受内压和外荷载，具有极好的化学稳定性、重量轻、耐磨耗和耐油性强等特点，适用于管路铺设，同时避免污染所采水样，通常采用的管道为磐石胶管和弹簧胶管两种类型。根据相关管道设计规范进行管道材质和管径的选择，确保管内流速和管道压力损失在合理范围之内。

1）管路选择

由于水质自动监测系统多处于野外环境，操作条件受到一定限制，故便于安装、维护是管材选择所考虑的因素。输水管材的选择考虑两个方面：①管径。除需考虑与泵的连接尺寸外，还需考虑在一定流量下的流速，适合的流速对管路具有冲刷作用，防止泥沙等杂质在管壁上的沉积，另外，也需要考虑系统水样的响应时间。综合考虑各种因素，选用 DN25 的管径。②材质。取水管路具有较强的力学性能，抗压、耐磨、防裂等，还具有较好的化学稳定性，耐腐蚀。采用的磐石胶管和弹簧胶管如图 8.2.3 所示。该管路化学性质稳定，耐压、耐腐蚀、抗老化性能优秀，不会对测试结果产生影响。在该胶管外部使用聚乙烯保温管进行保温，再外套聚氯乙烯管即可进行铺设，减少了环境温度对水样温度的影响，能够有效减小对水温的影响。

2）管线防护

（1）取水管路架空铺设。电源线等线路和室外管路经管箍装置固定后，用聚乙烯保温材料包住后包裹一层耐氧化防护油皮，同时为减轻管路和电缆负重，油皮外用强化油缆拴挂、牵扯固定。

（2）取水管路深埋铺设。电源线等线路和室外管路经管箍等装置固定后，用聚乙烯保温材料包住后，置于一直径为 40 cm 的防护套管中。站房到采水中间部分管路的护套

（a）磐石胶管

（b）弹簧胶管

图 8.2.3　两种胶管实例

管上加 0.8 m 覆土。若经过路面，则需钢管套护。在部分水体杂物较多的场所，水中预留管线加配重沉入水下，防止挂住过多水草，增加维护工作量。安装管路时，适当增加管路长度，使增加量在 10 m 以内，以在水位骤降时及时调整取水点安装位置。

3）管路保护措施

主要保护措施包括：①保温措施。保温的目的是减少采集的水样在系统内传输过程中环境温度对水样的影响，使样品的温度变化不大于 2 ℃。因此，根据保温层材料、保护层材料及不同的条件和要求，选择不同的隔热结构。②防冻措施。取水泵或采样头放在水体冰冻层以下；在取水管路经过水面冰冻层的一段，安装电加热保温层，并有良好的防水性能；取水管路铺设在冻层以下，当地面为基岩而无法深埋管路时，铺设在地面上的取水管路会采取伴热及保温措施。③防压措施。对于埋于地下的取水管路，硬管可直埋，软管会加装硬质保护套管；直埋取水管路或套管的管顶埋深或覆土深度，在有地面车辆荷载时会大于 0.7 m，一般情况下也不会小于 0.3 m。④防淤、防藻措施。确保取水管路铺设平滑并向河道方向有一定的坡度，尽可能减少弯头数量，避免管道内部存水；在计算采水量和取水管路管径时，考虑水样在管道内部的流速，对管壁形成冲刷作用，以达到防淤、防藻的效果；在系统设计时，采取反冲洗措施，并采用一定的除藻清洗功能，以防止淤泥及藻类的形成和生长，必要时再增加一些机械辅助清洗功能。

4）供电电源

所有采水单元的电气设备的运行电压均为交流 220 V，单相，交流频率为 50 Hz。

8.2.2　分析单元

分析单元是水质自动监测系统的核心部分，由满足各检测项目要求的自动监测仪器组成。仪器的选择原则为仪器测定精度满足水质分析要求且符合国家规定的分析方法要求，所选择的仪器配置合理，性能稳定；运行维护成本合理，维护量少，二次污染小。

地表水的常规监测因子一般包括水质五参数（水温、pH、DO、电导率、浊度）、氨氮、高锰酸盐指数、TP、TN、重金属、挥发酚等，湖泊增测叶绿素 a、藻密度，饮用水水源地增测大肠杆菌、生物毒性，其他监测因子可根据地方特征进行选择。

1. 常规监测因子

水温：水体温度可以影响水中细菌的生长繁殖和水的自然净化作用，温度是影响藻类地理分布的主要因素，并且不同温度下各个指标会有不同程度的变动。

酸碱度：酸碱度（pH）表征水质的酸碱程度，自然界水体的 pH 为 6～9，pH 的变化主要由外界污染物质引起。

电导率：电导率主要用于表征水中无机离子的浓度，如金属离子、无机阴离子等离子的浓度变化后，电导率会有明显的变化。

浊度：水中悬浮颗粒、胶体和藻类等均会产生浊度，如水体的泥沙含量的变化、藻类水华的产生，都可以引起浊度的变化。

DO：DO 是水体的重要指标，有机污染物进入水体后，可以被微生物分解，被 DO 氧化，这都要消耗一定的 DO，这叫作水体的自净能力。如果外来物质太多，DO 被完全消耗，就是超过了水体的自净能力，水中生物会因缺氧窒息死亡。另外，水体富营养化产生水华时，DO 会发生突变。因此，DO 的变化可以表征水体的污染程度。

高锰酸盐指数：COD 是有机物的综合污染指标，有机物污染是目前国内水体污染的最重要的原因；水中有机物的 COD 通过高锰酸盐指数法测量，可以对水中有机物的变化做出快速的响应。

氨氮：氨氮是营养盐类的重要指标，是水体富营养化的主要污染指标，是水体蓝绿藻暴发、出现水华现象的主要原因之一；水体中过量的氮主要来自未加处理或处理不完全的工业废水和生活污水、有机垃圾、家畜家禽粪便及农施化肥。通过监测氨氮指标的变化，可以了解水体氨氮浓度和富营养化的程度。

TP：TP 是营养盐类的重要指标，是水体富营养化的主要污染指标，是水体蓝绿藻暴发、出现水华现象的主要原因之一；水体中的过量磷主要来源于肥料、农业废弃物和城市污水。在城市污水中磷酸盐的主要来源是洗涤剂，水体中过量的磷还来自外来的工业废水和生活污水。另外，水体中的底泥在还原状态下会释放磷酸盐，从而增加磷的含量。当底层水含氧量低而处于还原状态（通常在夏季分层时出现）时，磷酸盐释入水中。

TN：水中的 TN 含量是衡量水质的重要指标之一。其测定有助于评价水体被污染和自净的状况。地表水中氮、磷物质超标时，微生物大量繁殖，浮游生物生长旺盛，呈现富营养化状态。

铅：铅已被列入有毒有害水污染物名录，铅是可在人体和动物组织中积蓄的有毒金属，进入饮用水可造成污染。铅可与机体内的一系列蛋白质、酶、氨基酸的官能团结合，干扰机体许多方面的生化和生理活动。我国规定饮用水中铅的浓度不得超过 0.01 mg/L。

砷：砷已被列入有毒有害水污染物名录，砷的化合物有剧毒，容易在人体内积累，造成慢性砷中毒。世界卫生组织推荐的水体中砷的最高饮用标准值为 0.01 mg/L，我国的最高饮用标准值为 0.05 mg/L。饮水除砷是防治地方性砷中毒的关键措施。

镉：镉及其化合物已被列入有毒有害水污染物名录，其毒性是潜在性的，即使饮用水中镉的浓度低至 0.1 mg/L，也能在人体组织中积聚，潜伏期可长达 10～30 年，且早期不易察觉。因此，我国对镉的限制非常严格，饮用水中镉的浓度控制在 0.005 mg/L 以下。

挥发酚：水中的酚主要来自工业废水污染，特别是炼焦和石油工业废水，其中以苯酚为主要成分。含酚浓度高的废水不宜用于农田灌溉，否则会使农作物枯死或减产。酚类化合物毒性很低，但是具有恶臭，对饮用水进行加氯消毒时，能形成臭味更强烈的氯酚，引起饮用者的反感。其嗅觉阈浓度较低，故标准限值为不超过 0.002 mg/L。

叶绿素 a：叶绿素 a 主要可以体现水中浮游植物的含量，以反映水体富营养化程度。

藻密度：藻密度为水中藻类的含量，可以反映出水体中藻类生物含量，以及水体富营养化的程度。

生物毒性：水样的生物毒性是让受试生物暴露在被测水样中，根据观察到的受试生物的反应（如死亡、行为异常、生理特征变化等）做出的水样对受试生物负面影响的评价。生物毒性监测广泛用于饮用水系统安全、应急评估及多种污染物毒性的测定，可预警重大水污染事件，也可以预警一般性污染事件及慢性中毒事件。

2. 仪器分析方法

各类仪器的分析方法如表 8.2.3 所示。

表 8.2.3　各类仪器的分析方法

序号	仪器名称	监测参数	测量方法
1	常规五参数水质自动分析仪	pH	玻璃电极法
		电导率	电极法
		浊度	光散射法
		DO	荧光法
		温度	热电阻法
2	高锰酸盐指数水质自动分析仪	高锰酸盐指数	高锰酸钾氧化法
3	氨氮水质自动分析仪	氨氮	水杨酸分光光度法
4	TP 水质自动分析仪	TP	钼酸铵分光光度法
5	TN 水质自动分析仪	TN	过硫酸钾消解—紫外分光光度法
6	铅水质自动分析仪	铅	阳极溶出伏安法
7	砷水质自动分析仪	砷	阳极溶出伏安法
8	镉水质自动分析仪	镉	阳极溶出伏安法
9	挥发酚水质自动分析仪	挥发酚	4-氨基安替比林分光光度法
10	叶绿素 a 水质自动分析仪	叶绿素 a	荧光法
11	藻密度水质自动分析仪	藻密度	荧光法
12	生物毒性水质自动分析仪	生物毒性	发光菌法（费氏弧菌）

3. 仪器分析原理及主要指标

1）常规五参数水质自动分析仪

常规五参数水质自动分析仪广泛应用于各类水体中，通过运用多种分析方法，让控制器配备五种传感器的探头，可在现场快速、准确地测定水中的温度、pH、DO、电导率、浊度等参数，其结果在多参数控制器 LED 屏上直接显示，无须换算，操作方便。

主要技术指标见表 8.2.4。

表 8.2.4 常规五参数水质自动分析仪技术指标

项目	监测参数				
	pH	电导率	浊度	DO	温度
测量方法	玻璃电极法	电极法	光散射法	荧光法	热电阻法
量程范围	0～14	0～20/200/2 000/20 000 μS/cm	0～40/400/1 000NTU	0～20 mg/L 或 0～200%饱和度	−5～60 ℃
准确度	±0.05	±1 μS/cm	±2%FS	±0.1 mg/L 或±1%	±0.5 ℃
重复性	±0.1	±1%	±5%	±0.3 mg/L	—
精密度	±0.01	1 μS/cm	<2% FS	0.1 mg/L 或 1%	±0.5 ℃

2）高锰酸盐指数水质自动分析仪

高锰酸盐指数是反映水体中有机及无机可氧化物质污染的常用指标。它是在一定条件下，利用高锰酸钾氧化水样中的某些有机物及无机还原性物质，由消耗的高锰酸钾量计算的相对应的氧量。高锰酸盐指数水质自动分析仪基于国家标准《水质 高锰酸盐指数的测定》（GB 11892—89），检测水中的高锰酸盐指数，对由有机物和还原性无机物引起的水体污染问题起到预警、监督、排查等作用。

主要技术指标见表 8.2.5。

表 8.2.5 高锰酸盐指数水质自动分析仪技术指标

项目	参数指标
测定方法	高锰酸钾氧化法
量程范围	0～5/10/20 mg/L
重复性	±5%
检出限	≤0.5 mg/L
精密度	±5%
准确度	≤5%

3）氨氮水质自动分析仪

氨氮普遍存在于地表水及地下水中。水中的氨氮是指以游离氨（NH_3）和离子铵

（NH$_4^+$）形式存在的氮。水中氨氮的来源主要为生活污水中含氮有机物受微生物作用后的分解产物、某些工业废水及农田排水。过量的氨氮流入水体，会造成水体富营养化，藻类暴发，使得水体质量恶化，将对人类的环境和生产、生活造成严重的影响。

氨氮已成为我国河流水质监测、评价的重要指标之一。氨氮水质自动分析仪采用水杨酸分光光度法，实时监测水体中氨氮的含量，对由氮元素引起的水体污染问题起到预警、监督、排查等作用。

主要技术指标见表 8.2.6。

表 8.2.6　氨氮水质自动分析仪技术指标

项目	参数指标
测定方法	水杨酸分光光度法
量程范围	0～0.5/1/3/5/10/25/50 mg/L
重复性误差	≤2%
分辨率	0.001 mg/L
精密度	±2%
准确度	≤2%

4）TP 水质自动分析仪

水中的磷会以元素磷、正磷酸盐、焦磷酸盐、偏磷酸盐及有机团结合磷酸盐等形式存在。TP 指标是评价水质的重要指标之一，水体中磷含量过高会造成藻类的过度繁殖，直至在数量上达到有害的程度，使得湖泊、河流的透明度降低，水质变差。

TP 水质自动分析仪采用钼酸铵分光光度法检测水中 TP 的含量。在中性条件下，用过硫酸钾（或硝酸-高氯酸）使试样消解，将所含磷全部氧化为正磷酸盐。在酸性介质中，正磷酸盐与钼酸铵反应，在锑盐存在下生成磷钼杂多酸后，立即被抗坏血酸还原，生成蓝色的络合物，然后通过光电比色法测出水样中 TP 的含量。

主要技术指标见表 8.2.7。

表 8.2.7　TP 水质自动分析仪技术指标

项目	参数指标
测量方法	钼酸铵分光光度法
消解时间	5～30 min
量程范围	0～0.5/1/3/5/10/25/50 mg/L
精密度	±3%
准确度	±3%
重复性	≤3%

5）TN 水质自动分析仪

水中的 TN 含量是衡量水质的重要指标之一。TN 水质自动分析仪采用过硫酸钾消解—紫外分光光度法检测水中 TN 的含量，在 60℃以上的水溶液中，过硫酸钾可以分解产生硫酸氢钾和原子态氧，硫酸氢钾在溶液中离解产生氢离子，故在氢氧化钠的碱性介质中可以促使分解过程趋于完全。分解出的原子态氧在 120~124℃条件下，可使水样含氮氧化物的氮元素转化为硝酸盐，并且在此过程中有机物被氧化分解。可用紫外分光光度法分别测出吸光度，再根据公式计算得到校正吸光度。

主要技术指标见表 8.2.8。

表 8.2.8　TN 水质自动分析仪技术指标

项目	参数指标
测量方法	过硫酸钾消解—紫外分光光度法
量程范围	0~5/25/50 mg/L
重复性	≤5%
精密度	±5%
准确度	±10%

6）铅水质自动分析仪

采用国际权威机构认证的阳极溶出伏安法，该方法不受浊度和色度的干扰，方法的检出限低，可应用在多个场合。

仪器基于阳极溶出伏安法检测原理。水样经过高温、高压、加酸氧化消解后，加入电解液，溶液中的金属离子受电压作用会产生电化学反应，在一定条件下将待测水样进行预电解，金属离子还原浓缩在工作电极上，然后反向施加扫描电压，氧化溶出金属离子，检测此时电信号的大小，记录溶出伏安曲线，利用溶出伏安曲线的出峰电压区间及峰高，对待测重金属元素进行定性、定量的分析。

主要技术指标见表 8.2.9。

表 8.2.9　铅水质自动分析仪技术指标

项目	参数指标
测量方法	阳极溶出伏安法
测量范围	0.001~0.1/1/2 mg/L
精密度	≤5%
零点漂移（24 h）	±5%FS
量程漂移（24 h）	±10%FS

7）挥发酚水质自动分析仪

挥发酚水质自动分析仪符合环境保护行业标准《水质 挥发酚的测定 4-氨基安替比林分光光度法》（HJ 503—2009）。挥发酚水质自动分析仪是一种用于测量水中挥发酚的全自动在线分析仪，产品基于蒸馏平台、磁导计量平台，结合恒温光纤、比色一体化等技术，实现高精度、低检出限、高稳定性和低维护量的挥发酚全自动在线监测。水样通过预处理管路被抽入蒸馏背板的蒸馏池中，在恒温加热状态下，水样中的挥发酚随水蒸气蒸馏并冷凝至定容管中，通过定容模块将样品定容至固定体积，然后分析背板抽取蒸馏、定容后的样品至比色池中进行比色分析，可扩展萃取比色分析。

主要技术指标见表 8.2.10。

表 8.2.10　挥发酚水质自动分析仪技术指标

项目	参数指标
测量方法	4-氨基安替比林分光光度法
蒸馏方式	高温吹脱、连续蒸馏方式
量程范围	0～2/5/10 mg/L，可调
零点漂移	±5%
量程漂移	±5%
重复性	≤2%

8）叶绿素 a 水质自动分析仪

叶绿素 a 是植物光合作用中的重要光合色素。通过测定浮游植物的叶绿素 a 含量，可掌握水体的初级生产情况，在环境监测中，可将叶绿素 a 含量作为湖泊富营养化的指标之一。

叶绿素 a 水质自动分析仪是一款高精度微型浸入式仪表，采用荧光法检测原理进行检测。仪器将蓝色脉冲 LED 作为激发光源，波长为 460 nm。当水样中的叶绿素 a 吸收激发光后，会释放出波长为 680 nm 的荧光。仪器通过检测荧光的强度来计算水体中叶绿素 a 的含量。

主要技术指标见表 8.2.11。

表 8.2.11　叶绿素 a 水质自动分析仪技术指标

项目	参数指标
测量方法	荧光法
测量范围	0～20/500 μg/L
准确度	±10%
重复性	±3%
检出限	<0.01 μg/L

9）藻密度水质自动分析仪

藻密度为水中藻类的含量，可以反映出水体中藻类生物含量，以及水体富营养化的程度。藻密度水质自动分析仪是一款高精度微型浸入式仪表，采用荧光法检测原理，通过检测水体中藻青蛋白和藻蓝蛋白的数量来确定蓝藻的含量。藻青蛋白是蓝藻体内的主要辅助色素。在淡水水体中，蓝藻是唯一可大量产生藻青蛋白并衍生藻蓝蛋白的微生物。这两种蛋白在高能脉冲 LED 的照射下，在 620 nm 波长附近受激发。仪器通过分析其荧光特性计算蓝藻的含量。

主要技术指标见表 8.2.12。

表 8.2.12　藻密度水质自动分析仪技术指标

项目	参数指标
测量方法	荧光法
测量范围	0～200 000 cells/mL
准确度	±10%
重复性	±3%
检出限	≤200 cells/mL

10）生物毒性水质自动分析仪

生物毒性水质自动分析仪广泛用于饮用水系统安全、应急评估及多种污染物毒性的测定，可预警重大水污染事件，如水质瞬间大幅度变化、人为投毒等引起的急性中毒事件；同时，可预警一般性污染事件及慢性中毒事件。

生物毒性水质自动分析仪是将重组发光菌及费氏弧菌等作为生物传感器进行水质综合毒性监测的在线水质毒性监测系统。其用发光细菌和样品反应时的发光强度变化来快速、准确地测试出样品的毒性，可以代替传统的用鱼类或其他标准动物进行的毒理学试验。由于急性毒性测试可以在 5～30 min 内完成，能保证对水质变化做出快速反应。该系统的基础是将重组发光菌或费氏弧菌作为生物传感器，发光细菌在进行新陈代谢时会发出光。水样毒性的强弱，可以通过光线变弱的程度与无毒对照空白试验的比较来表示。

主要技术指标见表 8.2.13。

表 8.2.13　生物毒性水质自动分析仪技术指标

项目	参数指标
测试方法	发光菌法（费氏弧菌）
检测技术	双通道对照检测方法
检测器	光电倍增管
测量范围	−100%～100%
重复性	<3%

8.2.3　配水及预处理单元

配水单元一般分为流量和压力调节、预处理及系统清洗三个部分，配水单元设计一定要满足不同仪器设备对水流和水压的要求。例如，采用膜电极法测定 DO 时，需要 DO

的不断补充来达到平衡，此时水的流速对测定影响较大，故设计配水单元时应考虑保证仪器所要求的流速，否则，测试数据也会偏低。

配水单元主要用于实现对分析仪器配水的功能，并具有自动反清（吹）洗和自动除藻功能。预处理单元为不同分析仪器配备预处理装置，常规五参数分析仪器使用源水直接进行分析，根据国家标准中的分析方法对高锰酸盐指数、氨氮、TN、TP 分析仪器的水样要求提供相应的预处理方法[64]。

1. 配水单元技术要求

（1）配水管路应设计合理，流向清晰，便于维护；保证分析仪器测试的水样代表断面水质情况，并满足仪器测试需求。

（2）配水单元具备自动反清（吹）洗功能，防止菌类和藻类等微生物对样品产生污染或对系统工作造成不良影响，设计中不使用对环境产生污染的清洗方法。

（3）配水主管路采用主管路串联、各仪器之间管路并联的方式，每台仪器从各自的取样杯中取水，任何一台仪器的配水管路出现故障均不会影响其他仪器的正常测试，充分保证系统正常测试。

（4）具备可扩展功能，预留预处理单元与分析设备水路连接的接口、排水口及水样比对试验用的手动取水口。

（5）具有实现水样自动分配、自动预处理、故障自动报警、关键部件工作状态的显示和反控等功能。

（6）配水单元对不同的仪器采取针对性的预处理措施，处理后的水质不仅要消除杂物对监测仪器的影响，而且不能失去水样的代表性。

（7）配水单元的所有操作均通过控制单元实现，并接受平台端的远程控制。

（8）配水单元能够通过对流量和压力的监控，满足所选用仪器和设备对样品水流量与压力的具体要求。

（9）测量池和沉沙池等预处理装置为自清洗装置，具有水、气等自动清洗功能，对水路应有合理的旁路设计，配备足够的活动接口，易拆洗。

（10）所选管材力学强度及化学稳定性好、使用寿命长、便于安装维护，不会对水样水质造成影响；管路内径、压力、流量、流速满足仪器分析需要，并留有余量。

（11）针对泥沙较多水体、暴雨期间、泄洪、丰水期等浊度影响较大的情况，有针对性地设计预处理旁路系统，并具备自动切换预处理系统功能。

2. 配水单元管路

系统配水单元管路复杂，极易出现泥沙沉积、藻类滋生现象，进而堵塞管道，影响和改变水样的水质，对系统的正常工作造成影响。

系统配水单元管路结构图如图 8.2.4 所示。

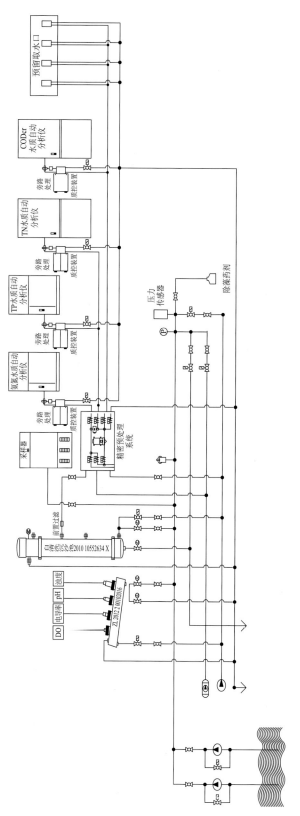

图 8.2.4　系统配水单元管路结构图

3. 配水单元流程

系统配水单元流程如图 8.2.5 所示。

（1）进样：取水泵工作，对各电动球阀的状态进行控制，使水样进入各仪器后排出。

（2）清洗站房内部管路：取水泵停止工作，对各电动球阀的状态进行控制，使清水沿进样方向通过管路，从而起到清洗站房内部管路的作用，并使管路中充满干净的水。

（3）清洗取水管路：取水泵停止工作，对各电动球阀的状态进行控制，使清水沿进样反方向通过站房外部取水管路，从而起到清洗站房外部管路的作用。

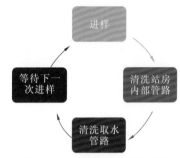

图 8.2.5　系统配水单元流程图

（4）等待下一次进样：取水泵停止工作，等待下一次进样过程。

4. 流量和压力调节

在仪器供样装置前端装有压力、流量调节和显示装置，以便现场调试和后期维护，系统设计有管路高低压报警功能，在远程维护时便于系统检查。旁路溢流系统可在水压过大时，将大部分水流直接从旁路无阻拦溢流排出。

系统采用双泵双管路进样，主进水管路串联，仪器并联取样的方式，任何仪器出现故障都不会影响其他仪器的工作；并且，在系统中可增加水洗、气洗过程，每次分析过程结束后都对所有管路清洗一次。

5. 预处理单元

1）技术要求

配水单元尽可能满足标准分析方法中对样品的预处理要求，并保证每次分析时样品的代表性；配水单元需根据不同的仪器采取针对性的预处理措施，处理后的水质不仅要消除杂物对监测仪器的影响，而且不能失去水样的代表性。预处理单元结构和流程分别如图 8.2.6、图 8.2.7 所示。

2）自清洗沉沙池

源水样经过自清洗沉沙池时，先进行一定时间的沉淀，然后将沉淀过的水样流入一级膜式过滤器进行粗级过滤，粗级过滤后的水样通过隔膜泵直接供给到对应的样水杯，以供仪器测量使用。

化学试剂法的精密仪器对水样要求严格，若不过滤，可能会受到浊度的影响而使数据测量不准，甚至导致仪器维护周期频繁，甚至降低仪器使用寿命；由于细微颗粒物上会附着有相应的成分，若经过精密过滤，数据容易偏低。

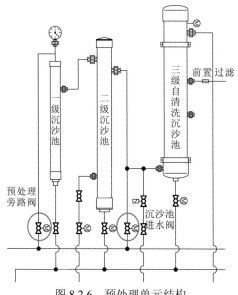

图 8.2.6　预处理单元结构

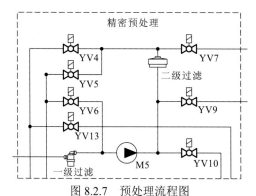

图 8.2.7　预处理流程图

YV 表示电磁阀；M 表示球阀

3）两级自清洗过滤装置

分析仪所测水样应取自沉沙池上清液。配水单元通过供样泵将沉沙池上清液泵入两级自清洗过滤装置。

水样在沉沙池静置沉沙完成后，隔膜泵抽取沉沙池上清液至精密过滤装置，通过一级膜式过滤器（100 μm）粗级过滤后向高锰酸盐指数水质自动分析仪供样，水样经过一级过滤后进入二级陶瓷过滤器（0.2 μm）精密过滤，并向氨氮等水质自动分析仪供样。

4）不同监测指标的预处理方式

（1）常规五参数（pH、水温、DO、浊度和电导率）。

水样不经过任何阻拦式的处理，从取水单元采水后，源水样直接进入多参数自清洗测量池，供五参数分析使用。经过长时间的预处理，水温、浊度、DO 等会随时间的增加而变化，导致数据失真。因此，供五参数分析的水样必须为源水样，不经过任何处理。

（2）高锰酸盐指数、TP、TN。

源水样进行粗级过滤后，通过隔膜泵直接供给到对应的样水杯，以供仪器检测使用。供给高锰酸盐指数、TP、TN 水质自动分析仪的水样是必须要过滤的，以排除浊度的影响，同时减少仪器维护的频次，延长设备的使用年限。因此，该类仪器常采用沉沙+粗级过滤的方式进行预处理。

（3）氨氮。

源水样进行粗级过滤后，通过隔膜泵将粗级过滤后的水样带压打入二级陶瓷精密过滤器，经过两级双重精密过滤的水样，供给到氨氮的样水杯供仪器测量使用。这些大型化学试剂法的精密仪器对水样要求极其严格，为了延长仪器维护周期和仪器使用寿命，必须对水样进行处理；由于氨氮可完全溶于水中［氨氮通常指以游离氨（NH_3）和铵离子（NH_4^+）形式存在的氮，受污染水体的氨氮叫水合氨，也称非离子氨］，可以对水样进行精密过滤。因此，供给氨氮水质自动分析仪的水样，可以采用沉沙+粗级过滤+精密过滤的方式进行预处理。

6. 旁路单元

在遇到泥沙较多水体、暴雨期间、泄洪、丰水期等浊度影响较大的情况时，可通过旁路加装逆水流沉沙装置、重力沉降装置，并与自清洗沉沙池串联形成三级沉降系统来针对性地处理不同大小、质量的颗粒物、泥沙，从而保证水质监测的有效性。

在系统运行监测过程中，当浊度低于设定值（如 400NTU）时，系统在运行过程中通过沉沙池进水阀进水，并供化学分析法仪器分析使用。当浊度高于设定值（如 400NTU）时，系统自动切换运行流程——停止使用沉沙池进水阀，开启预处理旁路阀，使源水先经过一级沉沙池、二级沉沙池，再到自清洗沉沙池，最后供化学分析法仪器分析使用。当浊度变小时，停止使用预处理旁路阀，重新启用沉沙池进水阀。

7. 系统清洗、除藻及辅助功能

1）气洗和水洗装置

（1）基本组成。水洗装置由清水增压泵、电动球阀、电磁阀等组成；气洗装置由无油空压机、压力开关、压力传感器、电磁阀等组成。结构图如图 8.2.8 所示。

（2）工艺说明。水洗：反冲泵启动，通过控制各电动球阀和电磁阀的状态，冲洗配水管线、取水管路、沉淀池、过滤器。气洗：启动空压机，通过控制各电磁阀开关将压缩空气注入清洗水中，增强水洗效果。

（3）技术特点。①清洗单元所使用的清水来自自来水或井水，可根据实际需要确定清水的水量和水压。②清洗单元所用空气来自无油空压机，并可根据实际需要确定空气的流量和压力。③清洗流程能够根据需要调整清洗系统内部管道及反洗外部取水管路的频次，过滤系统的清洗、维护周期大于一个月。④通过向清洗水中鼓入压缩空气，产生大量连续的气泡，从而强化系统清洗效果。⑤清洗单元的启动，可以通过现场或远程自动或手动进行控制。

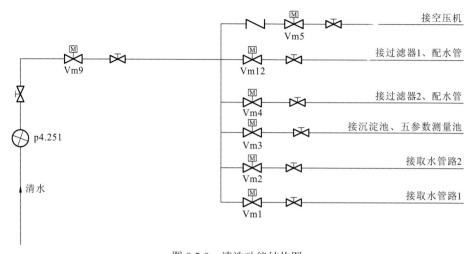

图 8.2.8　清洗功能结构图

Vm 表示电动球阀；p4.251 表示压力表

2）除藻装置

水体中有大量的藻类繁殖，藻类在管路中的大量繁殖不仅会堵塞管道，而且会改变采水水样的性质，严重的会使水样失去代表性，最突出的表现为氨氮和 TP 的仪器测定值偏低。

（1）工作原理。系统选用的除藻剂的活性成分主要是 5-氯 2-甲基-4-异噻唑啉-3-酮和 2-甲基-4-异噻唑啉-3-酮。该除藻剂通过断开细菌和藻类蛋白质的键起杀生作用。其与微生物接触后，能迅速地、不可逆地抑制微生物的生长，从而导致微生物细胞的死亡，故对常见细菌、真菌、藻类等具有很强的抑制和杀灭作用。

（2）组成结构。除藻单元由射流混合器、计量泵、电动球阀等构成。组成结构如图 8.2.9 所示。

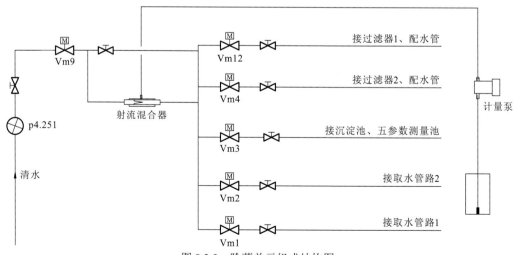

图 8.2.9　除藻单元组成结构图

（3）工艺说明。除藻剂配制：利用清洗水压通过射流混合器将除藻剂和清水混合后进入系统管路中除藻。管路除藻包括站内管路除藻和取水管路除藻。站内管路除藻是用反冲泵使除藻剂沿清洗系统管路进入其他仪器的配水管路，当除藻剂完全充满管路时，通过对管路上电动球阀和水泵的控制，让除藻剂在管路中静止一段时间后排出，达到彻底杀灭藻类的目的。取水管路除藻是用反冲泵使除藻剂沿取水的反方向进入取水管路，并反复冲洗一段时间，从而杀灭取水管路内壁和取水头上附着的藻类。

（4）技术特点。①高效、广谱，可杀灭及抑制各种微生物、霉菌及藻类。②适用范围广，pH 为 3～9.5 时，对杀菌效果均无影响。③配伍性好，可与各种阴离子型、阳离子型、非离子型助剂广泛相容，也可与其他杀菌剂配伍使用。④使用浓度低，药效持续时间长，不产生泡沫。⑤能有效阻止黏泥的形成。⑥使用方便、安全，可直接加入。⑦对环境友好，可自行降解为无毒物质，长期使用不会造成环境危害。

（5）除藻控制。除藻单元的所有操作均可以通过控制单元进行监视或控制，并可以在现场或通过通信网络远程进行监控。

3）反冲洗装置

压缩空气单元为管路的反吹清洗、过滤器清洗提供高压气源。系统所配置的无油空压机，可以设定压力的上限和下限，不需要单独的控制信号，维护量很低。当储气罐中的压力高于设定上限时，空压机自动切断电源，在供气时，储气罐内的压力逐渐降低，当压力低于设定下限时，空压机自行启动，重新为储气罐加气。

空压机主要由主机、电动机、储气罐三大部分组成，具有自动控制系统，操作方便，安全可靠。主机和电动机均安置在储气罐平板上，储气罐下面装有四个吸脚，故移动较为方便。

8.2.4　控制及数据采集传输单元

控制单元对采水单元、分析单元、配水及预处理单元、辅助单元等进行控制，并实现数据采集与传输功能，保证系统连续、可靠和安全运行。

控制单元由控制模块、工控机和现场端控制软件组成。控制单元的功能包括采样管路控制、仪器运行控制、仪器数据采集、数据分析与统计、视频监控、数据传输等，同时现场端控制软件可显示电流电压、环境温湿度等工况信息。

数据采集传输单元采用低功耗、高稳定性的嵌入式软硬件设计，该系统用于实现现场运行状态的监控、现场运行参数的设置、历史数据和系统运行日志的存储。

数据传输与通信包括：①采用无线、有线的通信方式满足数据传输要求；②采用无线、有线或 VPN 数据传输方式；③具备对通信链路的自动诊断功能，具备超时补发功能。

1. 控制单元功能

（1）具有断电保护功能，能够在断电时保存系统参数和历史数据，在来电时自动恢复系统。

（2）具备自动采集数据功能，包括自动采集水质自动分析仪数据、集成控制数据等，采集的数据自动添加数据标志，能自动识别异常监测数据，并主动上传至中心平台。

（3）具备单点控制功能，能够对单一控制点（阀、泵等）进行调试。

（4）具备对自动分析仪器的启停、校时、校准、质控测试等的控制功能。

（5）具备对留样单元留样、排样的控制功能。

（6）兼容视频监控设备，并能实现对视频设备进行校时、重新启动、参数设置、软件升级、远程维护等的功能。

（7）具备参数设置功能，能对小数位、单位、仪器测定上下限、报警（超标）上下限等参数进行设置。

（8）具备各仪器监测结果、状态参数、运行流程、报警信息等的显示功能。

（9）具有监测数据查询、导出、自动备份功能，可分类查询水质周期数据、质控数据（空白测试数据、标样核查数据、加标回收率数据等）及其对应的仪器、系统日志流程信息。

2. PLC 控制系统

1）PLC 控制站功能

PLC 作为工业控制核心，应用于水质自动监测系统，主要用于对保障仪器分析单元正常工作的辅助系统的控制，同时用于对站房防火、防盗系统的控制，其主要功能如下。

（1）实时监测所属监控工艺流程范围内的生产过程参数（压力、流量、液位）、水质参数（氨氮、TP 等）、烟雾浓度、红外报警信号，并对采集的上述参数进行处理，同时供上位机储存、显示。

（2）实时监测所属监控工艺流程范围内主要设备的运行状态，并对其进行采集、处理，同时供上位机储存、显示。

（3）所属监控工艺流程范围内的相关工艺流程、各主要工艺设备的运行状态、工艺参数，能通过工控机进行动态、实时显示，使现场操作人员掌握当前现场运行情况。

（4）具有全监控传输或调节计量泵、水泵、鼓风机、阀门等设备。

（5）具有自动进行越限保护处理，以及设备故障时自动进行保护的功能。

（6）用户能自行根据工艺或其他因素的变化来控制程序。

（7）具有可靠的安全措施，具有保护口令，防止越权修改程序。

（8）系统具有较强的自检功能和故障自恢复功能，能够承受运行中的各种干扰。

（9）现场 PLC 站负责向所辖区域内的部分弱电仪表进行供电。

2）PLC 控制模式

（1）采水控制。根据采配水设计要求，同时考虑到现场施工情况，通过 PLC 对自吸泵进行驱动，将源水采集到站房内。自吸泵采水控制除上述 PLC 控制外，也可以根据用户要求设定，在现场进行手动启动。

（2）过滤控制。考虑到现场水质复杂，泥沙的含量不稳定，在汛期等水中杂质过多，这里采用国际比较流行的过滤装置，即通过 PLC 控制电动球阀，将源水按顺序通过每个层级的过滤层，最终取上层清液。

（3）清洗系统控制。在水样测定完毕后，通过外接清水泵和空压机对系统进行反冲洗，其中，采用整体清洗和单回路专门清洗两种方式，做到系统回路清洁、干净、无残留。

（4）除藻系统控制。在线现场环境监测 PLC 站都配备了独立热水系统，通过程序的设置，可以定期进行除藻，采用的方法主要是通过热水浸泡，全面杀死藻类，防止藻类滋生（同时可以作为防冻措施）。

3. 采集与传输

数据采集传输单元主要完成数据的自动采集、存储和数据的无线传输，主要包括：①采集自动分析仪器的监测数据，并分类保存；②采集自动分析仪器和集成系统各单元的工作状态量，并以运行日志的形式记录、保存；③实时采集视频信息并传输至中心平台；④断电后自动保存历史数据和参数设置；⑤采用无线、有线的通信方式满足数据传输要求；⑥采用 VPN 数据传输方式；⑦具备对通信链路的自动诊断功能，具备超时补发功能。

4. 现场端控制软件

1）现场端控制软件组成结构

现场端控制软件主要由数据采集单元和远程传输单元组成。其中，数据采集单元完成对水质监测数据、监测仪器工作状态数据、报警数据的采集、显示、处理。数据采集单元由安装了基站软件的工控机、数据采集模块等组成，其中数据采集模块以现场监控软件包为核心，配合模数采集转换模块、串口通信（RS485/RS232）模块、输入输出接口模块等实现监控功能。远程传输单元由通信服务器、通信模块（4G/GPRS）组成，将采集处理后的数据传输给中心站。该软件的结构图如图 8.2.10 所示。

2）现场端控制软件功能

（1）水质监测站系统运行状态、监测数据、动环信息等的实时显示。

（2）具有水质监测仪器的控制功能，包括仪器的启停、校时、校准、质控测试等。

（3）具有数据管理功能，可实现数据采集、分析、显示、存储、查询、导出、自动备份功能，可分类查询水质周期数据、质控数据（空白测试数据、标样核查数据、加标回收率数据等）及其对应的仪器、系统日志流程信息。

（4）具有数据传输发布功能，通过通信设置与监控中心平台对接，实现水质监测数据和状态信息的稳定传输。通信模式包括 RS232、RS485 及网络通信模式。

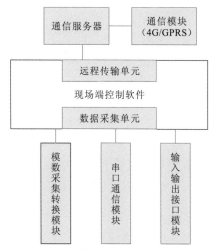

图 8.2.10 现场端控制软件结构图

（5）具有用户管理功能，设置三级管理权限，满足不同类型用户的需求，便于水质监测站系统的管理。

（6）具有良好的扩展性和兼容性，根据实际应用需要，可增加新的监测参数，并方便仪器安装与接入。

3）应用实例

系统流程图界面由系统流程图、菜单栏组成。该界面可观察系统流程动画、设备的实时数据、动环信息、系统状态等，如图 8.2.11 所示。

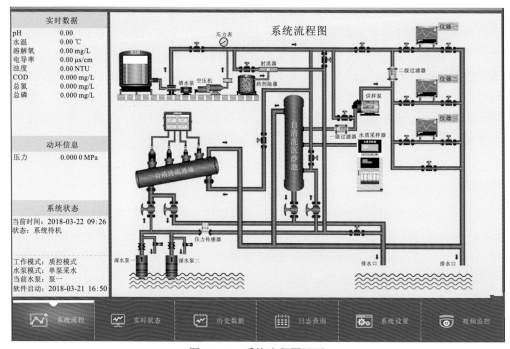

图 8.2.11 系统流程图界面

表 8.2.14 为系统流程图界面各个部分的功能描述。

表 8.2.14　系统流程图界面功能一览表

显示项目	功能	描述
A	实时数据	站点水质监测设备的实时监测数据
B	动环信息	针对机房中的动力设备及环境变量进行集中监控和显示
C	系统状态	系统时间及当前系统运行状态
	工作模式	显示系统当前工作模式，可在系统设置中进行设置
	水泵模式	显示当前水泵工作模式，可在系统设置中进行设置
	当前水泵	显示当前工作水泵
	软件启动时间	显示软件最近一次启动的时间
D	站点名称、编号	显示当前站点名称、编号
E	当前用户	显示当前在线用户
F	登录	输入用户名和密码，进入管理员界面，可进行参数设置
	退出	退出软件
G	流程图	系统运行时，系统流程的动画展示

8.2.5　质量控制单元

在线水质监测质控系统通过接收来自现场控制单元的命令，完成源水的基础分配，并根据质控要求及相关的信息配置，自动完成各项质控操作。质控系统的供样单元设计有独立的源水区及质控样配制区，通过高精度定量泵进行加标回收率测试，完成相关样品的定量配置，并通过一体式多通阀实现样品通路的切换，满足不同测试目标的定量测试要求。

1. 功能要求

（1）具有零点核查、量程核查、空白样核查、平行样检查等质控标准溶液自动配置和水样自动加标功能。

（2）可以在量程范围内自动配制任意浓度的标准溶液。

（3）可以在量程范围内对水质自动分析仪实现全量程质控。

（4）可以跟随分析仪监测数据按特定算法生成质控样浓度，并进行自动质控。

（5）可以任意设定质控时间和质控周期。

（6）可以远程启动，进行紧急质控。

（7）具有 RS485、RS232、100BASE-T 通信接口，支持 Modbus、TCP/IP 等通信协议。

2. 流程原理

质量控制单元由供样系统、加标系统、做样系统、排空系统及清洗系统组成。质量控制单元流程图如图 8.2.12 所示。

（1）供样系统。集成系统通过泵将沉沙池中的水样抽入样杯供样，直到质控样配置区试样溢流。当水样没有没过质控样配置区的液位传感器时，提示缺试样，系统测量停止。

（2）加标系统。①动态加标：平台获取常规水样监测数据后，根据加标原则确定加标量。再由加标量反算需添加的高浓度（C_0）标液的体积 V_0。固定加标：控制软件根据预先设定好的加标量核算需要添加的高浓度标液的体积 V_0。②V_0 确定后，柱塞泵抽取相应体积的高浓度标液，并通过气泵 2 全部吹入质控样配置区。③控制软件开启气泵 1，鼓泡混匀水样，完成加标过程。

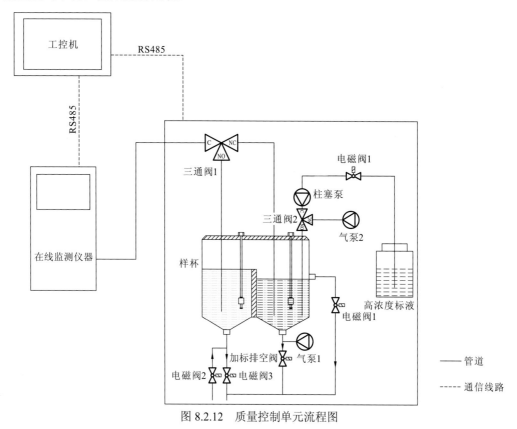

图 8.2.12　质量控制单元流程图

NC 表示常闭触点；NO 表示常开触点；C 表示公共静触点

（3）做样系统。①常规水样测量做样，仪器抽取样杯源水区试样并进行做样分析；②加标回收核查做样，仪器在常规测量完成之后，系统启动加标回收，质量控制单元返回做样。在加标过程完成之后，打开三通阀 1，仪器抽取质控样配置区的水样进行做样分析。

（4）排空系统。仪器测样完成之后，排空样杯水样。依次打开电磁阀 3、加标排空阀排空样杯水样。待水样排空后，关闭电磁阀 3、加标排空阀。

（5）清洗系统。控制软件控制清洗泵将自来水通过电磁阀 2 抽入源水区，再溢流至质控样配置区。控制软件打开气泵 1，鼓泡清洗样杯。停止后，打开电磁阀 3、加标排空阀排空样杯。结束后，打开空压机，从电磁阀 2 吹气清洗。

8.2.6　超标留样单元

水质自动采样器是用于总量控制、污染源调查及水质监测的专用环保监测仪器。它可与系统集成配合使用，当在线仪器测定后出现超标信号时，自动将该水样保存在位于保温冰柜的储水瓶中，从而为对超标污水做进一步分析提供可靠依据。水质自动采样器还可以与其他在线监控设备联网，进行事故报警采样和远程遥控采样，广泛应用于工矿企业排污监测、高等院校环境科研，并且是环保部门推行总量控制和监测站开展污染源调查等工作的重要仪器之一。

1. 技术要求

（1）具备水样冷藏功能，温度在（4±2）℃。

（2）留样瓶 12 个。

（3）留样瓶由惰性材料制成，易清洗，容量应在 500 mL 以上。

（4）留样瓶具有密封功能。

（5）具有留样后自动排空的功能。

（6）配置门禁系统。

（7）具有留样失败报警功能。

2. 工作原理

水质自动采样器由两大部分构成，第一部分是水样的采集、留样、自动分瓶装置，第二部分是自动排样系统。该系统组成及工作原理如下。

（1）控制器。本装置以嵌入式系统为核心，控制器是本装置智能化功能的核心部分；它由微处理器（micro processer unit，MPU）和外围驱动电路组成，按照操作人员预先设定的采样程序进行科学采样。

（2）水样缓存机构。本机构由进水电动球阀（或进水蠕动泵）、缓存水箱等组成，实现水样的采集、缓存功能。

（3）留样机构。本机构由留样蠕动泵、液位检测装置等组成，实现水样超标时样品的留样功能。

（4）分瓶机构。自动完成分瓶动作。

（5）低温存储装置。低温存储装置的温度可以自动控制，避免温度过高造成的水样变质。

（6）采样瓶。采样瓶是水样存放容器，由化学性能十分稳定的聚四氟乙烯制造。

（7）温度控制器。温度控制器用来显示低温存储装置的内部温度，并且自动控制、调节存储样品的温度。

（8）自动排空机构。仪器具有自动排空机构，可以自动排空采样瓶内已采集的样品，可以控制单瓶或多瓶排空，停电重启后继续执行排空动作。

8.3 水质自动监测系统的安装调试

本节主要介绍水质自动监测系统的安装条件、设备安装、系统调试、试运行、档案与记录等技术要求，适用于固定式、简易式、小型式、水上固定平台式、浮标式和浮船式等地表水水质自动监测站的安装、调试、试运行。适用的监测项目为常规五参数、氨氮、高锰酸盐指数、TP、TN、叶绿素 a、藻密度等参数，其他参数可参照本方法。

系统安装前，应首先确认监测站房和采水单元等基础设施是否满足地表水水质自动监测站站房与采排水技术规定的要求，主要进行如下检查。

（1）站房面积、装修、暖通配置、安全防护等是否满足要求。

（2）站房是否满足"四通一平"（通电、通水、通网、通路、地基平整）要求。

（3）确认水质自动监测站站房与采水点位选址是否科学合理，是否经过论证。

（4）确认水质自动监测站采水点位与人工取样断面的水质类别是否一致。

（5）确认取水管路是否接入设备安装区，确保室外取水管路的清洗配套装置、防堵塞装置和保温配套装置及取水泵电缆等的安全使用。

（6）浮船式水质自动监测站应在监测点位附近寻找适合浮船吊装卸货的泊岸或码头，同时应考虑吊装和现场拼装工序对当地交通的影响。

8.3.1 系统设备的安装

为保证水质自动监测系统按时、保质、合规建设，制订详细的安装调试流程，安装调试流程图如图 8.3.1 所示。

1. 安装总体要求

1）固定式、简易式、小型式水质自动监测站现场安装

（1）机柜布局按照配水方向，分析仪器的摆放顺序应依次为常规五参数、氨氮、高锰酸盐指数、TP、TN 及其他设备。

（2）应预留扩展参数的安装与接入空间。

（3）机柜体应放置于平整坚实地面，避免设备在运行过程中遭受较大振动；小型式水质自动监测站应做好墩基设计与建设工作，保证不影响进样和排水。

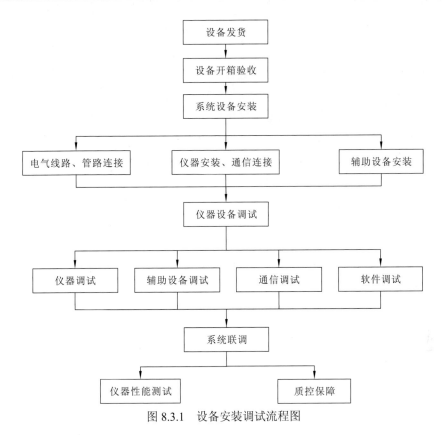

图 8.3.1　设备安装调试流程图

（4）机柜体与仪器不应有电位差，机柜体间也不应有电位差，应就近接入等电位接地网。

（5）机柜体内部按照水电隔离原则进行布置，标志明确、布线美观。

（6）机柜体或支撑架与各仪器的连接及固定部位应受力均匀、连接可靠，必要时具备减振措施。

2）浮船式水质自动监测站现场安装

（1）安装前应对浮柱、防撞装置、踏板等外围组件进行组装，浮柱、防撞装置等船体组件应紧固安装，保证浮船可抵御 8 级大风。

（2）浮船式水质自动监测站吊装前应检查船体组件安装是否牢固，吊具与船体的连接是否可靠，确保吊装工作安全进行。

（3）浮船牵引操作应符合行船安全要求，保证浮船平稳、安全抵达监测点位。

（4）根据现场水深、流向等水文条件选择合适的锚定方式；锚应选择防腐蚀、耐磨损材料，锚链应保证有足够的强度，锚链长度宜为最大水深的 1.2～1.5 倍。

2. 机柜安装

（1）机柜基础的制作安装。

仪器机柜基础的制作尺寸应与机柜底座一致，安装时其上平面与地板平齐，盘与盘之间均采用螺栓连接。支撑盘基础的槽钢与预埋铁件之间采用焊接固定（如无预埋铁件，可采用膨胀螺栓固定）。

（2）机柜基础槽钢在固定以前必须进行找平校直。安装合格的基础槽钢应进行防腐处理。

（3）仪表盘、机柜、操作台的型钢底座应按照设计文件的要求制作，其尺寸应与仪表盘、机柜、操作台一致，直线段的允许偏差为 1 mm/m，且不大于 5 mm。

（4）仪表、机柜宜采用防锈螺栓连接。

（5）运输与吊装：仪表机柜和机柜、操作台柜等设备出库时应带包装，运输时应选择平坦、无障碍的运输道路，运输过程中车速不宜太快，防止剧烈冲击与振动。吊装应由合格的专业起重人员指挥，在吊装和搬运过程中，要保持平稳。

（6）开箱检验：仪表、机柜是精密电子设备，开箱检验、运输、安装均应按照施工规范、设计要求和产品说明书的规定进行。机柜开箱检验应在承建方代表、监理单位有关技术人员在场的情况下共同进行，检验后应签署仪表、机柜开箱检验记录。

（7）安装：①机柜在仪表控制室内安装，安装位置应与施工图相符。离门口远的机柜应先进入。②仪表机柜安装应由远及近，在控制室内搬运时使用液压升降小车，不得损坏地板。安装前，先用道木或木跳板在控制室机柜入口和控制室机柜基础间，铺好一条临时进盘的道路，其高度与仪表机柜基础槽钢顶面的标高一致。为防止机柜移动时的振动，保护地板的表面，可以在通道上铺橡胶板或纸板。③机柜由存放地运到控制室外，直接卸到通道上面的滚杠上，然后轻轻将机柜平移到位。④机柜进户及安装，按由内向外的顺序进行，即离入口远的设备先进入，离入口近的设备后进入。仪表盘全部移到安装位置后，集中进行找正固定。⑤机柜安装应垂直、平整、牢固，盘与盘之间均采用螺栓连接。所有紧固材料均应为防锈材料。⑥机柜安装完毕后，要进行随机电缆（系统电缆）敷设和机柜校接线及接地工作。网络通信电缆等的连接应符合制造厂和系统设计技术条件的要求，接地电阻应符合设计要求。待电缆线路敷设完成后，按照电缆线密封隔离厂家的技术要求，对电缆线进行隔离。

3. 仪器安装

1）仪器安装要求

（1）常规五参数应源水测量，不进行任何预处理。

（2）氨氮、高锰酸盐指数、TP、TN 分析仪器及其他仪器取样管与取样杯之间的管路长度不应超过 2 m。

（3）自动分析仪器工作所需的高压气体钢瓶，应有固定支架，防止钢瓶跌倒。

（4）仪器高温、强辐射等部件或装有强腐蚀性液体的装置，应有警示标志。

（5）仪器应安装通信防雷模块。

2）仪器安装流程

（1）施工前对照设计文件和仪表安装说明书详细了解仪表的技术性能与安装要求

后，方可安装。严格遵照设计的仪表安装图，正确选用连接配件及材料。对照设计图纸，检查仪表位号、型号、规格、材质、附件及测量范围，应正确无误。

（2）仪表在安装过程中不应受到敲击或振动。仪表安装后应牢固、平整。

（3）显示仪表应安装在便于观察示值的位置。所有现场仪表设备的安装应考虑到便于操作、维护、维修。仪表设备应避免安装在多灰、振动、腐蚀、潮湿及易受机械损伤的地方，并应避免有强磁场干扰、高温或温度变化剧烈的环境。

（4）直接安装在工艺管线上的压力表、流量计、控制阀、一次元件等，应在工艺管线吹扫合格后、试压前安装，安装后应随同设备或管道系统进行压力试验。水样流向应和表体上的箭头方向一致。

（5）带毛细管的仪表设备安装时，毛细管应敷设在角钢或管槽内，并防止机械拉伤，毛细管固定时不应敲打，弯曲半径不应小于 50 mm，周围环境应无机械振动，温度无剧烈变化，如不可避免时应采取防振或隔热措施。

（6）接线应正确，现场仪表安装后应在其便于观察处牢固地固定指定的、清晰明显的铭牌，并加适当的防护，防止污染或损伤。

（7）在对仪表或线路进行绝缘电阻检查时，应防止电子设备或电子元件受到损坏。

（8）仪表设备上的铭牌和仪表位号标志应规范、齐全、牢靠、清晰、持久。

（9）仪表和接线箱上的接线引入口不应朝上，当不可避免时，应采取密封措施并及时密闭接线盒盖及引入口。为防止安装后的仪表发生污染或损坏，重要仪表和玻璃面可用塑料薄膜包裹。

4. 采水安装

1）安装的一般要求

（1）取水设施的结构尺寸、材质和安装位置应符合设计要求。

（2）取水设施的安装、焊接应由工艺管道及设备专业人员来施工，并应符合技术要求。

（3）取水设施的材料和安装位置应符合设计要求，并在取水泵、取水管路安装的同时进行安装。

（4）取水设施安装完成后，应及时封闭管口，防止杂物进入。

（5）取水设施安装完成后，应随同取水泵和取水管路进行压力试验。

（6）取水设施应在水位较低时进行安装。

（7）安装位置应选在水位变化缓慢，且不使取水设施受到水流冲击的地方。

（8）安装位置应选在水流较为稳定、能反映真实水质变化和取得具有代表性的分析样品的地方，取样点的周围不应有涡流。

2）取水泵的安装

（1）取水泵应按照出厂设计图纸进行安装。

（2）取水泵安装好之后应马上进行取水管路和取水泵电缆的对接。

3）取水浮筒和锚链的安装

（1）取水浮筒应该根据现场实际情况进行安装。

（2）取水浮筒下水前，应先将取水泵固定在取水浮筒上。

（3）取水浮筒下水并选好合适的监测位置后，再将锚链放置到合适的固定点。

取水浮筒固定在一个能够使浮筒随水位变化上下浮动的固定桩上，没有横向位移，采水头安装在浮筒内，适用于水位变化不大且水深不大的监测断面，其结构如图 8.3.2 所示。

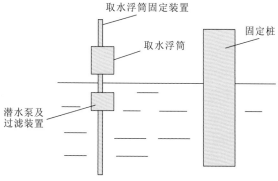

图 8.3.2　固定式取水浮筒结构

随着水位变化而上下浮动的同时可以产生一定程度的水平位移的浮筒采水形式，适用于水深较大且水位变化较大的监测断面。对于湖泊等应用场合，采用圆形取水浮筒，并多点固定以防止缠绕；对于水流速度较大者，将采用流线形取水浮筒，减少漂浮物和杂草的影响。根据实际情况确定取水浮筒大小，既要考虑维护、操作方便，又要尽可能降低造价，减小取水浮筒在水中的迎水面积，降低安装复杂程度，提高采水可靠性，其结构如图 8.3.3 所示。

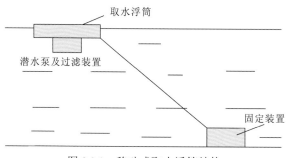

图 8.3.3　移动式取水浮筒结构

4）取水管路的安装

集成管路连接应做到水电分离、标志清晰、流向明确、设计合理、便于维护；取水管路的管径、水压和水量应满足水站正常运行的要求；管路应选择化学稳定性好、不改变水样代表性的材质，应有足够的强度；管路布局合理、规范，管路安装规范、美观。取水管路安装流程如图 8.3.4 所示。

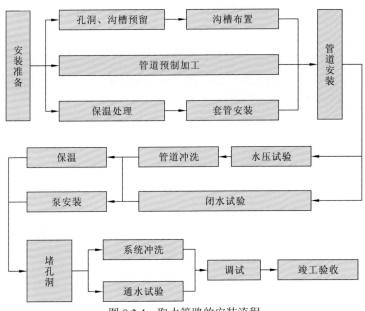

图 8.3.4　取水管路的安装流程

首先,介绍陆上管线铺设。

陆上管线铺设分为两种形式:埋地铺设和明管铺设。

(1) 埋地铺设。埋地铺设时一般采用外装保护套管形式。铺设时应考虑保护深度,保护深度一般在浮土之下 300 mm;若有承重,则保护深度为 700 mm。还需考虑冰冻深度,当埋在冻土层以下时,一般在当地冻土层下 400 mm。为防止套管内部积水,套管铺设时保持一定的坡向,必要时留有检查维护用井。管线施工做到保温、防冻、防盗、没有死弯,并且有一定的坡向。外装保护套管一般采用聚氯乙烯或钢管(考虑到防腐),管径不小于 150 mm,考虑胶管穿入作业的便利性,尤其是在弯管处,采用 45° 弯头或大半径弯头。陆上管线埋地示意图如图 8.3.5 所示。

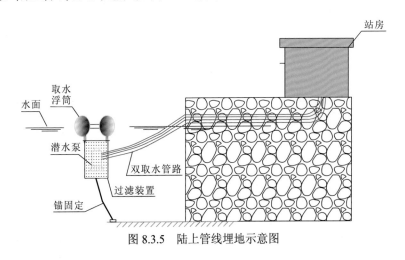

图 8.3.5　陆上管线埋地示意图

（2）明管铺设。明管铺设时一般采用支撑物绑缚形式。在地上铺设时，一般将钢管、角钢等作为支撑物。管线经过保温处理后，与取水泵电缆、水位计电缆一同绑缚在钢管等支撑物上，再用岩棉等材质的保温壳管裹敷，外缠玻璃布并刷防水保护漆。保温处理措施根据现场实际情况因地制宜地实施，达到防冻和防晒效果，避免管线冻裂及老化。

然后，介绍水下管线铺设。

（1）埋地入水。埋地入水铺设时，管线及电缆均加装保护套管后埋在地下送至最低水位以下。有防冻需求时，还应在最低水位下增加冰冻深度。水下铺设管线和电缆情况下，在最高水位时管线与河床的夹角应大于 45°。取水管路用事先固定在水下的钢丝绳捆绑固定，或者悬重物后沉入水中，又或者沿水中构筑物固定，避免过船将其挂断。水下取水管路固定示意图如图 8.3.6 所示。

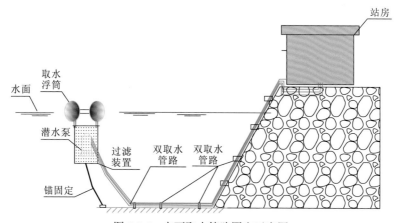

图 8.3.6　水下取水管路固定示意图

（2）架空入水。架空入水铺设时可采用外装保护套管形式和支撑物绑缚形式，将管线与电缆送至最低水位以下。水下取水管路架空示意图如图 8.3.7 所示。

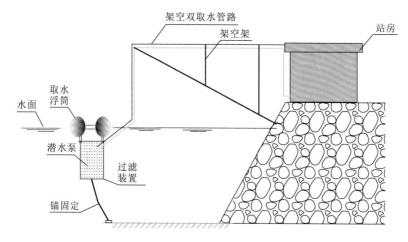

图 8.3.7　水下取水管路架空示意图

最后，介绍保温、防冻、防压、防淤、防藻措施。

（1）保温、防冻。为减少系统传输过程中环境温度对水样的影响，使样品的温度变化不大于 2℃，应对管线采取保温措施。

（2）防压。当取水管路埋于地下时，硬管可直埋，软管应加装硬质保护套管。当地面有车辆荷载时，直埋取水管路或套管的管顶埋深或覆土深度应大于 0.7 m，一般情况下也不会小于 0.3 m。

（3）防淤、防藻措施。确保取水管路铺设平滑并具有一定的坡度，尽可能减少弯头数量，避免管道内部存水；在计算采水量和取水管路管径时，考虑水样在管道内部的流速，对管壁形成冲刷作用，以达到防淤、防藻的效果；在系统设计时，考虑采取反冲洗措施，并采用一定的热水清洗功能，以防止淤泥及藻类的形成和生长，必要时再增加一些机械辅助清洗功能。

5. 配水及预处理单元安装

1）配水及预处理单元的安装要求

（1）主管路采用串联方式，无阻拦式过滤装置；仪器之间的管路采用并联方式，每台仪器配备各自的水样杯，任何仪器的配水管路出现故障不能影响其他仪器的测试。

（2）预处理系统必须严格执行相关技术规范，结合在线监测仪器对水样的要求，在不改变水样代表性的前提下，可采用沉淀、过滤、匀化等预处理方式。

（3）当水体浊度较大，不能满足仪器测量要求时，预处理单元可切换至旁路系统，旁路系统不应改变水样代表性。

（4）管路应布设整齐，连接可靠，安装高度利于排空。

（5）管路上的配套部件应易于拆卸和清洗。

（6）站房内的源水管路应设置人工取样口。

（7）管道的配水管线铺设要科学合理，便于检修，进水管、配水管、清洗管、排水管应用明显标志进行区分。

根据各仪器实际情况进行水样分配。实例示意图如图 8.3.8 所示。

图 8.3.8 配水及预处理单元示意图

2）配水及预处理单元安装的实施过程与注意事项

（1）所有主管路采用串联方式，管路干路中无阻拦式过滤装置，每台仪器都从各自的过滤装置中取水，任何仪器出现故障都不会影响其他仪器的工作。

（2）满足各仪器对样品的要求，满足所有仪器的需水量。

（3）对于多参数仪器供水，根据多参数仪器对水样的要求，采用不经过任何处理，直接进入仪器的进样方式。

（4）除多参数外的其他仪器，根据仪器对水样的要求，对水样进行预处理，使各仪器可以从各自专门的过滤装置中取样，且过滤后的水质不能改变水样的代表性。

（5）旁路设计要求：为方便系统进行维护，在主管路上，每台仪器都要设有旁路系统，通过手动阀来进行调节。保证单台仪器、过滤器损坏，或者需要维护时，不影响其他仪器的正常工作。

6. 控制及数据采集传输单元安装

1）电气连接

电缆和信号管线等应加保护套管，敷设应科学合理，并在电缆和管线两端标注明显标志；控制单元应标注电气接线图，电缆线路的施工应满足《电气装置安装工程 电缆线路施工及验收标准》（GB 50168—2018）的相关要求[65]。

（1）控制柜配电装置应对各分析仪器、取水泵、留样器等单独配电并接地，安装独立的漏电保护开关，确保某一设备出现故障时，不影响其他仪器正常工作。

（2）敷设电缆不宜交叉，应避免电缆之间及电缆与其他硬物体之间的摩擦；固定时，松紧应适当；塑料绝缘、橡皮绝缘多芯控制电缆的弯曲半径，不应小于其外径的 10 倍。

（3）控制电缆与电力电缆交叉敷设时，宜成直角；当平行敷设时，其相互间的距离应符合设计文件规定；在电缆槽内，控制电缆与电力电缆应用金属隔板隔开敷设。

（4）信号线路敷设应尽量远离强磁场和强静电场，防止信号受到干扰。

（5）应根据取水泵功率选择合适的电缆线，同时应符合《额定电压 450/750 V 及以下聚氯乙烯绝缘电缆》（GB/T 5023—2008）的相关要求[66]。

2）数据传输与通信线路连接

（1）水站控制单元与各分析仪器采用总线连接，可采用一主多从形式，电气连接采用 RS232/RS485 或 TCP/IP 总线形式，通信链路总线示意图如图 8.3.9 所示。

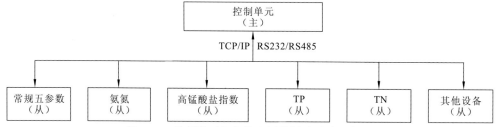

图 8.3.9　控制单元与各仪器通信链路总线示意图

（2）信号线应采用双绞屏蔽电缆，具有抗干扰能力，信号传输距离应尽可能缩短，以减少信号损失；信号线应与电力电缆分离。

3）现场监控软件

软件运行于 Windows 操作系统，在组态软件平台上开发完成，将 SQL Server 数据库作为数据存储及基站与中心站的信息交流中介，集成了有线和无线通信技术。工控机通过 RS485 总线采集各分析单元及环境参数的数据与状态，然后将各种状态信息、监测数据形象化地显示在监视画面上，同时将数据按需要以历史数据和实时状态数据的形式保存在工控机的 SQL Server 数据库中，当中心站需要采集历史监测数据和实时状态数据时，中心站软件通过固定电话或无线短消息，将这些数据从基站的数据库中提取出来，并传输到中心站计算机的数据中，供中心站统计计算；同时，软件还时刻监视中心站写入 SQL Server 数据库的控制命令，以完成相应的远程操作。工控机在控制软件的指挥下，通过工控模块，对各个泵、阀等执行机构进行控制，完成采样、配水、清洗、除藻等操作。

7. 辅助设备安装

1）安装要求

（1）应安装电力稳压设备，保障系统供电稳定（浮船式水质自动监测站除外）。

（2）应安装 UPS 设备，断电后至少能保证仪器完成一个测量周期并上传数据，且待机不少于 1 h（浮船式水质自动监测站除外）。

（3）应能够将清洁水或压缩空气送至采样头，消除采样头单向输水形成的淤积，防止藻类生长聚集和泥沙沉积（浮船式水质自动监测站除外）。

（4）管路中的阀门等部件应安装在便于检修、观察和不受机械损坏的位置。

2）空压机安装

（1）将空压机尽可能地放在通风好、灰尘少、湿度小的位置；底座用橡胶减震脚或弹簧减震固定。

（2）进气口接 1/4-18NPT 接头或其他规格接头和进气过滤消声器等装置，接好气管；出气口接气管或消声器。

（3）使用的电源应有足够的容量，确认使用的电压符合产品要求。

（4）按照接线要求接好电源与电容线。

（5）检查空压机各元件无异常后，将电源线插头插到符合要求的电源插座上（电源插座必须接地良好），机器开始工作。

（6）调节调压阀，使压力表指示所需压力并稳定。

（7）空压机不使用时，调节调压阀排空空气后，再切断电源。

（8）严禁随意拉扯引出线，以免造成损坏或产品故障。

3）等比例采样器安装

（1）将采样器安装于机柜内，需保持正面与机柜平行。

（2）依次安放采样瓶。

（3）连接采样器的 RS485 信号线。

（4）连接 220V 的工作电源线。

（5）安装蠕动管，抓住蠕动泵，提升杠杆以抬起泵的压头，将蠕动管压入三只滚轮中间，再压下泵头（如蠕动管使用时间过长已损坏，应及时更换）。

（6）连接采样管，将水样采样管（$\Phi 10\,mm \times 12.5\,mm$ 硅胶管）有过滤器一端放入采样水中，另一端插入采样器后部右上方进水口的接头处；出水端接出水管，并接入水管进行回流。

4）试验台安装

（1）检查柜体底部调整脚的高度，把所有调整脚旋转到距地面 5 mm 的位置，以便地面不平时调整。

（2）按照图纸把各种类型的柜体摆放到位，观察顶表是否有高低不平现象。若不平整，调整柜底脚，用水平尺参照测量，使横向、纵向保持平整，柜体边沿齐置后用螺丝或带帽螺栓连接。连接时注意表面的平整，有无凹凸，每个调整脚都必须着地，能够承受重力。

（3）固定侧封板后便可进入台面的安装，如果台面上有水槽和试剂架立柱孔，在粘台面之前开好。

5）UPS 安装

（1）UPS 输入、输出接线。UPS 输入电源线的连接应使用有过流保护装置的合适插座，注意插座容量。市电输入线一端已与 UPS 相连，另一端接市电插座即可。

（2）长效型 UPS 外接电池接线。电池连接程序应严格按照如下步骤进行：①先串联电池组确保合适的电池电压；②取出长效型 UPS 附件中的电池连接线，该线一端为插头用来连接 UPS，另一端为开放式三根线用来连接电池组；③电池连接线先接电池端（切不可先接 UPS 端，否则会有电击危险），红线接电池正极，黑线接电池负极，黄绿双色线接保护地；④将电池连接线插头插入 UPS 后面板上的外接电池插座，完成 UPS 的连接。

（3）通信连接。计算机通过通信电缆连接 UPS 的计算机接口。

6）安防设备安装

安防设备安装包括门磁探测器、窗磁探测器、红外探测器、烟雾探测器等的安装。一般安防设备在站房安装项目中需要穿插作业，主要分两个施工段：一是在天花吊顶及地板铺设前，将相关的管路、线缆敷设到位；二是在站房安装后半段时对监控设备进行安装调试。

施工工艺流程：管线的敷设→监控主机的安装→监控设备的安装→系统连线与接线→监控设备通电调试→被监控设备单项通电调试→系统联合调试→现场清理。

7）视频监控安装

视频监控安装主要包括支架、云台摄像机的安装、供电与接地，以及摄像机的调试、云台的调试和监控系统的调试。

8.3.2 配套设施及辅助单元

1. 供电设施

水质自动监测系统的供电电源是交流 380 V、三相四线制,频率为 50 Hz,容量不低于 15 000 W,供电电源电压接至站房内总配电箱处时,电压下降小于 5%,电源电路供电平稳,电压波动和频率波动符合国家及行业的有关规定。

站房内部电源线实施屏蔽,穿墙时预埋穿墙管。设置站房总配电箱,箱中有电表及空气总开关。在总配电箱处进行重复接地,确保零线、地线分开,其间相位差为零,并在此采取电源防雷措施。从总配电箱引入单独一路三相电源到仪器间,并在指定位置配置自动监测系统专用动力配电箱。照明、空调及其他生活用电(220 V),稳压电源和取水泵供电(220 V)分相使用。动力电容量:仪器设备及控制用电为两相(220 V)10 000 W 左右,仪器间空调及站房照明、生活用电为两相(220 V)5 000 W,如有其他用电需求,可适当考虑增加供电能力。仪器间配备充足的照明设备,且照明设备配有控制开关。电源动力线、通信线、信号线相互屏蔽,以免产生电磁干扰。

2. UPS

UPS 供电应满足自动监测仪器、通信等设备能够在停电工作模式下在 2 h 内正常运行(包括分析仪器的排空、清洗及数据采集控制系统的运行等)的要求。备用电源供电时应避免空调在室温较低时制热运行,确保监测仪器优先用电。

3. 通信方式

水站往往所处地理位置多样,能够提供的通信方式也不同,要求通信方式有足够的灵活性。优先考虑使用有线通信,受地域条件限制,可选择无线通信。靠近站房时,通信电缆无飞线,穿墙时,预埋穿墙管,并做好接地。

4. 防雷设施

水质自动监测系统配备三级防雷设施,保护自动监测系统中的通信系统、供电系统、视频系统、仪器设备。系统还应防止雷电和其他形式的过电压侵入设备中造成毁坏,这是外部防雷系统无法保证的,为了实现室内避雷,需要在各种电缆、金属管道和相关设备上连接避雷及过压保护器,并进行等电位连接,总的原则符合《建筑物防雷设计规范》(GB 50057—2010)的要求[67]。室内水质自动监测系统的防雷主要考虑如下几个方面:①电力线雷电入侵防护。由于站房电力供给多是由架空线路引入的,对于站房电源系统的防护,重点是总配电系统。可采用雷击电源保护器组成多级保护对配电系统进行防雷保护。基站所在厂区供电及建筑物都做了一级防雷保护,在子站房配电盒的进线加配二级防雷模块进行保护，供电源经过二级防雷模块保护后接入了 UPS 设备，UPS 设备为整个在线监测系统供电，UPS 主机本身也具备一定的防浪涌和抗雷击功能。②通信线路雷电入侵防护。主要考虑户外信号线的防雷，户外信号线主要是电信公网非对称数字用户环路（asymmetric digital subscriber line，ADSL）连接线。户外信号线一律加装金属套管，并加信号防雷器。PLC 输入输出模块、仪表通信总线均有光电隔离保护器。

5. 试剂冷藏箱

自动监测仪器测试所需的试剂和标准溶液，在室内条件下存储一定时间后，受诸多因素制约，分解、降解问题将逐步在试剂、标准溶液内出现。为防止光线直射，氧化、还原性试剂需尽可能选取隔光包装。同时，为避免室内温度过高，导致试剂分解，水质自动监测系统可以考虑配备试剂冷藏功能，确保运行维护周期内试剂、标准溶液的有效性。需要将低温冷藏的试剂或标准样品放置在冷藏箱内存储，冷藏箱温度可根据需求设定，确保试剂或标准溶液的有效性。

6. 废液收集单元

为避免水质自动监测系统运行过程中产生的废液造成直接二次污染，实现绿色水质监测，建设废液回收系统。分析仪所产生的废液由单独废液桶收集，每个废液桶配备液位检测功能，一旦废液桶液位达到 80%，就向上位机发出报警，可提示运行维护人员及时处理废液。回收后的废液统一经过废液处理装置，避免废液二次污染。

7. 自动灭火装置

自动灭火装置一般采用七氟丙烷悬挂式灭火器，灭火材料对人体和设备无害。火灾自动报警系统的设计符合现行国家标准《火灾自动报警系统设计规范》（GB 50116—2013）的规定[68]。七氟丙烷悬挂式灭火器适合机房、电房、车间、厂房、仓库、资料室、档案室、图书馆等场所，使用无痕迹，是非常高效的灭火器装置。

8.3.3 系统设备的调试

系统设备按照仪器和集成系统开机、集成调试、仪器调试、系统停机、仪器性能测试、在线仪器比对、系统测试等顺序进行调试。

1. 仪器和集成系统开机

检查整个水质自动监测系统的配电、配水管路和供气（空压机）是否正常，查看仪器所需的试剂类型和余量是否符合仪器的运转要求，打开控制柜的电源总开关、UPS 输入电源开关。UPS 开机：按开/关机键 1 s 以上即可开机，观察 UPS 自检是否通过，是否有报警，指示灯是否正常，若无异常，打开控制柜的 UPS 输出电源开关，依次打开工控机、PLC、开关电源、插座，触摸屏显示系统监控画面，确认网络线路工作正常。再依次打开水泵、空压机开关；确定系统无故障后，依次接通各仪器的电源，观察各仪器的工作状态是否正常。开机后即进入仪器的测量状态，检查各项参数的设置是否适当，确认并修正，进行仪器标定，确认后仪器进入正常运行状态。

2. 集成调试

压力变送器由于无可动（或可调节）的机械机构及电位器，而且精度非常高，故不做精度校验。智能压力变送器的软件生成一般采用 HART 协议的手持式编程器，而其他变送器一般在自带的智能式一体化的多功能显示器上完成其各参数的设定及修改。变送器、转换器应进行输入、输出特性试验和校准，其准确度应符合产品技术性能的要求，输入、输出信号范围和类型应与铭牌标志、设计文件要求一致，并与显示仪表配套。压力、差压变送器还应进行零点、量程调整和零点迁移量调整。

分析仪表的检测、传感、转换等性能的试验和校准，包括对试验用标准样品的要求，均应符合产品技术文件的规定和设计要求。控制仪表的显示，控制点误差，比例、积分、微分作用，信号处理及各项控制、操作性能，均应按产品技术文件的规定和设计要求进行检查、试验、校准与调整。

在检查浮子液位开关时，将液位开关垂直放置，通电后用手上下拨动浮子，输出继电器动作。电动球阀执行器出库时，应对产品技术文件、质量证明文件的内容进行检查，并按设计文件要求核对铭牌内容及填料、规格、尺寸、材质等，同时各部件不得损坏，阀芯、阀体不得锈蚀。电磁阀应采用兆欧表检查电磁阀的绝缘是否良好，同时检查水路是否符合要求，有无漏水现象，进行输入电信号检查、开关接点动作和开关时间检查，并做好记录。

3. 仪器调试

仪器调试前，设置满足工作计量器具进行检定调试所需温度、湿度等环境要求的调试场所，并按有关内容和方法编制仪表调试方案，在仪表安装前对仪表进行单体调试。经调试合格后方能进入试运行阶段。

仪表调试前应进行一般性检查，如外观、附件、铭牌、规格、量程、性能等，并做好记录；调试所用的工作计量器具必须在周检的有效期内，工作计量器具基本误差的绝对值不应超过被校工程表基本误差的绝对值的 1/3；单台仪表的校准点应在全量程范围内均匀选取，一般不少于 2 点；对压力开关等仪表施加压力信号，核对其设定点，其触点应正确；仪表经校准和调试后，应达到相关技术要求。

4. 系统停机

系统停机按照规定要求和时序进行，最好不在测量期间停机，应逐步关停设备和系统。停机前按照仪器的使用说明进行关机前的维护保养工作，排空腔体和试剂管路中的液体，并清洗干净后关闭设备电源；将停机时不用的试剂和标准样品进行妥善保存。

首先切断采样泵的电源，并清洗系统管路、沉沙池、样水杯，排空管路内的存水，并检查各个电磁阀和电动球阀的动作状态，进行必要的清理；退出水质在线监测系统软件运行系统后，关闭计算机系统；拨下控制柜内所有空开，关掉所有辅助设备的电源；UPS 关机后系统完全关闭。

5. 仪器性能测试

在安装调试后对仪器进行精密度、准确度、检测限和线性等性能测试，测试结果应满足相关标准、规范要求。测试样品采用经国家认可的质量控制样品（或按规定方法配制的标准溶液，选择测量范围中间浓度值）；DO 的测试样品采用饱和 DO 的纯水；水温、浊度、电导率不参加仪器性能考核；自动采样器主要是考核仪器与系统的连通，以及系统对采样器的控制功能。

（1）仪器基本功能核查：对仪器的基本功能进行核查，并将核查结果以表格形式进行记录。

（2）检出限：仪器经校准后，按样品分析方式连续测定空白溶液或配制的低浓度标准溶液 8 次以获得检出限，将测试结果以表格形式进行记录。

（3）精密度和准确度检测：仪器经校准后，选择仪器量程上限值 50% 的标准溶液，连续测定 6 次，将测试结果填入仪器精密度和准确度测定结果记录表，根据测定结果计算仪器的精密度和准确度。绝对误差检查方法适用于 pH、DO、温度等项目。pH 准确度通过 pH=4.01、6.86 和 9.18（在 25℃下）的样品进行检查；DO 准确度按饱和浓度下的测定结果进行检查；对于温度准确度，对 2 个不同水平的实际或模拟样品（低水平样品的水平应在 20%FS，高水平样品的水平应在 80%FS），采用比对方法进行检查。绝对误差检查方法：测定 6 次各量程检验浓度（或水平）的样品，计算单次测定值与参照值的绝对误差，对最大单次绝对误差与相关指标进行比较。

（4）标准曲线检查：按仪器规定的测量范围均匀选择 6 个浓度的标准溶液（包括空白），按样品分析方式进行测试，将测试结果以表格形式记录，并计算其相关系数。

（5）零点漂移、量程漂移测试：按照国家水质自动分析仪技术要求进行，并将零点漂移、量程漂移测试结果以表格形式记录。

对于标准未规定的其他仪器，参照《地表水自动监测技术规范（试行）》（HJ 915—2017）的要求进行性能测试，并填写相应的记录表。

6. 在线仪器比对

连续 3 天，每天到现场采集 6 个水样，获得 18 对比对试验数据；每次采集 2 个水样（平行样），用于对比试验分析。同步记录自动监测仪器读数，计算实际水样比对相对误差；原则上，比对试验应与自动监测仪器采用相同的水样。取样位置与自动监测仪器的取样位置尽量保持一致。

各监测项目比对试验方法见表 8.3.1。

表 8.3.1 监测项目比对试验方法一览表

监测项目	比对试验方法
pH	《水质 pH 值的测定 玻璃电极法》（GB 6920—86），现场监测
DO	《水质 溶解氧的测定 电化学探头法》（HJ 506—2009），现场监测
电导率	电导率仪法（《水和废水监测分析方法（第四版）》），现场监测
高锰酸盐指数	《水质 高锰酸盐指数的测定》（GB 11892—89）
氨氮	《水质 氨氮的测定 水杨酸分光光度法》（HJ 536—2009）
TP	《水质 总磷的测定 钼酸铵分光光度法》（GB 11893—89）
TN	《水质 总氮的测定 碱性过硫酸钾消解紫外分光光度法》（HJ 636—2012）

7. 系统测试

集成系统、工作站、屏幕、软件的检验依照相关规范要求进行，逐一检查功能是否完善，不应存在功能异常和死机现象，系统调试测试结果、系统集成与仪器关键参数以表格形式进行记录。

上述步骤完成后，提交系统设备安装调试报告，调试完成。系统安装调试完毕后，应完整记录安装调试过程、系统集成及仪器的关键参数等技术档案资料，保证与上传至平台的信息保持一致，按照规定要求进行记录，同时做好存档。记录应清晰、完整，现场记录应在现场及时填写，应能从记录中查阅和了解与安装调试有关的全部历史资料，与仪器相关的记录可放置在现场并妥善保存。联网调试完成后系统进入试运行工作。

8.4 水质自动监测系统的运行和维护

水质自动监测系统的运行和维护（以下简称运维）应按照相关技术要求和质量控制要求进行，运维单位全面负责水质自动监测系统（站房、所有仪器设备等）的日常运维。运维工作流程主要包含以下几项：站点设备巡检、保养；设备的维修；备件的准备和管理；设备档案的管理。运维工作流程图如图 8.4.1 所示。

8.4.1 运维基本要求

运维单位应建立覆盖人、机、料、法、环等环节的运维管理体系，保障水质自动监测系统的正常、可靠运行。运维人员应经培训合格后上岗，具有相关的专业知识，能独立完成水站维护工作。运维期间依照有关规范和技术要求，使运行结果达到考核指标要求，充分发挥水质自动监测系统的效能[69-72]。

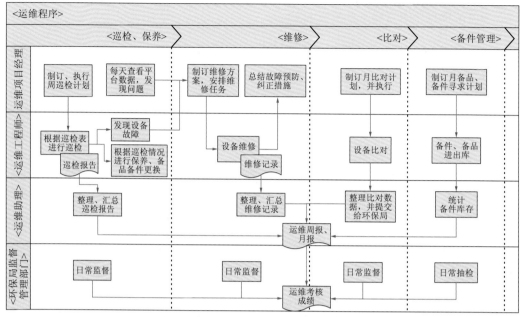

图 8.4.1　运维工作流程图

（1）常规五参数、叶绿素 a、藻密度应以 1 h 为周期进行监测，其他监测项目应以 4 h 为周期进行监测，具体为 0：00、4：00、8：00、12：00、16：00、20：00，必要时可进行加密监测。

（2）根据水质自动监测系统的配置、仪器性能、断面上下游污染源分布情况，以及支流汇入等情况，编制运维管理手册。

（3）定期制订运维计划，内容包括维护时间、维护人员、维护内容（试剂更换、耗材更换、仪器校准、部件清洗）等。

（4）每月应提交上月运维报告，内容包括水站参数配置、维护人员、实际巡检日期、维护内容、维护效果等。

（5）每月最后一周应制订下月质控计划，内容包括水站各监测项目的质控措施及计划、质控时间、质控测试所采用的标准溶液浓度等。

（6）每月应提交上月质控报告，内容包括水站名称、仪器配置、维护人员、已实施的质控措施、质控实施日期、各监测项目标准溶液浓度、质控结果说明、校准及维护措施、数据有效率等。

8.4.2　运维管理与内容

1. 运维管理要求

主要运维工作包括日常维护管理、试剂管理、备品备件管理、数据管理、运维保障管理、档案管理、停运管理、质量控制管理、数据审核管理、运维交接管理、固定资产管理、保密管理等。

对于日常维护工作，应密切关注水质自动监测系统的数据，通过数据分析和远程视频查看等方式，掌握现场系统、仪器的运行情况；定期对仪器、采配水系统进行清洗维护和故障检修；定期更换试剂，进行仪器校准、核查工作，并做好相关维护记录；定期对站房、取水口、取水构筑物、取水管路及辅助设施进行清洁、维护；定期对废液进行收集处理，并做好相关记录；废液的储存、转移、运输和处置严格按照有关规定执行；运维人员需通过相关监管平台，进行运维记录填报（包括上传现场照片、佐证材料等）。

对试剂，特别是水质自动监测系统所用的强酸、强碱、有毒化学物质，应遵照《危险化学品安全管理条例》严格管控，严禁用于其他用途。应结合试剂特性，并根据技术规范要求定期更换试剂，更换试剂后应立即对仪器进行校准、核查。

更换仪器关键零部件，必须对仪器进行重新校准、核查；更换备机，必须对备机进行校准和多点线性核查。建立水质自动监测系统仪器关键参数数据的备案登记制度和变更审核制度。按相关要求建立"一站一档"的水站运维档案，包含仪器说明书、程序文件、作业指导书、质量手册、系统水电图、防雷检测报告、消防设施检测报告等资料。

水质自动监测系统如遇以下情形，可申请停运：①不可抗力导致水站无法正常运行，包括台风、暴风雪、河流/湖面冰封等恶劣天气，地震、洪水、泥石流、塌方等地质灾害，以及河道施工、自然断流等外部条件因素；②水站内部仪器设备更新改造、站房（浮船船体）维护修缮等影响水站正常运行；③采水设施故障、采水点处水深不满足要求等导致采水系统不能正常运行，包括因枯水期河道水位降低，采水设施故障、取水管路冰冻等；④给水和供电故障导致系统无法正常运行；⑤待测水体中的浊度太高，采用现有的预处理方式确定已无法满足仪器测定要求。在水质自动监测系统满足停运申请条件时，必须在 24 h 内向平台提交停运申请，确认并上传相关佐证材料。水质自动监测系统停运期间，为保证监测数据的连续性，运维单位必须根据不同停运条件，在保障运维人员人身安全的前提下，及时完成人工补测工作。

2. 运维管理内容

运维管理的主要内容包括运维方式、定期巡检维护方案、常见故障及解决方法等。

水质自动监测系统的运维方式主要包括远程维护和现场维护等工作，保证监测数据"真、准、全"，并通过水质数据及运维管理监督平台对维护过程进行详细记录（填报运维记录、上传照片和佐证材料）。

1）远程维护

运维负责人每日至少两次（上午和下午）通过水质数据及运维管理监督平台查看水质自动监测系统运行状态、仪器运行数据和仪器状态参数，分析水质自动监测系统状态和仪器数据，记录和统计设备在线情况、异常情况，对站点运行情况进行远程诊断和运行管理，如发现数据有持续异常情况，调整工作计划，立即安排运维工程师前往现场对异常设备进行检查、维修，完成应急维护，并制作《运维日报》，报告详细记录了当天的设备运转率、在线率、数据有效率等指标。

每日通过水质数据及运维管理监督平台对水站监测数据和设备运行状况进行远程监视，对监测数据进行审核，对站点运行情况进行诊断和管理，根据运维工作需要，对运维人员进行调度，并记录；远程对水站的整体工作情况进行监控，获取仪器设备关键参数，可根据其运行状态进行相应的远程调试；通过水质数据及运维管理监督平台，可以对仪表进行校时、复位、测试、校准、清洗、24 h 零点漂移和量程漂移核查、标样核查、样品复测与留样等维护工作；通过水质数据及运维管理监督平台对站点的运维情况及相关信息进行统计和评价，包括运维巡检频次、质控频次、故障响应情况、超标响应情况等信息的统计，结合数据获取率、数据有效率等对水站的运维情况进行评价。

2）现场维护

现场维护包括运维技术人员到水质自动监测系统现场完成的日异常处理（应急维护）、周定期巡检、月定期保养、年检修保养工作。

（1）日异常处理（应急维护）。运维负责人每日对站点的运行情况进行远程诊断和运行管理，如发现数据有明显突变、有持续异常情况或接到异常反馈通知，立即安排运维工程师前往现场对异常设备进行检查，核实仪器运行状态，确认仪器正常后对所留水样在监测仪器上进行复测，若确定水质发生变化，及时反馈给地方生态环境主管部门，并做好备案，配合做好相关应急监测工作。完成异常处理后，运维人员通过运维管理监督平台，进行运维记录填报（包括上传现场照片、佐证材料等）。

（2）周定期巡检。每周定期对整个水站进行一次详细巡检。运维人员详细检查系统各单元、仪器、设备的运行状况，进行例行的设备维护，并做好巡检记录。发现重要故障而不能现场及时排除时，做好记录，同时进行留样，并将样品送到有资质的第三方实验室进行样品分析。同时，尽快解决现场故障，使系统恢复正常运行。巡检的主要工作内容包括：①检查水站电路系统是否正常，站房接地线路是否可靠，检查采样和排液管路是否有漏液或堵塞现象，排水排气装置工作是否正常。②检查采配水单元是否正常，如采水浮体固定情况、水泵运行情况等；清洗采配水系统，包括采水头、泵体、沉沙池、测量池、过滤器、水样杯、阀门、管路等，对于无法清洗干净的管路定期更换。③检查工控机运行状态，检查上传至平台的数据和现场数据的一致性，检查仪器与系统的通信线路是否正常。④查看分析仪器及辅助设备的运行状态和主要技术参数，判断运行是否正常。检查有无漏液，进样管路、试剂管路中是否有气泡存在，如有及时将气泡排出。⑤检查空调及保温措施，检查水泵及空压机固定情况，避免仪器振动。检查 UPS、除藻装置等外部保障辅助设施的运行状态，并及时更换耗材。⑥检查试剂使用状况，添加、更换试剂。⑦检查防雷设施是否可靠，站房是否有漏水现象，站房外围的其他设施是否有损坏，如遇到以上问题及时处理，保证水站系统安全运行。在封冻期来临前做好取水管路和站房保温等维护工作。⑧做好废液收集工作，并按相关规定做好处置及记录工作。⑨保持水站站房及各仪器干净整洁，及时关闭门窗，避免日光直射各类分析仪器。

（3）月定期保养。在做好日常监视与巡检工作的同时，每月还对部分仪器进行检查及清洗，并处理故障和隐患。

（4）年检修保养。每年对水站各仪器及系统主要零部件进行维护、维修或更换，以提前发现问题，并按要求更换备件；此外，应定期请专业机构人员对防火、防盗、防雷设施进行检测和维护。

3）定期巡检维护方案

制订水质监测站定期养护及最低频次维护方案。

（1）站房维护。站房维护主要包括水电维护、安全维护、环境维护三个方面。水电维护是指站房供电（220 V 或 380 V 供电要求）、站房给水（自来水供给）、站房排水的维护；安全维护是指废液、防雷、消防的维护，每年由具有资质的专业机构对防雷设施进行检测、维护或更换，并出具报告，定期更换消防设备；环境维护是指站房内外的卫生保持、温控（15～26 ℃）、站房除湿（40%～70%），保证站房冷暖空调设施运行正常。

（2）采水单元维护。采水单元维护主要包括供电维护、管路维护、取水泵（自吸泵/潜水泵）维护、过滤器维护、阀（手阀/电磁阀/电动球阀）维护等几个方面。①供电维护。检查水泵供电电源是否正常，电压是否稳定；检查电线、电缆连接是否正常，有无松动；检查控制系统是否工作在采水状态，工作是否正常；检查电源接触器（或固态继电器）吸合是否正常。②管路维护。检查非埋设管路是否断裂、打折、卡死，一定要仔细检查水面下的管路，以保证非埋设管路通畅；检查取水头网眼是否被杂物覆盖；在枯水期，检查取水头是否被埋在泥沙里；冬季定期检查取水系统的防冻材料，如有损坏应及时修理。③自吸泵维护。检查取水泵的固定情况，避免仪器振动；检查取水泵储水罐是否缺水；检查止回阀是否有异物；检查电极转轴，观察是否转动顺畅。④潜水泵维护。检查取水口处取水泵位置是否有杂物，取水泵是否搁浅或距离河岸太近；检查取水泵出水口是否与采水管脱离或存在渗漏；检查取水泵的过滤网或过滤罩，进行清洗；定期（每月）检查泵体，对取水泵外壳进行清洗。⑤过滤器维护。取出滤芯，利用清水清洗滤芯内外表面。⑥阀维护。阀维护包括手阀维护、电磁阀维护和电动球阀维护。对于手阀维护，检查手阀及活结处是否存在渗漏，相应的手阀是否开启或关闭完全。发现渗漏，需检查接口处的生胶带是否缠绕密封完全，活结处的密封圈是否错位或老化，针对性进行更换。对于电磁阀维护，利用扳手拧下线圈固定螺丝，取下线圈；利用扳手拧下阀体固定螺丝，打开阀体。取出阀体密封垫，用清水冲洗干净。一般在诊断电磁阀问题前，需确认水源是否打开、控制器是否连接上、程序设置是否正确，然后采用手动操作进行测试。先检查在电磁阀通电状态下，阀体控制器上方是否有磁性（可用螺丝刀或硬币检测）。若有，正常；若无，检测供电电压。对于电动球阀维护，定期检查中，如发现阀前有水样而阀后无水样，且电动球阀能够正常切换，可以肯定是球阀损坏，需维修或更换。松开电动球阀两端活接，取下电动球阀，利用洗瓶清洗阀腔。

（3）配水及预处理单元维护。配水及预处理单元维护主要包括管路及接头维护、测量池维护、沉沙池维护、精密预处理维护、样杯维护、空压机维护、压力传感器维护等几个方面。①管路及接头维护。检查管路是否通畅，管路及接头是否断裂、渗水，活结处是否漏水，是否安装密封圈或密封圈是否老化变形；检查浮子流量计管壁的清洁程度，提水时浮子上下浮动是否灵活；检查压力传感器接口是否漏水，接口处是否缠绕有生胶带。②测量池维护。检查管路是否通畅，管路及接头是否断裂、渗水，活结处是否漏水，是否安装密封圈或密封圈是否老化变形；检查浮子流量计管壁的清洁程度，提水时浮子上下浮动是否灵活；检查测量池的进样阀和排空阀能否正常开关；检查测量池对外管路接口处是否漏水，尤其是五参数电极安装位置是否渗水；系统可完成测量池的自动清洗，每月可打开测量池进行手动刷洗。③沉沙池维护。检查管路是否通畅，管路及接头是否断裂、渗水，活结处是否漏水，是否安装密封圈或密封圈是否老化变形；检查浮子流量计管壁的清洁程度，提水时浮子上下浮动是否灵活；检查沉沙池的进样阀和排空阀能否正常开关；系统可完成沉沙池的自动清洗，每月可打开沉沙池进行手动刷洗。④精密预处理维护。检查管路是否通畅，管路及接头是否断裂、渗水，活结处是否漏水，是否安装密封圈或密封圈是否老化变形；检查一级膜式过滤器（前置过滤器）和二级陶瓷过滤器，根据水质情况，每月清洗和更换滤芯；检查精密预处理的各个电磁阀能否正常开关，供样泵是否正常供样。⑤样杯维护。检查样杯清洁程度，检查样杯底部接口处是否渗水，取样、排空及溢流软管是否老化破损。⑥空压机维护。使用空压机之前，需按照使用说明书进行安装及操作，具体维护包括以下内容：检查空压机固定情况，避免仪器振动；空气过滤片清洗；释气阀更换；松开汽缸下部排水阀，给汽缸排水；将空气出口开关打开，使其在无负荷状况下启动，观察是否正常等。⑦压力传感器维护。检查压力传感器接口是否漏水，接口处是否缠绕有生胶带；检查压力值是否在正常范围内。

（4）控制单元维护。系统控制单元的维护工作主要是对控制单元的电源与电压、电缆、室内终端设备等进行检查、维护，控制单元维护主要包括检查供电状态、检查监测数据及状态、检查工控机控制软件运行状态、检查数据库等几个方面。①检查供电状态。检查控制系统的各个空气开关是否闭合，有无跳闸；检测总空开的进出电压是否为220 V。检查市电及 UPS 的输出是否符合技术要求，即电压为 $[220 \times (1 \pm 10\%)]$ V，接地电阻<5 Ω（零地电压<5 V）。突发异常情况必须及时排查，及时汇报，做好记录。②检查监测数据及状态。检查上传至平台的数据和现场数据的一致性；检查仪器与控制单元的通信是否正常。③检查工控机控制软件运行状态。检查工控机运行状态和主要技术参数，有无中毒现象，控制软件有无自动退出或卡顿现象。定期给工控机杀毒，防止病毒损坏软件。检查信号传输是否正常，通过启动控制信号检查控制件是否动作正常。④检查数据库。检查数据的有效性、完整性，是否有测量数据丢失。常规五参数水质自动分析仪、高锰酸盐指数水质自动分析仪、氨氮水质自动分析仪等至少每 4 h 获得一个监测值，每天保证有 6 个测试数据。检查数据库软件是否运行正常，记录数据是否与系统的设置一致。至少每月备份一次现场数据。

（5）通信维护。每月对系统通信单元进行一次彻底检查，检查站房内通信终端设备的运行情况。检查电缆连接是否可靠，计算机显示是否正常，如出现异常，需及时与中心站联系，并做好故障及处理记录。定期检查基站光纤、调制调解器的运行情况，检查基站通信软件的运行情况。检查数据传输是否通畅、数据是否齐全。检查室外电缆连接是否可靠，防水性能是否良好等。及时缴纳通信费用，保证水站连接通畅。

（6）监控系统维护。定期检查摄像头是否破损或被遮挡。检查视频设备功能是否正常，包括摄像机、视频存储、云台控制等；检查监视画面的清晰度。定期对监控设备进行除尘、清理，扫净监控设备显露的尘土，对摄像机、防护罩等部件要卸下彻底吹风除尘，使用无水酒精棉将各个镜头擦干净，调整清晰度。在对监控系统设备进行维护过程中，应对一些情况加以防范，尽可能使设备的运行正常，主要做好防潮、防尘、防腐、防雷、防干扰工作。

（7）数据备份。使用专用的设备每月对监测数据进行一次备份，备份数据单独存储。数据备份存储介质的保管环境满足防磁、防潮、防盗、防火等基本要求。

（8）备机维护。确保备用设备处于完好状态，保证随时能启动、切换、使用。每月对备用仪器进行一次标样核查，核查结果应符合技术规定的质控测试要求。

（9）分析仪器维护。分析仪器维护包括定期按需对监测仪器进行校准；定期更换易耗品及备品、备件；定期清洗和更换仪器管路；建立零配件库，根据不同零配件和易耗件的使用情况提前备货；根据试剂的更换周期定期更换试剂，试剂的更换周期原则上不得超过 30 d，试剂更换后，应按需求进行仪器校准或标液核查，同时更换时应做好记录；根据使用寿命定期更换监测仪器的光源、电极、泵、阀、传感器等关键零部件，定期对监测仪器的光路、液路、电路板、各种接头及插座等进行检查和清洁处理。

4）常见故障及解决方法

系统运行中的常见故障及解决办法见表 8.4.1。

表 8.4.1　系统运行中的常见故障及解决办法

序号	现象	可能原因	解决办法
1	采水故障	取水泵堵塞； 管路堵塞； 取水泵损坏； 线路故障	清洗取水泵； 清洗管路； 更换取水泵； 维修线路
2	供电异常	供电过压或欠压； 电压波动过大； 供电线路地线虚接； 内部线路短接； 稳压电源线路击穿	调节变压器； 安装变压器； 重新接地； 检查内部线路； 更换稳压电源
3	工控设备故障	工控机死机； 工控机黑屏； 工控机无法启动	重启工控机； 重新安装程序； 确保工控机供电正常，可能是主板、硬盘损坏，需更换

序号	现象	可能原因	解决办法
4	空压机故障	接头漏气； 电磁阀关闭不严； 释气阀损坏	查看相关接头是否漏气，发现问题及时处理； 查看电磁阀是否损坏，若损坏，及时更换； 查看释气阀是否损坏，若损坏，及时更换
5	通信故障	子站通信线路故障； 子站通信服务器工作不正常； 硬件防火墙故障	查看子站通信是否连接正常； 重启子站监控计算机； 更换防火墙
6	仪器供样异常	进样管堵塞； 样杯排水阀泄露； 供样泵损坏； 沉沙池水量不够	清理或更换进样管； 维修或更换电磁阀； 确定供样泵供电正常后，维修或更换供样泵； 沉沙池重新进样
7	视频监控异常	对应仪器没有开机； 通信线松动或断开； RS232/RS485 转换模块故障	检查仪器是否正常工作； 检查通信线路是否正常连接； 更换 RS232/RS485 转换模块

8.4.3　质量控制

1. 质控措施

建立由日质控、周核查、月质控等多级质控措施，以及仪器关键参数上传、远程控制等组成的多维度质控体系，以保证地表水水质自动监测系统的数据质量。

当监测项目水体浓度连续超出仪器当前跨度值时，应重新确定跨度，并进行标样核查。当监测项目水质类别发生变化且未超出当前跨度值时，可继续使用当前跨度。当监测项目水质类别上一个月 20 d 以上为 I~II 类时，质控应按照 I~II 类水体的质控要求进行；否则，质控应按照 III~劣 V 类水体的质控要求进行。自动监测仪器零点核查、跨度核查、水样测试应使用同一量程或同一稀释流程（稀释倍数），所选核查液浓度的跨度应大于当前水体浓度值。每周进行的质控，与前一次的间隔时间不得小于 4 d；每月开展的质控，与前一次的间隔时间不得小于 15 d。所有维护及质控测试均应形成记录。

针对所有水站，氨氮、高锰酸盐指数、TP、TN 应每 24 h 至少进行一次零点核查和跨度核查；每月至少进行一次多点线性核查；除浮船式水质自动监测站外每月至少进行一次加标回收率自动测试；针对 III~劣 V 类水体，氨氮、高锰酸盐指数、TP、TN 应每月至少进行一次实际水样比对，I~II 类水体应至少半年进行一次实际水样比对；针对 III~劣 V 类水体，氨氮、高锰酸盐指数、TP、TN 应每月至少进行一次集成干预检查（浊度大于 1 000 NTU 可不进行集成干预检查）；常规五参数应每月进行一次实际水样比对；

每周进行一次标样核查，浮船式水质自动监测站如因天气原因无法登船的可延后进行；叶绿素 a、藻密度应每月进行一次多点线性核查。

质控措施及实施频次见表 8.4.2。

表 8.4.2 质控措施及实施频次

质控措施	水质类别		质控频次	实施对象
	I～II 类水体	III～劣 V 类水体		
零点核查	√	√	每天	氨氮、高锰酸盐指数、TP、TN
24 h 零点漂移	√	√	每天	
跨度核查	√	√	每天	
24 h 跨度漂移	√	√	每天	
标样核查	√	√	每 7 d	常规五参数
多点线性核查	√	√	每月	氨氮、高锰酸盐指数、TP、TN、叶绿素 a、藻密度
实际水样比对	—	√	每月	常规五参数、氨氮、高锰酸盐指数、TP、TN
集成干预检查	—	√	每月	氨氮、高锰酸盐指数、TP、TN（浮船式水质自动监测站除外）
加标回收率自动测试	—	√	每月	

维护后的质控措施如下。

更换试剂（清洗水除外）后，应进行校准；当监测仪器的关键部件更换后，应进行多点线性核查，必要时应开展实际水样比对；当监测仪器长时间停机后恢复运行时应进行多点线性核查和集成干预检查。

监测仪器不允许屏蔽负值；选用 25 ℃时 pH 为 4.01、6.86、9.18 左右的标准 pH 缓冲溶液进行 pH 核查，每月至少应进行 2 个不同浓度标准溶液的核查；DO 每月应进行无氧水核查和空气中饱和 DO 核查；每月应采用与监测断面浓度相接近的标准溶液及其 2 倍左右浓度的标准溶液进行电导率和浊度核查；当水站相关质控测试结果接近质控要求限值时应及时进行预防性维护；多点线性核查未通过时，维护后应先进行零点/跨度核查，通过后再进行多点线性核查；加标回收率自动测试、集成干预检查、实际水样比对未通过时，应进一步排查原因，直至核查通过；每月对备机进行一次标样核查，标样核查结果应上传平台；监测仪器斜率、截距、消解温度、消解时间等关键参数变更必须通过运维单位三级审核，否则，参数更改后的测试数据将视为无效数据。

2. 质控措施技术要求

（1）氨氮、高锰酸盐指数、TP、TN 的零点核查、24 h 零点漂移、跨度核查、24 h 跨度漂移、多点线性核查、加标回收率自动测试、集成干预检查、实际水样比对应满足表 8.4.3 的要求。

表 8.4.3　氨氮、高锰酸盐指数、TP、TN 质控措施技术要求

质控措施		技术要求				备注
		高锰酸盐指数	氨氮	TP	TN	
零点核查	I～III 类水体	±1.0 mg/L	±0.2 mg/L	±0.02 mg/L	±0.3 mg/L	
	IV～劣 V 类水体	±5%FS				
24 h 零点漂移		±10%		±5%		
跨度核查		±10%（非浮船）	±15%（浮船）	±10%		
24 h 跨度漂移		±10%（非浮船）	±15%（浮船）	±10%		
多点线性核查	相关系数	≥0.98				可使用当日质控测试结果且在当日完成
	示值误差（浓度＞20%FS）	±10%				
	示值误差（浓度≤20% FS）	参照零点核查要求				
实际水样比对	Cx＞BIV	相对误差≤20%				
	BII＜Cx≤BIV	相对误差≤30%				
	Cx≤BII	相对误差≤40%				
	除湖库 TP 外，当自动监测结果和实验室分析结果均低于 BII 时，认定比对试验结果合格。当湖库 TP 自动监测结果和实验室分析结果均低于 BIII 时，认定比对试验结果合格。Cx 为实验室分析结果。TN 河流无水质类别标准，可参考湖库标准					
加标回收率自动测试		80%～120%				浮船式水质自动监测站除外
集成干预检查		±10%				浮船式水质自动监测站除外

注：BIV、BII、BIII 分别代表对应比对参数 IV、II、III 类水质类别标准限值。

（2）常规五参数每周开展的标准溶液考核和每月开展的实际水样比对应满足表 8.4.4 的要求。

表 8.4.4　常规五参数质控措施要求表

监测项目	技术要求			
	标准溶液考核		实际水样比对	
水温	—		±0.5 ℃	
pH	±0.15		±0.5	
DO	±0.3 mg/L		±0.5 mg/L	
			DO 过饱和时不考核	
电导率	标准溶液值＞100 μS/cm	±5%	＞100 μS/cm	±10%
	标准溶液值≤100 μS/cm	±5 μS/cm	≤100 μS/cm	±10 μS/cm
浊度	浊度≤30 NTU 或浊度≥1 000NTU	不考核	浊度≤30 NTU 或浊度≥1 000NTU	不考核
	30 NTU＜浊度≤50 NTU	±15%	30 NTU＜浊度≤50 NTU	±30%
	50 NTU＜浊度＜1 000 NTU	±10%	50 NTU＜浊度＜1 000 NTU	±20%

（3）叶绿素 a、藻密度多点线性核查每个浓度的示值误差、多点线性核查相关系数应满足表 8.4.5 的要求。

表 8.4.5 叶绿素 a、藻密度质控措施要求表

监测项目	质控项目	技术要求
叶绿素 a	多点线性核查	零点绝对误差应为≤3 倍检出限，其他点的相对误差应≤±5%，线性相关系数应≥0.993
藻密度	多点线性核查	

3. 监测数据有效性评价与计算

（1）有效性评价。当零点核查、跨度核查、24 h 跨度漂移任意一项不满足要求时，前 24 h 数据无效；水站维护、水质自动分析仪故障和质控测试期间，所有缺失的监测数据均视为无效数据；当常规五参数标样核查结果不满足表 8.4.4 的要求时，此次至上次核查期间获取的监测数据为无效数据；质控合格后数据经审核通过后才视为有效数据。

（2）测试结果计算的修约标准。在测试计算中，所有质控测试结果计算的修约方法遵守《数值修约规则与极限数值的表示和判定》（GB/T 8170—2008）的要求，具体监测项目质控测试结果计算的小数位数见表 8.4.6。

表 8.4.6 监测项目质控测试结果修约要求

指标		保留小数位数
相对误差（%）		1
绝对误差	水温（℃）	1
	pH（无量纲）	2
	DO（mg/L）	2
	电导率（μS/cm）	1
	浊度（NTU）	1
	高锰酸盐指数（mg/L）	1
	氨氮（mg/L）	2
	TP（mg/L）	3
	TN（mg/L）	2
	叶绿素 a（μg/L）	3
	藻密度（cells/mL）	1
相关系数		3
加标回收率（%）		1

（3）数据有效率计算。

数据有效率计算方法：

$$数据有效率 = (应获取数据 - 无效数据)/应获取数据 \times 100\% \qquad (8.4.1)$$

其中，停电、停水（自来水）或采水设施损坏等导致的停站的缺失数据不纳入应获取数据；因断流或水位过低、地震、封航、暴雨、台风等不可抗力因素停站或无法维护导致的无效数据不纳入应获取数据。

8.4.4 运维档案与记录

水质自动监测系统运行技术档案包括仪器的说明书、系统安装调试记录、试运行记录、验收监测记录、质控报告、仪器的适用性检测报告及各类运行记录；运行记录应清晰、完整、填报及时。可根据实际需求及管理需要自行设计各类记录表，各记录表至少包含如下内容。

（1）水质自动监测系统基本情况信息表。需包含水站所在流域及水体名称、水站名称、水站地址、经纬度、上下游污染情况、支流汇入情况、水系图、运维单位、水站类型、站房面积、采水方式、取水口与岸边的距离、取水口到站房的距离、通信方式、投运时间、监测项目、设备型号及出厂编号、生产商、仪器分析原理、适用性检测报告编号、运维单位等信息。

（2）水质自动监测系统仪器关键参数设置及变更记录表。需包含水站名称、仪器名称及型号、测量原理及分析方法、测试周期、仪表关键参数（包括工作曲线斜率和截距、线性相关系数、消解温度及时间、显色温度及时间）、水样进样量、试剂用量等信息，以及关键参数变更后的情况及变更原因说明。

（3）水质自动监测系统远程巡视记录表。需包含水站名称、巡视日期、天气情况、运维单位、巡视人员、各仪器工作状态、监测数据获取状况、零点核查和跨度核查情况、视频监视情况和异常情况处理措施等信息。

（4）水质自动监测系统站巡检维护记录表。需包含水站名称、维护日期、运维单位、维护人员、巡检内容及处理说明（包含采样单元检查、仪器设备检查、数据采集传输单元检查、辅助单元检查和异常情况处理）等。

（5）水质自动监测系统试剂及标准样品更换记录表。需包含水站名称、维护日期、运维单位、维护人员、仪器名称、试剂名称、标液浓度、试剂体积、试剂配置时间、试剂有效期、试剂更换时间等信息。

（6）监测仪器校准记录表。需包含水质监测站名称、测试日期、运维单位、测试人员、仪器名称、本次校准及校准后标液核查情况（包含校准试剂、校准是否通过、核查时间、核查是否合格）等信息。

（7）仪器设备检修记录表。需包含水质监测站名称、维护日期、运维单位、维护人员、故障仪器或设备型号及编号、故障情况及发生时间、检修情况说明、部件更换说明、修复后质控测试情况说明、正常投入使用时间等信息。

（8）易耗品和备品、备件更换记录表。需包含水站名称、维护日期、运维单位、维护人员、易耗品或备品备件名称、规格型号、数量、更换日期、更换原因说明等信息。

（9）废液处置记录表。应记录废液处置时间、处置方式、处置量、处置经手人（运维人员）、处置单位等信息。

第9章 地下水与墒情监测

地下水与人类的关系十分密切，井水和泉水是我们日常使用最多的地下水。地下水可开发利用，作为居民生活用水、工业用水和农田灌溉用水的水源。地下水具有给水量稳定、污染少的优点。含有特殊化学成分或水温较高的地下水，还可以用作医疗、热源、饮料和提取有用元素的原料。不过，地下水也会造成一些危害，在矿坑和隧道掘进中，可能发生大量涌水，给工程造成危害；在地下水位较浅的平原、盆地中，潜水蒸发可能引起土壤盐渍化；在地下水位高、土壤长期过湿、地表滞水地段，可能产生沼泽化，给农作物造成危害；地下水过多，会引起铁路、公路塌陷，淹没矿区坑道，形成沼泽地等。同时，需要注意的是，地下水有一个总体平衡问题，不能盲目和过度开发，否则，容易出现地下空洞、地层下陷等问题。地下水作为地球上重要的水体，与人类社会有着密切的关系。地下水的储存有如在地下形成一个巨大的水库，以其稳定的供水条件、良好的水质，成为农业灌溉、工矿企业及城市生活用水的重要水源，是人类社会必不可少的重要水资源，尤其是在地表缺水的干旱、半干旱地区，地下水常常成为当地的主要供水水源[73]。据不完全统计，20世纪70年代以色列75%以上的用水依靠地下水供给；德国的许多城市供水，也主要依靠地下水；法国的地下水开采量，占到全国总用水量的1/3左右；美国、日本等地表水资源比较丰富的国家，地下水也要占到全国总用水量的20%左右；我国地下水的开采利用量占全国总用水量的10%～15%，其中北方各省区由于地表水资源不足，地下水开采利用量大。

墒指土壤适宜植物生长发育的湿度，墒情指土壤湿度的情况。土壤湿度是土壤的干湿程度，即土壤的实际含水量，可用土壤含水量占烘干土重的百分数表示，即土壤湿度=土壤含水量/烘干土重×100%；也可以用土壤含水量相当于田间持水量的百分比或相对于饱和水量的百分比等相对含水量表示。土壤水是植物吸收水分的主要来源（水培植物除外），另外，植物也可以直接吸收少量落在叶片上的水分。土壤水的主要来源是降水和灌溉水，参与岩石圈-生物圈-大气圈-水圈的水分大循环。土壤水存在于土壤孔隙中，尤其是中小孔隙中，大孔隙常被空气所占据。穿插于土壤孔隙中的植物根系从含水土壤孔隙中吸取水分，用于蒸腾。土壤中的水气界面存在湿度梯度，温度升高，梯度加大，因此水会变成水蒸气逸出土表。蒸腾和蒸发的水加起来叫作蒸散，是土壤水进入大气的两条途径。表层的土壤水受到重力会向下渗漏，在地表有足够水量补充的情况下，土壤水可以一直入渗到地下水位，继而可能进入江、河、湖、海等地表水。土壤含水量是表达旱情的最直接指标。国内外从20世纪中叶就开始进行土壤含水量的监测，国内外一直都在进行各种测量方法的研究，目前主要采用烘干称重法、张力计、中子水分计和TDR、FDR等测量方法。这些方法虽然可以实现土壤含水量的测量，但原理、特性各有不同。特别是我国西南部分省区旱情频发，迫切需要自动化土壤水分监测仪器和信息传输系统，以获取连续、可靠的土壤水分信息，为区域旱情分析提供基础数据。因此，实现墒情自动监测是必然趋势。

9.1　地下水监测

9.1.1　地下水监测系统组成结构

地下水监测系统主要由地下水位监测中心主站、通信网络、现场监测设备三部分组成，是充分依托 5G/4G/窄带物联网等无线网络、物联网的广覆盖、可移动特点，对实时采集的地下水位、水质等数据提供传输、报警等服务的自动化综合应用系统[74]。

通过在监测站点布置传感器，将探测到的水位等数据通过监测仪的通信口传送至远程监测中心站。监测中心进行数据汇总、整理和综合分析，同时将监测信息传至相关部门，由相关部门对企业进行监督管理。实现 24 h 不间断监控，参数实时监测，定时回传，告警随时触发，第一时间掌握地下水位状况。地下水监测系统架构图如图 9.1.1 所示。

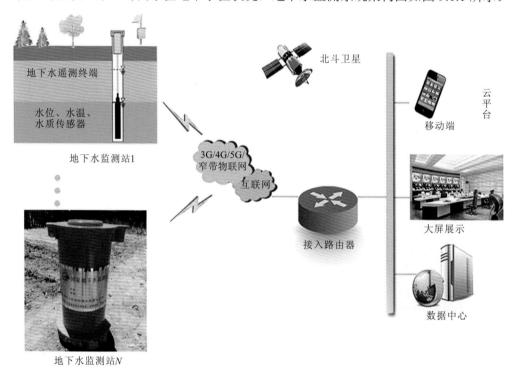

图 9.1.1　地下水监测系统架构图

9.1.2　地下水位监测

地下水位是最普遍、最重要的地下水监测要素，一般对埋深进行观测，再采集到地下水位。地下水监测站组成结构如图 9.1.2 所示。其设备安装示意图如图 9.1.3 所示。

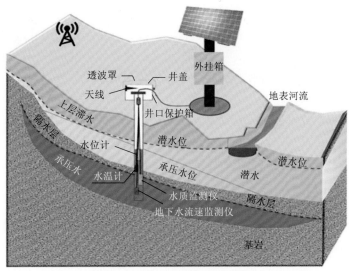

图 9.1.2　地下水监测站组成结构

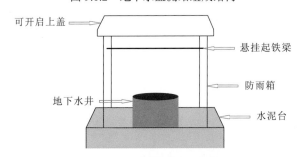

图 9.1.3　地下水监测站设备安装示意图

目前，常用于地下水位自动测量的传感器主要有浮子式和压力式两种地下水位计。

1. 浮子式地下水位计

浮子式地下水位计由浮子、悬索、水位轮系统组成，利用编码器对水位值编码，输出数据供固态存储记录或遥测传输，一般将水位感应部件、编码器、固态存储传输设备、电源等所有部分都悬挂在井中自动工作。浮子式地下水位计结构简单、可靠，便于操作维护。只要测井口径满足安装要求，可以用于所有地点，水位测量的准确性也较高。

水位编码器的性能各异，选用时要注意。地下水埋深较大时，尤其要注意悬索、水位轮的配合，了解和控制可能产生的误差。浮子式地下水位计对测井的倾斜度有要求，应用时需注意。

基本参数：水位变化范围为 0～10 m；水位准确性为 ±2 cm；适用井径>12 cm。

2. 压力式地下水位计

压力式地下水位计通过测量水面以下某一点的静水压力，根据水体的密度换算得到此测量点以上水位的高度，从而得到水位。水面上承受着大气压力，所以水下测点测到的压力是测量点以上水柱高度形成的水压力与水体表面的大气压力之和。换算成水位高度时应减去大气压力，或者应用补偿方式自动减掉大气压力。压力式地下水位计扩散硅充油芯体封装在不锈钢壳体内，前端防护帽起保护传感器膜片的作用，也能使液体流畅地接触到膜片，防水导线与外壳密封相连，通气管在电缆内与外界相连，内部结构采用防结露设计。

压力式地下水位计可以用于直径为 5 cm 的地下水位测井，甚至是 1 in 直径的测井。因此，可以认为其在使用中对测井口径没有要求，而且基本上可以适用于任何埋深。地下水中的泥沙含量少，水质、密度较为稳定，很适合压力式地下水位计的应用。因此，压力式地下水位计适合地下水位的高准确度测量。一体化的压力式地下水位计的所有工作部分都在地下水测井的水下，不受地面上物体的干扰，工作稳定。

压力式地下水位计可同时测量水温，具有温度补偿修正功能。现在普遍使用的陶瓷电容式压力传感器弥补了硅压力传感器的一些不足，使压力传感元件更加稳定。压力式地下水位计水位测量的准确性已高于浮子式地下水位计。

适合监测地下水的压力式地下水位计的一般技术指标如下：水位量程为 10 m、20 m、40 m、80 m 或定制；基本量程为 0～50 m；综合精度为 ±0.1%FS（典型值）；供电电源为 10～28 V；输出信号为 RS485 接口（自定义协议）或 HART 协议；补偿温度为-10～70 ℃；工作温度为-10～70 ℃；长期稳定性为 ±0.2%FS/a；绝缘电阻为 100 MΩ，50 V；振动 $20g$，20～5 000 Hz；冲击 $20g$，11 ms；防护等级为 IP68。

3. 遥测终端机 RTU

地下水监测用遥测终端机一般采用微功耗 RTU、大容量可更换锂原电池和不锈钢壳体，通信协议完全符合《国家地下水监测工程（水利部分）监测数据通信报文规定（试行）》的要求。可以按照设定的间隔时间唤醒并启动测量，将数据存储于本地大容量闪存中，并通过 GPRS/4G/5G 发送数据至中心服务器。

针对地下水监测项目特点，进行小型化、一体化设计，机械零部件的材质充分考虑到耐腐蚀性和密封性，并且对地下水质不造成污染；在电源、防护、长期稳定性方面较地表水有较大的提高。

基本参数如下：供电电压为[7.2×（1±15%）] V；待机电流<16 μA；采集电流<20 mA；通信电流<85 mA；电池介质为锂亚硫酰氯；电池容量为 26 A·h（7.2 V）；存储容量为 128 Mbit；工作温度为-25～70 ℃。

由于地下水监测环境的特殊性，监测点设备在防潮和供电方面应采取相应的措施来保证稳定运行。

（1）防潮：受室外环境影响，如要做到长期稳定运行需要注意防潮，最好进行两级防潮设计，逐级过滤空气中的水分，并在气管口附近安放高质量干燥剂，确保变送器长期稳定工作。

第一级防潮可以在密封壳体上安装双防水透气阀，在确保大气压正确导入的同时，过滤掉大部分潮湿空气中的水蒸气。由于地下水监测设备工作在潮湿的环境中，选择高质量的防水透气阀至关重要，特别是经过寒暑周期后，设备内部的空气湿度不能有大的变化，这样才能保证系统的长期稳定性，如图 9.1.4 所示。

第一级防潮

防水透气阀VV-MOSM06P2A-D04
透气量为
139 mL/min@1.25 mbar；
阻水压力为-120 mbar(>1 m)；
适用温度为-40~150 ℃；
防护等级为IP65~IP68

图 9.1.4　第一级防潮结构设计

1 bar＝10^5 Pa

第二级防潮设计通过在防水透气盒中装入干燥剂来实现，对于残留在壳体内部的少量水蒸气，再一次进行过滤和干燥吸收，如图 9.1.5 所示。

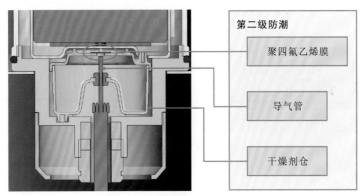

第二级防潮

聚四氟乙烯膜

导气管

干燥剂仓

图 9.1.5　第二级防潮结构设计

（2）微功耗：遥测终端机需要采用微功耗处理器，并对外围电路全部进行供电主动控制，降低整个产品的待机功耗。

（3）锂原电池：遥测终端机一般将放电性能更好、使用寿命更长的锂原电池（锂亚硫酰氯电池）作为供电电源，使得产品基本不需要维护，降低系统运维成本。

锂亚硫酰氯电池和锂离子电池相比，具有能量密度更高、自放电更小、放电曲线更平坦的优势。两种电池的放电与自放电曲线对比图如图 9.1.6、图 9.1.7 所示。

（4）低温工作设计：遥测终端机设计时应考虑到我国北方地区冬季温度低的情况，器件选型时以低温工作温度-25 ℃为标准，严格把握器件参数，确保设备在严寒地区能常年稳定工作。

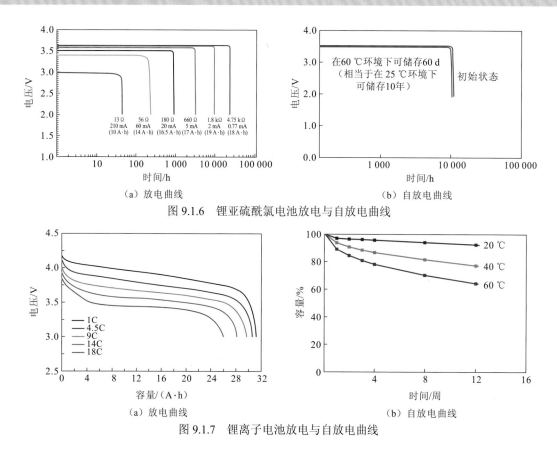

（a）放电曲线　　　　　　　　　（b）自放电曲线

图 9.1.6　锂亚硫酰氯电池放电与自放电曲线

（a）放电曲线　　　　　　　　　（b）自放电曲线

图 9.1.7　锂离子电池放电与自放电曲线

9.1.3　地下水质监测

1. 地下水质监测方法

地下水质监测方法可以分为人工采样分析和自动监测。自动监测又可以分为电极法水质自动测量和抽水采样自动分析法。

地下水质自动监测基本上都采用电极法水质自动测量仪器。人工测量时一般都只在现场采集水样，带回实验室分析；也可以使用便携式自动测量仪在现场进行人工自动测量和样品现场分析。

2. 地下水质监测仪器

（1）人工在现场直接测量地下水质的仪器都是便携式的，分为两类：一类是便携式直接法水质测量仪；另一类是便携式水质分析仪。这两类仪器都需要现场采取水样（或投放入水体中）并进行测量。

（2）地下水采样设备分为采样泵和采样器两类。

地下水采样泵将地下水抽出地面，一般都具有扬程大、流量小的特点。按工作特性不同，有底阀、双阀、气囊式、蠕动、不连续间隔等采样泵。其中，底阀采样泵可以人工操作，最大扬程为 30 m。低流量的气囊式采样泵用压缩空气挤压气囊将水样提升出地面，水样不和气体接触，也不搅拌和抽吸，低流量采样又减少了对地下水体的扰动，因此，得到的水样代表性较好。一些采样泵可以工作在直径为 2 cm 的测井内。地下水采样器放入地下水面以下，取得某一指定深度的水样，在提升到水面的过程中不能与地下水体发生水的交换。在进入地下水面到达指定深度的过程中，也不应有这一行程中的水体停留在采样器中。

（3）电极法水质自动测量仪器。

电极法水质自动测量仪器的传感器（水质测量电极或相应的测量元件）放入水体中，能直接感测或转换得到某一水质参数的数值。某一种电极只能测得某一种水质参数。感应头直接感应水质，没有可动部件，可以较长时期在水中工作，连续测量。使用时，将仪器悬挂在地下水测井的水下。一体化产品的测量电极、测控电路、数据存储器、电源等部件是一个整体，在水下自动完成测量、记录，通过专用电缆读取数据和遥测传输。

电极法水质自动测量仪器的特点：

（1）应用范围广，可以对大多数水质进行直接测定；

（2）线性范围广，这是针对测得的电位等量值与水质参数的关系稳定而言的；

（3）快速，这是自动测量所必需的，不过也是相对于抽水采样自动分析法而言的；

（4）设备简单，电极简单、牢固、体积不大，便于安装应用；

（5）价格较低，比自动分析仪器便宜很多。

电极法水质自动测量仪器的局限性：

（1）一些产品的维护要求较高，有定期清洗、更换耗件的要求；

（2）测量准确度稍低，这是相对于抽水采样自动分析法来讲的；

（3）不同测量电极的产品性能差别很大。

地下水质的电极法自动测量仪器很多，性能差异不大，一般地下水位水质多参数仪器的参数特点如下。

（1）仪器尺寸：可用于 50.8 mm（2 in）直径的测井。

（2）可测参数：水位、水温、电导率、DO、pH、盐度、浊度等。

（3）存储方式：固态存储。

（4）接口：RS485。

9.2　墒　情　监　测

土壤中水分的多少有两种表示方法：一种是以土壤含水量表示，分重量含水量和体积含水量两种，两者之间的关系由土壤容重来换算；另一种是以土壤水势表示，土壤水势的负值是土壤水吸力。土壤含水量有三个重要指标：第一个是土壤饱和含水量，表示该土壤最多能含多少水，此时土壤水势为 0；第二个是田间持水量，是土壤饱和含水量减去重力水后土壤所能保持的水分，重力水基本上不能被植物吸收利用，此时土壤水势为-0.3 bar；第三个是萎蔫系数，是植物萎蔫时土壤仍能保持的水分，这部分水也不能被植物吸收利用，此时土壤水势为-15 bar。田间持水量与萎蔫系数之间的水称为土壤有效水，是植物可以吸收利用的部分。

土壤含水量和土壤的介电常数是密切相关的。在物理学中介电常数本来是用于描述介电材料在电场中的极化程度的物理量，然而土壤学的研究表明土壤介电常数本身包含了反映土壤品质和性质的大量信息。利用统计学的回归方法已经证明，无论土壤的结构、成分与质地有何差异，土壤含水量与水-土混合物复介电常数的实部分量总是呈现确定性的单值函数关系，这一结论的重要性在于土壤含水量的测定可以通过介电常数的测定而间接得到，而土壤介电常数测定的准确度，以及土壤含水量和介电常数之间的关系模型则是土壤含水量测量准确度的两个关键因素。此外，土壤中的盐分含量、水分含量、质地结构、有机质含量等都不同程度地影响着水-土混合物复介电常数的变化。

土壤墒情监测主要是监测土壤的含水量，其仪器的核心是土壤水分传感器，它将土壤中表示含水特性的物理量转换为电子设备所能识别的电量。以自动墒情监测站为目的，按照《土壤墒情监测规范》（SL 364—2015）的有关规定，对土壤水分传感器提出了一些包括测量范围、误差范围、稳定时间及工作环境温湿度等的主要技术要求[75]。

土壤水分传感器又称土壤湿度传感器，由不锈钢探针和防水探头构成，可长期埋设于土壤和堤坝内使用，对表层和深层土壤进行墒情的定点监测和在线测量。其与数据采集器配合使用，可作为水分定点监测或移动测量的工具。

9.2.1　土壤水分监测仪分类和特点

按照测量原理，土壤水分监测仪主要包括时域反射型仪、时域传输型仪、频域反射型仪、中子仪和张力计（又名负压仪）五种类型。传统烘干称重法不属于土壤水分监测仪的范畴，它只是一种方法。烘干称重法的内容和方法在《土壤墒情监测规范》（SL 364—2015）中有明确规定，目前烘干称重法依然是唯一的校验土壤监测仪器的方法[76-77]。

1. 时域反射型仪

时域反射型仪是近年来出现的测量土壤含水量的重要仪器，是通过测量土壤中的水和其他介质介电常数之间的差异，并采用 TDR 研制出来的仪器，具有快速、便捷和能连续观测土壤含水量的优点。由于空气、干土和水的介电常数相对固定，如果对特定的土壤和介电常数的关系已知，就可以间接对土壤水分进行有效介电常数的测量。根据电磁波在介质中的传播速度与包围在传输体上的物质的介电常数有关的基本原理，干燥土壤与水之间的介电常数具有很大的差别，所以该技术从理论上来讲对土壤水分的测量有很好的响应和灵敏度。时域反射型仪土壤水分传感器的主体是一个含有探针的密封探头，当探针完全插入土壤中时，测量输出信号通过有线电缆输出，可以接遥测终端，也可以接手持式仪表。时域反射型仪的特点如下。

（1）TDR 土壤水分监测仪器沿着埋设在土壤中的波导头发射高频波，高频波在土壤的传输速度（或传输时间）与土壤的介电常数相关，介电常数与土壤的含水量相关，这样测量高频波的传输时间或速度可直接得到土壤的含水量。理论上，这是土壤水分监测精度最高的技术。

（2）因电磁波的传输速度很快，时域反射型仪测定时间的精度需达 0.1 ns 级，因此时域反射型仪的时间电路成本高，测量结果受温度影响小。

（3）时域反射型仪土壤水分传感器高频波的发射和测量在传感器体内完成，工作时产生一个 1 GHz 以上的高频电磁波，传输时间为 10^{-12} s 级，输出信号一般为模拟电压信号，可精确表达插入点处土壤的水分。根据不同的信号采集要求，时域反射型仪土壤水分传感器也可输出 4～20 mA 或 RS232 串行接口数据。时域反射型仪的上述输出容易接入常规的数据采集器，形成自动测量系统。

（4）目前市场上的时域反射型仪土壤水分传感器是典型的点式土壤水分测量仪器，体积小，重量轻，单个传感器损坏可更换，运维方便。

2. 时域传输型仪

时域传输技术是另外一种土壤水分测量技术。时域传输技术的特点就是电磁波在介质中单程传播，检测电磁波单向传输后的信号，并不要求获取反射后的信号。该技术也是基于土壤介电常数的差异性来测定土壤含水量的。时域传输型仪的特点如下。

（1）以时域传输原理研制出的水分测定仪工作频率较低，线路设计比较简单，成本比时域反射型仪低。

（2）典型产品为带状土壤水分传感器，在部分土质不均匀的土壤类型的应用中具有推广应用潜力。

（3）基于时域传输原理研制出的水分测定仪的输出信号一般为模拟量，可以接入常规的数据采集器，形成自动测量系统。

3. 频域反射型仪

频域反射型仪土壤水分传感器的测量原理是插入土壤中的电极与土壤之间形成电容，并与高频振荡器形成一个回路。通过设计的传输探针产生高频信号，传输探针的阻抗随土壤阻抗的变化而变化。阻抗包括表观介电常数和离子传导率。应用扫频技术，选用合适的电信号频率使离子传导率的影响最小，传输探针阻抗的变化几乎仅依赖于土壤介电常数的变化。这些变化产生一个电压驻波。驻波随探针周围介质介电常数的变化增加或减小由晶体振荡器产生的电压。电压的差值对应于土壤的表观介电常数。频域反射型仪的特点如下。

（1）采用在某个频率上测定相对电容，即介电常数的方法测量土壤含水量。频域测量技术近期得到应用。频域法相比于时域法结构更简单，测量更方便。可靠的土壤含水量必须对每一个应用通过后续的标定来得到。近年来，随着电子技术和元器件的发展，测量介电常数的频域水分传感器已研制成功，由于频域法仪器采用了低于时域反射型仪的工作频率，在测量电路上易于实现，造价较低。

（2）频域法仪器一般工作在 20～150 MHz 的频率范围内，由多种电路可将介电常数的变化转换为直流电压或其他模拟量的输出形式，输出的直流电压在广泛的工作范围内与土壤含水量直接相关，对传输电缆没有十分严格的要求。

（3）最初，国内研制频域反射型仪采用的是高频电容式传感器，后来逐渐更新为驻波式频域反射型传感器。国内最早研制的此类型传感器因参照国外第一代频域反射型传感器的设计思路，没有温度补偿，测量结果变异大。国外驻波式频域反射型仪土壤水分传感器也在不断革新，逐步增加了温度补偿等功能，相应提高了测量精度。但是，频域反射型仪土壤水分传感器采用的是 100 MHz 左右的电磁波，所以波在传输过程中受土壤的温度和电导率（盐分）的影响较大时，测量精度比时域反射型仪和时域传输型仪土壤水分传感器要低一些。

（4）频域反射型仪土壤水分传感器的一般输出为直流电压量，容易接入常规的数据采集器实现连续、动态的墒情监测，可组建墒情监测网络，系统建设费用比前两种低。

4. 中子仪、张力计

中子仪是历史悠久的测量土壤体积含水量的仪器。中子仪由高能放射性中子源和热中子探测器构成。中子源向各个方向发射能量在 0.1～10.0 MeV 的快中子射线。在土壤中，快中子迅速被周围的介质减速，其中主要是被水中的氢原子减速，变为慢中子，并在探测器周围形成密度与水分含量相关的慢中子"云球"。散射到探测器的慢中子产生电脉冲，且被计数；在一个指定时间内被计数的慢中子的数量与土壤的体积含水量相关，中子计数越大，土壤含水量越大。中子仪适合人工便携式测量土壤墒情，采用中子仪定点监测土壤含水量时，每次埋设导管之前，都应以烘干称重法为基准对仪器进行率定。因中子仪带有放射源，设备管理、使用受到环境的限制。

张力计是测量非饱和状态土壤中张力的仪器。常用的张力计的测量范围为 0～100 kPa。水总是从高水势的地方流向低水势的地方，土壤中的水分运移基于土壤水势梯度。水势反映了土壤的持水能力。水分在土壤中受多种力的作用，其自由能降低，这种势能的变化称为土水势（土壤吸力）。张力计的应用原理类似于植物根系从土壤中获取水分的抽吸方式，它测量的是作物要从土壤中汲取水分所施加的力。因张力计价格低廉，可以在田块中大量布设来研究土壤水分布。用于压力值显示的可以是指针式表和压力传感器，通过电气改造，传感器可用于自动测量。电阻法常用多孔介质块——石膏电阻块测量土壤水分，因灵敏度低，目前应用较少。

9.2.2　TDR 墒情监测技术

TDR 墒情监测技术，因不需对测量土壤提前率定、快速准确、易于实现自动化在线监测的特点，被普遍认为是最有效可行的土壤含水量测量方式。但是，由于它所采用的高速延迟线技术被西方国家严格垄断，近年来，国内水利、气象及农业领域墒情监测系统的建设大多采用一些简单、可替代的低价产品和一些发达国家的进口低端产品；但这类仪器所共有的缺陷在于均需对所测量土壤提前进行率定，因此都难以达到实际监测的需求，这是由其本身原理上的缺陷导致的。

TDR 原理产生于 20 世纪 30 年代，最初被用来确定通信电缆的受损位置。由于 TDR 测得的电磁波反射曲线能够反映土壤介电参数及电导率，近年来，TDR 技术在岩土工程领域含水量、干密度、电导率、地下水位的测定及边坡稳定性监测等方面得到较好应用。虽然 TDR 技术有广泛的应用前景，但该仪器的核心电子部件被西方少数国家垄断。目前时域反射型仪主要有德国 IMKO 公司生产的 TRIME-TDR、美国 SEC 公司生产的 6050X3 MiniTrase TDR 和美国 Campbell Scientific 公司生产的 TDR100 土壤水分测定仪等。其中，TRIME-TDR 应用了相位检测原理，电导率对其含水量测试产生显著影响，而且需对所测土壤进行公式率定。MiniTrase TDR 和 TDR100 的含水量测试误差可控制在 3%以内，但售价均较高，难以大范围推广应用。时域反射型仪的国产化研发有着迫切需求。TDR 技术的关键在于传输线上电磁波传输时间的精确测量，其主要基于三种体制：时域无载频脉冲体制、调频连续波体制和频域频率步进体制。现有时域反射型仪采用时域无载频脉冲体制，其核心在于高速延迟线技术。调频连续波体制多用于雷达测距，因其电磁波的适用频率较低而不适合土壤水分测量。频域频率步进体制是 20 世纪 70 年代后，随着快速傅里叶算法的提出和计算机计算速度的大幅提高而发展起来的技术，它基于傅里叶变换及其逆变换能够实现频域和时域信号之间相互转换的原理，实现时间的精准测量，在探地雷达和电子测量领域中广泛应用。

1. TDR 测试土体含水量的基本原理

土体介电常数是反映土体极化程度的参数，物质的色散电磁特性由相对介电常数来定量描述。测试土壤介电常数的影响因素众多，其中影响较大的为频率和温度。介电常数实部对于体积含水量测定起关键作用。在低频率（10～100 MHz）范围，土壤的介电常数实部受温度影响较大，TDR 系统需要标定。在高频率（100 MHz～4.5 GHz）范围，土壤在高频率段的极化降低，可忽略温度改变带来的介电常数实部的细微变化。

利用 TDR 原理测量土壤体积含水量基于电磁学中的介电常数理论。具有能量的电磁脉冲信号沿着同轴线或平行线传播，传播速度 v 依赖于与波导传输线相接触和包围着的介质材料的表观介电常数（以下简称为介电常数），公式为

$$K_a = (c/v)^2 \qquad (9.2.1)$$

式中：K_a 为介电常数；c 为光速。

每种物质都有其固有的介电常数，组成土壤的成分主要有空气、矿物质、有机颗粒及土壤吸入的水分等。由于水的介电常数为 80，远大于空气（介电常数为 1）与矿物质、有机颗粒（介电常数为 2～4）的介电常数，当带有能量的微波脉冲沿着埋在土壤中的传输线传播时，传播速度主要由土壤的含水量决定。1980 年，加拿大科学家 G. C. Topp 提出了土壤体积含水率 θ_V 的公式[78]：

$$\theta_V = -5.3\times10^{-2} + 2.92\times10^{-2}K_a - 5.5\times10^{-4}K_a^2 + 4.3\times10^{-6}K_a^3 \qquad (9.2.2)$$

这一经验公式建立了土壤体积含水率θ_V与介电常数的联系，也让利用 TDR 技术实现土壤含水量的测量成为可能。

国外传统的 TDR 系统均采用时域无载频脉冲体制，系统结构如图 9.2.1 所示。工作时高频脉冲信号发生器发出带宽为 1 GHz 的阶跃脉冲，通过同轴电缆传输到探针，探针插入介质引起的阻抗不匹配使得一部分电磁波在探针根部沿同轴电缆反射回来，剩余的电磁波继续沿探针传输到探针的另一端，探针的中断造成电磁波的再次反射。两次反射之间的时间是电磁波沿探针传输时间的 2 倍，两次反射的时间可由高频示波器测量、显示。若用 L 表示探针长度，Δt 表示电磁波在波导中的传输时间，则电磁波在介质中的传输速度为 $v = 2L/\Delta t$，进而得出所测介质的介电常数 $K_a = [c \times \Delta t/(2L)]^2$。

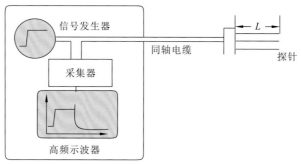

图 9.2.1　传统 TDR 土壤水分测试系统

由此可见，TDR 技术的关键在于对电磁波传播时间的精确测量。TDR 技术对电磁波传输时间的精确测量有着极高的要求，其测量时间的级别在 10^{-9} s 级，而精度更是要求达到 10^{-12} s 级。

2. 时域无载频脉冲体制

传统的时域反射型仪一直采用的是时域无载频脉冲体制，其技术核心是高速延迟线技术。一个 TDR 系统由信号发生器、一个精度能够达到 10^{-12} s 级精确测量时间的时序系统及信号采集处理器构成。测量开始时，TDR 系统启动一个长系列的时序循环，每个循环开始时,时序系统控制信号发生器发射一个电压迅速上升的强激励阶跃脉冲信号（通常带宽为 1 GHz），这个脉冲沿着同轴电缆和探针传输。每个时序循环开始之后，精密的电子设备和软件将在时序系统控制的精准时刻测量传输线的有效电压。例如，在第一个循环，在循环开始时间之后的 1×10^{-11} s 对传输线的有效电压将有一次精确测量。这个有效电压将被存储下来。在下一个循环，测量有效电压的时刻将变成循环开始时间后的 2×10^{-11} s。这个有效电压将被存储下来。对每个相继的循环，测量的时刻将设成比前一个循环的测量时刻晚 1×10^{-11} s。每次的测量值都将被存储下来。测量过程一个循环接一个循环地重复，直到所储存的有效电压能够覆盖所需测量的时间范围，将所有储存的有效电压记录下来，即可形成一条捕获窗口的 TDR 测量迹线。

时域无载频脉冲体制的传统时域反射型仪实质上是一台宽带接收的高频示波器，它应用于土壤水分测量，对于大多数土壤，不经率定即可满足较高的测量精度要求，又由于其测量曲线可反映所测土壤的电磁特性，近年来它也被应用于土壤电导率等方面的测量。另外，由于土壤的成分、结构极为复杂，传统 TDR 的测量迹线也较为复杂，往往需要经过专业培训才能在图像上辨识正确的反射位置，而精确的反射时间点则需要对其测量迹线图像采用双切线的算法来确定（图 9.2.2）。这也降低了实现自动化在线监测的测量可靠性。再者，由于高频电磁波的衰减较快，而时域无载频脉冲体制时域反射型仪的体积较为庞大，无法安装在一些特殊应用场景的前端，这也限制了 TDR 技术的应用范围。

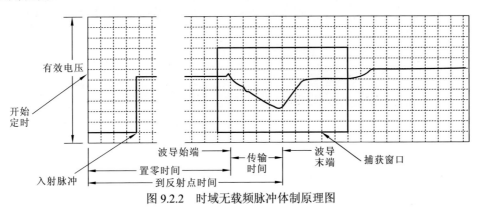

图 9.2.2　时域无载频脉冲体制原理图

3. 频域频率步进体制

20 世纪 70 年代后，随着计算机技术的发展与快速傅里叶变换算法的出现，频域频率步进体制在探地雷达和电子测量领域中被广泛地应用于时间的精准测量。2015 年，天津特利普尔科技有限公司在国际上率先将频域频率步进体制应用于 TDR 测量，成功研发了具有完全独立自主知识产权的 SFCW-TDR 技术产品，目前基于该技术包括便携式与自动化在线监测在内的土壤水分测量设备已形成系列化，被广泛应用于水利、水文等领域。

SFCW-TDR 技术产品是通过信号发生器依次产生一系列步进、最高可达到微波频段的点频连续波信号，每个单频信号沿着同轴电缆传输到末端的探针，当遇着介质（土壤）时产生反射信号，通过定向耦合，分离入射测试信号和反射响应信号，再经过模数采样后得到一系列数字化的入射波和反射波的复基带频域信号，进而通过离散逆傅里叶变换转换到时域，得到一个时域上多个强冲击脉冲函数——辛格函数

$$\mathrm{sinc}\,(t'-\tau) = \begin{cases} \dfrac{\sin(t'-\tau)}{t'-\tau}, & t' \neq \tau \\ 1, & t' = \tau \end{cases}$$

的组合，其中 t' 为入射信号时间点，τ 为产生发射的时间点，从而实现仪器的 TDR 测量。

图 9.2.3 为 SFCW-TDR 技术产品测量的实际迹线，图中 M1、M2 分别是探针的始端和末端，横坐标表示了该点发生反射的双程时间，而纵坐标则是该反射的反射系数。

与传统的时域无载频脉冲体制相比，SFCW-TDR 技术有着以下主要优点。

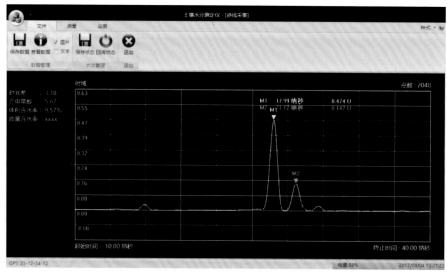

图 9.2.3　SFCW-TDR 技术产品测量的实际迹线

（1）默认设置的 1 MHz~1.8 GHz 的 2 048 个步进频率扫频范围，处于水的相对介电常数实部稳定的频率范围，同时采用完全数字化的窄带带通接收和数字处理技术，使得其适用的土壤类型更为广泛，测量精度更为精准。

（2）与传统 TDR 模拟显示的图像不同，SFCW-TDR 的图像是一个数学计算结果的数字化表示，其对于反射点的时域显示更加直观明了，因此 SFCW-TDR 技术更适合于实现自动化的在线监测。

（3）SFCW-TDR 是一个使用数字数据和数学算法来进行数据分析的数字系统，其采用的向量接收技术，可进一步采集包括频域反射、相位、驻波比、阻抗，以及相对介电常数的实部、虚部等大量的频域、时域信息，为该仪器功能的进一步开发提供了有效的工具。

（4）由于避免了复杂的高速延迟线技术，SFCW-TDR 将 TDR 的应用成本大幅度降低，特别是基于目前国际上最新的芯片技术及最先进的系统级封装工艺的小型集约化设计的 SOILTOP-300 系列，其成本已接近目前的其他技术仪器，考虑无须定时、定点率定的因素，其综合造价更为经济。

（5）国际领先的小型化设计使得该技术可以深入测量目标的前端，克服了以往 TDR技术由于测量距离过长电磁波信号衰减过大的技术瓶颈，增加了该项技术的应用场景。

4. 相位法

应用了相位检测原理的相位法时域反射仪器的测量原理沿用了 TDR 的基本物理公式 [式（9.2.1）]，但其发射的是一个固定频率的单频正弦波，并通过相位计测定信号的相位变化，从而推导得到电磁波沿探针传输的时间。

相位法时域反射仪器主要由高频电路、低频电路和土壤水分探头三个部分组成。高频电路中的信号源用来产生正弦波测试信号，环形器将由探针末端反射回来的信号与入射信号分离，相位检测器将反射信号与参考信号的相位差转换为与之成比例的直流电压信号。低频电路的模数转换器将相位检测器的输出电压数字化并送入 MPU，MPU 根据相位差计算出信号传播的时间。

如图 9.2.4 所示，假设任意时刻 t 信号源的输出电压为

$$u_0 = A_0 \cos(\omega t + \phi_0) \tag{9.2.3}$$

沿不同路径传播到相位检测器的参考信号和测试信号的传播时间分别为 t_r 和 t_m，其相位比源信号分别落后 ωt_r 和 ωt_m，则在 t 时刻它们的瞬时电压分别为

$$u_r = A_r \cos(\omega t + \phi_0 - \omega t_r) \tag{9.2.4}$$

$$u_m = A_m \cos(\omega t + \phi_0 - \omega t_m) \tag{9.2.5}$$

式中：u_0、u_r、u_m 为信号的瞬时电压；A_0、A_r、A_m 为信号的电压幅值；ω 为信号的角频率；ϕ_0 为源信号的初相位。

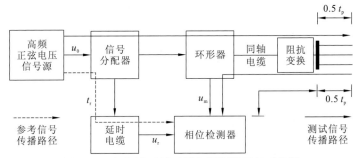

图 9.2.4　相位法时域反射仪器测量原理示意图

因此，相位检测器的两个输入信号的相位差为

$$\Delta\phi = \omega t_m - \omega t_r \tag{9.2.6}$$

从图 9.2.4 可以看出，测试信号传播的时间 t_m 在逻辑上可分为两部分：信号在探针上传播的时间 t_p 和信号在同轴电缆及仪器内部电路板上传播的时间 t_i。前者主要关注的是时间，它与探针周围的土壤含水量有关，而后者则仅与仪器本身有关。式（9.2.6）可改写为

$$\Delta\phi = \omega t_p + \omega(t_i - t_r) \tag{9.2.7}$$

从而有

$$t_p = \Delta\phi / \omega - t_i + t_r \tag{9.2.8}$$

式（9.2.8）中的 t_i 和 t_r 都仅取决于相位法时域反射仪器本身的结构和电路参数，与所测量土壤无关，由此即可通过测量相位差 $\Delta\phi$ 而达到测量电磁波沿探针在土壤中传输时间的目的。事实上，在上述公式的推导过程中，对于式（9.2.5），其测量信号的相位只考虑了电磁波传播时间带来的变化 ωt_m，而实际上测量信号在探针的起始和终端均会产生反射，根据电磁波的反射理论，反射系数 $\Gamma = |\Gamma|\mathrm{e}^{\mathrm{j}\phi}$（$\phi$ 为相位）是一个复数，其对于反射信号，不仅是电压幅值 $|\Gamma|$ 的改变，$\mathrm{e}^{\mathrm{j}\phi}$ 的改变也会造成测量信号相位的改变，而上述推导过程完全未考虑到这一因素的影响。这种相位的偏移是由所测量土壤的损耗因子等诸多与电导率相关的电磁特性决定的，这就是这类仪器为何仍需根据不同土壤进行率定的根本原因。

一个简单的试验可以证实该结论。由于本节的需求是测量土壤含水量，而改变水体电导率的最简便方法就是加入不同比例的食盐（氯化钠）。为此选择美国 SEC 公司生产的 6050X3 MiniTrase TDR、德国 IMKO 公司生产的 TRIME-TDR 及天津特利普尔科技有限公司生产的 SOILTOP-200 土壤水分测定仪，分别对纯净水及加入不同比例氯化钠的水溶液进行了测试，同时使用上海仪电科学仪器股份有限公司生产的雷磁 DDS-307A 电导率仪对溶液的电导率进行了同步测量，试验结果见表 9.2.1。

表 9.2.1　不同监测仪器在不同盐分状态下的比测结果统计表

待测液	测量温度/℃	介电常数	电导率仪	SOILTOP-200	MiniTrase TDR	TRIME-TDR
			电导率/（mS/cm）	K_a	K_a	TDR 值
纯水	26.5	77.70	0.06	76.28	78.4	84.2
含 0.3‰氯化钠的水	25.8	77.95	6.03	76.28	78.9	74.4
含 0.5‰氯化钠的水	25.8	77.95	9.90	76.28	79.0	59.1
含 0.8‰氯化钠的水	25.6	78.02	15.61	76.28	78.5	53.9
含 1.0‰氯化钠的水	25.4	78.09	19.25	76.28	78.7	48.1
含 1.3‰氯化钠的水	25.2	78.16	25.00	76.28	78.5	44.1
含 1.5‰氯化钠的水	25.0	78.24	28.30	76.28	78.8	45.5
含 1.8‰氯化钠的水	24.9	78.27	33.70	76.28	78.6	42.4
含 2.0‰氯化钠的水	24.7	78.35	36.90	76.60	78.5	45.8
含 2.3‰氯化钠的水	24.6	78.38	41.80	76.28	79.4	41.5
含 2.5‰氯化钠的水	24.4	78.46	44.60	74.38	74.2	42.4
含 2.8‰氯化钠的水	24.2	78.53	50.10	77.89	—	41.3
含 3.0‰氯化钠的水	24.1	78.56	53.40	75.64	—	41.2

由试验结果可知，采用时域无载频脉冲体制和 SFCW-TDR 技术的仪器，尽管随着食盐浓度的增加，电导率增高，电磁波衰减速度加快，前者在食盐浓度达到 2.8‰时测量失败，而 SOILTOP-200 的测量范围可达到 3‰的食盐浓度，但其测量结果基本不受盐水浓度的影响，而采用相位法的 TRIME-TDR 仪器，结果受到的电导率的影响很大。

9.2.3　频域法监测技术

由于 TDR 产品的技术门槛和高昂售价，人们一直在试图研发一种相对廉价、易实现的替代 TDR 技术的产品，它们大多通过频域的方法测定土壤的介电常数，从而实现对土壤体积含水率的测量。从原理上，频域法大致分为 FDR、FDD、SWR 三大类。

1. FDR

FDR 的基本构造是由一对电极（平行的金属棒或圆形金属环）构成的一个电容器，电极之间的土壤充当电介质，电容器与振荡器连接组成一个调谐电路。当土壤的含水量发生变化时，其相对介电常数随之改变，引起电容量 C 的相应变化，而振荡器的工作频率 f 则随着土壤电容的增加而降低，进而通过测量频率的变化得到土壤的体积含水率。土壤的体积含水率 θ_V 为

$$\theta_V = a \cdot S_F^b \tag{9.2.9}$$

$$S_F = (F_a - F_s)/(F_a - F_w) \tag{9.2.10}$$

式中：S_F 为归一频率；F_a 为仪器放置于空气中所测得的频率；F_w 为仪器放置在水中所测得的频率；F_s 为仪器安装于土壤中所测得的频率；a、b 为参数，需要采集样本通过非线性回归方法率定。

FDR 类仪器的最大优点是传感器结构的多样性，目前市场上较为流行的管状探针产品就采用这类技术。但其根本上依据的是测量土壤的相对介电常数，而土壤的电导率对于其相对介电常数的影响非常大，因此这类仪器必须利用所测土壤对公式进行率定。

由于率定的工作量较大，现场操作较为困难，故近年来流行着一种"调参"的操作方法，即在式（9.2.9）的右端加上了一个常数项 c'，如 $\theta_V = a \cdot S_F^b + c'$，通过人工采集一点土壤的体积含水率来确定参数 c'，实际上这种"调参"法是没有科学依据的，它只能暂时保证在"调参"含水率相近的范围内误差较小，而当所测含水率与所选"调参"的含水率相差较大时，误差必然较大，而且随着土壤耕作及气候变化，土壤电导率发生变化，其测量误差也会增大。因此，"调参"法不能解决 FDR 类仪器的根本缺陷。

2. FDD

1992 年，荷兰瓦赫宁恩大学学者 Thea Hilhorst 通过大量的研究，提出了 FDD[79]。该方法利用矢量电压测量技术，在某一理想测试频率下对土壤的介电常数进行实部和虚部的分解，通过分解出的介电常数虚部可以得到土壤的电导率，由分解出的介电常数实部换算出土壤含水率。Thea Hilhorst 等由此于 1993 年设计开发出了一种用于频域法土壤水分传感器的专门芯片专用集成电路（application specific integrated circuit，ASIC）[80]。该方法理想的测试频率为 20～30 MHz，但在这个频段，土壤的介电常数对土质又非常敏感，因此，土质对测量结果的影响也较大，这是该方法不可避免的缺陷。另外，FDD需要准确地计算探针的特征阻抗，而实际的探针制作工艺使得其并不能用简单的平行传输线理论完全描述，特征阻抗的计算需通过建立复杂的 Maxwell 方程来实现，因此目前大多采用率定的方法来确定探针在不同介质中的特征阻抗，而试验表明，制作的探针受结构及工艺的限制，其特征阻抗在不同介质中并非简单的线性关系，因此也降低了这类仪器的测量准确度。

3. SWR

基于微波理论中 SWR 原理的土壤水分测量方法与 TDR 不同，这种测量方法不再测量反射波的时间差，而是测量它的驻波比。

图 9.2.5 是 SWR 仪器的结构示意图。由信号发生器发射一个频率为 $f=100\,\text{MHz}$ 的

正弦电磁激励信号，沿同轴电缆传播至土壤探针，在同轴电缆与土壤探针结合处，由于土壤探针阻抗随土壤的介电常数发生变化，形成的阻抗差将使信号产生反射，入射信号与反射信号相叠加形成驻波，通过电位计测量驻波高低峰值 V_0、V_j 的差异，从而得到信号在上述结合点的反射系数 ρ：

$$\rho = (V_0 - V_j) / 2V_a \qquad (9.2.11)$$

式中：V_a 为激励信号的电压幅值。

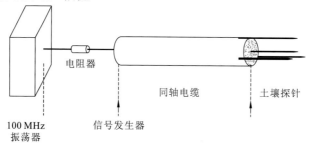

图 9.2.5　SWR 仪器的结构示意图

试验表明土壤介电常数的改变能够引起同轴电缆上驻波比的显著变化，因而通过率定得到有关体积含水率 θ_V 与 $V_0 - V_j$ 之间的三次多项式拟合公式。

通过对 SWR 仪器工作原理的分析，可以发现如下结论。

（1）它的工作原理最终在于利用同轴电缆与土壤探针连接点产生反射的反射系数 ρ，而由电磁学理论可知：

$$\rho = \frac{Z_L - Z_0}{Z_L + Z_0} \qquad (9.2.12)$$

式中：Z_0 为同轴电缆自身的特征阻抗；Z_L 为土壤探针插入测量介质形成的阻抗，其主要由土壤探针模拟的电解电容结构的容抗决定，Zegelin 等[81]给出了这种多针结构土壤探针阻抗的计算公式，即

$$Z_L = \frac{(n+1)\ln D / d}{n\sqrt{|\varepsilon_r|}} \qquad (9.2.13)$$

式中：n 为土壤探针外部模拟同轴电缆直径为 D 的外导体的针体的数目；d 为针体的直径；ε_r 为测量介质的相对介电常数。由式（9.2.13）可见，ρ 主要由 ε_r 决定，因此 SWR 仪器测量的是土体的相对介电常数，不同于 TDR 仪器测量的表观介电常数，这也是这类仪器需要率定的根本原因[82-83]。

（2）分析图 9.2.5 中 SWR 仪器的结构不难发现，在发射一个激励信号后，除了在同轴电缆和土壤探针连接处产生反射外，其透射的信号沿土壤探针继续传播至土壤探针顶点，形成一个信号的开路，又会产生一个全反射，这对所测量的驻波差也有较大的影响，不应在仪器测量过程中被忽略。

（3）从式（9.2.11）～式（9.2.13）可以看出，虽然在公式中加上了一些复杂的边界条件，但受土壤探针实际制作工艺的限制，目前还没有一个真正符合实际的计算方法，因此只能通过率定的方法来消除这些系统测量偏差。

9.2.4　系统应用

1. 系统总体结构

墒情自动监测系统主要由 TDR 在线监测设备[包含现场设备（传感器）、通信模块、供电系统]和数据接收处理平台组成。现场设备（传感器）采集墒情数据，通过 4G 信道传输数据至服务器端数据接收处理平台，数据接收处理平台将数据存储至数据库，并通过 Web 端展现给用户。同时，服务器端部署设备管理系统，前端设备可通过设备管理系统更改、配置前端设备（传感器），通过此方式进行远程软件升级、设备状态监测、设备日志调取等。

系统总体结构如图 9.2.6 所示。

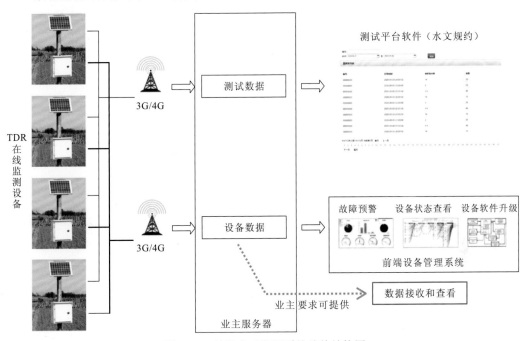

图 9.2.6　墒情自动监测系统总体结构图

TDR 在线监测设备以 4G 版墒情监测设备设计为核心，它是基于 SFCW-TDR 技术实现的 TDR 专业土壤水分测定设备，内置水文规约，拥有低功耗电源管理和高集成度的 SFCW-TDR 采集器。TDR 在线监测设备由太阳能电池系统供电，供电系统应保证在太阳能板故障的状态下连续工作 30 d 以上。通信模块为 TDR 主机、TDR 采集器进行控电，应保证整个系统在待机时处于低功耗模式；同时，可采集电池电压，并实时上传至服务器，同步监测 TDR 主机的工作状态；现场可方便配置；TDR 主机应存储 5～10 年的数据、软件运行日志，可进行现场读取，通过 4G 信道与服务器远程交互；应具有 USB、LAN 等常规接口。

2. 系统总体功能框架

以省级系统为例，省中心服务器部署软件分为两个部分，即设备管理系统及数据接收处理平台（数据接收、数据查看），两者可集成为一体，数据接收处理平台接收全省 TDR 监测设备上传的墒情数据，并实时存储至数据库。同时，可通过 Web 端进行数据展示、数据导出。设备管理系统应具备参数下发、软件升级、用户管理、设备管理、日志调取等功能；可通过服务器实现设备管理及维护；具有稳定、可靠、高精度、免率定的特点。设备管理系统可实时监测现场站点的运行状况，具有异常状态预警、异常状态分析、远程软件升级等一系列辅助功能。数据接收处理平台支持数据导出、数据趋势图示、地理信息系统（geographic information system，GIS）图示等功能。系统总体功能框架如图 9.2.7 所示。

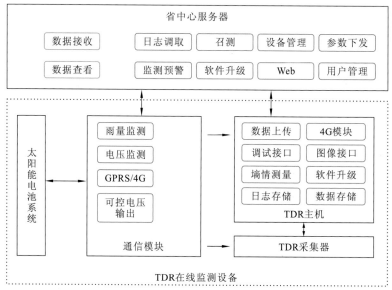

图 9.2.7　墒情自动监测系统总体功能框架图

3. 墒情自动监测站集成

墒情自动监测站主要由墒情信息采集与传输系统、辅助设备设施构成。墒情信息采集与传输系统主要由墒情传感器、RTU、通信单元、太阳能电池、蓄电池构成。墒情自动监测站墒情信息采集与传输系统结构如图 9.2.8 所示。

4. 应用实例与比测分析

SOILTOP-200 土壤水分测定仪在电磁波传输时间的测量上不同于传统的 TDR 土壤水分测量仪器所使用的时域无载频脉冲体制，而是采用了频域频率步进体制和矢量接收技术。仪器分时依次步进产生一系列点频连续波信号，频率最高可达到微波频段，根据土壤特性，本仪器的最高频率为 4 GHz。每个单频信号通过耦合产生激励入射信号的代表信号，直通信号沿着同轴电缆传输到末端的探针，遇到不同介质（土壤）便产生信号

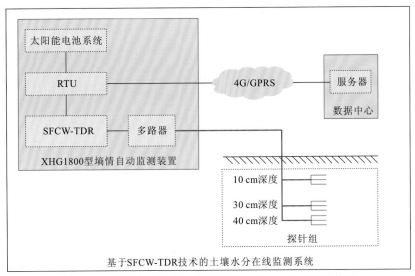

图 9.2.8　墒情自动监测站墒情信息采集与传输系统结构图

反射，再通过定向耦合实现测试信号和反射响应信号的分离，形成反射接收信号。入射代表和反射接收两种信号分别由各自的接收机接收并存储，当一次 1024 点或 2 048 点频率扫描结束后，得到一系列入射波和反射波，再通过离散傅里叶变换得到探针的起点和终点脉冲响应，自动得到信号在探针中的传输时间，进而得到土壤含水量，即土壤墒情。

SOILTOP-200 土壤水分测定仪采用扫频响应测量模式，通过采集最高频率范围为 1 MHz～4 GHz、最多达 2048 组的步进频率信号，由快速傅里叶变换和数字信号处理算法转换至时域，实现 TDR 的测量功能。因此，SOILTOP-200 土壤水分测定仪是一个使用数字数据和数学算法进行数据分析的时域、频域的多域处理系统，所采用的矢量接收技术，在准确测量土壤含水量的同时，还能提供不同频率电磁波作用下的相应幅值和相位等频域信息特征，为有需求客户及本仪器功能的进一步开发提供有效的工具。

图 9.2.9 和图 9.2.10 分别是 SOILTOP-200 土壤水分测定仪对黄土及黏土在 1 MHz～4 GHz 范围内的频域测试结果，所表现的不同频域特征为进一步探究提供参考。

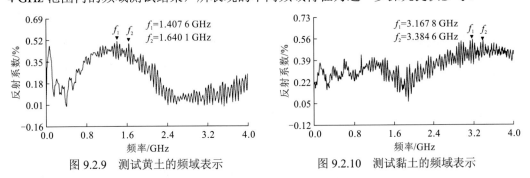

图 9.2.9　测试黄土的频域表示　　　　图 9.2.10　测试黏土的频域表示

2017 年 10 月～2019 年 4 月，应用便携式的 SOILTOP-200 土壤水分测定仪，对辽宁省朝阳市所辖区域的多个水文站及多种土壤的农田进行了移动监测，并与烘干称重法数据进行了比测试验[84]，比测试验结果见表 9.2.2。

表 9.2.2 SOILTOP-200 土壤水分测定仪野外比测试验结果

测量时间	监测地点	土壤类型	测量深度/cm	烘干称重法测量值			SOILTOP-200 测量值			人工环刀取土，无须烘干		测量误差绝对值		
				体积含水率/%	重量含水率/%	干容重/(kN/m³)	体积含水率/%	重复	重量含水率/%	干容重/(kN/m³)	重量含水率/%	烘干称重法与SOILTOP-200体积含水率测量误差/%	烘干称重法与SOILTOP-200重量含水率测量误差/%	烘干称重法与人工环刀取土重量含水率测量误差/%
2017年10月	气象场	砂壤土	10	17.98	13.12	1.37	17.79	0	12.99	1.33	13.34	0.19	0.13	0.22
			20	16.32	13.03	1.25	14.94	0	11.92	1.30	11.53	1.38	1.11	1.50
			40	16.73	12.72	1.32	17.07	0	12.97	1.34	12.71	0.34	0.25	0.01
	腰而营子	沙土	10	13.51	9.66	1.40	12.17	0	10.17	1.43	9.96	1.34	0.51	0.30
			20	6.52	4.65	1.40	7.27	0	5.18	1.40	5.19	0.75	0.53	0.54
			40	数据异常			9.34	0	—	—	—	—	—	—
	水文局院	沙土	10	22.60	16.79	1.35	20.80	0	15.41	1.37	15.18	1.80	1.38	1.61
			20	12.14	8.34	1.46	13.72	0	9.42	1.44	9.50	1.58	1.08	1.16
			40	13.59	8.94	1.45	15.29	0	10.53	1.46	10.49	1.70	1.59	1.55
	小伍家	潮土	10	12.37	10.65	1.16	11.23	0	9.66	1.20	10.21	1.14	0.99	0.44
			20	22.17	15.58	1.42	23.52	0	16.52	1.44	16.34	1.35	0.94	0.76
			40	25.12	17.83	1.41	24.47	0	17.37	1.42	17.24	0.65	0.46	0.59
	十三台农田	壤土	10	21.37	18.51	1.15	数据异常			—		—	—	—
			20	25.83	18.07	1.43	26.11	0	18.27	1.49	17.50	0.28	0.20	0.57
			40	23.97	16.95	1.41	25.39	0	17.95	1.46	17.42	1.42	1.00	0.47

续表

测量时间	监测地点	土壤类型	测量深度/cm	烘干称重法测量值			SOILTOP-200 测量值				人工环刀取土，无须烘干		测量误差绝对值		
				体积含水率/%	重量含水率/%	干容重/(kN/m³)	干容重/(kN/m³)	体积含水率/%	重复	重量含水率/%	干容重/(kN/m³)	重量含水率/%	烘干称重法与SOILTOP-200体积含水率测量误差/%	烘干称重法与SOILTOP-200重量含水率测量误差/%	烘干称重法与人工环刀取土法重量含水率测量误差/%
2019 年 4 月	气象场	砂壤土	10	17.64	14.15	1.25	1.25	17.43	0	13.99	1.23	14.16	0.21	0.16	0.01
			20	15.42	13.71	1.13	1.13	14.94	0	13.27	1.20	12.46	0.48	0.44	1.25
			40	15.39	12.47	1.23	1.23	15.29	0	12.38	1.22	12.56	0.10	0.09	0.09
	六合城	砂壤土	10	20.14	14.57	1.38	1.38	19.39	0	14.03	1.36	14.26	0.75	0.54	0.31
			20	19.44	13.48	1.33	1.33	18.65	0	13.98	1.33	13.98	0.79	0.50	0.50
			40	18.04	13.73	1.31	1.31	17.11	0	13.02	1.35	13.83	0.93	0.71	0.10
	小伍家	潮土	10	9.45	8.35	1.13	1.13	10.52	0	9.27	1.21	8.73	1.07	0.92	0.38
			20	24.61	17.15	1.44	1.44	22.54	0	15.71	1.42	15.92	2.07	1.44	1.23
			40	23.75	16.68	1.42	1.42	25.34	0	17.79	1.39	18.17	1.59	1.11	1.49
	腰而营子	沙土	10	13.16	9.37	1.41	1.41	12.33	0	8.78	1.44	8.59	0.83	0.59	0.78
			20	6.07	4.33	1.40	1.40	6.47	0	4.61	1.39	4.64	0.40	0.28	0.31
			40	8.90	6.34	1.42	1.42	9.76	0	6.88	1.40	6.98	0.86	0.54	0.64
	十二台农田	壤土	10	18.73	15.98	1.17	1.17	19.18	0	16.37	1.19	16.09	0.45	0.39	0.11
			20	23.13	16.29	1.42	1.42	24.37	0	17.16	1.39	17.48	1.24	0.87	1.19
			40	24.88	17.47	1.42	1.42	23.91	0	16.79	1.46	16.42	0.97	0.68	1.05

注：在 2017 年 10 月比测中，腰而营子 40 cm 层采集的环刀内均含有较大石子，十二台农田 10 cm 层数据严重不符，在现场复核时发现是因为探针插在了残留的玉米根茎上，故这两点数据含去。

表 9.2.2 中对于 28 组有效数据的测量精度，除去 1 组体积含水率误差略超出 2%外，其余均在 2%之内。上述野外比测在 6 个不同地块进行，涵盖了朝阳市地区分布的主要 4 种土壤类型，比测过程完全没有率定，说明 SOILTOP-200 土壤水分测定仪所使用的 SFCW-TDR 技术具有较强的适应性。而且对于每个测量，6 次重复测量的结果均完全一致，误差为 0，说明该仪器技术稳定，重复性强。

2019 年 4 月开始，在所辖建平县旱情监测中心（太平庄水文站）和叶柏寿水文站分别安装了自动化在线的 SOILTOP-300 土壤墒情智能监测系统，该系统集成天津特利普尔科技有限公司生产的 SFCW-TDR 数字信号采集器，安装过程未经任何率定，每台设备分别在地表下 10 cm、20 cm 及 40 cm 分层埋设探针，设定为间隔 4 h 测量一次并上传数据。2019 年 6 月对该系统进行了为期一个月的对比观测试验。考虑到连续长期采用烘干称重法对固定监测点的土壤扰动太大，故仅首次比测采用烘干称重法取样，以便得到各层土壤的干密度（表 9.2.3），然后将系统上报的体积含水率数据与干密度换算得到的重量含水率和直接采用烘干称重法得到的重量含水率进行比测。

表 9.2.3　太平庄水文站各层土壤干密度数据表

项目	值								
测试深度/cm	10			20			40		
铝盒号	Y-1	Y-3	Y-4	Y-2	Y-6	Y-8	Y-5	Y-7	Y-9
盒重+湿土重/g	337.71	340.01	338.20	334.24	333.87	331.96	335.80	336.79	329.61
盒重+干土重/g	313.03	315.55	312.60	304.75	306.56	304.44	307.62	310.25	302.50
盒重/g	44.69	43.79	43.16	43.79	46.50	44.86	46.71	50.03	41.78
干土重/g	268.34	271.76	269.44	260.96	260.06	259.58	260.91	260.22	260.72
土壤水质量/g	24.68	24.46	25.60	29.49	27.31	27.52	28.18	26.54	27.11
土壤干密度/（g/cm³）	1.341 7	1.358 8	1.347 2	1.304 8	1.300 3	1.297 9	1.304 5	1.301 1	1.303 6
	1.35			1.30			1.30		
烘干称重法重量含水率/%	9.2	9.0	9.5	11.3	10.5	10.6	10.8	10.2	10.4
上报体积含水率/%	13.4	13.23	12.77	15.69	15.36	14.99	15.06	14.98	15.35
换算重量含水率%	9.93	9.8	9.45	12.07	11.82	11.53	11.58	11.52	11.81
绝对误差/%	0.73	0.80	-0.05	0.77	1.32	0.93	0.78	1.32	1.41

表 9.2.4 是为期一个月的比测结果，一致性较好，个别点偏差大些，但结合同期仪器的连续监测迹线及当地的降雨状况，同时考虑到烘干称重法本身的误差，应该说仪器测量值的连续性、平稳性好，能客观地反映监测点的实际墒情变化。

表 9.2.4　太平庄水文站墒情监测系统比测数据汇总

日期	SOILTOP-300 体积含水率/%			SOILTOP-300 重量含水率/%			烘干称重法重量含水率/%			绝对误差/%		
	10 cm	20 cm	40 cm	10 cm	20 cm	40 cm	10 cm	20 cm	40 cm	10 cm	20 cm	40 cm
5-30	19.9	21.3	19.1	14.7	16.4	14.7	14.7	15.2	16.8	0.00	1.20	-2.10
5-31	19.4	20.5	18.6	14.4	15.8	14.3	15.1	18.0	17.2	-0.70	-2.20	-2.90
6-01	18.9	19.9	18.3	14.0	15.3	14.1	13.3	15.8	17.0	0.70	-0.50	-2.90
6-02	18.6	19.4	18.0	13.8	14.9	13.8	12.3	13.5	16.1	1.50	1.40	-2.30
6-04	18.0	18.6	17.8	13.3	14.3	13.7	15.1	13.7	14.6	-1.80	0.60	-0.90
6-06	17.2	17.8	17.2	12.7	13.7	13.2	13.1	15.2	14.9	-0.40	-1.50	-1.70
6-08	17.0	17.2	16.7	12.6	13.2	12.8	12.5	14.2	14.0	0.10	-1.00	-1.20
6-10	16.4	16.7	16.4	12.1	12.8	12.6	13.8	14.6	13.2	-1.70	-1.80	-0.60
6-11	16.2	16.4	16.2	12.0	12.6	12.5	11.5	14.1	12.8	0.50	-1.50	-0.30
6-12	15.9	16.2	15.9	11.8	12.5	12.2	11.3	12.5	13.0	0.50	0.00	-0.80
6-14	15.6	15.9	15.6	11.6	12.2	12.0	12.8	14.1	13.2	-1.20	-1.90	-1.20
6-16	15.1	15.4	15.1	11.2	11.8	11.6	12.2	12.8	12.9	-1.00	-1.00	-1.30
6-18	14.8	15.1	14.8	11.0	11.6	11.4	11.7	12.5	12.2	-0.70	-0.90	-0.80
6-20	14.3	14.6	14.6	10.6	11.2	11.2	11.0	12.3	12.0	-0.40	-1.10	-0.80
6-21	14.0	14.3	14.3	10.4	11.0	11.0	11.1	12.2	11.7	-0.70	-1.20	-0.70
6-22	13.8	14.3	14.3	10.2	11.0	13.1	10.0	12.2	14.5	0.20	-1.20	-1.40
6-24	13.3	13.8	14.0	9.90	10.6	10.8	10.2	11.0	11.6	-0.30	-0.40	-0.80
6-26	13.0	13.5	13.3	9.60	10.4	10.2	9.40	11.0	13.3	0.20	-0.60	-3.10
6-28	12.7	13.3	13.3	9.40	10.2	10.2	9.20	11.4	12.0	0.20	-1.20	-1.80
7-01	13.0	13.3	13.0	9.60	10.2	10.0	10.7	11.8	11.7	-1.10	-1.60	-1.70

　　采用介电原理测定土壤水分主要是利用了水分与土壤中其他成分介电常数之间的巨大差异,土壤是由土壤颗粒(固相)、空气(气相)及水分(液相)组成的三相混合体,其中土壤颗粒的介电常数通常为 2~4,空气的介电常数为 1,而水的介电常数随温度不同在 75~85 变化,因此土壤的介电常数主要由其所含的水分决定。但是当温度降至零下,水凝结为冰后,冰的介电常数急剧下降为 3 左右,因此介电法仪器无法准确测量冻土中的水分含量。考虑到朝阳市地区属于严寒地区,墒情监测设备需长期安装在野外,为考核仪器在严寒条件下的生存能力,在入冬前又在包括耕作农田在内的 5 个不同地点安装了 SOILTOP-300 土壤墒情智能监测系统,并采用间隔 1 h 测量、上报的密集监测方式。

　　图 9.2.11 是六合城水文站 11 月 5 日~12 月 15 日土壤体积含水率测量迹线图,由此可以看到:尽管在入冬后无法准确测量土壤体积含水率,但连续的监测迹线,结合当地

的气候变化,可以客观地反映各土层上冻的实际过程。地下 10 cm 层对于温度较为敏感,经过几次降温、升温的反复过程后,于 11 月 25 日进入冻土期。普遍进入冰冻期后,40 cm 土层的迹线最为平稳,而 10 cm 土层的迹线抖动较大,这应该是由白天阳光直射引起的浅层冻土的部分融化造成的,说明 SFCW-TDR 技术的测量灵敏性好。目前上述监测仍在持续当中,作者将密切注意各监测点在开春升温后的变化过程,收集能够准确反映各土层解冻的变化趋势,为农业生产的备耕、春耕提供有效的科学依据。

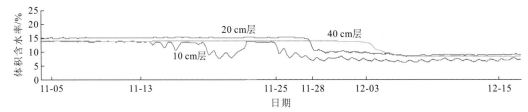

图 9.2.11　六合城水文站土壤体积含水率测量迹线图

第 10 章　数据采集传输控制与集成技术

　　水文信息是一个国家（地区）重要的基础信息，事关防洪、水资源、水环境及水生态的安全。水文要素众多且呈动态变化，快速、准确测量是世界公认的难题，现有人工或自动监测方式难以满足信息社会的要求。在水利防汛工作中，水文信息数据工作是正常开展工作的重要保证。信息化最重要的特征是数字化。水文数据包括雨量、水位、流量、水温、泥沙、水质、地下水、墒情等水文参数。全面综合的水文多要素数据是水文系统综合研究的基础，水文多要素综合动态监测系统旨在运用无线通信技术、智能传感器技术、计算机技术、网络技术，以及 GIS 技术等先进技术，构建覆盖研究区域的集野外自动化动态监测网络于一体的监测系统，获取水文系统多要素数据，为水文系统研究提供基础数据[85-88]。

10.1　多要素多通道低功耗采集与控制技术

　　自动采集和控制终端设备对水文信息化发挥着重要作用，但目前多数自动采集和控制终端设备采集的信息要素单一，无法满足流域科学集成研究的要求，数据瓶颈的问题十分突出。因此，亟待开发一种多接口、适用于野外的多要素多通道低功耗的采集与控制终端设备，通过利用地面和遥感观测技术，集成水文要素监测的新技术和装备，获取长时间序列的水文要素。

　　多要素自动采集和控制终端设备，又称 RTU，是一种接口标准化、功耗低、可靠性高的多要素自动采集控制终端设备，通常适用于野外无人值守的情况下，监测、控制有限距离或远方的设备，可以对工业现场的仪表及设备的模拟信号量和数字信号量进行采集，已经成为控制工业数据采集与监视控制系统中的核心设备。为了适应防汛和水利调度的现代化、信息化要求，往往需要采集多个水情数据，RTU 作为水文自动测报、闸门、监控、农田水利灌溉等系统的测站终端，在水利行业主要能完成对水情数据（包括水位、雨量、流速、墒情等要素）的自动采集、存储、发送、应答等。它将先进的计算机控制技术、远程控制技术、通信技术有机结合在一起，既具有强大的现场监测控制能力，又具有极强的组网通信能力[89-90]，能支持海事卫星 C、北斗卫星、VHF、短信息（short message，SMS）、GPRS 等多种通信方式进行组网；定时将采集到的水雨情信息数据，通过远程通信网络及时传送至监控中心，监控中心对其进行存储、分析和生成结果。通常情况下，RTU 应该至少具备数据采集及处理和数据传输等功能，有的 RTU 还扩充了显示、流量统计和逻辑控制等功能。基于多要素多通道低功耗采集终端的自动测报系统结构如图 10.1.1 所示。

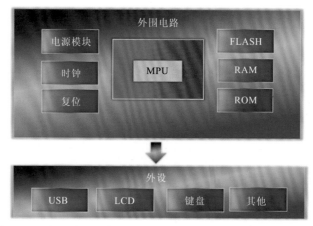

图 10.1.1　基于多要素多通道低功耗采集终端的自动测报系统结构

FLASH 为闪存；RAM 为随机存取存储器；ROM 为只读存储器

10.1.1　RTU 结构与功能

　　RTU 是一个典型的以微控制器（microprogrammed control unit，MCU）为核心的数据采集处理智能设备，它的工作原理是在一个单片 MCU 的控制下，通过定时采集或外部终端触发（如水位变化、发生降雨等）等方式启动，自动将水位、雨量、流速等传感器测得的瞬时数据和响应时间信息以一定的数据格式存储在终端设备的相应单元内，并通过 GPRS、码分多址（code division multiple access，CDMA）及北斗卫星等多种通信网络传输数据中心站，实现遥测站数据采集、处理、存储、传输的功能。RTU 可配置数个传感器接口，可以同时接入多种参数传感器，可与多种不同厂商的水位、雨量、蒸发、流量等传感器匹配，兼容性强，因此被广泛应用于自动测报系统中。

　　为了完成数据采集、传输，并可靠地将水文数据及其时间标记的记录保存下来，以便直接存入计算机，遥测终端应至少具备单片 MPU 电路、程序存储器电路、输入接口电路、实时时钟电路、数据存储器电路、输出接口电路、传输模块、"看门狗"电路、电源电路及相应的软件功能。为了便于使用者在现场观察数据，或者人工置入某些测量参数，仪器还应增加显示器和功能键电路及相应的软件功能。为实现多传感器、多信道、多信息源同化等集成技术，水文遥测站一般需配置雨量计、水位传感器、RTU、通信终端、蓄电池、充电控制器及信号避雷设备，实现对水文现场信号的采集和对现场设备的控制。RTU 的主要结构如图 10.1.2 所示。

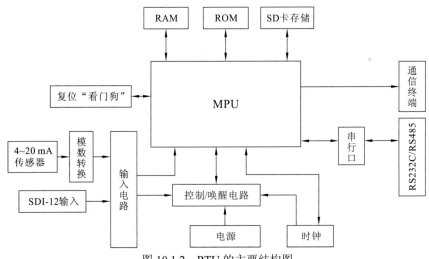

图 10.1.2　RTU 的主要结构图

　　RTU 采用先进的 MCU，功能丰富，不仅能胜任逻辑、定时、计数控制，还能完成数据处理、高速计数、模拟量控制，很容易和上位机组成网络控制系统。RTU 一般应用在无人值守的偏远地区，因此平时工作在低功耗的休眠状态，以便降低设备功耗，通过定时采集或事件触发方式（如发生降雨、水位变化、中心站召测、人工置数等）自动完成水文数据的采集、存储、处理和传输控制任务。

（1）RAM 为系统外扩的数据存储空间；ROM 为系统外扩的程序存储空间。

（2）"看门狗"完成系统的上电复位和出故障时对系统的复位。

（3）FLASH 实现数据的批量存储。

（4）唤醒电路在有事件发生时可靠唤醒系统。唤醒系统模块采用了平时守候掉电，事件上电复位的工作方式，使系统以较低功耗工作；采集模块采用多种传感器，对水文信息进行采集；通信模块采用开关切换方式扩展了 VHF、公共交换电话网络（public switched telephone network，PSTN）等信道接口，多种信道的备份使用保证了通信的可靠性。

（5）电源电路提供系统电源，即 VCC，5 V（可控），并完成对系统电源的检测。

10.1.2　实时采集技术

随着"一站一策"的深化，水文监测向全要素、全过程、全量程的方向拓展。因此，要实现全要素、全过程、全量程自动监测目标，在信息自动采集方面需要解决以下方面的问题：其一，各报汛站水位观测条件差异很大，采用不同类型的水位传感器才能满足不同测站的水位观测需求，需要将不同类型、不同输出接口的水位传感器连接于同一数据采集终端。其二，部分报汛站受水位观测断面地形条件的限制，使用单一的水位观测方式难以满足水位全程自记的要求，常常是水位自记井仅能测记中高水位，低水部分仍然采用人工观测，使得水位全程自动化观测的目标难以实现，故需在同一站采用两种传感器解决全程记录问题。这样就需要解决两种水位传感器（低水位级和中高水位级）之间的自动切换问题。其三，根据水文站全要素监测要求，需要将水位、水温、流速等不同接口标准的智能传感器同时接入遥测终端，完成现场数据采集。同时，对数据进行处理、存储，并利用无线、有线信道，采用定时自报、实时自报或应答查询的方式，向中心站发送数据。为此，亟须开展基于多任务操作系统的多要素、多接口、多通道、低功耗采集控制终端设备的技术研究与开发。

1）采用多串行口通道实现多传感器的连接

目前，超声波水位计、压力式水位计、激光水位计及雷达水位计都是智能设备，本身都有标准的串行口输出（RS232、RS485、SDI-12 等），为多种设备之间的连接提供了便利。为此，在引进国外系统和设备时，都要求其具备多传感器的接口能力，并具备扩展性。为解决数据采集终端可同时携带多传感器的问题，在硬件上采用多串行口通道的技术手段，使得不同传感器与采集终端设备之间的信息交换均通过标准串行口和通信协议进行。由于数据采集终端与传感器通过标准的串行口予以连接，减少了被测参数的模数转换、测量、分析、计算等环节，达到了软硬件结构上的完全独立，提高了系统采集的可靠性和应用的灵活性。在软件上，通过编程设置，采集单元自动对不同类型、型号的传感器进行识别，并按照事先分配的单元完成采集数据的存储，供本地或远程调用。

水利部长江水利委员会水文局自主研发的 YAC 系列自动监控及数据采集终端设计了多串行口结构，有多个通用串行 RS232 接口，可直接连接任何有串行接口的其他设备，如传感器、远程传输单元、计算机、数据遥控器等。水位、雨量等参数的变化都是比较缓慢的，数据采集的特点是多类型、长期性、间歇性、高频度，对于一次数据采样速率的要求不高，所以采集单元对分时串行口的传感器依次进行采样，对远程传输单元、计算机、数据遥控器做出响应，这样既不影响数据采集精度和响应速度，又可以节约资源。由 YAC 系列遥测终端组建的自动报汛站可同时携带翻斗式雨量计和浮子式水位计、压力式水位计（或超声波水位计）等多种传感器，有效地解决了测站水位不能全程自动采集的问题。

2）采用门限控制、回差判断实现双水位计的自动切换

根据测站地理位置、观测断面条件的不同，一个测站需要选择多种类型的水位传感器，不同类型的水位传感器同时使用方能实现水位全程自记。为保证采用两种水位传感器监测低、中高水位报汛站水位过程的连续性，采用门限控制、回差判断双处理技术。在数据接收处理中心站按照传感器需切换的约定值进行门限阀的设置，通过上下限的控制及对回落趋势的判别，自动判别水位传感器数值的真实性和可用性，从而既实现双水位计的自动切换，又保证存储的水位数据连续、可靠，能满足报汛的要求。

3）智能输入、输出接口电路设计

（1）模拟量信号输入单元。

模拟量是指变量在一定范围连续变化的量，也就是在一定范围（定义域）内可以取任意值，是与数字量相对的状态数字量，数字量可以取 0 和 1 两个状态，而模拟量可以取定义域内任何一个值。通常把表示模拟量的信号叫模拟信号，把工作在模拟信号下的电子电路叫模拟电路。在自动测报应用系统设计中，RTU 需要对现场的模拟信号（$0\sim$5 V、$4\sim20$ mA、$0\sim10$ mA、$0\sim10$ V 等模拟信号）进行测量，同时也需要对现场被控的模拟设备进行控制。单片机能处理的只能是数字信号，这就需要模数转换器将需要测量的模拟信号转换成数字信号，数模转换器将单片机处理好的数字信号转换成模拟信号并传送给现场的被控设备。模数转换的分辨率及通道数取决于所使用的 ADC 芯片，模数转换精度高达 14 位。每个通道可根据需要以单端或差分方式接入一个模拟量传感器，在 MCU 控制下，自动切换并采集各路信号，完成模数转换。

（2）串口通信单元。

RTU 接收各种串行数据信号，包括 RS485、RS232、RS422 接口，或者 V11、V28 等各种波特率下的异步串行数据，也可以采集 64 KB 同步数据。RS232、RS422 与 RS485 都是串行数据接口标准，最初都是由电子工业协会（Electronic Industries Alliance，EIA）制订并发布的，RS232 在 1962 年发布，命名为 EIA-232-E，作为工业标准，以保证不同厂家产品之间的兼容。RS422 由 RS232 发展而来，它是为了弥补 RS232 的不足而提出的。为改进 RS232 通信距离短、速率低的缺陷，RS422 定义了一种平衡通信接口，将传输速率提高到 10 Mbit/s，传输距离延长到 4 000 in（速率低于 100 Kbit/s 时），并允许在一条平衡总线上连接最多 10 个接收器。RS422 是一种单机发送、多机接收的单向、平衡传输规范，被命名为 TIA/EIA-422-A 标准。为扩展应用范围，EIA 又于 1983 年在 RS422 基础上制订了 RS485 标准，增加了多点、双向通信能力，即允许多个发送器连接到同一条总线上，同时增加了发送器的驱动能力和冲突保护特性，扩展了总线共模范围，后命名为 TIA/EIA-485-A 标准。因为 EIA 提出的建议标准都以 RS 为前缀，所以在通信工业领域，仍然习惯将上述标准以 RS 为前缀来称呼。

自动测报应用系统中，应具有与个人计算机通信的功能，以充分发挥个人计算机和智能设备各自资源的优势，个人计算机拥有现成的 RS232 标准串行口，而单片机的串行口是晶体管-晶体管逻辑（transistor-transistor logic，TTL）电平的，所以要另加 RS232 串行接口电路。为了实现该功能，一般需要设计一个串口电路以实现电平转换。一般采用 MAX 公司的 MAX232 芯片来完成接口电平的转换，通过它可以直接与计算机 RS232 串口相连或使用 RS232 串口输出的传感器来进行数据通信。

（3）SDI-12 接口。

SDI-12 接口是一种智能传感器与数据采集设备之间的连接接口。SDI-12 接口水位计在水文环境监测方面广泛使用，在多点传感器数据的采集系统中 SDI-12 接口的优点异常突出。因此，通用 RTU 均配置有 SDI-12 接口。

SDI-12 接口标准是由美国水文仪器界在 20 世纪 80 年代末推出，目前已在世界范围通用的一种串行总线接口标准，应用于水文、气象、环保等部门对多参数、低功耗、传输速率要求不高的专用场合。与 SDI-12 接口相连的水文传感器必须是符合 SDI-12 接口标准的智能式传感器。RTU 通过执行标准的或扩展的 SDI-12 命令，与连在该总线上的各传感器进行通信，完成测量并将数据返回。

10.1.3　嵌入式实时控制技术

嵌入式系统是以应用为中心，以计算机技术为基础，软硬件可裁剪，适应于应用系统对功能、可靠性、成本、体积、功耗有严格要求的专用计算机系统。它一般由嵌入式 MPU、外围硬件设备、嵌入式操作系统及一些特定的应用程序组成，用于实现对其他设备的控制、监视或管理功能。

随着现代通信技术和计算机技术的提高，我国水文信息化建设工作有了很大发展，水文信息采集终端也越来越先进，但还存在智能化程度低、稳定性差及测报准确度低等问题，一些水文采集终端只能实现单一的水文采集工作，无法满足全要素监测和处理要求，通过使用嵌入式处理技术，能对各类现场水利信息进行高速采集、处理与显示。

嵌入式系统的灵活之处在于软硬件可裁剪，其主要特点如下。

（1）嵌入式系统功耗低、体积小、集成度高并且专用性强。嵌入式系统与个人计算机最大的不同就是嵌入式系统大多工作在为特定用户群设计的系统中，能够把个人计算机中许多由板卡完成的任务集成在芯片内部，从而有利于嵌入式系统的设计趋于小型化，移动能力大大增强。

（2）为了提高执行速度和系统可靠性，嵌入式系统中的软件一般都固化在存储器芯片或单片机本身中，而不是存储于磁盘等载体中。

（3）嵌入式系统的硬件和软件都必须高效率地设计，系统精简；操作系统一般和应用软件集成在一起，量体裁衣、去除冗余。

（4）嵌入式系统是与具体应用紧密结合在一起的，对软件代码的质量和可靠性要求很高，产品应具有较长的生命周期。

（5）嵌入式系统本身不具备自举开发能力，需要专门的开发工具和开发环境。

1. 嵌入式处理器

处理器通常指 MPU、MCU 和数字信号处理器（digital signal processor，DSP）这三种类型的芯片。MPU 和 MCU 形成了各具特色的两个分支。它们互相区别，但又互相融合、互相促进。与 MPU 以运算性能和速度为特征的飞速发展不同，MCU 是以其控制功能的不断完善为发展标志的。MCU 集成了片上外围器件；MPU 不带外围器件（如存储器阵列），是高度集成的通用结构的处理器，是去除了集成外设的 MCU；DSP 运算能力强，擅长很多重复数据的运算，而 MCU 适合不同信息源的多种数据的处理诊断和运算，侧重于控制，速度并不如 DSP。MCU 区别于 DSP 的最大特点在于它的通用性，反映在指令集和寻址模式中。

MCU 具有体积小、集成度高、功能强、稳定可靠、使用灵活、价格低廉等优点，因此已经被广泛应用于工业控制、数控车床、智能化仪器、智能机器人、通信、数据采集和处理、家用电器等各个领域。早期的 MCU 是将一个计算机集成到一个芯片中，实现嵌入式应用，故称单片机。随后，为了更好地满足控制领域的嵌入式应用，单片机中不断扩展一些满足控制要求的电路单元。目前，单片机已广泛称作 MCU。MCU 是 RTU 的核心，是系统的控制和指挥中心。其性能决定了设备运行程序的速度、功耗、编程容量、数据存储容量、可配接口的数量、对环境温度的适应性，以及运行可靠性。因此，MCU 的选型对 RTU 至关重要。

1）MCU 的选型

目前主流 MCU 常用的 MCU 芯片有 ARM、DSP、现场可编程门阵列（field-programmable gate array，FPGA）等架构的 MCU 芯片。在不同的使用场合中，不同架构的 MCU 有各自不同的适用性和不足之处。DSP 主要面向数字信号处理，对大量数据的处理响应快、速度高，对于指定类型的数据计算能力强，通常用于加密解密、调制解调等大数据量的计算应用。FPGA 架构灵活，硬件可定制，能够迅速地适应各种接口和协议标准的变化，并行处理能力强大，可以有效地加速时间成本高的算法，利用其 IP 内核功能，降低了系统能耗和硬件资源，但产品单位价值较高，无法得到广泛的使用。随着嵌入式 MCU 计算能力的不断改进，ARM 在小型系统中开始大规模地使用。到目前为止，中国的 MCU 应用和嵌入式系统开发已有二十余年的历史，随着嵌入式系统逐渐深入社会生活各个方面，MCU 研究从传统的 8 位处理器平台向 32 位高级精简指令集计算机（reduced instruction set computer，RISC）处理器平台转变，但 8 位 MPU 在实际的应用中仍存在。

20 世纪 90 年代初，ARM 公司成立于英国剑桥大学。ARM 公司在 1999 年因移动电话火爆市场。2001 年初，ARM 公司的 32 位 RISC 处理器的市场占有率超过 75%。作为专门从事基于 RISC 技术的芯片设计的厂商，ARM 公司采用了授权的方式，允许其他半导体公司生产基于 ARM 核的处理器芯片和产品，这种经营方式使得 ARM 技术得到了非常快速的推广。ARM 体系结构目前被公认为业界领先的 32 位嵌入式 RISC MPU 结构。20 世纪 90 年代，ARM32 位嵌入式 RISC 处理器扩展到世界范围，占据了低功耗、低成本和高性能的嵌入式系统应用领域的领先地位，形成了知识产权—芯片生产厂商—原始设备制造商—用户的生产应用链。

ARM MCU 支持定制化的操纵系统，可以进行灵活的移植，能够很好地适应不同的、需要复杂控制的系统应用。调查显示，搭载 ARM 芯片架构的设备数量是 intel 的 25 倍，在电子类产品中的应用约占 32 位 RISC 处理器的 75%以上，特别是在移动设备应用方面，ARM 架构 MCU 的占有率已超过 90%。ARM 区分不同的特点及适用场合，有多个系统的处理器可供选择。ARMCortex-M3 处理器使用了 ARMv7 体系架构，是一个可综合、高度可配置的处理器，ARMCortex-M3 处理器广泛使用于 MCU、工业控制系统和无线网络等对功耗和成本敏感的嵌入式应用领域，用于实现工业系统的高性能、低成本、低功耗。STM32F10x 系列 MCU 包括一系列 32 位产品，具有高性能、实时响应、可进行数字信号处理、低功耗与低电压操作等特性，集成度高且易于开发，特别适用于中小设备，尤其适合微型设备、仪表和其他电子产品。

2）复位电路

MCU 芯片和外接的时钟电路及复位电路共同组成微理器电路。时钟电路一般采用石英晶体和电容组成的并联谐振回路，与 MCU 内部的振荡电路一起产生 MCU 运行程序所必需的时钟信号；复位电路由电阻、电容元件或专门的集成芯片组成，给 MCU 提供上电复位或手动复位信号，使 MCU 执行初始化程序。

复位是 MCU 的初始化操作，其主要功能是把个人计算机初始化为 0000H，使 MCU 从 0000H 单元开始执行程序；除了进入系统的正常初始化之外，当程序运行出错或系统错误使系统处于死机状态时，为摆脱这种恶性死循环，也需要给单片机复位。

以 MAX706 为例，复位电路由专用的监控芯片 MAX706 构成，时序图分别如图 10.1.3 和图 10.1.4 所示。

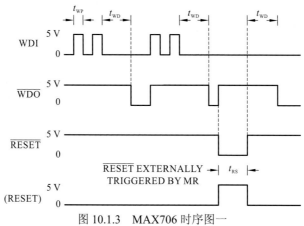

图 10.1.3　MAX706 时序图一

t_{WP} 为写保护脉宽；t_{WD} 为"看门狗"超时周期；t_{RS} 为复位脉宽

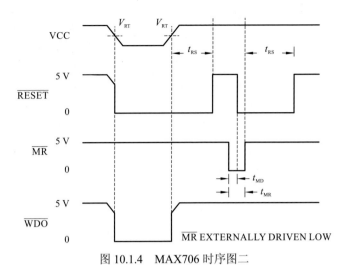

图 10.1.4　MAX706 时序图二

V_{RT} 为复位门槛电压；t_{RS} 为复位脉宽；t_{MD} 为手动复位输出时长；t_{MR} 为手动复位脉宽

MAX706 输出低有效的复位信号，可提供芯片上电、掉电复位和手动按键复位等功能。

2. 终端软件操作系统

随着嵌入式控制器的发展，嵌入式软件也由传统的顺序执行的程序代码发展成了操作系统。现有的操作系统都具有较好的实时性和可移植性，方便裁剪和固化，是工业控制软件开发非常好的选择。根据水文自动监测要求，需要一种实时性好、稳定性高、成本低廉、易于开发的实时操作系统。目前，在 ARM 上应用的操作系统主要有 μC/OS-II、μClinux 和嵌入式 Linux，对这三种操作系统进行比较，比较结果如表 10.1.1 所示。

表 10.1.1　在 ARM 上应用的操作系统比较表

项目	μC/OS-II	μClinux	嵌入式 Linux
内核容量	KB	MB	MB
CPU 容量要求	无	RAM>64 KB，FLASH>128 KB	大于 μClinux 的容量要求
实时性	抢占型/实时性好	非抢占型/实时性差	非抢占型/实时性差
使用条件	无	无	硬件需要有 MMU 支撑
授权费用	一次性版税	无版税	无版税
实用性	结构简单，适用自动控制、仪器仪表、实时要求高的产品	网络设备，任何程序异常都可能导致内核崩溃	网络设备

注：MMU 为内存管理单元。

经过实用性比较，μC/OS-II 良好的实时性和稳定性能满足水文多要素采集系统的设计需求。μC/OS-II 是由 J. J. Labrosse 在 1992 年提出的一个专门为嵌入式系统设计的多任务硬件实时操作系统内核，其结构简洁、构思清晰、可读性好、方便掌握。图 10.1.5 为 μC/OS-II 内核的体系结构。

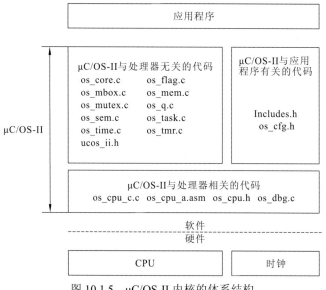

图 10.1.5　μC/OS-II 内核的体系结构

μC/OS-II 的特点如下。

（1）可移植性：可以在绝大多数 MPU、MCU、DSP 上运行。

（2）可固化：可以与用户程序结合形成嵌入式应用程序，只需具备配套的软、硬件工具，就可以嵌入产品中。

（3）可裁剪：用户可根据自身需求只使用操作系统中的部分服务程序，进一步降低内核占用的资源。

（4）多任务：可创建多个用户任务，每个任务设定不同优先级，可实现多任务执行。

（5）可确定性：全部的函数调用、服务与执行时间都是可确定的，系统服务的执行时间不依赖于应用程序的大小。

（6）任务栈：每个任务都有自己单独的栈，而且栈空间可自定义，尤其适用于空间较小的控制器。此外，使用的栈空间校验函数可以确定每个任务到底需要多大的空间。

（7）嵌套的中断管理：中断发生时，正在执行的任务会被挂起。当有更高优先级的任务被中断唤醒时，高优先级的任务在中断嵌套全部完成后立即执行，嵌套的层数最高可达 255 层。

10.1.4　固态存储技术

自动采集数据存储采用现场固态存储。当水位、雨量发生变化或达到定时时间时，测站数据采集终端自动采集数据，并根据测站选定的存储方式将水位或雨量数据带时标存入固态存储器。雨量采用有雨带时间存储，无雨不存储方式；考虑长江干流与支流水位变化情况及变化的快慢程度，水位存储方式有等间隔存储和按水位变率存储两种，等间隔存储主要用于长江中下游干流测站和水位变化缓慢的测站，按水位变率存储主要用于山溪性河流和水位陡涨陡落的测站，确保记录的水文变化过程能真实地反映水位变化特征。存储间隔和水位变化率均可按测站的特性设置。

对于水情资料的固态存储研究，水利部长江水利委员会水文局在 1985 年承担了由水利部下达的固态存储自动记录水位、雨量的研究任务，完成了以非易失性的半导体存储器 EPROM/EEPROM 为存储介质的研究，为实现水位、雨量观测由模拟记录向数字记录的转变进行了有意义的探索。进入 20 世纪 90 年代，水利部长江水利委员会水文局应用 FLASH 研制了 DCS-1A 数据采集固态存储器，取代了带电可擦除可编程只读存储器 EEPROM，容量由 8KB 扩展到 128KB，而且具有一定的远传遥测功能。在研制的 DCS-1A 数据采集固态存储器技术成果的基础上，从固态存储器的介质、存储容量、数据采集的频度控制、通信接口等技术层面进行新的分析与研究。

要在站实现水情资料的可靠存储，固态存储器件的选择至关重要。对常用的静态随机存储器（静态 RAM）、可擦除可编程只读存储器（EPROM）、带电可擦除可编程只读存储器（EEPROM）、闪烁可编程存储器（FLASH EPROM）等，从其可靠性、适用性、性价比等方面进行比较，闪烁可编程存储器（FLASH EPROM）是近年来发展很快的新型半导体存储器。它的主要特点是在不加电的情况下能长期保存存储的信息，具有非易失、高可靠、低功耗、在线可擦写、能重复使用、单片容量大等特点，在 YAC2000 自动监控及数据采集终端中将该存储介质作为固态存储器。其存储容量可达到 1MB，按照设计的数据存储格式，若数据采集的频度设置为每 5 min 一次，则 1 d 有 288 个记录，可连续存储约 3 000 d 数据，完全能满足目前水文基本资料收集的要求。

随着技术的发展，目前可采用 U 盘进行水情数据的存储，真正实现海量存储。

存储器是现代信息技术中用于保存信息的记忆设备。其概念很广，有很多层次，在数字系统中，只要能保存二进制数据的都可以是存储器；在集成电路中，一个没有实物形式的具有存储功能的电路也叫存储器，如 RAM、先入先出队列（first input first output，FIFO）等；在系统中，具有实物形式的存储设备也叫存储器，如内存条、TF 卡等。计算机中的全部信息，包括输入的原始数据、计算机程序、中间运行结果和最终运行结果都保存在存储器中，它按照控制器指定的位置存入和取出信息。有了存储器，计算机才有记忆功能，才能保证正常工作。存储器的类型将决定整个嵌入式系统的操作和性能，因此存储器的选择是一个非常重要的决策。无论系统是采用电池供电还是由市电供电，应用需求将决定存储器的类型（易失性或非易失性）及使用目的（存储代码、数据，或者两者兼有）。另外，在选择过程中，存储器的尺寸和成本也是需要考虑的重要因素。对于较小的系统，MCU 自带的存储器就有可能满足系统要求，而较大的系统可能要求增加外部存储器。为嵌入式系统选择存储器类型时，需要考虑一些设计参数，包括 MCU 的选择、电压范围、电池寿命、读写速度、存储器尺寸、存储器的特性、擦除/写入的耐久性及系统总成本。

存储器电路用于存放水文测量数据及相应的时间信息。由于水文行业对数据存储的可靠性、容量的要求不断提高，常常需要对数据存储器进行扩展。存储器可分为 ROM 和 RAM。RAM 的特点是可读可写，读写速度快，但一般的 RAM 掉电后不能保存数据，可用于执行过程中数据的暂存，包括双极型 RAM、金属氧化物 RAM、静态 RAM、动态 RAM、集成 RAM、非易失性 RAM。ROM 的特点是信息写入存储器后，可以长期保存，不会因电源断电而失去信息，但 ROM 的读写速度较慢，包括掩模工艺 ROM、可一次性编程 ROM（PROM）、紫外线擦除可改写 ROM（EPROM）、电擦除可改写 ROM（EEPROM 或 E2PROM）、快擦写 ROM（FLASH ROM）。RAM 包括 6116（2 KB）、6264（8 KB）、62256（32 KB）等；ROM 包括 AT24 系列存储器（EEPROM 或 E2PROM）、AT25F 系列存储器（FLASH ROM）、SD 卡（FLASH ROM）。

外部扩展的程序存储器电路通常使用 EPROM 或 EEPROM 芯片，EEPROM 是用户可更改的 ROM，其可通过高于普通电压的作用来擦除和重写。不像 EPROM 芯片，EEPROM 不需要从计算机中取出即可修改。在一个 EEPROM 中，计算机在使用的时候可频繁地反复编程，因此 EEPROM 的寿命是一个很重要的设计时需要考虑的参数。EEPROM 是一种特殊形式的闪存，其应用通常是用个人计算机中的电压来擦写和重编程。例如，24C01、24C02 等，可提供几千字节到几十千字节甚至数兆字节的连续存储空间。

串行 E2PROM 是基于 I2C-BUS 的存储器件，遵循二线制协议，由于其具有接口方便、体积小、数据掉电不丢失等特点，在仪器、仪表及工业自动化控制中得到大量的应用。

在仪器正常运行时，MCU 通过地址总线、数据总线、地址锁存线、读写信号线及片选信号线对数据存储器电路进行读写操作，调用存放在其中的程序编码，执行相应的程序指令。也可以通过读写信号线、片选信号线及某一条 I/O 端口线对串行 EEPROM 进行读写操作。数据存储器所有存储单元的地址都是唯一的。每个字节的存储单元可以存储十进制数 0～255 中的任一数值。

1）FLASH

FLASH 是存储芯片的一种，通过特定的程序可以修改里面的数据。FLASH 在电子及半导体领域内往往表示"flash memory"的意思，即平时所说的"闪存"，全名叫"flash EEPROM memory"。它结合了 ROM 和 RAM 的长处，不仅具备电子可擦除、可编程（EEPROM）的性能，还可以快速读取数据（非易失性 RAM 的优势），使数据不会因为断电而丢失，是一种长寿命的非易失性（在断电情况下仍能保存所存储的数据信息）的存储器，可以对存储器单元块进行擦写和再编程。在自动测报系统中，其用于保存系统运行所必需的操作系统、应用程序、用户数据、运行过程中产生的各类数据。它具有大容量、低功耗、擦写速度快、可整片或分扇区在线编程等特点，因而在各种嵌入式领域中得到广泛的应用。

目前，FLASH 主要有两种，即 NORFLASH 和 NANDFLASH。NORFLASH 的读取和常见的同步动态存储器 SDRAM 的读取一样，用户可以直接运行装载在 NORFLASH 里面的代码，这样可以减少静态 RAM 的容量，从而节约成本。NANDFLASH 没有采取内存的随机读取技术，它的读取是以一次读取一块的形式来进行的，通常是一次读取

512 B，采用这种技术的 FLASH 比较廉价。用户不能直接运行 NANDFLASH 上的代码，因此好多使用 NANDFLASH 的开发板除了使用 NANDFLASH 以外，还加上了一块小的 NORFLASH 来运行启动代码。一般小容量的用 NORFLASH，因为其读取速度快，多用来存储操作系统等重要信息，而大容量的用 NANDFLASH，最常见的 NANDFLASH 应用是嵌入式系统采用的 DOC 和常用的"闪盘"，可以在线擦除。目前市面上的 FLASH 主要来自 intel、AMD、Fujitsu 和 MXIC，而生产 NANDFLASH 的主要厂家有 SAMSUNG、TOSHIBA、Micron 和 Hynix。对于 STM32 来说，内部 FLASH 的容量有大有小，从 16 KB 到 2 MB 不等，主要看芯片的型号。对于一般数据量不大的水文站，使用专门的存储单元既不经济，也没有必要，而 STM32F103 内部的 FLASH 容量较大，而且 SGS-THOMSON 库函数中还提供了基本的 FLASH 操作函数，实现起来也比较方便。以大容量产品 STM32F103VE 为例，其 FLASH 容量达到 512 KB，可以将其中一部分用作数据存储。

2）SD 卡存储

SD 卡是一种基于半导体快闪记忆器的新一代记忆设备，由于它具有体积小、数据传输速度快、功耗低、可擦写、非易失、可热插拔等优良的特性，而被广泛应用于消费类电子产品中。特别是近年来，随着价格不断下降且存储容量不断提高，它的应用范围日益增广，并在水文行业中得到广泛应用。

存储各类水雨情监测数据信息时，SD 卡容量目前有三个级别，即 SD、SDHC 和 SDXC。SD 容量有 8 MB、16 MB、32 MB、64 MB、128 MB、256 MB、512 MB、1 GB、2 GB；SDHC 容量有 2 GB 、4 GB、8 GB、16 GB、32 GB；SDXC 容量有 32 GB、48 GB、64 GB、128 GB、256 GB、512 GB、1TB、2TB。

3）SD 卡通信接口

SD 卡有两种总线模式，即 SD 总线模式（图 10.1.6）和串行外投接口（serial peripheral interface，SPI）总线模式。其中，SD 总线模式采用四条数据线并行传输数据，数据传输速率高，但是传输协议复杂，主机系统可以选择以上其中任一模式，SD 总线模式允许四线的高速数据传输。SPI 总线模式允许简单通用的 SPI 通道接口，这种模式相对于 SD

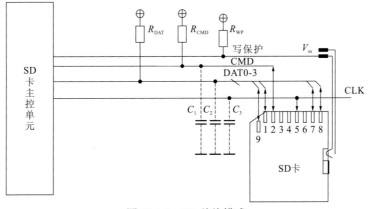

图 10.1.6　SD 总线模式

总线模式的不足之处是丧失了速度。SD 卡支持两种总线方式，即 SD 方式和 SPI 方式，采用不同的初始化方法可以选择 SD 卡工作于哪一种方式。工作在 SD 方式下的传输速度比 SPI 方式快很多，中央处理模块要存储气象数据和图片，数据量较大，故嵌入式中央处理模块的 SD 卡存储电路采用 SD 方式。

由于水文数据具有不可再现和重复的特点，一旦丢失，将造成无法弥补的严重后果，为了满足水文数据高可靠性固态存储的要求，一般自动采集与控制终端采用双固态存储、互为备份的存储模式，即 FLASH/静态 RAM（在板）和 Multi Media Card（或 Compact Flash 卡）。两种存储介质是完全独立的，同时出现故障的概率很小。采用存储卡这种机卡分离模式，优点是即便自动采集与控制终端因特殊原因出现故障，SD 卡中存储的宝贵数据也可以通过读卡器取出来，不至于全部丢失，因此双固态存储模式可以极大地提高水文数据固态存储的可靠性。存储器电路存储容量大小的配置主要取决于 RTU 采集水文参数项目的多少、采集周期及数据编码格式等因素，并应有足够的富裕容量。

10.1.5 信道传输控制技术

随着技术的不断进步，通信技术得到了快速发展，无论是民用产品还是工业产品，有线、无线设备无处不在，随着物联网的深入发展，4G、5G 技术正如火如荼，短距离的无线通信技术迅速在工业自动化领域快速发展，从传统有线到缤纷多彩的工业无线网络，无线技术正在潜移默化地改变人们的生活和工作，很多自动采集与控制设备在有线接口的基础上也扩展了蓝牙、ZigBee 等接口，实现有线和无线相兼容的传输方式[91]。

1. 信道选择及应用

水文局 15 个分中心和网络水文站分散在长江沿线，上起于攀枝花，下到长江口，线长面广，为了将所有这些点连接起来，组成满足水文业务发展需要的水文计算机通信网络，需要结合自身需要，对当前常用的广域网技术做比较全面的比较，选择适合水文综合业务需求的广域网互联技术。按照通信网络建设原则，采用公、专结合，对于新建网络，优先考虑电信部门的公网。

2. 信道切换技术

主备信道之间能否自动切换，关系到整个通信系统运行的可靠性及可恢复性。信道切换技术分人工切换和自动切换。

人工切换是当主信道失效时，通过手动方式将通信链路变换到备用信道，主信道恢复后，又通过手动方式将通信链路还原到主信道。该方式现在已很少采用。

自动切换是让设备或程序自动识别通信链路正常与否，当某一信道失效后，自动切换到其他信道。自动切换方式分为网络级自动切换和应用级自动切换。网络级自动切换通过网络设备对链路状态的识别功能，自动、实时调整数据传输的路由路径，实现主备信道之间的自动切换，其适用范围广；应用级自动切换则通过数据转发程序判断链路的工作状态，自动选择数据传输路径，实现主备信道的切换，一般只适用于具体应用。通过综合比较和试验，自动报汛采用网络级自动切换技术。

3. 通信体制兼容技术

（1）自报体制：自报式终端设备在监测到要素发生一个单位的变化时即主动将监测结果发送到中心站。自报体制是水情遥测系统的常用体制，具有低功耗、高可靠性的特点，设计了事件驱动的雨量自报和时间驱动的实时自报、增量自报和平安自报等工作方式，实现信息采集自动化。

（2）应答体制：应答式终端的通信设备处于值守状态，当接收到中心站的查询命令时，终端采集传感器的数值，并将结果发送到中心站。在我国，绝大多数的遥测系统都采用自报体制，没有必要采用应答体制，因为应答查询的结果与终端自报的结果一样。

（3）查询体制：当终端具有固态存储功能，能存储历史信息时，应答查询功能就很有用。因中心站、中继站故障丢失的历史资料，可通过应答查询方式补齐而保证系统资料的完整性，有利于提高水文预报成果的精度。

10.1.6　电源智能管理控制技术

自动采集与控制终端一般工作于野外，工作环境恶劣，一般采用无人值守的方式运行。因此，自动采集与控制终端的供电设计非常重要。终端必须采取低功耗的设计，终端设备必须有休眠功能，终端平时处于休眠状态，当有事件发生时触发系统上电。电源模块除提供常工作电源外，还应提供可控电源；此外，电源模块还具有对系统工作电源进行检测的功能。触发上电模块完成当有事件发生时可靠唤醒系统的工作，其中触发信号包括定时器、复位、远程通信等。

自动采集与控制终端一般采用额定电压为 12 V 的全密封面维护蓄电池供电。根据使用环境的不同可以选择两种外部供电方式为终端提供电源：交流转直流供电（用交流电供电良好的环境）和太阳能蓄电池供电。通常，遥测站和中继站都位于野外无交流供电的地方，特别是中继站往往设立在高山峻岭之巅，空气湿度大，环境恶劣。野外遥测设备供电设计为太阳能蓄电池供电，具有稳定、可靠的特点，克服了交流电网易遭受雷击的缺点。为了延长蓄电池的使用寿命，应控制蓄电池的最高电压不高于 13.5 V。因此，在设计遥测站的供电电路时，使用继电器控制太阳能充电，当蓄电池电压高于 13.5 V 时，停止充电，当蓄电池电压低于 12.8 V 时，继续充电，每隔 30 min 检测一次蓄电池的电压，对电池充电状态进行监控，使蓄电池处于充饱状态而非过充状态。太阳能板安装时注意方位角为南偏西 10°，仰角约为 45°（需使用指北针确定方位）。最好在基座浇筑时确定好方位。蓄电池应防雨、防潮，保持充足电量。太阳能板表面应保持清洁、低尘，表面上方不得有任何遮挡物。

10.1.7 控制终端显示技术

LCD 由于其轻薄、便携、高分辨率等优点已被广泛应用到工业、环境、军事等领域。薄膜电晶体液晶显示器（thin film transistor-liquid crystal display，TFT-LCD）作为 LCD 中一类重要的代表，具有体积小、功耗低、显示品质优良等诸多优势，已经成为当前桌面显示的主流显示器。LCD 是 RTU 人机交互的重要接口，为了用户和现场安装人员能直观地获取当前所采集的水位、雨量等数据信息，以及各站之间的运行情况和通信状态等信息，自动采集与控制终端通常配置有一个显示器和若干只功能按键，以便实现人工设置某些测量参数、查看某些重要的参数或数据等功能。常用的显示器有 LCD 液晶式和 LED 发光数码块式。LCD 液晶式属于被动发光型，功耗极低，比较适用于水文部门，但清晰度不如 LED 发光数码块式。LED 发光数码块式为主动发光型，功耗较大，如用 LED 显示器，仪器应有硬软件保证，在有人员操作按键时会自动点亮，以方便人员读数，而平时处于熄灭状态，以节省功耗。显示屏电路如图 10.1.7 所示。

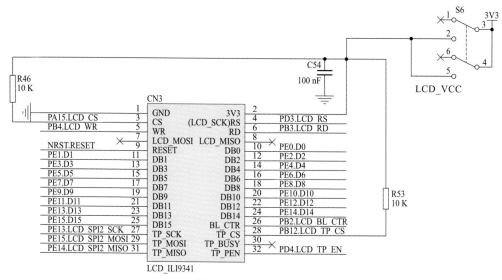

图 10.1.7 显示屏电路

10.2 数据传输技术

自 20 世纪 80 年代以来，我国先后建设了大小几百个水文测报系统。因通信技术的不断发展及区域通信资源具体情况的差别等，已建的水文测报系统在数据传输方式的选择上各不相同。早期曾使用过短波信道，因其稳定性差，不能满足水情信息的实时性要求，现很少选用。超短波信道是中小流域和水库的常用数据传输信道，而对于大型流域，超短波信号可能需要多级中继，会影响可靠度与建站成本。在这种情况下，有时采用卫星信道，但其价格昂贵，所有测站都采用卫星信道，设备费和通信费用很高。采用混合组网，利用超短波和卫星的特点，小范围使用超短波，信息由集合站汇总，通过卫星信道发送到管理中心站。但卫星终端昂贵，并要交纳相当高的通信费。尽管卫星通信科技含量高、传输距离远，但是用户往往没有经济能力承担卫星组网的费用。近年来，公共信息网建设速度加快，网络覆盖范围广，通信业务多，费率下降，GPRS/4G 覆盖范围拓宽到山区，移动通信逐渐成为远距离通信的首选方式。

目前，在我国水情信息传输中常用于数据传输的通信方式主要有无线通信、移动通信、有线通信、卫星通信等几种。

10.2.1　近距离无线通信

无线通信包括短波通信、VHF 超短波通信、LoRa、ZigBee 近距离通信技术等[92-93]。

常规情况下，测站数据终端及报汛通信设备安装在测站站房，水位、雨量传感器通过信号电缆与测站数据终端连接。但是有的测站特别是长江上游干流的水文站，水位观测断面或雨量观测场距离站房较远（距离在几百米或上千米），观测点与站房之间被道路或建筑物阻隔，信号有线传输变得困难，甚至变得不可能。

因此，引入近距离无线传输技术，来解决水位观测点或雨量观测场距离站房较远的测站的信息传输的困境。同时，采用数据遥控技术能使测站观测人员在测站范围内（2 km 以内）随机查询水位、雨量数据和发送人工观测数据。

1. 短波通信

短波通信是波长在 10～100 m、频率在 3～30 MHz 的一种无线电通信技术。短波通信发射电波要经电离层的反射才能到达接收设备，通信距离较远，是远程通信的主要手段。由于电离层的高度和密度容易受昼夜、季节、气候等因素的影响，短波通信的稳定性较差，噪声较大。但是，随着技术进步，特别是自适应技术、猝发传输技术、数字信号处理技术、差错控制技术、扩频技术、超大规模集成电路技术、MPU 的出现和应用，短波通信进入了一个崭新的发展阶段。同时，短波通信设备使用方便、组网灵活、价格低廉、抗毁性强等固有优点，仍然是支撑短波通信战略地位的重要因素。短波通信如图 10.2.1 所示。系统由发信机、发信天线、收信机、收信天线和各种终端设备组成。发信机前级和收信机现已全固态化、小型化。发信天线多采用宽带的同相水平，菱形或对数周期天线；收信天线还可以使用鱼骨形和可调的环形天线阵。终端设备的主要作用是使收发支路的四线系统与常用的二线系统衔接时，增加回声损耗，防止振鸣，并提供压扩功能。

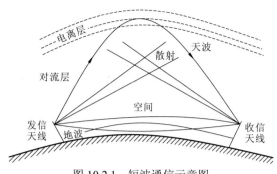

图 10.2.1　短波通信示意图

2. 超短波通信

超短波通信是利用 30～400 MHz 波段的无线电波传输信息的通信。因为超短波的波长在 1～10 m，所以也称米波通信，主要依靠地波传播和空间波视距传播。整个超短波的频带宽度为 270 MHz，是短波频带宽度的 10 倍。

超短波通信系统由终端站和中继站组成。终端站装有发射机、接收机、载波终端机和天线。中继站则仅有通达两个方向的发射机和接收机，以及相应的天线。超短波通信是一种地面可视通信，其传播特性依赖于工作频率、距离、地形及气象因子等因素。它主要适用于平原丘陵地带，且中继级数小于 3 级的水情自动测报系统。超短波通信具有通信质量较好、组网灵活、设备简单、投资较少、建设周期短、易于实现的优点，而且没有通信费用的问题。但是若在长距离、多高山阻挡情况下使用超短波组网，所需中继站数目及中转次数将明显增加，从而导致设备费、土建费的增加，系统可靠性下降，而且中继站站址的交通条件差将会给建设、安装、维护带来很大的困难。

在无线近距离传输技术研究过程中，考虑到测站观测人员能够在有效的范围内，更方便、快捷地监测到水情实时数据，在 2000 年初期水利部长江水利委员会水文局设计、开发并研制了与数据采集终端配套的遥控键盘。它为测站工作人员提供了无线遥控操作采集设备的手段，测站工作人员可在测站有效范围（2 km）内，无须去观测现场，即可观读到水情数据和设备运行状态，同时，为测站工作人员提供了人工观测水位和实测流量能人工置入、自动发送至分中心站的技术手段。站房、观测点及数据遥控键盘之间的无线近距离传输如图 10.2.2 所示。站房、观测点的采集设备、数据遥控器均有超短波通信功能。采用同频方式通信，其中一方发出指令，另外两方可同时接收到信息，并能根据指令自动判断是否响应。同时，它具有载波侦听、遇忙等待发送功能，并采用了检错及反馈重发技术。

在水位或雨量观测点安装带有超短波无线通信设备的采集存储单元（采集存储单元 2），站房安装采集存储单元 1 与远程控制单元及超短波无线通信设备。观测现场安装的采集存储单元主要完成水位、雨量数据的自动采集和存储等工作，并通过超短波通信信道，按定时和事件自报的方式自动将采集的数据传输到站房端的采集存储单元。站房端的采集存储单元将接收的水情数据，通过远程通信设备自动发送至水情分中心站。数据遥控键盘能以有线的方式对数据采集单元、远程传输单元进行操作，设置、读取、修改其运

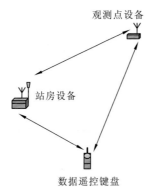

观测点设备

站房设备

数据遥控键盘

图 10.2.2 无线近距离传输示意图

行参数和数据；或者在一定范围内，通过无线方式（超短波）对数据采集单元进行操作，为测站观测人员观读水位、雨量数据，人工发送水位、雨量、流量数据提供方便。

对报汛站水位、雨量有线/无线近距离传输技术的研究，为水利部长江水利委员会水文局 118 个中央报汛站能有效地实现自动报汛提供了重要的技术基础。特别是超短波无线近距离传输技术的运用，使得汛期的水情观测频度无须受段次的控制，为测站观测人员能日夜随时关注水情变化提供了快捷、可靠的观测条件。该技术在国家防汛指挥系统宜宾、丹江口、汉口等水情分中心建设项目中得到充分的体现和成功的应用。

3. LoRa 无线通信

LoRa 作为低功耗广域网的典型技术，具有超长距离传输、功耗低、数据量小、网络容量大等特点，且设计灵活性强。LoRa 采用线性扩频调制技术，通信距离可达 15 km 以上，在空旷地方甚至更远；相比于其他广域低功耗物联网技术，LoRa 终端节点在相同的发射功率下可与网关或中继更长距离通信；LoRa 网络工作在非授权的工业科学医学（industrial scientific medical，ISM）频段，适用于野外通信环境较差的场景；较长的通信距离降低了建网复杂度，从而降低了网络的维护成本[94]。

LoRa 技术可有效解决水文遥测站建设中遇到的线路、信号等问题。①LoRa 具有长距离传输、网络容量大和灵活的特点，在布设水文要素传感器时，遥测站只需控制设备接入多个传感器，重点考虑传感器布设的合理性和感知水情要素的代表性，布设更为灵活。②LoRa 在一定范围内可替代有线，不受传感器间距离的影响，减少信号传输线路架设受干扰的因素，降低地埋成本，可避免线路中断后不易检查的问题。③将 LoRa 中继布设在 4G 或北斗卫星等信号较好的位置即可，遥测站数据通过 LoRa 中继转为移动信号，通过此方式，可以解决不同的监测断面因公共移动信号不好无法使用 4G 或北斗卫星的问题。④直接通过 LoRa 网关，可以将多个水文要素直接转向传输距离内的接收服务器，以低廉的成本即可建立不依靠专网的小型水文遥测组网系统。使用 LoRa 传输到网关或中继，可以减少 4G、北斗卫星等信道甚至是专网的使用，不仅减少了对公共通信资源的使用，也节约了成本。⑤LoRa 传输可以替代传统的 VHF 通信方式，提升传送能力，降低误码率，减小功耗，减小维护难度和成本。

结合 LoRa 技术的应用优势和水文遥测工作实际，建立 LoRa 传输系统。根据水情要素的代表性、传感器布设合理性,以传感器为中心布设若干个感知节点,组成感知节点层。选择 4G 或北斗卫星等信号较好的位置布设中继节点,中继节点面向多个感知节点的数据交互。由此,水情数据完成向公共网络的转向。传输系统可分为感知节点、中继节点、公共/专用通信网络和中心站服务器四个部分,系统结构如图 10.2.3 所示。

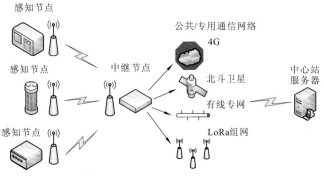

图 10.2.3　LoRa 传输系统结构

（1）监测点由水情感知节点和 LoRa 模块组成。水情感知节点用于感知不同的水情数据,常见的有水位、雨量、流速、流量、温度、盐度和浊度等数据。利用 LoRa 模块上传感知节点的数据到中继节点。

（2）中继节点位于星状网络的核心位置,负责接收来自多个感知节点的数据,对数据进行汇总、组包后上传。同时,其接收中心站服务器通过公共/专用通信网络传来的下行指令,对相应的感知节点进行指令操作。

（3）公共通信网络为 4G、北斗卫星,专用通信网络为有线专网、LoRa 组网等网络。

（4）中心站服务器为数据接收、处理、查询和分析的终端。

这四部分相邻层级之间的信息交互均为双向,LoRa 协议的多个感知节点和中继节点构成了星形的 LoRaWAN,中继节点由公共/专用通信网络进入指定服务器。星形拓扑的网络架构在大范围部署时具有更低的网络拓扑复杂度和能耗。

4. ZigBee 无线通信

ZigBee 技术是一种应用于短距离和低速率下的无线通信技术,ZigBee 过去又称为"HomeRF Lite"和"FireFly"技术,统一称为 ZigBee 技术。ZigBee 是一种无线个人区域网络标准,主要用于距离短、功耗低且传输速率不高的各种电子设备之间的数据传输,以及典型的有周期性数据、间歇性数据和低反应时间数据的传输[95-96]。

ZigBee 是一种无线连接,可工作在 2.4 GHz（全球流行）、868 MHz（欧洲流行）和 915 MHz（美国流行）三个频段上,分别具有最高 250 Kbit/s、20 Kbit/s 和 40 Kbit/s 的传输速率,它的传输距离在 10~75 m 的范围内,但可以继续增加。作为一种无线通信技术,ZigBee 具有如下特点。

（1）低功耗:由于 ZigBee 的传输速率低,发射功率仅为 1 mW,而且采用了休眠模式,功耗低,故 ZigBee 设备非常省电。据估算,ZigBee 设备仅靠两节 5 号电池就可以维持长达 6 个月到 2 年左右的使用时间,这是其他无线设备望尘莫及的。

（2）成本低：ZigBee 模块的初始成本低，并且 ZigBee 协议是免专利费的。低成本对于 ZigBee 也是一个关键的因素。

（3）时延短：通信时延和从休眠状态激活的时延都非常短，典型的搜索设备时延 30 ms，休眠激活的时延是 15 ms，活动设备信道接入的时延为 15 ms。因此，ZigBee 技术适用于对时延要求苛刻的无线控制应用。

（4）网络容量大：ZigBee 网络层支持星状、树状和网状拓扑。一个星形结构的 ZigBee 网络最多可以容纳 254 个从设备和一个主设备，一个区域内可以同时存在最多 100 个 ZigBee 网络，而且网络组成灵活。

（5）可靠：采取了碰撞避免策略，同时为需要固定带宽的通信业务预留了专用时隙，避开了发送数据的竞争和冲突。介质访问控制（media access control，MAC）层采用了完全确认的数据传输模式，每个发送的数据包都必须等待接收方的确认信息。如果传输过程中出现问题可以进行重发。

（6）安全：ZigBee 提供了基于循环冗余校验的数据包完整性检查功能，支持鉴权和认证，采用了 AES-128 的加密算法，各个应用可以灵活确定其安全属性。

ZigBee 模块是一种物联网无线数据终端，利用 ZigBee 网络为用户提供无线数据传输功能。该产品采用高性能的工业级 ZigBee 方案，提供表面帖装技术（surface mount technology，SMT）与双列直插封装（dual in-line package，DIP）接口，可直接连接 TTL 接口设备，实现数据透明传输功能；低功耗设计，最低功耗小于 1 mA；提供 6 路 I/O，可实现数字量输入输出、脉冲输出，其中有 3 路 I/O 还可以实现模拟量采集、脉冲计数等功能。该产品可嵌入在遥测终端中，目前已广泛应用于物联网产业链中的终端到终端（machine to machine，M2M）行业，如智能电网、智能交通、智能家居、金融、移动销售终端（point of sale，POS）、供应链自动化、工业自动化、智能建筑、消防、公共安全、环境保护、气象、数字化医疗、遥感勘测等许多领域。

10.2.2　移动通信

移动通信包括全球移动通信系统（global system for mobile communications，GSM）、SMS、GPRS（3G/4G/5G）通信等，这些通信方式常常用于水文自动监测系统中，监测站自动采集的各要素数据通过预先选定的通信网络发送到数据监控中心。由于监测站一般部署在野外，不适合大范围、长距离地铺设线缆进行数据的有线传输，且随着无线通信技术的不断进步，有线传输方式在水文自动监测中的应用也逐渐减少。超短波传输应用很早，但使用性价比低，信号传输受地形影响大，运行维护难度大，其应用范围日趋局限。卫星通信可解决偏僻站点的数据传输难题，但其投入和运行成本高，自身技术特点具有局限性，导致其应用范围受限。GPRS（2.5G）是在 GSM（2G）系统基础上发展起来的分组数据承载和传输业务，具有永远在线、占用系统资源少的优点；3G 在国内的生命周期较短，很快被速率更高、兼容性更强的 4G 取代，而且国内的 4G 网络已广泛覆盖。目前，在水文自动监测领域，无线传输方式以 GPRS 和 4G 为主，GPRS 与 4G 的技术特点如表 10.2.1 所示。

表 10.2.1　GPRS 与 4G 的技术特点

技术指标	GPRS	4G
主要工作频段/GHz	0.9、1.8 和 1.9	1.8、2.3 和 2.5
上行速率理论值/Kbit/s	42.8	5×10^4
下行速率理论值/Kbit/s	171.2	1.5×10^5
带宽/Kbit/s	150.0	10 240~102 400
时延/ms	≥100	30~50
使用成本	低	低
覆盖范围	局部	局部

1. GSM 短信通信

GSM 短信通信是移动通信的一种存储和转发服务。短消息并不是直接从发送人发送到接收人，而是始终通过短信服务中心进行转发。如果接收中心处于未连接状态，消息将在接收中心再次连线后发送。

GSM 短信通信的特点：①传递可靠，GSM 短信通信具有确认机制；②费用低廉；③误码率较低，短消息的发送误码率低于 10^{-5}；④传递响应时间，专业平台的信息发送平均时延小于 5 s；⑤功耗小，最大发射功率为 700 mW。

但在使用 GSM 短信通信时，应注意的主要是其存在传输时延、超量分包及信息拥塞等问题。

采用 GSM 短信信道的遥测站与中心站的水文信息传输通信有两种方式：一种是在短信中心申请特服号的方式，所有遥测站将采集的信息发到该特服号，中心站与短信中心进行专线连接；另一种方式是点对点连接，在中心站配置 GSM 调制调解器，与遥测站建立 GSM 短信连接。GSM 短信通信组网结构示意图如图 10.2.4 所示。

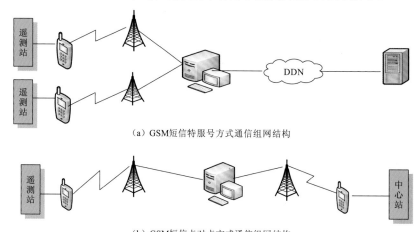

（a）GSM短信特服号方式通信组网结构

（b）GSM短信点对点方式通信组网结构

图 10.2.4　GSM 短信通信组网结构示意图

DDN 为数字数据网

2. GPRS 通信

　　GPRS 是通用分组无线服务技术的英文简称，是 2G 迈向 3G 的过渡产业，是 GSM 上发展出来的一种新的承载业务，目的是为 GSM 用户提供分组形式的数据业务。它特别适用于间断的、突发性的、频繁的、少量的数据传输，也适用于偶尔的大数据量传输。GPRS 理论带宽可达 171.2 Kbit/s，实际应用带宽在 40～100 Kbit/s。在此信道上提供 TCP/IP 连接，可以用于互联网连接、数据传输等。GPRS 通信组网结构示意图如图 10.2.5 所示。其主要特点为：①实时在线；②快速登录；③高速传输；④按量收费；⑤自如切换。

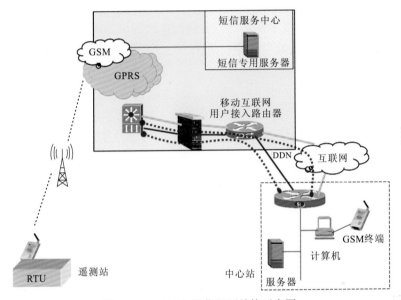

图 10.2.5　GPRS 通信组网结构示意图

　　采用 GPRS 通信信道组建水情自动测报系统应根据系统的特点选择适用的接入方式以实现 GPRS 接入。

　　3G 就是 IMT-2000，它是在 2000 年左右开始商用并工作在 2000 MHz 频段上的国际移动通信系统。目前有 CDMA2000、WCDMA、TD-SCDMA 这三种主流 3G 技术标准。其通信组网方式与 GPRS 类似。

3. 4G 通信

　　4G 是第四代移动通信技术的简称，是集 3G 与无线局域网（wireless local area networks，WLAN）于一体并能够传输高质量视频图像且图像传输质量与高清晰度电视不相上下的技术。4G 可以在多个不同的网络系统、平台与无线通信介面之间找到最快速与最有效率的通信路径，以进行最及时的传输、接收与定位等动作。4G 比以往我国家用的 ADSL 宽带快 25 倍。4G 是在数据通信、多媒体业务的背景下产生的，我国从 2001 年开始研发 4G，在 2011 年其正式投入使用。截止到 2015 年底，我国 4G 用户总数达到

3.8 亿，发展到现在，4G 中包括正交频分复用、调制与编码技术、智能天线技术、多入多出（multi input multi output，MIMO）技术、软件无线电技术、多用户检测技术等核心技术。

4G 的优势有很多，主要体现在以下几个方面。首先，4G 的数据传输速率较快，可以达到 100 Mbit/s，与 3G 相比，是其 20 倍。其次，4G 具有较强的抗干扰能力，可以利用正交频分多任务技术，进行多种增值服务，防止信号对其造成的干扰。最后，4G 的覆盖能力较强，在传输的过程中智能性极强。

由表 10.2.1 可知，在速率带宽时延上，GPRS 与 4G 存在较大差距，而且随着 4G 网络的迅速普及，以及各大运营商提速降费政策的不断推进，4G 和 GPRS 数据流量的使用成本也并无差异，所以目前很多监测站在升级改造过程中，均使用 4G 模块取代老旧的GPRS，以此来提升监测站的数据传输性能。

4. 5G 通信

5G 是具有高速率、低时延和大连接特点的新一代宽带移动通信技术，是实现人机物互联的网络基础设施。5G 不仅要解决人与人通信的问题，为用户提供增强现实、虚拟现实、超高清视频等更加身临其境的极致业务体验，更要解决人与物、物与物通信的问题，满足移动医疗、车联网、智能家居、工业控制、环境监测等物联网应用需求。最终，5G 将渗透到经济社会的各行业、各领域，成为支撑经济社会数字化、网络化、智能化转型的关键新型基础设施。

5G 的性能指标主要包括：

（1）峰值速率需要达到 10～20 Gbit/s，以满足高清视频、虚拟现实等大数据量传输要求。

（2）空中接口时延低至 1 ms，满足自动驾驶、远程医疗等实时应用要求。

（3）具备每平方千米百万连接的设备连接能力，满足物联网通信要求。

（4）频谱效率要比长期演进（long term evolution，LTE）（网络制式）提升 3 倍以上。

（5）连续广域覆盖和高移动性下，用户体验速率达到 100 Mbit/s。

（6）流量密度达到 10 Mbit/（s·m^2）以上。

（7）支持 500 km/h 的高速移动。

5G 是面向日益增长的移动通信需求而发展的新一代移动通信系统技术。5G 具有超高的频谱利用率和能效，在传输速率和资源利用率等方面较 4G 提高一个量级甚至更高，其无线覆盖性能、传输时延、系统安全和用户体验也得到显著的提高。面对未来多样化场景的差异化需求，5G 不会像以往一样以某种单一技术为基础形成针对所有场景的解决方案，而是与其他无线移动通信技术密切衔接，为移动互联网的快速发展提供无所不在的基础性业务，满足未来 10 年移动互联网流量增加 1000 倍的发展需求。移动宽带、大规模机器通信和高可靠、低时延通信为其主要应用场景。

随着水文信息化的发展，水文自动监测不再局限于水位、雨量等简单参数的监测，正朝着多要素、全要素方向迈进。长江口近海单个水文站就包含雨量、水位、风速、风向、盐度、泥沙、能见度、水质、流速、流量等多要素自动监测。监测要素的不断增加对数据通信网络带宽、时延和稳定性提出了更高的要求，4G 传输已不能满足要求，需要专网进行数据传输。

现有方式下，虽然 4G 网络的理论上行速度能达到 50 Mbit/s，但在实际使用过程中受技术特点及使用环境限制，其上行速度大部分时间低于 10 Mbit/s，因此，采用 5G，上行速度理论上可以达到 10 Gbit/s，时延只有 1 ms，其高速率、低时延和高稳定性能极大地满足该测流系统大量实时数据远程传输和实时计算的需求，即数据处理后移到中心站，现场采集的数据采用后端处理模式。其优势如下：①可以有效降低整套设备的功耗约 40%，从而降低对供电的要求；②不用架设交流电，现场可直接采用太阳能浮充蓄电池的供电方式；③通过简化现场设备，降低了安装维护难度和成本，增强了设备的野外适用能力。

在水文多要素自动监测的应用中，大数据量、低时延是它们的共性。而对于 5G 而言，实时处理大数据恰恰是它的优势所在，因为 5G 的低时延，以及其边缘云计算的能力，可以确保仪器设备实时完成测量—计算—校正—再测量这个过程，这种特性十分适用于瞬时测量数据量大且需要不断校正但仪器本身又不具备大数据量计算能力的水文仪器设备。

10.2.3　有线通信

有线通信主要是指通过有线线缆等介质进行通信的方式，在水文自动测报系统的通信组网中常用的有 PSTN 通信、光纤通信等。

1. PSTN 通信

PSTN 具有设备简单、入网方式简单灵活、适用范围广、传输质量较高、传输信息量大、通信费用低廉等优点，其通信组网结构如图 10.2.6 所示。但因维护成本高，并需要较强的防雷措施，其应用受限。在水文自动测报系统实施早期，其应用较多，但随着移动通信的发展，该网络已基本不用。

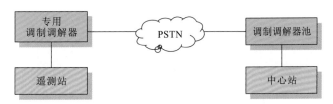

图 10.2.6　PSTN 通信方式通信组网结构

2. 光纤通信

光纤通信是光导纤维通信的简称。其原理是利用光导纤维传输信号，以实现信息传递。实际应用中的光纤通信系统使用的不是单根的光纤，而是许多光纤聚集在一起组成的光缆。光纤通信技术应该包括以下几个主要部分：光纤光缆技术、光交换技术、传输技术、光有源器件、光无源器件及光网络技术等。

光纤通信系统由数据源、光发送端、光学信道和光接收端组成。其中，数据源包括所有的信号源，它们是话音、图像、数据等业务经过信源编码所得到的信号；光发送机和调制器则负责将信号转变成适合于在光纤上传输的光信号，先后用过的光波窗口有 0.85、1.31 和 1.55；光学信道包括最基本的光纤，还有中继放大器掺铒光纤放大器（erbium-doped optical fiber amplifer，EDFA）等；而光学接收机则接收光信号，并从中提取信息，然后转变成电信号，最后得到对应的话音、图像、数据等信息。

随着通信网络逐渐向全光平台发展，网络的优化、路由、保护和自愈功能在光通信领域中越来越重要。采用光交换技术可以克服电子交换的容量瓶颈问题，实现网络传输的高速率和协议透明，提高网络的重构灵活性和生存性，大量节省建网和网络升级成本。其特点如下：①在单位时间内能传输的信息量大。20 世纪 90 年代初，光纤通信实用水平的信息率为 2.488 Gbit/s，即一对单模光纤可同时开通 35 000 个电话，而且它还在飞速发展。②经济。光纤通信的建设费用随着使用数量的增大而降低。③体积小、重量轻，施工和维护等都比较方便。④使用金属少，抗电磁干扰、抗辐射性强，保密性好等。

10.2.4　卫星通信

在水文行业中应用卫星通信主要是为了水文信息的传输，卫星通信可以从根本上解决在偏远地区和山区内部署的水雨情自动测报站的通信问题，为水利、水电部门实现全流域水雨情自动测报提供了重要手段。目前，水雨情自动测报领域所采用的卫星系统多种多样，卫星设备型号也很丰富，各个系统都有其独特的优势和特点，同时也存在着不同程度的缺陷。例如，多数甚小口径终端（very small aperture terminal，VSAT）卫星通信系统可以提供较高的带宽和通信速率，但其使用的通信波段为 Ku 波段，受雨衰影响严重，并且设备采购和基建成本较高；某些卫星系统不受雨衰的影响，但受其系统容量和地面站处理能力的限制，对水雨情自动测报领域多用户数据并发业务的处理无法满足用户要求。

目前世界各国成功用于水文领域的通信卫星主要为地球同步静止卫星。这类卫星都定于赤道上空，其覆盖范围稳定且经过了周密的设计考虑，能保证覆盖范围内通信的可靠性和实时性。适用于水文信息收集和防汛自动测报系统的卫星通信方式有气象卫星、海事卫星 C 和北斗卫星。

1. 北斗卫星短报文传输

北斗系统是我国实施的国家重大科技工程。工程自 1994 年启动，2000 年完成北斗一号系统建设，2012 年完成北斗二号系统建设。北斗三号系统全面建成并开通服务，标志着工程"三步走"发展战略取得决战决胜，中国成为世界上第三个独立拥有全球卫星导航系统的国家。目前，全球已有 120 余个国家和地区使用北斗系统。作为流域水文机构，水利部长江水利委员会水文局紧盯技术发展前沿，将北斗系统技术应用于水文自动测报，极大地提升了水文监测能力和水平。

1）北斗二号系统特点

近几年，北斗卫星通信新技术的发展层出不穷，北斗系统凭借其自身固有的制式特点和优势，基本解决了目前在用的卫星测报系统存在的问题，能够较好地满足水雨情自动测报领域的应用需求。例如，VSAT 卫星通信系统、中低轨道的移动卫星通信系统等都受到了人们广泛的关注和应用。北斗卫星通信也是未来全球信息高速公路的重要组成部分。它以其覆盖广、通信容量大、通信距离远、不受地理环境限制、质量优、经济效益高等优点迅速发展，成为中国当代远距离通信的支柱。

目前，全球绝大多数北斗系统都采用同步地球轨道（geosynchronous Earth orbit，GEO）卫星作为整个系统的中继平台，这是由于用 GEO 卫星来提供通信业务具有下列优点。

（1）地球站天线易于保持对卫星的对准，不需要复杂的跟踪系统；

（2）通信连续，不必频繁更换卫星；

（3）多普勒频移可忽略；

（4）对地面的通信覆盖区面积大；

（5）技术相对成熟、简单；

（6）信道的绝大部分在自由空间中，工作稳定、通信质量高。

但这样的卫星通信系统存在以下问题。

（1）向高纬度地区和特定地形内的用户提供通信业务比较困难；

（2）传播时延较大，不能满足某些业务对实时性的要求；

（3）由于需要大的功放和天线，终端小型化困难；

（4）使用费用居高不下，大而贵的卫星通信终端主要用于其他通信手段无法经济使用的情况；

（5）用户基数小，达不到规模效益；

（6）卫星较大，制造和发射均很困难，风险较大；

（7）轨道位置和轨道类型单一，卫星数较少，易受干扰，抗摧毁能力较弱，电磁兼容和轨道协调困难；

（8）两极附近有盲区、日凌中断和星蚀现象。

2）北斗二号系统原理

北斗卫星通信是将人造地球卫星作为中继站转发无线电波，在两个或多个地球站之间进行的通信。它是在微波通信和航天技术基础上发展起来的一门新兴的无线通信技术，所使用的无线电波频率为微波频段（300 MHz～300 GHz，即波段 1 mm～1 m）。这种利用人造地球卫星在地球站之间进行通信的通信系统，称为北斗系统。

北斗系统由卫星和地球站两部分组成。卫星在空中起中继站的作用，即把一个地球站发上来的电磁波放大后返送回另一个地球站。地球站则是卫星系统与地面公众网的接口，地面用户通过地球站出入卫星系统形成链路。由于静止卫星在赤道上空 3 600 km，它绕地球一周的时间恰好与地球自转一周的时间（23 小时 56 分 4 秒）一致，从地面看上去如同静止不动一般。三颗相距 120° 的卫星就能覆盖整个赤道圆周。因此，北斗卫星易于实现越洋和洲际通信。最适合卫星通信的频率是 1～10 GHz。为了满足越来越多的需求，已开始研究、应用新的频率，如 12 GHz、14 GHz、20 GHz 及 30 GHz。

3）北斗二号系统的应用

随着"一带一路"倡议的实施与推进，水电开发对水文预报服务的要求也越来越高。收集全面、准确、可靠的流域水文资料，建设稳定、可靠的水情遥测系统对水电项目施工进度及施工安全至关重要。由水利部长江水利委员会水文局承担的巴基斯坦卡洛特水电站水情遥测系统（系统组网结构如图 10.2.7 所示），大部分站点设置在偏远的山区，由于当地移动网络信号覆盖不佳，通信资源受限，经过多次查勘和信道测试，发现北斗卫星测试信号良好，对安装位置要求较低，选用中国北斗卫星作为测站数据传输的唯一信道，并向国内北斗卫星数据处理中心每 5 min 推送一次数据进行备份。如流域内遥测站正常，当水情中心站接收数据的仪器出现故障时，通过国内网络数据推送也可以保证数据及时入库。2016 年 10 月至今，测报系统稳定运行，月平均通畅率都在 95% 以上，为水电开发提供了可靠的数据支撑。

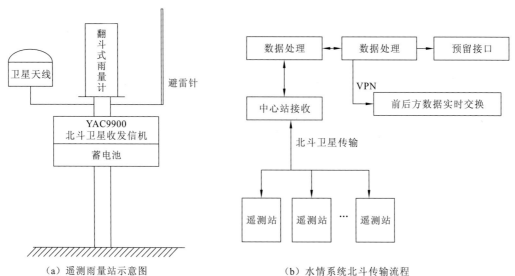

（a）遥测雨量站示意图　　　　　（b）水情系统北斗传输流程

图 10.2.7　巴基斯坦卡洛特水电站水情遥测系统

由水利部长江水利委员会水文局承担的"老挝国家水资源信息数据中心示范建设"项目中，在老挝境内湄公河流域共建设 51 个自动监测站，数据传输采用以 GRPS 为主信道，以北斗卫星为备用信道的方式，两种信道互为备份、自动切换，确保数据传输的畅通率和可靠性，实现了数据的互联互通，极大地提升了老挝水文水资源监测、预报预警能力和水平，为老挝防洪、抗旱、减灾、水资源综合利用提供了决策支持与技术保障。

近些年，水利部长江水利委员会水文局参与了汶川、玉树、舟曲等的抢险救灾、水文应急监测工作。2018 年，在白格堰塞湖应急处置中，应用北斗系统，建立了坝前水位站，在坝下建立了叶巴滩等水位站，采用了以 GPRS 为主信道，以北斗卫星为备用信道的通信方式，在极端天气导致的陆地通信中断的情况下，YAC 系列遥测产品能自动切换至备用信道，通过北斗卫星及时地将应急监测数据传输至指挥中心，为抢险救灾做出了重要贡献。

2. 北斗三号系统

2020 年 7 月 31 日，习近平总书记在北京宣布，北斗三号系统正式开通。北斗三号系统的建成开通，是我国攀登科技高峰、迈向航天强国的重要里程碑。北斗三号系统由 24 颗中圆地球轨道卫星、3 颗地球静止轨道卫星和 3 颗倾斜地球同步轨道卫星，共 30 颗卫星组成。北斗三号系统提供两种服务方式，即开放服务和授权服务。开放服务是指在服务区中免费提供定位、测速和授时服务，定位精度为 10 m，授时精度为 50 ns，测速精度为 0.2 m/s。授权服务是指向授权用户提供更安全的定位、测速、授时和通信服务，以及系统完好性信息。

北斗三号系统向前兼容北斗二号系统，能够向用户提供连续、稳定、可靠的服务。北斗三号短报文通信是北斗三号系统最具特色的服务，具备位置报告、应急搜救及报文通信三种基本服务，相较于北斗二号系统，其服务性能大幅提升，可面向我国及周边用户提供更优质的服务。

北斗短报文通信服务一直是北斗系统的最大特色。2003 年以来，从北斗一号系统开始，北斗系统就采用基于卫星无线电测定业务（radio determination satellite service，RDSS）的体制为用户提供短报文通信服务，北斗二号系统仍然继承了这一体制和服务，目前在役提供服务。其注册用户数近 50 万，在渔船和海上应用是这一服务发展最好的领域，绝大部分用户使用短报文通信服务。北斗三号系统在兼容 RDSS 体制的基础上，利用 3 颗 GEO 卫星，创新采用了广义 RDSS 体制和卫星无线电导航业务（radio navigation satellite system，RNSS）＋短报文通信体制，精化了服务类型设计，优化了运行模式设计，极大地提升了系统性能和用户体验，向规模化、国际化和高质量方向发展。目前已完成卫星和地面系统建设部署，并已开通服务。北斗三号系统区域短报文通信服务，服务容量提高到 1 000 万次/h，接收机发射功率降低到 1～3 W，单次通信能力达 1 000 汉字（14 000 bit）；全球短报文通信服务单次通信能力为 40 汉字（560 bit）。

北斗三号系统在救灾减灾方面优势明显。基于北斗系统的导航、定位、短报文通信功能，提供了实时救灾指挥调度、应急通信、灾情信息快速上报与共享等服务，显著提高了灾害应急救援的快速反应能力和决策能力。

2020 年 6 月 23 日，北斗三号系统最后一颗 GEO 组网卫星成功发射，标志着北斗三号系统全球组网部署完成。3 颗 GEO 全部完成在轨测试工作，结果表明各项指标满足要求，目前已入网工作，具备为我国及周边国家和地区提供服务的基本条件。后续将持续推动服务优化，创新服务模式，提升用户体验，拓展短报文在相关领域的应用，推动短报文应用大众化，全面向规模化、国际化和高质量发展。2021 年 3 月，北斗三号系统正式开通以来，运行稳定，持续为全球用户提供优质服务，系统服务能力步入世界一流行列。

3. 海事卫星数据传输应用

海事卫星是用于海上和陆地间无线电联络的通信卫星，是集全球海上常规通信、遇险与安全通信、特殊与战备通信于一体的实用性高科技产物。海事卫星通信系统由海事卫星、地面站、终端组成，目前的 4 个覆盖区为太平洋、印度洋、大西洋东区和大西洋西区，可进行南北纬 75° 以内的遇险安全通信业务，可以提供海、陆、空全方位的移动卫星通信服务。海事卫星系统的推出，极大地改善了海事、航空领域的通信状况，在陆地上对于满足灾害救助、应急通信、探险等特殊通信需求起到了巨大的支持保障作用，因而发展迅速。

海事卫星通信系统由船站、岸站、网络协调站和卫星组成。下面简要介绍各部分的工作特点。

（1）在大西洋、印度洋和太平洋上空的 3 颗卫星覆盖了几乎整个地球，并使三大洋的任何点都能接入卫星，岸站的工作仰角在 5° 以上。系统规定在船站与卫星之间采用 L 波段，岸站与卫星采用双重频段，数字信道采用 L 波段，调频信道采用 C 波段，因此对于 C 波段来说，船站至卫星的 L 波段信号必须在卫星上变频为 C 波段信号再转发至岸站，反之亦然。

（2）岸站是指设在海岸附近的地球站，是卫星通信的地面中转站，归各国主管部门所有，并由它们经营。它既是卫星系统与地面系统的接口，又是一个控制和接入中心，设置在航行的油船、客轮、商船和海上浮动平台上。船站的天线均装有稳定平台和跟踪机构，使船只在起伏和倾斜时天线也能始终指向卫星。

（3）网络协调站是整个系统的一个组成部分。每一个海域设一个网络协调站，它也是双频段工作。

（4）船站是设在船上的地球站。在海事卫星系统中它必须满足如下条件：①船站天线满足稳定度的要求，它必须排除船身移位及船身的侧滚、纵滚和偏航的影响而跟踪卫星；②船站必须设计得小而轻，使其不至于影响船的稳定性，同时又要设计得有足够带宽，能提供各种通信服务。海上船舶可根据需求由船站将通信信号发射给地球静止卫星轨道上的海事卫星，经卫星转发给岸站，岸站再通过与之连接的地面通信网络或国际卫星通信网络，实现与世界各地陆地上用户的相互通信。

（5）系统工作在海事卫星系统中的基本信道类型可分为电话、电报、呼叫申请（船至岸）和呼叫分配（岸至船）。

海事卫星系统的特点是它的移动性。由于海事卫星系统使用的 L 波段的固有特性，宽的天线波束使得 L 波段终端可以迅速地寻星和对星。在车载和船载终端情况下，该特性使得天线制造工艺简化，成本降低。传统海事通信采用短波频率，受电离层起伏和大气干扰的影响严重，通信质量和可靠性不高。海事卫星和船站间的上、下行线路采用传播损耗和雨致衰减相当小的 L 波段（上、下行为 1.6 GHz/1.5 GHz），对通信十分有利。岸站和卫星间的上、下行线路又采用微波 C 波段，便于与国际卫星通信系统连接，实现全球范围的通信。船只遍布在辽阔的海域里，通信业务零星分散，所以海事卫星通信使用按需分配的方式。由于海事卫星使用的 L 波段为俗称的黄金波段，它的通信费用昂贵，让许多用户望而却步。然而它的种种优点，使它在移动卫星通信中有着不可替代性。尤其是在突发事件中，它能保持行进中的视频图像、数据通信，在扎营后快速地建立通信枢纽，海事卫星系统在国内外都占有首要地位。

海事卫星在水情自动测报系统中的应用主要是将海事卫星 C 作为遥测站到中心站之间的数据通信信道。系统由空间段、卫星地面站和移动终端三大部分组成。系统组网结构如图 10.2.8 所示。基于海事卫星的水情自动测报系统由遥测站、海事卫星电台和远程监控中心三部分组成。

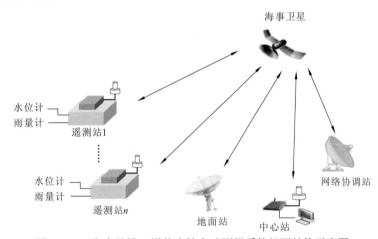

图 10.2.8　海事卫星 C 通信水情自动测报系统组网结构示意图

10.3　测站一体化集成技术

10.3.1　测报控一体化结构

为满足资料收集和自动报汛实际需求，水情报汛站采用了以数据遥测终端或自动监控及数据采集终端为核心，集自动测报技术、现代通信技术和远地编程技术于一体的技术，可实现雨量、水位、流量、悬移质含沙量、水质等多项参数的自动采集、现场固态存储、自动发送；可采用多种通信方式（VHF、PSTN、GPRS、GSM 短信、北斗卫星、海事卫星 C）传输数据，以保证测站至测控中心数据传输的畅通；可现地或远程对测站进行编程，改变测站设备的运行参数，实现水情信息测报控一体化。

测控报一体化水情报汛站由遥测终端、各类传感器、通信设备、电源、人工置数等组成，结构如图 10.3.1 所示。

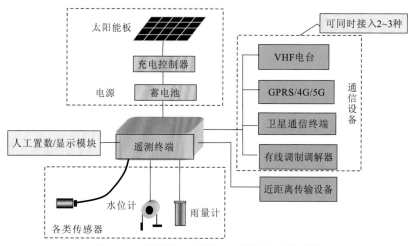

图 10.3.1　测报控一体化水情报汛站结构框图

10.3.2　测报控一体化技术特点

通过测报控一体化技术研究，有效解决了多传感器集成、近距离传输、固态存储等技术的融合问题，具有如下功能和特点。

（1）自动采集：具有自动采集水位、雨量、流速、工况信息的功能。雨量和水位采集可根据需要设置为不同时间间隔。

（2）存储：数据存储的功能。采集的水位、雨量等数据具有现场存储功能。一般要求能存储 2 年水位和雨量数据。数据存储格式应满足水位、雨量整编要求，数据可用于资料整编，能响应分中心站召测指令，将现场存储的数据小批量报送至分中心站。同时，能供现场人员在现场进行数据查看和批量下载。

（3）传输：具有双向传输功能，能将采集的水位、雨量和测站状态信息通过公用网络（如 GPRS、CDMA 等）或其他通信信道传输到接收分中心站，采用 GPRS 网络时应能同时支持 IP 与 SMS 两种传输手段，当 GPRS 的 IP 方式传输失败时能自动切换为 SMS 方式发送水情数据。具有随机自报功能，当被测参数变化超过规定阈值（如 1 mm 雨量或 5 cm 水位变化等，阈值可在本地或远程设置）时，通信终端设备及相关电路自动上电工作，将雨量值（累计值或变化量）和实时水位值发送至分中心站。具有定时自报功能，按设定的时间间隔（按照时段要求，如 1 h、3 h、6 h、12 h、24 h 等，可任意设置），定时向分中心站发送当前的水位、雨量数据。发送的数据包括遥测站站号、时间、电池电压、报文类型等参数。

（4）控制：支持本地通过键盘或计算机对系统的配置参数进行读取和修改，同时支持分中心站通过 GPRS 通信信道远程对其配置参数进行读取和修改，如传感器类型、传感器参数、水位和雨量基值、数据采样时间、定时自报段次、定时自报时间及主信道等。可响应召测，接收来自本地或远程的召测命令，根据命令要求将当前值、过去的记录值或所有存储的数据通过指定信道或路径发送出去。具有人工置数功能，可在现场通过键盘读取数据、设置参数，支持本地通过键盘自动发送流量、人工水位及水库其他有关信息，并具有发送成功确认标志。

（5）测试工作状态功能：通过软件设置，遥测终端和分中心站接收终端在存储、接收处理时能区分调试报文与正常报文，保证在设备检修和调试过程中，水情测量数据不进入测站的存储区域。

（6）具有自动对时功能。

（7）防雷：所有外部接口具有光电隔离、防雷电破坏及防外部电磁信号影响的功能，能在雷电、暴雨、停电等恶劣条件下正常工作。

RTU 对工作环境的适应性很强，特别是在一些无人值守的野外环境下，它能够适应恶劣的气候变化，能够在极端环境中稳定、可靠地工作，适用于各种应用场合。一般，RTU 应满足以下技术指标。

（1）环境条件：①工作温度为 $-10\sim55\,℃$；②相对湿度 $\leqslant95\%$（$40\,℃$ 时）；③大气压为 $86\sim106\,kPa$。

（2）工作电源：具备电源反向保护功能。①主电源为 $12\,V$（$10.6\sim14.4\,V$）蓄电池，可浮充电；②直流供电时，宜使用 $12\,V$，电压允许范围为标称电压的 $90\%\sim120\%$；③交流供电时，宜采用单相供电，电压、频率的允许值分别为 $[220\times(1\pm20\%)]\,V$、$[50\times(1\pm10\%)]\,Hz$。

（3）设备功耗（不含通信装置，$12\,V$ 直流）：①在电源电压为 $12\,V$，自报式工作模式下，静态值守电流不应大于 $3\,mA$；②在电源电压为 $12\,V$，查询-应答和兼容工作模式下，静态值守电流不应大于 $15\,mA$；③在电源电压为 $12\,V$ 情况下，工作电流不应大于 $100\,mA$。

（4）工作体制：RTU 可提供多种工作体制，以满足不同的需求。根据需要可配置 RTU，使其处于以下两种工作方式：①自报体制。自报体制是一种由远程终端单元发起的数据传输体制。采用该种工作体制的 RTU 通常处于微功耗的掉电状态，在满足发送条件时，主动向中心站发送数据，然后即可返回掉电状态。采用该种工作体制，发送的测报数据实时性好，信道占用时间短，功耗很低。②自报-确认体制。自报-确认体制是一种由远程终端单元发起的数据传输体制。采用该种工作体制的 RTU 通常处于微功耗的掉电状态，在满足发送条件时，主动向中心站发送数据，发送完成后等待接收方返回确认信息。如果得不到确认，终端启动错误控制过程（如简单重发或换用备用路由重发），保证中心站正确收到该帧数据。数据通信过程完成后自动返回。

（5）通信方式：多样化的通信方式使用户的选择性和系统的灵活性提高，也使 RTU 的应用领域得到扩展。通信是 RTU 系统的关键部分，而广泛采用的网络通信技术则是远程测控技术在通信上的最新发展。在实际应用中采用多种通信方式进行通信，提供多路对外通信接口。例如，可采用的通信方式为 RS232 总线、RS485 总线、控制器局域网络总线、GPRS、超短波电台、卫星通信、PSTN、专线通信。可以根据需求及特定的环境选择几种通信方式。

（6）输入输出接口：具有多个 RS232 接口、开关量口、RS485 接口或 SDI-12 接口，可同时连接翻斗式雨量计、浮子式水位计或气泡式压力水位计、两种信道通信设备及与计算机通信的接口。

（7）可靠性。在正常维护条件下，平均无故障工作时间不应小于 25 000 h。

（8）具备自诊断功能，能够显示内部诊断信息。①记录设置的各种参数的变更、时间和数据；②记录主电池的更换时间；③反映错误信息代码；④发出主电池告警信号。

（9）极强的抗电磁干扰能力。

为实现报汛站水位和雨量自动采集、固态存储、自动传输的功能，报汛站均采用测控报一体化集成结构，即以自动监控及数据采集终端为核心，配备相应的传感器、通信终端设备、电源和避雷设备设施。其设备集成结构如图 10.3.2 所示。

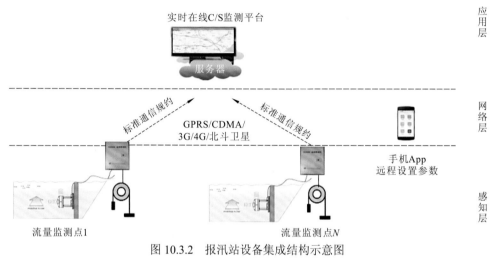

图 10.3.2　报汛站设备集成结构示意图

C/S 表示客户机/服务器

测站数据采集终端选用多要素采集终端实现测站自动采集、传输、存储水位和雨量数据等功能，并可通过手机 App 完成采集终端的设备现场运维。

第 11 章　多要素监测数据异构与管理

　　随着水文信息化的持续发展,水文监测范围逐步扩大,水文监测数据种类、格式呈现多样化趋势,水文部门为维护各种监测平台需要投入大量人力、物力,各级水文部门对多要素监测和异构数据统一平台的需求迫切。但国内外相关平台系统不完全适合国内的信息系统需求,而且国内外产品都还未实现对多要素异构数据的统一监测接收。因此,我国迫切需要研制符合我国信息技术服务业发展现状、满足国内外信息技术信息系统运维相关标准要求的大型统一监测系统平台。

11.1 多线程水文数据实体技术

近年来，随着传感器测量技术、通信技术和计算机技术等在智慧水文中的广泛使用，水文数据采集与监控等系统产生了以指数级增长的数据，渐渐呈现出数据量巨大、种类多等大数据的特点，如何快速地处理这些数据，是智慧水文所面临的重大挑战。

水文多要素自动监测技术在接收平台端的技术难点主要表现在实时数据处理技术、流数据处理技术、实时数据批处理技术等方面，全面提高数据分析处理的实时性、满足大范围实时数据分析的需求是重中之重。

目前，大数据处理技术可以分为批处理与流处理两种模式。批处理系统具有先存储后计算、对数据的准确性和全面性要求高等特点。流处理系统往往不要求结果绝对精确，注重对动态产生的数据进行实时计算并及时反馈结果。数据流处理的特殊性及大数据处理的时效性等各种限制使得传统的实时处理技术已不能够满足需求，因此，大数据的流处理成为关注热点。针对水文大数据的数据量大、种类繁多与速度快等特点，河流多要素监测数据构成了数据流。数据流具有实时性、易失性、无序性、无限性等特征，数据流的价值会随时间的流逝而减小。结合大数据处理技术，给出大数据实时流处理框架，采用流式计算系统处理海量数据，通过采集系统节点监听数据源变化并实时收集数据，实现数据收集、数据计算、数据处理入库，满足水文多要素自动在线监测快速处理需求。

基于多线程技术，结合分布式、微服务架构，将不同的业务功能分布到不同的节点上，从而提升系统的处理性能。以微服务架构搭建系统框架，结合分布式技术，通过增加系统处理的节点的方式提高系统的处理效率，以 Map/Reduce 和 BigTable 为框架核心进行分布式处理，并通过降低模块之间的耦合，增加系统的灵活性和可扩展性。

路由配置在物联网系统，起着决定性的作用，基于便捷性和高效性方面的考虑，将 Zuul 作为路由控制器，编写应用程序接口（application program interface，API）网关，基于 Zuul 自带的 Hystrix，以微服务为级别进行监控。为了避免在水文数据接收处理过程中出现单点故障导致数据接收服务崩溃，基于 Zuul 进行 Euaka Server 注册，将水文、水质、水资源等不同系统的数据接入监控中心注册后的双机热备。Zuul 网关配置架构图如图 11.1.1 所示。

11.1.1 线程池技术

1. 多线程概念

多线程是指从软件或硬件上实现多个线程并发执行的技术。具有多线程能力的计算机因有硬件支持，能够在同一时间执行多于一个线程，进而提升整体处理性能。具有这

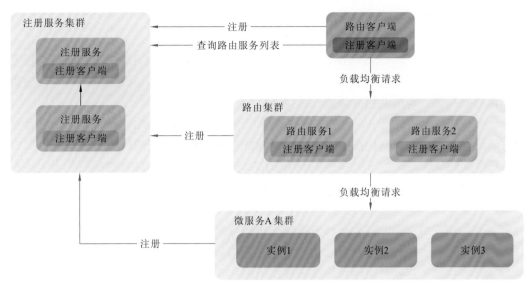

图 11.1.1　Zuul 网关配置架构图

种能力的系统包括对称多处理机、多核心处理器，以及芯片级多处理器或同时多线程处理器。在一个程序中，这些独立运行的程序片段叫作线程，利用它编程的概念就叫作多线程处理。

2. 多线程的优缺点

为了解决负载均衡问题，充分利用 CPU 资源。为了提高 CPU 的使用率，采用多线程的方式去同时完成几件事情且不互相干扰。

多线程的优点：

（1）使用线程可以把占据时间长的程序中的任务放到后台去处理；

（2）用户界面更加吸引人，如用户单击一个按钮去触发某个事件的处理，可以弹出一个进度条来显示处理的进度；

（3）程序的运行效率可能会提高；

（4）在一些等待的任务实现上，如用户输入、文件读取和网络收发数据等，线程比较有用。

多线程的缺点：

（1）如果有大量的线程，会影响性能，因为操作系统需要在它们之间切换；

（2）更多的线程需要更多的内存空间；

（3）线程中止需要考虑对程序运行的影响；

（4）通常块模型数据是在多个线程间共享的，需要防止线程死锁情况的发生。

3. 线程池技术的实现

C#实现多线程的方法有线程和线程池，线程的创建需要时间。如果有不同的小任务要完成，可以事先创建许多线程，在应完成这些任务时发出请求。线程数最好在需要更多的线程时增加，在需要释放资源时减少。

这些线程放在线程池中，C#为大家提供了一个管理线程池的类：ThreadPool。它会在需要的时候增减线程池中的线程数，如果线程池中的线程数达到上限，新的作业就需要排队，等待其他线程完成其任务。一般应用程序首先要读取工作线程和 I/O 线程的最大线程数，把这些信息写入控制台中。接着在 for 循环中，调用 ThreadPool.QueueUserWorkItem 方法，传递一个 WaitCallBack 类型的委托，把 JobForThread 方法赋予给线程池中的线程。线程池收到这个请求后，就会从池中选择一个线程来调用该方法。如果线程池还没有运行，就会创建一个线程池，并启动第一个线程。如果线程池已经在运行，且有一个空闲线程来完成该任务，就把该作业传递给这个线程。

线程池是系统实时处理数据的核心部分，系统在初始化过程中调用计算机资源来创建线程池，线程池按照数据处理过程分为接收线程、处理线程和入库线程三大类。接收线程根据系统配置的信道数量创建，负责实时监控各个信道接收到的数据包，并根据定义的通信协议解析完整的数据包，交由处理线程分析计算；处理线程根据计算机资源具有 N 个常备线程，依据定义的数据协议解析接收线程交付的数据包，数据解析完毕后和实体中的已有数据进行比较，判断数据的合理性，合理数据直接写入队列，不合理数据加注非法标志写入队列，当常备线程无法及时处理接收线程交付的数据包时，可拓展创建 $N+1$ 个处理线程；入库线程根据时间或数据量控制，两者为或关系，满足任何一种条件均触发数据写库。

11.1.2 实体技术

1. 实体的概念

实体是指现实世界中客观存在的并可以相互区分的对象或事物。就数据库而言，实体往往指某类事物的集合。实体可以是具体的人、事、物，也可以是抽象的概念、联系。

2. 实体技术的实现

实时数据处理过程中对新数据的分析、计算需要调用老数据，但受制于数据库 I/O 接口效率，频繁地调用数据库会极大地降低实时数据处理的效率，为提高数据处理效率，内存数据库技术应运而生，内存数据库技术也就是实体技术。

系统在初始化过程中，会创建一个实体，实体的结构与数据库中的站点信息表和实时数据表完全相同，实体会装载所有自动监测站的参数信息和最新数据信息，新数据进来后会与实体中存储的站点参数信息表进行比对获取对应站点的参数信息（如雨量精度等),跟实体中存储的实时数据表进行比对获取对应站点的最近历史数据,然后根据参数和新老数据进行分析计算,所有过程均在内存中完成,不需要访问数据库,节约了大量的 I/O 资源与时间成本,新数据处理完毕后,更新实体中对应的数据便于下次进行实时处理。

11.2　全要素、全量程异构数据处理

11.2.1　全要素集成

随着社会经济的发展,水生态文明的不断推进,水文监测内容不断增加,由基本的水雨情监测增加到水位、降雨、蒸发、流速、流量、风速、风向、泥沙、浊度、盐度、能见度、温度、墒情等多要素监测。全要素集成支撑在日程系统中对上述监测要素做到全覆盖。监测要素的多样性和不同要素数据的异构性增加了全要素覆盖的难度。

采用了面向对象的编程思想,面向对象编程的主要思想是把构成问题的各个事物分解成各个对象,建立对象不是为了完成一个步骤,而是为了描述一个事物在解决问题的过程中经历的步骤和行为。对象作为程序的基本单位,将程序和数据封装其中,以提高程序的重用性、灵活性和可扩展性。

11.2.2　全量程监测

目前,常用的水文观测平台主要包括水位自记井、非接触式水位或流量安装杆(塔),以及河流中的水文观测平台。水位自记井采用浮子式水位计,运行稳定,可靠性高。但水位自记井阻水面积大,基建投入高,难以覆盖全量程,特别是对突发水事件(水库、堰塞湖溃决)无能为力。同时,水位自记井很难同时集成水位、流量、泥沙、水质观测项目,进水口受泥沙淤积影响大。非接触式水位或流量安装杆(塔)一般采用雷达、激光、VHF 等观测河流水体的表面高程和表面流速,这类装置多位于岸边,建造简单且易于维护。但该类设施仅能集成不与水体接触的水文观测设备,精度较高的接触式水位、流量、泥沙和水质观测设备无法安装,限制了其推广、应用范围。位于河流中的水文观测平台一般用于流量的自动监测或流量、泥沙和水质的自动监测,又分为浮标式、座底式和固定式三种。浮标式水文观测平台采用航标或小型浮筏,随河流水位而变动,还得依靠其他设施观测水位,同时测流或测沙位置难以固定;座底式水文观测平台受河流泥沙影响较明显,维护难度大,可靠性差,且观测项目极为受限,一般仅能观测流速;固定式水文观测平台因需在河流中或河岸坡建造较大规模的建筑物,具有与水位自记井类似的问题,基建投入高,且不易全量程、多要素观测,不适合广大的中小河流。随着社会的进步和生活水平的提高,人民对防洪、水资源安全的要求越来越高,需要大规模建设各类水文水资源站点,因此,需要一种经济合理、技术可靠的通用性水文观测平台,

能集成当前各类水位、流量、泥沙和水质观测设备，且满足水文监测对全量程的要求，提高水文观测效率及可靠性。

1. 水位全量程测量

气泡式压力水位计内部的活塞泵产生压缩空气，压缩空气流经气流线，按设定好的间隔进入气室，在气室里，气泡均匀地冒出来进入水中。气室的液位（h）与测量管内流体静压（P）有如下关系：$P=\rho gh$（ρ 为液体密度，g 为重力常数），那么假设液体的密度保持不变，测量液位和测量管内的空气压力之间就存在一定的线性关系。通过测量测量管内的空气压力，就可以换算出当前的水位，简而言之，由活塞泵产生的压缩空气流经测量管和气室，进入被测的水体中，测量管中的静压力与气室上的水位高度成正比。气泡式压力水位计先后测定大气压和气泡压力，取两个信号之间的差值，计算出气室上面的水位高度。这就是气泡式压力水位计测量液位的基本原理。

浮子式水位计以浮子感测水位变化，工作状态下，浮子、平衡锤与悬索连接牢固，悬索悬挂在水位轮的 V 形槽中。平衡锤起拉紧悬索和平衡的作用，调整浮子的配重可以使浮子工作于正常吃水线上。在水位不变的情况下，浮子与平衡锤两边的力是平衡的。当水位上升时，浮子产生向上的浮力，使平衡锤拉动悬索，带动水位轮进行顺时针方向旋转，水位编码器的显示器读数增加；水位下降时，浮子下沉，并拉动悬索，带动水位轮进行逆时针方向旋转，水位编码器的显示器读数减小。本仪器的水位轮测量圆周长为32 cm，且水位轮与编码器为同轴连接，水位轮每转一圈，编码器也转一圈，输出对应的32 组数字编码。当水位上升或下降时，编码器的轴旋转一定的角度，编码器同步输出一组对应的数字编码（二进制循环码，又称格雷码）。不同量程的仪器使用不同长度的悬索能够输出 1024～4096 组不同的编码，可以用于测量 10～40 m 水位变幅。

雷达水位计将 UHF 电磁波经天线向被探测容器的液面发射，电磁波碰到液面后反射回来，仪表检测出发射波及回波的时差，从而计算出液面的高度。被测介质的导电性越好或介电常数越大，回波信号的反射效果越好。雷达水位计分为时差式和频差式。时差式是指发射频率固定不变，测量发射波和反射波的运行时间，并经过智能化信号处理器，测出被测液位的高度。这类雷达水位计的运行时间与液位距离的关系为 $t=2d/c$。其中，c 为电磁波传播速度，$c=300\,000$ km/s；d 为被测介质液位和探头之间的距离；t 为探头从发射电磁波至接收到反射电磁波的时间。频差式是指测量发射波与反射波之间的频率差，并将该频率差转换为与被测液位呈比例关系的电信号。这种水位计的发射频率不是一个固定频率，而是一个等幅可调频率。雷达水位计的量程为 0～30 m，且对安装环境有一定的要求。

气泡式压力水位计、浮子式水位计、雷达水位计为当前水位测量的主流传感器，但在测量量程上均有自身的局限性。通过几种传感器共同监测的方式，利用程序实现在不同水位采用不同量程的传感器，保证在低水和高水的全量程测量。

2. 流量全量程测量

长期以来，河道断面流量测量基于传统流速仪法，该法通过测量特定过流断面垂线上的点流速，应用垂线流速分布经验公式得出垂线平均流速，再依据各垂线平均流速算出断面流量。该法测量精度较高，但是效率低，且需要建造测流缆道，河面太宽需配备测流船，且不能实现在线监测。20 世纪 90 年代初，走航式 ADCP 开始在我国投入使用，其流量测算原理与流速仪法类似，测量精度和效率都有了较大的提高，但是施测仍然需要建造渡河设施，且对河道通航安全有一定的影响，也不能实现在线监测。近年来，国家开展水文信息化、现代化建设，流量在线监测是水文行业的发展趋势，当前大多数在线监测方法基于指标流速法，即通过收集大量断面流速分布资料，建立断面平均流速与实时施测的特定点、特定水层、特定垂线的流速的函数关系式，从而推算断面流量，实现流量在线监测，基于此法的系统有表面雷达波测流系统、基于水平 ADCP 固定层的测流系统等。但是观测断面的流速、流向分布特性复杂，受断面形状、糙率等多种因素影响，而且断面流速分布资料收集周期很长，有些新建的观测断面无历史资料或资料少，导致指标流速公式的建立比较困难。另外，断面水下河床时刻处于冲淤变化中，过水面积也随之变化，需要修订公式，使基于指标流速法的测流精度难以保证。

因此，研制一套准确、高效的流量在线监测系统及基于此系统的推算方法一直是水文流量测验的重点目标。

11.2.3 异构数据处理

将不同水文要素的不同属性及其结构封装为不同的实体类，隐藏对象的属性和实现细节，仅对外公开接口，控制在程序中属性的读和修改的访问级别以增加安全性并简化编程。在对水文多要素抽象对象进行处理后，各要素具有相同的特征和属性。例如，各水文要素的主体都是测站，接收数据具有接收时间等相同的属性。可以将相同的部分抽取出来放到一个类中作为父类，其他两个类继承这个父类。继承后子类自动拥有了父类的属性和方法。

对于各水文要素特有的属性和方法，在封装的类中进行单独定义，基于上述多要素数据实现对各水文要素异构性的支持。根据每个水文要素的数据和结构特点，将其封装为不同的对象，表现每个水文要素的属性和行为特点以对多水文要素的异构性进行支持，并在异构的基础上对公共方法进行包装，在保持异构性的基础上增加简洁性和灵活性。

（1）降低水文要素之间的耦合性，为每个水文要素数据编写专门的处理类。

耦合性是软件系统结构中各模块间相互联系紧密程度的一种度量。模块之间的联系越紧密，其耦合性就越强，模块的独立性越差。模块间的耦合高低取决于模块间接口的复杂性、调用的方式及传递的信息。降低各个水文要素模块之间的耦合性，可以提高各水文要素报文的解析与计算的独立性和效率。

在该水文多要素系统中，所有的水文要素通用一个模块进行数据的接收，在获取到水文数据报文后，为适应水文多要素数据异构的特点，为每个水文要素编写单独的解析和计算模块，减少在处理过程中各水文要素之间的耦合性，具体的模块设计如图 11.2.1 所示。

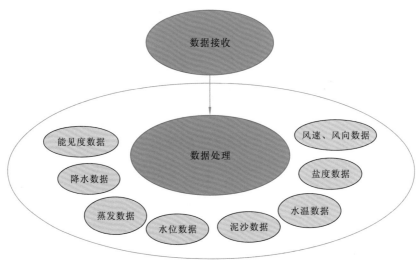

图 11.2.1　数据处理模块图

（2）结合缓存与线程池技术实现数据流向控制。

在控制各水文要素分模块、低耦合的基础上，控制所有水文流向的一致性，结合缓存技术、线程池技术在保证系统执行效率的基础上提升系统的一致性和整体性，即在支持数据异构的基础上保持系统的整体性。具体数据流向如图 11.2.2 所示。

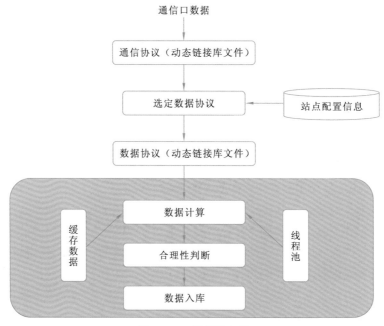

图 11.2.2　数据流向图

11.3　多协议数据融合技术

在多要素信息处理系统中，包括通信协议和数据协议。通信协议按照传输信道的不同又分为北斗普通机协议、北斗指挥机协议、GPRS 协议/4G 协议、短信协议；数据协议主要分水情协议、流速协议和其他协议，详细数据协议划分见图 11.3.1。

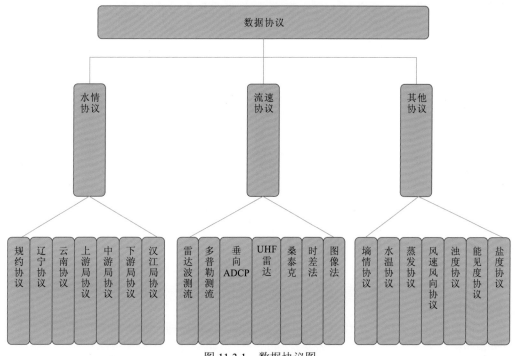

图 11.3.1　数据协议图

通过如下技术将多协议融合到该系统，实现多要素、多协议、多通信方式的统一接收系统。

1. 串口监听与端口监听实现数据接收

系统通过不同的方式获取不同信道的数据，具体如表 11.3.1 所示。

表 11.3.1　各类协议对应的接收方式

协议名称	接收方式
北斗普通机协议	串口监听
北斗指挥机协议	串口监听
GSM	串口监听
GPRS 协议/4G 协议	端口监听
CABLE（电台）	直接传输

串口监听：对于串口操作，Framework 提供了一个很好的类接口——SerialPort，在这当中，串口数据的读取与写入有较大的不同。由于串口不知道数据何时到达，有两种方法可以实现串口数据的读取，即用线程实时读串口、用事件触发方式实现。

为增强数据接收的实时性和节省资源，在本系统中用事件触发的方式实现，当所连接的串口有数据进入时就会触发该事件。

端口监听：本系统通过 Socket 通信的方式监听端口，获取数据。

接收平台和发送仪器建立 Socket 连接，接收平台作为服务器端通过监听 Socket 绑定的端口获取数据。

2. 基于反射实现类库动态加载

在一个项目中可能不会涉及所有的协议，为降低系统的复杂性，增强系统的灵活性，将每个数据协议都封装为动态链接库，当系统需要具体的协议时只需动态加载对应的动态链接库。

基于反射技术，实现类库的动态加载。

3. 协议绑定

当系统中的站点对应不同的报文解析协议，需根据站点信息分配不同的报文解析协议时，需要绑定站点和报文解析协议。

系统启动时，通过读取已配置的站点信息，将站点编码和对应的报文解析协议绑定存于缓存，当系统接收报文时，根据站点编码和报文解析协议的绑定选择加载不同的报文解析协议。

多协议数据融合技术从数据接收、数据汇聚、数据处理、整合归类等多个层面对水文监测数据进行融合，并基于分布式处理和多线程技术进行处理性能的优化，实现高效的省局统一的数据融合，如图 11.3.2 所示。

水文数据融合主要体现在如下四个方面。

（1）水文多要素融合。

水文多要素综合管理平台当前集成了对水位、雨量、流量、蒸发、盐度、水温、风速、风向等水文要素的统一接收，后续根据水文监测的发展，可增加能见度及水质等要素的融合。

（2）不同厂商协议的融合。

当前，本系统在完全满足水文通信规约的基础上，同时融合了湖北一方科技发展有限责任公司、水利部南京水利水文自动化研究所、深圳市宏电技术股份有限公司、厦门四信通信科技有限公司、山脉科技股份有限公司、成都润网科技有限公司、成都汉维斯科技有限公司等国内水文自动测报领域主流厂商的设备协议。基于微服务架构的灵活性，通过数据解析服务较为灵活地新增解析协议，后续可根据已有监测水文要素的种类对新增厂商设备进行融合接收。

（3）系统框架支持新协议、新设备的灵活扩展。

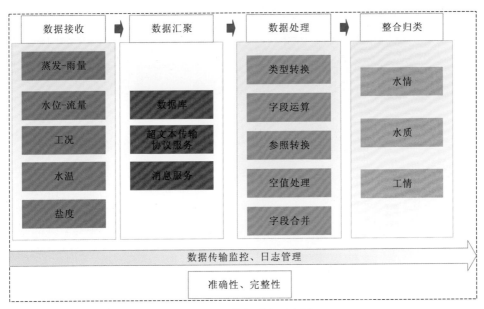

图 11.3.2　数据融合示意图

水文多要素综合管理平台采用微服务框架，突破原有的大而全的水文业务系统开发模式，进行业务的拆分，将不同厂商、不同要素的数据接收拆分为不同的微服务，降低不同的要素和厂商协议的耦合性，实现对新协议、新设备的灵活扩展。

（4）标准化数据输出。

将不同厂商、不同要素的数据完成融合，构建数据汇聚、大数据分析的数据中心，并将数据整合归类，形成符合水文整编数据要求的过渡数据库。

11.4　运维管理技术

11.4.1　建立通信链路

运维管理技术是以 B/S 为架构的设计，通过与 C/S 接收处理软件的通信完成数据的查询和系统的运维功能，具体运维架构图如图 11.4.1 所示。

应用 B/S 架构设计，为运维人员访问系统提供便利。多要素水文技术的接收与处理基于 C/S 架构，主要是基于 C/S 架构交互性强、具有安全的存取模式、网络通信量低、响应速度快、利于处理大量数据。客户端因为要负责绝大多数的业务逻辑和用户界面展示，又称为胖客户端。它充分利用两端硬件，将任务分配到客户机和服务器两端，降低了系统的通信开销。但 C/S 架构同样存在针对性开发、变更不够灵活、维护和管理的难度较大等缺点。通常 C/S 架构局限于小型局域网，不利于扩展。并且，该结构的每台客户机都需要安装相应的客户端程序，分布功能弱且兼容性差，不能实现快速部署、安装

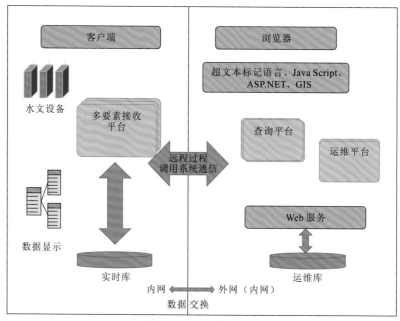

图 11.4.1　运维架构图

和配置，因此缺少通用性，具有较大的局限性，并且 C/S 架构的接收处理平台无法随时随地查看水文数据和进行操作，为方便运维人员操作，设计了基于 B/S 的运维平台。

B/S 模式是伴随着互联网技术的兴起出现的对 C/S 架构的改进，为了区别于传统的 C/S 模式，特意称为 B/S 模式。在这种结构下，通过浏览器来进入工作界面，极少部分事务逻辑在前端实现，主要事务逻辑在服务器端实现，形成三层结构。这样使得客户端计算机的负荷大大减小（因此被称为瘦客户端），减少了系统维护、升级的支出成本，降低了用户的总体成本。将运维平台设计为 B/S 架构，运维人员通过互联网访问即可对水文数据进行查询、修改，对测站和系统进行运维。

11.4.2　用户接口提供

基于 RESTful 接口通信，实现多要素接收系统和运维 B/S 系统的通信表述性状态转移（representational state transfer，REST），RESTful 即遵循了 REST 的 Web 服务，REST 最大的特点为资源、统一接口、统一资源定位符（uniform resource identifier，URI）和无状态。资源为系统之间的各类数据的传输提供了方便，Java Script 对象简谱（Java Script object notation，JSON）是当前最常用的资源表示形式；统一接口是基于数据的增删查改操作，分别对应于超文本传输协议方法，即 GET 用来获取资源，POST 用来新建资源（也可以用于更新资源），PUT 用来更新资源，DELETE 用来删除资源，这样就统一了数据操作的接口，仅通过超文本传输协议方法，就可以完成对数据的所有增删查改工作；每个 URI 都对应一个特定的资源；无状态即所有的资源都可以通过 URI 定位。

基于 RESTful 接口的上述特点，本系统在 B/S 平台为运维系统提供所需的接口，通过 JSON 格式进行数据的传输，这样既满足了运维平台跨平台的需求，又保证了 B/S 接收平台和运维网站之间的通信。具体接口交互如图 11.4.2 所示。

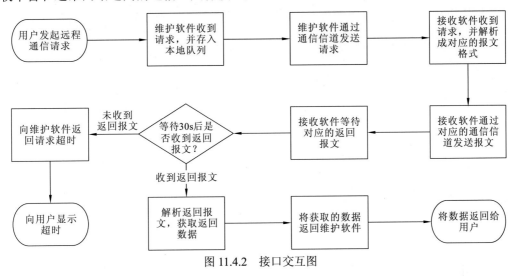

图 11.4.2　接口交互图

基于 B/S 框架和 RESTful 接口通信，最终实现运维功能，详细功能如图 11.4.3 所示。

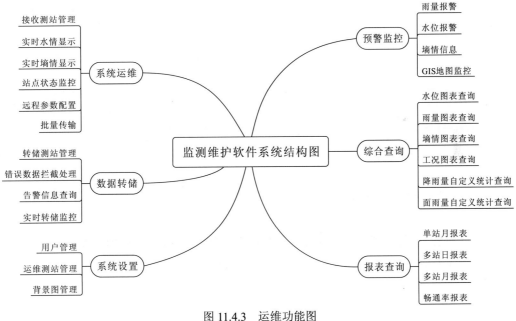

图 11.4.3　运维功能图

11.4.3　响应式前端框架

采用响应式前端框架自适应于计算机、平板电脑、手机等移动设备。

响应式开发也就是响应式网站设计，是一种网络页面设计布局，其理念是，集中创建页面的图片排版大小，可以智能地根据用户行为及使用的设备环境进行相对应的布局。换句话说，就是使用相同的超文本标记语言在不同的分辨率有不同的排版。本系统采用 Bootstrap 响应式前端框架，使得网站不仅能在个人计算机上面完美运行，在移动端上面也能够显示。

11.5 数据库管理与应用

数据库系统作为中心站数据存储的核心，为数据应用系统提供安全、可靠的存储介质。结合水文标准库及多要素监测异构数据的存储需求，在数据标准库的基础上，对数据存储方式进行创新。

11.5.1 总体存储方案

数据库总体存储方案如图 11.5.1 所示，生产数据根据需求将部分数据写入缓存数据库，将需要永久保存的数据存入 SQL 数据库。

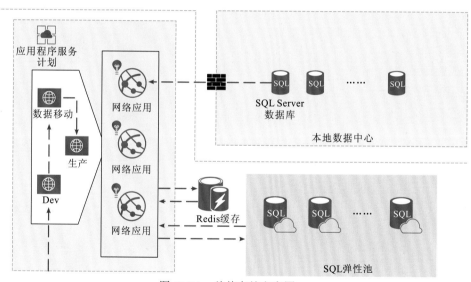

图 11.5.1 总体存储方案图

SQL 为结构化查询语言

11.5.2 数据存储设计

单表数据存储方式的优点是库表结构设计简单，数据库操作简洁；缺点是单表数据量过大时，数据读写效率低下。

分表数据存储方式的优点是进一步降低了单表数据存储量，明显提高了数据读写效率；缺点是链表查询操作复杂。

结合多要素监测异构数据的特点及数据量的大小，采用分表数据存储的方式，保障数据读写的效率。

11.5.3　数据库系统选择

多要素监测异构数据的存储对数据库系统的要求有：关系型数据库；支持网络运行；支持多种类数据类型的存储；支持海量数据管理；可提供客户端的分类、查询功能，界面友好，系统操作简便，便于非计算机专业的系统维护人员的使用；支持与其他应用和平台的互操作性；具有简便的数据库复制或快速转存功能。

根据对数据库系统的要求，结合对目前应用比较广泛的几种数据库系统的比较论证，选择适合的数据库系统。

1. ORACLE 数据库系统

ORACLE 是以高级的 SQL 为基础的大型关系数据库，通俗地讲，它是用方便逻辑管理的语言操纵大量有规律数据的集合，是目前最流行的 C/S 体系结构的数据库之一。ORACLE 数据库对资源的占用率较低，其在数据库管理功能、完整性检查、安全性、一致性方面都有良好的表现，并具有良好的移植性。但 ORACLE 数据库的构造过程较为复杂，程序开发的难度较大，维护界面比较复杂，不利于非专业人士维护。

2. SQL Server 数据库系统

SQL Server 是一种关系型数据库系统。SQL Server 是一个可扩展的、高性能的、为分布式 C/S 计算所设计的数据库管理系统，实现了与 Windows 的有机结合，提供了基于事务的企业级信息管理系统方案，其主要特点如下。

（1）高性能设计，可充分利用 Windows 的优势。

（2）系统管理先进，支持 Windows 图形化管理工具，支持本地和远程的系统管理与配置。

（3）强大的事务处理功能，采用各种方法保证数据的完整性。

（4）支持对称多处理器结构、存储过程、开放数据库连接（open database connectivity，ODBC），并具有自主的 SQL。SQL Server 以其内置的数据复制功能、强大的管理工具、与互联网的紧密集成和开放的系统结构为广大的用户、开发人员和系统集成商提供了一个出众的数据库平台。

3. MySQL

MySQL 是一种开放源代码的关系型数据库管理系统，MySQL 数据库管理系统使用最常用的数据库管理语言——SQL 进行数据库管理。MySQL 是开放源代码的，因此可以根据个性化的需要对其进行修改。在安全性和海量数据管理方面，MySQL 比较差。

根据对上述数据库系统的比较，结合多要素海量异构数据的实际存储需求，数据库系统选择 SQL Server。

11.5.4　数据安全保障技术

为提升系统的安全性，将登录模块置于水文综合管理平台之外，并与办公自动化（office automation，OA）系统或业务系统实现登录互联，支持水文内部系统的单点登录。要保证系统在本地部署和云部署的安全隔离。该部分主要包括访问安全控制和用户权限控制两个模块。通过密码加密、隐藏关键信息、登录校验码等手段提升系统安全，同时用户权限控制模块控制系统的数据权限和菜单权限，实现基于不同用户级别对辖区内站点数据的分等级管理。采用的安全设计原则如下。

1. 物理安全

无论是本地部署还是云部署，物理安全是最基本的数据安全保障。

物理安全保护的目的主要是使存放计算机、网络设备的机房及信息系统的设备和存储数据的介质等免受物理环境、自然灾难与人为操作失误和恶意操作等各种威胁所产生的攻击。

物理安全主要涉及环境安全（防火、防水、防雷击等），设备和介质的防盗窃、防破坏等方面，具体包括物理位置的选择、物理访问控制、防盗窃和防破坏、防雷击、防火、防水和防潮、防静电、温湿度控制、电力供应和电磁防护等。

系统中的户外设备应达到相应的安全级别以满足物理安全的要求。

2. 网络安全

网络安全为信息系统在网络环境的安全运行提供支持。一方面，确保网络设备的安全运行，提供有效的网络服务；另一方面，确保在网上传输的数据的保密性、完整性和可用性等。

网络安全主要关注网络结构、网络边界及网络设备自身的安全等，具体包括结构安全、访问控制、安全审计、边界完整性检查、入侵防范、恶意代码防范、网络设备防护等方面。

系统网络安全应达到相应级别网络安全的要求。如达不到要求，应根据《信息安全技术　网络安全等级保护基本要求》（GB/T 22239—2019）中相应等级系统的网络安全的要求加强网络安全。

3. 系统安全

系统安全是包括服务器、终端、工作站等在内的计算机设备在操作系统及数据库层面的安全。系统安全包括身份鉴别、安全标记、访问控制、可信路径、安全审计、剩余信息保护、入侵防范、恶意代码防范和资源控制等。

系统安全应达到相应级别系统安全的要求。如达不到要求，应根据《信息安全技术 网络安全等级保护基本要求》（GB/T 22239—2019）中相应等级系统安全的要求加强系统安全。

4. 应用安全

应用安全是信息系统整体防御的最后一道防线。对应用系统的安全保护最终就是保护系统的各种应用程序的安全运行。

应用安全主要涉及的安全控制点包括身份鉴别、安全标记、访问控制、可信路径、安全审计、剩余信息保护、通信完整性、通信保密性、抗抵赖、软件容错、资源控制。

系统应用安全应达到相应级别应用安全的要求。如达不到要求，应根据《信息安全技术 网络安全等级保护基本要求》（GB/T 22239—2019）中相应等级系统的应用安全的要求加强应用安全。

5. 数据安全

信息系统处理的各种数据（用户数据、系统数据、业务数据等）在维持系统正常运行上起着至关重要的作用。一旦数据遭到破坏（泄漏、篡改、毁坏等），都会在不同程度上造成影响，从而危害到系统的正常运行。由于信息系统的各个层面（网络、主机、应用等）都对各类数据进行传输、存储和处理等，对数据的保护需要物理环境、网络、数据库和操作系统、应用程序等提供支持。

保证数据安全和备份恢复主要从数据完整性、数据保密性、备份和恢复三个方面考虑。

系统数据安全应达到相应级别数据安全的要求。如达不到要求，应根据《信息安全技术 网络安全等级保护基本要求》（GB/T 22239—2019）中相应等级系统的数据安全的要求加强数据安全。

6. 安全设计原则

（1）完备性：对信息安全的四个属性，从物理、系统、应用、管理等几个层面确定安全功能要求和安全保证要求，对安全系统的构建、运行全过程进行全面控制。

（2）整体保护性：实现信息的保密性、完整性和可用性（包括抗抵赖性、可控性和可操作性等），以及系统安全运行控制。

（3）技术先进性：标准体系在充分了解国际上当前信息安全技术及其标准发展的基础上，汲取了先进的安全技术，并与国际接轨。

（4）实用性：充分考虑到我国信息技术的发展和信息安全的现状，制订了可行的信息系统安全方案，适用于我国的信息安全等级管理。

（5）前瞻性和可扩展性：标准体系所确定的技术和管理具有一定的前瞻性，并可根据信息安全技术的发展进行改进和扩展。

随着国家对水文信息化的大力投入，以及中小河流、山洪灾害、国家水资源控制和省界断面水资源监控等项目的逐步实施，水文监控从原来的单一水位、雨量监控逐步走向水情、水资源、墒情和水环境等多要素综合监控，站点数量也成倍增长，如何进行海量数据的高效处理和多要素的统一接收成为水文行业高效、快速发展的瓶颈。

（1）线程池和实体技术在水文信息采集中的成功应用，从根本上解决了海量水文多要素数据批量处理的时效性技术难题；

（2）多要素数据异构技术在水文信息采集中的成功应用，解决了水文多要素同平台融合的技术难题；

（3）多协议数据融合技术在水文信息采集中的成功应用，解决了多数据协议兼容性的技术难题。

多要素监测数据异构与管理技术的研究成果在水文领域应用后，实现了水文信息采集中的海量数据高效处理、多要素平台融合和多协议兼容，为水文监测多要素化、高效化、统一化提供了良好的解决方案。

第12章　综合应用实例

在自动测报技术投入应用以前，水文资料的收集全靠人工观测，记录的数据通过电报或有线电话等方式向上报送。资料的实时性与完整性完全达不到中短期洪水预报的要求。1984年底，水利部长江水利委员会水文局引进了美国SM公司的产品，组建了我国第一套陆水水库遥测系统。系统规模为13个遥测站、2个中继站和1个中心站，采用VHF超短波通信方式组网。这套系统的引进与稳定运行，为我国特别是水利部长江水利委员会水文局的水文自动测报技术的发展奠定了良好的基础。水利部长江水利委员会水文局通过消化吸收，并依托国家"八五"重点科技攻关项目，自主研发了系列遥测产品（YAC2000系列、YAC9900系列及水位传感器等），先后承担了国家防汛抗旱指挥系统工程水情分中心建设项目、中小河流水文自动监测项目、山洪灾害防治县级非工程措施项目、长江三峡水利枢纽梯级水库调度自动化系统、金沙江中游梯级水电站等多个大中型水利枢纽工程的水情自动测报系统，以及湖北省、辽宁省、云南省、上海市、重庆市等的水雨情自动测报系统、巴基斯坦卡洛特水电站水情遥测系统、老挝国家水资源信息数据中心示范建设项目等的实施。

本章分别从系统集成与平台建设方面选取了五个典型应用实例，针对不同项目的特点和需求开展产品研制与系统集成，运行效果显著。

12.1 水利部长江水利委员会中央报汛站自动报汛系统

防洪报汛自动化是基于水雨情信息的自动采集、水情报文自动合成、信息自动传输至水情信息分中心的接收、整合与转发全过程自动化的总称。长江防洪报汛自动化的实施对象为水利部长江水利委员会水文局所辖的 118 个中央报汛站及其所属的 15 个水情分中心（另含 3 个集合转发站）及流域水情中心，其内容包括信息采集、报文生成、自动传输、信息接收处理及转发等报汛全过程的自动化。水文站的相应流量由水情分中心根据水文站的水位由计算机自动按测站水位流量关系查读，与本站的水雨情信息一并传送至流域水情中心，流域水情中心则按水情信息传输流程自动地向国家防汛抗旱总指挥部和省（自治区、直辖市）防汛抗旱指挥部发送。也就是说，水利部长江水利委员会所属的全部 118 个中央报汛站的水雨情信息实现自动采集、自动报汛，相应流量则在水情分中心人机交互拟合后报汛。2005 年 7 月 1 日开始正式投入运行。

12.1.1 系统概述

长江流域防洪形势历来十分严峻，特别是长江中下游平原是洪水威胁最为严重的地区。经历历次大洪水，特别是 1998 年大洪水后，国家加大了防洪非工程措施的建设力度，相继启动了一批防洪非工程措施建设项目，如国家防汛抗旱指挥系统水情分中心建设项目、中澳合作长江防洪与管理项目、中瑞防洪项目等，由于投资规模、合作伙伴、建设时间等不同，各项目采用的技术手段、标准体系、通信协议、数据格式等各有差异，不同项目间的兼容性较差，成果自成体系；而对于每一独立项目，其规模和覆盖范围又不能满足整个长江防洪报汛的需要，难以发挥出应有的效益，这样在客观上将面临对不同建设项目成果整合的要求。

在水情站网建设方面，尽管长江流域水文测验工作起步较早，但却是从 20 世纪 50 年代才开始逐步恢复、发展水文站网。初期为适应长江中下游防洪排渍工程的需要，水利部长江水利委员会在长江中游干流、汉江中下游干流及平原湖区恢复、建立部分控制性测站。然后为配合汉江流域规划、洞庭湖整治、长江上游水利枢纽选点和三峡区间暴雨洪水分析的需要，又在长江上游、汉江、洞庭湖区等增设了部分测站。同时，为满足水利水电项目规划、设计、施工和运行的需要，还设立了一批专用站网。截至 2005 年，长江流域站网中，由水利部长江水利委员会水文局管理的测站有水文站 112 个，水位站 233 个，雨量站 24 个（未含水文站、水位站中的雨量项目）。其中，水利部长江水利委员会水文局所属测站中，有中央报汛站 118 个，这将是本次实施的重点范围。这 118 个中央报汛站由七个水文水资源勘测局管辖，分布在长江干流及其主要支流上，上起金沙江的岗拖，下迄长江口的徐六泾，由 15 个水情分中心及 3 个集合转发站管理。各水情分中心及集合转发站管理的报汛站情况见表 12.1.1。

表 **12.1.1**　水利部长江水利委员会水情分中心及集合转发站管理的报汛站一览表

序号	水情分中心	站数	站名
一			长江上游水文水资源勘测局（39 站）
1	攀枝花	6	岗拖、石鼓、金江街、龙街、华弹、攀枝花
2	宜宾	7	屏山、宜宾、李庄、泸州、李家湾、横江、高场
3	合川	6	朱沱、合江、北碚、武胜、罗渡溪、小河坝
4	涪陵	7	寸滩、沿河、龚滩、彭水、武隆、清溪场、长寿
5	万县	13	忠县、万县、奉节、巫山、巫溪、大昌、西宁、高楼、建楼、长安、徐家坝、塘坊、福田（1997 年重庆市成为中央直辖市，撤销万县市，设万县移民开发区和万县区，1998 年万县区更名为万州移民开发区，2000 年撤销万州移民开发区，由万州区管辖）
6	重庆	0	攀枝花、宜宾、合川、涪陵、万县 5 个水情分中心的数据汇集中心
二			长江三峡水文水资源勘测局（7 站）
7	三峡	7	巴东、三斗坪、南津关、葛洲坝5#、宜昌、茅坪、黄陵庙
三			荆江水文水资源勘测局（18 站）
8	沙市	18	枝城、马家店、陈家湾、沙市、郝穴、新厂、石首、调弦口、监利、新江口、沙道观、弥陀寺、黄山头（闸上、闸下）、长阳、藕池（管）、藕池（康）、高坝洲
四			长江中游水文水资源勘测局（35 站）
9	汉口	11	汉口、黄石、武穴、皇庄、大同、沙洋、泽口、岳口、仙桃、汉川、潜江
10	陆水	5	崇阳、白霓桥、洪下、陆水水库（坝上、坝下）
11	岳阳	7	莲花塘、螺山、湘阴、营田、鹿角、岳阳、城陵矶
12	洞庭湖	12	南县、草尾、牛鼻滩、周文庙、南咀、小河咀、沙头、沅江、宫垸、石龟山、自治局、安乡（安乡集合转发站）
五			汉江水文水资源勘测局（13 站）
13	丹江口	13	龙王庙、黄家港、白河、向家坪、长沙坝、黄龙滩（十堰集合转发站）、襄阳、宜城、新店铺、郭滩、琚湾（坝上、坝下）、谷城（襄阳集合转发站）
六			长江下游水文水资源勘测局（5 站）
14	南京	5	九江、安庆、大通、湖口、南京
七			长江口水文水资源勘测局（1 站）
15	长江口	1	徐六泾

注：带下划线的属集合转发站管辖的报汛站。

12.1.2　系统总体方案

1. 测站信息采集方案

1）报汛站信息采集功能要求

雨量自动采集：应能自动采集到一个变化单位（0.5 mm 或 0.1 mm）的降雨量；可

在设定时段内自动采集、存储雨量数据。

水位自动采集：应能自动采集到 1 cm 的水位变化值，可在设定时段内自动采集、存储水位数值。水位采样间隔可编程设置，并具有数字滤波功能。

定时采集：按预先设置的定时时间间隔，自动采集和存储水位、雨量数据，包括时间、水位雨量值、天气形势和水势等参数。

随机采集：在规定的时间内水位变幅及降雨强度超过设定值，自动进行数据采集。如在预先设定的时间内，水位的连续变化超过±10 cm 或连续降雨>5 mm，可自动采集，以实时获取数据特征值。

现场固态存储：采集的水位、雨量可现场带时标存储，可存储一年以上的雨量、水位数据，存储容量≥1 MB。固态存储数据用于资料整编，可提供远程下载或供现场人员查看、下载。

人工置数：可将实测流量数据和人工观测水位值通过人工置入的方式，向水情分中心报送。

2）报汛站采集与通信组网方案

水利部长江水利委员会水文局 118 个中央报汛站分布在长江干流及其主要支流上，干流上起金沙江，下迄长江口，支流包括岷沱江、嘉陵江、乌江、汉江、洞庭湖等水系，线长面广，水文条件复杂，给信息采集方案的制订带来很大困难。对这些站的现状与特性进行分析，通过使用不同型号的传感器，逐站制订了适合本站特性的信息采集实施方案。雨量、水位涉及翻斗式雨量计、气泡式压力水位计和浮子式水位计三种传感器的不同组合，通信信道涉及 PSTN、VHF、GSM、GPRS、海事卫星、北斗卫星、直接接入七种方式的不同组合。几种典型的测站信息采集组合方案见表 12.1.2，其他测站与表 12.1.2 中的组合类似。

表 12.1.2　典型的测站信息采集组合方案

站名	报汛项目			传感器组合		通信信道组合	
						主信道	备用信道
岗拖	雨量	水位	相应流量	翻斗式雨量计	气泡式压力水位计	PSTN	海事卫星
金江街	雨量	水位	相应流量	翻斗式雨量计	浮子式水位计	PSTN	海事卫星
宜宾	雨量	水位		翻斗式雨量计	气泡式压力水位计	PSTN	GSM
茅坪	雨量	水位		翻斗式雨量计	浮子式水位计	VHF	北斗卫星
武穴	雨量	水位		翻斗式雨量计	气泡式压力水位计	北斗卫星	PSTN
崇阳	雨量	水位	相应流量	翻斗式雨量计	浮子式水位计	VHF	GSM
黄家港	雨量	水位	相应流量	翻斗式雨量计	气泡式压力水位计	GSM	PSTN
襄阳	雨量	水位	相应流量	翻斗式雨量计	浮子式水位计	直接接入	GSM
徐六泾	雨量	水位		翻斗式雨量计	气泡式压力水位计	GPRS	VHF

2. 水情分中心方案

1）组网方案

根据各水情分中心的特点，选择多种信道（PSTN、GSM、海事卫星 C、北斗卫星、VHF、GPRS 等）实时接收来自测站的水情信息（包括水位、雨量和实测流量等信息）和流域水情中心（水情分中心）发送的查询信息。同时，对所辖的报汛站进行远地编程，修改和设置运行参数；对所辖的报汛站进行召测，读取各种参数，批量传输存储在测站固态存储器中的水情数据；分析、处理接收到的原始信息，建立实时水情数据库；按照报汛的要求将整理的数据信息自动编码并向流域水情中心（水情分中心）转发。典型水情分中心（沙市）组网结构方案如图 12.1.1 所示。集合转发站组网结构方案与水情分中心类似。

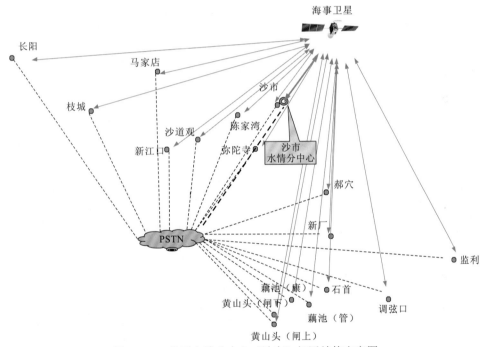

图 12.1.1　典型水情分中心（沙市）组网结构方案图

2）网络结构

典型的水情分中心网络结构如图 12.1.2 所示。

各水情分中心（集合转发站）主要由数据接收系统和计算机局域网络系统组成。数据接收系统主要由 1 台数据接收处理计算机、通信终端设备、UPS 及数据接收处理软件等组成，主要完成各所属测站的数据信息的实时接收、处理和入库，并对所属测站进行数据召测和运行控制。计算机局域网络系统主要由硬件和软件两部分组成。硬件部分包括服务器、交换机、路由器、打印机、UPS 及计算机等；软件部分包括系统软件（网络操作系统、数据库操作系统等）和应用软件（信息接收软件、信息查询软件、数据转发软件等）。

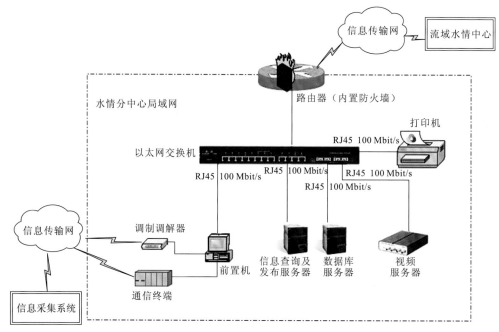

图 12.1.2 水情分中心网络结构

RJ45、100 Mbit/s 分别表示交换机接口与带宽

3. 流域水情中心方案

长江流域水情中心计算机局域网络包括硬件和软件两部分。硬件部分主要包括信息接收服务器、信息转发服务器、数据库服务器、Web 服务器、交换机、路由器及其他相关辅助设备等；软件部分包括系统软件（网络操作系统、数据库管理系统等）和应用软件（信息接收软件、信息转发软件、信息查询软件、洪水预报软件、水情会商系统、报文译电系统及其他相关的业务应用软件等）。按照《实时雨水情数据库表结构与标识符》（SL 323—2011）建立实时数据库；通过同步数字体系（synchronous digital hierarchy，SDH）、X.25 专线、PSTN 专线等通信方式实时接收来自各水情分中心的水情信息，多条信道互为备份；分析、处理接收到的实时水情信息，将实时水雨情报文解码、入库；通过全国水情广域网向国家防汛抗旱总指挥部转发实时信息，并与长江流域各省市水情部门进行信息交换；建立自动报汛管理系统，对各水情分中心的自动报汛情况进行管理、分析、统计；通过长江流域防汛水情会商系统，进行实时和历史水雨情信息的检索、查询；通过水情预报系统完成长江流域相关水情的预报。

长江流域水情中心通过 SDH 与各水情分中心进行信息传输，同时将 PSTN 拨号方式作为信息传输的备用手段。另外，流域水情中心通过全国防汛广域网向国家防汛抗旱总指挥部转发实时信息，并与长江流域其他省市进行信息交换。

流域水情中心网络结构如图 12.1.3 所示。

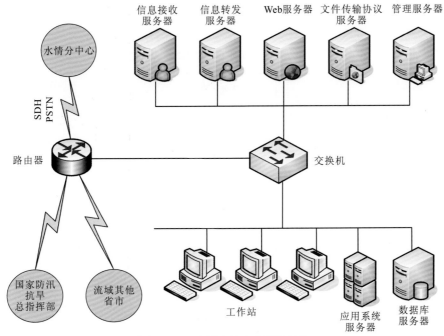

图 12.1.3 流域水情中心网络结构

4. 信息流程

防洪报汛自动化的信息流程按照测站到水情分中心（集合转发站），再到流域水情中心的传输路径进行。测站数据通过自动采集系统，传输到水情分中心（集合转发站），水情分中心（集合转发站）通过对数据的处理、入库、编码，再转发到流域水情中心（或上一级水情分中心）。

报汛站水情信息通过 PSTN 或卫星传输到水情分中心(集合转发站)，PSTN 为主信道，卫星或其他方式为备份信道；水情分中心（集合转发站）之间的数据传输通过网络和拨号方式进行，其中网络为主要传输方式，拨号方式为备份手段。流域水情中心作为统一出口，向水利部和相关省市水文部门转发报文。自动报汛的信息传输流程如图 12.1.4 所示。

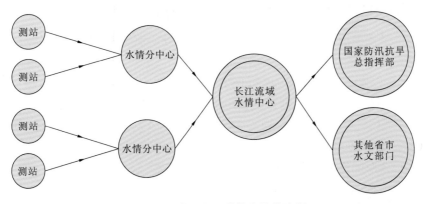

图 12.1.4 自动报汛的信息传输流程

流域水情中心、水情分中心（集合转发站）信息处理流程主要包括测站自动采集数据的接收、采集数据的处理入库、时段数据生成入库、信息编码、报文接收、报文转发、报文解码入库等几个环节。信息处理流程见图12.1.5。

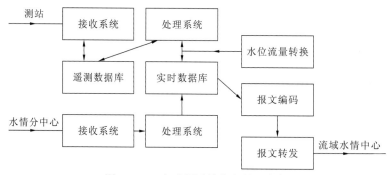

图 12.1.5　自动报汛的信息处理流程

12.1.3　报汛站集成与实施

报汛站均采用测控报一体化集成结构。测站数据采集终端选用 YAC2000 自动监控及数据采集终端，并配置手持式数据遥控键盘。测站具有自动采集、传输、存储水位和雨量数据的功能，流量可通过手持式数据遥控键盘以无线或有线置入方式自动传输至水情分中心。

以潜江水文站的实施为例，潜江水文站是控制汉江下游主要支流东荆河的重要测站，其测验项目为水位、流量、降水。在水文站院内建有标准雨量观测场，采用虹吸式雨量计观测雨量，雨量观测场距离站房 80 m。在水位观测断面建有岸岛式水位自记测井，测井距离站房约 150 m。由于河道的演变，本自记测井仅能测记到中、高水位，低水期间以人工观测水尺、读数的方式完成。根据以上现状，在汉口水情分中心建设项目中，对潜江水文站的集成方案如下。

（1）利用多传感器技术，本站采用浮子式和气泡式压力双水位计自动切换方式自动观测中、高、低水位。在水位测井内安装 WFM-1A 浮子式水位长期自记仪和 WL3100 气泡式压力水位计，配置带有超短波通信功能的 YAC2000 采集存储单元 2、电源系统，实现水位全程自动采集，并以超短波通信方式传输至站房。

（2）在雨量观测场安装 JDZ05-1 型翻斗式雨量计，测量的雨量数据通过敷设的电缆有线传输至站房安装的 YAC2000 采集存储单元 1。

（3）在站房内安装带有北斗卫星和 PSTN 通信终端的 YAC2000 自动监控及数据采集终端，以及微型打印机和太阳能浮充蓄电池电源系统，使本站水情数据以北斗卫星和 PSTN 主备信道传输至汉口水情分中心。

（4）配置 YAC2000 数据遥控器，用于观测人员设置和读取 YAC2000 自动监控及数据采集终端设备中的运行参数与数据，并有线/无线输入水位、流量数据。

测站集成结构如图 12.1.6 所示。

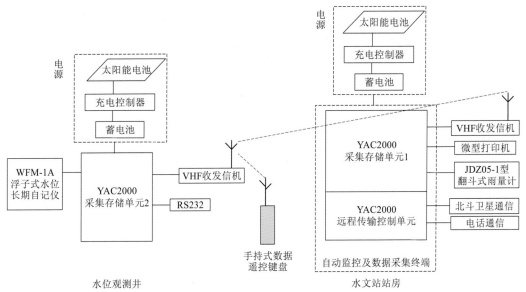

图 12.1.6　潜江水文站测站集成结构

12.1.4　网络水文站建设与运行

为了加快长江水文信息化建设的步伐，提高水文信息共享水平，从 2003 年 5 月开始，在长江流域 10 个重要水文站（寸滩、北碚、宜昌、沙市、仙桃、汉口、城陵矶、九江、徐六泾和襄阳）进行了网络水文站的建设。各水文站的具体实施内容主要包括：水位、雨量的自动采集、存储（流量由人工输入），实时数据库、历史数据库和测站基本情况数据库的建设，基于 Web 方式的信息查询软件的开发，视频监控系统及视频会议系统的建立等。

网络水文站通过采集系统和网络转发接收各种水文信息，统一开发了数据接收与处理软件，建立了基于 Web 服务的信息查询系统，通过网络水文站主页的形式提供信息服务。各网络水文站除数据信息获取的方式不同外，其基本结构和功能相同。

网络水文站信息查询系统给用户提供四大查询功能。测站基本信息查询：其包含基本情况、测站沿革、测验河段概况、测验情况、测站特征值、测验设施布置、测站图片信息和测验报汛方案等。实时水情信息查询：其包含水位查询、水位过程线查询、降雨量查询、流量查询和多站水情查询等。历史水情信息查询：其包含水位查询、水位过程线查询、降雨量查询、雨量柱状图查询、流量查询、流量过程线查询、含沙量查询和输沙率查询。图形查询：其包含水道断面图、含沙量过程线和洪峰水位对比。

视频监控系统是网络水文站建设项目中的重要模块，主要用于水情实时图像信息的监控。该视频监控系统采用了完善的数字、网络、远程监控解决方案——智能型全功能数字监控系统，它是一个高度智能化的数字监控系统，以水文局现有的传输网络为信息传输通道，并具备高度开放性和集成化的综合管理平台。该系统在沙市、城陵矶和宜昌三个水文站分别设置了视频图像信息采集点，每个采集点配有 AXIS2401 视频服务器和

PIH-820 解码器各一台,并架设了可控制云台和摄像镜头,结构图如图 12.1.7 所示。在水文局机关中心机房设置视频信息监控服务器,并安装了相应的软件平台,可以设置和管理与各个信息采集点之间的通信,可以浏览信息点实时信息及向前端视频服务器发送的控制信息,还实现了用户管理和权限管理的功能,并与长江水文网站和网络水文站的信息发布系统进行了有机的集成。

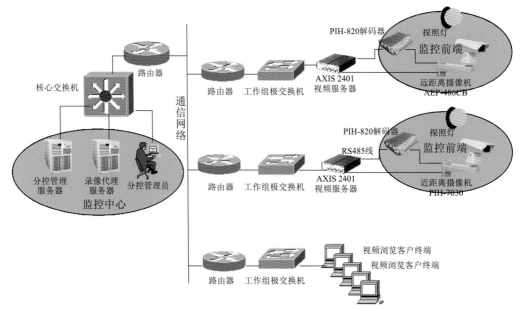

图 12.1.7　视频监控系统结构图

　　系统前端摄像头采集实时视频信息,通过视频线传送至当地视频服务器,在网络中的用户登录视频信息监控服务器后,根据具体权限,就可以实时浏览相应信息点的视频信息。具有控制权限的用户可以通过视频信息监控服务器上的软件平台和水文局广域网向远程站点发送控制信息,远程站点的视频服务器收到相应的控制信息后,通过信号线直接控制云台的水平或垂直方向的转动。开发出的视频监控系统将前端设备所收集的图像数据,用标准的 MPEG 或 H.263 格式压缩并储存于本地或监控中心的存储设备中,用户在内联网/互联网环境中,通过网络浏览器即可随时随地上网取得监控信息,实现监控信息的回放。

　　视频会议系统是水利部长江水利委员会水文局网络水文站建设项目中的一项重要功能,主要用于水情预报会商及前线调度指挥。流域水情中心为主会场,其他两个点为分会场。各个会场都配置了 TANDBERG 880 会议终端,该会议终端内置 MCU 功能,同时满足 H.323 和 H.320 标准,利用已建的水文局传输网络,通过 IP 方式实现了三个会场的网络视频会议功能。

12.1.5　流量同化应用

　　本次实现自动报汛的 118 个中央报汛站中,共有 64 个水文站。其中,除长江上游部分测站的水位流量关系基本呈单一线外，其余测站均为绳套线，有些测站的绳套关系还相当复杂，要实现水位流量的自动转换非常困难。为此，在充分利用各测站相应流量原有报汛方法的基础上，开发研制了相应流量的转换处理软件。处理软件对绳套（包括临时绳套）水位流量关系的制作采用人机交互方式，取得了初步的成果。

1. 计算方法

计算相应流量的方法通常是由水文站的水位流量关系特性来确定的，在以往的人工查算过程中，各测站相关人员在这方面积累了较为丰富的经验，故本次 64 个水文站相应流量的计算方法主要结合各测站人工报汛方式，分别采用水位流量单一线法（18 个水文站）、变动综合线法（2 个水文站）、临时绳套法（37 个水文站）、落差指数法（5 个水文站）及差分方程模型（2 个水文站）五种。

2. 模拟检验

单一水位流量关系测站的转换关系较简单。对其他几类方法的分述如下。

（1）变动综合线法。

根据已经出现的最新实测点据平移绳套综合线，用平移后的综合线进行水位流量转换。选用宜昌水文站和汉口水文站 2004 年 8～10 月同步观测资料，采用变动综合线法进行相应流量的自动计算试运行。对宜昌水文站自动计算结果与人工报汛结果进行对照，如图 12.1.8 所示。由图 12.1.8 可见，两者在涨落水面上吻合较好，在最大流量处误差增大，这是由于变动综合线在峰顶和峰谷上实测点出现之前不会自动转弯，但总体平均绝对误差只有 537 m^3/s，满足相应流量报汛的要求。由于变动综合线法在使用时比较依赖于前期出现的实测点据，在枯季实测流量点据相应较少时，不宜用该方法进行水位流量转换。

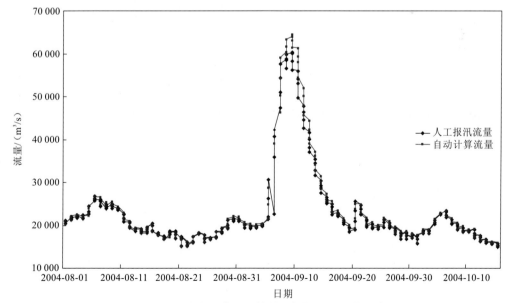

图 12.1.8　宜昌水文站自动计算结果与人工报汛结果对照图

（2）临时绳套法。

当测站水位流量关系受涨落率、变动回水影响出现很大的绳套时，绳套水位、流量之间没有准确的数学解析关系。此类情况下可利用专家经验外延水位流量关系以查看未来走势。以汉口水文站为例，将 2005 年实测流量与相应流量的对比绘于图 12.1.9。从图 12.1.9 中可见，除个别相应流量的计算出现一定的误差外，其余部分的相应流量过程与实测流量过程吻合较好。由此可见，采用临时绳套法进行水位流量转换，是解决复杂测站相应流量自动报汛难的较实用的途径。

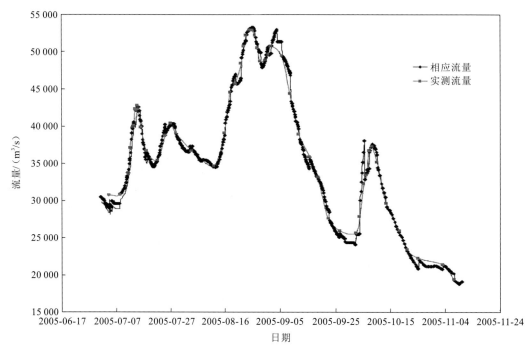

图 12.1.9　汉口水文站相应流量与实测流量对照图

（3）落差指数法。

凡是参证站已实现自动报汛的测站，可采用落差指数法进行相应流量的转换。落差指数法计算相应流量的精度和自动化程度均较高，值得推广。但由于相应落差站的水位同步传输问题未能彻底解决，落差站水位报汛不畅，相应流量滞后，影响报汛时效。

（4）差分方程模型。

通过对宜昌水文站、汉口水文站等的建模发现，当预见期较短时模拟计算精度比落差指数法更优，但预见期略长时精度明显下降。由于自动报汛时预见期一般为 1 个时段，用该模型进行绳套曲线模拟并预报相应流量，基本上可以满足要求。以长江中游干流汉口水文站为研究对象，其参数模拟效果如图 12.1.10 所示。

在研究过程中发现，差分方程模型用于绳套水位流量关系的模拟时，在涨落水面上精度均较高，但在绳套转弯处则较为依赖前期点据。因此，如何利用实测点据来校正模拟绳套并进行绳套的外延处理需进一步研究分析。

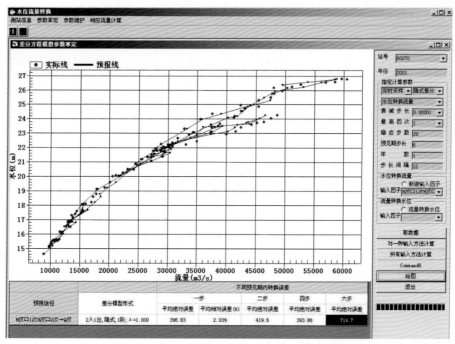

图 12.1.10　汉口水文站绳套水位流量关系模拟

　　综上所述，对于一般的中小山区河流，通常其河流断面的水位流量关系相对稳定，且大都呈单一对应关系，流量要素的报汛可以采用计算机插值的方式自动获取。但对于河流中下游干流及河网地区，其水位流量关系异常复杂，相应流量成为水文站全要素自动报汛的技术难题。本节在以往研究的基础上，分类总结了长江流域各类水文站水位流量的转换模式，研制了基于 C/S、B/S 体系结构的水位流量交互分析软件，取得了以下主要成果。

　　（1）采用相应流量实时数据同化技术，开发相应流量自动查算接口，系统通过接口自动调用水位流量转换方法，从而实现系统与水文站水位流量推算方法的无关性。通过相应流量自动查算接口可以方便地增加新开发的水位流量转换模型，提高系统的通用性和灵活性。采用相应流量实时数据同化技术，较好地解决了相应流量自动报汛问题。

　　（2）运用系统控制理论，将水位流量转换关系视为系统输入输出函数关系，建立绳套水位流量关系外延动态差分预报模型；引入水位参证站，采用落差指数对水位流量绳套关系进行单值化处理；将水位流量绳套变化规则概化为"变动"综合单一线，采用综合线平移模式进行水位流量转换。上述转换模式既是水文资料整编方法的延伸，又是水文预报方法理论、实用技术的重大突破，在国内外同类研究中尚属首创。

　　（3）基于 C/S、B/S 体系结构的水位流量交互分析软件，采用计算机人工交互技术，充分利用了水文专家的丰富经验与临场判断，确保流量动态模拟的预报精度。该项技术方案的实现，较成功地解决了长江流域大部分水文站的相应流量自动报汛问题，将成为其他复杂河流流量报汛的实用方法，为水文站"有人看管、无人值守"奠定了技术基础，属重大技术创新。

（4）本节将水利部长江水利委员会水文局所属 64 个中央报汛站（水文站）归纳为四类。其中，水位流量单一线法 18 个水文站、变动综合线法 2 个水文站、临时绳套法 37 个水文站、落差指数法 5 个水文站、差分方程模型 2 个水文站，并全部实现流量自动报汛，运行效果良好。

12.2　辽宁省水情自动测报系统数据汇集平台

12.2.1　系统概述

随着云计算、物联网、大数据、移动互联网、人工智能等高新技术的迅猛发展，水文信息系统的信息采集与传输技术手段也在发生着巨大变革，从最初的人工采集向自动化的物联网技术和遥感遥测相结合的天-空-地一体化立体感知方向发展，为辽宁省河库管理服务中心水情多要素监测软件平台升级提供了技术支撑。本升级项目实现了对水位、雨量、墒情、蒸发、流量、水温、气温、盐度和风速、风向等要素的动态监控，使得重要汛情能及时查询并上报各级防汛抗旱部门，防汛抗旱部门能及时发布洪水警报并收集反馈信息，为决策和灾害评估等提供准确、及时和充分的依据，最大限度地避免或减少损失。

近年来，辽宁省社会经济快速发展，水生态文明不断推进，辽宁省河库管理服务中心积极推进水文信息化建设，通过数据整合、系统优化和平台升级实现了全省 200 余处水文站、1 700 余处雨量站、200 余处水位站和 55 处墒情站数据的省局统一接收，并通过运维管理平台的部署为水情分中心提供辖区测站的数据查询和远程系统运维功能。随着水文监测范围与要素覆盖面的不断加大，水文监测内容的不断增加，基本的水位、雨量、墒情监测已不能满足水文监测的需求，根据辽宁省河库管理服务中心的规划，将现有的在线流量监测系统及下一步规划建设的流量、蒸发、水温、气温、盐度、风速、风向等监测站点一并纳入现有的辽宁省河库管理服务中心水情多要素监测软件。

12.2.2　软件体系结构

辽宁省河库管理服务中心现有水情监测及其报汛系统主要包括四个软件，分别为数据接收处理软件、运维软件、数据分发软件和报汛软件（数据接收处理软件和运维软件主要完成原有站点的数据接收处理与运维，又称水情多要素监测软件平台），均由湖北一方科技发展有限责任公司建设，四个软件分别部署于 3 台服务器，数据接收处理软件及数据分发软件部署于内网服务器（2 台服务器的集群），运维软件部署于运维服务器，为单机服务器，支持外网的访问，报汛软件部署于单机的内网服务器上。上述四个软件的数据库均为 SQL Server 数据库。

中心站软件为基于微软开发平台的 C/S 和 B/S 混合架构的软件平台，系统采用基于内联网技术的局域网与基于 GPRS/GSM/北斗卫星技术的广域网相结合的模式。通过

Socket 通信获取设备传感器的数据，C/S 应用软件对数据接收、解析、处理后进行数据持久化并存储于数据库中。系统的设计采用针对水文数据实时采集传输功能的 C/S 开发模式，以及针对信息查询和运维功能的 B/S 结构开发模式，同时结合了适用于网络开发的数据库系统及前端的主流开发工具。

系统框架图如图 12.2.1 所示。系统的硬件结构核心是网络系统通信和互联的中枢，由服务器、交换机、路由器、网闸等主干设备组成，主要作用是管理和监控整个网络的运行，管理数据库实体和各用户之间的信息交换。网络交换模式采用技术成熟、价格合理的快速交换式以太网技术。网络互联协议采用基于内联网/互联网技术的 TCP/IP 协议。

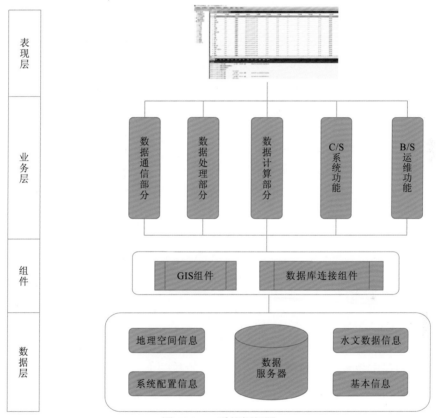

图 12.2.1 系统框架图

系统的软件体系结构采用以数据库技术、GIS 为支持的 C/S 和 B/S 模式，即在系统软件、支撑软件的基础上建立应用服务。在这种结构体系下，各客户机的浏览为第一层，主要提供信息化处理、应用的操作界面；服务器上的信息处理软件和 Web 服务构成第二层，负责接收和访问请求；数据库管理为第三层，负责数据的持久化。

数据接收处理软件与运维软件是整个水情自动测报系统中心站的核心，它负责数据的接收、处理，以及对外进行信息发布，是普通客户和系统管理员日常了解水情自动测报系统运行情况与水情信息的重要桥梁。其主要功能如下。

（1）5 min 内可以收集齐全省 2 200 个自动监测站采集的水雨情和墒情数据；可以按

分中心进行等级划分及管理；支持用户权限分级管理。

（2）支持以图表方式查询数据，雨量数据能以柱状图形式显示，水位（流量）数据能以过程线形式显示，墒情数据能以过程线形式显示。

（3）支持通信模块故障检测功能；支持测站故障检测功能。

（4）具有通信信道管理功能；具有数据协议管理功能；具有异地编程功能；具有日志显示及日志管理功能；具有畅通率报表查询和其他丰富的水雨情数据报表查询功能，报表能输出成 Excel 文件。

（5）支持原创批量传输；支持系统批量对时。

（6）支持相应流量和库容计算。

（7）支持多种主流数据库系统。

数据分发软件为基于微软开发平台的 C/S 架构的软件平台，主要完成辽宁省河库管理服务中心到 14 个驻市水文局的数据分发，包括如下功能。

（1）支持灵活配置 14 个驻市水文局的数据库连接方式。

（2）支持水位、雨量、电压、墒情数据的推送；支持 3 min 内完成所需数据的推送；支持中断后人工补传的功能。

（3）支持实时查看数据推送状态。

（4）具有不同数据结构的灵活配置功能。

报汛软件为基于微软开发平台的 C/S 架构的软件平台，基于水利部和辽宁省河库管理服务中心的要求，将接收到的水文数据推送到报汛库，报汛库采用水利部标准库表结构。辽宁省的特殊需求为推送 6 min 雨量数据，并支持根据选择的时间段进行人工报汛和人工干预修改报汛数据。

12.2.3　需求分析

1. 功能需求

在现有的辽宁省水文接收系统和运维系统的基础上，将现有的在线雷达波测流站点、测扫雷达系统、水平 ADCP 测流站点和规划建设的蒸发、水温、气温、盐度、流量、风速、风向监测站点一并纳入现有的辽宁省水情多要素监测软件升级平台，新增水文要素处理、分析与计算模块，开发移动 App 服务功能并提供报汛管理、信息查询等服务，建成"智能感知、广泛互联、深度融合、业务协同、决策科学、服务主动"的全省统一规范的水文信息监测平台，构建资源汇聚、大数据分析的"一中心"，形成支撑业务深化应用的"一张图"，搭建基于高精度的物联感知体系的为防洪排涝提供动态感知—智慧分析—调度决策一站式服务的"一平台"，全面支撑辽宁省水文事业创新发展。辽宁省水文多要素综合管理平台的建设内容包括以下 10 个方面。

（1）数据融合。在原有水情接收及其运维平台（辽宁省水情多要素监测软件）的基础上，融合现有的在线雷达波测流站点、测扫雷达系统、水平 ADCP 测流站点，以及规划建设的蒸发、水温、气温、盐度、流量、风速、风向监测站点。

（2）系统融合。融合现有的接收处理平台、运维平台、报汛软件、数据分发软件，实现辽宁省水情多要素监测软件升级平台的全业务统一处理。建设全省统一、规范的水文信息监测平台，实现多采集终端、多监测要素水文信息的统一集中接收处理、统一管理和存储、统一实时监测。

（3）GIS 一张图。基于 GIS 技术开发水文监控一张图，对当前所有的水文监测要素进行 GIS 监控与展示。

（4）移动办公。针对预警监控、数据展示、系统运维等功能，提供兼容 Android 系统和 iOS 系统的移动端 App，满足辽宁省河库管理服务中心移动办公的需求。

（5）人工水位集成与分析。该系统需从"辽宁站网与监测管理系统"获取水位、流量和蒸发人工数据，与本系统采集的人工数据进行自动比对分析，根据误差分析提供人工干预报警。

（6）报汛管理。针对水位、雨量、蒸发等需报汛的水文要素，提供报汛管理功能，并提供报汛监控、人工报汛干预等辅助功能以更好地服务于水文报汛工作。

（7）专业查询。基于水位、雨量、工况、墒情、蒸发、水温、气温、盐度、流量、风速、风向数据提供专业的查询界面，方便用户对各要素水文数据做出准确的分析。

（8）功能优化。对现有数据接收、报文解析、数据计算、数据接口、远程控制、权限管理、统计分析模块进行优化，特别是对功能模块的兼容性和执行效率进行功能的优化。

（9）数据分析。基于测站的特性、历史数据、邻近站点数据、站点河流上下游关系等对站点的数据进行初步的分析和预测，提供修正与预警功能，并提供水位流量关系线的修线、定线功能。

（10）权限管理。提供用户管理、权限设置等功能，对系统不同用户进行角色定义和权限管理。用户管理提供用户的添加、修改、删除功能。权限设置为各级用户配置不同的权限。用户只有具有相应的权限才能在数据库对象（如表、视图等）上执行相应的操作。为了保证数据的安全性，用户只应该被授予那些完成工作所必需的权限，即遵循"最小权限"原则。

2. 性能需求

（1）系统数据收集的月平均畅通率达到 97% 以上的遥测站能把数据准确送到数据中心；数据处理作业的完成率大于 97%。

（2）同一时间，水文采集传感器上传单台服务器的数据不少于 2 000 条，服务器正常处理业务。传感器数据上传异常时，系统告警的应答时间小于 10 s。支持各类传感器数据，处理能力为 200 条/s。历史信息存储 12 个月（时间可配置）。

（3）对已采集的数据进行统计分析时，数据在 5 000 条，分析时间不大于 10 s。分析的数据达到 10 万条时，服务器正常处理业务。

（4）在非业务高峰期间，典型业务处理的平均响应时间为：系统登录时间不大于 2 s；系统界面的一般性查询响应时间应小于 2 s，大量数据查询时响应时间应小于 6 s。如存在特殊耗时操作，需详细说明。

（5）在非业务高峰期间，除上述典型业务外，应用系统的平均响应时间为：应用系统内在线事务处理的响应时间不大于 2 s；跨系统在线事务处理的响应时间不大于 3 s；应用系统内查询的响应时间不大于 6 s；应用系统内统计的响应时间不大于 30 s。

（6）在业务高峰期间，应用系统的平均响应时间要求不超过非业务高峰期间平均响应时间的 1.5 倍。

（7）应用系统并发数设计应该支持30%的冗余，保证系统在业务高峰期间稳定运行。

（8）所有数据在线保存 3 年，且备份数据永久保存。

12.2.4 实施部署

1. 系统架构

系统基于跨平台语言 Java 进行开发，为后续操作系统国产化提供有力的支持；系统设计基于 B/S 架构，分布性强，在具备网络的条件下能随时随地进行查询、浏览等业务处理。系统基于微服务、分布式框架，建成"智能感知、广泛互联、深度融合、业务协同、决策科学、服务主动"的辽宁省河库管理服务中心水情多要素监测软件升级平台。

辽宁省河库管理服务中心原有数据接收处理软件的框架为 C/S 架构，在原系统开发中，通过动态链接库对数据接收、数据解析、数据计算、远程控制等模块进行动态链接库封装，在新系统中基于 Native 方法采用对原有的动态链接库调用的方式完成对原有系统上述模块的兼容，对于权限管理模块、数据接口和统计分析模块，本系统将基于水文要素扩展后的平台统一整合。

为满足辽宁省河库管理服务中心对升级平台在灵活性、扩展性和高效性上的要求，以微服务架构搭建系统框架，并结合分布式技术，通过增加系统处理的节点以增加系统的处理效率，以 Map/Reduce、BigTable 为框架核心进行分布式处理，将不同的业务功能分布到不同的节点上，从而增加系统的处理性能，并通过降低模块之间的耦合，以微应用的方式架构系统，增加系统的灵活性与可扩展性。

基于 Spring Boot 微服务框架，将水文综合监测平台划分为数据接收微服务、数据解析微服务、数据计算微服务、数据展示微服务。通过 Spring Cloud 对微服务进行管理，并基于 VUE（前端框架）做前后端的分离，且与移动端 App 适配。将升级系统划分为数据接收、数据解析、数据计算、数据展示四个微服务，并对客户提供系统管理、数据查询、远程控制、统计管理等功能。基于如图 12.2.2 所示的架构进行系统开发，服务组为整个系统提供系统支持，系统核心水文综合处理功能部分基于 Spring Cloud 服务部署，并通过缓存数据库和分布式数据库进行水位、雨量、流量、温度、水温、盐度、墒情、风速、风向等水文数据的持久化处理，基于 Web 容器对表现层提供支持。系统基于 B/S 架构，支持 Web、移动端和其他硬件设备的访问。

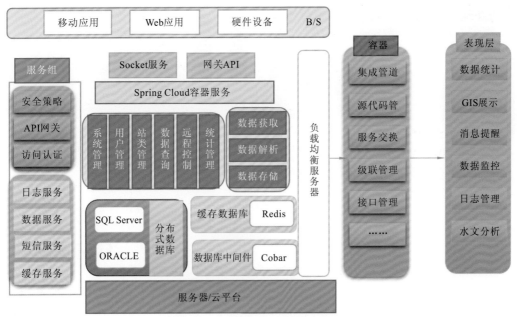

图 12.2.2　分布式+微应用架构图

升级平台基于系统的功能划分为数据接收微服务、数据解析微服务、数据计算微服务等不同的微服务，随着水文监控范围的扩大，基于 Eurake Server 集群和 Zuul 集群提升系统的执行效率，构成平台的每个微服务均在 Eurake 注册中心进行服务注册，并通过 Zuul 集群满足负载均衡的请求。

基于微服务架构和 Zuul 进行网关路由设置，实现升级平台在整个水文接收物联网系统中的水文综合监控服务功能，并将数据接收、数据解析、数据计算、数据展示各个微服务连接，形成高内聚、低耦合、易扩展、易维护的辽宁省水情多要素监测软件升级平台。

2. 数据流向

系统数据流程如图 12.2.3 所示。RTU 实时采集水文数据，通过 4G/5G 等通信方式传送到中心站，由数据接收微服务进行水文多要素报文的接收，数据解析微服务通过设定的水文数据协议（水文通信规约等）对报文进行解析以获取水文多要素数据，数据计算微服务对水文多要素数据进行水文计算后获取水文成果数据，数据接口将水文多要素实时信息数据及计算后的水文成果数据存储于数据库服务器中，供应用系统运用。

为了保证报汛数据的质量，在水文数据存入数据库之后，需要对数据进行分析转换，这个过程一般比较复杂，为了减少对应用系统性能的影响，依据水文数据模型专门建立了微服务进行水文数据的分析报汛，找出不符合规则的问题数据，对数据进行标准化转换，以保证数据质量。对于同一数据有多个来源的情况，还需要进行数据匹配合并。通过水文数据模型，定时对数据进行处理分析。

数据解析系统分为解析和计算两个部分。其主要任务是：监听消息队列，从中获取数据；对信息进行解码并分析遥测数据的正确性，分类将各种数据写入数据库和缓存；

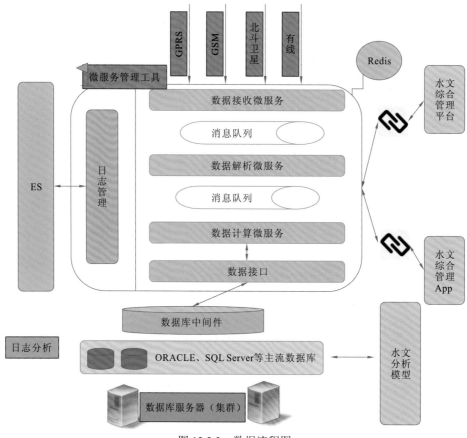

图 12.2.3 数据流程图

ES 为全文搜索引擎

本地存储原始遥测数据；接收数据的解码和校验；接收数据的合理性检查；原始数据的入库；自报、加报数据的入库；人工置数的入库；根据遥测站采集设备的工作状况及数据，分析遥测站的工作状况，对系统运行状况进行监视；测站工作电压监控；测站发送数据间隔时间监控。

测站数据合理性监控技术的实现：数据传输通信采用 Netty 框架、串口，以及调用动态链接库来实现。处理入库按照给定的协议规约进行解析计算以预留接口的形式实现。这样实现可以进行灵活操作、控制，对数据库的操作简单、可靠。数据显示，采用单独系统编码实现系统的解耦，便于维护。

远程管理和固态取数功能模块的主要功能如下。

（1）远程向遥测站下发指令，命令遥测站批量上传固态存储数据或修改遥测站参数；遥测站固态数据的提取和删除；固态数据提取中断保护、遥测站开机时间的设定。

（2）将遥测站传来的固态存储数据处理成相应的数据格式，形成文本文件；固态数据处理、保存文件；固态数据的合理性标示。

（3）终端信息管理包括提供遥测站属性、参数管理功能，以及站点增减功能。

（4）将本地存储的实时水雨情数据整理为固态存储数据文件形式：按照用户设定查询实时水雨情库，取得所需的数据；对数据进行处理，按照制订的固态数据文件形式存成文本文件。

3. 总体功能

整个功能架构由核心功能、业务单元、接口数据（应用入口）、核心数据库、应用支撑、功能展现六大部分组成。基于微服务、分布式框架的辽宁省河库管理服务中心水情多要素监测软件升级平台集成了水文多要素数据的统一接收、综合监控、数据汇集、统一格式数据输出、水文数据共享等功能，并配置移动端 App，如图 12.2.4 所示。

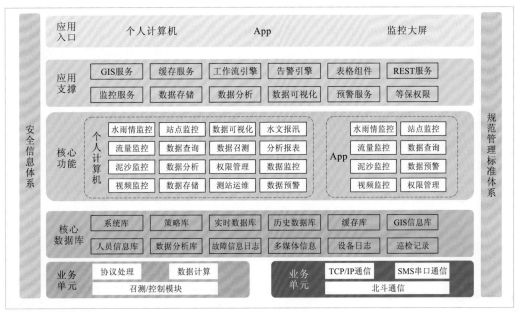

图 12.2.4　总体功能架构图

通信层业务单元主要包括 TCP/IP 通信、SMS 串口通信、北斗通信，负责遥测站数据的汇集，以及平台与各个遥测站 RTU 之间的通信，保障 RTU 的业务数据能够正常传递至平台，同时保障平台的各类遥测站的指令能够正常传递至 RTU。在通信接口方面，通过开发的标准协议处理接口实现对 4G/5G、短信、北斗通信方式的支持。

业务层业务单元主要包括协议处理、数据计算、召测/控制模块，主要负责对接收的遥测站的各类实时数据进行报文的解析、处理、计算，并对数据的合理性进行判断；支持平台对遥测站进行数据的召测和测站的配置；基于水文通信规约等数据协议，开发标准化的数据解析接口，在通信层和应用层之间起连接桥梁的作用；提供信息查询接口及数据计算接口服务（包括各类信息的统计分析、GIS 服务及模型计算），起到服务上层业务应用系统、连接下层数据层的功能。

接口数据负责整个平台界面的运行、展示、管理，包括数据综合查询管理、报表查询导出管理、系统运维管理、系统设置管理等。其管理模块主要包括综合查询模块（主要查询各站点数据情况）、报表查询导出模块（对现有和已有的数据进行导出查看）、系统运维管理模块（时刻对站点的状态和数据状态进行监控，以便更好地管理各站点，了解各站点的情况，远程配置设备参数信息，数据转储，以至于更好地备份）、系统设置管理模块（主要用来配置测站基本详情、用户基本信息、各用户权限等）。

核心数据库主要是平台应用的数据库，是平台应用的组成部分，为系统提供数据持久化做支撑，主要包括系统库、策略库、实时数据库、历史数据库、缓存库、人员信息库、GIS 信息库、故障信息日志、巡检记录、多媒体信息、数据分析库、设备日志。数据层在接口部分实现透明的数据访问，无论数据的来源和存储位置如何，提供统一的数据库访问接口。

应用支撑主要包括由 GIS 服务、缓存服务、工作流引擎、告警引擎、REST 服务、监控服务、预警服务、数据分析等构成的应用支撑平台，主要负责为系统功能提供插件和强大的服务支持。

展现层直接面向用户提供平台应用功能。本平台提供个人计算机端和移动端 App 业务，即水文信息综合管理软件平台和水文信息综合管理 App。水文信息综合管理软件平台和水文信息综合管理 App 都是基于应用支撑平台开发、组装和运行的。水文信息综合管理软件平台的功能有站点监控、水雨情监控、权限管理、流量监控、视频监控、数据查询、数据预警、测站运维、数据召测、数据分析、分析报表、数据存储、水文报汛、数据监控、数据可视化、泥沙监控等，水文信息综合管理 App 的功能有站点监控、水雨情监控、权限管理、流量监控、视频监控、泥沙监控、数据预警。监控可根据需要进行增减。

12.2.5　实施效果

水文多要素综合管理平台全面提升了水文部门对水灾旱灾监测、预警预测、灾情评估的能力与水平，尤其是应对水灾旱灾的快速响应能力，为防汛抗旱指挥和水资源保护、利用与管理等部门制订防汛抗旱减灾策略提供了科学依据。同时，使人民群众能及时了解汛情旱灾信息，调整应对措施，更好地享受科技进步带来的福祉，具有显著的社会效益。

水文多要素综合管理平台全面提高了水文监测、运行、维护、管理的能力，有效减少了遥测站点现场的维护次数，大大节省了燃料费、人力、设备费用，间接产生了较大的经济效益；通过远程监测，能够高效、集中地监测系统，维护人力、物力，针对性地开展监测系统维护工作，大大提高监测系统维护资源的利用率；在防汛抗旱减灾方面效益明显。

12.3 云南省滇中引水工程地下水（地表部分）监测系统

12.3.1 系统概述

滇中引水工程是一项水资源综合利用工程，是云南省实施科教兴水强滇战略的重点骨干水源工程和可持续发展的战略性基础工程，于 2018 年 3 月正式开工建设，设计总工期为 96 个月，总投资 826 亿元。工程建成投入运行后可以从根本上解决滇中地区的水资源短缺问题，具有显著的经济、社会和生态效益。滇中引水工程以解决滇中地区的城镇生活及工业用水为主，兼顾农业和生态。受水区包括丽江市、大理白族自治州、楚雄彝族自治州、昆明市、玉溪市、红河哈尼族彝族自治州六个市（州）的 35 个县（市、区），覆盖面积 3.69×10^4 km^2。滇中引水工程由石鼓水源工程和输水工程组成。石鼓水源工程为无坝取水，采用提水泵站取金沙江水，设计抽水流量为 135 m^3/s，共安装 12 台混流式水泵机组，其中备用机组 2 台；输水总干渠布置的主要输水建筑物有 118 座，其中，隧洞 58 座（长 611.986 km）、渡槽 17 座（长 3.700 km）、倒虹吸 25 座（长 42.595 km）、暗涵 15 座（长 4.891 km）、消能建筑物 3 座（长 1.063 km）。隧洞、渡槽、倒虹吸和暗涵四类建筑物的长度分别占干线全长的 92.13%、0.56%、6.41%和 0.74%。输水工程总长约 664.236 km，划分为大理 I 段、大理 II 段、楚雄段、昆明段、玉溪段及红河段六个工程区段。

滇中引水工程沿线地质条件复杂，穿越多个地貌，地质构造、水文地质单元及地层沉积环境多变，并涉及多个岩溶水系统，尤其是石鼓水源至楚雄段沿线水文地质条件更为复杂，隧洞工程占比大，而隧洞施工对地下水环境影响大，因为隧洞施工会疏干地下水，这对周围泉、井、库塘、潭水等地表水体的影响较大，但因沿线水文地质条件复杂多变，影响程度存在较多的不确定性，同时工程沿线涉及多个重要水源保护区、自然风景名胜区、集中供水水源地等多类地下水环境敏感区域，所以对施工期和运行期沿线地下水露头（泉、井）及与地下水有密切联系的地表水体（库塘、潭水、河沟）等进行监测是非常有必要的，有利于动态评估地下水对施工安全的影响，科学指导施工，并提前做出合理的建议和应急预案，及时缓解工程施工造成的不利影响，确保受影响水源用户的用水安全。

根据前期水文地质调查资料，在滇中引水工程的地下洞室沿线上，针对可能被影响的较大泉水或冲沟、河流、库塘等部署了 120 个地表水自动监测站，从而实时监测其流量（水位）变化，为科学施工提供依据。根据不同流量监测点的水流特征，采用了磁致式量水堰计、外夹式超声波流量计、多普勒明渠流量计、雷达流量计、雷达水位计、投入式液位传感器六种传感器来对 120 个流量监测点进行实时流量（水位）监测。

12.3.2 系统监测方案

1. 设备选型

不同类型的流量（水位）传感器的适用范围和条件、测量范围和精度及功耗等技术参数各不相同。综合分析各种流量（水位）传感器的技术参数、性能特点、适用范围和使用优缺点，每种传感器都有其特定的应用场合。流量（水位）监测断面的泥沙淤积、边坡地质环境、水流特性、水面漂浮物、水位变幅等环境因素直接决定了传感器的选型，从传感器技术参数看，其测量精度一般都能满足水位监测要求，但是量程、适用范围等却不尽相同，使用时必须根据其特点综合比选。

在滇中引水工程地下水（地表部分）监测中，根据不同流量监测点的水流特征，为尽可能确保流量测量的准确性，对于方便进行堰槽改造的监测点优先进行三角堰或矩形堰的改造，改造后采用磁致式量水堰计对泉水流量精准监测；对于分布面积小的井水或覆盖较大面积的潭水，在没有建设水位测井的情况下，采用投入式液位传感器或雷达水位计对这类监测点进行水位监测，从而达到水量监测的目的；对于断面分布较规则（矩形断面、梯形断面、管道断面），流速分布均匀且流速较快的河流，采用雷达流量计进行流量监测；对于测流断面比较顺直，上游有 10 倍水力半径的顺直段，下游有 5 倍水力半径的顺直段，且断面形状规则稳定，水流流态均匀稳定的监测点，采用的是多普勒明渠流量计；最后一类监测点主要用于监测管道中的生产生活用水，考虑到在安装过程中要尽可能降低对供水的影响，同时又能较好地测量管道内的流量，于是采用了外夹式超声波流量计对这类站点进行监测。以上各类型的流量（水位）传感器的使用场景、技术特点及影响因素见表 12.3.1。

表 12.3.1 不同类型的流量（水位）传感器的使用场景、技术特点及影响因素

传感器类型	使用场景	技术特点	影响因素
磁致式量水堰计	适用于堰槽水位测量，三角堰或矩形堰，使用流量计算公式可以准确得到断面流量	分辨率高（0.01 mm），稳定性好，性能可靠，响应速度快，工作寿命长等	泥沙淤积及浮球被钙化物或青苔包裹时会影响精度
雷达水位计 雷达流量计	适用于没有建筑物影响雷达水位计波束角的情况下泉水、库塘、河沟等水位的监测，需要特定的平台	基于精确时间测量的电磁波测距、测速技术。无机械磨损、非接触测量，测量与水质无关，不需要防浪井	水面漂浮物和波浪影响精度；固定要求高，需要垂直水面
投入式液位传感器	适用于潭水、湖泊、水库等相对稳定的水体	由压力传感器及高精度的智能化变送器组成，量程可达 70 m 以上，安装简便	泥沙淤积和流速影响精度；气压、温度零漂影响精度；污水腐蚀影响传感器寿命
多普勒明渠流量计	适用于明渠断面流量测量，安装时上游要求有 10 倍水力半径的顺直段，下游有 5 倍水力半径的顺直段，且断面形状规则稳定，以保证安装位置的水流流态均匀稳定	利用高精度压力传感器测量水深，通过超声波探头测量流速，利用水温传感器测出的水温来校正超声波在水中的速度，并修正压力传感器所测得的水位，从而实现水位和流速的精准测量	在水质方面，要求水体含有一定的微小杂质或气泡，但水中漂浮物不宜过多
外夹式超声波流量计	适用于不同管材的管道流量的实时监测	利用低电压、多脉冲时差原理，测量顺流和逆流方向的声波传输时间，根据时差计算出流速，流速为 0～10 m/s	需保证在满管下进行测量；需要根据现场情况设置好相关参数，否则会较大影响测量结果

2. 流量监测站组成结构

流量监测站主要包括 YAC9900 遥测终端机、电源系统、通信单元、传感器四个部分。流量监测站组成结构如图 12.3.1 所示。

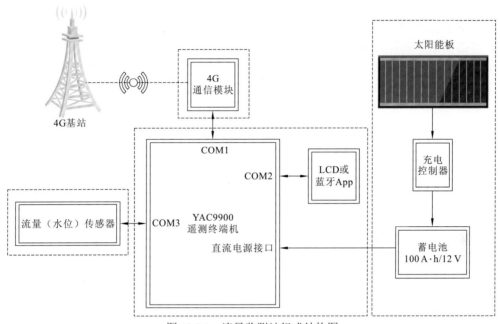

图 12.3.1　流量监测站组成结构图

YAC9900 遥测终端机是遥测站的核心部件，主要完成遥测站传感器的数据的采集和存储，并可通过 4G 通信，将采集的数据以自动的方式传输到中心站，支持 LCD 和蓝牙 App 对 RTU 参数进行读设；同时，中心站可以对遥测站远地编程和数据下载。

电源系统主要由太阳能板、充电控制器、蓄电池等组成，给遥测站提供正常运行的电源，配合 RTU 对传感器进行电源管理。

通信单元主要由 4G 通信模块组成，实现与数据中心站之间的通信，实时传输数据信息。

传感器主要有磁致式量水堰计、雷达水位计、多普勒明渠流量计和外夹式超声波流量计等类型，主要采集水位、流量、流速。

12.3.3　流量（水位）传感器应用

1. 磁致式量水堰计

磁致式量水堰计适用于长期测量河流、湖泊、水库、坝体等堰槽的水位，是监测水位及流量变化的有效设备。磁致式量水堰计的主要功能有线性测量、绝对位置输出、非接触式连续测量，永不磨损，传感器不用标定及定期维护，安装简单、方便。其主要技术参数见表 12.3.2。

表 12.3.2　磁致式量水堰计主要技术参数

规格型号	GL-1A
测量范围	0～500 mm（量程自选）
灵敏度	0.01 mm
测量精度	0.1%FS
测温范围	-40～80 ℃
输出信号	RS485
报文方式	自报/召测
调试方式	地址码和波特率自设定
绝缘电阻	≥50 Ω
储存温度	-30～70 ℃

1）结构和工作原理

磁致式量水堰计由防污管、上端盖、磁致伸缩水位（液位）计、水平泡、观测电缆等组成，结构如图 12.3.2 所示。

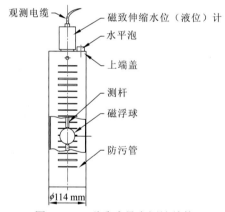

图 12.3.2　磁致式量水堰计结构

磁致伸缩水位（液位）计由测杆、电子仓和套在测杆上的非接触磁浮球等组成，测量电路发出起始脉冲，起始脉冲在波导管中传输，脉冲与磁浮球相遇，产生返回脉冲，感应电路感知返回脉冲，测量两个脉冲之间的时间差，精确地测出液位值。

2）流量计算

堰槽中的水位变化量 ΔL 与磁致式量水堰计的测量值 F 具有线性关系，计算公式为

$$\Delta L = K \times (F - F_0) \tag{12.3.1}$$

式中：ΔL 为堰槽中的水位变化量，mm；F 为磁致式量水堰计的实时测量值，F；F_0 为磁致式量水堰计的基准值，F；K 为磁致式量水堰计的传感器系数，mm/F。

当 ΔL 为正值时，表示堰槽水位相对于基准值升高；当 ΔL 为负值时，表示堰槽水位相对于基准值降低。在正常工作范围内，温度的变化对传感器测值的影响甚小，经试验测得其温度修正系数小于最小读数，实际使用中不需要温度修正。

3）各类型堰流量计算公式

直角三角堰流量计算公式：

$$Q=1.4\times h^{5/2} \tag{12.3.2}$$

式中：Q 为堰流量，m^3/s；h 为堰上水头，m。

矩形堰流量计算公式：

$$\begin{cases} Q = m\times b\times\sqrt{2g}\times h^{3/2} \\ m=0.402+0.054\times(h/p) \end{cases} \tag{12.3.3}$$

式中：Q 为堰流量，m^3/s；b 为堰底宽，m；h 为堰上水头，m；p 为堰顶板至堰顶的距离，m；g 为重力常数，m/s^2。

梯形堰流量计算公式：

$$Q=1.86bh^{3/2} \tag{12.3.4}$$

式中：Q 为堰流量，m^3/s；b 为堰底宽，m；h 为堰上水头，m。

4）仪器安装

（1）槽式安装法。

磁致式量水堰计应安装在堰板上游 $\geqslant 100\ cm$ 处，在堰槽的侧壁做一内凹槽，在底部开一个安装洞，安装洞的直径应大于 15 cm，低于水面 10 cm（尺寸如图 12.3.3 所示）。在安装洞中插入防污管，查看上端盖上的水平泡以调整防污管的垂直度，防污管四周用水泥砂浆固结，防止水泥砂浆进入防污管。在防污管四周填入清洁细碎石，直至将凹槽填满。安装示意图如图 12.3.4 所示。

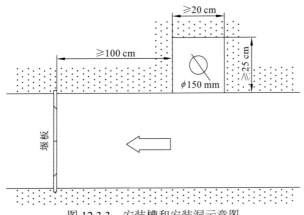

图 12.3.3　安装槽和安装洞示意图

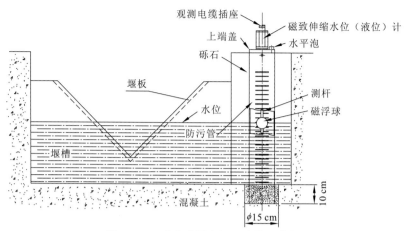

图 12.3.4　磁致式量水堰计安装示意图

（2）安装注意事项。

安装和搬运过程中不可使测杆弯曲，切勿使传感器的电子仓和测杆承受大的冲击；止位环取下时记住其在测杆上的位置以便复位时回至原位；传感器装入防污管时浮子应放在止位环处，不得由高处向低处自由落下，另外，禁止浮子在测杆两头来回快速运动并撞击止位环，避免浮子由于撞击而损坏。

（3）选取基准值。

磁致式量水堰计的测量值为实时测量值相对于基准值的变化量，所以基准值选取的准确与否，将直接影响测值的准确性。选取相同时间、稳定气温的三次相近的读数，经平均后作为基准值，磁致式量水堰计安装在混凝土中，应选取水化热过后的测值。基准值选定后应做好记录，作为计算的基准值。为使基准值取得更准确，可将以上操作重复进行两次，如果两次测值基本相同（误差≤0.5%FS），证明基准值取值正确。磁致式量水堰计的测量值出现偏差时，可用以上方法重新校准基准值。

5）磁致式量水堰计应用实例

泉 30 监测点位于姚安县太平镇，在柳家村隧洞工程附近，在进行堰槽改造后，将其改造成了标准矩形堰结构，堰高为 0.45 m，堰宽为 0.8 m，堰口宽为 0.5 m，堰坎高为 0.15 m，凹槽距堰板 1.5 m，使用磁致式量水堰计测量水位，如图 12.3.5 所示。

传感器外安装了一个镀锌套管，保护其不被轻易破坏；为确保充足的光照条件，仪器箱被放置在距离传感器 20 m 左右的山坡上。自安装以来，该站数据稳定，与现场校测一致，数据如图 12.3.6 所示。

2. 雷达流量计

雷达流量计是一种采用微波技术的水体流量测量仪器，结合了雷达水位计和雷达流速仪的测量技术。其主要应用于江河、湖泊、潮汐、水库闸口、地下水道管网、灌溉渠道等水域的水位、流速测量。

图 12.3.5　泉 30 监测点

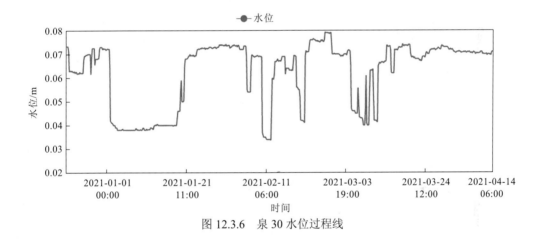

图 12.3.6　泉 30 水位过程线

1）雷达流量计主要特点

①基于雷达工作原理的 26 GHz（ISM 标准波段）距离探测器；②调频连续波平面微带雷达非接触式探测，全天候稳定工作；③雷达天线样式为 11°×11°，方向性好，传输损耗小；④处理电路拥有自有专利技术，测量误差小于±1 cm；⑤低功耗，防水、防雷设计，适用于各种野外环境；⑥外观小巧，安装方便，易维护；⑦带内部实时时钟功能。

2）雷达流量计算法与主要技术指标

采集河道、渠道等流体的表面流速数据，然后将采集的数据根据断面形状计算出过水面积 S，将表面流速数据经过内部率定模型求得平均流速 $\bar{V}$，根据 $Q=S×\bar{V}$ 计算得到瞬时流量。其主要技术参数见表 12.3.3。

表 12.3.3　雷达流量计主要技术参数

供电电压	8～16 V 直流
静态电流	≤1 mA（12 V）
工作电流	≤100 mA（12 V）
水位量程	0～30 m
水位准确度	±3 mm（±1 mm 可选配）
水位分辨率	1 mm
水位雷达信号频率	26 GHz
水位雷达天线类型	平面微带阵列天线（平板式）
水位雷达波束角	12°×12°
流速测量范围	0.15～15 m/s
流速准确度	±0.01 m/s；±1%
流速分辨率	1 mm/s
流速雷达发射频率	24 GHz
流速雷达波束角	25°×12°
安装水面高度	0.5～35 m
工作温湿度	−35～65 ℃；≤95%
采集间隔	5 s～24 h，可设置
通信接口	RS485（标配 Modbus/SDI-12）
模拟量接口	4～20 mA
防护等级	IP67/IP68，可选

3）结构和工作原理

（1）结构。

雷达流量计基于成熟的 26 GHz 高频脉冲雷达的水位测量技术和成熟的 24 GHz 平面雷达多普勒微波流速测量技术；硬件上，其由雷达水位计和雷达流速仪组成，分别进行水位和流速的测量，再结合断面信息最终可以计算出相应的流量，其典型应用如图 12.3.7 所示。

（2）工作原理。

雷达水位计的主要测量原理是雷达水位传感天线发射电磁波脉冲，其在空气介质中传播，遇到水面，在界面处产生反射，部分电磁能被反射至发射源。电磁波在水位计和水面之间往返传播的时间为 T，由于电磁波的传播速度 C 是个常数，可以测出水位计与水面之间的距离 H。

雷达流速仪的主要测量原理是多普勒效应，当雷达流速仪与水体以相对速度 V 发生相对运动时，雷达流速仪所收到的电磁波频率与雷达自身所发出的电磁波频率有所不同，此频率差称为多普勒频移，通过解析多普勒频移与 V 的关系，得到流体表面的流速。

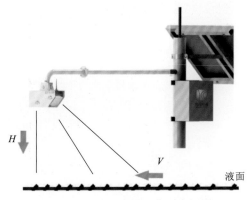

图 12.3.7 雷达流量计典型应用图

雷达流速仪测量示意图如图 12.3.8 所示。

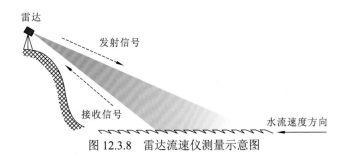

图 12.3.8 雷达流速仪测量示意图

4）仪器安装注意事项

①伸出的横臂一定要足够长，保证设备可以安装在渠底正中间的上方，这点在梯形渠中尤其要注意；②一体机的安装角度要垂直于水面，尽量使流速探头的角度在 30°～45°；③雷达探头下不能有垃圾、树枝、石头等杂物，这样会导致水流回流（特别是在渠道/河道枯水期），从而影响到测量，应使液面保持在一个平稳的方向一致的水流下；④要及时对渠面清淤，淤泥的存在也会影响测量精度；⑤在野外安装的情况下，要尽量避免安装在树枝、树叶等植物下，同时也应尽量避免安装在动物栖息地下，这样会妨碍测量。

5）雷达流量计应用

汝南河 1（红麦）监测点位于玉龙县太安乡汝南村，在香炉山隧洞主洞工程东侧 1 km 处，为监测隧洞工程对汝南河水流的影响，对汝南河部分河道进行了整改，采用雷达流量计对河道进行流量监测，监测点如图 12.3.9 所示。

该监测点位于汝南河左岸，河宽 2.9 m，断面水流比较均匀，安装时水深为 31 cm，数据情况如图 12.3.10 所示。根据数据分析，从 1 月到 4 月，河道水位整体下降 5 cm 左右，与现场实际情况相吻合。

图 12.3.9　汝南河 1（红麦）监测点

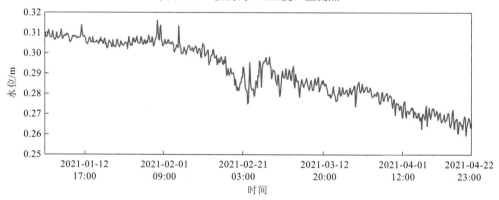

图 12.3.10　汝南河 1（红麦）水位过程线

3. 多普勒明渠流量计

多普勒明渠流量计利用明渠技术，以流速-水位运算法为基础，测量流体的液位高度，并且采用接触式测量方法，将传感器放置在渠道底部，通过流速-面积法，在两个探头一发一收之间，根据多普勒时间效应，测算出过水流速，再通过传感器所在区域的截面积，根据公式换算出瞬时流量，其主要技术参数见表 12.3.4。

表 12.3.4　多普勒明渠流量计主要技术参数

流速	21～5 000 mm/s，分辨率为 1 mm/s，准确度为测量流速的 ±1%
温度	0～60℃，分辨率为 0.2℃
水位	0～10 m，分辨率为 1 mm，准确度为测量水位的 ±0.5%
流量测量精度	±2%
电源	12 V 直流或 220 V 交流
接口	标准 RS232、RS485、4～20 mA
通信协议	Modbus
运行温度	0～60℃水温
可靠性	平均无故障工作时间≥25 000 h

1）结构和工作原理

（1）结构。

多普勒明渠流量计探头前端的两个圆形装置为超声波发射与接收装置，不得用硬物划伤或冲撞，在安装使用时才将其保护罩去掉；底部网状圆孔内置压力传感器，不得用细长硬物去接触，在安装使用时才将其保护贴膜揭掉；两翼的四个孔为安装孔，用 M6 不锈钢螺丝与底座固定。通信电缆为带屏蔽网的四芯电缆，并且有一个通气导管，其结构如图 12.3.11 所示。

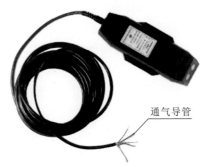

通气导管

图 12.3.11　多普勒明渠流量计探头的结构

（2）工作原理。

多普勒明渠流量计能测量平均流速、水深及水温，结合断面尺寸最终可以计算出断面流量。其中，水温测量使用温度探头，温度探头不与水接触，紧贴仪器外包装材料顶部，需要置于水底一定时间后才能反映实际水温。测水温的目的是校正超声波在水中的速度，并修正压力传感器所测得的水位。水深测量使用进口高精度压力传感器，置于仪器底部，其探头感应部位与水直接接触。流速是通过超声波探头（换能器）发射与接收超声波信号并做相应的计算处理而获得的。通过测得的平均流速、水位及断面尺寸，可求得断面流量。

平均流速是通过超声波探头（换能器）发射与接收超声波信号并做相应的计算处理而获得的：换能器 1 发射频率为 f_1 的超声波信号，以一定的角度由水下向水面发射，在碰到水中的悬浮颗粒或气泡后，频率发生偏移，并以 f_2 的频率反射到换能器 2，f_2 与 f_1 之差即多普勒频移 f_d。设流体流速为 v，超声波声速为 c，多普勒频移 f_d 正比于流体流速 v。水中会有大量的杂质颗粒与气泡，每一个反射粒子对应一个多普勒频移 f_d，通过换算可求得其流速，这些大量粒子的平均流速即流体的平均流速。其平均流速测量原理如图 12.3.12 所示。

2）仪器安装要求

（1）断面水质安装要求：含有一定微小杂质或气泡的水体，水中漂浮物不宜过多。①当水中漂浮物过多而又使用本仪器时，杂草或塑料袋等有可能覆盖探头而使之工作失效，这时需在仪器工作不正常时及时清除探头上的覆盖物。条件允许时，可在上游设置拦污栅，但拦污栅与仪器的距离不小于 5 倍水力半径，以免水草等淤积于拦污栅前造成流态

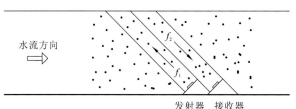

图 12.3.12　平均流速测量原理图

不稳，这时拦污栅前的杂物需定期清除（当水草等杂物过多而干扰仪器时，需对测量结果进行处理，将其中的干扰数据去掉，具体可由软件或人工来实现）。②当水质达到二级饮用水标准时，选择有气泡处（如跌水或闸门下游一定距离处）进行测量。当有气泡处的流态不稳定，不符合测流流态要求且不能采取有效的辅助稳流措施（如设置整流栅或稳流盖板）时，只能选择流态平稳段进行测量并采用如下特殊手段。当为灌溉用水时，在测量处上游渠底放置一定量的土块，流速较低时可保持相当长的时间，流速变大时会将土块冲刷干净，但此时水体中会产生气泡并可满足测量要求。因此，当流速加大又变小后，需重新在上游渠底放置一定量的土块。在测量处上游一定位置设置跌水装置以产生气泡（如挡水格栅，此时会产生一定的水头损失，并在流速加大时有可能在下游一定距离内产生乱流）。

（2）测流断面的选择（流态要求）：测流断面上游要求有 10 倍水力半径的顺直段，下游有 5 倍水力半径的顺直段，且断面形状规则稳定，以保证安装位置的水流流态均匀稳定。如果安装位置的流态较差或顺直段较短，一种办法是在上游设置整流栅（或稳流盖板）来稳定流态，此时应注意当水中杂草过多时会堵塞整流栅而起到相反的作用，解决的办法是在杂草堵塞整流栅时及时清除杂草或在上游增设拦污栅；另一种办法是率定一个修正系数或在同一位置的左右岸各设置 1 台仪器或将仪器安装于渠道的中间位置。以上两种办法均会影响仪器的测量精度。

（3）探头的安装位置：探头应安装于具有固定断面的渠道顺直段下游，顺直段长度最好是渠道水力半径的 15～20 倍（顺直段越长，测量精度越高），且这一距离范围内不得有过流阻挡物（如水闸、堰等），以保证探头前端水流流态的均匀稳定。探头应尽量安装于靠近渠底的位置，当渠底有杂质沉积及水草生长或滚动的卵石时，可抬高安装位置以避开渠底沉积物与避免水草覆盖探头或卵石冲撞探头；探头距渠底的高度最好为 50～150 mm，具体视渠道的最低测流水位而定。当渠道水深较高且具有一定的最低水位时，为了安装方便，只要将探头安装于最低水位以下的 50%处即可。安装示意图如图 12.3.13 所示。

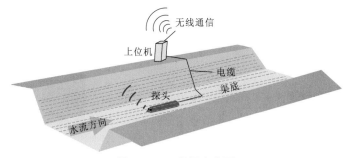

图 12.3.13　现场安装图

探头在矩形断面渠道的安装位置如图 12.3.14 所示（渠宽在 20 m 以下）。对于矩形断面，探头安装于渠宽的 15%～20% 处；对于梯形断面，探头安装于坡脚处；对于宽度较大的渠道，需安装 2 台或 2 台以上的探头，具体位置要视渠道宽度及横断面上的流态分布而定。

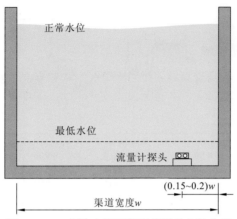

图 12.3.14　探头在矩形断面渠道的安装位置

探头安装应完全平行于渠底（注意不是水平），同时保证与水流方向平行一致，探头前端（没有通信电缆的一端）逆水流方向且与水流方向的夹角为 180°，并且探头前端不得有阻挡物干扰水流流态，通信电缆线最好从探头的下游沿渠底及渠道边坡引出水面或从安装支架的钢管内引出水面。

（4）通信电缆的安装：通信电缆应沿着渠底及渠壁由探头下游方向引出水面，最好套聚氯乙烯管进行保护并沿程固定；当用臂式支架固定探头时，通信电缆线可沿支架的空心钢管引出水面。探头所自带的一段通信电缆线内有通气导管，因此注意不得将其弯折。通信电缆线引出水面后，可接普通的电缆线，此时应使通气导管的开口方向朝下，并适当抬高固定，用透气胶布进行保护，防止下雨积水及凝结水珠进入通气导管。

3）多普勒明渠流量计应用

三文鱼厂南监测点断面顺直，满足上游有 10 倍水力半径的顺直段，下游有 5 倍水力半径的顺直段，且断面形状规则稳定，水流流态均匀稳定的要求，使用了多普勒明渠流量计，如图 12.3.15 所示。

图 12.3.15　三文鱼厂南监测点

该监测点水位情况如图 12.3.16 所示。从 1 月到 4 月，渠道水量涨落的相对幅度较大，但总体有一个缓慢的下降趋势，与定期的现场校测情况一致。

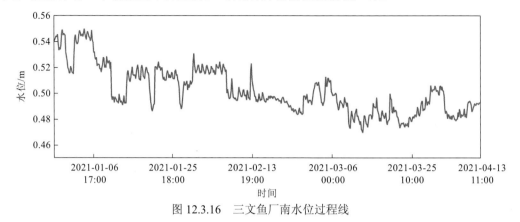

图 12.3.16　三文鱼厂南水位过程线

4. 外夹式超声波流量计

外夹式超声波流量计是测量满管液体的流量计，利用低电压、多脉冲时差原理，采用高精度和超稳定的双平衡信号差分发射、差分接收专利数字检测技术，测量顺流和逆流方向的声波传输时间，根据时差计算出流速。可测量的介质有饮用水、河水、海水、地下水、冷却水、高温水、污水、润滑油、柴油、燃油化工液体及其他均质流体。其主要技术参数见表 12.3.5。

表 12.3.5　外夹式超声波流量计主要技术参数

精度	±1%
流速范围	0～10 m/s，正反向测量
管道口径	小型为 DN15～100，中型为 DN50～700
流体温度	-30～90℃
流体种类	水、海水、污水、酸碱液、酒精、各种油类等能传导超声波的单一均匀液体
信号输出	RS485，支持 Modbus 协议
供电方式	直流 8～36 V
工作环境	IP67，-20～60℃

1）结构和测量原理

（1）结构。

外夹式超声波流量计由主机和超声波传感器组成，超声波传感器有上游探头和下游探头两部分，如图 12.3.17 所示。

图 12.3.17 外夹式超声波流量计

（2）测量原理。

外夹式超声波流量计通过发射电路把电能加到发射换能器的压电元件上，使其产生超声波振动，超声波以某一角度射入流体中传播，然后由接收换能器接收，并经压电元件变为电能，接收换能器接收到超声波信号后，经电子线路放大并转换为代表流量的电信号供显示和积算仪表进行显示和积算，这样就实现了流量的检测和显示。其中，发射换能器利用了压电元件的逆压电效应，而接收换能器则是利用了压电效应。

2）安装要求

安装点的正确选择是传感器安装的关键，选择安装点必须考虑下列因素：满管、振动、稳流、结垢、温度、电磁干扰等。

（1）满管。下列三种情况确定为满管流体：垂直向上流动、倾斜向上流动及管道系统的最低点，如图 12.3.18 所示。

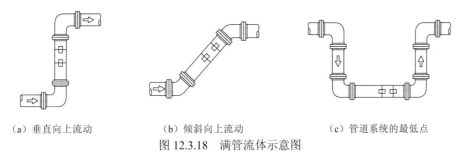

（a）垂直向上流动　　　　　（b）倾斜向上流动　　　　　（c）管道系统的最低点

图 12.3.18 满管流体示意图

（2）振动。安装点的管道不能有明显振动，否则需要加固管道。

（3）稳流。稳定流动的流体有助于保证测量精度，而流动状态混乱的流体会使测量精度难以得到保证。满足稳流条件的标准要求：①管道远离泵出口，半开阀门，上游长 10D，下游长 5D（D 为管外径）；②距离泵出口 30D，半开阀门。示意图如图 12.3.19 所示。

（4）结垢。管内壁结垢会衰减超声波信号的传输，并且会使管道内径变小。内壁结垢的管道会使流量计不能正常测量或影响测量精度。因此，要尽量避免将管道内壁结垢的地方作为安装点。

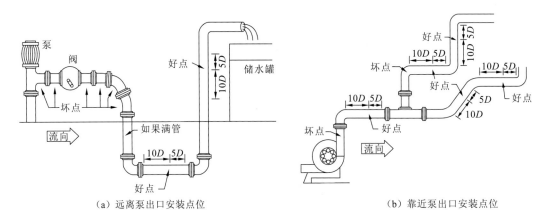

（a）远离泵出口安装点位　　　　　　　　（b）靠近泵出口安装点位

图 12.3.19　稳流安装点位示意图

（5）温度。安装点的流体温度必须在传感器的使用范围内。应尽量选择温度更低的安装点。标准外夹式超声波流量计的使用温度范围为-30～90℃。

（6）电磁干扰。外夹式超声波流量计的主机、传感器及信号电缆很容易受到变频器、电台、电视台、微波通信站、GSM 基站、高压线等干扰源的干扰。因此，选择传感器和主机安装点时，尽量远离这些干扰源。主机机壳、传感器、超声波电缆的屏蔽层都要接地。不要和变频器采用同一路电源，应采用隔离的电源给主机供电。

3）安装方法

安装之前请核对管道参数、流体参数设置是否准确，以保证安装的正确性。

外夹式传感器的安装方式为 V 法。DN15～200 的管道优先选用 V 法，安装时两传感器水平对齐，其中心线与管道轴线平行即可，并注意发射方向一定相对。安装示意图如图 12.3.20 所示。

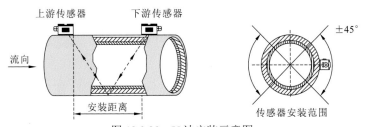

图 12.3.20　V 法安装示意图

上、下游传感器安装点连线与管轴平行，且距离为主机显示的安装距离。如图 12.3.21 所示，A、B 为所需定位的安装点。

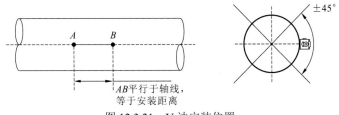

图 12.3.21　V 法安装位置

定位的安装点需要除掉油漆、锈迹、防腐层，最好用打磨机打磨出金属光泽，并擦去油污和灰尘，如图 12.3.22 所示。

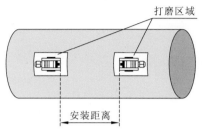

图 12.3.22　V 法安装距离

传感器接线、密封完成后，在传感器的发射面上，均匀涂抹 2～3 mm 随机附带的耦合剂，然后按照安装距离把传感器安装在已经处理好的管道表面上，并用钢带或钢丝绳固定。

4）外夹式超声波流量计应用

泉 39 监测点位于牟定县凤屯镇，在伍庄村隧洞工程沿线上，在原有直径为 50 cm 的聚氯乙烯管上进行了管道改造，确保管道中的水流为满管，改造后，采用了外夹式超声波流量计来进行流量监测，如图 12.3.23 所示。

图 12.3.23　泉 39 监测点

泉 39 监测点根据安装要求安装调试好设备后，数据较稳定，流量一直维持在一个 0.2 m³/s 左右，与现场校测情况吻合，如图 12.3.24 所示。

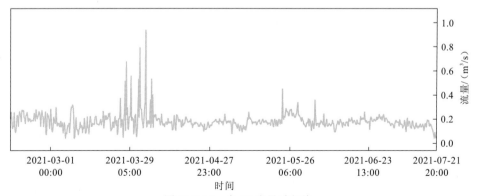

图 12.3.24　泉 39 流量过程线

12.4　上海市长江口水文监测网系统

12.4.1　系统概述

长江口作为世界第三大河的河口，蕴藏丰富的淡水、泥沙、滩涂湿地及生物资源，拥有优良的航道和岸线资源，长期以来为上海市及长江三角洲区域的经济社会可持续发展提供了重要的基础性自然资源和战略性经济资源。由于长江口具有功能上的多样性和河势演变的复杂性，各行业各单位对长江口的水文监测工作基本处于各取所需、零星分布的状态。随着近年来长江干流拦、蓄、调、引水力度的加大，以及受全球气候变化、海平面上升的影响，长江口的水、沙、盐等情况正发生着变化，加之长江口综合规划项目正在陆续实施，迫切需要加强对长江口演变趋势的系统观测、研究论证和统筹管理。

开展长江口区域潮位、流量、波浪、泥沙、水质、盐度、风速、风向等要素的监测及水下地形等水文调查，是实施长江口综合研究的工作前提，也是加强长江口综合整治、开发利用、科学管理的需要。实施长江口水文监测网工程，有利于完善长江口水文监测站网的布局，提高水文监测能力，对保障上海市防汛安全、供水安全，加强长江口航道建设管理、水环境治理和保护，促进长江口综合整治开发和地区经济发展都具有重要意义。上海市防汛安全和建设管理，需要潮位、流量、波浪、风速、风向等水文监测资料；长江口水土资源开发利用，需要潮位、流量、盐度、泥沙、水质、水下地形等水文监测资料；长江口港口航道的建设和管理运行，需要潮位、流量、波浪、泥沙、水下地形等水文监测资料；长江口水环境治理和保护，需要潮位、流量、盐度、泥沙、水质等水文监测资料。在上述功能需求分析的基础上，对长江口区域潮位、流量、波浪、盐度、泥沙、水质、风速、风向等水文要素逐一进行分析研究，并以满足公共服务的近远期需求为目标进行综合，形成"十二五"规划期间以控制站和关键节点代表水文站为主体的长江口水文监测站网布局。

综合考虑长江口安全保障、水土利用、港口航道、生态环境等方面的基本需求，按照"突出重点、一站多项、要素综合、精简节约"的规划思路，形成长江口"一网47站"的站网布局，系统开展潮位、流量、波浪、盐度、泥沙、水质、风速、风向等要素的监测和观测。为了站网更好地实施，通过改造已建站点和新建站点，率先形成监测潮位、雨量、风速、风向、能见度、浊度和波浪等要素的水文多要素监测站网系统。系统包括高桥、陈行、长兴岛、三甲港、没冒沙、顾园沙、北支口门、横沙东、九段沙、南汇咀10个站点。站点按照建设位置分为三类：①陆地站，包括高桥；②口内站，包括陈行、长兴岛、三甲港、没冒沙；③口外站，包括顾园沙、北支口门、横沙东、九段沙、南汇咀。各个站点的地理位置如图12.4.1所示。

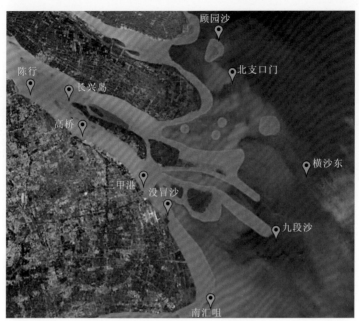

图 12.4.1 站点分布图

各个站点所要监测的水文要素信息见表 12.4.1。

表 12.4.1 长江口水文网水文要素信息表

序号	站点	潮位	雨量	风速、风向	能见度	浊度	波浪
1	高桥				√	√	
2	陈行	√		√	√		
3	长兴岛	√		√	√		
4	三甲港	√	√	√	√		
5	没冒沙	√	√	√	√		
6	顾园沙	√	√	√	√	√	
7	北支口门	√	√	√	√	√	
8	横沙东	√	√	√	√	√	
9	九段沙	√	√	√	√	√	
10	南汇咀	√	√	√	√	√	√

12.4.2 系统组成

1. 系统总体结构

系统由水文多要素遥测站点群、数据中继站和两个多要素数据接收平台构成。水文多要素数据通过海上微波通信和专网结合的方式传送到中心站。两个多要素数据接收平台分别为上海市水文总站接收平台和吴淞分中心接收平台，数据首先发送到吴淞分中心接收平台，再转发到上海市水文总站接收平台。两个接收平台各自建立系统数据库，提供数据服务。系统总体结构如图 12.4.2 所示。

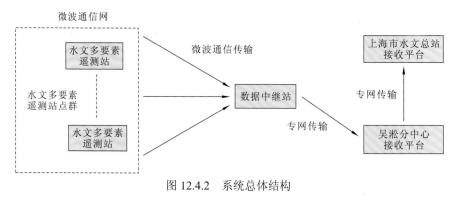

图 12.4.2　系统总体结构

2. 工作方式

系统采用主动定时自报和查询相结合的方式。通过采集时间的设定，遥测站在指定时间达到自动采集、自动上报的效果。中心站通过向遥测站下发指令，可以对测站实时的数据、运行参数等进行查询。

3. 通信方式

系统的各遥测站点与中心站之间的数据传输采用微波通信的方式，受限于海洋区域未覆盖网络信号，信道不宜使用传统的 4G、5G、GPRS、GSM 等公网通信方式，站网系统将微波通信作为信道。微波通信是使用波长在 0.1 mm 和 1 m 之间的电磁波——微波进行的通信。与电缆通信、光纤通信相比，微波通信不需要固体介质，当两点间直线距离内无障碍时就可以使用微波通信进行传输。基于此特性，微波通信适用于海洋传输。

4. 系统数据流程

水文多要素数据分别发送到上海市水文总站接收平台和吴淞分中心接收平台，两个接收平台进行数据异地接收和异地存储，实现数据的实时异地双备份。接收平台通过长江口专网以 VPN 和设置物理隔离安全网闸的方式汇集并整理来自各部门的数据，实现数据的交换共享。接收平台两个数据异地存储处之间利用长江口专网通过数据同步实现数据的互为备份。

5. 数据服务

遥测站将水文多要素数据传递到上海市水文总站接收平台，建立的实时数据库、历史数据库等，实现数据实时传输、数据汇集存储、数据值班监控、数据质量控制、数据汇集管理、数据标准规范等功能。向用户提供查询服务和对外信息共享服务，制订异构系统信息交换规范及共享机制，协调各应用系统接口，实现各部门内部应用系统的集成和信息共享。根据各部门对数据的使用需求，通过数据共享权限分配模块设置数据共享权限，提供数据交换共享服务。

12.4.3　多要素系统集成

根据各个遥测站监测要素的差异和使用的传感器的差异，每个遥测站采用独立的集成方案。遥测站建设应用最新的自动测报技术，采用集多要素采集、报送和控制于一体的结构设计。

1. 系统主要功能

（1）自动采集：自动采集潮位、雨量、风速、风向、能见度和浊度等水文要素。

（2）定时自报：按照设定的时间间隔，向中心站发送当前采集到的水文要素数据，报文同时包括测站站号、时间、电池电压等参数。

（3）固态存储：现场设备存储潮位、雨量、风速、风向、能见度、浊度等水文要素数据，现场存储数据不丢失。

（4）现场操作：现场能对设备的各项参数进行读取和设置操作。

（5）自动校时：每日中心站和遥测站自动进行校时。

（6）自动重连：中心站和遥测站定时对微波通信网络链路进行重连，定时查询链路是否正常。

（7）工作环境：能在雷电、暴雨、台风等恶劣环境下正常工作。

2. 传感器测量原理、结构与安装

系统对水文多要素的监测，使用了传统的浮子式水位计、翻斗式雨量计、旋杯式风速风向仪、现场测沙仪等传感器，还使用了技术较为领先、比较新的导波雷达水位计、超声波风速风向仪、能见度传感器、温盐深仪、波浪仪等设备。

对于常用的浮子式水位计和翻斗式雨量计的工作原理与安装本节不再赘述。

1）导波雷达水位计

与传统的非接触式雷达水位计类似，导波雷达水位计也是通过发射的电磁信号被路径上的物体反射，测量其距离。传统的雷达水位计会有电磁信号发散的情况，从而影响测量精度。导波雷达水位计的探头，有一根采用特殊材料制成的导缆，其作用就是使电磁波信号能沿着导缆进行传播，故使雷达发出的电磁波具有更好的收敛性，受到的外界干扰更小，精度更高，如图 12.4.3 所示。

站点建有专门的雷达测井，导波雷达探头安装于测井上方，导缆竖直放入测井中，伸入水下，确保低水也能浸到水中。雷达导缆的收敛作用，使电磁信号不受测井井壁的影响，加上测井的静水效果，水位测量更加稳定、精确。

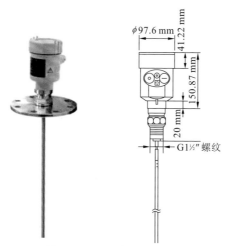

图 12.4.3　导波雷达水位计

导波雷达水位计现场安装如图 12.4.4 所示。

图 12.4.4　导波雷达水位计现场安装

2）旋杯式风速风向仪

旋杯式风速风向仪测定风速的感应部分是由三个圆锥形或半球形的空杯组成的。空心杯壳固定在互成 120° 的三叉星形支架上或互成 90° 的十字形支架上，杯的凹面顺着一个方向排列，整个横臂架则固定在一根垂直的旋转轴上。

当风从左方吹来时，旋杯 1 与风向平行，风对旋杯 1 的压力在垂直于旋杯轴方向上的分力近似为零。旋杯 2 与 3 同风向成 60° 角相交，对旋杯 2 而言，其凹面迎着风，承受的风压最大，旋杯 3 的凸面迎风，风的绕流作用使其所受风压比旋杯 2 小，由于旋杯 2 与旋杯 3 在垂直于旋杯轴方向上的压力差，旋杯开始顺时针方向旋转，风速越大，起始的压力差越大，产生的加速度越大，旋杯转动得越快。旋杯开始转动后，由于旋杯 2 顺着风的方向转动，承受的风的压力相对减小，而旋杯 3 迎着风以同样的速度转动，所受风压相对增大，风压差不断减小，经过一段时间后，当作用在三个旋杯上的分压差为零时，旋杯就变为匀速转动。这样根据旋杯的转速（每秒钟转的圈数）就可以确定风速的大小。当旋杯转动时，带动同轴的多齿截光盘或磁棒转动，通过电路得到与旋杯转速成正比的脉冲信号，该脉冲信号由计数器计数，经换算后就能得出实际风速值。当风速增加时，旋杯能迅速增加转速，以适应气流速度；当风速减小时，受惯性影响，转速却不能立即下降，旋转式风速表在阵性风里指示的风速一般是偏高的，称为过高效应。

风向的变换采用精密导电塑料电位器显示，当风向发生变化时，尾翼转动，并通过轴杆带动电位器芯转动，从而在电位器活动端产生变化的电阻信号输出，如图 12.4.5 所示。

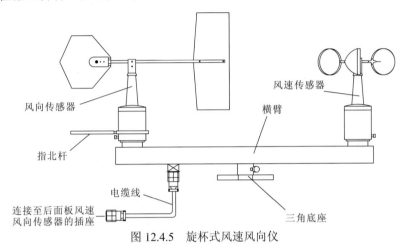

图 12.4.5　旋杯式风速风向仪

旋杯式风速风向仪安装现场配置足够强度的支架和横臂，即可安装到位。现场安装如图 12.4.6 所示。

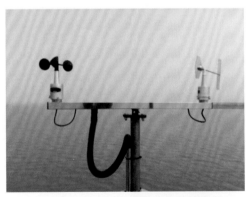

图 12.4.6　旋杯式风速风向仪现场安装

3）超声波风速风向仪

超声波风速风向仪利用超声波时差法来实现风速、风向的测量。由于声音在空气中的传播速度会和风向上的气流速度叠加，如果超声波的传播方向与风向相同，那么它的速度会加快；反之，如果超声波的传播方向与风向相反，那么它的速度会变慢。在固定的检测条件下，超声波在空气中传播的速度可以和风速函数对应。通过计算即可得到精确的风速和风向。声波在空气中传播时，它的速度受温度的影响很大；而风速传感器检测两个通道上的两个相反方向，温度对声波速度产生的影响可以忽略不计。

超声波风速风向仪具有重量轻、没有任何移动部件、坚固耐用的特点，而且不需要维护和现场校准，能同时输出风速和风向。客户可以根据需要选择风速单位、输出频率及输出格式，也可以根据需要选择加热装置或模拟输出，还可以与计算机、数据采集器或者其他具有 RS485 或与模拟输出相符合的采集设备连用。

超声波风速风向仪是一种较为先进的测量风速、风向的仪器。它很好地克服了机械式风速风向仪固有的缺陷，因而能全天候、长久地正常工作，越来越广泛地得到使用。它将是机械式风速风向仪的强有力的替代品，如图 12.4.7 所示。

图 12.4.7 超声波风速风向仪

超声波风速风向仪具有重量轻、没有任何移动部件、坚固耐用的特点，无须维护和现场校准，故更适合海上恶劣、复杂的现场环境，安装现场配以足够强度的支架，便可安装到位。现场安装如图 12.4.8 所示。

图 12.4.8 超声波风速风向仪现场安装

4）能见度传感器

能见度传感器是目前比较前沿、精密的一种仪器设备，采用光学原理，结合了复杂的心理-物理现象等技术。能见度传感器通过测量空气中经过采样室的离散光粒子（烟雾、尘土、霾、雾、降雨和降雪等）的总数来测量大气能见度（气象视程）。

　　散射式能见度仪是测量散射系数从而估算出气象视程的仪器。大气中光的衰减是由散射和吸收引起的，在一般情况下，吸收因子可以忽略，而经由水滴反射、折射或衍射产生的散射现象是影响能见度的主要因素。因此，测量散射系数的仪器可用于估计气象视程。

　　散射式能见度仪直接测量来自一个小的采样容积的散射光强。通过散射光强有效地计算消光系数是建立在以下三个假设的基础上的。①假定大气是均质的，即大气是均匀分布的；②假定大气消光系数等于大气中雾、霾、雪和雨的散射，即假定分子的吸收、散射或分子内部的交互光学效应为零；③假定散射式能见度仪测量的散射光强正比于散射系数，在一般情况下，选择适当的角度，散射信号近似正比于散射系数。

　　仪器的发射端发出光辐射，并对邻近的采样空间中的大气进行照射，大气样本中的气溶胶对照射的粒子产生散射，其散射光强的大小与粒子浓度及其尺度相关，而粒子浓度与其尺度又能客观地反映大气能见度。散射式能见度仪通过测量特定角度上的散射光强，并根据其与总散射量之间的关系确定总散射系数，因为光在短距离的气溶胶中传播，气溶胶对其的吸收系数是可以忽略不计的，所以利用总散射系数就可以求得能见度，如图 12.4.9 所示。

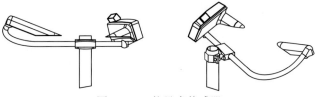

图 12.4.9　能见度传感器

　　能见度传感器是一种集成度较高的传感器，易安装、易使用，适合安装在海上恶劣、复杂的现场环境中。现场安装如图 12.4.10 所示。

图 12.4.10　能见度传感器现场安装

5）现场测沙仪

现场测沙仪是一种红外光学传感器，光线在水体中传输，由于介质作用发生吸收和散射，根据散射信号接收角度的不同分为透射、前向散射、90°散射和后向散射。当光线照射到液面上时，入射光强、透射光强、散射光强相互之间的比值和水样浊度之间存在一定的相关关系，通过测定透射光强、散射光强和入射光强或透射光强和散射光强的比值来测定水样的浊度。

平行光在透明液体中传播，如果液体中无任何悬浮颗粒存在，那么光束在直线传播时不会改变方向；若有悬浮颗粒，光束在遇到颗粒时就会改变方向（不管颗粒透明与否）。这就形成了散射光。颗粒越多（浊度越高），光的散射就越严重。浊度是用一种称作浊度仪的仪器来测定的。浊度仪发出光线，使之穿过一段样品，并在与入射光成90°角的方向上检测有多少光被水中的颗粒物所散射。这种散射光测量方法称作散射法。任何真正的浊度都必须按这种方式测量。浊度仪既适用于野外和实验室内的测量，又适用于全天候的连续监测，如图12.4.11所示。

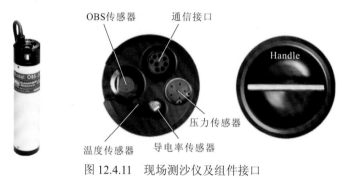

图 12.4.11　现场测沙仪及组件接口

现场测沙仪配以专用支架，探头伸入水下，即可测量该水域的浊度。现场安装如图 12.4.12 所示。

图 12.4.12　现场测沙仪现场安装

6）温盐深仪

温盐深仪一般用于测量水体的电导率、温度、深度三个基本的水体物理参数，同时可以根据要求测量其他如盐度、泥沙、浊度等参数。温盐深仪已经成为海洋及其他水体调查的必要设备、海水物理和化学参数的自动测量装置。

温盐深仪主要由水中探头和记录显示器及连接电缆组成。探头由热敏元件和压敏元件等构成，与颠倒采水器一并安装在支架上，可投放到不同深度。温盐深仪可以接收、处理、记录通过铠装电缆从海水中的探头传来的各种信息数据。

温盐深仪可根据需求定制个性化探头，在本系统中定制为测量浊度的探头。温盐深仪的测量过程为，通过水泵控制水体以恒定的流速进入管路中并完成测量。管路中没有光，生物很难生长，可以有效地防止生物附着对数据的影响。温盐深仪在恶劣环境下长期布放后，仪器内部探头仍然状态良好，如图 12.4.13 所示。

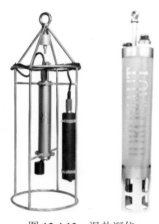

图 12.4.13　温盐深仪

温盐深仪配以专用支架，探头伸入水下，可以放置在各种苔藓、贝类较多的海况环境中，即便外部受到的污染严重，也能保证测量的可靠性。现场安装如图 12.4.14 所示。

图 12.4.14　温盐深仪现场安装

7）波浪仪

波浪仪是一款高精度、内部集成度极高的雷达测量设备，采用雷达反射测距的原理进行测量。波浪仪发出的脉冲电磁波射入海面，海面毛细波产生散射，同时受到较长重力波的调制作用，形成带有强弱变化的海面回波图像。从海面回波图像中选择正方形或长方形反演区域，对反演区域图像序列进行三维傅里叶变换和波谱分析以实现海浪信息的提取。有效波高借鉴合成孔径雷达（synthetic aperture radar，SAR）图像获取，根据是雷达图像的信噪比的平方根与有效波高呈线性关系，如图 12.4.15 所示。

图 12.4.15　波浪仪

波浪仪是一种高集成度、极其精密的测量仪器，波浪仪通过其整个面板发射雷达波，在内部计算、测量波浪参数。波浪仪结构紧凑、坚固耐用、易于安装，可以在极端恶劣环境下精确测定波高、潮汐等参数。现场安装如图 12.4.16 所示。

图 12.4.16　波浪仪现场安装

3. 监测站设备配置

监测站以遥测终端为核心，采用可编程功能和全数字化的结构，配备能见度传感器、现场测沙仪等主要设备，以及串口转网络通信模块。

以顾园沙站为例，根据该测站对监测要素的要求，设备主要包括 YAC9900 遥测终端机、WFX-40 浮子式水位计、VEGAFLEX83 导波雷达水位计、JDZ05-1 翻斗式雨量计、EN2-B 旋杯式风速风向仪、PWD50 能见度传感器、OBS 现场测沙仪、NPort5150 串口服务器、LDS2-12 信号避雷器、12 V/400 A·h 蓄电池、200 W 太阳能板和充电控制器。遥测站设备结构如图 12.4.17 所示。

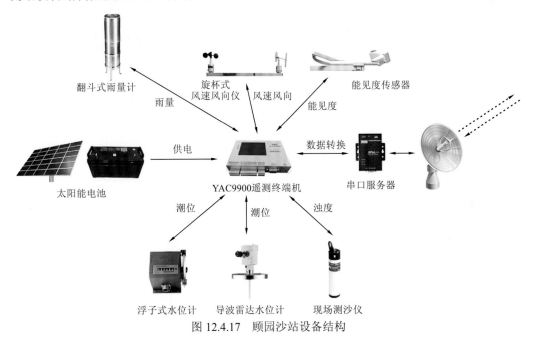

图 12.4.17 顾园沙站设备结构

4. 数据传输

受限于海洋区域未被网络信号覆盖，传统的 4G、5G、GPRS、GSM 等公网通信方式，不能支持海洋监测数据的传输，且北斗传输通信容量有限，价格偏高，同样不太适合海洋水文传输；传统的水文监测平台多以处理单一的水文要素为主，不能够很好地适用于水文多要素的统一接收处理，且没有构建数据中心，不支持对水文数据的进一步分析利用。

针对传统水文传输在海洋水文监测中存在的问题，利用微波通信建立海洋水文多要素监测系统，将微波通信、大数据、云计算与传统的水文监测方式相结合，基于微服务架构，以其灵活性、可扩展性实现对海上多要素水文监测的支持。

站网系统中，高桥站（陆地站）是微波通信传输的中继站，数据由此通过光纤专线发往上海市水文总站接收平台，结构如图 12.4.18 所示。

基于 Spring Boot 微服务框架开发海洋水文多要素监测系统，满足在海洋水文监测中监测要素多（水位、雨量、蒸发、风速、风向、浊度、能见度、波浪、温度、盐度等）、数据量大的需求，基于微服务架构搭建分布式平台，支持水文要素的灵活扩展和系统的高效运行。基于海洋水文监测数据，形成海洋水文大数据中心，进而基于海洋水文监测大数据对海洋进行水文分析，并提供标准的数据访问。

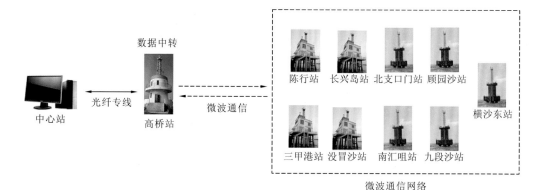

图 12.4.18　通信方式结构图

12.4.4　实际应用情况

水文监测网系统安装完成后，随即开始对需求中的潮位、雨量、风速、风向、能见度、浊度、波浪等水文要素进行监测。系统运行以来，在复杂和恶劣的海上环境下，设备运行正常平稳，数据的接收情况较为理想。各个仪器设备一直处于正常工作状态，未出现损坏或异常故障等情况。

遥测站提供的实时的潮位、风速、风向、能见度等数据，为上海市防汛安全、长江口航道安全，提供了有效的预警数据参考。口外站提供的潮位、雨量、浊度等数据，为长江口远海区域的历史资料收集、水文调查研究开创了良好开端。长江口水文监测网系统的应用，对提高水文监测能力、促进长江口综合整治开发和地区经济发展都具有重要的意义。

12.5　老挝国家水资源信息数据中心

12.5.1　系统概述

"老挝国家水资源信息数据中心示范建设项目"属于由中华人民共和国财政部、外交部批复立项的"澜沧江-湄公河水资源合作项目"的建设内容之一，本项目由水利部长江水利委员会水文局独立承担，从 2016 年起至 2018 年止，共分 3 年完成。项目的建设范围包括 51 个水文（位）站和雨量站自动采集与传输系统建设，以及老挝万象国家数据中心站建设；主要建设内容为监测站和中心站设备采购、系统集成和相关土建工程。

按照本项目申报的规划范围，51 个监测站主要分布在老挝 12 条主要支流和湄公河干流上。水利部长江水利委员会水文局通过多种渠道进行资料收集和现场勘查，并多次与老挝自然资源与环境部水资源司和气象水文司等相关部门沟通协商，最终确定由老挝确定 51 个监测站的具体位置和分布［17 个水文（位）站和 34 个雨量站］，并作为本项目实施的具体范围。

1. 地理环境

老挝是中南半岛北部的内陆国，在地理上有突出的自然优势和条件。其北邻中国，南接柬埔寨，西北到缅甸，西南隔湄公河与泰国相望，东边接越南。全国国土面积为 $23.68 \times 10^4 \text{ km}^2$，无出海口，地势南北长、东西窄，北高南低，西北向东南倾斜，老挝有 17 个省、1 个直辖市，自北向南分成上寮、中寮、下寮三部分。其以山地和高原为主，它们占全国总面积的 80%。越南中央山脉由南向北贯穿老挝内陆地区，东部由这条山脉划分出边界，最高峰普比亚山位于万象省北面，海拔 2 820 m。川圹省的查尔平原和占巴塞省的波罗芬高原是老挝两个重要的高地平原地区。绝大多数山地中的大片季雨林蕴含着丰富的野生动物，植物覆盖率比较高。

2. 气候概况

老挝为热带季风性气候，全年气候炎热，温差变化不大。全年平均气温在 20～26 ℃，最高平均气温为 31.7 ℃，最低平均气温为 22.6 ℃。1 月气温较低，月均气温为 10～20 ℃，5 月气温最高，月均气温为 20～29 ℃。老挝一年分为雨季和旱季，5～10 月是西南季风雨季，从 11 月到次年 4 月是东北季风低温旱季。通常，4 月是全年最为温暖的月份，也是从旱季过渡到雨季的月份。老挝降雨量充沛，各地年均降雨量在 1 250～3 750 mm，雨量时空分布不均衡。年降雨量集中在雨季，其中 7～9 月为降雨高峰期，月降雨量从 12 月到次年 1 月最少，随后逐月增多。老挝的降雨主要集中在老挝中部的万象省和博利坎赛省及老挝南部的沙拉湾省。

3. 流域水系

老挝境内最主要的河流是湄公河，自北向南穿越老挝全境，长达 1 865 km。湄公河发源于中国青海省，流经西藏自治区与云南省，此后成为缅甸与老挝及老挝与泰国的部分国际边界，流经老挝、柬埔寨与越南注入南海。湄公河在中国境内的河段称为澜沧江，流入中南半岛后的河段称为湄公河，干流总长约 4 909 km，流域总面积达 811 000 km²，是亚洲最重要的跨国水系，也是东南亚最长的河流。

湄公河在老挝境内的干流长 777.4 km，老挝与缅甸的界河为 234 km，老挝和泰国的界河为 976.3 km。老挝境内共有 62 个流域，湄公河有 12 条流域面积超过 4 500 km² 的主要支流完全或主要位于老挝境内，见表 12.5.1。集水区域总面积超过 4 000 km² 的河流包括南马河（Nam Ma）（流向越南）、南塔河（Nam Tha）、南乌河（Nam Ou）、南松河（Nam Suang）、南憨河（Nam Khane）、南俄河（Nam Ngum）［包括南尼河（Nam Lik）］、南基普河（Nam Ngiep）、南卡定河（Nam Cading）［包括南屯河（Nam Theum）］、色斑飞河（Sebangfay）、色斑恒河（Sebanghieng）、色东河（Sedone）及塞公河（Sekong）［包括塞憨曼河（Se Khamman）］。其中，南马河（Nam Ma）位于湄公河流域外部，发源于越南，流经老挝北部的华潘省，然后再次流回越南境内，在老挝境内的流域面积略大于

1 000 km^2；塞公河（Sekong）发源于老挝南部，流入柬埔寨，在柬埔寨境内汇入湄公河，在老挝境内的流域面积是 22 179 km^2，约占整个塞公河（Sekong）流域的 78%。

表 12.5.1　老挝境内湄公河主要支流特征表

序号	流域	集水面积/km^2	2005 年人口/万人	年平均降水量/mm	年均流量/（m^3/s）	平均最小月流量/（m^3/s）
1	南马河（Nam Ma）	5 947		1 900	194	5
2	南塔河（Nam Tha）	8 917		2 100	346	13
3	南乌河（Nam Ou）	24 637	42.90	1 600	479	85
4	南松河（Nam Suang）	6 578	18.10	1 100	84	6
5	南憨河（Nam Khane）	7 490	20.60	1 200	118	7
6	南俄河（Nam Ngum）	16 906	50.20	2 400	668	232
7	南基普河（Nam Ngiep）	4 577	6.40	2 600	176	23
8	南卡定河（Nam Cading）	14 820	10.30	2 400	660	40
9	色斑飞河（Sebangfay）	10 345	23.10	2 600	494	25
10	色斑恒河（Sebanghieng）	19 223	81.70	1 600	538	27
11	色东河（Sedone）	7 229	38.00	1 800	177	5
12	塞公河（Sekong）	22 179	11.30	2 300	934	140

4. 通信资源

近年来，老挝经济持续快速发展，通信行业也在政府扶持及外资帮助下呈现良好的发展态势。老挝境内共有 4 家大型通信网络运行商，业务涉及移动通信、固话及互联网络。老挝移动通信网络 GPRS/3G/GSM 信号已基本覆盖到自然村，网络制式为 GSM/WCDMA 制式，工作频段为 GSM/WCDMA 900/1800MHz，GPRS 信号基本为 3G，上网连接情况市区较好，偏僻乡村较差，但基本满足短报文传输需要。

12.5.2　需求分析

老挝全国共有各类水文、气象站点 299 个，其中包括 123 个水位站、117 个雨量站、59 个流量站。水文和气象站的观测项目包括流量、水位、悬移质泥沙、降雨、蒸发等。老挝水文站的水位观测方式分为两种：人工观测和自动观测。大多数站通过人工观测水位，人工观测水位一般是每天两次，在 7 时和 19 时，委托当地居民观测。从现场查勘的测站现状来看，水位观测设施大多数处于年久失修状态，或者现有水位断面不可用，需重新选择新断面。雨量信息通过人工观测获得，部分站由于设备损坏或环境改变，停止了雨量观测，多数站雨量观测设施也处于年久失修状态。

老挝共有 59 个流量观测站点，其中 53 个正在运行，6 个因经费、设备、水毁等停止测量。53 个正在运行的流量站中，7 个为老挝与泰国共同观测，其余 46 个由老挝独立观测。流量观测的设备包括两种：流速仪和 ADCP。绝大多数流量观测站点采用流速仪测量，全国共分为五个测区［琅勃拉邦（Luang phabang）、万象（Vientiane）、他曲（Thakhek）、沙湾拿吉（Savannakhet）和巴色（Pakse）］，每个测区仅有一套流量观测设备。通常情况下，流量测验频次为每月 4 次，但汛期或发生大洪水时，适当增加测验次数。全国仅在琅勃拉邦（Luang phabang）测区有一台 ADCP 测流设备。

水文观测数据上报主要采用人工电话报送或邮寄等方式报送到自然资源与环境部下属的气象水文司，自动化程度非常低。近年来，在湄公河委员会（以下简称湄委会）及东盟等的援助下，对少部分水文站进行了自动监测的建设，但受资金、技术等的制约，援建的大部分观测设施、设备目前处于停运或待维修状态。目前，在水文水资源监测、信息化建设等方面老挝尚没有相关的规范或标准。

通过实地查勘及座谈，了解到老挝水资源开发利用水平比较低，基础设施和管理能力相对薄弱，水利对社会经济发展的支撑和保障能力与现实要求存在很大差距。现有水文站的水文数据采集与传输情况和数据中心的数据接收处理现状存在以下问题。

（1）现有水文站的水文数据目前基本采用人工监测方式，数据传输采用传统人工方法，以至于水文数据无法实时传输到气象水文司。

（2）水位、雨量、流量、地下水、水质等相关水资源数据基本上是通过人工方式传送到水资源司下属的数据信息中心，数据信息中心的数据接收处理设备与相关软件比较简陋，难以处理过于繁杂的数据。

（3）大多数流量站均采用传统流速仪测量，只有琅勃拉邦（Luang phabang）测区配有 ADCP，自动化水平很低，费时、费力。

（4）老挝的水资源数据尚未形成信息化机制，水管理部门之间因缺乏设备不能和数据信息中心实现信息共享，也没有自动化设备支持水资源管理和开发。

鉴于存在的以上问题，通过建设老挝国家水资源信息数据中心，可以有效改变水文站数据采集和传输的方式，提高水文信息数据接收与处理能力，逐步改善水文基础设施和管理能力薄弱等状况。通过对水资源监测信息的收集和对基础数据高效、合理的整合，可以提高水资源开发利用水平，实现水资源统一配置和调度管理，提高水资源管理与公共服务水平。

12.5.3 建设方案

1. 站网布设

根据老挝的实际情况，本项目水资源监测站网规划主要包括水文站网规划及雨量站网规划两类。

（1）水文站网规划：大江大河、重要支流的重要河段、重要城市附近，应根据需要布设站点，省界、出入国境处应设站。

（2）雨量站网规划：雨量站应结合水文、气象要求，在一定范围内的不同高程上合理布设。

各类监测站网的规划还应满足如下基本要求。

（1）满足水资源管理和防汛抗旱等对水文资料时效性的需求。

（2）考虑通信、交通、生活等因素，以利于通信组网和站点维护与管理。

（3）为保持水文资料的连续性，秉承经济合理的原则，尽量利用已有各类监测断面和站点。

老挝现有各类站点布局基本合理，主要干支流均有站点控制。主要在现有站点中按照规划原则和项目目标进行优选。根据老挝提供的相关技术资料，在老挝境内现有站点中选定 51 个站点（包括 17 个水文站、34 个雨量站）纳入本项目自动监测站网，通过设备、设施的建设，实现监测站数据的自动采集、传输及处理。

17 个水文站中，有 10 个站点为湄公河干流控制站，7 个为支流控制站，干流控制站中有 5 个为左右岸的界河站，其中，1 个水文站为老挝与缅甸的界河，3 个水文站为老挝与泰国的界河，1 个水文站为上下游的出国控制站（老挝与柬埔寨的界河）。17 个水文站可以有效掌握湄公河干流及部分重要支流的水资源信息。34 个雨量站较均匀地分布在老挝全国，较好地控制了全国降雨变化特征，可实时掌握全国的降水分布情况。

2. 系统总体架构

老挝国家水资源信息数据中心由 1 个中心站和 51 个自动监测站组成。

监测站以 GPRS 和北斗卫星组成的主备式双通信信道为主信道，将自动采集的水雨情信息传送到中心站的数据接收处理系统。中心站将所接收的水雨情信息处理后存入数据库中，供应用系统软件查询调用，中心站可对系统监测站进行监控。

51 个监测站由 17 个水文（位）站和 34 个雨量站组成。其中，在琅勃拉邦水文站增设流量在线监测系统和视频监控系统；在万象水文站增设视频监控系统。中心站设在老挝自然资源与环境部气象水文司。中心站包括数据应用系统、计算机网络系统、数据库系统及视频会商系统。

老挝国家水资源信息数据中心的总体结构如图 12.5.1 所示。

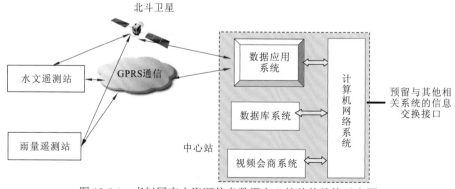

图 12.5.1　老挝国家水资源信息数据中心的总体结构示意图

中心站的核心部分是数据库系统，所有的环节均与数据库系统进行衔接，监测数据接收处理系统将接收到的实时水位、雨量等数据写入实时数据库，数据分析计算及处理系统对实时数据库中的数据进行分析、计算、处理后写入水资源数据库，水资源信息展示查询平台系统从水资源数据库中提取数据进行发布，数据管理与维护系统对水资源数据库中的数据进行维护管理，同时提供水质、地下水和用水等人工数据录入接口，数据应用流程如图 12.5.2 所示。

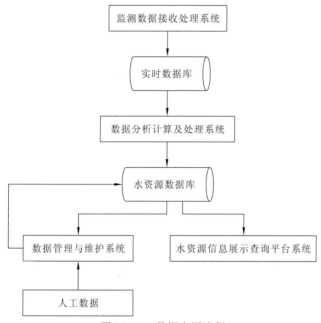

图 12.5.2 数据应用流程

中心站数据应用系统由监测数据接收处理系统、数据分析计算及处理系统、数据管理与维护系统和水资源信息展示查询平台系统组成。

1）监测数据接收处理系统功能

（1）数据接收、处理：能实时、定时和批量接收遥测站的水雨情数据，并进行合理性判别和处理，然后自动写入实时数据库中。

（2）远地监控：能远地监控野外监测站点的工作状况。

（3）状态告警：根据设定的告警雨量、水位值，可实现自动告警功能。

（4）数据查询：可用图表的形式查询实时数据库中存储的水雨情数据。

2）数据分析计算及处理系统功能

（1）数据的分析处理：能对接收到的实时数据进行分析、整理、计算，排除不合理的数据，将合理的数据写入水资源数据库。

（2）数据拦截及报警功能：根据用户设定的参数分析数据的正确性，对错误的数据进行拦截，并通过声音和事件报警方式提示用户。

3）数据管理与维护系统功能

（1）数据修订：可对水资源数据库中的数据进行增、删、改。

（2）人工数据录入：针对现有的人工数据格式，提供批量导入接口。

4）水资源信息展示查询平台系统功能

（1）数据查询：可以使用不同类型的图表进行实时、历史数据的查询和各种统计信息的查询。

（2）实时监测及报警：提供 Web 形式的水雨情信息实时监测与报警。可以根据用户设定的各类报警标准进行分级报警。

12.5.4　系统集成与实施

1. 雨量站安装调试

雨量站设备配置清单见表 12.5.2。

表 12.5.2　雨量站设备配置清单

序号	仪器设备	单位	数量	备注
1	雨量传感器	套	1	JDZ05-1
2	遥测终端（含机箱）	套	1	YAC9900
3	GPRS/GSM 终端	套	1	H7710
4	卫星终端	套	1	YDD-3-01
5	蓄电池	块	1	12 V/38 A·h
6	太阳能板	块	1	20 W
7	太阳能充电控制器	台	1	
8	信号避雷器	套	1	
9	一体化机柜及基础	套	1	
10	避雷针	套	1	

安装调试内容如下。①雨量计调试：将翻斗式雨量计固定在一体化机柜顶部，调整旋钮保证其内部翻斗平台处于水平，手动翻转翻斗，检查雨量计输出端是否有脉冲信号输出。②水位计调试：首先进行气泡式压力水位计的冲沙操作，完成后通过水位计自带的显示屏观察压力水位变化，稳定后的数值即当前管口与水面的距离，并做好记录。③电源系统：记录蓄电池初始电压 13.0 V、太阳能板开路电压 17.6 V 及短路电流 30 mA。④RTU 调试内容：雨量、水位数据采集及存储测试；GPRS 信道雨量、水位加报测试；北斗卫星信道雨量、水位加报测试；GPRS 信道远程召测测试。

调试完成后，核对 RTU 的参数配置。

图 12.5.3 为班纳松雨量站现场安装图，该雨量站位于万象市。

图 12.5.3 班纳松雨量站现场安装图

2. 水位雨量站安装调试

水位雨量站设备配置见表 12.5.3。

表 12.5.3 水位雨量站设备配置清单

序号	仪器设备	单位	数量	备注
1	雨量传感器	套	1	JDZ05-1
2	水位传感器	套	1	气泡式压力水位计 HS-40
3	遥测终端（含机箱）	套	1	YAC9900
4	GPRS/GSM 终端	套	1	H7710
5	卫星终端	套	1	YDD-3-01
6	蓄电池	块	1	12 V/100 A·h
7	太阳能板	块	1	40 W
8	太阳能充电控制器	台	1	
9	信号避雷器	套	1	
10	一体化机柜	套	1	
11	避雷针	套	1	

安装调试内容如下。①雨量计调试：将翻斗式雨量计固定在一体化机柜顶部，调整旋钮保证其内部翻斗平台处于水平，手动翻转翻斗，检查雨量计输出端是否有脉冲信号输出。②水位计调试：首先进行气泡式压力水位计的冲沙操作，完成后通过水位计自带的显示屏观察压力水位变化，稳定后的数值即当前管口与水面的距离，并做好记录。③电源系统：记录蓄电池初始电压 13.0 V、太阳能板开路电压 19.1 V 及短路电流 500 mA。④RTU 调试内容：雨量、水位数据采集及存储测试；GPRS 信道雨量、水位加报测试；北斗卫星信道雨量、水位加报测试；GPRS 信道远程召测测试。

调试完成后，核对 RTU 的参数配置。

图 12.5.4 为南翁河水位雨量站现场安装图，该雨量站位于沙耶武里省。

图 12.5.4   南翁河水位雨量站现场安装图

3. 流量自动监测站

琅勃拉邦水文站流量在线监测系统采用 UHF 雷达波表面流场探测在线流量监测系统（双站式结构）。其设备配置见表 12.5.4。

表 12.5.4   流量自动监测站设备配置清单

序号	仪器设备	单位	数量	备注
1	雷达机柜	台	2	304 不锈钢
2	雷达主机	台	2	UHF_TR
3	雷达固定支架	套	2	304 不锈钢
4	射频线缆	根	10	FSJ4RK-50B 安德鲁
5	八木天线	副	10	340 MHz
6	太阳能板	块	4	100 W
7	蓄电池	块	6	12 V/200 A·h
8	太阳能充电控制器	台	3	24 V，40 A
9	电池板支架	套	2	304 不锈钢

安装调试内容如下。①电源系统：测量的蓄电池初始电压为 25.4 V，太阳能板开路电压为 40 V，正午充电电流为 6 A，连接市电后，测量的市电转换电源输出为 27 V，且机柜散热，大风扇开始运转。②雷达系统调试：雷达上电后，使用 UHFMonitor 打开雷达，然后通过 TeamViewer 远程连接到雷达工控机中，配置雷达的波形参数，单击自动采集数据，雷达回波信噪比在 40 dB 以上。③数据传输：打开中心站的 UHFServer 软件，配置好数据库和网络参数后，单击开始监听后，中心站可以实时接收雷达上传的径向流数据。④数据库调试：表面流速读写测试、流量读写测试、水位读取测试。

调试完成后，核对雷达波形参数配置和中心站网络参数配置。

琅勃拉邦水文站流量在线监测系统设备安装如图 12.5.5 所示。该站位于琅勃拉邦省。

图 12.5.5 流量在线监测系统设备安装

4. 数据中心系统软、硬件安装调试

按施工进度分别对数据中心计算机网络系统、数据应用系统、数据库系统、视频会商系统、LED 大屏显示系统等进行安装调试，并对水资源自动采集系统进行联调。安装调试如图 12.5.6、图 12.5.7 所示。

图 12.5.6 数据中心计算机设备安装调试

图 12.5.7 数据中心会商室与 LED 大屏设备安装调试

参 考 文 献

[1] 王军成. 气象水文海洋观测技术与仪器发展报告 2016(水文篇)[M]. 北京: 海洋出版社, 2017.

[2] 中华人民共和国住房和城乡建设部. 河流流量测验规范: GB 50179—2015[S]. 北京: 中国计划出版社, 2015.

[3] 中华人民共和国水利部. 降水量观测规范: SL 21—2015[S]. 北京: 中国水利水电出版社, 2015.

[4] 中华人民共和国住房和城乡建设部. 水位观测标准: GB/T 50138—2010[S]. 北京: 中国计划出版社, 2010.

[5] 中华人民共和国水利部. 声学多普勒流量测验规范: SL 337—2006[S]. 北京: 中国水利水电出版社, 2006.

[6] 中华人民共和国生态环境部. 地下水环境监测技术规范: HJ 164—2020[S]. 北京: 中国环境科学出版社, 2020.

[7] 中国气象局. 地面气象观测规范[M]. 北京: 气象出版社, 2003.

[8] 中华人民共和国水利部. 水面蒸发观测规范: SL 630—2013[S]. 北京: 中国水利水电出版社, 2013.

[9] 吴竞博, 张玉林, 蒲长丹, 等. JFZ-01 型浮子式数字雨量计比测分析[J]. 科技资讯, 2015, 13(22): 202-204.

[10] 程爱珍. 蒸发量的影响因素及异常数据的分析处理[J]. 贵州气象, 2013, 37(6): 57-59.

[11] 颜庆伟, 赵玉龙, 蒋庄德. 磁致伸缩液位传感器的电路设计及性能分析[J]. 传感技术学报, 2008, 21(5): 777-780.

[12] 王硕. 磁致伸缩液位传感器的研究与优化[D]. 天津: 河北工业大学, 2016.

[13] 王忠武, 杜君. 常用水位计在水文自动测报系统中的选用[J]. 黑龙江水利科技, 2010, 38(5): 1.

[14] 安全, 范瑞琪. 常用水位传感器的比较和选择[J]. 水利信息化, 2014(3): 52-54, 60.

[15] 张国学, 王弘. 长江数字航道水位自动监测站集成技术及应用[J]. 人民长江, 2014(21): 49-53.

[16] 张士杰, 刘昌明, 王红瑞, 等. 水库水温研究现状及发展趋势[J]. 北京师范大学学报(自然科学版), 2011(6): 316-319.

[17] 魏小童. 气候变化对水文水资源影响的研究进展[J]. 农业科技与信息, 2020(19): 52-53.

[18] 曹广晶, 惠二青, 胡兴娥. 三峡水库蓄水以来近坝区水温垂向结构分析[J]. 水利学报, 2012(10): 1254-1259.

[19] 杨学倩, 朱岳明. 水库水温计算方法综述[J]. 人民黄河, 2009, 31(1): 41-42, 66.

[20] 田野, 任涵璐, 陈星宇, 等. 库水温分布计算与分析[J]. 水利技术监督, 2020(6): 280-284.

[21] 王笑. 黄河上游梯级水电站群间高坝水库的水温分异特征研究[D]. 西安: 西安理工大学, 2021.

[22] 张国学, 史东华, 李然. 库区垂向分层水温在线监测技术研究与应用[J]. 人民长江, 2019(3): 101-105.

[23] 于海鹰, 李琪, 索琳, 等. 分布式光纤测温技术综述[J]. 光学仪器, 2013(5): 90-94.

[24] 张彦琴, 宁提纲, 雷煜卿. 分布式单模光纤测温技术改进及应用研究[J]. 光通信技术, 2019, 43(1):

37-41.

[25] 国家环境保护总局. 地表水和污水监测技术规范: HJ/T 91—2002[S]. 北京: 中国环境科学出版社, 2002.

[26] 中华人民共和国水利部. 水环境监测规范: SL 219—2013[S]. 北京: 中国水利水电出版社, 2013.

[27] 危起伟, 等. 长江上游珍稀特有鱼类国家级自然保护区科学考察报告[M]. 北京: 科学出版社, 2012.

[28] 李雨, 袁德忠, 周波. ADCP 在水文测验中的应用及其发展前景[J]. 人民长江, 2013(S2): 35-38.

[29] 吴志勇, 徐梁, 唐运忆, 等. 水文站流量在线监测方法研究进展[J]. 水资源保护, 2020, 36(4): 1-7.

[30] 王宪宝, 柳艳锋. 走航式 ADCP 与流速仪法流量测验对比分析[J]. 吉林水利, 2010(6): 81-84.

[31] 刘敬伟, 谢运山, 刘礼庆, 等. 走航式 ADCP 和传统水文测验的分析比较[J]. 西北水电, 2016(3): 9-12.

[32] 杜兴强, 沈健, 樊铭哲. H-ADCP 流量在线监测方案在高坝洲的应用与改进[J]. 水文, 2018, 38(6): 81-83.

[33] 李文, 冯志彬, 王晓梅, 等. 断面岸边系数法的河流水位流量流速面积算法研究[J]. 科学技术与工程, 2014, 14(36): 226-230.

[34] 王若晨, 张国学, 闫金波, 等. 水利工程调度影响下流量在线监测技术应用研究[J]. 人民长江, 2014, 45(9): 51-54.

[35] 张国学, 史东华, 冯能操. 基于 H-ADCP 的河道断面多层流速测量与流量计算[J]. 人民长江, 2021(8): 79-84.

[36] 周儒夫, 李小波, 谢静红, 等. 一种倾斜式 H-ADCP 探头安装平台的设计与应用[J]. 水资源研究, 2019, 8(4): 389-396.

[37] 鲁青, 周波, 雷昌友. 实时流量在线监测系统开发与实现[J]. 人民长江, 2014, 45(2): 90-92, 100.

[38] 陈志高, 王祎頔, 王真祥, 等. ADCP 数据综合处理方法及软件系统研制[J]. 人民长江, 2017, 48(7): 41-45.

[39] 韦立新, 蒋建平, 曹贯中. 基于 ADCP 实时指标流速的感潮段断面流量计算[J]. 人民长江, 2016, 47(1): 27-30.

[40] INTERNATIONAL STANDARDS ORGANIZATION. Hydrometry-measurement of discharge by the ultrasonic transit time (time of flight) method: ISO 6416—2017[S]. [s.l.]: [s.n.], 2017.

[41] 付辉, 杨开林, 王涛, 等. 对数型流速分布公式的参数敏感性及取值[J]. 水利学报, 2013, 44(4): 489-494.

[42] 菅浩然, 刘洪波, 童冰星. 分布式水文模型的构建与应用比较研究[J]. 人民黄河, 2020, 42(5): 24-29, 51.

[43] 林凯荣, 陈晓宏. 基于 FCM-SCEMUA 的水文模型参数不确定性估计方法[J]. 水利学报, 2010, 41(10): 1186-1192.

[44] 任立良, 刘新仁. 数字高程模型信息提取与数字水文模型研究进展[J]. 水科学进展, 2000, 11(4): 464-470.

[45] 杨华容, 文路军, 彭文甫, 等. 基于 DEM 和 GIS 的流域水文信息提取: 以巴中市为例[J]. 人民长江, 2016, 47(8): 34-38.

[46] 缪连华. 一种"动底"情况下 ADCP 流量误差修正方法[J]. 广东水利水电, 2014(8): 84-86.

[47] 中华人民共和国住房和城乡建设部. 河流悬移质泥沙测验规范: GB/T 50159—2015[S]. 北京: 中国计划出版社, 2015.

[48] 展小云, 曹晓萍, 郭明航, 等. 径流泥沙监测方法研究现状与展望[J]. 中国水土保持, 2017(6): 13-16.

[49] 李德贵, 罗珺, 陈莉红, 等. 河流含沙量在线测验技术对比研究[J]. 人民黄河, 2014, 10(36): 16-19.

[50] 陈月红, 刘孝盈, 汪岗. 放射性同位素示踪在泥沙研究中的应用[J]. 水利水电技术, 2003(5): 5-7, 64.

[51] 王锦龙. 基于多参数示踪的东海泥沙输运研究[D]. 上海: 华东师范大学, 2017.

[52] 郑庆涛, 曾淳灏, 常博, 等. 基于红外光技术的悬移质泥沙在线监测系统及应用[J]. 人民珠江, 2017, 38(11): 94-98.

[53] 方彦君, 唐懋官. 超声衰减法含沙量测试研究[J]. 泥沙研究, 1990, 6(2): 1-12.

[54] 薛明华, 苏明旭, 蔡小舒. 宽频超声衰减法测量河流泥沙粒径分布[J]. 中国粉体技术, 2009, 15(1): 4-7, 12.

[55] 赵昕, 田岳明, 徐汉光, 等. 激光类测沙仪在长江泥沙测验中的应用[J]. 水文, 2011(S1): 117-120.

[56] 李小昱, 雷廷武, 王为. 电容式传感器测量水流泥沙含量的研究[J]. 土壤学报, 2002, 39(3): 429-435.

[57] 沈逸, 李小昱, 雷廷武, 等. 电容式水流泥沙含量传感器数据融合的研究[J]. 华中农业大学学报, 2004(4): 459-462.

[58] 侯北平, 卢佩. 基于 MATLAB 的 BP 神经网络建模及系统仿真[J]. 自动化与仪表, 2001, 16(1): 34-36.

[59] 王雪飞. 一种基于神经网络的非线性时变系统仿真建模方法[J]. 计算机研究与发展, 2006(7): 1167-1172.

[60] 中华人民共和国水利部. 河流泥沙颗粒分析规程: SL 42—2010[S]. 北京: 中国水利水电出版社, 2010.

[61] 中华人民共和国水利部. 水文资料整编规范: SL/T 247—2020[S]. 北京: 中国水利水电出版社, 2020.

[62] 许佳. 水质自动监测系统的应用及意义[J]. 中国水运, 2011, 11(12): 99-101.

[63] 皇甫铮, 吴旻妍. 水质自动监测系统的建设及应用研究[J]. 智能城市, 2018, 4(23): 113-114.

[64] 陈春茂, 刘添俊, 肖巍. 整体柜式水质监测站采配水系统研究[J]. 给水排水工程, 2011, 1(29): 61-63.

[65] 中华人民共和国住房和城乡建设部. 电气装置安装工程 电缆线路施工及验收标准: GB 50168—2018[S]. 北京: 中国计划出版社, 2018.

[66] 中华人民共和国国家质量监督检验检疫总局, 中国国家标准化管理委员会. 额定电压 450/750 V 及以下聚氯乙烯绝缘电缆: GB/T 5023—2008[S]. 北京: 中国标准出版社, 2008.

[67] 中华人民共和国住房和城乡建设部. 建筑物防雷设计规范: GB 50057—2010[S]. 北京: 中国计划出版社, 2010.

[68] 中华人民共和国住房和城乡建设部. 火灾自动报警系统设计规范: GB 50116—2013[S]. 北京: 中国计划出版社, 2013.

[69] 彭睿, 成经纬, 秦勤. 自动监测站第三方运维管理的思考[J]. 中国环境监测, 2016, 32(3): 21-24.

[70] 袁世辉. 探讨水质自动监测系统常见故障及对策[J]. 当代化工研究, 2020(5): 2.

[71] 王文宝, 曹骞. 水质自动监测站的运行管理与水质预警[J]. 环境监控与预警, 2010(1): 54-56.

[72] 陈佳生. 水质自动监测站的应用探索及管理对策: 以梅州市合水水库和尖山水文站水质自动监测站为例[J]. 广东水利水电, 2021(4): 64-67, 95.

[73] 夏细禾, 高华斌, 李庆航. 科学推进长江流域水量分配工作[J]. 中国水利, 2019(17): 59-61.

[74] 刘金玲. 基于地下水位动态监测系统的研究[J]. 科技资讯, 2015, 13(14): 11.

[75] 中华人民共和国水利部. 土壤墒情监测规范: SL 364—2015[S]. 北京: 中国水利水电出版社, 2015.

[76] 王吉星, 孙永远. 土壤水分监测传感器的分类与应用[J]. 水利信息化, 2010, 10(4): 37-41.

[77] 贾志峰, 朱红艳, 王建莹, 等. 基于介电法原理的传感器技术在土壤水分监测领域应用探究[J]. 中国农学通报, 2015, 31(32): 246-252.

[78] 陆明, 刘惠斌, 王晨光, 等. 新型 TDR 土壤水分测定仪 SOILTOP-200 的开发及应用[J]. 水利信息化, 2017, 4(2): 31-35.

[79] 张益, 马友华, 江朝晖, 等. 土壤水分快速测量传感器研究及应用进展[J]. 中国农学通报, 2014, 30(5): 170-174.

[80] 高艳. 基于 FD 原理土壤水分传感器标定方法与系统集成[D]. 北京: 中国农业大学, 2006.

[81] ZEGELIN S J, WHITE I, JENKINS D R. Improved field probes for soil water content and electrical conductivity measurement using time domain reflectometry[J]. Water resources, 1989, 25: 2367-2376.

[82] 孙宇瑞, 汪懋华, 赵燕东. 一种基于驻波比原理测量土壤介电常数的方法[J]. 农业工程学报, 1999, 15(2): 22-30.

[83] 牛旭, 徐爱英, 唐玉荣, 等. 土壤介电常数的多因素模型研究[J]. 江苏农业科学, 2017, 45(7): 258-261.

[84] 吴喜军, 王文, 王晨光, 等. 基于 SFCW-TDR 技术的 SOILTOP 系列墒情测量仪器在辽宁省朝阳水文局的实践与应用[C]//水文水资源监测与评价应用技术论文集. 南京: 河海大学出版社, 2020.

[85] 张建云, 唐镇松, 姚永熙. 水文自动测报系统应用技术[M]. 南京: 河海大学出版社, 2005.

[86] 陈诚, 彭涛. 水文自动测报系统新技术及应用[J]. 长江技术经济, 2021, 5(S1): 111-113.

[87] 曹广晶, 王俊. 长江三峡工程水文泥沙观测与研究[M]. 北京: 科学出版社, 2015.

[88] 王俊, 熊明. 水文监测体系创新及关键技术研究[M]. 北京: 中国水利水电出版社, 2015.

[89] 韩友平. 山洪灾害防治非工程措施关键技术研究[M]. 武汉: 湖北科学技术出版社, 2014.

[90] 长江水利委员会水文局. 长江水文河道测验分析文集[C]. 武汉: 长江出版社, 2008.

[91] 杨怀志. 短距离无线网络通信技术及其应用[J]. 网络通信, 2018(41): 13, 21.

[92] 崔晶也, 吴海权. 浅谈短距离无线通信技术[J]. 移动通信, 2017(7): 22-23.

[93] 张和平. 浅析短距离无线通信技术[J]. 信息时代, 2012(2): 53-54.

[94] 康云川, 钟静. 基于 LoRa 无线扩频通信的水情监测与预警系统[J]. 电讯技术, 2020, 60(10): 1155-1162.

[95] 黄丽芬. ZigBee 无线通信技术及其应用[J]. 沿海企业与科技, 2007(4): 41-43.

[96] 白国亮. ZigBee 无线通信技术及其应用前景[J]. 林区教学, 2009(6): 79-80.